国家出版基金项目
NATIONAL PUBLICATION FOUNDATION

"十二五"国家重点图书出版规划项目

光物理研究前沿系列

总主编 张杰

U0227053

生物分子光子学研究前沿

Advances in Molecular Biophotonics

骆清铭 等 编著

上海交通大学出版社
SHANGHAI JIAO TONG UNIVERSITY PRESS

内容提要

本书是"十二五"国家重点图书出版规划项目"光物理研究前沿系列"之一,包括新型荧光蛋白标记技术、双光子分子探针、光调控神经环路、拉曼成像及其生物医学应用、超分辨定位成像、光声分子(功能)成像、活体小动物光学分子成像等前沿专题。

本书可供生物分子光子学相关研究领域的研究生及从业人员阅读参考。

图书在版编目(CIP)数据

生物分子光子学研究前沿/ 骆清铭等编著. —上海:
上海交通大学出版社, 2014
(光物理研究前沿系列/ 张杰主编)
ISBN 978-7-313-11756-4

Ⅰ.①生… Ⅱ.①骆… Ⅲ.①生物光学—研究 Ⅳ.
①Q63

中国版本图书馆 CIP 数据核字(2014)第 157799 号

生物分子光子学研究前沿

编　　著:骆清铭　等
出版发行:上海交通大学出版社　　　　地　　址:上海市番禺路 951 号
邮政编码:200030　　　　　　　　　电　　话:021-64071208
出 版 人:韩建民
印　　制:山东鸿杰印务集团有限公司　经　　销:全国新华书店
开　　本:710 mm×1000 mm　1/16　印　　张:33.5
字　　数:589 千字
版　　次:2014 年 10 月第 1 版　　　　印　　次:2014 年 10 月第 1 次印刷
书　　号:ISBN 978-7-313-11756-4/Q
定　　价:145.00 元

光物理研究前沿系列
丛书编委会

总主编

张 杰
（上海交通大学,院士）

编 委
（按姓氏笔画排序）

刘伍明　中国科学院物理研究所,研究员
许京军　南开大学,教授
李儒新　中国科学院上海光学精密机械研究所,研究员
张卫平　华东师范大学,教授
陈良尧　复旦大学,教授
陈险峰　上海交通大学,教授
陈增兵　中国科学技术大学,教授
金奎娟　中国科学院物理研究所,研究员
骆清铭　华中科技大学,教授
钱列加　上海交通大学,教授
高克林　中国科学院武汉物理与数学研究所,研究员
龚旗煌　北京大学,院士
盛政明　上海交通大学,教授
程　亚　中国科学院上海光学精密机械研究所,研究员
童利民　浙江大学,教授
曾和平　华东师范大学,教授
曾绍群　华中科技大学,教授
詹明生　中国科学院武汉物理与数学研究所,研究员
潘建伟　中国科学技术大学,院士
戴　宁　中国科学院上海技术物理研究所,研究员
魏志义　中国科学院物理研究所,研究员

分享光物理之美

经过三年时间的策划,在数十位活跃在光物理研究最前沿科学家的巨大努力和重量级资深科学家的倾情参与下,"光物理研究前沿系列"丛书中英文版终于同时面世了。

光物理是近代物理学中历史最悠久、同时也最具活力的领域之一,特别是激光问世以来,光学渗透到众多学科领域,光学自身的面貌不断发生着深刻的变化。与此同时,光物理的研究内容也从传统的光学与光谱学迅速扩展到光学与其他学科的交叉分支领域,逐渐形成了丰满的学科体系;层出不穷的光学诊断方法和技术发明推动了许多学科的快速发展,并进一步演化为新的科学前沿,这也是光物理研究中最美的景象。

近年来,随着我国科研实力的大幅增强,不少实验室都做出了国际水平的研究成果,我国科学家在 *Nature*,*Science*,*Physical Review Letters* 等国际顶级学术期刊上发表的论文数量已经在全世界占据了相当的份额,同时,国际顶级的综述类学术刊物也邀请我国科学家撰写了大批综述性论文。但是,令人遗憾的是,面向高年级大学生、研究生以及青年学者,介绍我国光物理科学前沿研究成果的专著还比较少,这也将成为制约我国光物理前沿研究未来发展的瓶颈。

出于这个原因,当上海交通大学出版社邀我作为主编,筹划组织编写一套"光物理研究前沿系列"丛书的时候,我欣然同意。我们的目标是编写一套给高年级大学生、研究生和青年学者阅读的中文入门读物,介绍国内外光物理前沿研究的最新进展。本丛书首批包括《强场激光物理研究前沿》《精密激光光谱学研究前沿》《非线性光学研究前沿》《纳米光子学研究前沿》《量子光学研究前沿》《超快光学研究前沿》《凝聚态光学研究前沿》《生物分子光子学研究前沿》等八个分册。每个分册包含了若干该领域的前沿研究专题,几十位活跃在光物理研究最前沿的作者均来自中国重要大学和科研院所。我们希望能以此为契机,汇集最有价值的研究资源,以供有建树的光物理科学家展示自身的研究成果;进而形成良好的学习和借鉴氛围,为高年级大学生、研究生以及青年学者提供学术交流的平台。在每个分册的开始,我们都邀请了重量级资深科学家作序,介绍每个主题的精华,目的是想与大家一起分享光物理最前沿令人震撼的美。

强场激光物理对应的激光场强具有非常宽的范围,因而包含了极为丰富的非线性物理。强场激光物理及相关前沿新方向是现代物理学乃至现代科学中最重要的前沿之一,不仅有重大的科学意义,而且对国家战略高新技术与交叉学科领域也有重要的推动作用。

——摘自《强场激光物理研究前沿》的序

测量是物理科学的基础。在物理学中,原子、分子和光学物理领域比其他任何学科都能更加有力地说明这一点。精密测量是原子、分子和光物理的一个重要分支:它提供了深入了解物理基本定律的重要方法,激励了科学技术前沿的发展,并且推动了许多社会意义重大的革命性应用。

——摘自叶军院士为《精密激光光谱学研究前沿》所作的序

激光的发明,引导出很多新的学科,对我们今天的科学技术以及日常生活都产生了重大影响。其中最重要的学科之一就是非线性光学,它对半个世纪以来科技的发展起了十分重要的作用。

——摘自沈元壤院士为《非线性光学研究前沿》所作的序

纳米光子学融合了光子学和当代纳米技术,研究纳米尺度下光与物质相互作用的机理和效应,在高速信息传输和处理、新能源以及生物医学等领域都有重要的应用。因此,纳米光子学既是国家层面的重点科技战略,又为科技产业发展注入了新的源动力。

——摘自张翔院士为《纳米光子学研究前沿》所作的序

量子信息科学的重大意义在于它的发展不仅仅具有诱人的应用前景,还在于它使得我们意识到:量子其实是信息的载体,而且对某些应用来说也许是最好的载体。我们再次发现,在量子信息科学的发展中,量子光学仍然扮演了重要的角色。这包括人们对光子纠缠操纵能力的逐步提升,光子系统在光量子计算、量子通信和量子精密测量等诸多方面的应用。

——摘自潘建伟院士为《量子光学研究前沿》所作的序

超快光学是随着超短脉冲激光的出现而诞生,并随着飞秒激光技术的迅猛发展而快速发展起来的。它始终与超快现象研究相互促进、共同发展。超快现象研究的需求带动了超快光学的发展,超快光学的进步又促进了超快现象研究范围的扩展和深度的提升。

——摘自侯洵院士为《超快光学研究前沿》所作的序

光与凝聚态物质相互作用是光物理学科的重要研究内容之一。一般说来,凝聚态光学研究包括两个方面。一方面激光作为一种性能优异的探针,可用于研究凝聚态物质的结构和运动规律。另一方面,通过凝聚态光学研究可以发现新的物质状态和新的运动规律,这些新发现可用于产生新的光源、新的探测器和多种其他器件。

——摘自杨国桢院士为《凝聚态光学研究前沿》所作的序

光物理的研究领域包罗万象,但丛书规模有限,不可能面面俱到。作者和出版社已经尽了最大的努力,希望能从浩瀚广阔的光物理成就的海洋中选取最漂亮的"前沿浪花"结集成册。目前八个分册的阵容中,既有光物理研究领域的经典方向,也有近十年来发展迅猛的前沿方向;既有主要介绍科学进展的内容,也有主要介绍新技术的章节。然而,本丛书远不能代表光物理发展前沿的全部,更何况光物理研究前沿也处在日新月异的快速变化中,所以出版本丛书的目的就是抛砖引玉,希望能够吸引更多的年轻人走入光物理的科学殿堂,领略光物理之美。

当我掩上厚厚的书稿,准备送出付印之际,感慨万千。转眼间三年时间过去了,许多在三年前还认为只是个美好梦想的事情,现在变成了现实。作为主要策划者及丛书主编的我,对这套书有特殊的感情。可以说,本丛书凝聚了两代中国光物理学家多年来对世界科学发展的贡献和感情!为此,我要特别感谢丛书的所有作者,他们都是活跃在光物理研究最前沿的科学家。尽管他们每天的时间分配都是以分秒来计算的,但是,他们仍然抽出了大量的时间,撰写了各自前沿领域的进展。作为一个在光物理领域从业多年的科学家,我对他们非常了解,也非常敬佩他们的责任感与使命感。正是出于对科研和教育的强烈责任感和使命感,促使他们从繁忙的研究工作中抽出宝贵时间,甚至牺牲了很多与家人团聚的时间,撰写了各分册,对本丛书作出了至关重要的贡献。我还要感谢丛书的全部编委,他们不仅承担了写作的任务,还承担了策划组稿、审校稿件的繁重任务,是他们的努力,构架了本丛书的有机结构和宏大涉猎,保证了本丛书的质量。感谢美国科学院院士沈元壤先生为本丛书策划所作的努力,沈先生早年写就的《非线性光学》已经成为非线性光学研究的经典之作,他在"非线性光学五十年"的序言中,更是深入浅出地回顾和展望了非线性光学的发展脉络。感谢中国科学院院士杨国桢先生给予本丛书策划和出版的帮助,多年来,杨先生引领、见证了凝聚态光学研究的发展。他为《凝聚态光学研究前沿》所作的序言见解精辟,同时为凝聚态光学研究指出了未来的新前沿。感谢中国科学院院士侯洵先生为《超快光学研究前沿》作序,侯先生为中国超快光学的发展作出了奠基性的贡献,二十多年前,他访问英国时对超快光学领域进展的精辟点评,我至今犹在耳边。他们三位都是我老师辈的先生,从我还是学生的时候起,就从他们撰写的论文和学术专著中向他们学习,从他们的言传身教中向他们学习,多年来,我向他们学到了很多很多,至今他们也还是我的老师。

感谢美国科学院院士叶军先生为《精密激光光谱学研究前沿》作序,他是上海交通大学的校友,也是我交往多年的好朋友。他在精密测量、冷分子物理和冷原子光钟等方面的开拓性研究工作,至今都是光物理领域的重要里程碑。感谢美国国家工程院院士张翔先生为《纳米光子学研究前沿》作序,他在光学超材料方面的杰出成果在国际上引起了很大反响。感谢中国科学院院士潘建伟先生为《量子光学研究前沿》作序,作为我国最年轻的院士之一,他在量子通信前沿和应用方面所做出的杰出成果,让量子通信不再神秘。在本丛书中,我与他们联袂作序,用我们的共同努力,用我们各自对光物理前沿的理解和积淀,努力向读者介绍本丛书试图展现的光物理之美,希望能成为各自分册的点睛之笔。

最后,我想感谢上海交通大学出版社韩建民社长及编辑团队,他们付出了巨大的努力,使梦想成为现实。令人欣喜的是,在上海交通大学出版社和德古意特出版社的合力打造下,这套丛书前两册的英文版将作为"中国学术出版走出去"的第一波,同步在海外发行。在此,我祝愿这套丛书成为"中国学术出版走出去"第一波中最美的一朵"浪花"! 让我们一起分享光物理之美!

2014 年 10 月于飞越太平洋的飞机上

目　录

新型荧光蛋白标记技术

张智红　骆清铭

1.1　引言

水母来源的绿色荧光蛋白(green fluorescent protein，GFP)和珊瑚或海葵来源的红色荧光蛋白及其突变体作为标记分子和报告分子，已被广泛应用于基因表达调控、蛋白质空间定位、生物分子之间相互作用、肿瘤生长与新生血管形成、遗传发育等生命活动重要分子事件的动态监测与可视化研究，以及新药的药效评价和作用机理研究，为活细胞和活体内研究生物分子的功能与动态变化，提供了有效的工具。基于荧光蛋白的遗传编码型分子探针具有准确的亚细胞定位能力、良好的生物相容性，以及光学信号分子不会随着细胞的分裂而减少等特点，使得在活细胞和活体内长时程(数天至数月)动态监测细胞的命运分子事件成为可能。2008年诺贝尔化学奖授予给在绿色荧光蛋白的发现和生物学应用方面作出杰出贡献的三位科学家——下村修(Osamu Shimomura)、马丁·沙尔菲(Martin Chalfie)和钱永健(Roger Y. Tsien)。

新型荧光蛋白的发现与其突变体的产生，以及功能型荧光蛋白探针的发展与优化，极大地推动了现代生物学的发展，并已广泛地应用于生物学的众多研究领域。以荧光共振能量转移(fluorescence resonance energy transfer，FRET)、荧光漂白后恢复(fluorescence recovery after photobleaching，FRAP)、荧光激活后重分布(fluorescence redistribution after photoactivation，FRAPa)、荧光关联谱(fluorescence correlation spectroscopy，FCS)、荧光寿命成像(fluorescence lifetime imaging microscopy，FLIM)、双分子荧光互补(biomolecular fluorescence complementation，BiFC)等为代表的光学显微成像技术，与基于荧光蛋白的功能型分子探针相结合，揭开了活细胞内动态研究生物分子的新篇章，探索出大量生物学的新知识。其中，FRET技术作为$1.0 \sim 10.0$ nm距离范围内的"光学尺"，在蛋白质功能研究中应用最为广泛。基于FRET原理设计的分子探针，用于动态监测蛋白质间相互作用的空间距离、蛋白酶活化、蛋白质构象变化等，已成为研究活细胞内信号传导过程中蛋白质分子事件的常规手段。在活体肿瘤光学成像研究方面，以绿色荧光蛋白和红色荧光蛋白及其突变体作为肿瘤细胞的标记物[1]，在小动物体内对肿瘤的生长、转移与治疗过程进行长时程的动态光学成像监测[2]，为肿瘤的分子机制研究和新药筛选与评价提供了非常有价值的研究手段。在活体免疫应答研究方面，利用绿色荧光蛋白转基因小鼠和双光子显微成像技术，在活体内动态研究嗜中性粒细胞抵抗病原体的免疫响应机制[3]，动态观察荧光蛋白标记的免疫细胞在感染过程中的运动与迁移,从而增进了人们对免疫系统是如何参与疾病的发生,发展与治愈过程的理解[4]。

由于生物组织具有光不透明特性以及血红素的干扰,使得荧光蛋白在活体深组织的成像应用受到限制。近年来发展的新型深红和近红外荧光蛋白,如mKate($\lambda_{ex/em}$: 588 nm/635 nm)[5], mNeptune($\lambda_{ex/em}$: 600 nm/650 nm)[6], iRFP ($\lambda_{ex/em}$: 701 nm/719 nm)[7],改善了活体成像时的深度信息获取能力。目前进一步提升这类荧光蛋白的亮度,优化其他各项理化参数,开发光谱更丰富的深红或近红外荧光蛋白,是荧光蛋白应用于活体光学成像的必然发展方向。而发展适于 FRET 成像研究的大斯托克斯位移荧光蛋白探针,以及适于超分辨成像的性能更优的光激活/光转换荧光蛋白,也是荧光蛋白研究领域的热点。随着光电信息技术的不断进步,基于荧光蛋白的光学分子成像技术正着眼于在细胞、细胞网络、组织、器官和个体等不同层次,对多分子事件进行同步动态可视化研究,为揭示生命活动的本质规律、实现重大疾病的早期诊断与治疗提供不可或缺的研究手段。

本专题将从以下 7 个方面介绍荧光蛋白标记技术及其生物学应用:① 荧光蛋白及其突变体;② 报告型荧光蛋白探针;③ 功能型荧光蛋白探针;④ 荧光共振能量转移型探针;⑤ 基于荧光蛋白的双分子荧光互补技术;⑥ 荧光蛋白标记在活体肿瘤光学成像中的应用;⑦ 荧光蛋白转基因小鼠在活体免疫光学成像中的应用。

I.2 荧光蛋白及其突变体

自从荧光蛋白被发现并应用于生物学研究以来,研究者们已从多种生物体内发现了新型荧光蛋白,并不断优化其荧光亮度、稳定性、耐酸性、光谱等理化性质。本节将介绍色彩斑斓的荧光蛋白、大斯托克斯位移荧光蛋白、光激活与光转换荧光蛋白、光敏化荧光蛋白和计时荧光蛋白。

I.2.I 色彩斑斓的荧光蛋白

1.2.1.1 荧光蛋白的发现历史

Osamu Shimomura 在 1960～1970 年间,首次从水母(Aequorea Victoria)中分离纯化了野生型 GFP(wtGFP)以及另外一种发光蛋白(Aequorin),随后又对GFP 的发光原理和特性进行了研究。在 Aequorea Victoria 水母内,当 Aequorin

与 Ca^{2+} 结合后发出蓝光,蓝光的一部分能量转移给 GFP 使其发光,并使得全部的发射光偏向绿色[9]。但是,直到 1992 年 Douglas Prasher 成功克隆了 wtGFP 基因后,GFP 才被分子生物学家重视[10]。不幸的是,由于缺乏研究经费,Prasher 没能继续他的研究,他将 GFP 的 cDNA 赠送给了其他实验室。1994 年,Martin Chalfie 将 GFP 上游几个氨基酸残基缺失之后,首次成功地在大肠杆菌和线虫中表达 GFP 并让其在跨物种体内发光[11]。一个月后,Frederick Tsuji 实验室也几乎同时报道了 GFP 融合表达的实验结果[12]。这种近似野生型的 GFP 能够在室温下进行折叠并通过激发光激发而发出荧光,而不需要像水母中那样依赖于其他分子的参与。尽管这种近似野生型的 GFP 能独立发射荧光,但是存在许多缺点:如同时有两个激发峰、对 pH 值敏感、对氯化物敏感、量子产率低、37℃下光稳定性差且蛋白折叠能力下降。

　　Remington 研究小组在 1996 年首次报道了 GFP S65T 突变体的晶体结构[13]。一个月后,Phillips 小组也独立完成了野生型 GFP 的结构解析[14]。这些晶体结构的研究对于分析荧光团的形成以及其邻近氨基酸残基的相互作用提供了重要的理论依据。此后,众多研究小组通过直接或随机突变的方法对这些残基进行改变,产生了大量性能各异的 GFP 突变体。Roger Y. Tsien 研究了 GFP 发光的化学机制,使其经过突变获得了一系列不同颜色的荧光蛋白突变体。此后科学家们一直在不断探索和开发性能更稳定、光谱特性更突出的荧光蛋白,并应用已有的荧光蛋白开发出满足各项研究所需的功能型荧光蛋白探针。

　　1.2.1.2　荧光蛋白的结构

　　wtGFP 由 238 个氨基酸残基构成,相对分子质量为 27 000。两个吸收峰分别为 395 nm 和 470 nm,其中 395 nm 的吸收峰是主峰。wtGFP 的晶体结构显示其具有一个典型的筒状结构,该筒状结构是由 11 个 β 片层构成的一个疏水中心。筒状结构的直径约为 2.4 nm,长约为 4.2 nm,正常条件下该筒状结构十分致密且稳定,这就确保了 GFP 具有稳定的光学特性。wtGFP 的中心荧光团有一个由 β 片层和 α 螺旋共同组成的共价结构:对羟基苯甲酸咪唑环酮生色团 (4-(p-hydroxybenzylidene)imidazolidin-5-one,HBI),HBI 在 GFP 折叠异常的情况下不能发出荧光。当与筒状结构的侧链直接相互作用后,诱导 Ser65-Tyr66-Gly67 三肽环化,使得 HBI 转向苯酚盐的形式,从而促使生色团的形成。筒状结构侧链的突变能够影响这一翻译后修饰过程,不同的氨基酸侧链通过对氢键形成和对电子云的影响,将会改变荧光的光谱、强度和光稳定性。正因为荧光蛋白具有紧密的筒状结构,使得荧光中心能够避免与极性分子相互作用,从而保护荧光团不被水分子淬灭[15]。

1.2.1.3 绿色荧光蛋白家族

Roger Y. Tsien 揭示 GFP 发光机制之后,率先突变出了一系列不同颜色的荧光蛋白。荧光蛋白的生色团中心由 Ser65、Tyr66 和 Gly67 组成。Ser65 是较为常见的突变位点,针对生色团进行突变,再结合其他特异位点的改造,最先获得了三种不同颜色的 GFP 突变体——蓝色荧光蛋白(BFP)、青色荧光蛋白(CFP)和黄色荧光蛋白(YFP)。为了进一步优化荧光蛋白的理化性质,科学家们通过各种基因工程的手段又产生了更多的 GFP 突变体。例如,在 wtGFP 基础上单点突变获得了 GFP - S65T,成功地增强了 GFP 的荧光强度和光稳定性,并将其主激发峰改变至 488 nm,发射峰保持在 509 nm,使其光谱与荧光染料 FITC 更为接近,从而能更方便地应用于光学成像系统[16]。1995 年,单突变 F64L 获得的 EGFP 在 37℃ 下有更佳的折叠效率,使其更适于在哺乳动物细胞中应用。随后,经过一系列突变产生的超折叠 GFP,能够更为快速地折叠并成熟[16]。通过基因突变还能获得许多不同颜色的突变体:蓝色荧光蛋白(EBFP、EBFP2、Azurite、mKalamal)、青色荧光蛋白(ECFP、Cerulean、CyPet),以及黄色荧光蛋白(YFP、Citrine、Venus、YPet)。BFP 家族除了 mKalamal 外,都包含 Y66H 突变。在 CFP 中的关键突变位点是 Y66W。YFP 红移的主要原因在于 T203Y 突变后,改变了赖氨酸残基和生色团之间的相互作用从而改变 π 电子。CFP 和 YFP 的突变体已被广泛应用于荧光共振能量转移(FRET)实验中,已经开发出很多针对钙离子、谷氨酸、蛋白质磷酸化等不同靶标的探针[17, 18]。关于 FRET 的更多信息将在 1.5 节中详细介绍。

1.2.1.4 橙色与红色系列荧光蛋白

DsRed 是最早获得的红色荧光蛋白,对其点突变后得到了一些性能较为优异的突变体:mBanana($\lambda_{ex/em}$:540 nm/553 nm)、mOrange($\lambda_{ex/em}$:548 nm/562 nm)、dTomato($\lambda_{ex/em}$:554 nm/581 nm)、mTangerine($\lambda_{ex/em}$:568 nm/585 nm)、mStrawberry($\lambda_{ex/em}$:574 nm/596 nm)和 mCherry($\lambda_{ex/em}$:587 nm/610 nm)[19]。这些以水果名称命名的荧光蛋白,彼此之间的光谱特征和理化性质存在着一些差异。单体红色荧光蛋白 mCherry 凭借成熟时间短的优势,成为这些红色荧光蛋白中应用最广泛的一种。Satoshi 等应用点突变技术以源自于蘑菇珊瑚(fungia concinna)的橙色荧光蛋白(kusabira orange)为母体进行改造,得到了性能优异的单体橙色荧光蛋白 mKO($\lambda_{ex/em}$:548 nm/561 nm)[20]。Hidekazu 等在 mKO 基础上,利用随机突变技术,从大量突变体中筛选得到 mKOκ。mKOκ 的主要优点是成熟时间更短,亮度更高[21]。目前已知亮度最高的单体红色荧光蛋白 TagRFP 来源于奶嘴海葵(entacmaea quadricolor)[22]。mRuby($\lambda_{ex/em}$:558 nm/

605 nm)是另一种与 TagRFP($\lambda_{ex/em}$：555 nm/584 nm)具有高度同源性的单体荧光蛋白，通过对 eqFP611 突变后得到。相比于 TagRFP，mRuby 的消光系数高达 112 000 $M^{-1} \cdot cm^{-1}$，是一种优良的 FRET 受体，但它的量子产率比 TagRFP 略低[23]。另外，mRuby 去除了母体 C 端过氧化物酶体定位序列(SKL)后，避免了过氧化物酶体的特异性定位。mOrange2 和 TagRFP - T 是 Shaner 等筛选到的两种光稳定特别强并且更适于长时间连续成像的荧光蛋白，其在汞灯照射下的光稳定性分别较 mOrange 和 TagRFP 提高了 25 倍和 9 倍[19,24]。

1.2.1.5 深红色和近红外荧光蛋白

近红外光波段(650～900 nm)被认为是生物组织成像的"光学窗口"，波长红移的深红色或者近红外荧光蛋白有助于提高活体光学成像的深度和信噪比。由 TagRFP 点突变得到的 mKate($\lambda_{ex/em}$：588 nm/635 nm)就是这样一种新型的单体深红色荧光蛋白，它的二聚体被命名为 Katushka[5]。目前转基因爪蟾的活体光学成像研究表明，mKate 和 Katushka 的光谱特性决定了它们拥有更佳的成像深度，使得 mKate 和 Katushka 比 EGFP 和 RFP 更适于活体动物成像。mKate 通过 V38A/S165A/K238R 突变后得到了 mKate2。mKate2 相比于 mKate 亮度增强了一倍，而且光谱特性更加稳定[25]。随后针对 mKate2 突变改造得到了光谱更加红移的荧光蛋白 TagRFP657($\lambda_{ex/em}$：611 nm/657 nm)和 mNeptune($\lambda_{ex/em}$：600 nm/650 nm)。

Roger Y. Tsien 等人在 2009 年报道了一种由细菌光敏素筛选而来的红外荧光蛋白 IFP1.4[27]。虽然该蛋白在严格意义上还不算荧光蛋白，因为它必须吸收胆绿素作为其发光团；但是，它首次将荧光蛋白的发射波长红移至 700 nm 之后，而且胆绿素作为细胞代谢物广泛存在于哺乳动物细胞中，使用时生物毒性低。由于 IFP1.4 在活体成像时需要依赖于外源注射的胆绿素才能产生荧光，且亮度较弱，制约了它在小动物光学成像研究中的应用。2011 年 V. V. Verkhusha 等人在另一种细菌光敏素 *RPBphPZ* 的基础上，进行改造，发明了 iRFP[7]。iRFP 的激发和发射光谱在 IFP1.4 的基础上进一步红移($\lambda_{ex/em}$：690 nm/713 nm)，其亮度更大、光稳定性更好、在活体成像时信噪比更大，而且它无须外源提供胆绿素。受到这一报道的启发，Katrina T. Forest 等人在 2012 年对细菌光敏素进行突变，筛选出 Wisconsin infrared phytofluor(Wi - Phy)[28]，其最大激发波长红移至 701 nm，而最大发射波长红移至 719 nm，亮度却比 IFP1.4 稍弱。2013 年，V. V. Verkhusha 等人进一步优化 iRFP，发明了 iRFP670 和 iRFP720，实现了活体水平的肿瘤多色成像[29]。其中 iRFP720 在 HeLa 细胞中的亮度比 iRFP670 大 10%，约是 IFP1.4 的 14 倍。随着生物学家们对活体光学成像技术的深入认识与其广泛应用,发展光谱更加红移的高亮度荧光蛋白的需求越来越强烈。

1.2.2 大斯托克斯位移荧光蛋白

斯托克斯(Stokes)位移指的是在同一个电子传递系统中,吸收波峰值与发射波峰值之间的距离。大 Stokes 位移荧光分子一般是指荧光的激发峰与发射峰之间的距离大于 100 nm 以上的分子,在多色成像时大 Stokes 位移可以有效地减少光谱的串扰。利用大 Stokes 位移荧光蛋白标记细胞或分子进行荧光成像,有以下几个优势:① 由于大 Stokes 位移荧光分子发射光谱与激发光谱离得很远,可以利用单个激发光对多种荧光分子同时成像;② 作为供体分子用于荧光共振能量转移(FRET)成像时,可有效减少激发光源直接激发受体分子;③ 基于双光子成像技术的大 Stokes 位移的蛋白以红色为佳,因为双光子激发光波长是近红外波长,而发射波长在红色波段,这样激发与发射波段均被组织吸收得少,有利于获得更为清晰的活体成像[30]。

目前文献报道的大 Stokes 位移荧光蛋白有 T‐Sapphire[31]、mAmetrine[32]、mKeima[33]、mLSS‐Kate1 和 mLSS‐Kate2[30]。野生型的 wtGFP($\lambda_{ex/em}$:395 nm/509 nm)就是一种大 Stokes 位移荧光蛋白[15],通过 T203I 突变去掉了母体 wtGFP 在 475 nm 的小激发峰,获得的突变体 Sapphire 拥有 100 nm 的 Stokes 位移。进一步研制的 T‐Sapphire 比 Sapphire 的结构更加稳定,而且适合与 OFP 或 RFP 组成 FRET 对[31]。mAmetrine($\lambda_{ex/em}$: 406 nm/526 nm)是另一种来源于 GFP 的大 Stokes 位移荧光蛋白突变体。已有文献利用 mAmetrine 和 tdTomato 形成 FRET 对,并与 mTFP/Citrine FRET 对在单一细胞内实现双分子事件的 FRET 成像[32]。第一个报道的大 Stokes 位移的红色荧光蛋白是 mKeima($\lambda_{ex/em}$: 440 nm/620 nm)[33]。有研究者利用 458 nm 单一光源同时激发 CFP 与 mKeima,发展了单一光源激发的双色成像技术[33]。mKeima 在 584 nm 有第二个激发峰,后续的报道主要针对如何去除第二激发峰对多色成像的干扰[34]。LSS‐mKate1(mKate/K69Y/P131T/S148 G/M167E/T183S/M196V)和 LSS‐mKate2(mKate/K69Y/P131T/S148 G/S165A/M167D/T183S/M196V)是基于 mKate 的新型单体突变荧光蛋白,都具有成熟时间短、对酸性环境稳定的特点,LSS‐mKate1 和 LSS‐mKate2 的激发峰和发射峰分别是 463 nm/624 nm 和 460 nm/605 nm[30]。然而,这些红色大 Stokes 位移荧光(如 mKeima[33]、mLSS‐Kate1 和 mLSS‐Kate2[30])都存在非常大的应用局限,包括亮度低和易光漂白等。J. Yang 和 Z. H. Zhang 发明的新突变体 mBeRFP($\lambda_{ex/em}$: 446 nm/611 nm)是目前

最亮的大 Stokes 位移红色荧光蛋白,它源自 mKate,其亮度比 mKeima 或 mLSS-Kate2 提高了 3 倍,成熟速度加快 1.2 倍,耐光漂白性能提高 1 倍[35]。

1.2.3　光激活与光转换荧光蛋白

1.2.3.1　不可逆型光激活或光转换荧光蛋白

与可逆型光激活荧光蛋白不同,不可逆型光激活荧光蛋白(photoactivatable fluorescent protein, PA-FP)只有一次在光诱导下由暗态变为亮态或者发生光谱迁移的能力,此后,若对其继续进行激发,则表现出类似于普通荧光蛋白的荧光发射及漂白性质,直至失去发光能力。由于相对于可逆型 PA-FP 更简单的光激活化学过程,不可逆型的 PA-FP 种类和突变体更多,涌现出一批以 PA-GFP 为代表的优秀蛋白,并且已广泛应用于从超分辨成像到在体细胞追踪的众多领域[36-40](详见 1.3.3 节)。

1) 光激活荧光蛋白

野生型 wtGFP 经 T203H 点突变后产生的光活化绿色荧光蛋白(PA-GFP)是最早报道的不可逆光激活蛋白。在成像过程中需要先经过 405 nm 激活,被激活以后使用 488 nm 激发光可以进行连续成像。通过 405 nm 激活前后,荧光强度差异可达 100 倍。因此,可以利用活化区域与非活化区域之间的荧光强度差异变化,来动态研究目的区域内的分子动力学。基于此,光激活定位显微技术(photoactivated localization microscopy, PALM)进一步拓展了 PA-GFP 的应用范围。随后,又发展了红色的光激活荧光蛋白 PA-mCherry1。通过结合 PA-GFP 和 PA-mCherry1 不同的光谱特性可以在单细胞中实现双分子的双色超分辨成像[40]。

2) 光谱迁移的光转换荧光蛋白(photoswitchable fluorescent protein, PS-FP)

这类荧光蛋白在一定波长的激光照射之后其发射波长会发生改变:

(1) PS-CFP2 在激活后,发射光谱峰值可以从 468 nm 迁移至 511 nm,荧光强度增强 1 500 倍。有文献报道利用 PS-CFP2 标记多巴胺转运受体,结合 PS-CFP2 的光谱迁移能力来研究特异区域内该受体的实时动力学特征[41]。

(2) Kaede 是从石珊瑚(lobophyllia hemprichii)中克隆得到的荧光蛋白[42]。通过紫外光激活后,发射峰从 518 nm 迁移至 582 nm。目前已知 Kaede 发光团在激活后发生肽链断裂,从而改变了 Kaede 的荧光特性。目前 Kaede 的最大局限在于其四聚体特性,使得标记目的蛋白受到局限。

(3) 另一个光转换荧光蛋白也源于石珊瑚,被命名为 EosFP。它可被波长为 390 nm 的激光激活,激活后发射光谱从 516 nm 迁移至 581 nm[43]。EosFP

是一种单体荧光蛋白,目前在超分辨成像领域应用广泛。2012 年,Tao Xu 等人在 mEos 关键位点进行突变,克服了 mEos 在高浓度下易形成二聚体或多聚体的倾向,获得了 mEos3. 1 和 mEos3. 2 两个突变体。mEos3 系列是目前已知单体性能最优异的光激活荧光蛋白[44]。

(4) 单体荧光蛋白 Dendra 源自八射海鸡冠珊瑚(octocoral dendronephthy),被蓝光激活后发射光谱从 505 nm 迁移至 575 nm,它的光谱性质类似于 Kaede。Dendra 激活后红色荧光增强 350 倍,绿色荧光降低 5 倍,使得背景与荧光信号之间呈现出 1 400 倍的差异[45]。

1.2.3.2 可逆型光激活或光转换荧光蛋白

可逆型光激活荧光蛋白可以被特定波长、强度和持续时间的光照所控制,在亮态和暗态间可逆转变。最早报道的可逆光转化荧光蛋白是 FP595,但是 FP595 的四聚体特性使其很快被其他优异的单体荧光蛋白取代。Dronpa ($\lambda_{ex/em}$: 503 nm/518 nm)来源于梳状珊瑚(coral pectiniidae),经 470~510 nm 波段光激活后,Dronpa 的荧光被淬灭。淬灭后暗态的 Dronpa 可被 400 nm 激光重新激活发出绿色荧光,这种淬灭-激活循环可以反复进行[46]。目前优秀的突变体(如 Dronpa)已能耐受上百次这种"光开关"循环。在光转换过程中,荧光蛋白的发光团在激光刺激下其化学结构发生顺-反式异构化,当发光团处于反式结构时表现为无荧光态,当处于顺式结构时可发射荧光。然而光转换速度慢是 Dronpa 的一个主要缺点。为了增加光转换的速度,通过突变技术,筛选到两种 Dronpa 的突变体 rsFastlime 和 Dronpa - M159T,它们的光暗态转换时间与 Dronpa 相比加快了 1 000 倍[47]。随后发展的基于 Dronpa 的新突变体 Padron 和 bsDronpa(宽吸收谱 Dronpa)更适于双分子多色超分辨成像[39]。Padron 与 bsDronpa 拥有相反的转换特征:bsDronpa 由紫光活化,而 Padron 由蓝光活化被紫光淬灭。除此,Kindling(KFP1)源于粉红海葵(anemoniasulcata),它本身不能直接发出荧光,通过低强度的激光(525~580 nm)照射后活化,KFP1 发出红色荧光(600 nm)。光照停止,荧光随即消失,因此 KFP1 必须持续活化才能发出荧光[38]。

1.2.4 光敏感荧光蛋白

有一种荧光蛋白在光照后其中心色素团失活,荧光消失,同时通过发色团辅助光失活作用(chromophore-assisted light inactivation, CALI)产生毒性,这种荧光蛋白称为光敏感蛋白[48]。KillerRed 是至今被发现的第一个具有强光毒性的光敏感荧光蛋白。这种荧光蛋白的光毒性要比绿色荧光蛋白 EGFP 的光毒性高 1 000 倍以上[49]。它是从水螅海蜇的无荧光红色嵌合体蛋白 anm2CP 中突变出来的,是一种 GFP 类的二聚体荧光蛋白,其激发和发射峰值分别为 584 nm 和 610 nm。

光敏感荧光蛋白为什么会产生毒性呢? 当光照射荧光蛋白后,通过 CALI 作用使其桶状结构内的发光团荧光淬灭,并且产生能够对细胞有毒性作用的活性氧(reactive oxygen species, ROS)。有研究者利用 KillerRed 蛋白这种性质,使得肿瘤细胞内表达的 KillerRed 靶向作用于 DNA 或者 RNA,实现对核酸的定点摧毁。将 KillerRed 定位表达于细胞线粒体中,可直接启动细胞凋亡途径。研究表明定位在细胞膜上的 KillerRed 是最快最有效的杀伤细胞的方式。还有研究者利用基因工程技术,将抗 HER - 2 的 4D5scFv 片段与光敏感荧光蛋白 KillerRed 偶联,形成嵌合型单抗 4D5scFv - Killerred[50]。这种单抗能够有效地靶向 HER - 2 受体阳性的肿瘤细胞并且将其杀死。KillerRed 还能够被用来研究蛋白质-蛋白质间相互作用(protein-protein interaction, PPI)[51]。在 KillerRed 的激发条件下,ROS 不仅能够使与之连接的蛋白丧失活性,同时如果这种蛋白与另外一种蛋白有相互作用,还可以使与其相互作用的蛋白也丧失活性。由此,KillerRed 提供了一种与 FRET 技术不一样的 PPI 研究方法,一定程度上弥补了 FRET 技术的不足,可用于大于 10 nm 距离的 PPI 研究。例如,转录复合物、核糖体、蛋白酶和单个转录复合物等大分子的三维结构都大于 10 nm,FRET 技术难以用于这类 PPI 的研究。而基于 KillerRed 的自由基(如 ROS)的释放范围在 10~50 nm,正好能够对这些蛋白质的相互作用进行研究。

1.2.5 计时荧光蛋白

从珊瑚虫中发现的新型荧光蛋白 drFP583 的一个突变体是最早报道的计时荧光蛋白(timer fluorescent protein)[52]。Irving Weissman 小组在前人研究的基础上,通过易错 PCR 对 drFP583 进行改造后,发现其中一个突变体 E5 能够随着时间变化改变荧光颜色,从最初的绿色变成黄色、橙色,最终为红色。绿色的荧光提示 E5 突变体中存在一个类似 GFP 的绿色荧光团,此荧光团能向红色荧光团转变。黄色和橙色荧光提示 E5 中同时存在绿色和红色两种荧光团。在对突变体荧光变化的研究中发现,drFP583 - E5 突变体在还原性的缓冲液中荧光光谱变化缓慢,提示荧光团变化的过程中可能需要氧化剂的参与[53]。对比 deFP583 与 E5 突变体,发现 E5 存在两个突变 V105A 和 S197T。相比 drFP583,V105A 突变能够使 E5 的量子产率提高一倍,但是却不发生光谱变化,S197T 突变能使荧光团中心保持苯式结构,从而产生荧光光谱的变化。体外实验证明,颜色的转移效率与蛋白质的浓度无关,表示这个荧光蛋白的光学特性与细胞中荧光蛋白的表达水平无关。因此,E5 突变体可用于活细胞内的基因表达时程的动态监测:绿色荧光信号表示启动子刚被激活的区域,黄色–橙色信号表示启动子持续激活的区域,红色信号表示启动子已经停止转录。

2004 年,Konstantin 小组成员发现 DsRed 作为 GFP 大家族中的一个成员,存在绿色荧光信号。DsRed 在成熟过程中绿色比红色更先出现,但随着荧光蛋白成熟绿色荧光信号迅速减弱。后来发现,DsRed 的红色荧光团的化学结构域与 GFP 类的荧光色团中心十分相似[55]。在此基础上,Konstantin 小组研究了 DsRed 光谱与成熟时间之间的关系,解释了 DsRed 及其突变体红色荧光团颜色变化的机制,同时利用这类荧光蛋白的特性推测早期启动子表达的情况。

1.3 报告型荧光蛋白探针

确定蛋白质在活细胞内的分布与动态行为是阐明其功能的重要环节。直接或者间接将目标蛋白质分子用荧光蛋白标记,结合现代显微成像技术,已成为蛋白质研究的重要工具之一。

1.3.1 活细胞内的蛋白质示踪

1.3.1.1 特定蛋白质分子的标记

活细胞内存在大量的蛋白质分子,它们的亚细胞定位、分子伴侣和动态行为,直接关系到其所在复合物的功能及生命活动行为。然而,对于细胞内成千上万种蛋白质,在无特定的标记情况下是很难鉴别与示踪的。因此,要想在活细胞内研究特定蛋白质的空间定位和功能,首先需要对其进行稳定的、特异性的标记。在所有的标记策略中,荧光标记运用得最为普遍。而荧光蛋白由于其遗传编码的特性以及优良的生物相容性、稳定性和独立性,已被生物学家们广泛用来与目标蛋白质偶联并融合表达,使得目标蛋白带上荧光标签。近十年来,已有几十种荧光蛋白不断地被开发与应用,其单体性和水溶性也更加优良。荧光蛋白的发射波长已覆盖蓝色、青色、绿色、黄色、红色、深红色,乃至近红外波段。此外,多种大斯托克斯位移的荧光蛋白也相继被报道。这些多姿多彩的荧光蛋白使得科研者们能够在同一细胞内分别标记不同的蛋白分子,并对这些蛋白质进行同步示踪,从而获得更为丰富的蛋白质行为信息。

蛋白质的空间定位与其功能密切相关。细胞内不同亚细胞结构均有其特定的标志蛋白。例如,细胞色素 C 氧化酶(cytochrome C oxidase)可以作为线粒体的标志性蛋白,内质网分子伴侣(calnexin)可以作为内质网的标志性蛋白。一些特定的氨基酸序列也可以将荧光蛋白等定位于特定的细胞器或者组分。通过将荧光蛋白与这些亚细胞结构的标志蛋白或者特定序列的氨基酸相融合,转染到细胞内,对表达出来的融合蛋白进行荧光成像,可直观地显示细胞内的不同亚细胞结构和特定蛋白质的分布[56]。例如,融合蛋白(表示形式为: 荧光蛋白-融合目标蛋白-N 端/C 端(相对于荧光蛋白)-连接氨基酸序列长度)mCherry-H2B-N-6 标记染色体或者染色质、mWasabi-mitochondria-N-7 标记线粒体、mCitrine-Cx43-N-7 标记缝隙连接结构、mCerulean-cytokeratin-N-17 标记上皮细胞中间丝结构、mApple-annexin(A4)-C-12 标记磷脂结合蛋白的分布、mEmerald-vinculin-C-23 标记黏着斑蛋白的分布、mEGFP-EB3-N-7 标记微管相关蛋白 EB3 的分布、mKO-Golgi-N-7 标记高尔基体、mCherry-vimentin-N-7 标记波形蛋白的分布、mTagBFP-lysosomes-C-20 标记溶酶体、mCerulean-lamin B1-C-10 标记核纤层蛋白 B 分布、mKO2-farnesyl-C-5 标记法尼酰基分布、mTFP1-β-actin-C-7 标记微丝、mOrange2-peroxisomes-C-2 标记过氧化物酶体、mApple-VASP-C-5 标记血管扩张刺激磷蛋白的分布、mEmerald-α-tubulin-C-6 标记微管、mCherry-clathrin(light chain)-C-15 标记网格蛋白介导的囊泡、mEGFP-VE-cadherin-N-10 标记血管内皮钙黏蛋白分布、TagRFP-T-endosomes-C-14 标记内涵体、mVenus-CENPB-N-22 标记着丝粒、mCerulean-zyxin-N-6 标记斑联蛋白分布、mKO-fibrillarin-C-7 标记核仁纤维蛋白分布、mECFP-endoplasmic reticulum-N-5 标记内质网、mApple-α-actinin-N-19 标记辅肌动蛋白分布、mEmerald-LC-myosin-N-10 标记肌原纤维、mPlum-γ-tubulin-N-17 标记中心体、EGFP-β-catenin-N-7 标记 β-链蛋白分布、mApple-profilin-C-10 标记前纤维蛋白分布、mKO-Pit1-N-6 标记垂体特异性转录因子分布、mEGFP-TPX2-N-10 标记 TPX2 蛋白分布。

虽然这种标记方法较为简单、直接,但是在实际运用时也可能遇到一些问题。典型的问题就是荧光信号弱,蛋白非特异性聚集和不正确的空间定位,或者干扰了目标蛋白质的功能[56]。这时,就需要考虑所选荧光蛋白是否合适,例如,量子产率是否高、单体性是否好、对光漂白是否耐受、对 pH 值变化是否敏感;或者可尝试改变荧光蛋白在目标蛋白质分子上的偶联位置(N 端、C 端,或其他合适的区域)。如果上述问题均已排除或解决,那么控制这些融合蛋白在细胞中的表达量,可能也是有必要的。因为在组成型启动子下,这些通过瞬时转染而表达的融合蛋白通常是过量的。很多情况下,筛选出稳定表达的、表达量较低的细胞株或者使用诱导型启动子,均是非常有价值的工作,不仅能提高实验的正确性与可重复性,还便于实验数据的定量分析[56]。

1.3.1.2　蛋白质空间定位信息的表征

1) 标记细胞内特定结构和细胞器

很多时候,通过查阅文献,我们可以找到一种或多种蛋白质分子,非常特异地定位在细胞的特定细胞器或区域。这样我们便有机会通过偶联该蛋白质来示踪这些细胞器或区域。通过这种方法,可以观察标记区域的位置,细胞器的形态、运动、变化,及与其他结构的关系。例如 Saveez Saffarian 等人将网格蛋白轻链 a(Clathrin LCa)的 C 端用 DsRed 标记并在不同细胞系中表达,然后通过动态显微成像方法,确认了网格蛋白介导的质膜内吞过程的两种不同动力学模式,解决了以往文献中关于这方面的一些争论[57]。Takako 等人首先开发了新的大斯托克斯位移荧光蛋白 Keima($\lambda_{ex/em}$:440 nm/620 nm)[33],并与 CFP 同时使用,实现了单一波长激光激发两种不同荧光蛋白的方法。随后,对 Keima 进行突变(突变体命名为 dKeima570),使其发射峰位于 570 nm。利用 dKeima570,Takako 等人开始尝试在单细胞中用 458 nm 同时激发 6 种定位在不同亚细胞结构的荧光蛋白:CFP 定位于细胞膜、mMiCy 定位于内质网、EGFP 定位于高尔基体、YFP 定位于微管、dKeima570 定位于细胞核、mKeima 定位于线粒体[33]。2008 年,L. Wang 和 Z. H. Zhang 等人成功实现了单个细胞内不同空间定位荧光蛋白和染料探针的 5 色标记荧光成像:mCerulean($\lambda_{ex/em}$:435 nm/476 nm)标记的 Rac1(细胞膜定位)、EYFP($\lambda_{ex/em}$:516 nm/529 nm)标记高尔基体、RFP2($\lambda_{ex/em}$:588 nm/625 nm)标记内质网、RFP1($\lambda_{ex/em}$:451 nm/615 nm)标记线粒体,以及 Hoechst33342 标记细胞核[58]。

2) 同一生命活动过程中多种蛋白质位移的同步监测

细胞的一些生理过程如自噬结构的产生,是由多种不同的蛋白分子共同协作的结果。通过同时标记并观察多种蛋白质分子,可以获取自噬结构形成过程中的动态分子信息。Dale W. Hailey 等人将 LC3 和 Atg5 蛋白分别用 CFP 和 YFP 标记,然后同时检测其在自噬发生位点的募集过程。这有助于分析蛋白质在自噬结构上的募集和解离行为,进而理解其功能[59]。Donald C. Chang 课题组在研究细胞凋亡过程中多个凋亡相关蛋白的动力学特性时,分别用 CFP 标记 Bax,用 YFP 标记 Bak 或 Smac。在没有发生细胞凋亡时,荧光成像显示 Bax 均匀分布于胞浆,Bak 分布于线粒体膜上,Smac 分布于线粒体内[60]。

而在凋亡过程中同步发生下述事件：线粒体膜分布的 Bak 逐渐聚集成斑点，且与由胞浆分布转位至线粒体膜的 Bax 共定位，而 Smac 则由线粒体逐渐释放到胞浆。

3）蛋白质动态功能信息的获取

当利用荧光蛋白标记方法研究蛋白质在细胞浆或细胞亚结构中的动态过程及其功能时，通常还需要应用相应的荧光分析技术，如荧光共振能量转移（FRET）、荧光漂白后恢复（FRAP）和荧光激活后重分布（FRAPa）等[61]。K. R. Drake 等人用 FRAP 技术研究了 EGFP - LC3 的胞浆-核交换动力学，并研究了 EGFP - LC3 分别在胞浆和核中的流动性[62]。Soojin Kim 等人用 FRAP 技术研究了 Hsp70 - YFP 蛋白在多聚谷氨酰胺链蛋白聚集体处的动力学，并证明了 Hsp70 蛋白并非束缚在蛋白聚集体，解决了之前的一些争论[63]。

1.3.2　活细胞内基因表达的监控

荧光蛋白作为报告分子可用于活细胞内基因表达水平的监控。通过基因工程手段将荧光蛋白构建到目标启动子的下游，即可通过荧光信号的检测来判断目标基因的表达情况，同时荧光信号的强度也与目的基因的表达水平相关。

在利用荧光蛋白直接标记与示踪目标蛋白时，通常需要采用荧光蛋白的单体，这是因为荧光蛋白聚合体可能会干扰目标蛋白正确的空间定位、流动性和相互作用等性质。而当我们需要检测蛋白表达水平时，通过荧光蛋白的表达量来表征活细胞内启动子的调控及表达水平，是可以选用荧光蛋白的多聚体的。通常荧光蛋白多聚体的亮度要比单体亮，可更为灵敏地用于检测。因此，许多具有极好理化特性的荧光蛋白多聚体，是十分适于基因表达检测的。例如：① 利用荧光蛋白检测基因启动子的表达量：Martin Chalfie 等人在 *mec - 7 - lacZ* 启动子下游插入完整 GFP 序列，通过在线虫内特异诱导 *lacZ* 表达，从而检测 GFP 的产生和定位[11]。② 利用不同颜色的荧光蛋白同时检测多个启动子的转录时序性：Jen Sheen 小组通过将 sGFP(S65T) 和 GFP 分别融合在启动子 AtCAB2 下游。在不同光强度刺激下，不同组织的 AtCAB2 启动子会差异激活，通过检测不同组织的荧光颜色差异可以有效地确定光刺激对基因表达的影响[64]。Ann Tsukamoto 小组对野生型 GFP 突变后得到两个光谱有差异的 GFP 突变体（RSGFP4 和 GFPS65T）。利用这两个突变后的 GFP，在人源性成纤维细胞中监测了基因的时空差异表达[65]。③ 利用荧光蛋白在时间维度中检测启动子活性：应用一种能够随时间变化来改变颜色的荧光蛋白——计时荧光蛋白，其光谱先从蓝到绿，最后到红色，通过对计时荧光蛋白光谱颜色的检测能够鉴定启动子活化的时间长度[53,54]。此外,快速折叠的荧光蛋白的应用将缩短启动子激活和出现荧光信号之间的时间差。

基于荧光蛋白的双分子荧光互补技术最近也被用于探测启动子的活性。双分子荧光互补属于蛋白质互补技术中的一种,通过将荧光蛋白在特定位点分开成两个片段单独表达,在特定条件下两个荧光蛋白片段即可自发融合折叠成一个完整的荧光蛋白并发出荧光(原理与应用详见 1.6 节)。因此将两个荧光蛋白片段分别构建在两个不同的启动子下,当两个启动子都启动后才能检测到荧光信号[67]。

1.3.3　光转换和光激活荧光蛋白探针的生物学应用

光激活荧光蛋白作为一类具有独特光敏感性质(光激活、光转换等)的荧光蛋白,可以方便地通过特定波长光线的照射,人为控制其在暗态和亮态间,或者不同波长间进行转换。在成像过程中,我们可以做到对光激活荧光蛋白分子的逐步激活以及与未激活分子的快速区分,从而带来三个重要方面的应用优势:分子与细胞运动的示踪、信噪比的增强和超分辨荧光成像。

1.3.3.1　蛋白质运动的示踪

使用光激活荧光蛋白可长时程连续动态地示踪活细胞内的蛋白质运动。首先对感兴趣区域进行选择性光激活,然后通过跟踪激活后分子的荧光信号,采用与荧光漂白后恢复(FRAP)技术相类似的策略,达到动态监控蛋白质运动的目的。与传统的 FRAP 技术相比,基于光激活荧光蛋白的成像方法更加直接与便捷,能提供更多信息并可用于更快速的蛋白质运动追踪。不可逆型光激活蛋白可用于监控活细胞内蛋白质的运动,虽然它们无法用于多次激活和追踪,但是提供了稳定的亮态信号,为长时间监控提供了便利,已成为基于光漂白效应的蛋白质动态监控方法的有效补充[68]。与不可逆型光激活荧光蛋白相比,使用可逆型光激活荧光蛋白可为实验设计提供更为丰富的信息,可以获得多个时间节点、多个空间区域,或者方向性的信息[69]。

1.3.3.2　细胞、细胞器、亚细胞结构的示踪

不可逆型光激活荧光蛋白可用于光学标记培养体系、活体组织,或者整个活体中的细胞,观察这些细胞在发育过程、癌变过程、炎症发生过程中的运动与迁移[70-72]。在 Danny A. Stark 和 Paul M. Kulesa 的工作中,首次将 PA-FPs 应用于完整鸡胚中。他们用电穿孔技术将 PA-FPs 引入鸡神经管中,再利用共聚焦或双光子显微镜对特定细胞或神经嵴进行光激活标记和长时程观察,细致地比较了不同 PA-FPs,如 PA-GFP、PS-CFP2、KikGR 和 Kaede 等在活体组织细胞标记中的优劣,其中 PS-CFP2 在光激活标记 48h 后仍清晰可见[73]。

通过构建带有细胞器定位信号的融合质粒,PA‑FPs 可以标记所有活细胞内细胞器,并示踪单个细胞器的运动与迁移方向,以及与其他细胞间的相互作用[74]。另外,细胞器内的蛋白质运动性,细胞器或细胞区域间的蛋白质交换,也可以通过类似方法追踪。

1.3.3.3 蛋白质降解的监测

不可逆光激活荧光蛋白可用于追踪融合蛋白的降解,由于不同于普通稳定信号荧光蛋白,光激活信号不受细胞新合成蛋白质的影响,所以只要避免或者矫正了光漂白现象,光激活信号的变化则完全只与融合蛋白的降解速率有关,这一技术可用于精确直接地监控活细胞内特定蛋白质的降解[75]。Konstantin A. Lukyanov 等人将绿、红光转化蛋白 Dendra2 与降解过程典型可控的蛋白质(如 IκBα)相偶联,通过激活并观察细胞内红色荧光信号来研究细胞内蛋白质的降解途径。此方法能更精确地监控 IκBα 的降解过程而不受新生成蛋白的影响,甚至能获取同一细胞中药物刺激前后降解速率的变化。

1.3.3.4 信噪比的增强

由于可以人为光控可逆型光激活荧光蛋白在明暗状态间的转化,而其他荧光信号,特别是生物体成像中普遍存在的背景荧光则保持相对恒定,因此,我们可以通过这一显著差别区分开荧光蛋白信号和背景噪声,从而在高背景环境下获得特定结构的高对比度荧光成像[76]。2008 年,Gerard Marriott 等人利用光学锁定检测成像方法(optical lock-in detection imaging microscopy),将可光调控的发光团和不受光调控的背景信号区分开,从而大幅提高成像对比度并能探测到微量分子。在该研究中,他们成功地将光激活荧光蛋白 Dronpa 应用于 NIH 3T3 细胞的 actin 标记,以及蟾蜍胚胎和斑马鱼幼苗的神经和肌肉细胞的标记,获得了高对比度的图像。

1.3.3.5 超分辨荧光成像

2005 年前后,基于光激活荧光蛋白的超分辨成像技术为光学成像领域带来了革命,被命名为光激活定位显微技术(photo activated localization microscopy, PALM),亦称 PALMIRA[77] 或 FPALM[78-80]。通过光控光激活蛋白的发光状态,获得可控稀疏分布的荧光信号,从而精确定位,重建出分辨率在衍射极限(200 nm)以下的光学成像结果,目前已成为最受期待的超分辨荧光成像技术之一。由于该类技术的成像精度直接依赖于标记荧光团的量子产率、光激活状态的稳定性等,所以光激活蛋白是该技术中的重要环节。目前基于细胞内荧光蛋白标记的光学成像系统的最高定位精度已达 10 nm。很多单体光激活荧光蛋白,不论可逆型还是不可逆型,都被用于 PALM 技术。到目前为止,PA‑GFP[79, 80]、Dronpa[81]、

PS-CFP2[81]、mEos2[82]、Dendra2[82]和 PA-mCherry1[83]均有较为成功的应用。逐渐成熟的技术和越来越多优秀荧光蛋白的出现,使得众多重要细胞结构的成像和跟踪跨过了光学极限的门槛,如细胞骨架中的微丝和微管结构、囊泡运输中的网格和斑点结构,以及多种功能性蛋白复合体等,并由此引发了对重要细胞生理行为如细胞迁移、免疫突触形成、神经细胞发育等更深入的理解和研究。

光谱及光控过程容易区分开的 PA-FP 可组合使用,进行双色甚至三色超分辨成像[84],其中 PS-CFP2 和绿、红光转换蛋白(如 mEos 系列或 Dendra2)的结合最为成熟。通过双色 PALM 技术,我们可以在几十个纳米的分辨率水平下,直接观测生物体中行使重要功能的蛋白质-蛋白质相互作用,确定目标蛋白质分子与其他蛋白质分子或与某细胞器的共定位程度[85]。例如,Fedor V. Subach 等人将网格蛋白轻链 a(Clathrin-LCa,CLC)和转铁蛋白受体(TfR)分别用 PA-GFP 和 PA-mCherry1 标记后,采用双色超分辨成像技术检测其共定位程度。TfR-PA-mCherry1 斑点和 PA-GFP-CLC 斑点在此超分辨水平下呈现出三种或分离或紧密邻近的结构,从而揭示了在 TfR 与 CLC 接触的不同阶段,用该方法统计分析所得到的斑点性状和大小尺寸,与电镜观测到的网格蛋白囊泡相符合[83]。不久后,Samuel T. Hess 等人利用类似的思路对 TfR 蛋白与 actin 骨架以及膜结构的共定位关系进行了进一步的阐述,选用三种光激活荧光蛋白:Dendra2、PamKate 和 PA-mCherry1,并结合精巧的光谱拆分算法,实现了细胞水平的三色超分辨成像[84]。

1.4 功能型荧光蛋白探针

活细胞内生物分子的功能与其所处的空间位置和发挥作用的时间密切相关,所以需在活细胞内长时程动态研究生物分子的功能。由于荧光蛋白探针具有准确的细胞内定位能力和内源无毒等特点,其已被广泛地应用于活细胞内生物分子的动态检测中。本节将介绍基于荧光蛋白的氧化还原型探针、ATP 荧光蛋白探针、pH 探针、电压敏感性探针、钙探针、汞离子探针、铜离子探针和锌离子探针。

1.4.1 氧化还原型探针

细胞内的氧化还原状态在细胞的增殖、分化、衰老和死亡中扮演了重要角色。细胞内氧化还原变化过程是非常短暂的,例如在正常生长因子信号的调控过程、长寿命或衰老细胞中都能发现 ROS 的存在。氧化事件会改变线粒体的渗透压,从而导致细胞色素 C 的释放和细胞死亡。细胞凋亡的最后一个过程就是打破了细胞的氧化还原平衡状态。发展能用于活细胞内动态监测氧化还原状态的探针,对于了解细胞内的生命活动过程极为重要。目前,有研究者通过改造荧光蛋白作为检测细胞内氧化还原状态的一种探针,这种探针既能够无损又可以动态灵敏地观察细胞内的氧化还原状态。目前主要有 4 种探针:roGFPs、Grx1 - roGFP2、HyPer 和 rxYFP。

1.4.1.1　roGFPs

roGFPs 是在 Aequorea Victoria 绿色荧光蛋白(GFP)的基础上突变而来的。它将 GFP 筒状结构表面的氨基酸残基用一对半胱氨酸替代。在氧化环境下,两个半胱氨酸能够形成二硫键,而在还原环境下,二硫键又被重新打开。因此,可通过检测不同波长激发下荧光强度变化的比率,快速可逆地反映活细胞内的氧化还原状态的动态变化。这种比率型探针可以避免由于探针浓度的不均一或者探针被光漂白而产生的测量误差,其有两种:roGFP1 和 roGFP2。roGFPs 有两个激发峰和一个发射峰。对于 roGFP1 来说,其激发峰值在 400 nm 和 475 nm 处,400 nm 处的激发峰值要比 475 nm 处的高。使用氩离子激光器中波长为 405 nm 和 488 nm 两种激光分别激发 roGFP1,在其发射峰值 510 nm 波段接收荧光强度。通过计算两种不同激光激发下发射峰荧光强度的变化比值,反映细胞内氧化还原状态的变化情况[86]。当 roGFP1 定位在 Hela 细胞的线粒体基质中,它能够反映线粒体膜在被氧化还原物质作用后线粒体基质氧化还原电势的改变。在 Hela 细胞等正常的生长条件下,静息状态下线粒体的氧化还原电势是在 roGFP1 的有效检测范围内的。表达有 roGFP1 的 Hela 细胞在含有葡萄糖的培养基中生长比在含有半乳糖/谷氨酰胺的培养基中生长,其还原性更强。此结果表明,半乳糖和谷氨酰胺同时存在时,迫使细胞利用三羧酸循环产生能量,从而降低 $NADH/NAD^+$ 的比例。这些实验结果证实 roGFP1 探针能够用于细胞内氧化还原代谢变化的动态检测。

roGFP2 是在 roGFP1 的基础上突变的。它在 roGFP1 的基础上将 S65T 的位置进行点突变,使得其第二个激发峰值红移到 490 nm 处[87],而且其 490 nm 处的激发峰值要比 400 nm 处的高。roGFP2 检测氧化还原电势的动态范围要比 roGFP1 大,而且对环境中 pH 值的变化要比 roGFP1 敏感。roGFP2 - PTS1 是定位到哺乳动物细胞中过氧化物酶体的 roGFP2 探针,可用来检测细胞内过氧化物酶体的氧化还原状态。发现随着环境中生长条件的变化过氧化物酶体的氧化还原状态也会发生变化。

1.4.1.2　Grx1‑roGFP2

谷胱甘肽是细胞内主要的氧化还原缓冲物质,在细胞内的氧化还原电势为 -240 mV,浓度是 $1\sim13$ mmol/L。传统的 roGFP 探针对于检测细胞内氧化还原电势变化的响应灵敏程度不够,而且它不能说明是哪一种物质影响了氧化还原系统。基于这个目的,有研究者发明了一种专门检测谷胱甘肽的探针,称为 Grx1‑roGFP2[88]。谷氧还蛋白 Grx1 是一种小型的氧化还原酶,它可以识别细胞中的底物分子谷胱甘肽,将其氧化或者还原。在 Grx1‑roGFP2 中,Grx1 可以催化谷胱甘肽氧化还原对与 roGFP2 氧化还原对之间的快速平衡,因此可用 Grx1‑roGFP2 的比例光谱来反映细胞内的谷胱甘肽浓度。此探针没有改变 roGFP2 的检测灵敏度和光谱性能,roGFP2 能够快速灵敏地检测活细胞内的谷胱甘肽浓度,从而间接反映细胞内氧化还原状态的变化。它能够在几秒到几分钟之内检测到细胞中纳摩尔范围内的氧化型谷胱甘肽 GSSG 浓度和毫摩尔范围内的还原性谷胱甘肽 GSH 浓度。

1.4.1.3　HyPer

活性氧化物 ROS 在一些恶性疾病、重度炎症反应性缺血缺氧的过程中都起着重要的作用。过氧化氢 H_2O_2 是 ROS 的一种。有研究者将 H_2O_2 敏感蛋白 OxyR 的调节性区域插入到环状排列的黄色荧光蛋白 cpYFP 中,形成 H_2O_2 特异性的荧光蛋白探针 HyPer89。此探针的命名来源于过氧化氢的英文 hydrogen peroxide,表明它是专用于 H_2O_2 的,而对别的氧化物不敏感。当有 H_2O_2 存在时,还原性的 OxyR 转变成氧化形式。OxyR 在这个区域的主要氨基酸残基是 Cys199 和 Cys208。当探针暴露于 H_2O_2 中时,使得 Cys199 从疏水性结构里面释放出来,并与 Cys208 形成二硫键,从而改变 cpYFP 的光谱特性。该探针它有两个激发峰,分别位于 420 nm 和 500 nm 处,发射峰在 516 nm 处。当 H_2O_2 浓度升高时, 500 nm 处的激发峰值逐渐升高,而 420 nm 处的峰值相应降低。通过计算 500 nm/ 420 nm 处激发时产生的发射荧光强度值的比率,可反映 H_2O_2 的量。为了验证 HyPer 在哺乳细胞中对 H_2O_2 的检测敏感性,研究者在表达 HyPer 的悬浮细胞中加入不同浓度的 H_2O_2 溶液,发现探针能够检测浓度低至 5 μmol/L 的 H_2O_2 对细胞的影响。将表达有 HyPer 探针的哺乳细胞在促凋亡蛋白 Apo2L/TRAIL 和生长因子 NGF 的诱导下,可检测到单个细胞内胞质和线粒体中的 H_2O_2 浓度增加。

1.4.1.4　rxYFP

将一种以黄色荧光蛋白 YFP 为基础的氧化还原探针命名为 rxYFP。它是将 YFP 的 β 桶状结构的 149 和 202 位点突变成 Cys149 和 Cys202,并且在

PGK1 启动子下游表达的一种非比率型探针。它的激发峰值在 512 nm，发射峰值在 527 nm。rxYFP 是比较早的用于检测细胞内谷胱甘肽的氧化还原探针。将 rxYFP 在酵母细胞中表达，同时加入巯基氧化剂 4 - DPS 和还原剂 DTT，成功地检测到酵母细胞中 GSSG/GSH 的氧化还原比率的变化，并且检测到酵母细胞中氧化型谷胱甘肽的浓度为 4 μmol/L。但是这种探针有其局限性，它不是比率型探针，它的光谱与细胞内自发荧光的光谱相似，所以使用时必须非常仔细地甄别。当比例型探针发明后，这种探针的应用也明显减少了。

1.4.2　ATP 荧光蛋白探针

ATP 是活细胞中的主要能量物质，它也是一个信号分子，可以调节能量位点的反应，特别是调节离子通道和激活信号级联反应。所以，对在生理条件下检测活细胞内 ATP 的动态分布，显得尤为重要。为了了解细胞是怎么消耗 ATP 来影响其生理反应的，研究者们发明了很多用于检测 ATP 的探针。

早期的 ATP 探针是基于荧光素酶。因为荧光素酶是通过消耗 ATP 能量来发光的蛋白，所以荧光素酶的发光强度间接反映了细胞内的 ATP 浓度。这种方法能够检测离体条件下浓度为 10^{-9} mol/L 的 ATP[90]。然而，在体环境下活细胞内，当 ATP 的浓度很低时，则超出了这种探针的检测灵敏度而无法检测到。

M. Willemse 等研制了一种可检测活细胞内腺嘌呤核苷酸（ATP）的 FRET 探针。此探针以 II 型次黄嘌呤核苷酸脱氢酶（IMPDH2）中可被 ATP 识别的结构域为核心，其两端分别连接 CFP 和 YFP。当细胞内 ATP 浓度升高时，基于 IMPDH2 识别结构域的 FRET 探针被切割，导致其 YFP/CFP 的荧光比率值降低。这类探针能够动态监测细胞内 1～20 mmol/L 范围内的 ATP 浓度变化[91]。在此基础上，有人利用 CFP/YFP 这对 FRET 对构建了 CFP - xa - YFP 探针（xa，Xa 蛋白酶灵感的酶切位点），用荧光寿命的方法研究细胞内 ATP 的浓度[92]。当细胞内 ATP 的浓度越高，CFP - xa - YFP 探针被切割的效率就越高，导致探针中供体 CFP 的荧光寿命增加。CFP - xa - YFP 探针检测 ATP 的浓度是 mmol/L 范围内。这种探针的缺点在于它不能动态检测 ATP 的变化。

为了创造更加灵敏检测 ATP 的探针，研究人员用一种环状排列黄色荧光蛋白 Venus（cpmVenus）作为探针的母体。cp 荧光蛋白是指将荧光蛋白本来的 N 端和 C 端用一个柔性多肽连接起来，然后在靠近发色团的另外一端重新打开一个 N 端和 C 端。在 cpmVenus 原来的 N 端和 C 端之间用一个可与 ATP 相结合的细菌调节蛋白 GlnK1 相连。GlnK1 是一个 PII 家族的膜蛋白。这个探针被优化后能够检测细胞内 ATP/ADP 的比例水平。他们把这个探针命名为

GlnK1 - cpmVenus QV5。这种探针专门检测细胞内 ATP 和 ADP，而其他的核苷酸如 AMP、NAD$^+$ 或者 GTP 对其没有影响。这种探针的激发峰在 490 nm 和 405 nm 处，发射峰在 530 nm 处。因此，可用 488 nm 激光激发的荧光强度与 405 nm 激光激发的荧光强度的比值（$FI_{488\,nm\,Ex}/FI_{405\,nm\,Ex}$）来表征细胞内 ATP 或 ADP 的含量。此探针可检测到的 ATP 浓度为 0.04 $\mu mol/L$，可检测到的 ADP 浓度为 0.2 $\mu mol/L$。因此，GlnK1 - cpmVenus QV5 与 ATP 结合的亲和力是 ADP 的 5 倍[93]。利用这个探针，研究人员检测了胰岛 β 细胞中 ATP 的浓度和 Ca^{2+} 的浓度。阐明了胰岛 β 细胞内线粒体 ATP 合成过程中，线粒体 Ca^{2+} 单向转运体 MCU 的作用[94]。

1.4.3 pH 探针

pH 探针是指对细胞内 pH 值变化敏感的一类探针。目前基于荧光蛋白的 pH 探针主要包括两类：荧光比率类探针和荧光强度类探针。通过引入特定的定位序列，可以将 pH 探针定位于细胞内的不同亚细胞结构，如高尔基体、线粒体基质、线粒体膜以及内质网等。在不同的亚细胞位置检测 pH 值，需要选择不同类型的 pH 探针。例如 EGFP(pKa＝6.15)适合检测酸性细胞器的 pH 值变化，而 EYFP(pKa＝7.1)则更适合检测线粒体基质部位等平均 pH 值在 8.0 左右的亚细胞位置的 pH 值变化。

早在 1997 年，Patterson 等人就指出野生型绿色荧光蛋白（wtGFP）及其突变体在 pH 值小于 7 的情况下荧光强度会随着 pH 值的降低而降低[95]。Hanson 等人研究表明，荧光蛋白对于 pH 值变化的响应是由于生色团附近质子化的变化并导致氢键的变化而造成的[96]。随后，研究者们不断开发出新型的、更优秀的 pH 探针，为科研工作提供了极大的帮助。然而，基于荧光强度变化的荧光蛋白 pH 探针存在着一定的局限性，易受自发荧光和成像条件的影响。1998 年，Miesenbock 等人对 wtGFP 的 E132D、S147E、N149L、N164I、K166Q、I167V、R168H、S202H、L220F 等 9 个位点进行突变，得到了基于比率检测的 pH 探针 pHluorin，该探针在 pH 值为 5.5～7.5 之间呈现可逆的变化，响应速度小于 20 ms，其在 395 nm 和 475 nm 处的发射峰随 pH 值降低而分别降低和升高，将该探针和囊泡膜蛋白连接，可以监测囊泡的分泌和突触传导[97]。2011 年，Morimoto 等人对 pHluorin 引入了 M153R 突变，极大地提高了 pHluorin 与融合蛋白连接的稳定性，很好地解决了 pHluorin 融合蛋白易被水解的问题，同时保持了原探针的其他特性[98]。

Hanson 等人提出了一个新的 pH 探针 deGFP。它是一个 GFP 的突变体，具有 460 nm 处和 515 nm 处两个发射峰,当 pH 值降低时,其 515 nm 处发射峰降低,而 460 nm 处发射峰升高,通过两个发射峰强度的比值变化,可以很好地反映出 pH 值的变化[96]。deGFP 系列有 4 个,分别为 deGFP1、deGFP2、deGFP3 和 deGFP4,主要表现在突变位置的不同,其对 pH 值的响应范围也有一定差异。

Awaji 等人通过将 pH 值敏感的 GFP 突变体(GFP 或 YFP)和一个 pH 值不敏感的 GFP(GFPuv)融合成一个整体,从而构建出了具有双激发双发射模式的探针 GFpH 和 YFpH,通过计算 380 nm 和 480 nm 波长激发下的发射峰比值(F480/F380)变化,来表征 pH 值的变化[99]。2008 年,Urra 等构建了一个类似的 pH 探针——pHCECSensor01,通过融合 pH 值敏感的 EYFP 和 pH 值不敏感的 ECFP 以及膜蛋白展示序列,使得探针定位于基底膜,其 pKa 值为 6.5 ± 0.04,该探针可以很好地检测上皮细胞或其他组织的胞外 pH 值变化[100]。

2004 年,Abad 等人对经典的钙探针"Camgaroos"进行改造,包括用水母发光蛋白中截短的一段 73 个氨基酸的序列替换原 Camgaroos 探针中的对钙响应的部分,并且加上了线粒体定位序列,新得到的探针命名为 mtAlpHi[101]。该探针具有较高的 pKa 值(约为 8.5),其对 pH 值响应范围为 7.0～10.5,同时消除了其对 Ca^{2+} 的响应,可以用于检测 pH 值较高的细胞器(如线粒体基质)的 pH 值变化。2012 年,Ogata M. 等人通过对 Venus 进行 H148V 突变,并与 GFPuv 融合,再加上细胞色素 C 定位序列,构建了用于探测线粒体 pH 值的新型 pH 探针——MTpHGV[102]。该探针被用于检测胰腺 β 细胞的线粒体 pH 值变化,研究在胰岛素分泌过程中线粒体的作用。常见 pH 值敏感荧光蛋白探针如表 1-1 所示。

表 1-1　pH 值敏感的荧光蛋白探针

探针名称	荧光蛋白	pH 值检测范围	参考文献
pHluorin	GFP mutant	5.5～7.5	[97]
pHluorin-M153R	GFP mutant	5.5～8.5	[98]
deGFP	GFP mutant	6.0～8.0	[96]
GFpH	GFPuv/GFP	5.0～8.0	[99]
YFpH	GFPuv/YFP	5.0～8.0	[99]
pHCECSensor01	CFP/YFP	5.5～8.6	[100]
mtAlpHi	YFP	7.0～10.5	[101]
MTpHGV	GFPuv/Venus	6.0～10.0	[102]

1.4.4 电压敏感性探针

1.4.4.1 第一代电压敏感性探针

第一代基于荧光蛋白的电压敏感性探针,是通过将荧光蛋白与电压控制的离子通道蛋白融合构成的。主要有 3 种:① 由 Isacoff 实验室发明的命名为 FlaSh 的探针。它是通过在 wtGFP 蛋白 C 端融合果蝇的 Shaker K^+ 离子通道蛋白组成的[103]。该探针在卵母细胞中表达时,-80 mV 去极化电压改变将导致 GFP 荧光信号强度约有 5% 降低。Perozo E. 等人通过对 Shaker 蛋白 W434F 位点的突变,减少了探针在细胞中受其他不必要因素的干扰[104]。Guerrero G. 等人通过使用不同生色团的荧光蛋白替代 FlaSh 探针中的 wtGFP,得到了信噪比更高的不同特性 FlaSh 探针,为检测动作电位或者突触电位提供了更多的选择[105]。② 由 Knopfel 实验室发明的命名为 VSFP1 的探针。它是将电压门控 K^+ 通道蛋白 Kv2.1 的四次跨膜序列的两端分别与 CFP 和 YPF 融合,构建成一种电压依赖的构象变化的 FRET 探针[106]。③ 由 Pieribone 实验室发明的 SPRAC 探针。通过将荧光蛋白插入鼠骨骼肌 Na^+ 离子通道蛋白的结构域 1 和 2 之间,从而实现对膜电压变化的监测[107]。第一代膜电压检测探针,由于其在哺乳动物细胞上表现出较差的膜表达特性,明显影响了其在活细胞中应用。此外,大量无响应的背景信号也很大程度地掩盖了电压依赖的信号。

1.4.4.2 第二代电压敏感性探针

玻璃海鞘电压感应器磷酸化蛋白(Ci - VSP)的发现和应用,极大地促进了电压敏感性探针的发展。Ci - VSP 是一个电压控制的酶蛋白,包含有跨膜电压感知区域和细胞质磷酸激酶磷酸酶区域,含有类似于 K^+ 通道蛋白 Kv 的 S1 - S4 四次跨膜区域。相比离子通道类型的电压敏感性蛋白,其表达并不影响细胞正常功能,因此不需要控制其在细胞中的表达水平。基于 Ci - VSP 感受器蛋白的电压敏感性探针,最早也是由 Knopfel 实验室开发的,是一个基于 CFP 和 YFP 的 FRET 信号检测的探针[108],命名为 VSFP2。在 PC12 细胞和海马神经元细胞中表达时,VSFP2 探针展现出很强的荧光信号并且能够很好地定位于质膜。在 VSFP2 基础上对 Ci - VSP 的 R217Q 位点进行了突变,可获得一个膜定位能力更强、对膜电位信号响应更快的探针,命名为 VSFP2.1[108]。VSFP2.1 是一个非常好的用于检测神经元活动的探针,如大的突触电压、单动作电位等信号。

1.4.4.3 第三代电压敏感性探针

第三代电压敏感性探针的改造主要包括以下几个方向:对连接序列的优化、采用不同的荧光蛋白突变体以及新的荧光蛋白与电压感受蛋白的融合方式。

之前的 VSFP 突变体虽然表现出很好的膜定位和动态范围较明显的响应,但存在的一个不足就是荧光信号变化对电压变化的响应速度较慢,不能满足神经元快速电压信号变化的测定需要。VSFP2 采用基于 CFP 和 YFP 的 FRET 信号变化来表征电压的改变,但是实验证实,受体 YFP 不一定需要存在,Knopfel 实验室证实了这一观点,如果直接用 CFP 信号来表征,反而会提高探针的响应速度,该新探针被命名为 VSFP3.1[109]。将该探针转染到细胞中,通过受体漂白的 FRET 技术来检测信号,完全不受受体的影响,同时实验也显示该探针的响应速度提高到(1.3±1)ms。在 VSFP3.1 基础上,将 CFP 替换为 Cerulean、Citrine、mOrange2、TagRFP 以及 mKate2 等其他突变体蛋白,结果证实 VSFP3.1_mOrange2 探针在海马神经元细胞中表示出更好的电压信号表征能力[110]。光谱红移荧光蛋白的应用,极大地拓宽了膜电压探针的应用范围,并且为与其他非红色光谱探针的联合应用提供了很大的空间。

对于 VSFP2.1 和 VSFP2.3 等探针而言,主要采用的都是 CFP 和 YFP 荧光蛋白作为 FRET 的供体和受体。Knopfel 等对此进行了突变,采用 mCitrine 和 mKate2 作为 FRET 的供体和受体构建了新的电压敏感性 FRET 探针 VSFP2.4,使其具有和 VSFP2.3 探针类似的动力学特性[111]。深红色蛋白 mKate 的引入,不仅扩大了探针的光谱应用范围,更重要的是在一定程度上避免了自发荧光的干扰,为活体应用提供了一定的可行性。

1.4.4.4 其他类型的电压敏感性探针

第一代电压敏感性探针 FlaSh 由于感受器蛋白的特性,使得其应用受到很大的限制,主要表现在较差膜定位特性和高背景荧光干扰。Jing 等人利用荧光蛋白双分子互补技术,通过转座子技术将 Venus 荧光蛋白的两个片断分别随机与 Shaker 蛋白连接[112]。在细胞内,四聚化的 Shaker 蛋白会使荧光蛋白组合并发出荧光信号。该方法避免了未成功折叠的 Shaker 蛋白信号的串扰,提高了探针的灵敏性。

常见电压敏感性探针如表 1-2 所示。

表 1-2 电压敏感性探针

探针名称	感受器蛋白	荧光蛋白	参考文献
FlaSh	Shaker	wtGFP	[103]
VSFP1	Kv2.1	CFP/YFP	[106]
SPRAC	鼠骨骼肌 Na^+ 通道蛋白	GFP	[107]

探针名称	感受器蛋白	荧光蛋白	参考文献
VSFP2.1	Ci - VSP	CFP/YFP	[108]
VSFP2.3	Ci - VSP	CFP/YFP	[109]
VSFP2.4	Ci - VSP	mCtrine/mKate2	[111]
VSFP3.1	Ci - VSP	CFP	[109]
VSFP3.1_mOrange2	Ci - VSP	mOrange2	[110]
FlaSh - YFP	Shaker	Venus	[112]

1.4.5 钙探针

1.4.5.1 基于钙调蛋白的 FRET 钙探针

第一个报道的基于荧光蛋白的钙探针是 cameleon - 1，它的组成包括位于两端的由 BFP 和 GFP（S65T）构成的 FRET 对，和位于中间的钙离子感受单元（即钙调蛋白（CaM）的 C 端和其结合多肽 M13）[113]。当 Ca^{2+} 存在时，CaM 和 M13 会结合在一起，导致 BFP 和 GFP 空间位置靠近，发生荧光共振能量转移。通过测定受体和供体发射峰的比值，可表征细胞内的 Ca^{2+} 浓度，FRET 信号的强弱与 Ca^{2+} 浓度呈正相关，该探针探测钙浓度范围为 $10^{-7} \sim 10^{-4}$ mol/L。

由于 cameleon - 1 的供体荧光蛋白 BFP 本身的光谱特性较差，在哺乳动物细胞中的成像检测时信噪比很低。为了克服这一缺陷，Miyawaki 又用经典的 FRET 对 CFP/YFP 替换了 BFP/GFP，形成了新的 Ca^{2+} 探针，命名为 yellow cameleon 2.1（简称 YC2.1）[114]。由于 CaM - M13 与 Ca^{2+} 结合的可逆性，YC2.1 探针可以用于实时检测溶液或细胞内的 Ca^{2+} 浓度变化。

但是 YC2.1 探针仍存在较多缺点。例如，当 YC2.1 探针用于海马神经元细胞质膜上时，其检测动态范围明显下降。这种改变是由于细胞内大量内源性的 CaM 与探针中的 M13 结合而造成。不仅内源性的 CaM 会影响探针的检测灵敏度，探针本身高表达的 CaM 也会影响内源性 CaM 的功能。因此，Griesbeck 和 Tisen 小组致力于减少探针对于内源性 CaM 的结合能力，对 YC 系列探针进行了优化。

Miyawaki 通过对 YC2.1 探针的突变，使其降低了对 pH 值变化的敏感度，更有利于在细胞质中表达和探测钙信号，该探针命名为 YC3.1[114]。随后

Miyawaki 等人利用 CaM 依赖激酶激酶(CaM-dependent kinase kinase，CKKp) 与 CaM 结合的特性，构建了新的 YC 探针，命名为 YC6.1[115]。该探针在活细胞成像中，其 FRET 效率有了两倍的增加，使其更容易在活细胞内观察 Ca^{2+} 的动态变化。随着环状排列(circular permutation，cp)类荧光蛋白 cpYFP 等的应用，Miyawaki 等人将不同环状排列的 cpVenus，替换原 YC 探针中的受体 EYFP，得到了 YC3.12、YC3.20、YC3.30、YC3.60、YC3.90 等新的钙探针[116]。结果发现，其中 YC3.6 表现最为优异，其检测的动态范围达到了大约 600%，极大地提高了钙探针的动态范围、成熟时间和酸稳定性。

1.4.5.2 基于 TnC 的钙探针

Heim 和 Griesbeck 发现了一种新的钙结合蛋白 troponin C(简称 TnC)，将它替换传统的 CaM-M13，构建了另一种基于 FRET 检测的钙探针 TN-L15[117]。该探针与内源性的 CaM 无结合，不受 CaM 的干扰，其表达也不影响细胞中 CaM 的功能。该探针检测的动态范围约为 140%，可以很好地用于心肌细胞和神经元的 Ca^{2+} 信号检测。

随后，Griesbeck 通过将 TN-L15 探针的受体变更为荧光蛋白 cpCitrine 174，极大地提高了钙信号检测的动态范围(从 140% 提高到了 400%)，此探针命名为 TN-XL。2008 年，Griesbeck 再次对 TN-XL 进行改造，通过去掉 TnC 的前两个结构域，并重复后两个突变的结构域，得到新的 Ca^{2+} 探针称为 TN-XXL[118]。此探针提高了钙信号的检测灵敏度，可以数日乃至数周地监测小鼠皮层中神经元内 Ca^{2+} 信号的动态变化。2011 年，Liu 等进一步对 TN-XXL 进行优化，得到了 TN-3XL，它利用随机突变得到的新的 CFP 突变体(命名为 3xCFP)作为供体，与受体 cpVenus173 组成新的 FRET 对，替换了 TN-XXL 中的 CFP/cpCitrine 174 FRET 对，使得动态范围高达 1 156%。此探针在 PC12 细胞中的应用结果表明，其动态范围明显高于 TN-XXL 探针[119]。

1.4.5.3 GCaMP 钙探针

环状排列(简称 cp)类荧光蛋白为构建单荧光蛋白探针提供了新策略，它在钙探针上的应用更是体现其独有的优势。GCaMP 探针是利用 cpEGFP 构建的钙探针，其 Ca^{2+} 信号检测单元也是基于 CaM-M13 之间的相互作用，与 FRET 探针不同的是，M13 和 CaM 分别位于 cpEGFP 的 N 端和 C 端。当 Ca^{2+} 浓度变化时，cpEGFP 发射峰强度变高，该探针与 Ca^{2+} 表现出高度的亲和力，亲合常数为 235 nmol/L[120]。

由于 GCaMP 的荧光强度较弱，且受 pH 值影响较大，Ohkura 等人对 cpEGFP 进行了 V163A 和 S175G 位点的突变，改进得到了 GCaMP1.6 探针，该探针相比于 GCaMP 探针,不仅降低了 pH 值灵敏度(钙饱和情况下 pKa 值为 8.2),而且提高了对 Ca^{2+} 响应的选择性。同时继续对 CaM 的 E140K 位点突变,得到了 GCaMP1.6(E140K),该探针不仅荧光强度上得到提高,更重要的是减少了自然存在的游离 Ca^{2+} 对探针的影响[121]。Tallini 等在 GCaMP1.6 基础上,继续进行了相关突变,并引入了一段提高蛋白质热稳定的序列,得到了 GCaMP2 探针[122]。该探针相比 GCaMP 和 GCaMP1.6 的荧光亮度提高了 6 倍,动态范围高达 4～5 倍,最重要的是显著提高了钙探针在 37℃的稳定性,使其能够很好地应用于小鼠心脏细胞的钙成像,实现了长达 4 周的钙信号观察。Tian 等在 2009 年继续对 GCaMP 改进,突变了 cpEGFP 的 M153K 和 T203V 两个位点以及 CaM 的 N60D 位点,得到了 GCaMP3,亮度提高了约两倍,其动态范围提高了 3 倍,对 Ca^{2+} 离子亲和力提高了 1.3 倍,在线虫、苍蝇和小鼠神经元的成像上都取得很好的效果[123]。Douglas Kim 及其同事通过选择性"诱变"获得一种新的超灵敏 GCaMP6 钙探针,它在活体应用中(如果蝇、斑马鱼)的时空分辨率都有所提高。在活体中对单个动作电位诱发的钙信号,GCaMP6 比 GCaMP3 强 10 倍,动力学快两倍,已经全面超过化学钙指示剂 OGB-1。另外,在小鼠视皮层中,GCaMP6 能可靠地检测单一动作电位和"单脊方向调整"。GCaMP6 传感器可被用来在相隔数月的多次成像过程中对大批神经元以及微小的突触腔进行成像,从而为脑研究和钙信号作用研究提供一个灵活的新工具[124]。

1.4.5.4　Camgaroo 钙探针

Baird 等人通过在单个荧光蛋白 EYFP 的 144 和 146 位点之间插入外源性 CaM 蛋白,构成了 Camgaroo 1 探针,在 Ca^{2+} 结合前后,其荧光强度大约有 8 倍的变化[125]。但是对于这个非比率钙探针来说,当探针质粒转染至细胞中并表达时,由于静息状态下的钙信号几乎为零,使得它很难用于细胞实验,且此探针在 37℃时蛋白的表达量也并不理想。为了改变这一缺点,使用在 37℃时成熟较好的 EYFP 突变体 Citrine,获得了 Camgaroo 2 探针,Ca^{2+} 结合前后的荧光强度变化大约为 6 倍,亲和常数约为 5.3 $\mu mol/L$[126]。

1.4.5.5　Pericam 钙探针

与 GCaMP 探针类似,pericam 探针也是基于 cp 荧光蛋白,不同的是 GCaMP 采用的是 cpEGFP,而 pericam 采用的则是 cpEYFP,M13 和 CaM 分别位于 cpEYFP 的 N 端和 C 端。为了得到更大的动态范围,对个别氨基酸进行了突变优化,得到了几种不同的 pericam 探针[127]。cpEYFP 中的 His203Tyr 突变明显提高了探针的动态范围,荧光信号大约有 8 倍的升高,命名为 flash-pericam;同时还对 V163A 和 S175G 突变,提高了探针在 37℃ 的折叠效率[127]。对 flash-pericam 进一步突变 H203F/H148D/F46L,并删掉 CaM 前一个 Gly,同时将原 EYFP 的 N 端和 C 端之间的链接序列由 GGSGG 替换为 VDGGSGGTG,得到了双激发光谱比率表征的钙探针,随着 Ca^{2+} 浓度变化,其激发光谱发生变化,该探针命名为 ratiometric-pericam[127],其两个激发光谱峰值分别为 495 nm 和 515 nm,其亲和常数为 17 μmol/L。令人惊奇的是,当 ratiometric-pericam 引入 D148T 突变后,在 500 nm 波长激发下,其发射峰强度相对 pericam 降低了约 15%,并表现出对钙的响应与 pericam 完全相反,即当钙饱和时其荧光强度最低,而无钙时其荧光强度最强,钙结合前后其动态范围变化约为 7 倍。因此,这个探针被命名为 inverse-pericam[127]。

1.4.6　汞离子探针

Gu 等人第一次报道了用于 Hg^{2+} 检测的荧光蛋白探针。近红外荧光蛋白 IFP 的发光,需要胆绿素(BV)与其 C24 半胱氨酸残基结合,而 Hg^{2+} 可与胆绿素竞争结合这一位点,从而影响 IFP 的荧光形成。也就是说,Hg^{2+} 浓度越高,IFP 探针的荧光强度就越低[128]。该探针对 Hg^{2+} 的检测极限大约是 50 nmol/L,在 1 200 nmol/L 时探针也未达到饱和状态(检测范围在 50~1 400 nmol/L)。相对于其他金属离子而言,该探针对 Hg^{2+} 具有极高的特异性,并且其适应的 pH 值范围较广,pH 值在 5.5~8.8 之间对 Hg^{2+} 都有类似的响应,为探测有机体及其组织内的 Hg^{2+} 提供了有效的工具。此外,基于这一原理还开发了蛋白质-琼脂糖偶联的凝胶状试纸,为快速检测 Hg^{2+} 提供了很大的方便。

1.4.7　铜离子探针

Sumner 等人发现起源于热带珊瑚中的红色荧光蛋白 DsRed 对 Cu^{+} 和 Cu^{2+} 具有很高的可逆的特异性亲和力,其检测极限在纳摩尔级[129]。对 Cu^{+} 和 Cu^{2+} 的亲和常数分别为 450 nmol/L 和 540 nmol/L。相比于 GFP 及其突变体,DsRed 对 Cu^{2+} 的亲和力比 wtGFP 高 7 个数量级,即使相对于 GFP 的某些突变体而言,DsRed 对 Cu^{2+} 离子的亲和力也是其 40 倍。Rahimi 等人在进一步的研究中发现组氨酸和半胱氨酸残基在 DsRed 与 Cu^{2+} 离子结合过程中起到了关键作用[130]。

Isarankura-Na-Ayudhya 等人通过光谱学的手段分析发现,融合有富组亲动蛋白(hisactophilin)标签的 His6 - GFP 对铜离子有较高的亲和力,当其处在 500 μmol/L 浓度的 Cu^{2+} 溶液中时,其荧光强度下降了约 60%,而在同样浓度的 Zn 离子和 Cd 离子溶液中,其荧光强度大约只降低了约 10%~20%。当再用

EDTA 螯合 Cu^{2+} 时,荧光强度能够恢复到原来的 80%,显示出该探针对 Cu^{2+} 有着较好的可逆性结合特性[131]。进一步研究显示,荧光强度的改变主要是由于 Cu^{2+} 结合后对荧光分子基态的淬灭,而非导致荧光蛋白的结构或者构象改变。利用 His6‐GFP 制备的凝胶状检测试剂盒,对溶液中的 Cu^{2+} 有着非常快的响应,能够达到实时检测 Cu^{2+} 含量的目的,其检测范围在 $0.5\ \mu mol/L \sim 50\ mmol/L$ 之间。

1.4.8　锌离子探针

第一类锌离子探针是基于单个荧光蛋白构建的,对荧光蛋白生色团附近的氨基酸进行改造,使其对 Zn^{2+} 敏感。Barondeau 等人报道的 Zn^{2+} 探针 BFPms1,它把 BFP 生色团 66 位酪氨酸替换成组氨酸(Y66H),以利于金属离子的结合,在 Zn^{2+} 饱和的情况下,其荧光强度有约两倍的升高[132]。Mizuno 等人利用环状重排的 GFP 构建了 Zn^{2+} 探针,为 cpGFP190‐IZ‐H,该探针对 Zn^{2+} 的亲和常数为 570 nmol/L。遗憾的是,该探针对铜离子和镍离子的浓度变化都有类似的响应[133]。基于单个荧光蛋白的 Zn^{2+} 探针的最大缺点是对 Zn^{2+} 响应的特异性差,再加上基于荧光强度检测技术很容易因光漂白而影响检测的准确性,所以这类探针极少用于在细胞内定量检测锌离子浓度。

第二类锌离子探针是基于荧光共振能量转移对的 FRET 探针,荧光蛋白供体与受体之间用能够与 Zn^{2+} 结合的结构域蛋白或者多肽相连接。Evers 等人用 ECFP 和 EYFP 分别作为供体和受体,中间用一段能与 Zn^{2+} 结合的多肽相连接,构建了一个基于 FRET 原理的 Zn^{2+} 探针,称为 ZinCh‐9,当 Zn^{2+} 与之结合后,其信号约有 4 倍的增加,其 Zn^{2+} 检测范围为 $10\ nmol/L \sim 1\ mmol/L$[134]。利用类似的原理,Evers 等人通过在 ECFP‐linker‐EYFP 的 N 端和 C 端均插入一段组氨酸(His)标签,构建了 Zn^{2+} 探针 CLY9‐2His,其亲和常数为 47 nmol/L,较 ZincCh‐9 而言对锌离子的检测灵敏度明显提升,但是其动态检测范围有所降低,Zn^{2+} 结合前后其荧光信号仅有 1.6 倍的变化[135]。

虽然 ZinCh‐9 和 CLY9‐2His 展现出了较好的动态范围和 Zn^{2+} 检测特异性,但是由于其检测范围在 1 mmol/L 以下,无法检测细胞内 Zn^{2+} 浓度较高的地方。为了使 Zn^{2+} 探针的检测范围更好地与细胞内 Zn^{2+} 浓度相匹配,研究者们不断报道了新的基于 FRET 技术的 Zn^{2+} 探针。Pearce 等人利用人金属硫蛋白(hMTIIa)作为 Zn^{2+} 结合受体,两端连接 ECFP 和 EYFP 作为供体和受体,构建了一个 Zn^{2+} 探针 FRET‐MT[136-138]。遗憾的是,该探针对 Zn^{2+} 的亲和力和特异性并不十分理想。Thompson 等人用碳酸酐酶(CA)作为 Zn^{2+} 结合受体构建 Zn^{2+} 探针,该探针对 Zn^{2+} 有较好的亲和力和特异性[139]。

利用锌指结构域也可构建 Zn^{2+} 检测探针。Qiao 等人将 ECFP 和 EYFP 融合到 ZF1/ZF2 或 ZF3/ZF4 两对来自酵母的锌指结构域中,两个探针都能够很好地用于检测 Zn^{2+} 浓度[140]。Dittmer 等人利用相似的 Zn^{2+} 结合受体 Zif268 构建了 FRET 探针 Cys_2His_2 和 His_4,利用该探针检测单个细胞中细胞质和线粒体内 Zn^{2+} 浓度[141]。该探针的信号在体外虽然有 2～4 倍的变化,但是在活细胞内仅有 0.25 倍变化,不过该探针提高了 Zn^{2+} 的检测范围,Cys_2His_2 的 Zn^{2+} 亲和常数是 $1.7\ \mu mol/L$,而 His_4 则达到了 $160\ \mu mol/L$,使活细胞内检测 Zn^{2+} 水平成为可能。

有趣的是,到目前为止最好的 Zn^{2+} 结合受体却是来自与铜离子有关的蛋白 ATOX1 和 WD4。Merkx M. 等人以此开发了 Zn^{2+} 检测探针 CALWY 系列,最初探针检测 Zn^{2+} 时,其动态范围只有约 15%,经过一系列改变后,其动态范围提高到 200%[136-138]。对该探针中的 Zn^{2+} 结合受体 C416S 位点进行突变,得到了 eCALWY 系列探针,该探针完全消除了对铜离子的结合,探针的动态范围大于 200%,能够很好地用于细胞内 Zn^{2+} 浓度的检测。

1.5 荧光共振能量转移型探针

1.5.1 荧光共振能量转移(FRET)简介

1.5.1.1 FRET 的测量方法

FRET 技术在生物物理学和生物化学中都有着广泛的应用。结合荧光显微镜可以精确定位生物分子并测定其分子动力学,例如蛋白质-蛋白质相互作用、蛋白质-DNA 相互作用、蛋白酶活性,以及蛋白质构象变化等引起的 FRET 效率变化[142]。

FRET 效率主要通过以下方法来测定:① 基于荧光强度的 FRET 成像。当检测两个生物分子(DNA-蛋白质或蛋白质-蛋白质)之间是否靠近并存在相互作用时,将荧光蛋白供体和受体分别与两个生物分子偶联,当两个生物分子相互靠近使得荧光分子在 1～10 nm 的作用距离内时,即可发生 FRET 现象,即供体的一部分能量转移到受体,使得受体的发射光强度得以增强。在检测单分子探针构象变化情况时,是通过将供体和受体分别连在探针的两端。当在某种外在因素刺激下探针发生构象变化后,供体和受体的相互空间位置和偶极取向则会相应发生变化,从而产生或消除 FRET 现象。如果分子的相互作用或蛋白质构象变化依赖于与配体的结合,那么这种 FRET 测定方式能够很好地检测配体的分子行为[143, 144]。② 基于光漂白的 FRET 成像。FRET 还可以通过检测在受体存在和受体缺失情况下,对供体漂白后的荧光强度变化比率[145, 146]。③ 基于荧光寿命的 FRET 成像。荧光寿命是指荧光团在被激发后至发射荧光所经历的时间延迟的比率。荧光寿命是荧光团的固有特性,不受激发光强度和探针浓度的影响。但是 pH 值和离子浓度等细胞微环境却会影响荧光寿命。基于荧光寿命的 FRET 成像技术(FRET - FLIM)主要是检测在受体存在和缺失情况下,供体的荧光寿命变化情况[147]。

1.5.1.2　基于荧光蛋白的 FRET 对

FRET 探针中通常包括两种光谱不同的荧光蛋白作为供体和受体。与有机染料组成的 FRET 对相比,基于荧光蛋白的 FRET 探针优点在于:① 生物相容性好,对目标蛋白或细胞无毒性;② 利用基因手段可以在细胞内稳定表达,荧光强度不会随着细胞分裂而减弱。其不足之处是,基于荧光蛋白的 FRET 探针,其激发和发射光谱比有机染料的 FRET 对的光谱要宽。因此,FRET 成像时需要设置一系列的对照组,以消除光谱串扰对 FRET 效率计算的影响,且较难与其他 FRET 对同时应用于活细胞内的双 FRET 检测。最早应用于 FRET 技术的一对荧光蛋白是蓝色荧光蛋白(BFP)和绿色荧光蛋白(GFP)。然而,最初选用的 GFP 容易被光漂白,BFP 量子产率较低,且激发峰位于紫外区,容易被细胞的自发荧光干扰。随着荧光蛋白突变体的不断产生,CFP 与 YFP 已成为最常用的一对 FRET 对,因其 FRET 效率高,所构成的 FRET 探针检测灵敏度亦高。此后,由各种理化性能更优良的 CFP 与 YFP 突变体组成的 FRET 对,进一步改善了 FRET 探针的动态检测范围和检测灵敏度[34]。表 1 - 3 列举了主要的 FRET 荧光蛋白对;表 1 - 4 列举了可用于多比率成像的 FRET 荧光蛋白对。

表 1 - 3　主要的 FRET 荧光蛋白对

供　体	受　体	说　明	参考文献
mTagBFP	sfGFP	最适合比率成像的蓝/绿色 FRET 对	[148]
ECFP	EYFP/Citrine/Venus	适用于所有 FRET 检测技术	[149, 150]
ECFP/EGFP	mDsRED/tdDsRED	与 CFP/YFP 对相比,有更好的光谱区分度	[151]
Cerulean	EYFP	更适于 FLIM 成像的 CFP 突变体	[152]

（续表）

供　体	受　体	说　明	参考文献
T‑Sapphire	DsRED	有着目前最好的光谱区分度,但是需要紫外激发	[31]
mVenus	mKOκ	光谱红移的 FRET 对,可在同一细胞内极低串扰地与 GFP 同时成像	[153]

表 1‑4　用于多比率成像的 FRET 荧光蛋白对

FRET 对 1	FRET 对 2	参 考 文 献
CFP/YFP	mOrange/mCherry	[154]
mTFP1/YFP	mAmetrine/tdTomato	[34]
mVenus/mKOκ	mTagBFP/sfGFP	[148]

1.5.2　FRET 成像技术在细胞生物学研究中的应用

1.5.2.1　核酸的研究

FRET 已被用于研究染色体和 DNA 结构。基于 FRET 的同源 DNA 诊断分析技术可以监测引物在模板指导下的延伸过程,并且已经用于基因组高通量分析。基于 FRET 的染色体荧光原位杂交是另一种重要的应用。具体原理是目的核酸与检测探针分别标记不同的荧光分子,这对荧光分子可以分别成为 FRET 的能量供体和受体。在检测过程中荧光强度的变化可以反映出探针和目的基因之间的空间距离:当探针和目的基因相互结合并完成构象变化后发生 FRET 现象;若探针与目的序列分立,则 FRET 消失。另外,FRET 通过在核酸的不同部位标记能量供受体对,应用范围拓展至 DNA 结构研究、核酸调控与降解研究等许多方面[155]。

1.5.2.2　蛋白质结构及功能研究

FRET 技术在研究蛋白质结构变化以及蛋白质间空间距离变化中有着巨大优势。相比于 X 射线衍射技术,FRET 的优势在于能够分析结构变化的动态过程。相比于经典的酵母双杂交系统和哺乳动物双杂交系统,FRET 在研究蛋白质相互作用时可以实时监测目标区域内的动力学信息。在 Pozo 等人关于整合素及其相关蛋白质之间相互作用的研究中,利用 CFP/YFP 分别作为 FRET 能量供体和受体,发现整合素可以介导 Rac 蛋白转运到细胞膜附近区域,并使抑制因子 Rho‑GDI 与 Rac 蛋白分离,从而活化 Rac 蛋白。

1.5.2.3 第二信使含量监测

FRET 探针能够检测细胞内小分子浓度（如钙离子）的变化，还能用于研究浓度变化与特异生物学现象之间的关系。Adams 等人报道了第一个检测 cAMP 的 FRET 探针。他们将 BFP 和 GFP 通过一段特异性多肽相连，这段多肽能够专一识别结合 cAMP 的激酶，该多肽能被激酶（如 PKA）磷酸化，从而改变多肽的构象，产生 FRET 现象。因此通过探针的 FRET 效率变化过程可以确定激酶磷酸化的动力学[158, 159]。

1.5.2.4 蛋白酶活性检测

细胞内存在多种蛋白酶，利用其特异性底物开发的 FRET 探针可以有效地检测细胞内特定蛋白酶的活性。例如，Heim 和 Tsien 从胰蛋白酶底物多肽中筛选到一段只有 25 个氨基酸残基小肽作为连接序列，连接 BFP（荧光供体）和 GFP（荧光受体），在胰蛋白酶激活前，在小肽的维持下能量从 BFP 向 GFP 传递；当胰蛋白酶活化并特异性切割这段小肽后，BFP 和 GFP 相互脱离，因其空间距离增大使 FRET 现象逐渐消失。

1.5.2.5 细胞凋亡研究

Xu 等人最先从 caspase - 3 的底物中发现了 DEVD 是最适合用于检测 caspase - 3 的特异性 FRET 底物。通过使用 DEVD 链接 BFP 和 EGFP 构成的 FRET 探针可以在细胞凋亡过程中检测 caspase - 3 的激活。当 caspase - 3 被激活后，细胞内探针中的 DEVD 逐渐被 caspase - 3 酶切，使得 BFP 和 EGFP 相互分离，FRET 现象逐渐消失[162]。随后针对 caspase - 2、caspase - 8 和 caspase - 9 等在细胞凋亡过程中起关键作用的 caspase 酶的 FRET 探针均已用于细胞凋亡时的时空特性研究[163, 164]。

1.5.3 分子内 FRET 探针

因为 FRET 信号受荧光团之间的空间距离和偶极取向的影响非常大，高灵敏度 FRET 探针的开发受此限制。基于结构生物学的晶体解析结果，为 FRET 对的优化并开发新型探针提供了思路。但是，目前成熟应用的 FRET 分子探针种类依然有限，它们主要是依靠探针内部特异性底物（linker）的酶切水解或构象变化来检测 FRET 信号的变化[165, 166]。这些探针主要包括：用于检测 caspase 家族蛋白酶[163, 164]、分泌型蛋白酶（MMPs）[167, 168]和跨膜型蛋白酶（β-分泌酶）[169, 170]等为代表的酶切类 FRET 探针，和用于检测蛋白激酶家族（如 Src、PKA、Rac 等）[148, 172]和 Ca^{2+} 信号等为代表的构象变化类 FRET 探针[173]。

1.5.3.1　Caspase 探针

目前已经发现有 14 种参与细胞凋亡的 caspase 家族蛋白酶。探针中的 caspase 识别底物是由至少 4 个特异的氨基酸残基组成,活化的 caspase 可切割底物序列中的 Asp‐X 键。不同 caspase 有不同的底物识别序列。然而,caspase 并非都能切割那些包含四肽序列的蛋白质,可能是由于其多聚体结构单元影响到对底物序列的识别。

在细胞凋亡过程中,不同 caspase 蛋白酶的激活严格遵守相应的时空特征。目前已报道的 caspase 家族 FRET 探针的特异性底物如下：caspase‐1 的识别序列为 Tyr‐Val‐Ala‐Asp(YVAD);caspase‐2 的识别序列为 Asp‐Glu‐His‐Asp(DEHD);caspase‐3 的识别序列为 Asp‐Glu‐Val‐Asp(DEVD),并水解聚 ADP‐核糖聚合酶(PARP);caspase‐6 的识别序列为 Val‐Glu‐Ile‐Asp(VEID),并切割核纤层蛋白(lamins);caspase‐8 的识别序列为 Ile‐Glu‐Thr‐Asp(IETD);caspase‐9 的识别序列为 Leu‐Glu‐His‐Asp(LEHD)。基于特异性 caspase 底物序列(如 DEVD),将其作为连接序列来连接两个不同光谱特性的荧光蛋白(如 CFP/YFP),即可构建为 caspase 专一的 FRET 探针。通常 caspase 未活化前,探针的荧光供体和荧光受体之间由于连接序列的存在可以相互靠近从而有 FRET 现象。当细胞内 caspase 被激活后,caspase 特异性地切割 FRET 探针连接序列内部的酶切位点,切割后,荧光蛋白对(如 CFP/YFP)相互分离从而使得 FRET 现象逐渐消失。结合显微成像技术可以获取在特定 caspase 激活条件下 caspase 活化的全时程动力学数据。Q. M. Luo 课题组使用青色荧光蛋白(CFP)和红色荧光蛋白(DsRed)分别作为 FRET 探针的供体和受体,将 caspase‐2 和 caspase‐3 的识别序列(CRS)与 CFP 和 DsRed 相连,构建了用于检测起始 caspase 蛋白酶(caspase‐2)和效应 caspase 蛋白酶(caspase‐3)活化的 FRET 探针 CFP‐CRS‐DsRed。应用 FRET 成像技术对细胞凋亡过程中 caspase‐2 和 caspase‐3 活化的时间顺序和特性进行了实时动态成像监测,发现了 TRAIL 诱导的 HeLa 细胞凋亡中 caspase‐3 依赖途径与非依赖途径共存的现象,直观动态地揭示了 TK 基因治疗及其旁杀效应与 caspase‐3 活化的关系[163, 164]。

1.5.3.2　Src 探针

2001 年 Roger Y. Tsien 等人利用 ECFP 和 EYFP 作为 FRET 对,采用 SH2 序列和 EIYGEF 序列作为 FRET 探针的连接序列。在血小板衍生生长因子(PDGF)或表皮生长因子(EGF)刺激下 FRET 探针能够产生超过 25% 的变化比例。但随后的实验发现除了 Src 激酶外,这个探针也会对表皮生物因子受体

(EGFR)作出响应。2005年,Shu Chien等人针对Src探针特异性差的缺点进行了改造,通过采用p130cas中的WMEDYDYVHLQG序列作为连接序列大大增强了Src探针的特异性。应用改良后的Src探针,动态监测了脐静脉内皮细胞(HUVECs)中细胞末梢Src的快速激活,定量研究了Src在细胞膜内的扩散速度。2008年Y.Wang等人用Ypet取代EYFP作为新的FRET受体,使得Src探针的动态范围提高了10倍。相比于之前的Src探针,基于Ypet首次检测到了血管内皮生长因子(VEGF)刺激Src的动力学变化。

1.5.3.3 其他用于蛋白酶活性检测的FRET探针

1)分泌型蛋白酶活性检测

基质金属蛋白酶(matrix metaloproteinases,MMPs)是一种可降解细胞外基质的蛋白水解酶,在恶性肿瘤的生长、侵袭、转移和血管生成过程中起着重要的作用。MMP通常以无活性酶原的形式分泌到细胞外,并在胞外通过一系列酶切过程被活化。Q.M.Luo等人通过将探针人为定位到细胞膜外来检测MMP在胞外激活的动力学过程。他们在基于CFP/YFP的MMP探针序列的N端加入了源自Igκ的分泌肽,在其C端引入跨膜序列,从而将荧光蛋白FRET探针定位在细胞膜外表面。当细胞外的MMP被激活后,可以特异性地切割探针连接序列中的MMP识别序列,使得CFP和YFP解离,FRET现象消失。

2)跨膜型蛋白酶活性检测

β淀粉样肽在阿兹海默氏症(AD)患者脑内的异常产生和积累,在AD的发病机理中扮演着重要的角色。Aβ是由其前体蛋白——淀粉样前体蛋白(amyloid precursor protein,APP)经两种蛋白酶(β-分泌酶和γ-分泌酶)依次酶切水解而产生。由于β-分泌酶(Beta-site APP cleaving enzyme,BACE)是Aβ产生的关键酶,与AD的发生密切相关,因此被认为是AD治疗的重要靶标。为了在高时空分辨率条件下对BACE酶活进行检测,Q.M.Luo等人利用CFP/YFP荧光蛋白对构建了BACE酶特异性的FRET探针。通过筛选,确定了BACE酶特异的底物并且成功实现在活细胞中检测BACE酶的活性。

1.5.3.4 基于FRET探针的多分子事件并行检测

细胞内许多不同分子形成一个复杂的调控网络参与特定的生理或病理事件。光学成像与种类众多的荧光蛋白探针相结合,使得我们可以更加关注于特定细胞事件中的时空特性和动力学行为。

多分子荧光蛋白探针应用的挑战主要在于如何合理有效地分配有限的可见光光谱资源(400~650 nm)。基于荧光强度的比率成像是一种可定量化的FRET检测方法,在多分子事件的并行检测中,优点在于其不受探针的浓度、光漂白等因素的影响[174]。在比率成像中需要同时采集 FRET 探针中荧光蛋白供体和受体的光谱信号,鉴于荧光蛋白有很宽的激发和发射光谱,使得探针的光谱分配变得尤为重要。

在单个细胞中,利用基于荧光蛋白的 FRET 探针和比率成像的优势检测双分子事件时,首选使用彼此之间没有光谱串扰的 FRET 对。2008 年,Piljic 和 Schultz 等人率先实现了单个细胞内 4 种荧光探针的同步成像,细胞质定位的基于 CFP/YFP 的钙调蛋白激酶探针 CYCaMIIα、膜定位的基于 CFP/YFP 的 PKC 探针 PM‐CKAR、细胞质定位的基于 mOrange/mCherry 的 annexin A4 探针(ORNEX4)和基于化学染料 Fura red 的钙探针。这项研究主要利用 CFP/YFP(440 nm 激发)与 mOrange/mCherry(561 nm 激发)这两个荧光蛋白对的激发光谱差异,从而避免了彼此存在情况下的光谱串扰[158, 175]。

针对目前红色和深红色荧光蛋白作为受体的不足,Ai 等从另一个角度解决光谱不同的 FRET 探针对的难题。这项研究利用了两个 FRET 供体的不同激发光谱:mTPF1(与 YFP 搭配成 FRET 对)和 mAmetrine(与 tdTomato 搭配成 FRET 对)。mTFP1 主要由 450~460 nm 滤光片激发,而 mAmetrine 主要由 381~392 nm 滤光片激发。这两对 FRET 对的受体的量子产率都是很高的。他们设计了基于 mTPF1/YFP 和 mAmetrine/tdTomato 的两对 caspase‐3 探针,并且将这两对 caspase‐3 探针分别定位在细胞质和细胞核当中,这两对探针准确地表征了细胞凋亡过程中细胞核和细胞质中 caspase‐3 活化的时序。结果显示,细胞核中 caspase‐3 发生活化的时间较细胞质中的滞后。同时应用这两对探针需要注意的是,由于它们的发射光谱间距非常远,因而存在着部分荧光信号的串扰。具体地,3% 的 mAmetrine 信号会串扰到 mTPF/YFP 的 FRET 通道,14% 的 mTPF1/YFP FRET 信号会串扰到 mAmetrine 通道。然而,当两种探针的浓度差不多时,串扰的校正不是必需的[160]。

2012 年,T. Su 和 Z. H. Zhang 等人通过对新型荧光蛋白进行光谱分析与比对,建立了以黄色荧光蛋白(mVenus)和橙色荧光蛋白(mKOκ)为供体和受体的新型 FRET 对。将基于 mVenus/mKOκ(黄色/橙色)FRET 对与单荧光蛋白探针 Grx1‐roGFP2(绿色)联用,建立了活细胞内多分子事件的双比率同步实时成像新方法,实现了单个细胞内 Src 信号和 GSH 氧化还原电势两种分子事件的无干扰同步实时比率成像监测。研究证明,EGF 诱导的 Src 信号受 H_2O_2 的负向调节,此调节是通过 H_2O_2 作用于细胞内 GSH 氧化还原系统来实现的。此外,还建立了基于 mVenus/mKOκ(黄色/橙色)FRET 对和 mTagBFP/sfGFP(蓝色/绿色)FRET 对的双比率同步实时成像新方法,实现了单个细胞胞浆内 Src 信号和 Ca^{2+} 信号两种分子事件的无干扰同步实时比率成像监测。由此可见,活细胞内多种分子事件相关性与时效性的动态研究[148, 153],迫切需要发展更多的光谱红移的新型 FRET 探针。

1.5.4 分子间 FRET 探针

FRET 技术常被用于研究活细胞内两个独立的蛋白质之间是否在某个信号途径中发生相互作用和传递信息。CFP/YFP 是用于研究蛋白分子间相互作用最常用的 FRET 对。这是因为,CFP 的荧光发射光谱与 YFP 荧光激发光谱之间的重叠面积大、CFP 与 YFP 激发峰间隔大、YFP 消光系数大和亮度高,因而CFP 与 YFP 之间的 FRET 效率高。当我们将两个不同的蛋白质分别与 CFP 和YFP 标记后,在活细胞或者固定的细胞中,当两种蛋白质足够靠近时(<10 nm),其标记分子 CFP/YFP 间会发生 FRET 现象。通过检测到的 FRET信号变化,可了解关于细胞生命活动过程中蛋白质分子间相互作用与解离的动态信息,此技术具有其他检测技术无法比拟的优势。

1.5.4.1 信号通路中蛋白质之间相互作用的检测

活细胞内信号通路被激活后,蛋白质作为信号传递的执行者促进一些蛋白复合物和/或膜结构的生成。基于蛋白质相互作用的蛋白募集过程最为引人注目。由于这些过程是高度动态的和局部性的,因此用 FRET 技术分析活细胞内这些相互作用的性质具有其他技术无法比拟的优点。比如细胞在表皮生长因子(EGF)刺激后,会激活表皮生长因子受体(EGFR)介导的信号通路。Alexander Sorkin 等人将 EGFR 的 C 端用 CFP 标记,Grb2 的 C 端用 YFP 标记,采用三通道方法检测到了刺激后 EGFR 与从胞浆募集到细胞膜上的 Grb2 分子之间的相互作用,发现在囊泡内吞后,两者间仍有相互作用[176]。

1.5.4.2 蛋白质活化的 FRET 分析

信号传导过程中,一些简单的化学修饰或者与一些特定因子的结合,会使一些蛋白质由原来的无活性形式转变为有活性形式。为了检测目标分子的活性形式,将目标分子与 FRET 受体(或者供体)荧光蛋白偶联,将一种仅与目标分子活性形式相亲和的肽段序列与 FRET 供体(或者受体)荧光蛋白偶联(即探针),将两者转入细胞内共同表达,然后检测探针与目标分子之间相互作用的 FRET信号。例如,Emilia Galperin 等人将 Rab5 的 N 端用 CFP 标记,将 EEA.1 和Rabaptin5 中能与活性形式的 Rab5 相结合的结构域与 YFP 融合(即构建了两个探针),用 FRET 技术实现了在活细胞内检测 Rab5 蛋白的活性形式[177]。

1.5.4.3 蛋白复合物中亚基分子比的确定

通常蛋白复合物中亚基的种类与比例是固定的。在一些情况下,我们可以通过 FRET 技术来检测复合物中亚基的比例和排列方式。这主要是基于以下原理：供体和受体分别标记两个目标蛋白后，其构成的蛋白复合物中两种目标蛋白的亚基比和排列次序影响着其产生的 FRET 信号强度。简单的例子是，已知复合物由两种共 4 个亚基组成，那么，当其中一个亚基的数目依次从 0 变化到 4 时，理论上的 FRET 效率也会随着改变；这样实际检测到的 FRET 效率会与某种理论模型预测 FRET 信号相近。交换目标蛋白的荧光供体、受体，可以进一步对这个模型进行验证。Jie Zheng 等人将 CNGA1 与 CNGB1 分别用 EYFP 和 ECFP 标记，用这种方法检测到视杆细胞 CNG 通道中 CNGA1 与 CNGB1 的亚基比为 3∶1[178]。

1.5.4.4　FRAP 和 FRET 的同时检测（FRAP - FRET）

当我们对感兴趣区域的受体进行荧光漂白，然后同时监测这个区域内荧光供体和荧光受体的变化，那么除得到 FRET 信号外，还可以得到关于分别与荧光团融合的目标蛋白的流动性信息。Van Royen ME 等人将雄激素受体（androgen receptor，AR）的两端分别用 CFP 和 YFP 双标记，表达于哺乳动物细胞内，选取合适的小区域，在漂白 YFP 前后，同时记录 CFP 和 YFP 的荧光信号变化。其中，YFP 的恢复曲线指示着 AR 分子的流动性，而 CFP 信号的恢复曲线指示着有相互作用的 AR 分子的流动性[179]。

1.5.4.5　光淬灭 FRET（photoquenching FRET）

很多蛋白质间的相互作用是比较短暂的，亲和与解离过程在不断地发生。为了同时表征蛋白的流动性和相互作用，可以用光淬灭 FRET。其基本原理是，用 CFP 标记一个蛋白，用 PA - GFP 标记另一个蛋白。当 PA - GFP 被激活后，可以作为 CFP 的受体分子。这样，随着 PA - GFP 标记蛋白的扩散，不断地淬灭其所到达位置处的 CFP 荧光。Ignacio A. Demarco 等人用这一方法研究了 HP1α 与 C/EBPα 间相互作用的动态性质。他们将 HP1α 用 PA - GFP 标记，C/EBPα 用 CFP 标记，它们分布在细胞的异染色质部位且共定位，将局部的 PA - GFP - HP1α 激活后，由于其可以在核内自由扩散并置换出与 CFP - C/EBPα 相互作用的暗态的 PA - GFP - HP1α，并接受从 CFP - C/EBPα 共振而来的能量，从而降低该处的 CFP - C/EBPα 的信号强度[180]。

1.5.4.6　光致敏化 FRET（photochromic FRET）

最近，因为具有新的光物理、光化学特性的荧光蛋白的开发，使我们能够利用荧光蛋白对进行光致敏化 FRET 实验。由于受体的激活与淬灭可以被控制，其吸收供体的能量也因此被控制。这种特性，可以作为一个 FRET 内参，保证检测到的 FRET 信号的可靠性。Fedor V. Subach 等人利用 EYFP/rsTagRFP pcFRET 对,将其分别标记 EGFR 和 Grb2,通过反复控制 rsTagRFP 的"开"与"关"状态,相应地观察到了 EGFR 与 Grb2 在 EGF 刺激后发生相互作用而产生的 FRET 信号[181]。

1.5.4.7　三色团 FRET(three-chromophore FRET)

为了研究三个蛋白质之间的相互作用情况,我们可以将三个荧光蛋白(CFP/YFP/mRFP)分别标记上目标蛋白,来观察它们之间的 FRET 信号。由于存在 CFP/YFP、YFP/mRFP 及 CFP/mRFP 等 FRET 过程,信号的获取会较 CFP/YFP 的计算要复杂得多。有时为了得到可靠的信息,还需要调换标记的荧光团。Emilia Galperin 等人将 mRFP、CFP 和 YFP 分别标记 EGFR、Grb2 和 c‐Cbl 并共表达于细胞;EGF 刺激后,在内涵体膜上检测到了 Grb2 与 EGFR 及 Grb2 与 c‐Cbl 之间相互作用的 FRET 信号[182]。

虽然蛋白质之间相互作用的 FRET 检测具有很好的空间与时间分辨率,但是在使用此技术时必须要注意到以下问题:① 需要合适的 FRET 阳性与阴性对照,来证明检测方法的可靠性和所选的 FRET 荧光蛋白对的合适性。② 需要合适的实验组的阳性和阴性对照。很多时候,只能找到单一的阴性或者阳性对照,甚至两者都无法找到。这时,需要做谨慎的分析。③ 蛋白间有相互作用不能保证有 FRET 信号,因为荧光蛋白的相对位置及实际间隔距离对 FRET 有影响。反之,FRET 信号的出现也不能保证是因为蛋白间的相互作用,因为环境中两种蛋白浓度足够大,也会因为随机碰撞而产生一定的 FRET 背景信号。这时,需要通过改变蛋白的浓度来确定 FRET 信号的来源。

1.6　基于荧光蛋白的双分子荧光互补技术

用于活细胞内研究蛋白质-蛋白质相互作用的技术,除了上一节的荧光共振能量转移技术外,基于荧光蛋白的双分子荧光互补(BiFC)方法也较为常用。本节将从 BiFC 检测方法的建立、特点、生物学应用、限制因素等方面予以介绍。

1.6.1　双分子荧光互补检测方法的建立

早在 1958 年,Richards 等人就发现酶切后的两个牛胰腺核糖核酸酶片段可以在溶液中通过互补自发结合成完整的蛋白质[183]。1994 年,Johnson 等人最先实现了利用泛素蛋白互补的特性检测蛋白质相互作用[184]。利用泛素蛋白的主要优势在于,真正存在相互作用的蛋白对才能诱导泛素蛋白进行互补,没有相互作用的蛋白对则不能。具体操作是在合适位点将泛素蛋白分割成两个片段后，分别与两个目的蛋白融合表达。在同一个细胞中，若两个目的蛋白之间存在相互作用，则泛素蛋白被拉近，从而使得泛素蛋白重新折叠成有完整结构和酶活特性的形式[185]。基于此，随后开发出了多种可以实现蛋白互补分析（protein complementation assay，PCA）的报告蛋白，如表 1-5 所示，其中利用荧光蛋白的 PCA 技术又被特称为双分子荧光互补技术。

表 1-5 基于不同蛋白的 PCA 方法[186]

报 告 蛋 白	检 测 方 式	空间分辨率	时间分辨率
泛素蛋白[184]	泛素蛋白酶偶联	细胞群	d
β-半乳糖苷酶[187]	FDG 水解	细胞	h
二氢叶酸还原酶[188]	Fl-MTX 结合	亚细胞	min
荧光蛋白[189-193]	检测内源荧光	亚细胞	min～h
蓝藻内含肽 dnaE[194]	报告分子水解	细胞群	h
β-内酰胺酶[195,196]	CCF2/AM 水解	细胞	min
萤火虫荧光素酶[197,198]	荧光素水解	细胞群	h
海肾荧光素酶[199]	荧光素发光	细胞群	min～h
长腹水蚤荧光素酶[200]	荧光素发光	细胞群	min
烟草蚀刻病毒水解酶[201]	报道分子偶联	细胞	min

1998 年，Abedi 等人首次研究了 GFP 在不同的位点分割对 BiFC 效率的影响[202]。他们在 GFP 选定的 10 个环状区域中插入 20 个左右氨基酸，在转化大肠杆菌后依据 GFP 突变体的荧光强度和光谱特性来筛选最佳分割位点。结果发现，在 GFP 的 Gln157-Lys158 以及 Glu172-Asp173 之间分别插入多肽后仍有荧光，只是荧光强度比 GFP 母体要稍微弱一些。1999 年，Baird 等人通过循环排列实验，筛选作为 BiFC 分割的位点[125,203]。循环排列方法是将荧光蛋白在某个位点处拆分，此拆分点作为新荧光蛋白突变体的 N 端和 C 端，而荧光蛋白原本的末端通过短肽相连。Baird 等人对 GFP 的众多位点进行了循环排列体构建，从中筛选出能发射荧光信号的单菌落。通过这种方法，他们发现了 GFP 的 10 个循环排列位点（Thr49-Thr50、Met78-Lys79、Gly116-Asp117、Gly134-Asn135、Lys140-Leu141、Gln157-Lys158、Glu172-Asp173、Gly189-Asp190、Leu194-Leu195 和 Glu213-Lys214）。在这 10 个位点进行

重排后的 GFP 突变体仍能正确折叠并发射荧光,其中有 9 个位点位于荧光蛋白的环状区域,还有一个位点(Met78 - Lys79)在 α 螺旋上。上述实验为确定 BiFC 拆分位点提供了指导,并且后续基于其他荧光蛋白的 BiFC 分割位点基本上也在这 10 个位点附近。

2000 年,Ghosh 等人首次报道了 GFP 在两个互为反向平行的亮氨酸拉链介导下发生了 GFP 重组,并且在细胞及细菌中成功完成了基于 GFP 的 PCA 实验[204, 205]。该实验中 GFP 在 157 和 158 位点分开的两个片段分别与亮氨酸拉链相连接,并且确定只有在亮氨酸拉链的作用下两个 GFP 片段才能在细胞内或大肠杆菌内发生互补而发出荧光。2001 年,Miyawaki 小组对 EYFP 进行的互补研究发现,EYFP 的最佳分割位点为 144 和 145。通过在此位点分割后分别与 CaM 蛋白和 M13 连接[206],通过检测细胞内钙离子浓度变化与细胞内荧光强度变化之间的相互关系,证实在钙离子浓度的诱导下可以调控 M13 和 CaM 的相互作用。直到 2002 年,C. D. Hu 等人通过细致的研究建立了基于黄色荧光蛋白的蛋白互补分析系统,并首次将其命名为 BiFC。C. D. Hu 的工作是在活细胞中完成的,使得 BiFC 这种方法受到了更广泛的关注[207]。2009 年,Q. M. Luo 课题组发现深红色荧光蛋白 mKate 能够在 37℃ 下发生荧光互补,Asp158 是最佳互补位点。进一步又筛选出荧光亮度约为 mKate 两倍的新突变体 mKate - S158A,命名为 mLumin。利用基于 mLumin 的互补系统在活细胞内同时鉴定了不同空间定位的三对蛋白质-蛋白质相互作用[208]。

1.6.2　双分子荧光互补技术的特点

BiFC 技术主要是利用被分割的两个荧光蛋白片段在目的蛋白相互作用的牵引下相互靠近,从而重建成为有发光性能的完整荧光蛋白。也就是说,通过直接观察细胞内荧光蛋白的荧光信号恢复程度,可以分析目的蛋白之间的相互作用[209]。类似于其他蛋白互补方法,在蛋白质-蛋白质相互作用研究中,BiFC 技术具有以下特点:① 可反映活细胞真实环境中的时空信息:通过基因工程技术将荧光蛋白的两个片段分别与目的蛋白融合表达于活细胞中,活细胞环境反映蛋白质功能的时空特性。② 适合于弱相互作用蛋白质间的研究:BiFC 通过荧光蛋白互补重建而发出荧光,此荧光片段互补重建的过程是不可逆的,BiFC 信号在细胞内可随时间而逐渐积累,从而有可能检测得出由弱相互作用累积产生的荧光信号。③ BiFC 效率与蛋白质间相互作用的强弱相关:研究表明,当连接荧光蛋白片段的蛋白质间的相互作用较弱时,BiFC 的形成效率低,检测的荧光强度较弱;而当连接荧光蛋白片段的蛋白质间的相互作用强时,BiFC 的形成效率高,检测的荧光强度则强。由此,通过对 BiFC 荧光强度的测定,在一定程度上反映出蛋白质-蛋白质相互作用的强弱。

与其他报告蛋白相比,荧光蛋白具有以下优点:① 荧光片段重建后在正常生理条件下(37℃)即可产生荧光,无须提供外源底物。② 重建后的 BiFC 信号,使用普通的荧光显微镜即可检测,而且通过荧光成像还能提供关于蛋白质相互作用发生的位置与空间分布信息。③ 荧光蛋白可在微生物、植物和动物等不同物种中应用,并可表达于特定的组织器官及其亚细胞结构。④ 目前基于多种不同光谱特性的荧光蛋白已经开发了一系列的 BiFC 系统,为研究者提供了丰富的荧光选择,并且使得单细胞内多 BiFC 同时检测成为可能。BiFC 效率和光谱特性与选用不同的荧光蛋白以及荧光蛋白不同的分割位点有关。表 1-6 为已报道的主要 BiFC 体系。

表 1-6 已应用的主要 BiFC 体系

荧光蛋白	切割位点	互补温度/℃	激发波长/nm	发射波长/nm	应用举例
GFP	157/158	25	485	500	体外、细菌、植物中[210, 211]
SfGFP	214/215	25	485	530	方法建立,哺乳动物细胞中膜蛋白相互作用[210, 211]
frGFP	157/158	30	485	524	细菌中 BiFC[212]
ECFP	154/158	37	452	478	多色 BiFC[213]
Cerulean	172/173 154/155	37	439	479	植物、哺乳动物细胞 BiFC[193, 214]
EYFP	154/155	30(+)/37(-)	515	527	哺乳动物细胞 BiFC[215]
Citrine	172/173 154/155	37	516	529	哺乳动物细胞 BiFC[215]
Venus	154/155 172/173	37	515	528	哺乳动物细胞 BiFC[216]
mRFP	168/169	25	549	570	哺乳动物细胞 BiFC[217]
mCherry	159/160	25	587	610	细胞、果蝇胚胎 BiFC[189]
YFP	154/155	25	488	594	拟南芥 BiFC[218]
GFP/CFP	Gn154 Cc155	25	438～500	483～542	植物细胞多色 BiFC[219]

(续表)

荧光蛋白	切割位点	互补温度 /℃	激发波长 /nm	发射波长 /nm	应 用 举 例
EGFP	157/158	30	490	510	酵母 BiFC[220]
VenusI152L	154/155	37	515	528	哺乳动物细胞方法建立[221]
mLumin	151/152	37	587	621	哺乳动物细胞、线虫[208]
RFP	168/169	25	556	586	植物细胞多色 BiFC[219]
VenusV150L	154/155	37	515	528	哺乳动物细胞 BiFC[222]
Dronpa	164/165	37	503/390	518/405	哺乳动物细胞中光转换 BiFC[223]

1.6.3　双分子荧光互补技术的应用

1.6.3.1　BiFC 适用于多种生物体

BiFC 从开发至今已被成功应用于多种细胞和组织,包括原核生物、酵母、昆虫、线虫、鱼类、植物和哺乳动物等[234, 235]。BiFC 除了能够研究不同细胞中目的蛋白对之间的相互作用,也被成功用于多蛋白亚基的复合体研究以及蛋白质分子的构象变化的研究[216]。而且,BiFC 还能完成蛋白相互作用在活体动物如线虫[234]和斑马鱼[235]中的直接观察和定位研究。

1.6.3.2　BiFC 在蛋白质研究中的应用

(1) 蛋白质-蛋白质相互作用和蛋白复合体研究。目前利用 BiFC 技术已经在多种细胞和组织中确定了已知的蛋白质相互作用,同时也有新的蛋白质相互作用对被发现。

此外,BiFC 也已经成熟地应用于多种蛋白复合体在亚细胞结构中的功能研究。例如,蛋白复合体的核内定位的观察[236, 237]、酶-底物复合体形成的观察[238-244]、信号传导级联反应中蛋白质-蛋白质相互作用的检测[245-250]、复合体细胞定位的调控研究[251-253]等。

(2) 蛋白质-RNA 相互作用研究。BiFC 也不局限于检测两个蛋白质间的相互作用,已有报道利用 BiFC 直接观察蛋白质和 RNA 之间的相互作用[254]。

(3) 蛋白质翻译后修饰的研究。由于 BiFC 普遍适用于多种不同细胞或组织,使得 BiFC 能够反映特异组织内蛋白质修饰和折叠对相互作用的影响[231, 255]。因此,BiFC 可用于监测能改变细胞内相互作用的翻译后修饰的变化。

（4）基于 BiFC 构建的文库用于未知蛋白质相互作用的筛选。在活细胞内筛选相互作用蛋白[256]。BiFC 方法进行筛选的优势在于，可以真实反映相互作用在活细胞中的空间定位信息。BiFC 方法进行筛选的缺点是，被筛选蛋白的表达水平可影响 BiFC 的互补效率，因此利用 BiFC 筛选获得的相互作用信息还需要进一步验证。

1.6.3.3　多色 BiFC 在多对蛋白质研究中的应用

不同荧光蛋白的荧光片段也有可能发生互补重建，并且相比于单一来源的荧光片段，其光谱特性将会发生改变。利用这种光谱性质的改变可以进行单细胞内多色 BiFC 同时检测[257]，从而实现单细胞内多对蛋白质相互作用的同时检测。Q. M. Luo 课题组发明了基于深红荧光蛋白 mLumin 的 BiFC 系统，通过与基于 mCerulean 和 mVenus 的 BiFC 系统联合使用，成功地实现了活细胞内不同空间定位的三对蛋白质-蛋白质相互作用的同步检测[208]。多色 BiFC 还可以用于研究不同蛋白质-蛋白质之间的竞争性结合。将两种相互竞争的相互作用蛋白分别与不同的荧光片段相连接，并验证它们与第三个蛋白-荧光片段复合物相互结合的能力，来反映两者之间的竞争强度关系[190, 241]。C. D. Hu 等人利用 GFP 突变体片断可交叉互补这一特性，发展了分析不同蛋白质间相互竞争作用的多色 BiFC 方法，即 Cerulean 和 Venus 的 N 端分别与两个目的蛋白结合，Cerulean 的 C 端与第三个蛋白相连接。正常情况下 Cerulean 和 Venus 的 N 端都能够与 Cerulean 的 C 端互补，互补重建后具有不同的荧光光谱信号。当三者同时表达于细胞内时，与 Cerulean 和 Venus 的 N 端片段相连接的两个蛋白，可以与 Cerulean 的 C 端片段相连的蛋白之间发生竞争性互补，通过检测不同荧光通道下的荧光强度，即可反映不同蛋白间的竞争性相互作用。利用多色 BiFC 已成功地评估了 AP－1[190] 与 Myc/Max/Mad[241] 转录因子家族，以及 G 蛋白偶联受体（GPCR）[258] 不同亚基之间相互作用的相对强度。

1.6.4　基于荧光的蛋白相互作用研究方法的量化检测

到目前为止，尚未建立可逆的 BiFC 体系，所有的 BiFC 体系都是不可逆的。也就是说，当荧光蛋白的两个片断之间互补形成了完整的荧光蛋白之后，就不能够再解离了。因此，BiFC 大多应用于研究稳态的蛋白质间相互作用。不过，从 BiFC 复合体最初重新折叠形成完整荧光蛋白的过程中，可以反映瞬时的蛋白质间相互作用亲合力[259]。由此可见，实时动态地定量检测 BiFC 信号产生的时间、荧光强度和空间定位，可以定量表征活细胞内的蛋白质-蛋白质相互作用[260, 261]。

1.6.5 双分子荧光互补技术的限制因素

BiFC 的某些固有属性在一定程度上成为其应用的限制因素。① BiFC 的不可逆性：BiFC 信号的产生源于荧光片段相互靠近引起的重组，而此重组过程是不可逆的。虽然这一特性有利于检测弱相互作用，但缺点是不能反映在生理条件下的蛋白质相互作用的动态变化过程。通过深入研究活细胞中 BiFC 系统重组折叠的动力学细节，将有助于开发出动态可逆的 BiFC 系统。② BiFC 的随机自重组：BiFC 的另一个缺点是荧光蛋白片段自身存在一定的相互结合倾向。这种不依赖于目的蛋白相互作用而产生的 BiFC，增加了 BiFC 系统的检测背景信号，这种非特异的假阳性信号与所使用的 BiFC 系统有关。有研究者针对 BiFC 系统的各个部件进行改造，以期减少这种假阳性信号。这方面的研究主要集中在尝试利用不同的荧光蛋白[262]，或者由荧光蛋白不同分割位点[221]组成 BiFC 系统，或者改变荧光蛋白片段对及其在细胞中的表达方式[222]等。

1.6.6 BiFC 的发展与应用展望

蛋白质-蛋白质相互作用研究迫切需要高效准确的检测方法，这必将催生新的研究方法产生，也会进一步完善已有的方法，使其更适合蛋白质科学研究工作的需要。BiFC 的简便与高灵敏度是这项技术最大的优点。BiFC 对实验设备的要求较低，只需要一台荧光显微镜或荧光酶标仪就可以实现对细胞的检测，荧光信号的积累使得它能检测到非常微弱的蛋白质间相互作用。BiFC 技术未来的发展及应用可能会体现在以下方面：

（1）发展新型荧光蛋白或荧光蛋白互补片段系统。通过对现有荧光蛋白的突变，或从自然界生物中获得新的荧光蛋白，或对已有的荧光蛋白在不同的位点进行分割获得不同的荧光蛋白片段对等，均可以为 BiFC 提供具有不同性质的检测体系。利用这些性质可以针对不同的研究目的选择合适的 BiFC 系统。

（2）建立具有更低的假阳性率、能更真实反映细胞环境中蛋白相互作用状态的 BiFC 系统。降低因荧光蛋白片段间的非特异性结合而产生的 BiFC 荧光，意味着 BiFC 信号能更准确地反映蛋白对间的相互作用强弱[263]。这样的系统将会拓展 BiFC 的应用范围，使它不再仅作为一种对相互作用蛋白对定位观察的辅助手段，而是发展成一种可以对蛋白质相互作用进行准确定量的检测手段。

（3）对未知蛋白质间相互作用的高通量筛选。与酵母双杂交相比，利用 BiFC 对相互作用蛋白进行筛选具有更为简便的优点，尤其是将 BiFC 与流式细胞筛选相连，使得高通量的筛选成为可能。然而目前利用 BiFC 进行筛选需要进一步的优化,这包括:引入假阳性率更低的 BiFC 系统以减少筛选的工作量;基于 cDNA 文库构建 BiFC 文库时,荧光蛋白片段与 cDNA 之间的连接序列的长度难以控制;在哺乳动物细胞中进行筛选时,阳性细胞内 BiFC 载体上的 cDNA 信息较难获取。

1.7　荧光蛋白标记在活体肿瘤光学成像中的应用

随着荧光蛋白标记技术的发展,尤其是光谱红移的荧光蛋白及其突变体的发现,越来越多荧光蛋白标记的动物模型已用于肿瘤的活体光学成像研究。本节将介绍荧光蛋白标记的动物模型及其在活体肿瘤光学成像研究中的应用。

1.7.1　基于内源性荧光蛋白标记的活体肿瘤光学成像

在小动物体内可视化研究肿瘤发生、发展、侵袭、转移和消退过程中的肿瘤细胞数量、空间位置、时间效应以及与宿主的关系等因素,对于阐明肿瘤相关的分子机制和在体评价抗癌药物的治疗效果具有重要的价值。由于荧光蛋白基因被整合到肿瘤细胞或宿主细胞的基因组内,其可随着肿瘤细胞或宿主细胞的分裂增殖而不断地表达,并可在细胞内维持相对恒定的表达量。也就是说,荧光信号不受细胞分裂与增殖的影响,荧光强度与细胞的数量呈正相关。因此,与染料探针相比,荧光蛋白更适合于活体内长时程动态成像监测。荧光蛋白标记的肿瘤细胞和转基因鼠,与光学分子成像技术的结合,为肿瘤的可视化研究提供了有效的手段[264]。

1.7.1.1　荧光蛋白标记的肿瘤动物模型及其整体光学成像监测

相比基于荧光素酶基因的生物发光成像而言,基于荧光蛋白基因的荧光成像在肿瘤研究中更具优势。应用荧光素酶报告技术进行肿瘤成像研究时,实验动物需要注射荧光素底物,要确保底物能够到达每个肿瘤细胞,需要激发足够的光子并在一个暗室环境下进行成像。3 000 个肿瘤细胞是基于荧光素酶标记的在体生物发光成像的检测极限[265, 266]。此外,由于荧光素代谢速率很快,导致生物发光信号在不同的时间点间差异很大[267],可供成像的时间窗口很短(仅数分钟),不利于批量动物实验的同时操作。与荧光素报告基因相比,荧光蛋白具有较强的信号,能够在哺乳动物细胞中有效表达[268],其桶状三维结构有力地保护了发光团不易受外界环境的干扰[269],使用简单的设备就能进行成像而无须在暗室中操作。

（1）基于荧光蛋白的肿瘤生长与转移模型。1997年，Hoffman等人借助荧光蛋白标记方法在体动态观察了肿瘤的生长与转移过程[270]。首先，他们将GFP质粒转染到肿瘤细胞内并筛选获得稳定表达GFP的肿瘤细胞株。然后，将肿瘤细胞接种到实验鼠体内，建立了数种荧光蛋白标记的肿瘤动物模型，其中还包括高转移性的原位癌模型。Hoffman课题组还建立了多色荧光蛋白标记的肿瘤模型，通过活体肿瘤光学成像在不同的组织器官中观察肿瘤的生长与转移，以及肿瘤细胞在血管中的运动和跨血管迁移过程、肿瘤细胞与宿主细胞之间的相互作用等现象[271]。

Peyruchaud研究组建立了GFP稳定表达的乳腺癌（MDA-MB-231细胞）骨髓转移模型，对于骨损伤的病理改变，在体荧光成像的识别能力可比放射成像提前一周检测到[272]。此外，该课题组结合光学成像方法证实，血管抑制素除了抑制血管的生成外，还可以抑制破骨细胞的活性，从而抑制乳腺癌细胞的骨转移[273]。Liu等人建立了一种用荧光蛋白和荧光素酶共标记的乳腺癌干细胞小鼠成瘤模型，运用这一模型能够对肿瘤早期形成和自发转移过程进行探测，发现从原发灶和肺部转移灶中获取的CD44$^+$类肿瘤干细胞具有非常高的肿瘤形成和转移能力，为肿瘤的治疗提供了新的信息[274]。Jeffrey E. Segall等建立了GFP标记的自发性原位肿瘤模型，实现了对自发产生的乳腺癌细胞的早期观察[275]。

（2）基于荧光蛋白的肿瘤治疗效果的在体评价。由于荧光蛋白为内源性荧光分子，其在肿瘤组织中的荧光强度与肿瘤细胞的数量呈正相关，因此可通过活体成像监测肿瘤的荧光强度来动态反映肿瘤的生长速度与治疗效果。Matthew H. Katz等人应用手术移植的方法，将表达红色荧光蛋白（RFP）的人胰腺肿瘤块移植到裸鼠的胰腺中，通过测量RFP荧光信号的强度与面积来反映肿瘤的大小，发现荧光成像测量的结果与肿瘤的真实大小呈正相关[276]。由此可见，使用整体光学成像的方法不仅可量化描述肿瘤的生长和转移过程，还能对肿瘤治疗效果进行量化地动态比较与评价[277]。

（3）基于荧光蛋白的肿瘤血管生成模型。应用整体光学成像的方法研究肿瘤血管生成，最初模型是将表达GFP的Lewis肺癌细胞注射到裸鼠皮下，在GFP标记的肿瘤微环境中，不发光的血管在荧光肿瘤细胞的映衬下显得非常清晰。因而，可用于量化描述肿瘤血管的生成，还可用于在体评价药物对肿瘤血管生成的抑制或促进作用[278]。Edward B. Brown等用多光子激光扫描显微镜结合皮窗模型，在血管表皮生长因子（VEGF）启动子下游含EGFP的小鼠上观察到，肿瘤细胞能够诱导小鼠VEGF的活性，启动EGFP的表达[279]。通过成像发现,这些表达 EGFP 的细胞呈现为成纤维细胞的形态,是血管新生内皮细胞,因而通过这种方法可以对肿瘤血管生成进行定量分析。此外,通过注射 TMR 标记的牛血清白蛋白(TMR - BSA),可测定血管的渗透率。

(4) 基于深红和近红外荧光蛋白标记的活体光学成像。红色和近红外荧光蛋白在活体肿瘤光学成像中具有非常重要的作用,有助于更为清晰地成像追踪肿瘤细胞的转移和对肿瘤的准确定位。近来,已经发展出了较多的深红和近红外荧光蛋白。例如通过对非洲爪蟾及斑马鱼的研究发现 Katushka 可作为一个良好的、低毒性的深红色荧光报告基团,Dmitriy M. Chudakov 等发现了另一种低毒性的荧光蛋白 Katushka - 9 - 5[5, 280],在此蛋白的基础上发展了另外两种发射波长更靠近近红外波段的荧光蛋白 eqfP650 和 eqfP670,它们的激发/发射峰分别为 592 nm/650 nm 和 605 nm/670 nm,这两种荧光蛋白的发展极大地促进了对活体深层次组织成像的研究。虽然已经发展出较多的光谱红移的荧光蛋白,但是由于它们的激发波长并不在光学成像窗(700～900 nm)内,还不属于真正意义上的近红外荧光蛋白。Grigory S. Filonov 等发展了一种基于光敏素的近红外荧光蛋白 iRFP,激发/发射峰为 690 nm/713 nm,这种荧光蛋白比较稳定、毒性低,具有较好的信噪比[7]。在对 7.0 mm 和 18.1 mm 深度的组织进行成像时,iRFP 的信噪比要比 mNeptune 的分别高 2.4 和 3.2 倍。

(5) 活体光学成像窗口模型。由于光学成像的成像深度受限,研究者们在动物的多个部位(皮肤、脑部、肺、肝脏等)建立了皮窗或皮瓣窗模型,以期在活动物体内动态观察细胞或分子水平的生命活动过程[1, 282]。R. K. Jain 等人在小鼠上制作皮窗或皮瓣窗,通过使用体式荧光显微镜观察到单个肿瘤细胞[283]。Mark R. Looney 等建立了肺窗模型,运用这一模型并结合相关成像技术,在活体内检测到关于细胞形态与运动的动态信息,通过计算与数据处理排除了呼吸与心跳的影响,获得了小鼠肺癌病灶内免疫细胞运动行为的稳定图像[284]。Dmitriy Kedrin 等建立了乳腺窗模型,应用光学成像手段证实了不同肿瘤微环境对乳腺癌细胞侵袭转移能力的影响[285]。Kienast 等对脑部成像运用了颅窗,明显延长了脑组织神经细胞光学成像的时程[286]。为了把成像窗口优势扩大到对其他器官的成像中,下一代的成像窗口应该把目标指向机体的内部脏器,如脾脏、肝脏和深部淋巴结等[287]。

1.7.1.2　活体光学成像监测肿瘤细胞在血管中的运动与迁移

肿瘤的扩散与转移是造成肿瘤病人死亡的主要原因,血管运输是肿瘤转移扩散的重要途径之一。将稳定表达 GFP 的肿瘤细胞注射到裸鼠的尾静脉,实时动态地观察单个肿瘤细胞在血管中的运行[288],对于阐明肿瘤转移机制和筛选抗癌药物具有重要的价值。D. Kedrin 等人用被筛选出的 Dendra2 所稳定表达的 MTLn3 细胞株接种于乳腺窗口内，在实体瘤形成后，用激光分别照射血管附近和离血管较远处的肿瘤细胞，诱导细胞内的 Dendra2 从绿色转换为红色[285]。在乳腺窗口活体显微光学成像观察发现，不同位置的肿瘤细胞侵袭转移情况不一样，分布在肿瘤血管附近的肿瘤细胞，随着成像时间的延长会逐渐变少，而离血管较远的肿瘤细胞则数目变化不大。切除肺部后能够观察到有红色荧光的肿瘤细胞，提示肿瘤细胞从乳腺转移到肺癌，这一发现为肿瘤的血管转移提供了直观的证据。

肿瘤细胞进入血管发生远处脏器转移时，是如何通过那些内径特别狭小（小于肿瘤细胞的直径）的毛细血管呢？Yamamoto 课题组和 Yamauchi 课题组通过使用双色标记的肿瘤细胞，直观有效地回答了此问题[289, 290]。他们筛选出双色荧光蛋白标记的 HT-1080 人类纤维肉瘤细胞株，细胞质中表达 RFP，细胞核中表达 GFP。这种双色标记细胞质和细胞核的方法，可以直观方便地检测肿瘤细胞在血管中运行时的核与质动力学特点，尤其是血管分叉处或跨血管内皮细胞迁移时的核质动态变化方式。

Y. S. Chang 等人研究 GFP 标记的结肠癌细胞与 CD31 和 CD105 阳性的血管内皮细胞之间的相互作用[291]。研究表明，肿瘤外围的肿瘤细胞主要通过浸润肿瘤基膜而离开肿瘤[292]。肿瘤内部的肿瘤细胞由于血管结构的特殊性，浸润过程不会受到太多的物理障碍，比如密集的上皮和内皮基膜。这是因为肿瘤中的血管在有序上和牢固上比正常血管要差，肿瘤中的血管要比正常的血管更容易渗漏[293]。因此，肿瘤细胞更容易扩散进入肿瘤组织内部的血管。

Q. B. Zhang 等通过建立原位的前列腺癌模型并结合 Olympus OV100 和 VisEn FMT，探测肿瘤在肺部和肝脏处的转移情况，并首次探测到转移灶形成过程中肿瘤细胞与内皮细胞之间的相互作用[294]。在肿瘤细胞渗出血管形成转移灶之前，荧光标记的肿瘤细胞最先停留在肺部和肝脏部位的血管中，它们在这些部位的血管中增殖并分泌 Ki-67，同时呈现出基质金属蛋白酶的活性，然后血管内的这些肿瘤细胞逐渐形成它们的微环境，而这些微环境又进一步促进了肿瘤细胞的增殖。随后肿瘤细胞开始渗出血管，不过肺部血管的肿瘤渗出要比肝脏血管内的肿瘤细胞早一些。通过这一成像模型及手段说明了血管在肿瘤侵袭转移中具有非常重要的作用，同时也可将血管内的肿瘤细胞作为肿瘤治疗的新靶标。

1.7.1.3　活体光学成像监测肿瘤的转移

肿瘤的转移过程是非常复杂的，与肿瘤细胞自身的性质、肿瘤微环境，及转移组织器官是否适合肿瘤细胞"播种"等因素密切相关。在活体动物内对肿瘤的转移过程进行整体成像，将有助于我们了解到更多的肿瘤微环境对转移发生的影响。

骨髓是临床中肿瘤转移的常发部位，2003 年，J. F. Harms 等人使用 GFP 标记的人类乳腺癌细胞系 MDA - MB - 435，经左心房注射到实验鼠，之后光学成像监测发现，荧光标记的肿瘤细胞呈现广泛的骨转移，骨转移灶主要位于骨小梁区域，尤其是股骨近端和远端、胫骨近端、肱骨近端和腰椎[295]。活体小动物成像观察到的肿瘤骨转移部位，与临床上的人类乳腺癌患者的骨转移部位完全吻合。H. Liu 等用荧光素酶（用于生物发光成像）和荧光蛋白（荧光显微成像和流式分析）共同标记小鼠的乳腺癌干细胞，在体检测了乳腺癌干细胞在肺部和淋巴结的转移[274]。表达 GFP 的鼠科口腔癌细胞系被用来研究微转移的形成，使用活体显微成像方法研究口腔静脉注射的肿瘤细胞转移情况[296]。O. R. Mook 等的研究证实细胞选择生长的位点与细胞最初注入的位点密切相关[297]。Sturm 等人将表达 GFP 的鼠科结肠癌细胞注射到 BALB/c 鼠的脾脏内，24 小时后，一些细胞仍处在渗出血管的过程，可以看到肿瘤细胞的萎缩，一些已渗出血管的肿瘤细胞则出现在肝实质中[298]。

Q. M. Luo 实验室建立了稳定表达 EGFP 和 TK - EGFP 的人涎腺癌细胞株（ACC - M - GFP 和 ACC - M - TK - GFP 细胞）[299]。将 ACC - M - GFP 细胞经尾静脉注射到裸鼠体内后，整体荧光成像可发现实验性肺转移灶的形成。将 ACC - M - GFP 细胞注射到裸鼠颌下腺，建立可视化人涎腺肿瘤的原位转移模型，采用整体光学成像系统能够探测到肿瘤在肺部、肌肉、膀胱及骨骼中的转移灶。

1.7.1.4 多色荧光标记与成像在肿瘤转移研究中的应用

肿瘤转移是否是起源于肿瘤发生早期的极少数细胞单克隆的结果，这一问题一直存在争议，直到荧光蛋白标记技术与整体光学成像技术的发展与联合应用，这一问题才得以清晰地证实。N. Yamamoto 等人将 GFP 标记的 HT - 1080 人类纤维肉瘤细胞与 RFP 标记的 HT1080 细胞等量混合后种植在 SCID 鼠体内，通过整体荧光成像观察肿瘤转移灶内 GFP 和 RFP 荧光信号的分布特点，来表征肿瘤转移灶的繁殖性[300]。单纯含红色或绿色荧光的转移肿瘤细胞群体，被认为是无性繁殖的结果；而混合有红色和绿色荧光的转移肿瘤细胞群体，则认为是有性繁殖的群体。肺部肿瘤转移灶的荧光成像结果显示，95% 的转移灶呈现为单纯的红色或绿色荧光，是肿瘤单克隆繁殖的结果，而 5% 的转移灶显示为红色和绿色细胞的混合体，是有性繁殖的结果。

2003 年，A. B. Glinskii 等人报道，表达 GFP 的人类前列腺癌原位模型具有侵袭能力,能够有效地进入宿主循环系统并发生转移,而非原位模型则不能[301]。2005年,O. Berezovskaya等人进一步证实了在循环中存活下来的人类前列腺癌转移细胞,具有显著增强的抗药物诱导细胞凋亡的能力,其机理是转移细胞内X连锁凋亡抑制蛋白(X-linked inhibitor of apoptosis protein,XIAP)的表达量上调[302]。

1.7.1.5 肿瘤-宿主相互作用的光学成像研究

肿瘤微环境在肿瘤的发生、发展及转移的过程中起到非常重要的作用,肿瘤微环境主要由内皮细胞、成纤维细胞、血管外周细胞、炎性细胞及其他细胞组成,肿瘤细胞和肿瘤内的宿主基质细胞通过分泌各种小分子调节肿瘤微环境中的血管及淋巴管的生成,所以探索研究肿瘤细胞与肿瘤微环境的相互作用具有非常重要的意义。荧光蛋白转基因鼠(如β-肌动蛋白启动子驱动GFP在转基因鼠的所有组织细胞中表达)的出现,有助于研究者们直观方便地研究肿瘤与宿主之间的相互关系[303]。Meng Yang等人将表达RFP的人类肿瘤细胞系种植到GFP转基因裸鼠上,通过整体荧光成像可以清晰地观察到表达RFP的肿瘤细胞、表达GFP的血管,以及宿主免疫系统与肿瘤细胞之间的相互作用,例如表达GFP的巨噬细胞吞噬RFP标记的肿瘤细胞[304]。肿瘤基质被认为是起源于正常的宿主组织,而这些宿主细胞是否具有致癌性却还不清楚。有种假设认为正常细胞与癌细胞相互作用,也具有了致癌性。如果是这样,那么GFP宿主-RFP肿瘤模型中,融合的细胞应该为黄色。因此认为荧光蛋白在解开这些谜团中起了关键的作用。此外,A. Suetsugu等人用表达GFP的人结肠癌细胞接种到全身表达RFP的裸鼠上,待成瘤之后再将肿瘤移植到全身表达CFP的裸鼠上,这样建立起的模型能够同时对肿瘤进行三色成像(GFP/CFP/RFP),通过光学成像技术可以探测到肿瘤细胞和不同肿瘤微环境成分之间的相互作用,比如TAM(肿瘤相关巨噬细胞)、CAF(肿瘤相关成纤维细胞),为进一步阐明肿瘤侵袭转移的机理提供了新方法[305]。Michael Bouvet等人用类似研究方法,发现"Passenger"基质细胞是肿瘤转移侵袭所必需的宿主基质细胞[306]。

Meng Yang等发展了一个三色成像的模型,为肿瘤双色标记,细胞核用GFP,细胞质用RFP,然后接种到全身表达GFP的小鼠上,运用Olympus IV100激光扫描显微镜并配用一个超级精细的物镜,能够观察到肿瘤细胞与基质细胞之间的相互作用,以及肿瘤内部的血管和血流[307]。在GFP小鼠的足垫部位分别接种双色标记的小鼠乳腺癌MMT细胞和Lewis肺癌LLC细胞,可以看到肿瘤细胞的中心部位(细胞核)呈黄色,宿主细胞为单纯的绿色细胞。在两种类型的肿瘤模型中,肿瘤细胞均被大量的绿色细胞包覆着,因而这些绿色细胞构成了肿瘤的重要组成部分。尽管两种肿瘤模型都会诱导 GFP 细胞的聚集,但是 MMT 细胞形成的肿瘤中似乎募集了更多数量的绿色细胞,而 LLC 细胞形成的肿瘤中募集的绿色细胞的种类可能要更多一些。血管内几乎无荧光,因为血液中的红细胞不但没有 GFP 的表达,反而由于血红蛋白的强吸收,造成血管区域在光学成像时呈现为暗带结构。深度扫描的结果显示,肿瘤表层大部分为绿色细胞,可看到绿色的树突细胞和其他类型细胞。80 μm 成像深度处显示,肿瘤细胞占绝大部分,对于整个肿瘤来讲,绿色细胞与肿瘤细胞都靠得非常近。

除肿瘤细胞自身以外,宿主细胞对肿瘤细胞的侵袭转移也具有很重要的影响。Hoffman 等人将红色荧光蛋白标记的人结肠癌细胞(HCT-116-RFP)注射到全身表达 GFP 的裸小鼠的脾脏内[306],建立肿瘤细胞经脾脏转移到肝脏的肿瘤转移模型。成像研究发现,在肝脏可见大量的红色荧光标记的肿瘤结节,在这些肿瘤结节外围有高亮度的绿色荧光细胞包裹,提示脾脏中的淋巴细胞也跟随着肿瘤细胞一起进入到肝脏(用抗 CD11C 的抗体做免疫组化后发现,这些绿色细胞的确是脾脏细胞)。一般情况下,单独注射肿瘤细胞到门静脉以后,肿瘤细胞会很快死亡,并不会产生转移灶,但是当将转移到肝脏的脾脏细胞与肿瘤细胞一起接入门静脉以后,在肝脏部位会有转移灶的出现,这一研究证明,宿主的免疫细胞在肿瘤转移灶形成中起到重要作用。

1.7.1.6　活体光学成像在体评价肿瘤治疗的效果

整体荧光成像技术及基于荧光蛋白的肿瘤模型,改变了过去要在肿瘤治疗实验的各个时间点处死大量实验动物来确定和比较治疗效果的局面,有助于促进抗肿瘤药物和抗癌基因的研发进程。

A. Suetsugu 等人建立了一种检测人胰腺癌生长及个体化治疗的模型,首先从病人身上抽取胰腺癌的样本,然后皮下接种到 NOD/SCID 鼠上(F1),将 F1 肿瘤接种到全身 GFP 表达的 C57BL/6 小鼠上(F2),70 天后将 F2 接种到全身 RFP 表达的 C57BL/6 小鼠上(F3),又 70 天后将 F3 肿瘤接种到裸鼠上(F4),然后对 F4 肿瘤进行整体荧光成像,运用此种方法建立肿瘤模型。因为人的肿瘤细胞在各种小鼠身上生长的过程中,会有绿色和红色的基质浸润到肿瘤组织中,主要有肿瘤相关成纤维母细胞、肿瘤相关巨噬细胞及血管,由于这些基质都有荧光标记,所以可以在体、原位检测胰腺癌的生长,同时可以通过此模型筛选出能够高效治疗此病人胰腺癌的药物,有助于个体化治疗的实现[308]。

M. Yang 等通过静脉注射阿霉素,通过成像发现标记荧光蛋白的肿瘤细胞对阿霉素非常敏感,在乳腺癌模型中发现,细胞原本的纺锤形开始消失,核也趋向于收缩,12 小时后,细胞质渐渐减少,肿瘤细胞数量也明显变少,而某些基质细胞则显得比较狭长[307]。在肺癌模型中,肿瘤细胞对紫杉醇和顺铂比较敏感,在用紫杉醇治疗 5 天后,肿瘤细胞质开始减少,7 天后肿瘤细胞显著减少。在用顺铂治疗后,肿瘤细胞的细胞核收缩,2 天后肿瘤细胞变形,并且开始被淋巴样绿色细胞包围,3 天后肿瘤细胞数量明显减少。与此同时,在加药前后血管内也发生了显著的变化,在治疗前可以看到肿瘤血管内有绿色的宿主细胞出现,当加药治疗后,发现绿色宿主细胞显著减少,同时出现的是一些红色的细胞质碎片,这些碎片可能来自死亡的肿瘤细胞。

关于化疗药物的副作用研究已经很多,但关于化疗药物的"反向作用"研究还比较少。K. Yamauchi 等用荧光蛋白标记的 HT1080 细胞(与其他细胞不同,这一细胞静脉注射后,几乎不会渗出血管)检测化疗药物环磷酰胺对肿瘤细胞浸润转移的影响[309]。研究发现,相对于对照组,在预先用环磷酰胺处理的小鼠中,HT1080 能够在肿瘤血管内增殖,并且能渗出血管形成转移灶。1 周后,血管外的转移灶体积会变小,但肿瘤细胞会变圆变亮;相反,血管内的转移灶体积则持续增大。此项研究表明,注射环磷酰胺 24 小时后,接种肿瘤细胞,会促进肿瘤细胞的增殖、转移和形成转移灶,这一研究也为临床药物的选择提供了重要的参考。

1.7.2 基于荧光蛋白的靶向性探针用于活体肿瘤光学成像

荧光蛋白通常是作为遗传编码型的分子探针应用于活细胞和活体动物的光学分子成像研究。也就是说,此类分子探针首先是构建含荧光蛋白基因与目的基因序列相连的质粒,然后再转染到感兴趣的肿瘤细胞内表达为相应的蛋白质探针,将筛选获得的稳定表达荧光蛋白探针的肿瘤细胞接种到活体小动物内,通过光学成像的方法可以观察到肿瘤的生长、转移与治疗过程,并在体表征生物分子的功能。随着抗体工程和噬菌体呈现技术的发展,越来越多的抗体和多肽被报道具有良好的肿瘤靶向与治疗潜力。抗体或多肽靶向功能的确证,通常是采用化学偶联的方法标记抗体或多肽,然后在活细胞和活体内进行分析检测与成像研究。荧光蛋白及其标记方法的出现,为抗体和多肽的确证提供了新途径。在此,我们将介绍另一种类型的荧光蛋白探针,即应用基因工程的方法将荧光蛋白基因与肿瘤靶向性抗体或多肽序列相连,通过细菌的体外大量表达与纯化,最终获得以荧光蛋白为载体的抗体或多肽探针。此类探针已有效地应用于活细胞和活体内抗体和多肽的靶向性确证和治疗效应评价。

1.7.2.1 基于 GFP 的抗体荧光探针

为了快速检测抗体亲和力,早在 2003 年,A. Zeytun 等人利用抗体互补决定区(CDRs)与 GFP 拥有类似的 β 结构这一特性,将抗体重链的 HCDR3 文库插入到 GFP 一端的 4 个不同的环状结构中进行细菌表达筛选,纯化出与不同抗原作用的多种单克隆抗体,通过 GFP 荧光强弱可以直接筛选出与该抗原亲和力高的抗体[310]。但是这种 GFP 多位点插入的方法很难找到最佳的 CDRs 插入位点以使得表达后的抗体与抗原最易相互作用,而且插入的位置也很难通过获得的克隆文库来进行证明。因此,2006 年,T. V. Pavoor 等人通过替代环和酵母展示技术代替之前的随机结合环的方法发展了一个 CDRs 定向插入位点的基于单体酵母荧光蛋白 GFPM 的抗体亲和力检测探针(GFAbs),它可以提供更加准确的抗体亲和力测定值[311]。2011 年,F. Ferrara 等人利用双分子荧光互补原理将劈开的 GFP11 与 scFv 相连接,通过荧光免疫吸附测定、流式细胞技术和酵母展示等技术证明该 GFP 双分子荧光互补系统在不用进行抗体纯化的条件下就能够知道酵母粗提液中抗体的浓度并估计抗体亲和力[312]。2011 年,S. Stamova 等人构建出基于 GFP 的两种双亲性抗体,它们分别是抗 CD33/CD3 和抗 CD3/PSCA,用于对特异性表达 CD33 和 PSCA 的 Hek293T 细胞进行免疫治疗成像[313]。该探针利用"I - Tag"连接序列连接 GFP 和两种同源的针对不同抗原的抗体,克服了同源性抗体造成的表达不稳定的缺点,实现了效应性 T 细胞和表达特异性抗原的 Hek293T 细胞之间的免疫突触成像[314]。

1.7.2.2 基于 GFP 的多肽荧光探针

随着噬菌体展示技术、组合多肽化学和生物学的发展,越来越多的多肽被报道能够特异性地识别疾病相关的特异性受体、新生血管标志分子,以及肿瘤治疗后的特定分子[315-317]。这些多肽在毫摩尔或微摩尔级浓度就能对它们的靶标展示出高特异性结合能力。由于多肽很容易合成与修饰,已经广泛地应用于制备基于多肽靶向的探针和药物。

多肽作为肿瘤靶向性配体吸引了众多的研究目光,它们相对于抗体而言有很多的优势,由于多肽相对分子质量小,使得其组织穿透能力强,免疫原性低和制备成本低[318-320]。然而,肿瘤亲和力相对较弱和滞留时间短是靶向性多肽在活体内应用的主要限制因素[321, 322]。纳米颗粒(脂质体、聚合物、微粒、量子点和金纳米颗粒)、化学复合物、蛋白/多肽和病毒等都曾被用作支架来合成多配体的探针,用于提高肿瘤的分子成像[323-329]。

但是靶向性多肽(targeting peptide, TP)的鉴定通常是使用有机化学小分子染料对多肽进行标记,例如,用 FITC 标记多肽进行细胞水平的光学成像鉴定,或 Cy5.5 标记多肽在活体内进行光学成像鉴定。以荧光蛋白作为靶向性多肽的报告分子,用于活细胞表面的检测或多肽特异性鉴定的报道并不多见。2003 年,M. Shadidi 等人利用 GFP 为支架,通过遗传编码的手段将靶向性多肽与 GFP 相偶联获得 GFP 多肽融合探针,与靶细胞孵育后,通过检测 GFP 荧光强弱来反映多肽的靶向能力[330]。但该方法并不常用,其原因在于,与荧光染料标记方法相比,荧光蛋白偶联的多肽探针检测灵敏度较低;由于 GFP 波长较短,因而仅限于活细胞水平的研究应用。

1.7.2.3 基于 mRFP 的抗体荧光探针

由于 GFP 荧光光谱的限制,为了在活体内检测与鉴定抗体的亲和力,A. Markiv 等人于 2011 年将 mRFP 与 4D5‐8(抗 p185(HER2)抗体的 scFv)进行融合,构建了 REDantibody4D5‐8,用于寄生虫表面的荧光成像[331]。他们将 mRFP 置于 VH 和 VL 之间,作为严谨性的 β 结构用于稳定 scFv 的抗原结合表位,实现了动态的荧光成像跟踪。该类探针为基于荧光蛋白的抗体荧光探针在小动物活体成像中的应用提供了工作基础。若能解决 scFv 的低亲和力和血液循环周期短的问题,将有望拓宽这类探针的生物学应用范围。

1.7.2.4 基于四聚体深红色荧光蛋白(tfRFP)的多肽荧光探针

以四聚体远红荧光蛋白为构架形成的八价纳米探针,具有显著增强的在体肿瘤靶向性和细胞内摄取能力[332]。深红色荧光蛋白 Katushka 具有亮度高、成熟快、耐酸、光稳定性好等特点,可用于在体光学成像[5]。KatushkaS158A 和 mLumin 是在 Katushka 的基础上,分别突变出的四聚体和单体荧光蛋白[208,332,333]。与单体荧光蛋白不同的是,四聚体荧光蛋白通常是作为细胞形态和定位的报告分子,而不能作为一种荧光探针来研究生物分子的功能。应用基因工程方法,H. M. Luo 和 Z. H. Zhang 等人以四聚体荧光蛋白 KatushkaS158A(简称 tfRFP)为载体,偶联肿瘤靶向肽(LTVSPWY),形成一个八价的荧光纳米探针,简称为 Octa‐FNP。在生物活体内,Octa‐FNP 表现出增强的肿瘤靶向性和胞内摄取能力,且在肿瘤组织与正常组织之间具有极好的信噪比,尤其是在肝脏与脾脏中,难以探测到 Octa‐FNP 的信号。基于四聚体深红色荧光蛋白(tfRFP)的多肽荧光探针,具有制备简单、结构功能精确可控,以及多价效应等特点,为肿瘤光学分子成像和多肽靶向能力的在体评价提供了有效的研究工具。

(1) Octa‐FNP 的构建原理。使用四聚化深红色荧光蛋白 KatushkaS158A(tfRFP)作为骨架结构,在 tfRFP 基因序列的碳氮两端通过一个柔性连接序列分别偶联上肿瘤靶向性多肽(LTVSPWY LTVSPWY)的基因序列。由于 tfRFP 成熟后会发生四聚化,因此重组后的荧光蛋白会自组装成一个含八价多肽的荧光探针,其中多肽会展示在 tfRFP 结构的表面。

(2) Octa‐FNP 具有多价效应和增强的肿瘤细胞摄取能力。为了证实 Octa‐FNP 的多价效应,靶向多肽阳性的鼻咽癌 5‐8F 细胞与 1.3 μmol/L

Octa－FNP(八价)、tfRFP－TP(四价)、mLumin－TP(单价)和 tfRFP(零价)在 37℃孵育 3 小时,共聚焦结果表明,5－8F 细胞对 Octa－FNP 的摄取是最有效的,荧光最强,摄取的 Octa－FNP 主要定位在胞质,细胞核几乎没有荧光信号。细胞摄取 mLumin－TP 的荧光信号很弱,主要富集在细胞膜表面,这表明单价靶向肽很难介导 mLumin－TP 探针的内吞。而没有靶向肽的 tfRFP 几乎不能被细胞摄取。流式细胞仪检测的数据进一步证实了共聚焦成像的结果,Octa－FNP 的摄取量是四价 tfRFP－TP 的 15 倍,是单价 mLumin－TP 的 80 倍,是零价 tfRFP 的 600 多倍。虽然在等摩尔浓度下 Octa－FNP 的荧光亮度是这些探针中最弱的,但是由于四聚体 tfRFP 表面的八个靶向多肽展示的多价效应,能大大增强阳性肿瘤细胞对 Octa－FNP 的特异性摄取。

(3) Octa－FNP 具有在体增强的肿瘤靶向性与胞内摄取能力。为了在体研究肿瘤对 Octa－FNP 的摄取能力,将 Octa－FNP 尾静脉注射到 5－8F 皮下荷瘤鼠体内,随后使用自制的整体荧光成像系统对它的荧光分布进行动态成像监测。结果显示,正常组织中的荧光信号逐渐消退,而在肿瘤区域的荧光信号逐渐富集,并在 12 小时达到最大。经过 24 小时,肿瘤与组织之间呈现出最好的信噪比。整体成像完毕后,取出主要器官(肝脏、脾脏、肾脏、脑、肺、心脏和肌肉)与肿瘤组织同时成像检测。荧光成像结果显示,Octa－FNP 在肿瘤组织有很强的荧光信号,而在同样成像条件下正常器官中几乎难以检测到信号。为了评价 Octa－FNP 在实体瘤中的渗透能力,将肿瘤沿最大横断面切开,对肿瘤组织的内切面与外切面使用体视荧光显微镜进行荧光成像。结果表明,Octa－FNP 能有效渗透到肿瘤组织中心并分布于整个肿瘤组织。肿瘤和肝脏组织冰冻切片的共聚焦成像结果进一步证明肿瘤组织细胞能特异性摄取 Octa－FNP,而相对而言肝脏对 Octa－FNP 的摄取量极少。

(4) Octa－FNP 的在体成像诊断。小分子多肽的生物半衰期短和亲和力低的缺点,限制了它们在活体内的应用。通过基因工程技术将定制的多肽偶联到四聚体深红色荧光蛋白(tfRFP)基因的两端,通过蛋白纯化技术得到表达有该定制多肽序列的八价纳米荧光探针 Octa－FNP。光学成像结果证明,基于 tfRFP 的八价纳米荧光探针具有增强的肿瘤靶向性和胞内摄取量能力,在肿瘤组织与正常组织之间具有极好的信噪比。使用 ^{125}I 标记 Octa－FNP 与 tfRFP,通过细胞亲和力抑制试验和 γ 成像实验证明,^{125}I 标记的 Octa－FNP 在细胞和在体水平均具有很好的特异性靶向能力,对其阳性的鼻咽癌 5－8F 肿瘤展现出非常好的放射成像对比度[334]。

总之,基于四聚体深红色荧光蛋白 KatushkaS158A,使用基因工程的方法发展的这种八价多肽纳米荧光探针,为在体评价定制靶向多肽的功能与特异性提供了新方法。

1.7.3 展望

随着噬菌体展示技术的发展,越来越多的多肽和抗体被发掘,对多肽和抗体靶向性与疗效的在体评价显得愈发重要。随着光谱红移荧光蛋白的发展,使用遗传编码手段将多肽或抗体与荧光蛋白相偶联,能更为直接准确地标记多肽或抗体并在体评价其靶向性。多肽的化学修饰与偶联常常会由于三维构象的改变或结合结构域的修饰而影响靶向肽的功能。但对于 Octa - FNP 探针,这些问题被大大弱化,因为靶向肽自然地展示在四聚体荧光蛋白的表面,与噬菌体筛选具有类似的生物展示模式,可以确保多肽的靶向能力不受影响。因此,该方法对于多肽的靶向性评价具有普适性和易重复性。基于四聚化深红色荧光蛋白构建的八价多肽荧光纳米探针,克服了多肽半衰期短和亲和力低的缺点,为在体水平对多肽亲和力的评价及肿瘤诊断成像提供新的思路。基于多聚化荧光蛋白的多肽和抗体探针与纳米技术联合评价多肽的治疗效应将会是未来发展的有潜力的方向。尽管如此,需要注意的是,荧光蛋白是一个外源蛋白,因此潜在的免疫原性也将限制 Octa - FNP 在临床诊断与治疗方面的应用。

1.8 荧光蛋白转基因小鼠在活体免疫光学成像中的应用

1.8.1 荧光蛋白标记的转基因动物模型

1994 年,科学家首次通过转基因的方法使绿色荧光蛋白在大肠杆菌和秀丽线虫中表达[11]。随后,使用荧光蛋白标记活体动物的方法迅速应用到了其他的模式生物,如小鼠、黑腹果蝇和斑马鱼等[335-338]。荧光蛋白标记的转基因小鼠模型的建立与使用,在人类生命活动过程中的分子与细胞功能研究、疾病治疗效应的在体评价与机制研究以及在体的药物筛选与靶标确证等方面发挥了重要的作用。本节主要介绍荧光蛋白标记的转基因小鼠在活体免疫光学成像研究中的应用,包括荧光蛋白标记特定免疫细胞的转基因小鼠模型、荧光蛋白标记全身细胞的转基因小鼠模型,以及荧光蛋白标记的病原物感染免疫模型。

1.8.1.1 免疫细胞表达荧光蛋白的转基因动物

应用遗传学操作的方法,将荧光蛋白引入到特定启动子的下游,或替代某一特定功能的基因片段,由此制备的荧光蛋白标记的转基因小鼠,已成为活体免疫光学成像中的主要模式动物。与荧光染料或纳米颗粒的标记方法相比,它的优点在于:① 遗传背景和荧光信号稳定,荧光标记细胞具有细胞群体的代表性,荧光信号不受细胞分裂增殖的影响,可用于长时程免疫应答过程的动态观察。② 在感染、肿瘤或移植等免疫应答过程中,荧光细胞来源于机体天然的免疫组织器官,通过荧光信号的检测,更能真实地反映病变局部免疫细胞募集的数量、类型、激活与分化状态等特性。③ 相对于荧光染料而言,荧光蛋白更耐光漂白,生物毒性更低。荧光蛋白标记的免疫细胞,也避免了体外分离、纯化和培养而导致的非特异性激活与分化。然而,此方法的不足之处也很明显:① 荧光蛋白标记的转基因小鼠制备周期长、成本高、实验风险大。即使使用已建成的转基因鼠,也存在饲养成本高和饲养周期长,尤其是实验中需要同时对 2～3 种类型免疫细胞进行光学成像监测时,或使用带有特定遗传性状的荧光蛋白标记的转基因鼠时,需要多种转基因鼠进行杂交,其实验周期将更为漫长。② 通常遗传操作的方法仅将一种荧光蛋白的基因片段插入到某一特定启动子的下游或替换某一基因,而同一种基因的表达大多可在数种不同类型的免疫细胞中发生。因此,转基因动物体内的荧光蛋白表达的免疫细胞,不能简单地认为就是某一特定类型的免疫细胞,常常需要通过细胞形态、运动特点、荧光强度和生化方法来鉴别细胞的类型。例如,在 CR_3CX_1 - GFP 转基因鼠中,GFP 在单核巨噬细胞、树突细胞、NK 细胞和部分 T 细胞中均有不同程度的表达[339]。在 lysM - EGFP - ki 转基因鼠中,GFP 在中性粒细胞中高表达,而在单核巨噬细胞中低表达[340]。

荧光蛋白标记免疫细胞的转基因动物模型主要分为以下几类:① 标记免疫细胞标志性分子的转基因鼠。这类转基因鼠荧光蛋白只在某一类型的免疫细胞表达,而在其他类型细胞中不表达或表达水平极低,如 Foxp3 是调节性 T 细胞特定的标志物,通过在 *Foxp3* 基因启动子下游插入荧光蛋白基因,就获得了标记调节性 T 细胞的 C57BL/6 - *Foxp3*^{tm1Flv}/J 转基因鼠[341]。② 标记细胞表面特定的受体(如趋化因子受体)的转基因鼠。趋化因子受体可以识别特定的趋化因子,引起免疫细胞的迁移,通过使用荧光蛋白标记特定的趋化因子受体,就可以直接观察在不同免疫过程中趋化因子对免疫细胞行为的影响,如 CX_3CR_1 - GFP 小鼠[339]。③ 标记特定细胞因子的转基因鼠。主要用来研究在免疫反应过程中表达特定细胞因子的细胞种类及其分布,如 IL - 4 - EGFP 小鼠[348]。表 1 - 7 列举了部分免疫细胞表达荧光蛋白的转基因小鼠。

表 1-7　免疫细胞表达荧光蛋白的转基因小鼠

转基因小鼠名称	鼠的品系	荧光蛋白	标记的免疫细胞
C57BL/6 - $Foxp3^{tm1Flv}$/J	C57BL/6	mRFP	$Foxp3^+$ T 细胞[341]
B6. Cg - $Foxp3^{tm2Tch}$/J	C57BL/6	EGFP	$Foxp3^+$ T 细胞[342]
C57BL/6J - Tg（Itgax-cre-EGFP）4097Ach/J	C57BL/6	EGFP	树突状细胞[343]
B6. Cg - Tg（Itgax - Venus）1Mnz/J	C57BL/6	Venus	树突状细胞[344]
B6. 129S2 - $Cd207^{tm2Mal}$/J	C57BL/6	EGFP	主要在 LC 表达、脾脏 $CD8^+$ DC 以及真皮 DC 也有表达[345]
lysM - EGFP - ki mice	C57BL/6	EGFP	中性粒细胞，单核细胞[340]
B6. 129P - $Cx3cr1^{tm1Litt}$/J	C57BL/6	EGFP	单核细胞、DC 细胞、NK 细胞和小胶质细胞[339]
B6. 129P2 - $Cxcr6^{tm1Litt}$/J	C57BL/6	EGFP	表达 Cxcr6 的细胞（活化的 T 细胞、记忆 T 细胞等）[346]
TCR - EGFP transgenic mice	C57BL/6	EGFP	主要在 $CD8^+$ T 细胞上表达[347]
C. 129 - $Il4^{tm1Lky}$/J	BALB/c	EGFP	表达 IL - 4 的细胞（Th2 细胞等）[348]
C. 129S4(B6) - $Il13^{tm1(YFP/cre)Lky}$/J	BALB/c	YFP	表达 IL - 13 的细胞（Ih2 细胞等）[349]
B6. 129S6 - $Il10^{tm1Flv}$/J	C57BL/6	GFP	表达 IL - 10 的细胞（DC 细胞、巨噬细胞等）[350]

　　荧光蛋白标记免疫细胞的转基因鼠已广泛用于免疫学研究中，近十年来活体光学成像技术的发展，使得免疫学家们能够在活体上直观地看到荧光蛋白标记的免疫细胞的运动、迁移、募集、互作等动态信息，不仅丰富了免疫反应过程中的时间与空间信息，也在活体生理或病理环境下确证了离体研究的准确性。例如，R. L. Lindquist 等人通过培育树突状细胞（DC 细胞）特异性标记的转基因鼠，采用双光子显微镜在转基因鼠腹股沟淋巴结成像证明成熟的 DC 细胞比稳态的 DC 运动得更快，且可以迅速传播和整合到固有的信号网络中，促进其与迁移 T 细胞的直接相互作用，这为研究 DC 细胞和 T 细胞之间的相互作用提供了有效的手段[344]。荧光蛋白标记免疫细胞的转基因小鼠也用于移植免疫的研究，2011 年，法国 P. Bousso 课题组使用小鼠耳部皮肤移植模型结合双光子显微成

像技术,研究了宿主DC细胞(YFP标记)与供体免疫细胞(CFP或GFP标记)在移植物与引流淋巴结之间的迁移情况,其中就使用了YFP标记DC细胞的转基因小鼠[351]。

1.8.1.2　荧光蛋白标记全身细胞的转基因动物模型

正如前面提到的,在活体免疫细胞标记方法中,荧光蛋白标记特定免疫细胞的转基因鼠具有一定的局限性。使用荧光染料标记特定免疫细胞后回输到另一实验小鼠体内,也是常用的光学标记方法。这种标记方法的优点在于:① 可方便快捷地(数小时)实现高纯度的任意表型免疫细胞的荧光标记,过继转移到新宿主体内后即可用于活体免疫光学成像研究。② 可根据成像系统的条件,更换不同波长的染料,以便与其他类型的荧光标记细胞进行同时成像。③ 荧光信号将随着细胞的分裂增殖而减弱,可通过荧光信号的强弱来推测免疫细胞的增殖效率。然而,由于免疫细胞大多来源于健康实验动物的某一正常组织器官(如脾脏、骨髓或淋巴结),在体外经过了培养环节,再转移到新的宿主体内,使得此类标记方法也有其较大的局限性。主要存在的问题有:① 体外分离纯化的方法不可能获得某一表型的全部免疫细胞,那么荧光标记的免疫细胞是否能够在新宿主体内代表其特定的细胞群体。② 对于树突状细胞而言,体外分离纯化的过程,不可避免地导致其一定程度的分化与成熟,因而难以实现真正稳态条件下树突状细胞行为与功能的评价。③ 由于细胞的增殖分裂导致细胞内染料荧光信号的减弱,此方法不适合历时数天以后的长时程免疫应答过程监测。④ 细胞内一些染料为高浓度时具有一定的细胞毒性,例如,对细胞的运动会产生一定的影响。⑤ 这些染料容易受光漂白的影响,在光照射下也会产生毒性产物。

因此,无论是荧光蛋白标记特定免疫细胞的转基因鼠,还是荧光染料标记特定免疫细胞的过继回输法,均具有各自的局限性。利用全细胞表达荧光蛋白的转基因鼠(α-actin或泛素启动子下游插入荧光蛋白),通过分离与纯化的方法获得荧光蛋白标记的特定亚型的免疫细胞,然后回输到待观察的小鼠体内进行活体光学成像研究。这种方法整合了转基因鼠和过继回输法的优点,一定程度上弥补了两种方法的不足。

最初发现的荧光蛋白由于其量子产率低及在37℃成熟率较低等因素,科学家们无法实现标记小鼠全身细胞的目的[335]。随着对荧光蛋白研究的深入,开发了适合在哺乳动物体内标记的绿色荧光蛋白(EGFP),1997年科学家首次研发出了一只全身表达EGFP荧光蛋白的转基因鼠[352]。它是通过显微注射方法将携带有鸡β-肌动蛋白启动子下游含EGFP基因的质粒注射到小鼠的受精卵中,EGFP基因随机整合到小鼠基因组中,获得了一只除毛发和红细胞不表达 EGFP 外,其他组织全部表达 EGFP 的表型正常的转基因小鼠。这鼓舞了科学家继续开发其他荧光蛋白标记的转基因小鼠,随着一系列理化性能优良的新型荧光蛋白的发现,以及将 Cre/loxP 重组等技术引入到转基因鼠的生产,越来越多的不同荧光蛋白标记全身细胞的转基因鼠培育出来[353]。据不完全统计,从 1997 年第一只全身表达 EGFP 转基因小鼠制备至今,科学家培育了近 30 种全身细胞表达荧光蛋白的转基因小鼠,囊括了从绿色到深红色的荧光蛋白[352]。表 1-8 列举了几种典型的全身细胞表达荧光蛋白的转基因小鼠。

表 1-8 典型的全身细胞表达荧光蛋白的转基因小鼠

小鼠的名称	鼠的遗传背景	荧光蛋白	荧光分布特征
C57BL/6 - Tg(ACTB - EGFP)131Osb/LeySopJ	C57BL/6	EGFP	除了红细胞和毛发不表达 EGFP 外,其他组织广泛表达[352]
C57BL/6 - Tg(UBC - GFP)30Scha/J	C57BL/6	EGFP	在所有测试过的组织中都表达 GFP,在同一种细胞谱系发育过程中荧光强度变化很小[357]
B6. 129(ICR) - Tg(CAG - ECFP)CK6Nagy/J	C57BL/6	ECFP	全身组织表达 ECFP,在脂肪组织和红细胞中很少表达 ECFP[358]
129 - Tg(CAG - EYFP)7AC5Nagy/J	129S1/SvIm	EYFP	除了红细胞和脂肪组织很少表达 EYFP 外,其他组织广泛表达[359]
B6(Cg) - Tyr^{c-2J} Tg(UBC - mCherry)1Phbs/J	C57BL/6	mCherry	几乎全身组织表达 mCherry,在大脑、睾丸、膀胱、前列腺等处表达较强荧光[360]
B6. Cg - Tg(CAG - DsRed * MST)1Nagy	C57BL/6	DsRed	几乎所有组织表达 DsRed,在胰腺、骨骼肌、心脏中高表达[361]
Katushka Cre-reporter transgenic mice	C57BL/6	Katushka	全身大部分细胞表达深红色荧光蛋白 Katushka[362]
Kaede transgenic mice	C57BL/6	Kaede	几乎全身细胞[363]
PA - GFP - transgenic mice	C57BL/6	PA - GFP	几乎全身细胞[364]

全身细胞表达荧光蛋白的转基因鼠常被用于活体免疫光学成像。与体外荧光染料标记纯化的免疫细胞相似,研究者们从全身细胞表达荧光蛋白的转基因鼠体内分离纯化特定表型的免疫细胞,然后回输到新宿主体内进行成像观察。

此种方法对于活体内长时程研究免疫细胞的迁移和增殖尤为合适。2011 年，Braun 等人利用从全细胞表达绿色荧光蛋白 EGFP 的转基因鼠和 Ccr7$^{-/-}$ 转基因鼠分离纯化的免疫细胞，在活体研究了影响 DC 细胞和 T 细胞迁移进入淋巴结以及在淋巴结中运动的分子机制[354]。2010 年，Fan 等人将 EGFP 标记的 Foxp3$^+$ 调节性 T 细胞的转基因小鼠与全细胞表达红色荧光蛋白 DsRed 的转基因小鼠杂交，在活体免疫应答过程中有效地鉴别了初始的和诱导的调节性 T 细胞，为免疫应答过程的系统性研究提供了极为巧妙的实验方法[355]。2009 年，S. Halle 等人利用从全细胞表达绿色荧光蛋白 EGFP 的转基因鼠分离得到的 DC 进行回输，结合双光子成像的方法，研究了在支气管黏膜相关淋巴样组织中的免疫应答机制[356]。

在荧光蛋白标记的转基因动物中，尤其值得一提的是表达光转化荧光蛋白 Kaede 和光激活荧光蛋白 PA - GFP 的转基因小鼠，它们在免疫细胞迁移的活体成像研究中彰显了极大的应用前景。常规荧光蛋白标记的转基因鼠，能够很好地用于动态监测感兴趣组织器官中免疫细胞的募集数量、运动速度和细胞间接触，但难以跨组织器官去追踪特定免疫细胞的迁移，即无法展示免疫应答过程中特定免疫细胞的输入来源与输出去向。光转化或光激活荧光蛋白标记的转基因动物可以很好地解决这一问题，使得我们能够选择性地在特定时间点和区域对某一群细胞或数个细胞进行光激活或光转化操作，在活体真实生理环境中追踪免疫细胞的迁移过程。例如，Michel C. Nussenzweig 课题组应用了 PA - GFP 转基因小鼠的光激活特性，区分了淋巴结生发中心的暗区和亮区，高分辨动态地展示了这一在解剖学上都难以区分的亚器官结构，并进一步分析了 B 细胞在这两个区域中的行为特点和选择成熟方式[364]。与此同时，M. Tomura 课题组利用光转化蛋白 Kaede 标记的转基因鼠，在活体内动态研究了调节性 T 细胞在皮肤中的迁移[365]。

总之，随着转基因鼠制作技术的普及，制作转基因鼠的成本将越来越低，周期也将越来越短，各种不同荧光蛋白标记免疫细胞或者全身细胞的转基因小鼠模型的培育将迎来一个爆发期，为生物学研究提供有力的工具。

1.8.2　荧光蛋白标记的病原微生物在感染免疫成像中的应用

病原微生物感染可以根据微生物类别分为病毒感染、原核生物和真核生物感染三大类。其共同特点是病原体能够侵入机体并植入组织中，适应机体环境而大量增殖并诱导组织损伤。病原微生物特异性抗原能够刺激宿主的免疫反应，调动与募集相关免疫细胞，先后形成强大的包含固有免疫和适应性免疫应答的免疫网络来抑制和清除病原体。表 1-9 为荧光蛋白标记的微生物感染成像模型。

表 1-9 荧光蛋白标记的微生物感染成像模型

病原微生物	荧光蛋白	备 注
病毒		
Vaccinia[366]	EGFP	静态感染成像。通过 APCs 细胞抗原提呈合理设计牛痘病毒编码的抗原诱导的 CD8+ T 应答,首次证明病毒感染的 APCs 对 CD8+ T 的提呈作用
Vaccinia[379] Vesicular stomatits[379]	EGFP	淋巴结内感染动态成像。使用牛痘病毒和水泡性口炎病毒感染,进一步在淋巴结内动态观察 CD8+ T 与树突状细胞的紧密相互作用
UV-VSV[352]	AlexaFluor	使用活体双光子显微技术在淋巴结内对荧光蛋白标记的巨噬细胞和 B 细胞进行成像,实时观察荧光蛋白标记的 VSV 病毒颗粒如何在淋巴结内被捕获并呈递至 B 细胞而引发免疫反应
原核生物		
Salmonella typhimurium[380]	DsRed	使用 CD11c-EGFP、CX₃CR₁-EGFP 转基因鼠,对黏膜上的 DC 进行动态成像
Mycobacterium bovis[381]	EGFP 或 DsRed	在肝脏感染结核杆菌后,活体观察 T 细胞和巨噬细胞参与肉芽肿形成的动态过程
Escherichia coli[382]	GFP	通过活体多光子显微成像与细菌遗传学相结合,观察尿道致病性大肠杆菌导致的肾脏感染的动态信息
Borrelia burgdorferi[383]	GFP	螺旋体在皮肤微脉管系统的动态成像。通过设计一种表达绿色荧光蛋白的伯氏疏螺旋体,实现细菌病原体在体内传播的高分辨率 3D 和 4D 可视化观察
真核生物		
Plasmodium berghei[384]	RedStar	活体内肝脏寄生虫成像。使用红色或绿色荧光蛋白标记的伯氏疟原虫子孢子感染活体小鼠,活体荧光显微镜下直接获取疟原虫子孢子入侵肝细胞的动态信息
Plasmodium yoelii[385]	GFP (GFPmut3)	晚期的肝脏内寄生虫成像。使用绿色荧光蛋白标记的约氏疟原虫感染 BALB/c 小鼠肝脏,建立了肝脏感染过程的可视化模型
Plasmodium yoelii[386]	GFP	寄生虫从肝脏释放的活体成像
Leishmania major[377]	RFP	皮肤内的寄生虫成像
Toxoplasma gondii[378]	tdTomato	淋巴结内寄生虫成像

1.8.2.1　病毒侵袭的感染免疫成像

病毒性疾病由于病毒具有较强的胞内寄生性而威胁着人们的健康。病毒能够通过很多途径(如呼吸道黏膜、胃肠道、昆虫咬伤的伤口等)进入宿主,诱导机体产生固有免疫和适应性免疫。研究固有免疫对感染早期病毒复制的控制、适应性免疫对于病毒的清除以及防止再次感染,具有重要意义。在荧光标记的病毒感染动物模型上,应用活体光学显微成像技术能够帮助我们进一步了解病毒的感染途径及其病理学过程与机制。

目前常用于活体成像的病毒感染模型有牛痘病毒(vaccinia)、水泡性口炎病毒(vesicular stomatitis virus, VSV)和脉络丛脑膜炎病毒(lymphocytic choriomeningitis virus, LCMV)[352, 366, 367]。VSV 是常被用于病毒感染研究的一种,它可以通过昆虫咬伤而传染。Junt 等使用活体双光子显微技术对 EGFP 标记的 B 细胞进行淋巴结内动态成像监测,实时观察 Alexa568(红)或 Alexa488(绿)标记的 VSV 病毒颗粒如何在淋巴结被捕获并递呈至 B 细胞而引发免疫反应[352]。活体成像新技术显示,在病毒感染几分钟后,CD169+ 巨噬细胞在淋巴结的被膜下淋巴窦区域捕获病毒。这种过程可以认为是机体限制病毒进一步扩散的生理反应能力。通过双光子荧光显微镜观察,研究者们证实巨噬细胞通过表面递呈的方式将病毒传递给淋巴结生发中心的 B 细胞。通过对 B 细胞的运动学数据分析,还发现病毒也可以巨噬细胞非依赖的方式进入淋巴结生发中心。应用活体显微光学成像技术,尚需要进一步研究 B 细胞识别病毒的方式、病毒的复制如何影响抗原提呈及其相关的免疫应答。

另一种常用于病毒感染研究的是 LCMV。此病毒的感染能导致小鼠致命性脑膜炎症。通过大脑内接种 LCMV 病毒,6 天后将导致血脑屏障的崩解并引发小鼠抽搐的症状。早在 1995 年 Brandle 就在变薄的颅骨窗口使用双光子成像技术,于脑膜中观察病毒特异性的 P14 CD8+ T 细胞(针对 LCMV 的 TCR 特异性细胞株)的反应[368]。Jiyun V. Kim 等在 LCMV 特异性 T 细胞中转入 GFP‑TCR 融合蛋白,动态观察了 GFP 标记的杀伤性 T 淋巴细胞(CTL)参与机体抗 LCMV 的免疫过程[367]。同时该小组使用 LysM‑GFP 转基因小鼠,研究了内源标记 GFP 的髓源单核细胞、中性粒细胞参与免疫反应过程,深入研究了 LCMV 在中枢神经系统的致病机理。该小组总结出在 LCMV 病毒感染下 CD8+ T 细胞的效应机制——不用依赖于效应 T 细胞的作用方式,而是依赖 CTL 招募的骨髓单核细胞。

1.8.2.2　原核生物的感染成像

常见的感染性菌类有:结核分枝杆菌(*mycobacterium tuberculosis*)、李斯特菌(*listeria monocytogenes*，Lm)和沙门氏菌(*salmonella*)等。

肉芽肿是机体应对结核杆菌而形成的保护性结构，Egen 等通过活体观察肉芽肿内 CMTPX 标记 T 细胞和表达 EGFP 的巨噬细胞的相关运动，发现两者的接触和 TNF-α 的产生对整个肉芽肿的发生与发展起着关键作用[369]。同时，通过成像数据分析得到，巨噬细胞形成较为稳定的细胞外基质，使得 T 细胞在肉芽肿形成的后期被束缚于有巨噬细胞界定的边界内。这种现象的可能机制是 T 细胞倾向于沿着巨噬细胞外表面基质运动。由于对肝脏枯否氏细胞(KCs)没有特异性的标记，为排除髓源性单核巨噬细胞的干扰，研究者们构建了由不同基因型细胞构成的骨髓辐射嵌合体小鼠。他们通过将 LysM-EGFP 转基因鼠的骨髓经致死照射后，过继输入没有荧光的新骨髓而形成嵌合体小鼠，使得肝脏新招募的单核巨噬细胞不表达 GFP，从而实现单独对 KCs 细胞的 GFP 标记。

另外，他们通过显微成像对 CD4+ T 细胞的运动速度分析以及对相关细胞进行分群，研究者们发现在比较稳定的状态下，只有很少部分的结核杆菌特异的 T 细胞在抗原诱导下迁移至肉芽肿，并导致某些细胞因子的低表达和极化分泌[369]。然而外源抗原的释放引起效应 T 细胞的聚集并产生大量的细胞因子。这些结果暗示着肉芽肿内的抗原提呈为限制性提呈，能识别唤起"沉默"T 细胞的应答，这种方式部分展现了宿主潜在发挥应答效应的能力。此研究结果提供了宿主调节病原体感染的新视野——慢性感染的抗原如何有效地动态影响 T 细胞，反过来效应 T 细胞如何防御病菌的入侵。

李斯特菌(Lm)是一种革兰阳性菌，由于其比较容易培养，处理实验室小鼠时较为安全并具有较高的感染可控性，故常用来研究哺乳动物感染的免疫应答。它导致的是胞内细菌感染，能同时激发先天性免疫和适应性免疫[370]。通过在细菌表面表达 Internalin A、Internalin B、listeriolysin O 等黏附蛋白，使得其进入宿主细胞内并逃避胞内吞噬系统。同时其在肌动蛋白装配诱导蛋白(actin-assembly-inducing protein，ActA)的帮助下催化肌动蛋白聚合，推动菌体入侵到邻近的细胞完成细菌的扩散[371,372]。血液中，巨噬细胞能够吞噬菌体，菌体表达的李斯特菌溶血素能够溶解巨噬细胞液泡膜，激活 NF-κB 依赖的机体免疫应答相关基因表达，如趋化因子 CCL2，招募表达相应受体的单核细胞。而被巨噬细胞处理后释放的细菌相关产物，通过 TLRs 激活单核细胞，促进其分化成分泌 TNF 的诱导性单核细胞来源的 DC，从而清除细菌[373]。

J. C. Waite 等通过使用活体显微成像装置描述了囊膜下表达 EYFP 荧光蛋白的 DC 细胞吞噬表达 RFP 荧光蛋白的 Lm 菌的过程[374]。血源的 Lm 菌迅速被 scDC(subcapsular DC)吞噬，髓源的单核细胞围绕在未运动的 scDC 附近形成聚集点并阻止血流。同时他们还使用 GFP 标记髓源吞噬细胞的 LysM - EGFP 转基因小鼠对吞噬 Lm 进行了详细地描述。T. Aoshi 等通过原位荧光显微镜和双光子荧光显微镜技术，使用 CD11c - YFP 转基因鼠，对 YFP 标记 DC 细胞、GFP 标记的李斯特菌和 CFSE 标记的 T 细胞进行成像，得到了 DC 和 CD8$^+$T 介导特异性免疫反应的动态信息[375]。研究发现，尽管李斯特菌在脾脏被各种各样的吞噬细胞吞噬，但在 DCs 中它们变化迅速。DCs 中该菌的瞬态扩散可能有利于宿主提供丰富的胞质抗原而引起 CD8$^+$T 细胞介导的免疫。同时脾脏中 APCs 对 CD4$^+$T 的抗原提呈位于另外一个单独的区域，其动力学过程也不相同。这个结果揭示了对于不同病毒和微生物的感染，脾脏中存在不同的应答区域。

1.8.2.3　原生动物的感染成像

原生动物寄生虫是导致人类许多重要感染的微生物之一，它们能很好地适应调节宿主的免疫系统。使用药物疗法来治疗寄生虫感染，不仅很难起到作用，还经常伴随有严重的副作用。常见的原生动物寄生虫有利什曼虫(*Leishmania*)、弓形体原虫(*Toxoplasma*)、阿米巴原虫(*Entamoeba*)、小球隐孢子虫(*Cryptosporidium*)和牛肉绦虫(*Taenia saginata*)等，其中利什曼虫感染模型由于可控性较好常被用于活体荧光显微成像分析。

M. Bajenoff 等通过使用荧光染料 CFSE 和 CMTMR 分别标记 NK 细胞和 T 细胞，对利什曼虫感染后的淋巴结进行了成像[376]。他们发现未感染的淋巴结内 NK 运动缓慢并在副皮质区和髓质区与 DC 细胞有较长时间接触，而在利什曼虫感染后，NK 细胞从循环管道募集至副皮质区与 DC 一起，共同激活 CD4$^+$T 细胞并释放能促进 Th1 型 CD4$^+$T 细胞分化的细胞因子——IFN - γ。N. C. Peters 通过使用中性粒细胞和单核细胞表达 EGFP 的 LsyM - EGFP 转基因小鼠，建立白蛉子传输途径的利什曼虫感染模型，在成像中观察机体免疫细胞的主动应答过程[377]。

T. Chtanova 等使用 LsyM - EGEP 转基因小鼠，在淋巴结中对表达 GFP 的中性粒细胞和 RFP 标记的弓形体原虫进行了动态成像研究[378]。他们发现中性粒细胞以一种独特并协调的方式，在淋巴结被膜下淋巴窦区域引导中性粒细胞产生成群的网络结构。同时中性粒细胞在弓形体原虫感染时，能够迅速迁移至感染区域。这些观察首次描述了在弓形体原虫感染下，淋巴结内中性粒细胞参与免疫反应的动态过程，对弓形体原虫的感染免疫研究具有重要意义。

1.8.2.4　展望

感染免疫学的理论和研究大大地推动人工免疫研究的步伐，有效地控制了一些烈性传染疾病的发生。自 1990 年首次描述双光子显微成像开始,基于荧光蛋白标记的成像技术在理解宿主-病原体相互作用上也取得了越来越多的成果,并将继续发挥重要作用。同时,感染免疫研究也存在许多问题仍待解决。例如,对于某些传统的传染病尚未开发出较好的疫苗与治疗方案,需要我们进一步结合光学手段去打开感染免疫的动态信息之门。一方面,需要发展和解决那些目前不能被标记的病原体的活体内特异性成像问题,以阐述病原体在感染免疫应答时如何逃避机体防御及其致病机制。新型的荧光蛋白和探针结合转基因技术将允许同时识别多种细胞,进一步推进我们对宿主应对感染的细胞免疫研究。另一方面,为适应大型动物成像观察,增加激光的穿透深度、增强探测器灵敏度将是另一个发展方向。

参考文献

[1] Yang M, Baranov E, Wang J-W, et al. Direct external imaging of nascent cancer, tumor progression, angiogenesis, and metastasis on internal organs in the fluorescent orthotopic model[J]. Proceedings of the National Academy of Sciences, 2002, 99(6): 3824 - 3829.

[2] Jiguet-Jiglaire C, Cayol M, Mathieu S, et al. Noninvasive near-infrared fluorescent protein-based imaging oftumor progression and metastases in deep organs and intraosseous tissues[J]. Journal of Biomedical Optics. 2014, 19(1):16019.

[3] Mizuno R, Kamioka Y, Kabashima K, et al. In vivo imaging reveals PKA regulation of ERK activity during neutrophil recruitment to inflamed intestines [J]. Journal of Experimental Medicine. 2014, 211(6):1123 - 1136.

[4] Bartholomäus I, Kawakami N, Odoardi F, et al. Effector T cell interactions with meningeal vascular structures in nascent autoimmune CNS lesions[J]. Nature, 2009, 462(7269): 94 - 98.

[5] Shcherbo D, Merzlyak E M, Chepurnykh T V, et al. Bright far-red fluorescent protein for whole-body imaging[J]. Nature Methods, 2007, 4(9): 741 - 746.

[6] Lin M Z, McKeown M R, Ng H-L, et al. Autofluorescent proteins with excitation in the optical window for intravital imaging in mammals[J]. Chemistry & Biology, 2009, 16(11): 1169 - 1179.

[7] Filonov G S, Piatkevich K D, Ting L-M, et al. Bright and stable near-infrared fluorescent protein for in vivo imaging [J]. Nature biotechnology, 2011, 29 (8): 757 - 761.

[8] Shimomura O, Johnson F H, Saiga Y. Extraction, purification and properties of aequorin, a bioluminescent protein from the luminous hydromedusan, Aequorea[J]. Journal of cellular and comparative physiology, 1962, 59(3): 223 - 239.

[9] Morise H, Shimomura O, Johnson F H, et al. Intermolecular energy transfer in the bioluminescent system of Aequorea[J]. Biochemistry, 1974, 13(12): 2656 - 2662.

［10］ Prasher D C, Eckenrode V K, Ward W W, et al. Primary structure of the Aequorea victoria green-fluorescent protein［J］. Gene, 1992, 111(2): 229.

［11］ Chalfie M, Tu Y, Euskirchen G, et al. Green fluorescent protein as a marker for gene expression［J］. Science, 1994, 263(5148): 802 – 805.

［12］ Inouye S, Tsuji F I. Aequorea green fluorescent protein: Expression of the gene and fluorescence characteristics of the recombinant protein［J］. FEBS Letters, 1994, 341(2): 277 – 280.

［13］ Ormö M, Cubitt A B, Kallio K, et al. Crystal structure of the Aequorea victoria green fluorescent protein［J］. Science, 1996, 273(5280): 1392 – 1395.

［14］ Yang F, Moss L G, Phillips Jr G N. The molecular structure of green fluorescent protein ［J］. Nature biotechnology, 1996, 14(10): 1246 – 1251.

［15］ 杨杰,张智红,骆清铭. 荧光蛋白研究进展［J］. 生物物理学报,2010, 26 (11): 1025 – 1035.

［16］ Heim R, Cubitt A B, Tsien R Y. Improved green fluorescence［J］. Nature, 1995, 373(6516): 663 – 664.

［17］ Kauffman G B, Adloff J-P. The 2008 Nobel prize in chemistry: Osamu Shimomura, Martin Chalfie, and Roger Y. Tsien: the Green fluorescent protein［J］. Chem. Educator, 2009, 14(10): 70 – 78.

［18］ Shaner N C, Steinbach P A, Tsien R Y. A guide to choosing fluorescent proteins［J］. Nature Methods, 2005, 2(12): 905 – 909.

［19］ Shaner N C, Campbell R E, Steinbach P A, et al. Improved monomeric red, orange and yellow fluorescent proteins derived from Discosoma sp. red fluorescent protein［J］. Nature biotechnology, 2004, 22(12): 1567 – 1572.

［20］ Karasawa S, Araki T, Nagai T, et al. Cyan-emitting and orange-emitting fluorescent proteins as a donor/acceptor pair for fluorescence resonance energy transfer［J］. Biochem. J, 2004, 381: 307 – 312.

［21］ Tsutsui H, Karasawa S, Okamura Y, et al. Improving membrane voltage measurements using FRET with new fluorescent proteins［J］. Nature Methods, 2008, 5(8): 683 – 685.

［22］ Merzlyak E M, Goedhart J, Shcherbo D, et al. Bright monomeric red fluorescent protein with an extended fluorescence lifetime［J］. Nature Methods, 2007, 4(7): 555 – 557.

［23］ Kredel S, Oswald F, Nienhaus K, et al. mRuby, a Bright monomeric red fluorescent protein for labeling of subcellular structures［J］. PLoS ONE, 2009, 4(2): e4391.

［24］ Shaner N C, Lin M Z, McKeown M R, et al. Improving the photostability of bright monomeric orange and red fluorescent proteins［J］. Nature Methods, 2008, 5(6): 545 – 551.

［25］ Betzig E, Patterson G H, Sougrat R, et al. Imaging intracellular fluorescent proteins at nanometer resolution［J］. Science, 2006, 313(5793): 1642 – 1645.

［26］ Morozova K S, Piatkevich K D, Gould T J, et al. Far-red fluorescent protein excitable with red lasers for flow cytometry and super resolution STED nanoscopy［J］. Biophysical Journal, 2010, 99(2):L13 – 15.

［27］ Shu X, Royant A, Lin M Z, et al. Mammalian expression of infrared fluorescent proteins engineered from a bacterial phytochrome[J]. Science, 2009, 324(5928): 804 - 807.

[28] Auldridge M E, Satyshur K A, Anstrom D M, et al. Structure-guided engineering enhances a phytochrome-based infrared fluorescent protein[J]. Journal of Biological Chemistry, 2012, 287(10): 7000 - 7009.

[29] Shcherbakova D M, Verkhusha V V. Near-infrared fluorescent proteins for multicolor in vivo imaging[J]. Nature Methods, 2013, 10(8): 751.

[30] Piatkevich K D, Hulit J, Subach O M, et al. Monomeric red fluorescent proteins with a large Stokes shift[J]. Proceedings of the National Academy of Sciences, 2010, 107(12): 5369 - 5374.

[31] Zapata-Hommer O, Griesbeck O. Efficiently folding and circularly permuted variants of the Sapphire mutant of GFP[J]. BMC biotechnology, 2003, 3(1): 5.

[32] Ai H-w, Hazelwood K L, Davidson M W, et al. Fluorescent protein FRET pairs for ratiometric imaging of dual biosensors[J]. Nature Methods, 2008, 5(5): 401 - 403.

[33] Kogure T, Karasawa S, Araki T, et al. A fluorescent variant of a protein from the stony coral Montipora facilitates dual-color single-laser fluorescence cross-correlation spectroscopy[J]. Nature biotechnology, 2006, 24(5): 577 - 581.

[34] Nadal-Ferret M, Gelabert R, Moreno M, et al. How does the environment affect the absorption spectrum of the fluorescent protein mKeima[J]? Journal of Chemical Theory and Computation, 2013, 9 (3): 1731 - 1742.

[35] Yang J, Wang L, Yang F, et al. mBeRFP, an improved large Stokes shift red fluorescent protein[J]. PLoS ONE, 2013, 8(6): e64849.

[36] Chen Y, Macdonald P J, Skinner J P, et al. Probing nucleocytoplasmic transport by two-photon activation of PA - GFP[J]. Microsc Res Tech, 2006, 69(3): 220 - 226.

[37] Gould T J, Gunewardene M S, Gudheti M V, et al. Nanoscale imaging of molecular positions and anisotropies[J]. Nature Methods, 2008, 5(12): 1027 - 1030.

[38] Chudakov D M, Belousov V V, Zaraisky A G, et al. Kindling fluorescent proteins for precise in vivo photolabeling[J]. Nature Biotechnology, 2003, 21(2):191 - 194.

[39] Andresen M, Stiel A C, Fölling J, et al. Photoswitchable fluorescent proteins enable monochromatic multilabel imaging and dual color fluorescence nanoscopy. Nature Biotechnology, 2008, 26(9):1035 - 1040.

[40] Patterson G H, Lippincott-Schwartz J. A photoactivatable GFP for selective photolabeling of proteins and cells[J]. Science, 2002, 297(5588): 1873 - 1877.

[41] Chudakov D M, Lukyanov S, Lukyanov K A. Tracking intracellular protein movements using photoswitchable fluorescent proteins PS - CFP2 and Dendra2[J]. Nature Protocols, 2007, 2(8):2024 - 2032.

[42] Ando R, Hama H, Yamamoto-Hino M, et al. An optical marker based on the UV-induced green-to-red photoconversion of a fluorescent protein[J]. Proceedings of the National Academy of Sciences U. S. A. , 2002, 99(20): 12651 - 12656.

[43] Wiedenmann J, Ivanchenko S, Oswald F, et al. EosFP, a fluorescent marker protein with UV-inducible green-to-red fluorescence conversion[J]. Proceedings of the National Academy of Sciences U. S. A. , 2004, 101: 15905 - 15910.

［44］ Zhang M, Chang H, Zhang Y, et al. Rational design of true monomeric and bright photoactivatable fluorescent proteins［J］. Nature Methods, 2012, 9(7): 727 – 729.

［45］ Gurskaya N G, Verkhusha V V, Shcheglov A S, et al. Engineering of a monomeric green-to-red photoactivatable fluorescent protein induced by blue light［J］. Nature biotechnology, 2006, 24(4): 461 – 465.

［46］ Ando R, Mizuno H, Miyawaki A. Regulated fast nucleocytoplasmic shuttling observed by reversible protein highlighting［J］. Science Signalling, 2004, 306(5700): 1370.

［47］ Stiel A C, Trowitzsch S, Weber G, et al. 1. 8 A bright-state structure of the reversibly switchable fluorescent protein Dronpa guides the generation of fast switching variants［J］. Biochemical Journal, 2007, 402(1): 35 – 42.

［48］ Carpentier P, Violot S, Blanchoin L, et al. Structural basis for the phototoxicity of the fluorescent protein KillerRed［J］. FEBS Lett, 2009, 583(17): 2839 – 2842.

［49］ Bulina M E, Chudakov D M, Britanova O V, et al. A genetically encoded photosensitizer ［J］. Nature biotechnology, 2005, 24(1): 95 – 99.

［50］ Serebrovskaya E O, Edelweiss E F, Stremovskiy O A, et al. Targeting cancer cells by using an antireceptor antibody-photosensitizer fusion protein［J］. PNAS, 2009,

［51］ Bulina M E, chromophore assisted light inactivation using the phototoxic fluorescent protein killerred［J］. Nature protocol, 2006, 1(2): 947 – 953.

［52］ Matz M V, Fradkov A F, Labas Y A, et al. Fluorescent proteins from nonbioluminescent Anthozoa species［J］. Nature biotechnology, 1999, 17(10): 969 – 973.

［53］ Terskikh A, Fradkov A, Ermakova G, et al. "Fluorescent Timer": Protein That Changes Color with Time［J］. Science, 2000, 290(5496): 1585 – 1588.

［54］ Mirabella R, Franken C, van der Krogt G N, et al. Use of the fluorescent timer DsRED – E5 as reporter to monitor dynamics of gene activity in plants［J］. Plant Physiol, 2004, 135(4): 1879 – 1887.

［55］ Verkhusha V V, Chudakov D M, Gurskaya N G, et al. Common pathway for the red chromophore formation in fluorescent proteins and chromoproteins［J］. Chemistry & Biology, 2004, 11(6): 845 – 854.

［56］ Rizzo M A, Davidson M W, Piston D W. Fluorescent protein tracking and detection: applications using fluorescent proteins in living cells［J］. Cold Spring Harb Protoc, 2009, 2009(12): pdb top64.

［57］ Saffarian S, Cocucci E, Kirchhausen T. Distinct dynamics of endocytic clathrin-coated pits and coated plaques［J］. PLoS Biol, 2009, 7(9): e1000191.

［58］ Wang L, Yang J, Chu J, et al. Five-color fluorescent imaging in living tumor cells［C］. Proc. SPIE 2009, 7280, 72801Z.

［59］ Hailey D W, Rambold A S, Satpute-Krishnan P, et al. Mitochondria supply membranes for autophagosome biogenesis during starvation［J］. Cell, 2010, 141(4): 656 – 667.

［60］ Zhou L, Chang D C. Dynamics and structure of the Bax-Bak complex responsible for releasing mitochondrial proteins during apoptosis［J］. J Cell Sci, 2008, 121 (Pt 13): 2186 – 2196.

［61］ Lippincott-Schwartz J, Snapp E, Kenworthy A. Studying protein dynamics in living cells

[J]. Nat. Rev. Mol. Cell Biol. , 2001, 2(6): 444 - 456.

[62] Drake K R, Kang M, Kenworthy A K. Nucleocytoplasmic distribution and dynamics of the autophagosome marker EGFP - LC3[J]. PLoS ONE, 2010, 5(3): e9806.

[63] Kim S, Nollen E A, Kitagawa K, et al. Polyglutamine protein aggregates are dynamic [J]. Nature cell biology, 2002, 4(10): 826 - 831.

[64] Chiu W-L, Niwa Y, Zeng W, et al. Engineered GFP as a vital reporter in plants[J]. Current Biology, 1996, 6(3): 325 - 330.

[65] Cheng L, Fu J, Tsukamoto A, et al. Use of green fluorescent protein variants to monitor gene transfer and expression in mammalian cells[J]. Nature biotechnology, 1996, 14(5): 606 - 609.

[66] Pletnev S, Subach F V, Dauter Z, et al. Understanding blue-to-red conversion in monomeric fluorescent timers and hydrolytic degradation of their chromophores[J]. J. Am. Chem. Soc. , 2010, 132(7): 2243 - 2253.

[67] Nan H, Cao D, Zhang D, et al. GmFT2a and GmFT5a redundantly and differentially regulate flowering through interaction with and upregulation of the bZIP transcription factor GmFDL19 in soybean[J]. PLoS One, 2014, 9(5): e97669.

[68] Lippincott-Schwartz J, Altan-Bonnet N, Patterson G H. Photobleaching and photoactivation: following protein dynamics in living cells[J]. Nat. Cell Biol. , 2003, Suppl: S7 - 14.

[69] Philip A F, Eisenman K T, Papadantonakis G A, et al. Functional tuning of photoactive yellow protein by active site residue 46[J]. Biochemistry, 2008, 47(52): 13800 - 13810.

[70] Lukyanov K A, Chudakov D M, Lukyanov S, et al. Photoactivatable fluorescent proteins [J]. Nature Reviews Molecular Cell Biology, 2005, 6(11): 885 - 890.

[71] Sato T, Takahoko M, Okamoto H. HuC: Kaede, a useful tool to label neural morphologies in networks in vivo[J]. Genesis, 2006, 44(3): 136 - 142.

[72] Tomura M, Kabashima K. Analysis of cell movement between skin and other anatomical sites in vivo using photoconvertible fluorescent protein "Kaede"-transgenic mice [J]. Methods in Molecular Biology. , 2013, 961: 279 - 286.

[73] Stark D A, Kulesa P M. An in vivo comparison of photoactivatable fluorescent proteins in an avian embryo model[J]. Dev. Dyn. , 2007, 236(6): 1583 - 1594.

[74] Molina A J, Shirihai O S. Monitoring mitochondrial dynamics with photoactivatable [corrected] green fluorescent protein[J]. Methods Enzymol, 2009, 457: 289 - 304.

[75] Zhang L, Gurskaya N G, Merzlyak E M, et al. Method for real-time monitoring of protein degradation at the single cell level [J]. Biotechniques, 2007, 42 (4): 446, 448, 450.

[76] Marriott G, Mao S, Sakata T, et al. Optical lock-in detection imaging microscopy for contrast-enhanced imaging in living cells[J]. Proceedings of the National Academy of Sciences, 2008, 105(46): 17789 - 17794.

[77] Egner A, Geisler C, von Middendorff C, et al. Fluorescence nanoscopy in whole cells by asynchronous localization of photoswitching emitters [J]. Biophys. J, 2007, 93 (9): 3285 - 3290.

[78] Hess S T, Gould T J, Gunewardene M, et al. Ultrahigh resolution imaging of biomolecules by fluorescence photoactivation localization microscopy, in Micro and Nano Technologies in Bioanalysis[M]. Springer, 2009, 483 – 522.

[79] Hess S T, Girirajan T P, Mason M D. Ultra-high resolution imaging by fluorescence photoactivation localization microscopy [J]. Biophysical journal, 2006, 91(11): 4258 – 4272.

[80] Hess S T, Gould T J, Gudheti M V, et al. Dynamic clustered distribution of hemagglutinin resolved at 40 nm in living cell membranes discriminates between raft theories[J]. Proceedings of the National Academy of Sciences, 2007, 104 (44): 17370 – 17375.

[81] Shroff H, Galbraith C G, Galbraith J A, et al. Dual-color superresolution imaging of genetically expressed probes within individual adhesion complexes[J]. Proc. Natl. Acad. Sci. U. S. A. , 2007, 104(51): 20308 – 20313.

[82] McKinney S A, Murphy C S, Hazelwood K L, et al. A bright and photostable photoconvertible fluorescent protein[J]. Nat. Methods, 2009, 6(2): 131 – 133.

[83] Subach F V, Patterson G H, Manley S, et al. Photoactivatable mCherry for high-resolution two-color fluorescence microscopy[J]. Nat. Methods, 2009, 6(2): 153 – 159.

[84] Gunewardene M S, Subach F V, Gould T J, et al. Superresolution imaging of multiple fluorescent proteins with highly overlapping emission spectra in living cells[J]. Biophys. J, 2011, 101(6): 1522 – 1528.

[85] Miyawaki A, Proteins on the move: insights gained from fluorescent protein technologies [J]. Nat. Rev. Mol. Cell Biol. , 2011, 12(10): 656 – 668.

[86] Hanson G T, Aggeler R, Oglesbee D, et al. Investigating mitochondrial redox potential with redox-sensitive green fluorescent protein indicators [J]. Journal of Biological Chemistry, 2004, 279(13): 13044 – 13053.

[87] Dooley C T, Dore T M, Hanson G T, et al. Imaging dynamic redox changes in mammalian cells with green fluorescent protein indicators [J]. Journal of Biological Chemistry, 2004, 279(21): 22284 – 22293.

[88] Gutscher M, Pauleau A-L, Marty L, et al. Real-time imaging of the intracellular glutathione redox potential[J]. Nature Methods, 2008, 5(6): 553 – 559.

[89] Belousov V V, Fradkov A F, Lukyanov K A, et al. Genetically encoded fluorescent indicator for intracellular hydrogen peroxide [J]. Nature Methods, 2006, 3 (4): 281 – 286.

[90] Nakamura M, Mie M, Funabashi H, et al. Construction of streptavidin-luciferase fusion protein for ATP sensing with fixed form [J]. Biotechnol. Lett. , 2004, 26 (13): 1061 – 1066.

[91] Willemse M, Janssen E, de Lange F, et al. ATP and FRET — a cautionary note[J]. Nat. Biotechnol. , 2007, 25(2): 170 – 172.

[92] Borst J W, Willemse M, Slijkhuis R, et al. ATP changes the fluorescence lifetime of cyan fluorescent protein via an interaction with His148[J]. PLoS One, 2010, 5(11): e13862.

[93] Berg J, Hung Y P, Yellen G. A genetically encoded fluorescent reporter of ATP: ADP

ratio[J]. Nat. Methods, 2009, 6(2): 161 – 166.

[94] Tarasov A I. The Mitochondrial Ca^{2+} Uniporter MCU Is Essential for Glucose-Induced ATP Increases in Pancreatic b-Cells[J]. PLoS One, 2012.

[95] Patterson G H, Knobel S M, Sharif W D, et al. Use of the green fluorescent protein and its mutants in quantitative fluorescence microscopy [J]. Biophys. J, 1997, 73(5): 2782 – 2790.

[96] Hanson G T, McAnaney T B, Park E S, et al. Green fluorescent protein variants as ratiometric dual emission pH sensors. 1. Structural characterization and preliminary application[J]. Biochemistry, 2002, 41(52): 15477 – 15488.

[97] Miesenbock G, De Angelis D A, Rothman J E. Visualizing secretion and synaptic transmission with pH-sensitive green fluorescent proteins[J]. Nature, 1998, 394(6689): 192 – 195.

[98] Morimoto Y V, Kojima S, Namba K, et al. M153R mutation in a pH-sensitive green fluorescent protein stabilizes its fusion proteins[J]. PLoS One, 2011, 6(5): e19598.

[99] Awaji T, Hirasawa A, Shirakawa H, et al. Novel Green Fluorescent Protein-Based Ratiometric Indicators for Monitoring pH in Defined Intracellular Microdomains [J]. Biochemical and Biophysical Research Communications, 2001, 289(2): 457 – 462.

[100] Urra J, Sandoval M, Cornejo I, et al. A genetically encoded ratiometric sensor to measure extracellular pH in microdomains bounded by basolateral membranes of epithelial cells[J]. Pflügers Archiv-European Journal of Physiology, 2008, 457(1): 233 – 242.

[101] Abad M F C. Mitochondrial pH monitored by a new engineered green fluorescent protein mutant[J]. Journal of Biological Chemistry, 2004, 279(12): 11521 – 11529.

[102] Ogata M, Awaji T, Iwasaki N, et al. A new mitochondrial pH biosensor for quantitative assessment of pancreatic β – cell function [J]. Biochemical and Biophysical Research Communications, 2012, 421(1): 20 – 26.

[103] Siegel M S, Isacoff E Y. A genetically encoded optical probe of membrane voltage[J]. Neuron, 1997, 19(4): 735 – 741.

[104] Perozo E, MacKinnon R, Bezanilla F, et al. Gating currents from a nonconducting mutant reveal open-closed conformations in Shaker K^+ channels[J]. Neuron, 1993, 11(2): 353 – 358.

[105] Guerrero G, Siegel M S, Roska B, et al. Tuning FlaSh: redesign of the dynamics, voltage range, and color of the genetically encoded optical sensor of membrane potential [J]. Biophysical journal, 2002, 83(6): 3607 – 3618.

[106] Sakai R, Repunte-Canonigo V, Raj C D, et al. Design and characterization of a DNA-encoded, voltage-sensitive fluorescent protein[J]. European Journal of Neuroscience, 2001, 13(12): 2314 – 2318.

[107] Ataka K, Pieribone V A. A genetically targetable fluorescent probe of channel gating with rapid kinetics[J]. Biophys. J, 2002, 82(1 Pt 1): 509 – 516.

[108] Dimitrov D, He Y, Mutoh H, et al. Engineering and characterization of an enhanced fluorescent protein voltage sensor[J]. PLoS One, 2007, 2(5): e440.

[109] Lundby A, Mutoh H, Dimitrov D, et al. Engineering of a genetically encodable fluorescent voltage sensor exploiting fast Ci - VSP voltage-sensing movements[J]. PLoS One, 2008, 3(6): e2514.

[110] Perron A, Mutoh H, Launey T, et al. Red-shifted voltage-sensitive fluorescent proteins [J]. Chemistry & Biology, 2009, 16(12): 1268 - 1277.

[111] Mutoh H, Perron A, Dimitrov D, et al. Spectrally-resolved response properties of the three most advanced FRET based fluorescent protein voltage probes[J]. PLoS One, 2009, 4(2): e4555.

[112] Jin L, Baker B, Mealer R, et al. Random insertion of split-cans of the fluorescent protein venus into shaker channels yields voltage sensitive probes with improved membrane localization in mammalian cells[J]. Journal of Neuroscience Methods, 2011, 199(1): 1 - 9.

[113] Miyawaki A, Llopis J, Heim R, et al. Fluorescent indicators for Ca^{2+} based on green fluorescent proteins and calmodulin[J]. Nature. 1997, 388(6645): 882 - 887.

[114] Miyawaki A, Griesbeck O, Heim R, et al. Dynamic and quantitative Ca^{2+} measurements using improved cameleons[J]. Proceedings of the National Academy of Sciences, 1999, 96(5): 2135 - 2140.

[115] Truong K, Sawano A, Mizuno H, et al. FRET-based in vivo Ca^{2+} imaging by a new calmodulin-GFP fusion molecule[J]. Nature Structural & Molecular Biology, 2001, 8: 1069 - 1073.

[116] Nagai T, Yamada S, Tominaga T, et al. Expanded dynamic range of fluorescent indicators for $Ca^{(2+)}$ by circularly permuted yellow fluorescent proteins[J]. Proc. Natl. Acad. Sci. U. S. A. , 2004, 101(29): 10554 - 10559.

[117] Heim N, Griesbeck O. Genetically encoded indicators of cellular calcium dynamics based on troponin C and green fluorescent protein[J]. J. Biol. Chem. , 2004, 279(14): 14280 - 14286.

[118] Mank M, Reiff D F, Heim N, et al. A FRET-based calcium biosensor with fast signal kinetics and high fluorescence change[J]. Biophys. J, 2006, 90(5): 1790 - 1796.

[119] Liu S, He J, Jin H, et al. Enhanced dynamic range in a genetically encoded Ca^{2+} sensor [J]. Biochem. Biophys. Res. Commun. , 2011, 412(1): 155 - 159.

[120] Nakai J, Ohkura M, Imoto K. A high signal-to-noise Ca^{2+} probe composed of a single green fluorescent protein[J]. Nature biotechnology, 2001, 19(2): 137 - 141.

[121] Ohkura M, Matsuzaki M, Kasai H, et al. Genetically encoded bright Ca^{2+} probe applicable for dynamic Ca^{2+} imaging of dendritic spines [J]. Analytical Chemistry, 2005, 77(18): 5861 - 5869.

[122] Tallini Y N. Imaging cellular signals in the heart in vivo: Cardiac expression of the high-signal Ca^{2+} indicator GCaMP2[J]. Proceedings of the National Academy of Sciences, 2006, 103(12): 4753 - 4758.

[123] Tian L, Hires S A, Mao T, et al. Imaging neural activity in worms, flies and mice with improved GCaMP calcium indicators[J]. Nat. Methods, 2009, 6(12): 875 - 881.

[124] Chen T-W, Wardill T J, Sun Y, et al. Ultrasensitive fluorescent proteins for imaging

neuronal activity[J]. Nature, 2013, 499(7458): 295 - 300.

[125] Baird G S, Zacharias D A, Tsien R Y. Circular permutation and receptor insertion within green fluorescent proteins[J]. Proc. Natl. Acad. Sci. U. S. A. , 1999, 96(20): 11241 - 11246.

[126] Griesbeck O. Reducing the environmental sensitivity of yellow fluorescent protein. mechanism and applications[J]. Journal of Biological Chemistry, 2001, 276(31): 29188 - 29194.

[127] Nagai T. Circularly permuted green fluorescent proteins engineered to sense Ca^{2+} [J]. Proceedings of the National Academy of Sciences, 2001, 98(6): 3197 - 3202.

[128] Gu Z, Zhao M, Sheng Y, et al. Detection of mercury ion by infrared fluorescent protein and its hydrogel-based paper assay[J]. Analytical Chemistry, 2011, 83(6): 2324 - 2329.

[129] Sumner J P, Westerberg N M, Stoddard A K, et al. DsRed as a highly sensitive, selective, and reversible fluorescence-based biosensor for both Cu($+$) and Cu($^{2+}$) ions [J]. Biosens Bioelectron, 2006, 21(7): 1302 - 1308.

[130] Rahimi Y, Goulding A, Shrestha S, et al. Mechanism of copper induced fluorescence quenching of red fluorescent protein, DsRed[J]. Biochemical and Biophysical Research Communications, 2008, 370(1): 57 - 61.

[131] Isarankura-Na-Ayudhya C, Tantimongcolwat T, Galla H-J, et al. Fluorescent protein-based optical biosensor for copper ion quantitation [J]. Biological Trace Element Research, 2009, 134(3): 352 - 363.

[132] Barondeau D P, Kassmann C J, Tainer J A, et al. Structural chemistry of a green fluorescent protein Zn biosensor [J]. J. Am. Chem. Soc. , 2002, 124(14): 3522 - 3524.

[133] Mizuno T, Murao K, Tanabe Y, et al. Metal-ion-dependent GFP emission in vivo by combining a circularly permutated green fluorescent protein with an engineered metal-ion-binding coiled-coil[J]. J. Am. Chem. Soc. , 2007, 129(37): 11378 - 11383.

[134] Evers T H, Appelhof M A, de Graaf-Heuvelmans P T, et al. Ratiometric detection of Zn(II) using chelating fluorescent protein chimeras[J]. J. Mol. Biol. , 2007, 374(2): 411 - 425.

[135] Evers T H, Appelhof M A, Meijer E W, et al. His-tags as Zn(II) binding motifs in a protein-based fluorescent sensor[J]. Protein Eng. Des. Sel. , 2008, 21(8): 529 - 536.

[136] van Dongen E M, Dekkers L M, Spijker K, et al. Ratiometric fluorescent sensor proteins with subnanomolar affinity for Zn(II) based on copper chaperone domains[J]. Journal of the American Chemical Society, 2006, 128(33): 10754 - 10762.

[137] van Dongen E M, Evers T H, Dekkers L M, et al. Variation of linker length in ratiometric fluorescent sensor proteins allows rational tuning of Zn(II) affinity in the picomolar to femtomolar range[J]. Journal of the American Chemical Society, 2007, 129(12): 3494 - 3495.

[138] Vinkenborg J L, Nicolson T J, Bellomo E A, et al. Genetically encoded FRET sensors to monitor intracellular Zn^{2+} homeostasis [J]. Nature Methods, 2009, 6(10):

737 - 740.

[139] Bozym R A, Thompson R B, Stoddard A K, et al. Measuring picomolar intracellular exchangeable zinc in PC - 12 cells using a ratiometric fluorescence biosensor[J]. ACS Chem. Biol. , 2006, 1(2): 103 - 111.

[140] Qiao W, Mooney M, Bird A J, et al. Zinc binding to a regulatory zinc-sensing domain monitored in vivo by using FRET[J]. Proc. Natl. Acad. Sci. U. S. A. , 2006, 103(23): 8674 - 8679.

[141] Dittmer P J, Miranda J G, Gorski J A, et al. Genetically encoded sensors to elucidate spatial distribution of cellular Zinc[J]. Journal of Biological Chemistry, 2009, 284(24): 16289 - 16297.

[142] Jares-Erijman E A, Jovin T M. FRET imaging[J]. Nat. Biotechnol, 2003, 21(11): 1387 - 1395.

[143] Sekar R B, Periasamy A. Fluorescence resonance energy transfer (FRET) microscopy imaging of live cell protein localizations[J]. J. Cell Biol, 2003, 160(5): 629 - 633.

[144] Lerner J M, Zucker R M. Calibration and validation of confocal spectral imaging systems [J]. Cytometry Part A, 2004, 62(1): 8 - 34.

[145] Wang L, Chen M, Yang J, et al. LC3 fluorescent puncta in autophagosomes or in protein aggregates can be distinguished by FRAP analysis in living cells[J]. Autophagy, 2013, 9(5): 756 - 769.

[146] Vogel S S, Thaler C, Koushik S V. Fanciful fret[J]. Sci. STKE, 2006, (331): re2.

[147] Wallrabe H, Periasamy A. Imaging protein molecules using FRET and FLIM microscopy[J]. Curr. Opin. Biotechnol, 2005, 16(1): 19 - 27.

[148] Su T, Pan S, Luo Q, et al. Monitoring of dual bio-molecular events using FRET biosensors based on mTagBFP/sfGFP and mVenus/mKOκ fluorescent protein pairs[J]. Biosensors and Bioelectronics, 2013, 46: 97 - 101.

[149] Griesbeck O, Baird G S, Campbell R E, et al. Reducing the environmental sensitivity of yellow fluorescent protein[J]. Journal of Biological Chemistry, 2001, 276(31): 29188 - 29194.

[150] Nagai T, Ibata K, Park E S, et al. A variant of yellow fluorescent protein with fast and efficient maturation for cell-biological applications [J]. Nature biotechnology, 2002, 20(1): 87 - 90.

[151] Campbell R E, Tour O, Palmer A E, et al. A monomeric red fluorescent protein[J]. Proceedings of the National Academy of Sciences, 2002, 99(12): 7877 - 7882.

[152] Rizzo M A, Springer G H, Granada B, et al. An improved cyan fluorescent protein variant useful for FRET[J]. Nature biotechnology, 2004, 22(4): 445 - 449.

[153] Su T, Zhang Z, Luo Q. Ratiometric fluorescence imaging of dual bio-molecular events in single living cells using a new FRET pair mVenus/mKOκ - based biosensor and a single fluorescent protein biosensor [J]. Biosensors and Bioelectronics, 2012, 31(1): 292 - 298.

[154] Piljic A, Schultz C. Simultaneous recording of multiple cellular events by FRET[J]. ACS Chem. Biol. , 2008, 3(3): 156 - 160.

[155] Grimme J M, Spies M. FRET – based assays to monitor DNA binding and annealing by Rad52 recombination mediator protein, in DNA recombination[J]. Springer, 2011: 463 – 483.

[156] Meng F, Suchyna T M, Lazakovitch E, et al. Real time FRET based detection of mechanical stress in cytoskeletal and extracellular matrix proteins [J]. Cell Mol. Bioeng. , 2011, 4(2): 148 – 159.

[157] Rizzo M A, Springer G, Segawa K, et al. Optimization of pairings and detection conditions for measurement of FRET between cyan and yellow fluorescent proteins[J]. Microscopy and Microanalysis, 2006, 12(3): 238 – 254.

[158] Thaler C, Koushik S V, Blank P S, et al. Quantitative multiphoton spectral imaging and its use for measuring resonance energy transfer[J]. Biophysical journal, 2005, 89(4): 2736 – 2749.

[159] Willoughby D, Cooper D M, Live-cell imaging of cAMP dynamics[J]. Nature Methods, 2007, 5(1): 29 – 36.

[160] Li I T, Pham E, Truong K. Protein biosensors based on the principle of fluorescence resonance energy transfer for monitoring cellular dynamics[J]. Biotechnol Lett. , 2006, 28(24): 1971 – 1982.

[161] Yan Y, Marriott G. Analysis of protein interactions using fluorescence technologies[J]. Current Opinion in Chemical Biology, 2003, 7(5): 635 – 640.

[162] Kluck R M, Bossy-Wetzel E, Green D R, et al. The release of cytochrome c from mitochondria: a primary site for Bcl – 2 regulation of apoptosis[J]. Science, 1997, 275(5303): 1132 – 1136.

[163] Lin J, Zhang Z, Yang J, et al. Real-time detection of caspase – 2 activation in a single living HeLa cell during cisplatin-induced apoptosis[J]. Journal of Biomedical Optics, 2006, 11(2): 024011 – 024011 – 6.

[164] Lin J, Zhang Z, Zeng S, et al. TRAIL-induced apoptosis proceeding from caspase – 3 – dependent and-independent pathways in distinct HeLa cells [J]. Biochemical and biophysical research communications, 2006, 346(4): 1136 – 1141.

[165] Yamaguchi Y, Kuranaga E, Nakajima Y, et al. In vivo monitoring of caspase activation using a fluorescence resonance energy transfer-based fluorescent probe[J]. Methods in Enzymology, 2014, 544: 299 – 325.

[166] Sample V, Mehta S, Zhang J. Genetically encoded molecular probes to visualize and perturb signaling dynamics in living biological systems[J]. Journal of Cell Science, 2014, 127(Pt 6): 1151 – 1160.

[167] Zhang Z, Yang J, Lu J, et al. Fluorescence imaging to assess the matrix metalloproteinase activity and its inhibitor in vivo[J]. Journal of Biomedical Optics, 2008, 13(1): 011006 – 011006 – 6.

[168] Yang J, Zhang Z, Lin J, et al. Detection of MMP activity in living cells by a genetically encoded surface-displayed FRET sensor[J]. Biochimica et Biophysica Acta (BBA) – Molecular Cell Research, 2007, 1773(3): 400 – 407.

[169] 陆锦玲,储军,杨杰,等.利用受体漂白荧光共振能量转移技术研究 β-分泌酶在活细胞

内的二聚化[J]. 生物化学与生物物理进展，2008，35(3)：268-273.

[170] Lu J, Zhang Z, Yang J, et al. Visualization of β-secretase cleavage in living cells using a genetically encoded surface-displayed FRET probe[J]. Biochemical and biophysical research communications, 2007, 362(1)：25-30.

[171] Ouyang M, Sun J, Chien S, et al. Determination of hierarchical relationship of Src and Rac at subcellular locations with FRET biosensors[J]. Proceedings of the National Academy of Sciences U. S. A. , 2008, 105(38)：14353-14358.

[172] Su T, Li X, Liu N, et al. Real-time imaging elucidates the role of H2O2 in regulating kinetics of epidermal growth factor-induced and Src-mediated tyrosine phosphorylation signaling[J]. Journal of Biomedical Optics, 2012, 17(7)：076015-1-076015-11.

[173] Nishida K, Matsumura S, Taniguchi W, et al. Three-dimensional distribution of sensory stimulation-evoked neuronal activity of spinal dorsal horn neurons analyzed by in vivo calcium imaging[J]. PLoS One. 2014, 9(8)：e103321.

[174] Allen M D, Zhang J. A tunable FRET circuit for engineering fluorescent biosensors[J]. Angewandte Chemie, 2008, 120(3)：510-512.

[175] Tramier M, Zahid M, Mevel J C, et al. Sensitivity of CFP/YFP and GFP/mCherry pairs to donor photobleaching on FRET determination by fluorescence lifetime imaging microscopy in living cells[J]. Microsc. Res. Tech. , 2006, 69(11)：933-939.

[176] Sorkin A, McClure M, Huang F, et al. Interaction of EGF receptor and grb2 in living cells visualized by fluorescence resonance energy transfer (FRET) microscopy[J]. Current Biology, 2000, 10(21)：1395-1398.

[177] Galperin E, Sorkin A. Visualization of Rab5 activity in living cells by FRET microscopy and influence of plasma-membrane-targeted Rab5 on clathrin-dependent endocytosis[J]. Journal of cell science, 2003, 116(23)：4799-4810.

[178] Zheng J, Zagotta W N, Stoichiometry and assembly of olfactory cyclic nucleotide-gated channels[J]. Neuron, 2004, 42(3)：411-421.

[179] Van Royen M E, Dinant C, Farla P, et al. FRAP and FRET methods to study nuclear receptors in living cells[J]. Methods Mol. Biol. , 2009, 505：69-96.

[180] Demarco I A, Periasamy A, Booker C F, et al. Monitoring dynamic protein interactions with photoquenching FRET[J]. Nat. Methods, 2006, 3(7)：519-524.

[181] Subach F V, Zhang L, Gadella T W, et al. Red fluorescent protein with reversibly photoswitchable absorbance for photochromic FRET[J]. Chem. Biol. , 2010, 17(7)：745-755.

[182] Galperin E, Verkhusha V V, Sorkin A. Three-chromophore FRET microscopy to analyze multiprotein interactions in living cells [J]. Nat. Methods, 2004, 1(3)：209-217.

[183] Richards F M. On the enzymic activity of subtilisin-modified ribonuclease [J]. Proceedings of the National Academy of Sciences of the United States of America, 1958, 44(2)：162-166.

[184] Johnsson N, Varshavsky A. Split ubiquitin as a sensor of protein interactions in vivo[J]. Proc. Natl. Acad. Sci. U. S. A. , 1994, 91(22)：10340-10344.

[185] Michnick S W. Protein fragment complementation strategies for biochemical network mapping[J]. Curr. Opin. Biotechnol, 2003, 14(6): 610-617.

[186] Kerppola T K. Bimolecular fluorescence complementation (BiFC) analysis as a probe of protein interactions in living cells[J]. Annu. Rev. Biophys. , 2008, 37: 465-487.

[187] Rossi F, Charlton C A, Blau H M. Monitoring protein-protein interactions in intact eukaryotic cells by beta-galactosidase complementation[J]. Proc. Natl. Acad. Sci. U. S. A. , 1997, 94(16): 8405-8410.

[188] Pelletier J N, Campbell-Valois F X, Michnick S W. Oligomerization domain-directed reassembly of active dihydrofolate reductase from rationally designed fragments[J]. Proc. Natl. Acad. Sci. U. S. A. , 1998, 95(21): 12141-12146.

[189] Fan J-Y, Cui Z-Q, Wei H-P, et al. Split mCherry as a new red bimolecular fluorescence complementation system for visualizing protein-protein interactions in living cells[J]. Biochemical and biophysical research communications, 2008, 367(1): 47-53.

[190] Hu C D, Kerppola T K. Simultaneous visualization of multiple protein interactions in living cells using multicolor fluorescence complementation analysis [J]. Nature biotechnology, 2003, 21(5): 539-545.

[191] Ohashi K, Mizuno K. A novel pair of split venus fragments to detect protein-protein interactions by in vitro and in vivo bimolecular fluorescence complementation assays[J]. Methods in Molecular Biology, 2014, 1174: 247-262.

[192] Jach G, Pesch M, Richter K, et al. An improved mRFP1 adds red to bimolecular fluorescence complementation[J]. Nature Methods, 2006, 3(8): 597-600.

[193] Kodama Y, Hu C D. Bimolecular fluorescence complementation (BiFC): a 5-year update and future perspectives[J]. Biotechniques, 2012, 53(5): 285-298.

[194] Ozawa T, Kaihara A, Sato M, et al. Split luciferase as an optical probe for detecting protein-protein interactions in mammalian cells based on protein splicing[J]. Anal. Chem. , 2001, 73(11): 2516-2521.

[195] Galarneau A, Primeau M, Trudeau L-E, et al. β - Lactamase protein fragment complementation assays as in vivo and in vitro sensors of protein-protein interactions[J]. Nature biotechnology, 2002, 20(6): 619-622.

[196] Spotts J M, Dolmetsch R E, Greenberg M E. Time-lapse imaging of a dynamic phosphorylation-dependent protein-protein interaction in mammalian cells [J]. Proceedings of the National Academy of Sciences, 2002, 99(23): 15142-15147.

[197] Ohmuro-Matsuyama Y, Chung C I, Ueda H. Demonstration of protein-fragment complementation assay using purified firefly luciferase fragments [J]. BMC Biotechnology, 2013, 13: 31(1-9).

[198] Paulmurugan R, Umezawa Y, Gambhir S. Noninvasive imaging of protein-protein interactions in living subjects by using reporter protein complementation and reconstitution strategies[J]. Proceedings of the National Academy of Sciences, 2002, 99(24): 15608-15613.

[199] Paulmurugan R, Gambhir S S. Monitoring protein-protein interactions using split synthetic renilla luciferase protein-fragment-assisted complementation [J]. Anal.

Chem. , 2003, 75(7): 1584 – 1589.

[200] Remy I, Michnick S W. A highly sensitive protein-protein interaction assay based on Gaussia luciferase[J]. Nat. Methods, 2006, 3(12): 977 – 979.

[201] Wehr M C, Laage R, Bolz U, et al. Monitoring regulated protein-protein interactions using split TEV[J]. Nat. Methods, 2006, 3(12): 985 – 993.

[202] Abedi M R, Caponigro G, Kamb A. Green fluorescent protein as a scaffold for intracellular presentation of peptides[J]. Nucleic Acids Res. , 1998, 26(2): 623 – 630.

[203] Heinemann U, Hahn M. Circular permutation of polypeptide chains: implications for protein folding and stability[J]. Prog. Biophys. Mol. Biol. , 1995, 64(2 – 3): 121 – 143.

[204] Ghosh I, Hamilton A D, Regan L. Antiparallel leucine zipper-directed protein reassembly: Application to the green fluorescent protein[J]. J. Am. Chem. Soc. , 2000, 122: 5658 – 5659.

[205] Harald Hutter. Fluorescent protein methods: strategies and applications[A]. Methods in Cell Biology, 2012, 107: 67 – 92.

[206] Nagai T, Sawano A, Park E S, et al. Circularly permuted green fluorescent proteins engineered to sense Ca^{2+} [J]. Proceedings of the National Academy of Sciences, 2001, 98(6): 3197 – 3202.

[207] Hu C D, Chinenov Y, Kerppola T K. Visualization of interactions among bZIP and Rel family proteins in living cells using bimolecular fluorescence complementation [J]. Molecular cell, 2002, 9(4): 789 – 798.

[208] Chu J, Zhang Z, Zheng Y, et al. A novel far-red bimolecular fluorescence complementation system that allows for efficient visualization of protein interactions under physiological conditions [J]. Biosensors and Bioelectronics, 2009, 25(1): 234 – 239.

[209] Kerppola T K. Design and implementation of bimolecular fluorescence complementation (BiFC) assays for the visualization of protein interactions in living cells[J]. Nature protocols, 2006, 1(3): 1278 – 1286.

[210] Remy I, Michnick S W. A cDNA library functional screening strategy based on fluorescent protein complementation assays to identify novel components of signaling pathways[J]. Methods, 2004, 32(4): 381 – 388.

[211] Valencia-Burton M, McCullough R M, Cantor C R, et al. RNA visualization in live bacterial cells using fluorescent protein complementation[J]. Nature methods, 2007, 4(5): 421 – 427.

[212] Sarkar M, Magliery T J. Re-engineering a split-GFP reassembly screen to examine RING-domain interactions between BARD1 and BRCA1 mutants observed in cancer patients[J]. Mol. BioSyst. , 2008, 4(6): 599 – 605.

[213] Zhang S, Ma C, Chalfie M. Combinatorial marking of cells and organelles with reconstituted fluorescent proteins[J]. Cell, 2004, 119(1): 137 – 144.

[214] Walter M, Chaban C, Schütze K, et al. Visualization of protein interactions in living plant cells using bimolecular fluorescence complementation [J]. The Plant Journal, 2004, 40(3): 428 – 438.

[215] Shyu Y J, Liu H, Deng X, et al. Identification of new fluorescent protein fragments for bimolecular fluorescence complementation analysis under physiological conditions[J]. Biotechniques, 2006, 40(1): 61 - 66.

[216] Shyu Y J, Suarez C D, Hu C-D. Visualization of ternary complexes in living cells by using a BiFC-based FRET assay[J]. Nature protocols, 2008, 3(11): 1693 - 1702.

[217] Jach G, Pesch M, Richter K, et al. An improved mRFP1 adds red to bimolecular fluorescence complementation[J]. Nat. Methods, 2006, 3(8): 597 - 600.

[218] Li M, Doll J, Weckermann K, et al. Detection of in vivo interactions between<i> Arabidopsis</i> class A - HSFs, using a novel BiFC fragment, and identification of novel class B - HSF interacting proteins[J]. European journal of cell biology, 2010, 89(2): 126 - 132.

[219] Kodama Y, Wada M, Simultaneous visualization of two protein complexes in a single plant cell using multicolor fluorescence complementation analysis[J]. Plant Mol. Biol. , 2009, 70(1 - 2): 211 - 217.

[220] Barnard E, Timson D J. Split - GFP screens for the detection and localization of protein-protein interactions in living yeast cells[J]. Methods Mol. Biol. , 2010, 638: 303 - 317.

[221] Kodama Y, Hu C D. An improved bimolecular fluorescence complementation assay with a high signal-to-noise ratio[J]. Biotechniques, 2010, 49(5): 793 - 805.

[222] Lin J, Wang N, Li Y, et al. LEC - BiFC: a new method for rapid assay of protein interaction[J]. Biotech Histochem, 2010, 86(4): 272 - 279.

[223] Lee Y R, Park J H, Hahm S H, et al. Development of Bimolecular Fluorescence Complementation Using Dronpa for Visualization of Protein-protein Interactions in Cells [J]. Molecular Imaging and Biology, 2010, 12(5): 468 - 478.

[224] Duffraisse M, Hudry B, Merabet S. Bimolecular Fluorescence Complementation (BiFC) in Live Drosophila Embryos[J]. Methods in Molecular Biology, 2014, 1196: 307 - 318.

[225] Gong B, Yi J, Wu J, et al. LlHSFA1, a novel heat stress transcription factor in lily (Lilium longiflorum), can interact with LlHSFA2 and enhance the thermotolerance of transgenic Arabidopsis thaliana[J]. Plant Cell Reports, 2014, 33(9): 1519 - 1533.

[226] Barnard E, Mcferran N, Trudgett A, et al. Development and implementation of split - GFP - based bimolecular fluorescence complementation (BiFC) assays in yeast[J]. Biochemical Society Transactions, 2008, 36(3): 479 - 482.

[227] Liu Y, Jia D, Chen H, et al. The P7 - 1 protein of southern rice black-streaked dwarf virus, a fijivirus, induces the formation of tubular structures in insect cells[J]. Archives of virology, 2011, 156(11): 1 - 8.

[228] Zheng H, Yan F, Lu Y, et al. Mapping the self-interacting domains of TuMV HC - Pro and the subcellular localization of the protein[J]. Virus genes, 2011, 42(1): 110 - 116.

[229] Liu S, Li X Y, Yang J, et al. Low false-positives in an mLumin-based bimolecular fluorescence complementation system with a bicistronic expression vector[J]. Sensors. 2014, 14(2): 3284 - 3292.

[230] Chaturvedi S, Rao A L. Live cell imaging of interactions between replicase and capsid protein of Brome mosaic virus using Bimolecular Fluorescence Complementation:

Implications for replication and genome packaging[J]. Virology，2014，464 - 465C：67 - 75.

[231] Shyu Y J，Hu C-D，Fluorescence complementation：an emerging tool for biological research[J]. Trends Biotechnol，2008，26(11)：622 - 630.

[232] Kerppola T K. Visualization of molecular interactions using bimolecular fluorescence complementation analysis：characteristics of protein fragment complementation [J]. Chemical Society Reviews，2009，38(10)：2876 - 2886.

[233] Hu C-D，Chinenov Y，Kerppola T K. Visualization of interactions among bZIP and Rel family proteins in living cells using bimolecular fluorescence complementation [J]. Molecular Cell，2002，9(4)：789 - 798.

[234] Hiatt S M，Shyu Y J，Duren H M，et al. Bimolecular fluorescence complementation (BiFC) analysis of protein interactions in Caenorhabditis elegans[J]. Methods，2008，45(3)：185 - 191.

[235] Harvey S A，Smith J C. Visualisation and quantification of morphogen gradient formation in the zebrafish[J]. PLoS Biol，2009，7(5)：e1000101.

[236] Kanno T，Kanno Y，Siegel R M，et al. Selective recognition of acetylated histones by bromodomain proteins visualized in living cells [J]. Molecular Cell，2004，13 (1)：33 - 43.

[237] Nyfeler B，Michnick S W，Hauri H-P. Capturing protein interactions in the secretory pathway of living cells[J]. Proceedings of the National Academy of Sciences of the United States of America，2005，102(18)：6350 - 6355.

[238] Deppmann C，Thornton T，Utama F，et al. Phosphorylation of BATF regulates DNA binding：a novel mechanism for AP - 1 (activator protein - 1) regulation[J]. Biochem. J，2003，374：423 - 431.

[239] Diaz I，Martinez M，Isabel-LaMoneda I，et al. The DOF protein，SAD，interacts with GAMYB in plant nuclei and activates transcription of endosperm-specific genes during barley seed development[J]. The Plant Journal，2005，42(5)：652 - 662.

[240] Farina A，Hattori M，Qin J，et al. Bromodomain protein Brd4 binds to GTPase-activating SPA - 1，modulating its activity and subcellular localization[J]. Molecular and Cellular Biology，2004，24(20)：9059 - 9069.

[241] Grinberg A V，Hu C-D，Kerppola T K. Visualization of Myc/Max/Mad family dimers and the competition for dimerization in living cells[J]. Molecular and Cellular Biology，2004，24(10)：4294 - 4308.

[242] Jang M K，Mochizuki K，Zhou M，et al. The bromodomain protein Brd4 is a positive regulatory component of P-TEFb and stimulates RNA polymerase II-dependent transcription[J]. Molecular Cell，2005，19(4)：523 - 534.

[243] Rajaram N，Kerppola T K. Synergistic transcription activation by Maf and Sox and their subnuclear localization are disrupted by a mutation in Maf that causes cataract[J]. Molecular and Cellular Biology，2004，24(13)：5694 - 5709.

[244] Zhu L，Tran T，Rukstalis J M，et al. Inhibition of Mist1 homodimer formation induces pancreatic acinar-to-ductal metaplasia[J]. Molecular and Cellular Biology，2004，24(7)：

2673 - 2681.

[245] Blondel M, Bach S, Bamps S, et al. Degradation of Hof1 by SCFGrr1 is important for actomyosin contraction during cytokinesis in yeast[J]. The EMBO journal, 2005, 24(7): 1440 - 1452.

[246] De Virgilio M, Kiosses W B, Shattil S J. Proximal, selective, and dynamic interactions between integrin αIIbβ3 and protein tyrosine kinases in living cells[J]. J. Cell. Biol., 2004, 165(3): 305 - 311.

[247] Niu T-K, Pfeifer A C, Lippincott-Schwartz J, et al. Dynamics of GBF1, a Brefeldin A-sensitive Arf1 exchange factor at the Golgi[J]. Molecular biology of the cell, 2005, 16(3): 1213 - 1222.

[248] Remy I, Montmarquette A, Michnick S W. PKB/Akt modulates TGF - β signalling through a direct interaction with Smad3[J]. Nature cell biology, 2004, 6(4): 358 - 365.

[249] Stolpe T, Süsslin C, Marrocco K, et al. In planta analysis of protein-protein interactions related to light signaling by bimolecular fluorescence complementation[J]. Protoplasma, 2005, 226(3 - 4): 137 - 146.

[250] Von Der Lehr N, Johansson S, Wu S, et al. The F-box protein Skp2 participates in c-Myc proteosomal degradation and acts as a cofactor for c-Myc-regulated transcription[J]. Molecular Cell, 2003, 11(5): 1189 - 1200.

[251] Clarke C J, Forman S, Pritchett J, et al. Phospholipase C - δ1 modulates sustained contraction of rat mesenteric small arteries in response to noradrenaline, but not endothelin - 1[J]. American Journal of Physiology-Heart and Circulatory Physiology, 2008, 295(2): H826 - H834.

[252] Giese B, Roderburg C, Sommerauer M, et al. Dimerization of the cytokine receptors gp130 and LIFR analysed in single cells[J]. Journal of cell science, 2005, 118(21): 5129 - 5140.

[253] Hynes T R, Mervine S M, Yost E A, et al. Live cell imaging of Gs and the β2 - adrenergic receptor demonstrates that both αs and β1γ7 internalize upon stimulation and exhibit similar trafficking patterns that differ from that of the β2 - adrenergic receptor [J]. Journal of Biological Chemistry, 2004, 279(42): 44101 - 44112.

[254] Rackham O, Brown C M. Visualization of RNA-protein interactions in living cells: FMRP and IMP1 interact on mRNAs[J]. EMBO J, 2004, 23(16): 3346 - 3355.

[255] Cabantous S, Terwilliger T C, Waldo G S. Protein tagging and detection with engineered self-assembling fragments of green fluorescent protein [J]. Nature biotechnology, 2004, 23(1): 102 - 107.

[256] Zheng Z Y, Chang E C. A bimolecular fluorescent complementation screen reveals complex roles of endosomes in Ras-mediated signaling[J]. Methods in Enzymology, 2014, 535: 25 - 38.

[257] Remy I, Michnick S W. Regulation of apoptosis by the Ft1 protein, a new modulator of protein kinase B/Akt[J]. Molecular and Cellular Biology, 2004, 24(4): 1493 - 1504.

[258] Vidi P A, Chemel B R, Hu C D, et al. Ligand-dependent oligomerization of dopamine D(2) and adenosine A(2A) receptors in living neuronal cells[J]. Mol. Pharmacol,

2008, 74(3): 544 - 551.

[259] Bracha-Drori K, Shichrur K, Katz A, et al. Detection of protein-protein interactions in plants using bimolecular fluorescence complementation[J]. The Plant Journal, 2004, 40(3): 419 - 427.

[260] Kilpatrick L, Briddon S, Hill S, et al. Quantitative analysis of neuropeptide Y receptor association with β - arrestin2 measured by bimolecular fluorescence complementation[J]. British journal of pharmacology, 2010, 160(4): 892 - 906.

[261] MacDonald M L, Lamerdin J, Owens S, et al. Identifying off-target effects and hidden phenotypes of drugs in human cells [J]. Nature Chemical Biology, 2006, 2(6): 329 - 337.

[262] Zhou J, Lin J, Zhou C, et al. An improved bimolecular fluorescence complementation tool based on superfolder green fluorescent protein[J]. Acta biochimica et biophysica Sinica, 2011, 43(3): 239 - 244.

[263] Liu S, Li X Y, Yang J, et al. Low false-positives in an mLumin-based bimolecular fluorescence complementation system with a bicistronic expression vector[J]. Sensors, 2014, 14(2): 3284 - 3292.

[264] Katz M H, Bouvet M, Takimoto S, et al. Survival efficacy of adjuvant cytosine-analogue CS - 682 in a fluorescent orthotopic model of human pancreatic cancer[J]. Cancer Research, 2004, 64(5): 1828 - 1833.

[265] Sweeney T J, Mailänder V, Tucker A A, et al. Visualizing the kinetics of tumor-cell clearance in living animals[J]. Proceedings of the National Academy of Sciences, 1999, 96(21): 12044 - 12049.

[266] Contag C H, Jenkins D, Contag P R, et al. Use of reporter genes for optical measurements of neoplastic disease in vivo[J]. Neoplasia, 2000, 2(1 - 2): 41 - 52.

[267] Construct L. Time course of bioluminescent signal in orthotopic and heterotopic brain tumors in nude mice[J]. Biotechniques, 2003, 34(6): 1184 - 1188.

[268] Zolotukhin S, Potter M, Hauswirth W W, et al. A " humanized" green fluorescent protein cDNA adapted for high-level expression in mammalian cells[J]. J. Virol, 1996, 70(7): 4646 - 4654.

[269] Cody C W, Prasher D C, Westler W M, et al. Chemical structure of the hexapeptide chromophore of the Aequorea green-fluorescent protein[J]. Biochemistry, 1993, 32(5): 1212 - 1218.

[270] Chishima T, Miyagi Y, Wang X, et al. Cancer invasion and micrometastasis visualized in live tissue by green fluorescent protein expression [J]. Cancer Research, 1997, 57(10): 2042 - 2047.

[271] Yang M, Baranov E, Moossa A, et al. Visualizing gene expression by whole-body fluorescence imaging [J]. Proceedings of the National Academy of Sciences, 2000, 97(22): 12278 - 12282.

[272] Peyruchaud O, Winding B, Pécheur I, et al. Early detection of bone metastases in a murine model using fluorescent human breast cancer cells: application to the use of the bisphosphonate zoledronic acid in the treatment of osteolytic lesions[J]. Journal of Bone

and Mineral Research, 2001, 16(11): 2027 - 2034.

[273] Peyruchaud O, Serre C-M, NicAmhlaoibh R, et al. Angiostatin inhibits bone metastasis formation in nude mice through a direct anti-osteoclastic activity[J]. Journal of Biological Chemistry, 2003, 278(46): 45826 - 45832.

[274] Liu H, Patel M R, Prescher J A, et al. Cancer stem cells from human breast tumors are involved in spontaneous metastases in orthotopic mouse models[J]. Proceedings of the National Academy of Sciences, 2010, 107(42): 18115 - 18120.

[275] Ahmed F, Wyckoff J, Lin E Y, et al. GFP expression in the mammary gland for imaging of mammary tumor cells in transgenic mice[J]. Cancer Research, 2002, 62(24): 7166 - 7169.

[276] Katz M H, Takimoto S, Spivack D, et al. A novel red fluorescent protein orthotopic pancreatic cancer model for the preclinical evaluation of chemotherapeutics[J]. Journal of Surgical Research, 2003, 113(1): 151 - 160.

[277] Katz M H, Bouvet M, Takimoto S, et al. Selective antimetastatic activity of cytosine analog CS - 682 in a red fluorescent protein orthotopic model of pancreatic cancer[J]. Cancer Research, 2003, 63(17): 5521 - 5525.

[278] Yang M, Baranov E, Li X-M, et al. Whole-body and intravital optical imaging of angiogenesis in orthotopically implanted tumors[J]. Proceedings of the National Academy of Sciences, 2001, 98(5): 2616 - 2621.

[279] Brown E B, Campbell R B, Tsuzuki Y, et al. In vivo measurement of gene expression, angiogenesis and physiological function in tumors using multiphoton laser scanning microscopy[J]. Nat. Med. , 2001, 7(7): 864 - 868.

[280] Zheng Y, Chuan H, Cheng Z Y, et al. Establishment of visible animal metastasis models for human nasopharyngeal carcinoma based on a far-red fluorescent protein[J]. Journal of Innovative Optical Health Sciences, 2012, 5(3): 1250019.

[281] Shcherbo D, Shemiakina I I, Ryabova A V, et al. Near-infrared fluorescent proteins [J]. Nature methods, 2010, 7(10): 827 - 829.

[282] Yamamoto N, Yang M, Jiang P, et al. Real-time imaging of individual fluorescent-protein color-coded metastatic colonies in vivo[J]. Clinical & experimental metastasis, 2003, 20(7): 633 - 638.

[283] Jain R K, Munn L L, Fukumura D. Dissecting tumour pathophysiology using intravital microscopy[J]. Nature Reviews Cancer, 2002, 2(4): 266 - 276.

[284] Looney M R, Thornton E E, Sen D, et al. Stabilized imaging of immune surveillance in the mouse lung[J]. Nat. Methods, 2010, 8(1): 91 - 96.

[285] Kedrin D, Gligorijevic B, Wyckoff J, et al. Intravital imaging of metastatic behavior through a mammary imaging window[J]. Nat. Methods, 2008, 5(12): 1019 - 1021.

[286] Kienast Y, von Baumgarten L, Fuhrmann M, et al. Real-time imaging reveals the single steps of brain metastasis formation[J]. Nat. Med. , 2009, 16(1): 116 - 122.

[287] Beerling E, Ritsma L, Vrisekoop N, et al. Intravital microscopy: new insights into metastasis of tumors[J]. J. Cell Sci. , 2011, 124(3): 299 - 310.

[288] Chishima T, Miyagi Y, Wang X, et al. Metastatic patterns of lung cancer visualized live

and in process by green fluorescence protein expression[J]. Clin. Exp. Metastasis, 1997, 15(5): 547 – 552.

[289] Yamamoto N, Jiang P, Yang M, et al. Cellular dynamics visualized in live cells in vitro and in vivo by differential dual-color nuclear-cytoplasmic fluorescent-protein expression [J]. Cancer Research, 2004, 64(12): 4251 – 4256.

[290] Yamauchi K, Yang M, Jiang P, et al. Real-time in vivo dual-color imaging of intracapillary cancer cell and nucleus deformation and migration[J]. Cancer Research, 2005, 65(10): 4246 – 4252.

[291] Chang Y S, di Tomaso E, McDonald D M, et al. Mosaic blood vessels in tumors: frequency of cancer cells in contact with flowing blood[J]. Proceedings of the National Academy of Sciences, 2000, 97(26): 14608 – 14613.

[292] Rowe R G, Weiss S J. Breaching the basement membrane: who, when and how? [J]. Trends Cell Biol., 2008, 18(11): 560 – 574.

[293] Fukumura D, Duda D G, Munn L L, et al. Tumor microvasculature and microenvironment: Novel insights through intravital imaging in Pre-clinical models[J]. Microcirculation, 2010, 17(3): 206 – 225.

[294] Zhang Q, Yang M, Shen J, et al. The role of the intravascular microenvironment in spontaneous metastasis development [J]. International Journal of Cancer, 2010, 126(11): 2534 – 2541.

[295] Harms J F, Welch D R. MDA – MB – 435 human breast carcinoma metastasis to bone [J]. Clin. Exp. Metastasis, 2003, 20(4): 327 – 334.

[296] Ito S, Nakanishi H, Ikehara Y, et al. Real-time observation of micrometastasis formation in the living mouse liver using a green fluorescent protein gene-tagged rat tongue carcinoma cell line[J]. International Journal of Cancer, 2001, 93(2): 212 – 217.

[297] Mook O R, Van Marle J, Vreeling-Sindelárová H, et al. Visualization of early events in tumor formation of eGFP-transfected rat colon cancer cells in liver[J]. Hepatology, 2003, 38(2): 295 – 304.

[298] Sturm J W, Keese M A, Petruch B, et al. Enhanced green fluorescent protein-transfection of murine colon carcinoma cells: key for early tumor detection and quantification[J]. Clin. Exp. Metastasis, 2003, 20(5): 395 – 405.

[299] Xiong T, Zhang Z, Liu B-F, et al. In vivo optical imaging of human adenoid cystic carcinoma cell metastasis[J]. Oral oncology, 2005, 41(7): 709 – 715.

[300] Yamamoto N, Yang M, Jiang P, et al. Determination of clonality of metastasis by cell-specific color-coded fluorescent-protein imaging[J]. Cancer Research, 2003, 63(22): 7785 – 7790.

[301] Glinskii A B, Smith B A, Jiang P, et al. Viable circulating metastatic cells produced in orthotopic but not ectopic prostate cancer models[J]. Cancer Research, 2003, 63(14): 4239 – 4243.

[302] Berezovskaya O, Schimmer A D, Glinskii A B, et al. Increased expression of apoptosis inhibitor protein XIAP contributes to anoikis resistance of circulating human prostate cancer metastasis precursor cells[J]. Cancer Research, 2005, 65(6): 2378 – 2386.

[303] Okabe M, Ikawa M, Kominami K, et al. Green mice'as a source of ubiquitous green cells[J]. FEBS Letters, 1997, 407(3): 313 – 319.

[304] Yang M, Li L, Jiang P, et al. Dual-color fluorescence imaging distinguishes tumor cells from induced host angiogenic vessels and stromal cells[J]. Proceedings of the National Academy of Sciences, 2003, 100(24): 14259 – 14262.

[305] Suetsugu A, Hassanein M K, Reynoso J, et al. The cyan fluorescent protein nude mouse as a host for multicolor-coded imaging models of primary and metastatic tumor microenvironments[J]. Anticancer research, 2012, 32(1): 31 – 38.

[306] Bouvet M, Tsuji K, Yang M, et al. In vivo color-coded imaging of the interaction of colon cancer cells and splenocytes in the formation of liver metastases[J]. Cancer Research, 2006, 66(23): 11293 – 11297.

[307] Yang M, Jiang P, Hoffman R M. Whole-body subcellular multicolor imaging of tumor-host interaction and drug response in real time[J]. Cancer Research, 2007, 67(11): 5195 – 5200.

[308] Suetsugu A, Katz M, Fleming J, et al. Non-invasive fluorescent-protein imaging of orthotopic pancreatic-cancer-patient tumorgraft progression in nude mice[J]. Anticancer Research, 2012, 32(8): 3063 – 3067.

[309] Yamauchi K, Yang M, Hayashi K, et al. Induction of cancer metastasis by cyclophosphamide pretreatment of host mice: an opposite effect of chemotherapy[J]. Cancer Research, 2008, 68(2): 516 – 520.

[310] Zeytun A, Jeromin A, Scalettar B A, et al. Retraction: Fluorobodies combine GFP fluorescence with the binding characteristics of antibodies[J]. Nat. Biotechnol, 2003, 21(12): 1473 – 1479.

[311] Pavoor T V, Cho Y K, Shusta E V. Development of GFP-based biosensors possessing the binding properties of antibodies[J]. Proceedings of the National Academy of Sciences, 2009, 106(29): 11895 – 11900.

[312] Ferrara F, Listwan P, Waldo G S, et al. Fluorescent labeling of antibody fragments using split GFP[J]. PLoS One, 2011, 6(10): e25727.

[313] Stamova S, Feldmann A, Cartellieri M, et al. Generation of single-chain bispecific green fluorescent protein fusion antibodies for imaging of antibody-induced T cell synapses[J]. Analytical Biochemistry, 2012, 423(2): 261 – 268.

[314] Stamova S, Cartellieri M, Feldmann A, et al. Unexpected recombinations in single chain bispecific anti – CD3 – anti – CD33 antibodies can be avoided by a novel linker module[J]. Molecular Immunology, 2011, 49(3): 474 – 482.

[315] Aina O H, Liu R, Sutcliffe J L, et al. From combinatorial chemistry to cancer-targeting peptides[J]. Molecular Pharmaceutics, 2007, 4(5): 631 – 651.

[316] Hruby V J. Designing peptide receptor agonists and antagonists[J]. Nature Reviews Drug Discovery, 2002, 1(11): 847 – 858.

[317] Petrenko V. Evolution of phage display: from bioactive peptides to bioselective nanomaterials[J]. Expert Opinion on Drug Delivery, 2008, 5(8): 825 – 836.

[318] Dacosta R S, Tang Y, Kalliomaki T, et al. In vivo near-infrared fluorescence imaging of

human colon adenocarcinoma by specific immunotargeting of a tumor-associated mucin [J]. Journal of Innovative Optical Health Sciences, 2009, 2(04): 407 - 422.

[319] Lee S, Xie J, Chen X. Peptides and peptide hormones for molecular imaging and disease diagnosis[J]. Chemical reviews, 2010, 110(5): 3087 - 3111.

[320] Qin H, Lerman B, Sakamaki I, et al. Generation of a new therapeutic peptide that depletes myeloid-derived suppressor cells in tumor-bearing mice[J]. Nat. Med., 2014, doi: 10.1038/nm.3560.

[321] D'Onofrio N, Caraglia M, Grimaldi A, et al. Vascular-homing peptides for targeted drug delivery and molecular imaging: Meeting the clinical challenges[J]. Biochimica etBiophysica Acta, 2014, 1846(1): 1 - 12.

[322] Ruoslahti E, Bhatia S N, Sailor M J. Targeting of drugs and nanoparticles to tumors [J]. The Journal of Cell Biology, 2010, 188(6): 759 - 768.

[323] Gao J, Chen K, Xie R, et al. In vivo tumor-targeted fluorescence imaging using near-infrared non-cadmium quantum dots [J]. Bioconjugate Chemistry, 2010, 21(4): 604 - 609.

[324] Voskuhl J, Ravoo B J. Molecular recognition of bilayer vesicles[J]. Chemical Society Reviews, 2009, 38(2): 495 - 505.

[325] Wang L, Shi J, Kim Y S, et al. Improving tumor-targeting capability and pharmacokinetics of 99mTc-labeled cyclic RGD dimers with PEG4 linkers[J]. Molecular Pharmaceutics, 2008, 6(1): 231 - 245.

[326] Liu W, Hao G, Long M A, et al. Imparting multivalency to a bifunctional chelator: a scaffold design for targeted PET imaging probes [J]. Angewandte Chemie, 2009, 121(40): 7482 - 7485.

[327] Cuesta Á M, Sánchez-Martín D, Sanz L, et al. In vivo tumor targeting and imaging with engineered trivalent antibody fragments containing collagen-derived sequences[J]. PLoS One, 2009, 4(4): e5381.

[328] Fan C Y, Huang C C, Chiu W C, et al. Production of multivalent protein binders using a self-trimerizing collagen-like peptide scaffold[J]. The FASEB Journal, 2008, 22(11): 3795 - 3804.

[329] Douglas T, Young M. Viruses: making friends with old foes [J]. Science, 2006, 312(5775): 873 - 875.

[330] Shadidi M, Sioud M. Identification of novel carrier peptides for the specific delivery of therapeutics into cancer cells[J]. The FASEB Journal, 2003, 17(2): 256 - 258.

[331] Markiv A, Anani B, Durvasula R V, et al. Module based antibody engineering: a novel synthetic REDantibody[J]. Journal of Immunological Methods, 2011, 364(1): 40 - 49.

[332] Luo H, Yang J, Jin H, et al. Tetrameric far-red fluorescent protein as a scaffold to assemble an octavalent peptide nanoprobe for enhanced tumor targeting and intracellular uptake in vivo[J]. The FASEB Journal, 2011, 25(6): 1865 - 1873.

[333] Zheng Y, Lin Q Y, Jin H L, et al. Visualization of head and neck cancer models with a triple fusion reporter gene[J]. Journal of Innovative Optical Health Sciences, 2012, 5(4): 1250028.

[334] Luo H, Shi J, Jin H, et al. An 125 I-labeled octavalent peptide fluorescent nanoprobe for tumor-homing imaging in vivo[J]. Biomaterials, 2012, 33(19): 4843 - 4850.

[335] Ikawa M, Kominami K, Yoshimura Y, et al. Green fluorescent protein as a marker in transgenic mice[J]. Development Growth and Differentiation, 1995, 37(4): 455 - 459.

[336] Wang S, Hazelrigg T. Implications for bcd mRNA localization from spatial distribution of exu protein in Drosophila oogenesis[J]. Nature, 1994, 369(6479): 400 - 403.

[337] Amsterdam A, Lin S, Hopkins N. The Aequorea victoria green fluorescent protein can be used as a reporter in live zebrafish embryos[J]. Developmental Biology, 1995, 171(1): 123 - 129.

[338] Peters K G, Rao P S, Bell B S, et al. Green fluorescent fusion proteins: powerful tools for monitoring protein expression in live zebrafish embryos[J]. Developmental Biology, 1995, 171(1): 252 - 257.

[339] Jung S, Aliberti J, Graemmel P, et al. Analysis of fractalkine receptor CX(3)CR1 function by targeted deletion and green fluorescent protein reporter gene insertion[J]. Mol, Cell, Biol, 2000, 20(11): 4106 - 4114.

[340] Faust N, Varas F, Kelly L M, et al. Insertion of enhanced green fluorescent protein into the lysozyme gene creates mice with green fluorescent granulocytes and macrophages [J]. Blood, 2000, 96(2): 719 - 726.

[341] Wan Y Y, Flavell R A. Identifying Foxp3 - expressing suppressor T cells with a bicistronic reporter[J]. Proceedings of the National Academy of Sciences of the United States of America, 2005, 102(14): 5126 - 5131.

[342] Haribhai D, Lin W, Relland L M, et al. Regulatory T cells dynamically control the primary immune response to foreign antigen [J]. J. Immunol, 2007, 178 (5): 2961 - 2972.

[343] Stranges P B, Watson J, Cooper C J, et al. Elimination of antigen-presenting cells and autoreactive T cells by Fas contributes to prevention of autoimmunity[J]. Immunity, 2007, 26(5): 629 - 641.

[344] Lindquist R L, Shakhar G, Dudziak D, et al. Visualizing dendritic cell networks in vivo [J]. Nat. Immunol, 2004, 5(12): 1243 - 1250.

[345] Kissenpfennig A, Henri S, Dubois B, et al. Dynamics and function of langerhans cells in vivo: Dermal dendritic cells colonize lymph node areasdistinct from slower migrating langerhans cells[J]. Immunity, 2005, 22(5): 643 - 654.

[346] Unutmaz D, Xiang W, Sunshine M J, et al. The primate lentiviral receptor Bonzo/STRL33 is coordinately regulated with CCR5 and its expression pattern is conserved between human and mouse [J]. The Journal of Immunology, 2000, 165(6): 3284 - 3292.

[347] Friedman R S, Beemiller P, Sorensen C M, et al. Real-time analysis of T cell receptors in naive cells in vitro and in vivo reveals flexibility in synapse and signaling dynamics[J]. The Journal of experimental medicine, 2010, 207(12): 2733 - 2749.

[348] Mohrs M, Shinkai K, Mohrs K, et al. Analysis of type 2 immunity in vivo with a bicistronic IL - 4 reporter[J]. Immunity, 2001, 15(2): 303 - 311.

[349] Price A E, Liang H-E, Sullivan B M, et al. Systemically dispersed innate IL－13－expressing cells in type 2 immunity[J]. Proceedings of the National Academy of Sciences, 2010, 107(25): 11489－11494.

[350] Kamanaka M, Kim S T, Wan Y Y, et al. Expression of interleukin－10 in intestinal lymphocytes detected by an interleukin－10 reporter knockin tiger mouse[J]. Immunity, 2006, 25(6): 941－952.

[351] Celli S, Albert M L, Bousso P. Visualizing the innate and adaptive immune responses underlying allograft rejection by two-photon microscopy[J]. Nat. Med., 2011, 17(6): 744－749.

[352] Takada T, Iida K, Awaji T, et al. Selective production of transgenic mice using green fluorescent protein as a marker[J]. Nature Biotechnology, 1997, 15(5): 458－461.

[353] Nagy A. Cre recombinase: the universal reagent for genome tailoring[J]. Genesis, 2000, 26(2): 99－109.

[354] Braun A, Worbs T, Moschovakis G L, et al. Afferent lymph-derived T cells and DCs use different chemokine receptor CCR7－dependent routes for entry into the lymph node and intranodal migration[J]. Nat. Immunol, 2011, 12(9): 879－887.

[355] Fan Z, Spencer J A, Lu Y, et al. In vivo tracking of'color-coded'effector, natural and induced regulatory T cells in the allograft response[J]. Nature Medicine, 2010, 16(6): 718－722.

[356] Halle S, Dujardin H C, Bakocevic N, et al. Induced bronchus-associated lymphoid tissue serves as a general priming site for T cells and is maintained by dendritic cells[J]. The Journal of Experimental Medicine, 2009, 206(12): 2593－2601.

[357] Schaefer B C, Schaefer M L, Kappler J W, et al. Observation of antigen-dependent CD8＋T-Cell/Dendritic cell interactions in vivo[J]. Cellular Immunology, 2001, 214(2): 110－122.

[358] Allen C D C, Okada T, Tang H L, et al. Imaging of germinal center selection events during affinity maturation[J]. Science, 2007, 315(5811): 525－531.

[359] Hadjantonakis A-K, Macmaster S, Nagy A, Embryonic stem cells and mice expressing different GFP variants for multiple non-invasive reporter usage within a single animal [J]. BMC Biotechnology, 2002, 2(1): 11.

[360] Fink D, Wohrer S, Pfeffer M, et al. Ubiquitous expression of the monomeric red fluorescent protein mCherry in transgenic mice[J]. Genesis, 2010, 48(12): 723－729.

[361] Vintersten K, Monetti C, Gertsenstein M, et al. Mouse in red: red fluorescent protein expression in mouse ES cells, embryos, and adult animals[J]. Genesis, 2004, 40(4): 241－246.

[362] Dieguez-Hurtado R, Martin J, Martinez-Corral I, et al. A Cre-reporter transgenic mouse expressing the far-red fluorescent protein Katushka[J]. Genesis, 2011, 49(1): 36－45.

[363] Tomura M, Yoshida N, Tanaka J, et al. Monitoring cellular movement in vivo with photoconvertible fluorescence protein "Kaede" transgenic mice[J]. Proc. Natl. Acad. Sci. U. S. A., 2008, 105(31): 10871－10876.

[364] Victora G D, Schwickert T A, Fooksman D R, et al. Germinal center dynamics revealed by multiphoton microscopy with a photoactivatable fluorescent reporter[J]. Cell, 2010, 143(4): 592 - 605.

[365] Tomura M, Honda T, Tanizaki H, et al. Activated regulatory T cells are the major T cell type emigrating from the skin during a cutaneous immune response in mice[J]. J. Clin. Invest, 2010, 120(3): 883.

[366] Norbury C C, Malide D, Gibbs J S, et al. Visualizing priming of virus-specific CD8+ T cells by infected dendritic cells in vivo[J]. Nature Immunology, 2002, 3(3): 265 - 271.

[367] Kim J V, Kang S S, Dustin M L, et al. Myelomonocytic cell recruitment causes fatal CNS vascular injury during acute viral meningitis[J]. Nature, 2008, 457(7226): 191 - 195.

[368] Brändle D, Brduscha-Riem K, Hayday A C, et al. T cell development and repertoire of mice expressing a single T cell receptor α chain[J]. European Journal of Immunology, 1995, 25(9): 2650 - 2655.

[369] Egen J G, Rothfuchs A G, Feng C G, et al. Macrophage and T cell dynamics during the development and disintegration of mycobacterial granulomas[J]. Immunity, 2008, 28(2): 271 - 284.

[370] Pamer E G, Immune responses to Listeria monocytogenes[J]. Nat. Rev. Immunol, 2004, 4(10): 812 - 823.

[371] Domann E, Wehland J, Rohde M, et al. A novel bacterial virulence gene in Listeria monocytogenes required for host cell microfilament interaction with homology to the proline-rich region of vinculin[J]. The EMBO journal, 1992, 11(5): 1981.

[372] Kocks C, Gouin E, Tabouret M, et al. L. monocytogenes-induced actin assembly requires the<i> actA</i> gene product, a surface protein[J]. Cell, 1992, 68(3): 521 - 531.

[373] Serbina N V, Salazar-Mather T P, Biron C A, et al. TNF/iNOS-producing dendritic cells mediate innate immune defense against bacterial infection[J]. Immunity, 2003, 19(1): 59 - 70.

[374] Waite J C, Leiner I, Lauer P, et al. Dynamic imaging of the effector immune response to listeria infection in vivo[J]. PLoS Pathogens, 2011, 7(3): e1001326.

[375] Aoshi T, Carrero J A, Konjufca V, et al. The cellular niche of Listeria monocytogenes infection changes rapidly in the spleen[J]. European Journal of Immunology, 2009, 39(2): 417 - 425.

[376] Bajénoff M, Breart B, Huang A Y, et al. Natural killer cell behavior in lymph nodes revealed by static and real-time imaging[J]. The Journal of experimental medicine, 2006, 203(3): 619 - 631.

[377] Peters N C, Egen J G, Secundino N, et al. In vivo imaging reveals an essential role for neutrophils in leishmaniasis transmitted by sand flies[J]. Science, 2008, 321(5891): 970 - 974.

[378] Chtanova T, Schaeffer M, Han S J, et al. Dynamics of neutrophil migration in lymph nodes during infection[J]. Immunity, 2008, 29(3): 487 - 496.

[379] Hickman H D, Takeda K, Skon C N, et al. Direct priming of antiviral CD8+ T cells in the peripheral interfollicular region of lymph nodes[J]. Nat. Immunol, 2008, 9(2): 155–165.

[380] Chieppa M, Rescigno M, Huang A Y, et al. Dynamic imaging of dendritic cell extension into the small bowel lumen in response to epithelial cell TLR engagement[J]. The Journal of experimental medicine, 2006, 203(13): 2841–2852.

[381] Egen J G, Rothfuchs A G, Feng C G, et al. Intravital imaging reveals limited antigen presentation and T cell effector function in mycobacterial granulomas[J]. Immunity, 2011, 34(5): 807–819.

[382] Mansson L E, Melican K, Boekel J, et al. Real-time studies of the progression of bacterial infections and immediate tissue responses in live animals [J]. Cellular Microbiology, 2007, 9(2): 413–424.

[383] Moriarty T J, Norman M U, Colarusso P, et al. Real-time high resolution 3D imaging of the lyme disease spirochete adhering to and escaping from the vasculature of a living host[J]. PLoS Pathogens, 2008, 4(6): e1000090.

[384] Frevert U, Engelmann S, Zougbédé S, et al. Intravital observation of Plasmodium berghei sporozoite infection of the liver [J]. PLoS Biology, 2005, 3(6): e192: e1000090.

[385] Tarun A S, Baer K, Dumpit R F, et al. Quantitative isolation and in vivo imaging of malaria parasite liver stages[J]. International Journal for Parasitology, 2006, 36(12): 1283–1293.

[386] Baer K, Klotz C, Kappe S H, et al. Release of hepatic Plasmodium yoelii merozoites into the pulmonary microvasculature[J]. PLoS Pathogens, 2007, 3(11): 1651–1668.

2

双光子分子探针

李　昱　董小虎　刘志洪　秦金贵

2.1 双光子吸收概论

20世纪初,量子理论的建立是物理学界乃至化学界最伟大的发现之一。伴随着这个理论的确立,人们提出了一个区别于分子或原子的基本单位量——光子,并给人类对于自然本质的认识带来了一场革命。通过原子或分子与光子之间的相互作用,能量在光辐射与物质之间发生了转换,通常被表述为某种物质吸收或发射光子。在量子理论发展初始,在光辐射与物质相互作用的过程中,科学家只考虑了一个分子或原子吸收或发射一个光子这样一种能量转换方式,即所谓单光子过程。在这一过程中,分子或原子吸收一个光子,并同时从一个较低的能级跃迁到一个较高的能级;或与此相反,分子或原子从一个较高的能级,发射一个光子,然后回到一个较低的能级。正是因为这种能量转换方式,光子的能量必须与两个能级差相等。

1931年,M. Göppert-Mayer(1906~1972年)第一次在她的毕业论文中从理论上预言了双光子吸收的可能性[1],但这种只能在强光辐射下才能实现的非线性光学效应在激光诞生前始终没有得到实验上的证明[2,3]。由于一般材料的双光子吸收效应很弱,且受激光技术的限制,双光子吸收的研究进展一直比较缓慢。

20世纪80年代末,Rentzepis等人率先研究了双光子诱导光致变色反应,并将双光子技术尝试运用到三维信息存储领域[4]。随后,Denk等人意识到双光子吸收在荧光显微成像、光动力学治疗、医学诊断方面具有潜在的应用前景,并率先从实验中对这些应用进行了初步的探索[5]。90年代中后期,一些有机分子的双光子吸收截面值比先前已知的物质高出好几个数量级相继被报道,引发了科研工作者对双光子吸收的研究热潮[6,7]。

2.1.1 双光子吸收效应的基本概念

所谓双光子吸收(two-photon absorption, 2PA)是一种三阶非线性光学效应,指在强光激发下,物质同时吸收两个光子,从基态通过一个中间虚态(virtual state)跃迁至激发态的过程。在该过程中所吸收的两个光子既可以是能量相同的($\omega_1 = \omega_2$),也可以是不同的($\omega_1 \neq \omega_2$),其机制如图2-1所示。

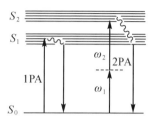

图2-1 单光子吸收(1PA)与双光子吸收(2PA)及发射机制

当入射光为单一频率时,我们称这种情况的双光子吸收过程为简并的双光子吸收过程,在更一般的情况下,入射光可以是两种或者更多种频率的光,此时分子仍然可以同时吸收两个不同频率的光子而完成在两个本征能级间的跃迁,但是必须满足能量守恒定律,这种过程可称为非简并的双光子吸收过程。

双光子吸收效应在理论上可以借助于非线性光学的半经典理论给予一种粗略的描述,也可以基于量子电动力学中有关光场辐射的量子理论,给予更为严谨细致的说明[8-10]。

非线性光学效应是指物质在强光激发下,原子正、负电荷中心发生迁移,产生非线性极化作用而表现的各种物理现象。微观介质(如原子、分子)和宏观介质(如晶体、薄膜)受强光辐射后均可发生光频电极化现象。根据非线性电极化效应的半经典理论,其光学介质的电极化强度 P 是光波电场强度 E 的非线性函数,可展开成 E 的幂级数,表示为

$$P = \varepsilon_0\left[\chi^{(1)}E + \chi^{(2)}E^2 + \chi^{(3)}E^3\cdots\right] \qquad (2-1)$$

式中,$\chi^{(1)}$ 是介质的线性电极化率;$\chi^{(2)}$ 是介质的二阶非线性电极化率;$\chi^{(3)}$ 是该介质的三阶非线性电极化率。其中,三阶非线性极化率为复数,对应着三阶非线性光学效应:其实部都不涉及分子体系和光场间的能量交换,可表征为与入射光强成正比的感应折射率的变化,与介质的非线性折射有关;而虚部则涉及分子体系与光场间的能量交换,与物质的非线性吸收有关,可用来描述双光子吸收效应[10, 11]。

实验结果表明,在数值上,$\chi^{(1)} \gg \chi^{(2)} \gg \chi^{(3)}$,每一级数值相差约 $7\sim8$ 个数量级。因此,当光强较弱时,上式的第二项和以后各项均可以略去,只考虑第一项,此时极化强度与光的电场强度呈线性关系,表现为我们常见的线性光学现象;但是,在激光等高强光作用时,第二项乃至以后各项的贡献不能忽略,此时极化强度与光电场强度呈非线性关系,可观测到强光与介质作用产生的各种非线性光学现象,如二次谐波、和频、差频及光学整流等二阶非线性光学效应,或光克尔效应、四波混频、三次谐波、双光子吸收等三阶非线性光学效应。

一束准单色、准定向的强光束在非线性光学介质传播时光强的衰减,一般可表示为[12]

$$\frac{\mathrm{d}I(z)}{\mathrm{d}z} = -\alpha I(z) - \beta I^2(z) - \gamma I^3(z) - \eta I^4(z)\cdots \qquad (2-2)$$

式中,$I(z)$ 为沿着 z 轴传播时的光强;α、β、γ 和 η 分别为该介质的单、双、三和四光子吸收系数。如果介质对入射光而言是线性透明的,则有 $\alpha = 0$,在只考虑双光

子吸收过程时,则有

$$\frac{\mathrm{d}I(z)}{\mathrm{d}z} = -\beta I^2(z) \tag{2-3}$$

其物理意义是在一给定传播位置处的双光子吸收概率,正比于该处光强的平方,方程的解为

$$I(z,\lambda) = \frac{I_0(\lambda)}{1 + \beta(\lambda)I_0(\lambda)z} \tag{2-4}$$

式中,$I_0(\lambda)$ 为入射光的初始光强;β 为介质的双光子吸收系数(cm/GW),后者依赖于入射光的波长并且正比于分子密度 $N_0(\mathrm{cm}^{-3})$:

$$\beta(\lambda) = \delta_2(\lambda)N_0 = \delta_2(\lambda)N_A C \times 10^{-3} \tag{2-5}$$

这里引入的 δ_2 习惯上可被称为分子的双光子吸收截面值(cm⁴/GW),尽管它的量纲并不是面积因子;N_A 为阿伏伽德罗常数;c 为双光子吸收分子的摩尔浓度(mol/L)。

不同物质的双光子吸收能力不同,其双光子吸收能力可以用仅与分子结构有关的双光子吸收截面值(two-photon absorption cross-section,δ_{2PA})来衡量。为了纪念最先提出双光子吸收概念的物理学家 M. Göppert-Mayer,人们现在主要采用以她的名字作为双光子吸收截面值的单位(1 GM≡10^{-50} cm⁴ · s · photons⁻¹ · molecule⁻¹)[13],此时双光子吸收截面值 δ_{2PA} 与双光子吸收系数 β 的换算关系如下:

$$\delta_{2PA} = \frac{h\nu\beta \times 10^3}{N_A c} \tag{2-6}$$

式中,h 为普朗克常数,ν 为光波频率。

2.1.2 双光子吸收效应的测试方法

双光子吸收截面值一般比单光子吸收截面值小几十个数量级,因而双光子吸收截面值的测试比单光子吸收截面要复杂得多。在测试过程中有多种干扰因素,其中激光脉冲宽度是影响双光子吸收截面值测试的一个重要因素,大多数化合物的双光子吸收截面值随着激光脉冲宽度的缩短而变小,这主要与激发态再吸收有关[14]。激发态再吸收的响应时间相对较慢,采用短脉冲激光可以有效地抑制激发态再吸收对双光子吸收截面值测试的影响。因而在不同脉冲宽度激光

激发下,双光子测试的结果有较大差异,利用飞秒激光测试的结果可信度更高[15]。

目前,用于测试材料双光子吸收截面的方法中最主要的是:双光子激发荧光法(two-photon excited fluorescence,TPEF)和开孔 Z 扫描技术(open-aperture Z－scan technique)。还有一些不常用的方法如:非线性光学透射法(nonlinear optical transmission,NLT)[24,25]以及瞬态吸收法(transient absorption)等。各种测试方法的原理不同,得到的结果一般不具有可比性。下面简单介绍两种常用的测试技术。

2.1.2.1   开孔 Z 扫描技术

在开孔 Z 扫描方法中,将样品池放在激光的通道上,并沿着激光的方向(z方向)在焦点两侧一定范围内移动样品池,如图 2－2 所示,因入射到样品的光的功率密度在逐渐变化,从而引起非线性光学效应不同,导致远场光强分布发生改变,从而给出光强与 z 轴位移的函数关系[17]。

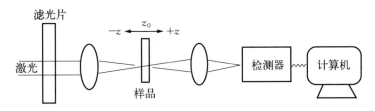

图 2－2   Z扫描方法光路简图

如果检测器只开了一个小孔(也就是所谓的闭孔设置),由于样品的三阶非线性极化或者各种热效应,这时检测到的光强变化是与折射率有关的,并导致激光的发散或自聚焦。相反地,如果让检测器收集到所有透过样品的光(也就是所谓的开孔设置),这时输出的结构反映了光强的透过率,而这个数据是可以被用来计算双光子吸收截面值。该方法显著的特点是装置简单、灵敏度高,但测试结果易受到多种因素的影响,误差较大。其中影响开孔双光子吸收截面值测试的两个最主要原因是:

(1) 如果检测器的开孔太细,或者离样品池太远,光就会因为自散射或者非线性散射而不能收集完全,从而使测得的开孔非线性吸收值偏大。

(2) 因为单光子或双光子吸收而使物质到达的激发态,会再吸收入射光量子(即所谓的激发态再吸收效应),也会导致测得的双光子吸收截面值偏大。这种激发态的再吸收可以通过以下三种方法得到抑制:测试所用波长对于样品单光子吸收可忽略;非常短的脉冲激光(<1 ps);低频激光(<1 kHz)。

Z扫描技术对于检测非线性透过率(例如光限幅领域)和检测非线性折射率(用闭孔方式)是非常有用的。可是,因为上面提到的两个难以避免的问题,会使测得的开孔双光子吸收截面值偏大,从而使双光子吸收截面值的准确度不是很好[17, 18]。

由于焦点处(z_0)的光强最大,所以当样品从焦点一侧移到另一侧时,非线性吸收信号会呈现出对称的谷或峰(谷对应的是反饱和吸收,峰对应的是饱和吸收)。双光子吸收所得到的信号为一个对称的谷,如图2-3所示。

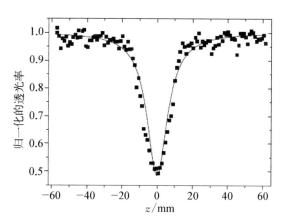

图2-3 样品溶液归一化的Z扫描的非线性透过曲线

所得的数据通过式(2-7)进行非线性拟合,可得到q_0的值,再根据式(2-8)可计算出材料双光子吸收系数β的大小[19],即

$$T_{\mathrm{OP}}(z) = \sum_{m=0}^{\infty} \frac{(-q_0)^m}{(1+z^2/z_0^2)^m (1+m)^{3/2}} \tag{2-7}$$

$$\beta = I_0 L_{\mathrm{eff}} / q_0 \tag{2-8}$$

式中,$T_{\mathrm{OP}}(z)$为归一化的透过率;z_0为焦距;z为到焦点的距离;I_0是激光强度;$L_{\mathrm{eff}} = [1 - \exp(-\alpha L)]/\alpha$为样品的有效厚度;$\alpha$是样品的线性吸收系数。

双光子吸收系数是材料宏观双光子吸收能力的大小(cm/GW),它与分子双光子吸收截面值的关系见式(2-6)。

2.1.2.2 双光子激发荧光法(TPEF)

双光子诱导荧光的强度与入射光强的平方成正比,通过测量化合物受激后发射的双光子诱导荧光强度,就可以推算出分子双光子吸收截面值的大小。双光子诱导荧光与单光子激发荧光的原理相似,分子或原子通过吸收光子跃迁到激发态,当以辐射的方式返回到基态会发出荧光,其荧光强度正比于激发态的粒子数,因此通过对荧光信号的处理,可以很精确地计算出介质双光子吸收截面值的大小[20]。在实验过程中,由于获得精确的双光子荧光收集效率很困难,因此,一般通过比较待测样品和标准样品(具有已知的双光子吸收截面)的双光子诱导

荧光强度,计算样品的双光子吸收截面。其计算公式如下[21]:

$$\sigma_{2s} = \frac{S_s}{S_r} \cdot \frac{\eta_r n_r c_r}{\eta_s n_s c_s} \cdot \sigma_{2r} \tag{2-9}$$

式中,下标 s 和 r 分别代表样品和标准物;S 为收集到的双光子诱导荧光的信号强度(积分面积);η 表示双光子荧光量子产率;n 表示溶液的折射率;c 是测试浓度;σ_2 为分子的双光子吸收截面值。由于双光子激发荧光量子产率很难测定,而双光子激发荧光与单光子激发荧光只是激发的方式和机制不同,荧光发射的方式和机制一样,因此可以用单光子荧光量子产率来代替双光子激发荧光量子产率,其所得吸收截面值的误差在15%左右。图2-4为双光子诱导荧光法测试的简图。

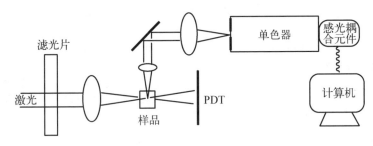

图 2-4　双光子诱导荧光测试装置简图

相比 Z 扫描技术,通过双光子激发荧光法确定的双光子吸收截面值不是非常强地依赖激光的脉冲宽度,通常采用飞秒级(例如 100 fs)的脉冲激光进行测量。其次,需要将样品配成一定浓度的稀溶液才能进行测试。双光子激发荧光的强度与入射光强的平方成正比,通过这个比例关系,排除单光子激发荧光的过多贡献,可以使双光子吸收截面值的测定具有更高的可信度。当然,这个方法有两个限制:

(1) 不能用于强的单光子吸收的激发范围。

(2) 样品必须是光致发光的。

一般说来,由 Z 扫描方法得到的双光子吸收截面值要比双光子激发荧光法得到的双光子吸收截面值大一些[23]。

2.1.3　双光子吸收效应的应用简介

特有的吸收机制使得双光子吸收与单光子吸收(single-photon absorption,1PA)相比,具有两个重要优点[26]:

(1) 双光子吸收的几率与入射光强度的平方成正比,在激光束紧聚焦条件下,样品受激范围限制在 λ^3 体积内(λ 为入射光的波长),导致发色团的激发具有高度的空间选择性。

(2) 双光子激发所采用的光源波长为分子的最大单光子吸收波长,介质对这种波长光的吸收和色散均较小,因此光波穿透力强,可进行深层激发;对生物的毒性小;受激后分子从高能态失活回到基态时,如果能量通过辐射方式放出,往往会伴随着近两倍于激发光频率的上转换发射。

迄今,许多研究已初步表明双光子技术在三维信息储存和微纳加工[4, 27-29]、频率上转换激射[30-32]、光限幅[33-35]、分子探针[5, 36,37]以及光动力学治疗[38-43]等方面具有诱人的应用前景。其中双光子吸收效应在分子探针中的应用将在后面进行详细介绍。

2.1.3.1 在三维信息存储和微纳加工方面的应用

目前信息主要储存在以光盘为代表的二维储存器中,这种方式的信息存储密度大约可达到 10^8 bit/cm^2,已很难满足日益增长的信息储存需求。双光子吸收独特的三维处理能力和高的空间分辨能力使得利用双光子吸收技术进行三维光信息储存成为可能。双光子三维信息储存主要是通过物质发生双光子吸收后,介质的某种光学性质(如吸收、荧光、折射等)发生变化来实现光学数据的储存。1989 年,加利福尼亚大学的 Rentzepis 等人报道了以掺杂光致变色有机分子的聚合物为存储介质,首次将双光子吸收应用于三维信息存储中,从根本上突破了二维存储的一些限制,引起了人们的广泛关注[4]。1991 年,Web 等人实现了 10 层信息存储,数据的存储密度可达到 10^{12} bit/cm^3[44],如图 2 - 5(a)所示。目前,包括国内外有很多科学家都开始致力于这方面的研究,几篇综述性的文章对此做了详细的介绍[45]。

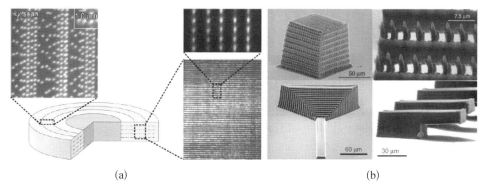

(a)　　　　　　　　(b)

图 2 - 5　(a) 双光子三维光信息储存示意图;(b) 三维微加工器件

同理,双光子吸收技术也能应用于三维微加工。如图 2 - 5(b)所示,1999

年,Marder 等人利用具有大双光子吸收效应的分子作为引发剂,在激光照射下引发聚合反应,制备了三维超精细周期结构聚合物模型[27]。2001 年,日本大阪大学的 Kawata 研究小组通过双光子吸收引发聚合反应,雕刻出三维结构的微米牛和微型器件[46]。2003 年,Serbin 等人利用同样的方法制备了微型维纳斯雕像和可用于麻醉传输的微型太空舱[47]。这些先期工作的突破和技术上的进展使得人们有理由相信,双光子吸收技术将在三维光信息储存和微加工方面发挥更加重要的作用。国内山东大学和中国科学院理化技术研究所在这方面也做了很好的工作[29]。

2.1.3.2　频率上转换激射

频率上转换激射是指在双光子激发下产生的放大自发辐射或腔激射。除了具有大的双光子吸收效应和高的荧光量子产率外,分子还不能有强的荧光再吸收(紫外-可见吸收和荧光发射光谱重叠小),才能产生强的频率上转换激射。由于是长波输入、短波输出,很多制备困难或造价昂贵的紫外或可见波段的激光可以通过这种方式得到。这种由双光子吸收产生的上转换激射与通过倍频效应、和频效应等产生的上转换发射相比,最大的优点在于:它无须相位匹配,容易实现宽范围调谐。一系列典型的上转换激光染料如图 2-6 所示。目前,已见报道的上转换激射效率可达到 17%,接近于二阶 NLO 晶体的倍频效率[48]。比较有代表性的有美国 Prasad 小组和国内山东大学基于吡啶盐类染料所做的研究工作[49,50]。

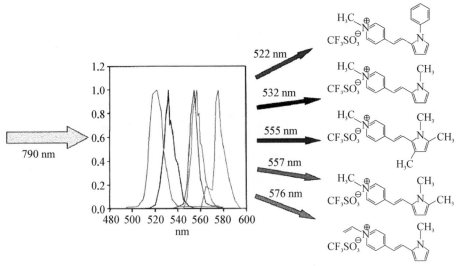

图 2-6　一系列典型的上转换激光染料

2.1.3.3　光限幅

某些材料在弱入射光强下具有高透射率,而当入射光强增大到一定程度时,由于材料的某些非线性特性导致其透射率明显下降,使透射光强限制在一定范围内,这种现象称为光限幅效应(optical limiting)。随着激光技术的快速发展,各种高能激光不断研制出来,并已广泛应用到日常生活和军事技术中,保护人眼以及使器件避免被高能激光伤害显得尤为紧迫,因而光限幅研究具有重要的实际应用价值[35]。由于双光子吸收只能发生在强光照射下,且与入射光强的平方成正比,随着入射光强的增大,物质的双光子吸收显著增大,因此能有效地控制透射光强。同时双光子吸收对光强的响应时间很快(飞秒级),所以双光子吸收材料是一类很有应用前景的光限幅材料。理想的光限幅材料除了应当具有适当的激光输入阈值(I_ε)和高的激光损伤阈值(I_ω)外,钳位输出值(I_φ)也必须小于被防护的器件或眼睛的损伤阈值,如图 2-7 所示。

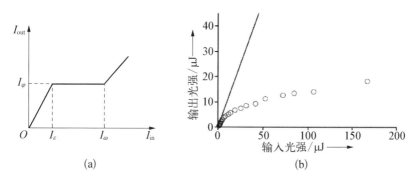

图 2-7 (a) 理想的光限幅;(b) 光限幅示意图

(b) 图中,实线为线性透过,圆圈为三阶非线性透过

2.1.3.4 双光子光动力学治疗

光动力学治疗是一种正在发展中的治疗癌症的新方法。其原理主要是利用抗癌光敏剂可优先在肿瘤组织中富集,随后在适当波长的光照下,引发光敏化反应,激发三线态氧变成活性很高的单线态氧,导致肿瘤组织受损乃至凋亡[38]。单光子光动力学治疗由于采用紫外光或可见光进行激发,治疗的深度非常有限,大约只能达到 5~6 mm,而且对周围正常组织也会造成伤害。而双光子光动力学治疗采用近红外光进行激发治疗,光波穿透能力得到很大的提升,可进行深层组织的治疗。双光子光动力学治疗所采用激发光的波长通常位于生物组织低吸收范围内(700~1 100 nm),生物组织对这种光的吸收和色散均较小,治疗时精准度高、热效应很小,对周围正常组织伤害小[39],其机理如图 2-8 所示[40]。

传统的光敏剂如卟啉、酞菁类化合物,由于双光子吸收截面值小,限制了其在双光子光动力学治疗中的应用[41, 42]。不少研究组针对这一缺点,对卟啉分子进行了改进,在卟啉分子外围连接上具有大的双光子吸收截面值的发色团,通过

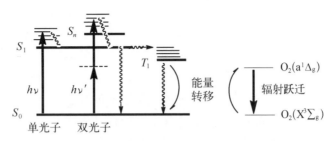

图 2-8　双光子光激发单线态氧的产生

荧光能量共振转移(fluorescence resonance energy transfer，FRET)方式，提高了卟啉分子的单线态氧的产生能力，为双光子光动力学治疗中光敏剂的设计提供了新的思路[43]。

2.2　有机双光子吸收材料的分子设计与结构类型

双光子吸收现象属于三阶非线性光学性质。由于三阶非线性光学性质远弱于二阶非线性光学性能，人们对于双光子吸收材料的研究远不如对于二阶非线性光学材料的研究那么深入和广泛，人们对于双光子吸收材料的结构与性能关系的了解也远不如对于二阶非线性光学材料的了解，不过可以肯定的是，材料易于发生电致极化是产生非线性光学效应的最基本条件。

有机化合物的主要键型是共价键，一些有机芳香化合物具有大的 π 电子共轭体系，这些都有利于在电磁场影响下产生电子云迁移，发生极化。正是由于这些有别于无机化合物的结构特点，人们把寻求双光子吸收材料的目光集中于具有大 π 共轭体系的有机化合物，并逐渐总结出它们的结构与双光子吸收性能的关系，发现了几类具有较大双光子吸收截面值的新材料。

下面将分类介绍几类有机双光子吸收材料，着重介绍它们的分子结构与双光子吸收性能的关系。

2.2.1　一维不对称偶极 D-π-A 结构的分子

这里的 D 代表电子给体(donor)，A 代表电子受体(acceptor)，π 代表由大 π 电子组成的共轭桥。这本来是有机二阶非线性光学材料的基本结构类型，后来发现它也是有机双光子吸收材料的重要结构类型之一，而共轭桥和分子两端的 D 和 A 对这类分子的双光子吸收性能都有重要影响。

共轭桥的影响主要表现在两方面：一是桥的长度；二是桥的共平面性。实验的结果表明，通过延长共轭桥有效长度可以较大地提高分子的双光子吸收截面值。如图 2-9 所示，从化合物 2 到化合物 3，分子中共轭链长度略微减小，双光子吸收截面值却迅速下降，同样的现象在化合物 4 和 5 也可以观察到[51]。

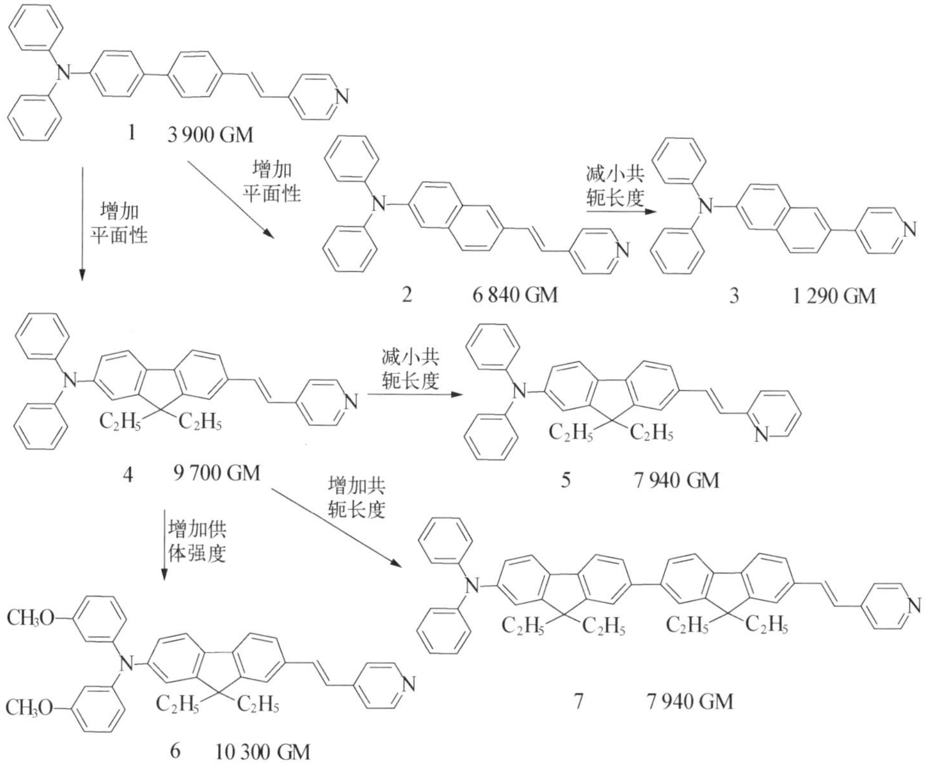

图 2-9 D-π-A 分子结构及设计策略

值得注意的是，和桥长度的影响相比，桥的共平面性更为重要。比如化合物 7 比化合物 4 多一个芴的共轭单元，但分子的双光子吸收截面值却减小了。原因是两个芴环之间由于空间位阻的原因，导致分子扭曲，降低了桥的共平面性，也就降低了分子的共轭程度，不利于 π 电子的离域和极化，导致低的双光子吸收截面值。

与此相反，由扭曲的联苯换成共平面性的萘环及芴环以后，从化合物 1 到化合物 2 和 4，分子的双光子吸收截面值 δ_{2PA} 提高了 2～3 倍。

另一个例子是如果把共轭桥中的 C＝C 双键换成 C＝N 双键，也会导致共轭桥的共平面性降低。如图 2-10 所示，化合物 9 中，由于氮原子的引入，破坏了共轭桥的共平面性，分子的双光子吸收截面值就比化合物 8 大大降低[52]。

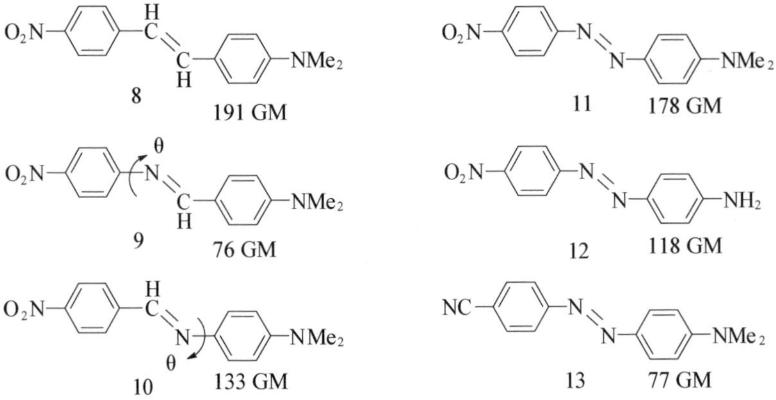

图 2 - 10 共轭桥中引入氮原子的 D - π - A 分子

分子两端的 D 和 A 的强度大小也是影响分子双光子吸收性质的重要因素。D 基团的给电子能力愈强,或 A 基团的吸引电子能力愈强,分子的双光子吸收截面值就愈大。例如,从化合物 4 到 6,增加了供体的强度,分子的双光子吸收截面值增加了近 1 000 GM;从化合物 11 到 12,减小了供体的强度,分子的双光子吸收截面值减小,而从化合物 11 到 13,减小了受体的强度,分子的双光子吸收截面值也相应减小。

Prasad 等报道了一系列以三苯胺为供体,含有不同受体的 D - π - A 分子,并运用飞秒激光,测试了这些化合物在 650～1 000 nm 波段内的双光子吸收性质,如图 2 - 11 所示[53]。这 4 个化合物中受体强度依次为 14＜16＜17＜15。通过对比发现,受体强度强烈地影响这类分子的双光子吸收性质,分子的双光子吸收截面值随受体拉电子能力的增加而增大。

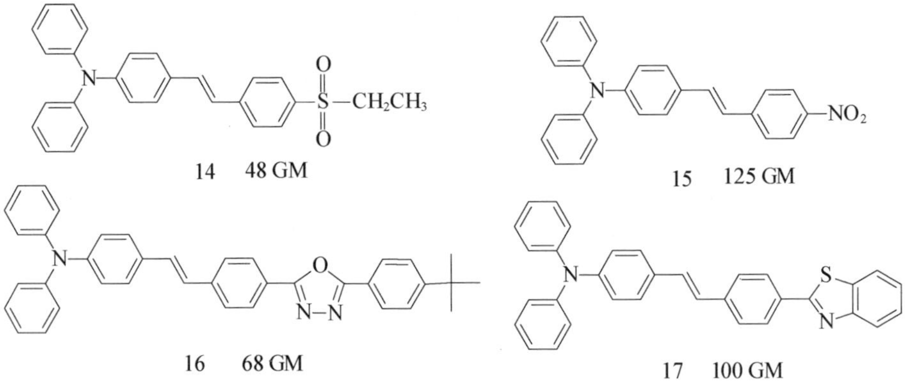

图 2 - 11 具有不同受体强度的 D - π - A 化合物

　　Prasad 教授是研究这类有机双光子吸收材料的代表人物之一,对它们的结构与双光子吸收性能的关系进行过很多的研究和很好的总结[12]。

　　如图 2 - 12 所示,Marder 小组设计合成了一系列以富电子和缺电子杂环搭配为桥的偶极 D - π - A 分子。运用飞秒激光测试发现,这些化合物均具有强的双光子吸收效应,其中最大双光子吸收截面值可达 1 500 GM[54],是目前所报道 D - π - A 结构分子中最大值之一。令人感兴趣的是这些分子的单光子吸收均靠近红外区域,其双光子吸收可用太赫兹波段的激光进行激发。

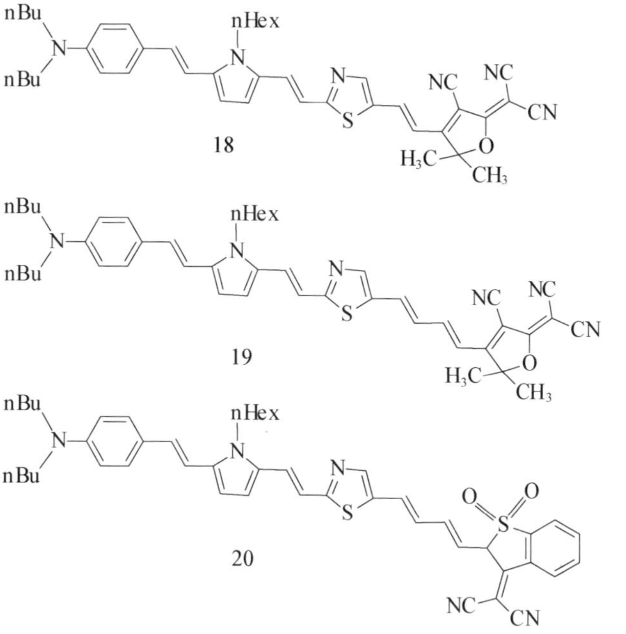

图 2 - 12　可用于太赫兹波段的强双光子吸收分子

　　在实验探索的同时,也有人采用量子化学的方法对这类分子的双光子吸收截面进行计算,他们的工作有助于从理论上对这类化合物的结构-性能关系进行解释[55]。

2.2.2　一维对称结构的双光子吸收分子

　　这一类分子的结构型式可以表示为 D - π - D, A - π - A,D - π - A - π - D,A - π - D - π - A 等。它们的特点是一维中心对称,后面两种又称为四极型分子。对这一类双光子吸收分子研究得最多的是 Marder 和他的团队,在大量实验研究和理论探索的基础上,他们总结了它们的结构和性能关系,提出了几种设计策略[56,57]。

　　图 2-13 分别给出了一些代表性化合物的结构和双光子吸收截面值。与不对称结构分子相似,增加分子末端或中部的供体或受体的强度,能有效地提高分子的双光子吸收截面值。化合物 21 的最大双光子吸收截面值为 12 GM,通过在末端苯环上引入强供电子的二丁氨基得到化合物 22,分子的最大双光子吸收截面值增大了近 18 倍。从化合物 28、29 到 30,分子末端的受体依次增强,分子的双光子吸收截面值也依次递增,由 650 GM 增加到 4 400 GM。同样,通过在共轭桥上引入强的受体,形成 D-π-A-π-D 结构能明显地改善分子的双光子吸收截面值。化合物 26 的双光子吸收截面值只有 450 GM,当中间苯环上的溴原子变为强拉电子的氰基后,增加分子内电荷转移程度,分子的双光子吸收截面值增大了近 8 倍,达到 3 670 GM。

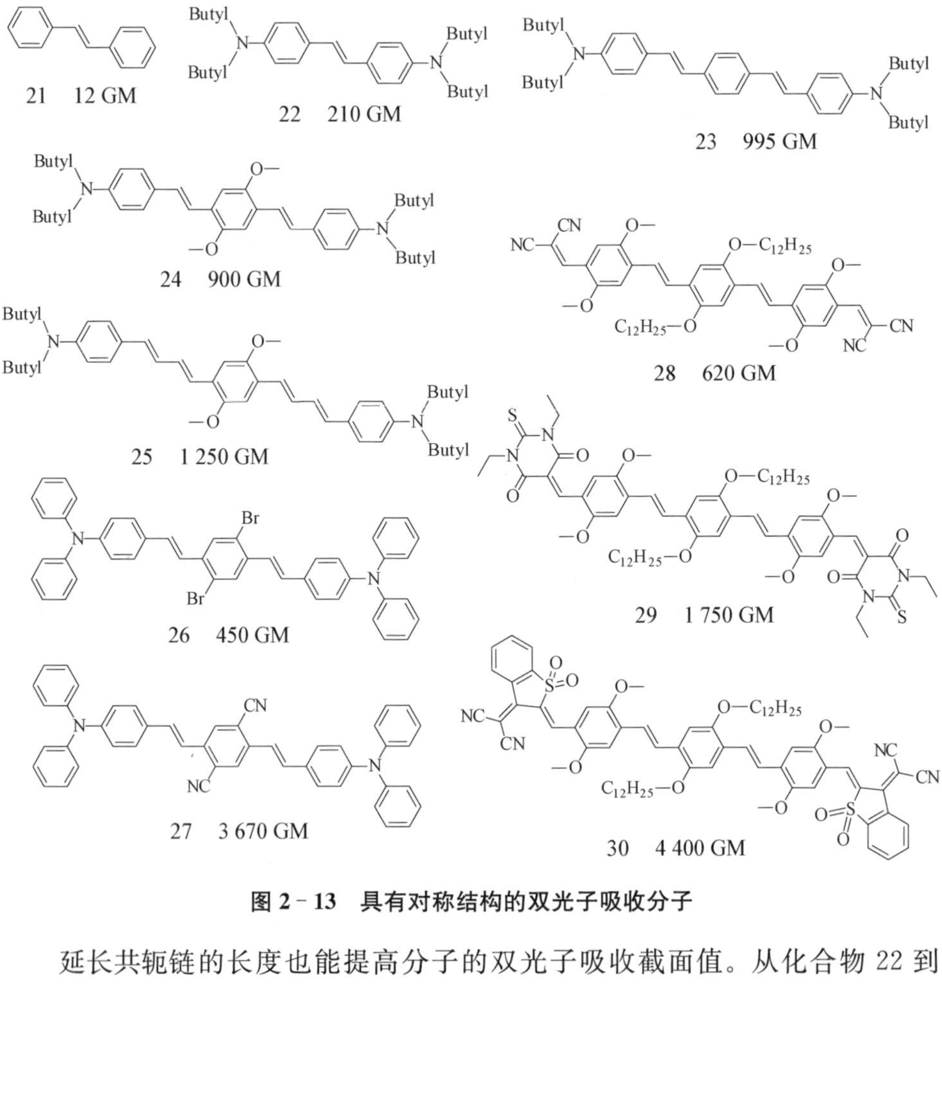

图 2-13　具有对称结构的双光子吸收分子

　　延长共轭链的长度也能提高分子的双光子吸收截面值。从化合物 22 到

23，共轭链扩展了一个苯乙烯单元，分子的双光子吸收截面值增大了4倍多。同样从化合物24到25，随着共轭链长度的扩展，分子的双光子吸收截面值由900 GM增大到1 270 GM。

与不对称分子的情况相似，当共轭体系的平面性更好的时候，这一类对称分子的双光子吸收截面值也同样会增加。例如，如图2-14所示，比较化合物31和化合物32[58]，由于化合物31的联苯基中间的单键是转动的，而化合物32的中心共轭旋转受到抑制，其平面刚性好，因此32的双光子吸收截面值比化合物31大1.3倍。

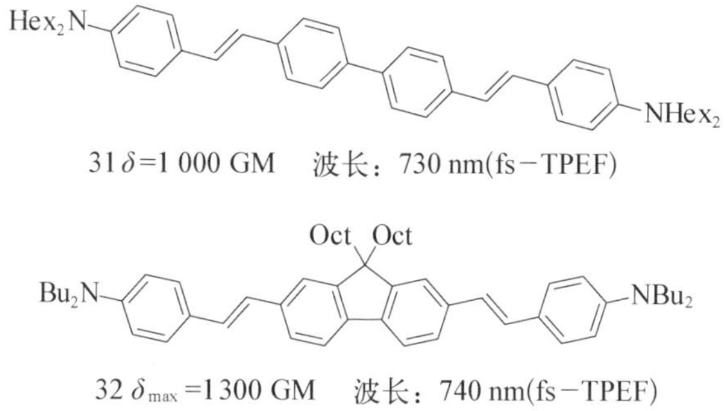
Hex_2N
$NHex_2$
31 δ=1 000 GM　波长：730 nm(fs-TPEF)
Oct Oct
Bu_2N
NBu_2
32 δ_{max}=1300 GM　波长：740 nm(fs-TPEF)

图2-14　具有不同共轭平面性的D-π-D化合物

需要指出的是，一方面分子的双光子吸收截面值随共轭体系的长度增加而增大；另一方面，这种趋势并不是无穷尽的，超过一定长度时，单位长度分子的双光子吸收截面值的增长会趋于饱和，甚至变小。为此，人们引入了“归一化截面值(δ/N_e)”这个参数作为新的衡量标准，其中N_e是共轭π电子的数目。

双光子吸收截面值δ的大小与共轭长度的关系可以从化合物22、23、33、34和35的双光子吸收截面值的变化中比较好地表现出来，如图2-15所示[62]；归一化截面值δ/N_e在开始的三个化合物22、23和33中增加得很快，但是随着共轭长度的继续增加就接近饱和了。

Strehmel等人设计、合成了图2-16中的5个化合物，系统研究了中心受体对D-π-A-π-D分子双光子吸收性能的影响[59]。化合物23的双光子吸收截面值为995 GM，当向中心苯环上引入4个氟原子，得到D-π-A-π-D分子36，分子的双光子吸收截面值增大至1 400 GM。引入更强的受体，进一步降低中心苯环的电子密度后，分子的双光子吸收截面值分别增大到3 000 GM和4 100 GM(化合物37和38)。不仅中心受体的强度对分子双光子吸收有强烈的影响，受体的对称性也能较大地影响分子的双光子吸收性能。化合物39中心受体的强度与化合物36相近，但分子的中心对称结构遭到破坏，其双光子吸收截

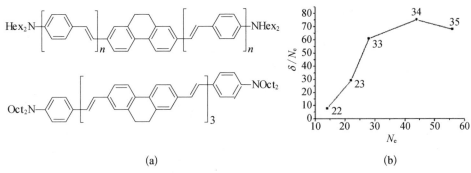

33 $n=1$，$\delta=1\,700$ GM　波长：740 nm(fs - TPEF)
34 $n=2$，$\delta=3\,300$ GM　波长：740 nm(fs - TPEF)
35 $\delta=3\,800$ GM　波长：740 nm(fs - TPEF)

图 2‑15　(a) 共轭长度递增的 D‑π‑D 型化合物；(b) 归一化截面值 δ/N_e 与共轭电子数 N_e 的关系图

23　995 GM

36　1 400 GM

37　3 000 GM

38　4 100 GM

39　260 GM

图 2‑16　具有不同中心受体强度的 D‑π‑A‑π‑D 分子

面值为 260 GM，仅为化合物 36 双光子吸收截面值的五分之一。这些结果表明，强的中心受体有利于增加分子内电荷转移程度，提高分子的双光子吸收截面值，但是维持四极分子的对称性也是提高分子双光子吸收性能的重要因素。

对于 D‑π‑A‑π‑D 四极分子，不仅受体的强度和对称性对分子的双光子吸收截面值有重要的影响，分子中受体连接的位置也是影响分子的双光子吸收性能的一个重要因素。Pond 等人对比研究了图 2‑17 中的 4 个分子的双光子吸收性能，发现氰基在共轭桥中的位置强烈地影响分子的双光子吸收性能[60]。

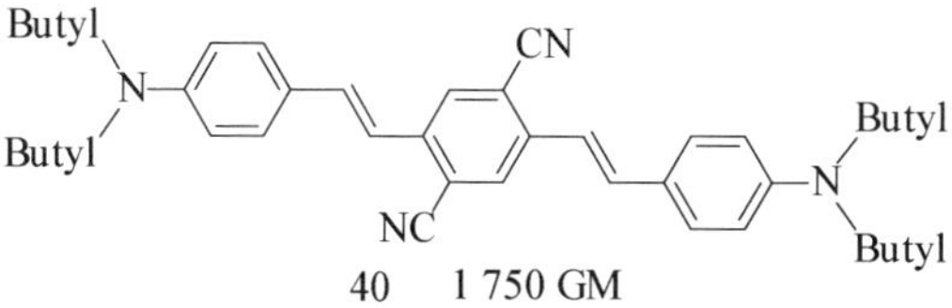

40　1 750 GM

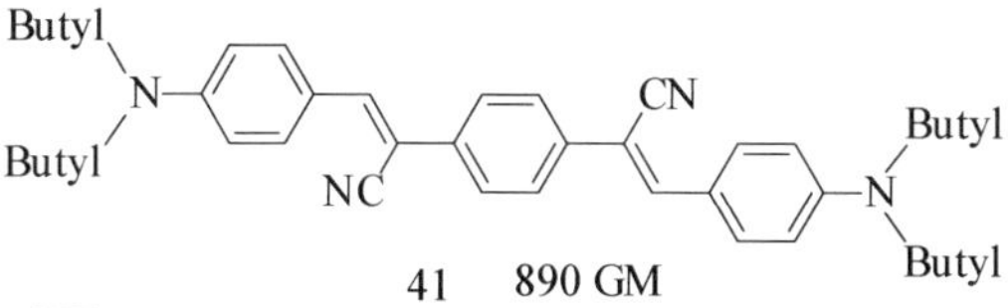

41　890 GM

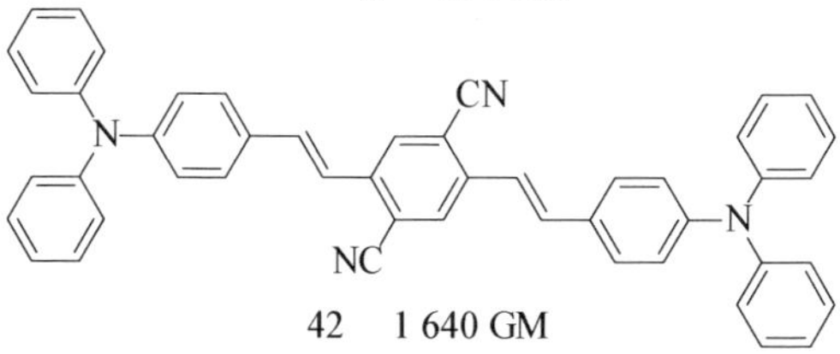

42　1 640 GM

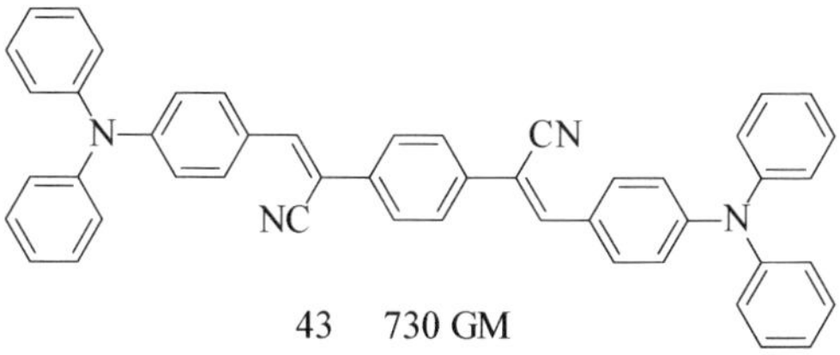

43　730 GM

图 2-17　受体位置不同的 D-π-A-π-D 化合物

当氰基从中间苯环上转到双键桥上时，造成分子发生扭曲，影响了分子的共平面性，化合物 41 和 43 分别比相应的 40 和 42 的双光子吸收截面值降低了一半左右。

有文献报道，以相同的 π 体系为桥，分别得到的 D-π-D 和 A-π-A 分子里，前者的双光子吸收截面值一般较大。如图 2-18 所示，一个是以 $-NHex_2$ 为端基强给体的化合物 44，一个是连有 $-SO_2CF_3$ 的端基强受体的化合物 45，化合物 44 的双光子吸收截面值较化合物 45 几乎大了 15 倍[58]。

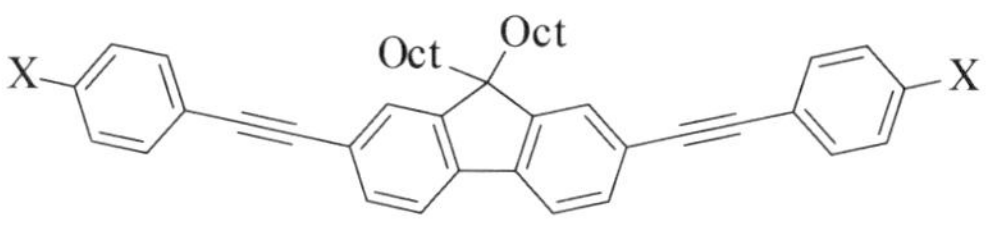

44 X=$NHex_2$，δ=1 200 GM　波长：705 nm(fs-TPEF)
45 X=SO_2CF_3，δ=83 GM　波长：705 nm(fs-TPEF)

图 2-18　具有不同端基的三键连接的 D-π-D 分子

虽然三键的共轭性能远不如双键的共轭性能[61]，但是这对双光子吸收的影响却不是很大，例如化合物 32 的双光子吸收截面值只是比化合物 44 的双光子吸收截面值大 5％，化合物 31 也只比化合物 46（见图 2‐19）的双光子截面值大 15％（双光子吸收截面值的测量误差大概是 10％[57]）。

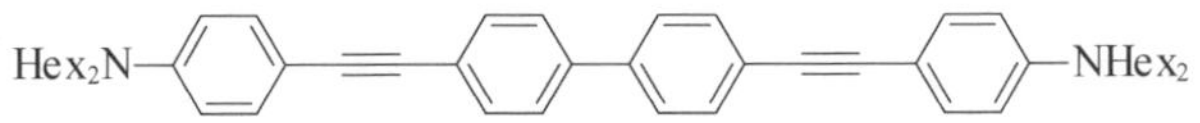

46 δ＝890 GM　波长：705 nm(fs‐TPEF)

图 2‐19　化合物 43

2.2.3　卟啉及类卟啉等二维平面型双光子吸收化合物

卟啉是一类大环共轭分子，照理应该是一个不错的双光子吸收材料，不过其单体化合物只表现出很小的双光子吸收截面值（＜50 GM），因此人们设计合成了卟啉的各种低聚物，并得到了很好的结果。

如图 2‐20 所示，卟啉二聚物 48 每个卟啉单位的双光子吸收截面值为 4 500 GM，这个值比单体 47 的双光子吸收截面值大 200 倍[63]。当继续增大共轭长度，得到的三聚体 49、四聚体 50 和五聚体 51，它们每个卟啉单位的双光子吸收截面值分别为 5 500 GM、4 600 GM 和 6 400 GM，这相对于二聚体的卟啉单位的双光子吸收截面值增加得并不多，也是一定意义上的饱和[64]。

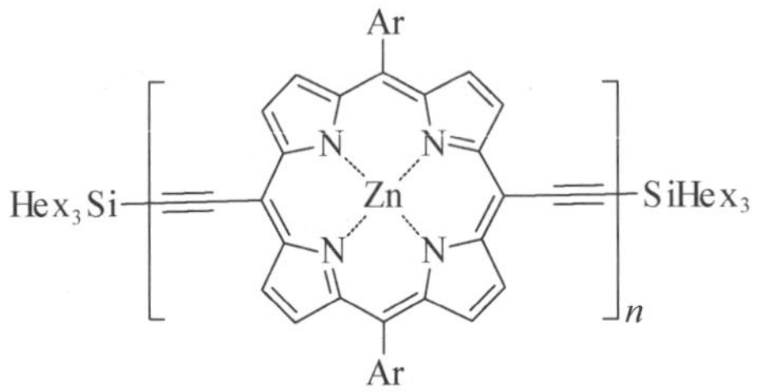

47 n＝1, δ_{max}＝20 GM　波长：850 nm(fs‐TPEF)
48 n＝2, δ_{max}＝9 100 GM　波长：890 nm(fs‐TPEF)
49 n＝3, δ_{max}＝22 000 GM　波长：960 nm(fs‐TPEF)
50 n＝4, δ_{max}＝37 000 GM　波长：980 nm(fs‐TPEF)
51 n＝5, δ_{max}＝83 000 GM　波长：980 nm(fs‐TPEF)

图 2‐20　三键键连的卟啉低聚物 47～51

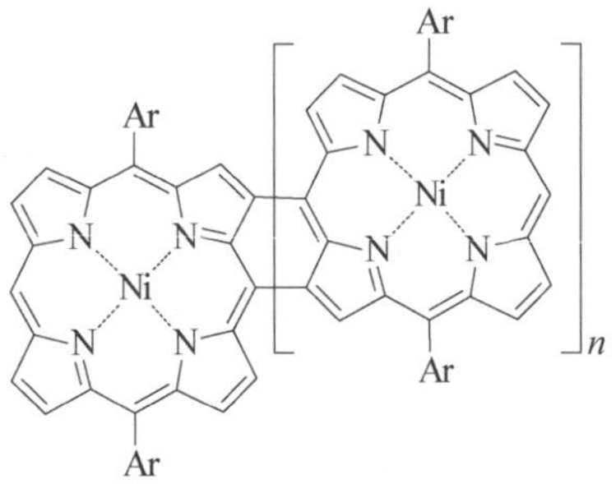

52 n＝0, δ＜100 GM　波长：800 nm(fs‐z‐scan)
53 n＝1, δ＝8 000 GM　波长：1 400 nm(fs‐z‐scan)
54 n＝2, δ＝17 000 GM　波长：1 700 nm(fs‐z‐scan)
55 n＝3, δ＝30 000 GM　波长：1 900 nm(fs‐z‐scan)
56 n＝4, δ＝41 000 GM　波长：2 100 nm(fs‐z‐scan)

图 2‐21　meso‐和 β‐卟啉连接的低聚物 52～56 的结构及其双光子吸收截面值

再比如通过 meso‐位和 β‐位连接的卟啉低聚物 52～56，也表现出当低聚物从单体到二聚体时，双光子吸收截面值的变化是巨大的，并且一直在变大，直到五聚体，虽然变化的幅度不像从单体到二聚体那样大，如图 2‐21 所示[65]。

甚至有文献报道了一些具有更大双光子吸收截面值的 β-,meso-，β-,fused-卟啉低聚物[66]。

Osuka、Kim 及其合作者研究了共轭桥构象对分子双光子吸收截面值的影响，他们合成了一系列 meso-连接的卟啉二聚体 57～63[67]。如图 2-22 所示，他们通过改变两个卟啉大环之间一条"纽带"的长度，来改变两个卟啉大环之间的二面角 θ（经过分子力学计算所得的一个平均值）。对于没有纽带的二聚体 57，卟啉大环之间基本是正交的（θ≈90°，δ=100 GM）。连接一个长的纽带，得到化合物 58，二面角可以减小至 80°，双光子吸收截面值增大了 35 倍（3 500 GM）。进一步缩短纽带，可继续逐渐减小二面角，双光子吸收截面值逐渐增大，双光子吸收截面值在化合物 63 时达到最大（7 500 GM），其二面角为 36°，这个值与二聚体 48 和 53 的双光子吸收截面值相近。

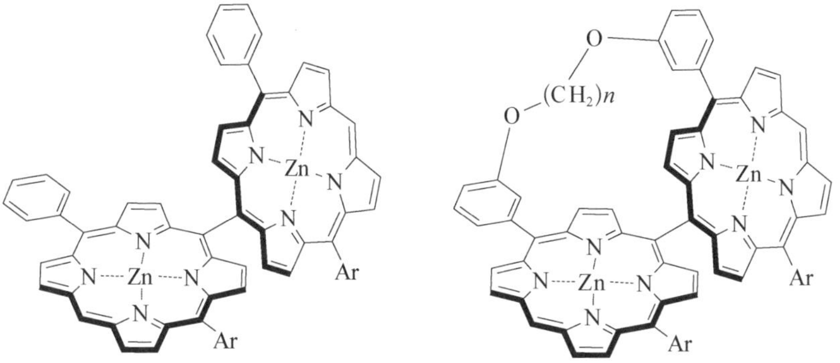

57 δ=100 GM　波长：800 nm(fs-z-scan)
58 n=6(θ=80°)，δ=3 500 GM　波长：800 nm(fs-z-scan)
59 n=5(θ=77°)，δ=3 900 GM　波长：800 nm(fs-z-scan)
60 n=4(θ=71°)，δ=4 800 GM　波长：800 nm(fs-z-scan)
61 n=3(θ=48°)，δ=6 100 GM　波长：800 nm(fs-z-scan)
62 n=2(θ=42°)，δ=6 300 GM　波长：800 nm(fs-z-scan)
63 n=1(θ=36°)，δ=7 500 GM　波长：800 nm(fs-z-scan)

图 2-22　扭转程度不同的卟啉二聚体 57～63

当卟啉的链接过程中发生空间位阻时，将对双光子吸收截面值产生很大的影响。比如 meso-位直接连接的卟啉[68, 69]，由于卟啉的 β-位上存在 H 原子，会产生空间位阻，使整个分子的平面性变差，因此其双光子吸收性能不如通过双键连接的卟啉衍生物；而进一步将双键改为三键后，由于三键 C 原子上也没有 H 原子，会使分子共平面性更好，从而导致分子的双光子吸收更强，如图 2-23 所示。例如，Rebane 等发现，双键连接的卟啉衍生物 64 的双光子吸收截面值比三键连接的卟啉衍生物 65 要小[70]。

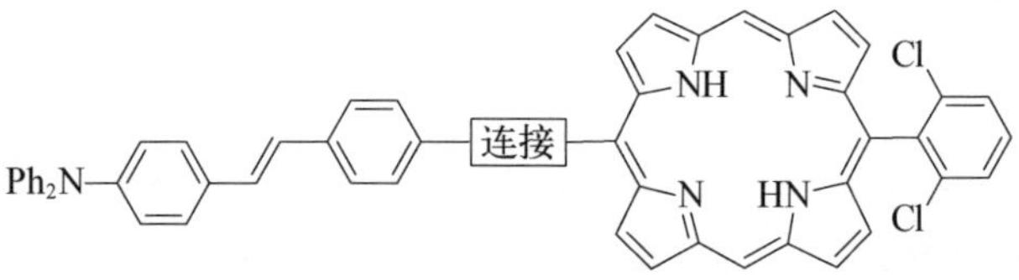

64 连接：双键，$\delta_{max}=560\,GM$　波长：914 nm(fs - TPEF)

65 连接：三键，$\delta_{max}=730\,GM$　波长：820 nm(fs - TPEF)

图 2 - 23　键连方式不同导致共轭程度不同的卟啉衍生物 64～65

上述双键与三键作为共轭桥的比较，在卟啉二聚体中也得到了证实。如图 2 - 24 所示，三键连二聚卟啉 66 的双光子吸收截面值相对于单体增加了 400 倍[63, 64]。但是当将三键变为双键时[71, 72]，二聚体 67 的分子共平面性变差，使得双光子吸收截面值降到只有 60 GM。二聚体 67 的晶体结构表明，两个卟啉之间的二面角约为 45°。

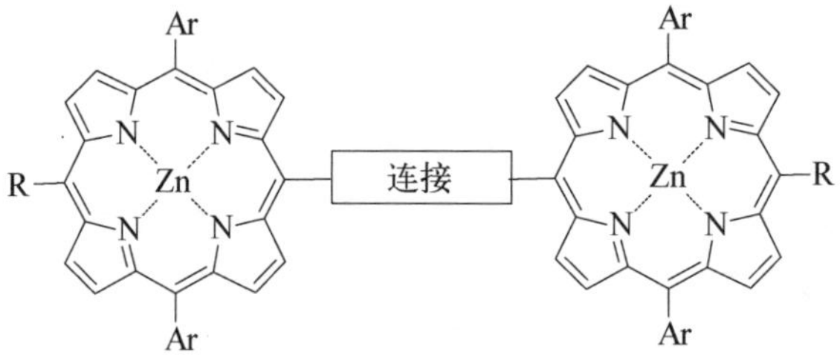

66 连接：┈┄≡┄┈，R=H，$\delta_{max}=8\,200\,GM$　波长：820 nm(fs - TPEF)

67 连接：╱╱，R=Ph，$\delta_{max}=60\,GM$　波长：975 nm(fs - TPEF)

68 连接：━≡━≡━，R=H，$\delta_{max}=5\,500\,GM$　波长：830 nm(fs - TPEF)

69 连接：━≡━≡━，R=━≡━◯N⁺Me I⁻，$\delta_{max}=17\,000\,GM$　波长：916 nm(fs - TPEF)

图 2 - 24　双键与三键在卟啉二聚体 66～69 中作为共轭桥的比较

一些扩张的类卟啉化合物也被报道具有很强的双光子吸收性能。Ahn 及其合作者比较了两个类卟啉化合物 70 和 71[73]：化合物 70 的归一化截面值 $\delta/N_e=260\,GM$，这个数值和卟啉低聚体的归一化截面值相当；当将化合物的 2 个电子还原后，形成化合物 71，它的双光子吸收截面值减小了 4 倍。这个报道能从一定程度上说明芳香性与双光子吸收截面值的关系。Osuka、Kim 及其合作者也合成了两个扩张的类卟啉的配位化合物 72 和 73[74,75]，并报道了芳香化合物 73 比非芳香类化合物 72 具有更大的双光子吸收截面值，如图 2 - 25 所示[76]。

最近，有一系列的大环噻吩类共轭低聚物 74～77 的双光子吸收性能被 Goodson 及其合作者报道，随着噻吩共轭单元的增加，双光子吸收截面值成持续的增长；但是归一化截面值 δ/N_e 在化合物 75 处变饱和了，如图 2 - 26 所示[77]。

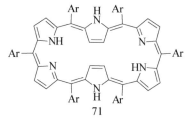

70 Ar = C₆F₅, δ=9 900 GM　波长：1 200 nm(fs-z-scan)
71 Ar = C₆F₅, δ=2 600 GM　波长：1 200 nm(fs-z-scan)

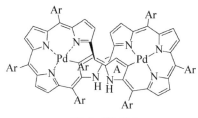

72 δ=690 GM

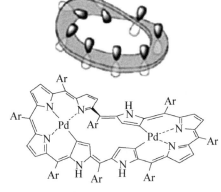

73 δ=6 400 GM

图 2-25　扩张的类卟啉化合物 70～73 的双光子性能比较

(a)　　　　　　　　　　　　　　　(b)

74 n=1, δ_{max}=15 000 GM　波长：710 nm(fs-TPEF)
75 n=2, δ_{max}=67 000 GM　波长：710 nm(fs-TPEF)
76 n=3, δ_{max}=83 000 GM　波长：710 nm(fs-TPEF)
77 n=4, δ_{max}=110 000 GM　波长：710 nm(fs-TPEF)

图 2-26　(a) 大环噻吩类共轭低聚物 74～77；(b) 归一化截面值 δ/N_e 与共轭电子数 N_e 的关系

2.2.4 多维枝型双光子吸收化合物

前面 2.2.1 节和 2.2.2 节所讨论的分子,无论是分子内发生对称电荷转移,还是不对称电荷转移,共轭体系都是在一维方向上离域,分子内电荷也只在一维方向上转移。因此,增加分子共轭体系的维度,探讨其对分子双光子吸收性能的影响是双光子吸收构效关系研究发展的必然趋势。Norman 等人从理论计算的角度认为,当分子由一维体系变成二维时,分子的双光子吸收截面值得到明显的改善[78]。

1999 年,Prasad 小组率先从实验上开展了这方面的工作,他们以三苯胺为核,将多个相同的 D-π-A 结构单元引入分子中,合成了 3 个含有不同数量分枝结构的分子,如图 2-27 所示,并运用飞秒激光测试这三种分子的双光子吸收截面值。结果发现,单枝分子 78、双枝分子 79 和三枝分子 80 的双光子吸收截面值的比例 $\delta_{78} : \delta_{79} : \delta_{80}$ 不等于 1∶2∶3,而是等于 1∶3.1∶6.9。多枝化分子的双光子吸收截面值都明显地大于分子内各分枝双光子吸收截面值的总和,表明在多枝结构分子中,分子的双光子吸收截面值存在增强效应。他们认为在多枝型分子中,各分枝的 π 电子可以通过中心核发生离域,在整个分子中形成大共轭体系,各分枝间存在强的电子偶合作用,这种强的电子偶合作用是引起多枝分子双光子吸收增强的主要原因,并将这种由电子相互作用导致分子双光子吸收截面值的增大定义为协同增强效应(cooperative enhancement)[79]。

Belfield 小组合成了一系列以芴为核的多枝分子,芴的大空间体积有效地降低了分子中各分枝间的空间位阻效应,导致这些分子具有大的双光子吸收截面值[80],如图 2-28 所示,其中化合物 81 的最大双光子吸收截面值通过 Z 扫描技术测得高达 3 115 GM。因此在设计多枝分子的时候,采用体积大、位阻小的核可以降低多枝分子的位阻效应,改善分子的双光子吸收性能。

Haley、Goodson 及其合作者报道的轮烯化合物 83-85 也表现了一定程度的多枝化分子对双光子吸收截面值的协同增强效应($\delta / N_{e83} : \delta / N_{e84} : \delta / N_{e85} = 0.4 : 7.2 : 17$)[81],而其对双光子吸收截面值 δ 的影响更显著(见图 2-29)。

多枝分子的每个分枝实际上都是一维分子,一维分子的设计策略同样也适用于多枝分子。因此,对于多枝分子,增加分子的共轭维度,适当延长共轭链的长度,扩展分子的共轭体系,增加分子内电荷转移程度,保持分子的共平面性是获得大双光子吸收截面值的关键。

以上我们介绍了几类常见有机双光子吸收材料的分子结构与双光子性能的关系。由于篇幅有限,这方面并未收入所有工作,一些结构类型(如高分子[82-86])因

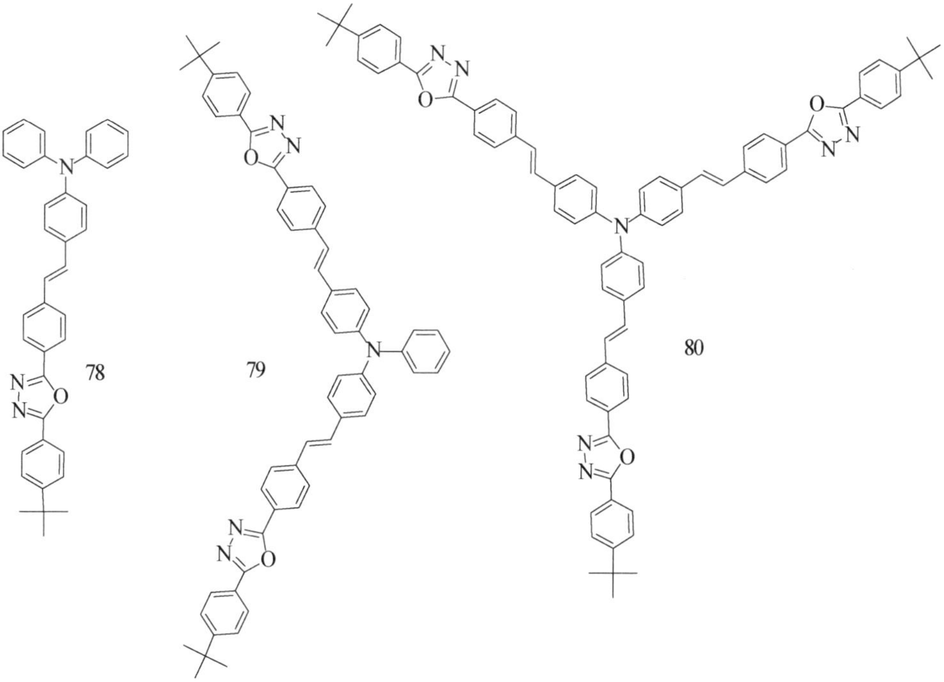

图 2-27 含有不同枝数的双光子吸收分子

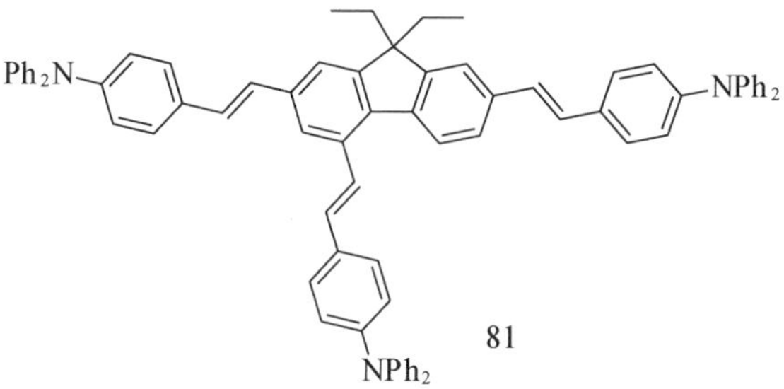

图 2-28 以芴为核的多枝分子

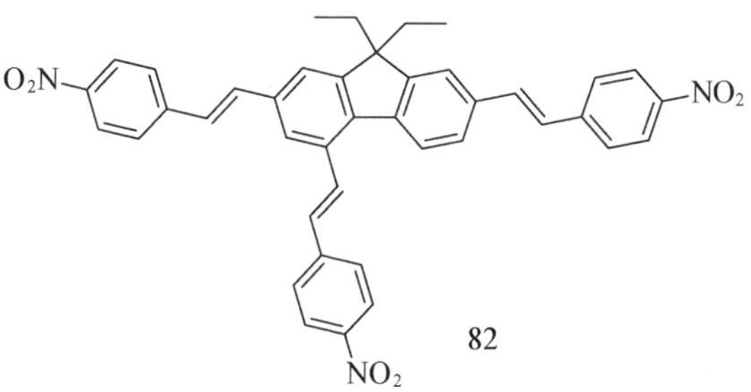

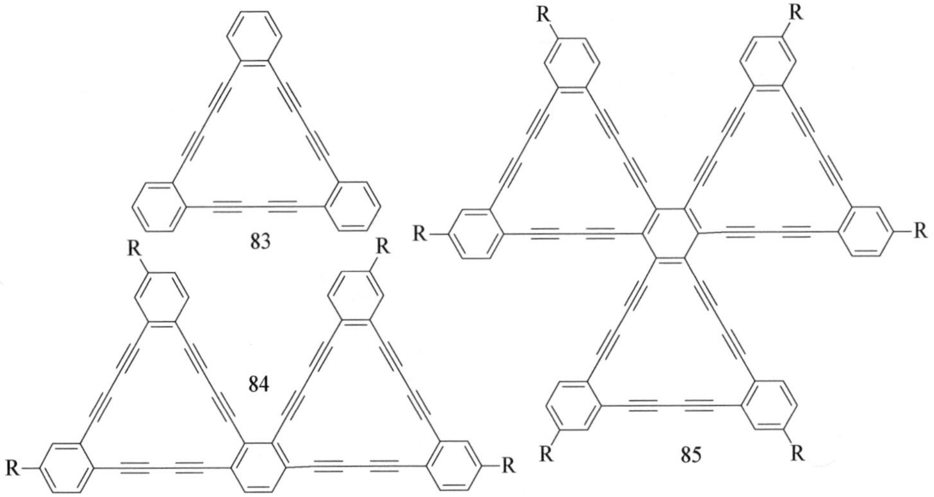

83 $\delta=11$ GM　波长：780 nm(fs‐TPEF)
84 R＝Decyl，$\delta_{max}=390$ GM　波长：780 nm(fs‐TPEF)
85 R＝Decyl，$\delta_{max}=1\ 300$ GM　波长：780 nm(fs‐TPEF)

图 2‐29　轮烯化合物 83～85

和分子探针关系不大也尚未介绍，这里也并未介绍理论方面的探讨工作。

　　总的说来，所有有机双光子吸收材料都含有电子共轭体系。增加分子的共平面性，增强 π 电子共轭，或增大分子所含有的 D 或 A 的强度，都有利于分子的电极化程度，增强双光子吸收性能。

　　需要说明的是，对于有机双光子吸收材料的着力研究只有十几年，对于各种材料的结构-性能关系的总结还有待进一步发展。另外，本节仅仅讨论了如何提高有机分子的双光子吸收截面值，但从应用的角度考虑分子设计时，增大分子的双光子吸收截面值在分子设计的时候往往不是唯一需要考虑的问题。如何使一个越小的分子具有越大的双光子吸收截面值，时常会更有意义，因此，归一化截面值 δ/N_e 有时候会显得更有意义。例如，在与生物相关的应用里，分子的分子量是一个重要的参数，因为只有越小的分子才能越快地透过细胞膜。在荧光成像、光聚合引发、单线态氧产生、光化学活化等需要双光子激发荧光的应用领域，荧光量子产率的大小是另一个重要的性质，因此人们常常采用一个新的参数 $\delta\Phi$，它是由双光子吸收截面值和荧光量子产率的乘积而得的双光子活性截面值（two-photon action cross-section）。此外，激发双光子吸收的激光波长往往是一个重要因素。比如由于 800 nm 激光比较容易获得，所以有时需要设计最大双光子吸收截面值出现在激发波长为 800 nm 左右的分子。而在远程通信领域里，设计合成产生最大双光子吸收截面值的激发波长在 $1.3\ \mu m$ 和 $1.5\ \mu m$ 左右的材料则更为重要[12, 87]。

至于从双光子分子探针应用的角度考虑如何进行分子设计,这将在下一节详细介绍。

2.3 双光子分子探针的研究进展

前面关于双光子吸收基本知识和有机双光子吸收材料的结构与性能关系的讨论,已经预示了这一非线性光学现象在光学成像检测中的应用前景。以双光子分子为信号域,与某种特异性的识别域结合,即可构成特定的分子探针。尽管分子的双光子吸收强度以及吸收后弛豫所引起的发射信号(包括荧光和磷光)都有可能作为分析检测的信息,从可视化成像的角度,荧光发射毫无疑问是最理想的检测信号,目前所见的光学探针绝大多数都是荧光探针。因此,本节的双光子分子探针所介绍的也是双光子荧光探针。

荧光显微成像技术由于灵敏度和分辨率高而适于原位和实时跟踪,且具有非破坏、非损伤的优点,是生物医学研究中最为重要的分析检测手段之一,已获得十分广泛的应用。目前普遍采用的成像方式是基于单光子激发的下转换荧光,使用的荧光探针包括各种有机荧光染料、荧光蛋白以及量子点等无机纳米晶体,其激发窗口位于紫外、可见光区。由于激发光波长较短、能量较高,这种基于单光子荧光探针的成像技术在生物医学研究中面临一些局限,主要包括:① 短波的激发光在生物样本中穿透深度有限,使得组织和动物体内的深层成像十分困难;② 荧光团光漂白较严重,不利于长时间跟踪观测;③ 短波激发光(尤其是紫外光)对生物样品有较大的光毒性,不利于活体原位研究;④ 生物样品的自发荧光会产生较严重的干扰。这些问题在荧光显微分析中普遍存在,在一些严重的情况下甚至会导致实验和研究失败,因此也是化学家和生物医学家正共同面对并努力克服的困难。

1990 年,美国康奈尔大学的 Denk 等人首次将双光子激发荧光这种非线性光学现象应用到共聚焦激光扫描显微镜中,开辟了双光子荧光显微成像这一革命性的新领域[4],在化学、物理、生物等领域引起广泛的关注,并得到迅猛的发展。由于双光子荧光的近红外激发、上转换发射的本质属性,使得上述单光子荧光成像所面临的困难都得到不同程度的解决,此外,双光子吸收只发生在焦平面的特性,也使得荧光成像的空间分辨率进一步提高[88]。目前,双光子荧光成像使用的荧光团主要是有机小分子。由于分子的双光子吸收定则与单光子吸收定则有着本质的不同,目前常用的荧光染料如荧光素、罗丹明、香豆素系列等其双光子荧光性质并不理想。因此,为了使双光子荧光显微成像得到更好的应用,设计并合成具有优良光物理性质的双光子荧光探针成为最关键的问题。本专题前两部分已详细介绍了双光子吸收的基本知识和有机双光子吸收材料的结构特征及设计原则,本部分将结合荧光探针的基本特点和要求及其在生物医学研究中的应用,阐述双光子荧光分子探针的研究进展。

2.3.1　荧光探针的识别机理

随着荧光分析检测技术的发展,荧光探针在基因重组检测、DNA 杂交测试、免疫检测、肿瘤细胞早期诊断和生物体内各种自由基以及各种生物活性离子的分析检测等方面得到广泛应用,从而极大地促进了荧光探针的发展[89]。

通常荧光探针主要由三部分组成:

(1) 荧光域,即荧光团,它负责荧光信号的产生,一旦与待分析物结合或作用后,荧光团的光谱特性(包括发射强度、波长等)发生变化。

(2) 识别域,或称识别受体,用于特异性地识别目标客体。

(3) 连接部分,它负责连接荧光团和识别受体,根据连接方式的不同,荧光探针识别的机理也不相同。

荧光探针检测的目标是环境中存在的阳离子、阴离子以及各种分子,因此识别受体的设计就显得十分重要。识别受体与待测物直接相互作用,影响荧光团的光学性质,从而达到识别和检测的目的。为了更好地理解已报道的荧光探针设计思想,以及更有效地自主设计新的荧光探针,了解荧光探针的识别机理是有必要的。现简要地将几种常见的机理介绍如下。

2.3.1.1　分子内电荷转移机理(intramolecular charge transfer,ICT)

这类荧光探针一般是由荧光团和识别受体直接相连构成的,且两个部分在结构上往往属于同一共轭体系,允许电荷流动。在荧光团上分别连接有推电子基团和吸电子基团,当被光照激发后会产生从电子给体向电子受体的电荷转移,这种激发态电荷转移的强弱,会影响荧光的波长以及强度。另一方面,推电子基团或吸电子基团本身又充当识别受体的一部分,当识别受体与待测客体结合时,会对荧光探针内电子给体和电子受体的推、拉电子性能产生影响,从而减弱或加强分子内电荷转移程度,改变荧光探针的发光性能。一般情况下,ICT 荧光探针的响应以光谱的蓝移或红移为主,其荧光光强度的变化不像 PET 荧光探针那么显著[90]。

2.3.1.2 光诱导电子转移机理（photo-induced electron transfer，PET）

典型的 PET 荧光探针由具有给电子能力的识别受体通过间隔连接基团和荧光团相连，使得识别受体处于在空间上和荧光团靠近但是又并不与之形成共轭的位置。荧光探针在未结合客体前不发荧光或荧光很弱，这是由于受体的最高占据分子轨道（highest occupied molecular orbital，HOMO）能量高于荧光团的 HOMO 轨道能量，当荧光团被光激发，一个电子从它的 HOMO 跃迁到它的最低空分子轨道（lowest unoccupied molecular orbital，LUMO）以后，荧光团的 HOMO 上产生了一个空穴，这时受体 HOMO 上的电子转移到荧光团的 HOMO 上，相当于空穴转移到了受体的 HOMO 上，从而产生电荷分离态，致使荧光团的荧光淬灭，而当受体结合客体（一般为路易斯酸）后，受体的 HOMO 轨道能量显著降低（低于荧光团的 HOMO 轨道能量），这样受体上的电子不能通过光诱导转移到荧光团的 HOMO 上，此时荧光团自身的 LUMO 上被光激发的电子就可以跃迁回到 HOMO，从而发出荧光[90]。

2.3.1.3 共振能量转移机理（resonance energy transfer，RET）

RET 荧光探针一般是两个荧光团通过一个柔性受体连接起来，其中一个荧光团（能量给体荧光团）处于激发态时，能够通过偶极-偶极共振的方式将能量传递给另外一个荧光团（能量受体荧光团），给体荧光团回到基态，而受体荧光团变成激发态。这种能量转移的效率与给体、受体之间距离的六次方成反比。未结合客体前两个荧光团紧密相邻，产生共振能量迁移而发射受体的荧光，或产生荧光淬灭（受体荧光团不发）。一旦识别位点结合客体后，两个靠近的荧光团就因客体的作用而被分开，共振能量转移被减弱或阻断，从而作为能量供体的荧光团发出荧光[90]。

其他的荧光探针识别机理还包括如扭转分子内电荷转移机理（twisted intramolecular charge transfer，TICT）[91]，激基复合物或者激基缔合物[92]等。此外，在荧光探针中，还有一类是利用与某些特定待测物发生化学反应来进行识别的，这类不可逆的化学计量性的识别分子也被称为化学计量剂（chemodosimeter）[93]。

2.3.2 用于双光子成像的传统荧光探针

传统的单光子荧光探针种类繁多，常用香豆素、荧光素、罗丹明等有机小分子或者荧光蛋白等大分子作为荧光团。其中有些探针也具有一定的双光子吸收性质，在双光子荧光探针发展的初期，它们也被尝试用于双光子显微成像。例如，钙离子探针 Indo-1 可以用于双光子激发下检测角质细胞内的钙波[94]；基于荧光素的锌离子探针可以用于海马趾组织切片中锌离子的双光子显微成像[95, 96]；一些具有内源荧光的生物分子如 NADPH、黄素蛋白等也能直接在双光子显微镜下成像[97, 98]。一些传统荧光探针的双光子吸收性质可以参考表 2-1[99]。虽然这些探针在一定程度上能满足生物检测及成像等方面的要求，但是它们最大的问题就是双光子吸收截面较小，在实际应用中往往不能达到理想的效果。因此，发展性质优异的新型双光子荧光探针对于生物医学方面的应用具有重要意义。

表 2-1 传统荧光探针的双光子吸收性质

荧 光 染 料	双光子吸收截面 δ/GM	双光子活性截面 $\eta\delta$/GM	吸收波长/nm	双光子激发波长/nm	荧光发射波长/nm
荧光标记物					
Fluorescein, pH 13	37		491	780	514
BODIPY		17	507	920	520
Nile Blue A	0.6		649[a]	800	660[a]
Lucifer Yellow	2.6		430	850	530
Rhodamine 6G	55		530[b]	750	558[b]
Rhodamine B	180		543[b]	850	568[b]
Coumarin 485	35		403[b]	750	501[b]
荧光探针					
Fura-2		11	362	700	518
with Ca(II)		12	335	700	510
C18-fura-2 with Ca(II)		36	335	780	505
Indo-1		3.5	349	700	482
with Ca(II)	2.1	1.5	331	700	398
Indo-1	12	4.5		700	
Calcium Green		2	508	820	534
with Ca(II)		30	508	820	534
Mag-fura2 with Mg(II)	56	17	530	780	491

（续表）

荧光染料	双光子吸收截面 δ/GM	双光子活性截面 $\eta\delta$/GM	吸收波长/nm	双光子激发波长/nm	荧光发射波长/nm
Lysotracker	125	10	575	780	593
SBFI Na	250	20	334	780	524
Sodium Green with Na(I)	150	30	507	800	530
FluoZin with Zn(II)	55	24	494	780	516
TSQ with Zn(II)	10	4	362	780	495
内源性荧光团					
NADH	0.02		340	690~730	450
Flavins	0.1~0.8		375,445	700~730	526
EGFP	41		489	920	508
DsRed	11		558	960	583

[a] In octanol. [b] In methanol.

2.3.3　常用于双光子荧光探针的荧光团

如 2.2 节所述，许多 D—π—D、D—π—A、D—π—A—π—D 及 A—π—D—π—A 等偶极、四极分子，以及卟啉及多枝化合物等都表现出优异的双光子吸收性质。但是，并不是所有的双光子荧光团都适合用于构建荧光探针。在生物体系中，除了要考虑探针的双光子吸收性能外，还要特别注意分子的以下性质：① 水溶性；② 水溶液中的量子产率；③ 探针的跨膜及胞内滞留能力；④ 细胞毒性及光稳定性。

有机小分子染料在有机溶剂中通常具有不错的荧光性质，但由于水溶性差、水溶液对荧光的猝灭作用及分子在水溶液环境中容易扭转导致共轭结构破坏等因素，只有少数分子在水中依然具有很好的荧光性质。因此，在选择荧光团的时候，要充分考虑分子的水溶性，避免采用共轭结构过于庞大的分子；在设计和合成中，尽量引入羧基、氨基、羟基等水溶性基团。同时，良好的水溶性能保证探针在细胞中均匀分散，避免局部团聚影响成像观测。另外，探针应该具有较好的跨膜能力并且不易从胞质泄漏。一方面，跨膜能力差的分子无法达到足够的胞内检测浓度或者需要较长的细胞孵育时间；另一方面，若探针容易从胞内泄漏,则不能用于长时间测定并且影响检测结果的准确性。因此,在设计胞内分子探针时,往往尽可能在侧链上引入酯类基团保证探针能够轻易跨膜,而后被胞内的酯酶水解从而在胞内长时间滞留。同样,探针对细胞的毒性要尽可能小,至少要在常用的检测浓度下($<5~\mu M$)对细胞没有毒性。此外,探针要有较强的光稳定性从而利于长时间的观察检测。

如上所述,虽然很多有机分子双光子吸收截面很大,但大部分都是具有较大共轭结构的芳香体系,水溶性较差,另外在水溶液中量子产率很低,导致其双光子活性截面大大降低,并不适合用作荧光探针。目前所报道的常用于双光子荧光探针的荧光团主要有如下几类:以均二苯乙烯为荧光团的 D-π-D 及 D-π-A-π-D 型分子及衍生物;以萘或芴为荧光团的 D-π-A 型分子及衍生物,如图 2-30 所示。

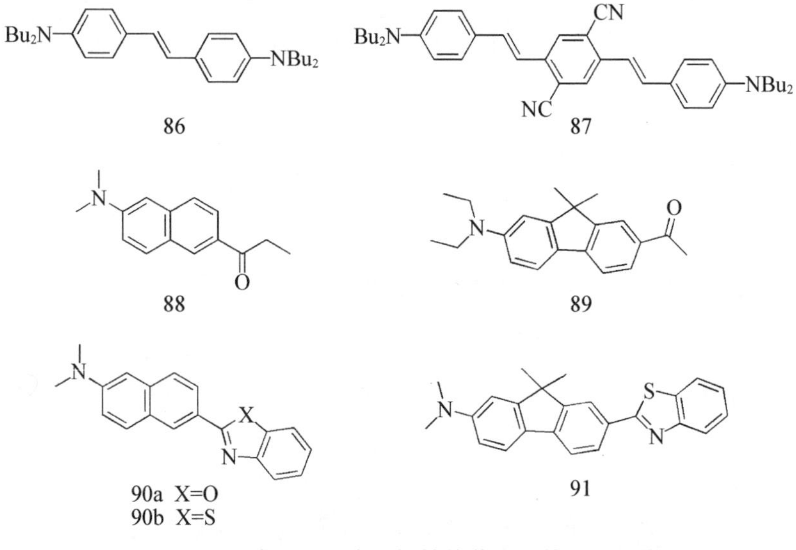

图 2-30 常用于双光子探针的荧光团的分子结构

这些荧光团均具有较好的双光子性质,相对分子质量小且易于水溶性修饰。化合物 86 和 87 属于对称的 D-π-D 及 D-π-A-π-D 型结构。化合物 86 的共轭链较短,末端引入了烷基胺作为推电子基团,双光子吸收截面达到 110 GM(620 nm,在甲苯溶液中)[100]。化合物 87 具有更大的共轭结构,并且在分子中心增加了吸电子的氰基,加强了分子内电子云的流动,双光子吸收截面大大增强,达到 1 750 GM(830 nm,在甲苯溶液中)[101]。但是,由于双键在水溶液中容易扭曲,因此这类化合物在水溶液中量子产率并不是特别理想[100, 101]。化合物 88 和 89 是具有 D-π-A 型结构的不对称分子,由于共轭结构中心为刚性的萘环和芴环,与均二苯乙烯类的染料相比,该类化合物在水溶液中具有更好的荧光量子产率及双光子活性截面。另外,这种具有较大偶极矩的分子在水溶液等极性较大的环境中荧光发射波长会进一步红移[102]。通过增加水溶性基团或连接具有水溶性的识别域,能使这些分子在水溶液或亲水环境中也保持优异的光物理性质。化合物90和化合物91是在化合物88和化合物87的基础上通过引入杂环取代羰基,在保证其吸电子能力的前提下增加共轭结构,使双光子吸收性质进一步提高。目前国内外所报道的双光子荧光探针大都采用上述染料及衍生物作为荧光团,当然,还有其他一些类似结构的荧光团用于构建双光子探针,在后文中也会具体介绍。这些荧光团所具备的优异双光子性质使得双光子荧光探针已成为生物分析检测领域的重要工具。

2.3.4 双光子荧光探针的研究进展

尽管双光子吸收材料在其他方面的应用已经有了较大进展,但对于双光子荧光探针的研究仅有不到十年的时间。双光子荧光探针的响应机理和单光子探针类似,具体的信号表现为荧光的增强、减弱或者是荧光发射波长的位移,而双光子荧光探针与单光子探针最本质的不同就在于荧光团均需具有较强的双光子性质。目前所报道的双光子荧光探针大多数都是采用上节所概括的结构及其衍生物作为荧光团,探针也从早期只能实现溶液中的检测发展到了现在可以实现活体细胞及组织中的长时间检测及成像,检测对象也有了巨大的扩展,包括离子、小分子、生物大分子等,甚至能实现在某些细胞器的靶向定位。考虑到生物学中不同离子或分子均具有特殊的生理意义,因此本节将以不同检测对象为线索,同时结合探针分子的结构设计思路,对现有的双光子荧光探针进行分类介绍。

2.3.4.1 钙离子、镁离子探针

钙、镁作为生命中最重要的二价金属元素具有极其重要的生理学意义,针对该类离子的荧光探针也一直是人们研究的热点。探针92和93以一种含有二氰基二苯乙烯的 D-π-A-π-D 型分子为荧光团,如图2-31所示,引入氮杂冠醚为金属离子配体[103]。其中氮杂冠醚结构既是识别域,又作为荧光团末端的供电子基团,是典型的 ICT 型荧光探针。探针在乙腈溶液中于810 nm 激发下的双光子吸收截面分别是1 800 GM 和2 150 GM,如表2-2所示,双光子活性截面也分别达到了180 GM 和430 GM,这是一个相当理想的光物理性质。这两个探针在结合镁离子后荧光强度急剧降低,活性截面也降到了10 GM 以下,这种

显著的信号强度改变为高灵敏检测提供了保障。探针 94 也采用了类似的荧光团和识别域用于钙离子的检测,在甲苯溶液中,其双光子吸收截面也达到了 320 GM[104]。由于共轭结构中央苯环上只引入了一个氰基作为拉电子基团,其分子内电荷流动性相对较弱,因此与探针 92 和 93 相比,探针 94 的双光子吸收截面有所减小。

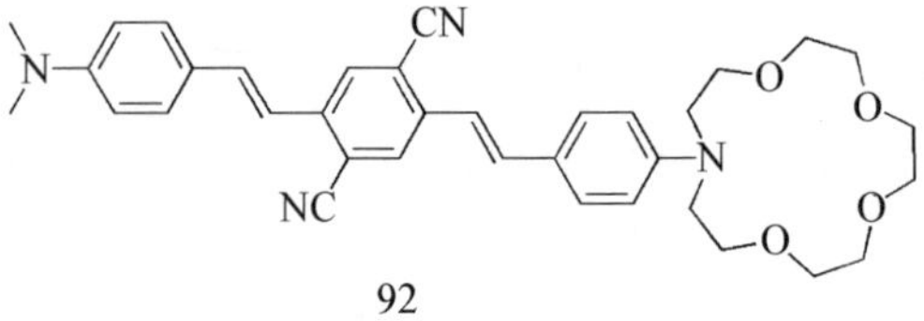

图 2‐31 探针 92～94 的分子结构

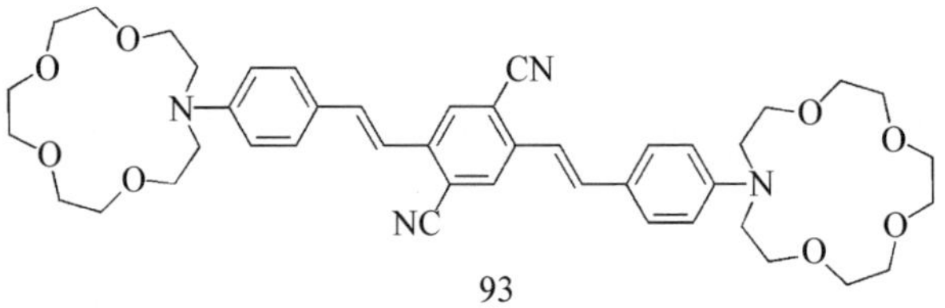

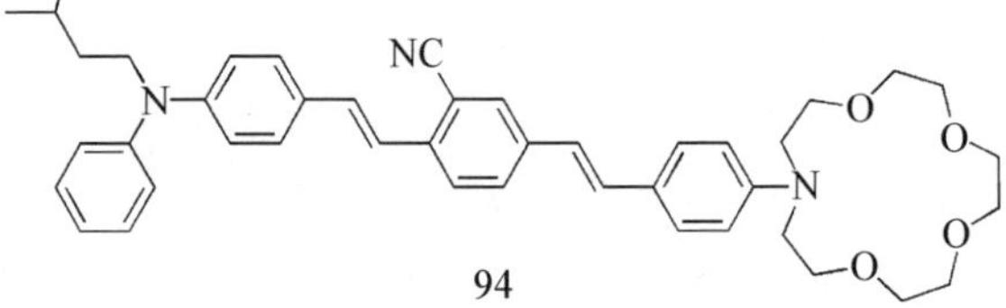

上述探针虽然具有较大的双光子吸收截面,但由于水溶性不够理想,只能在有机溶剂中进行离子的检测,并不能真正实现水溶液中的检测甚至胞内成像。如图 2‐32 所示,探针 95 和 96 是以 O, O′‐双(2‐氨苯基)乙二醇‐N,N,N′,N′‐四乙酸(1, 2‐bis(aminophenoxy)ethane‐N, N, N′N′‐ tetraacetic acid, BAPTA)为识别域检测钙离子的双光子探针[105]。BAPTA 是能特异性识别钙离子的配体,具有较高的选择性,并且含有丰富的羧基,水溶性很好。探针 95 共轭链较短,且为 D‐π‐D 型结构,在 DMF 中双光子吸收截面只有 36 GM(800 nm),探针 96 较之 95 则拥有更长的共轭链和更强的推拉电子结构,其吸收截面达到了 917 GM(800 nm)。探针 96 被用于 HeLa 细胞中钙离子的成像并定性检测了细胞受刺激后胞浆内钙离子浓度的升高,如图 2‐33 和图 2‐34 所示,但是由于该探针对钙离子亲和力过高(解离常数 $K_d = 39$ nM),基本属于不可逆结合,并且由于其 ICT 机理导致探针结合目标离子后荧光猝灭,因此未能实现检测胞内钙离子的动态变化。表 2‐2 为探针 92～96 的光物理性质。

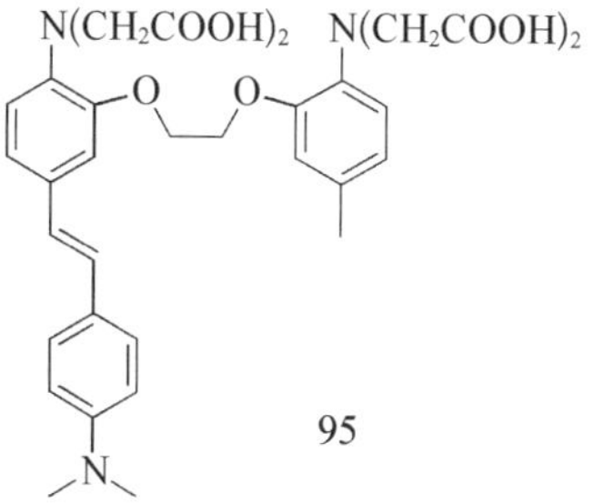

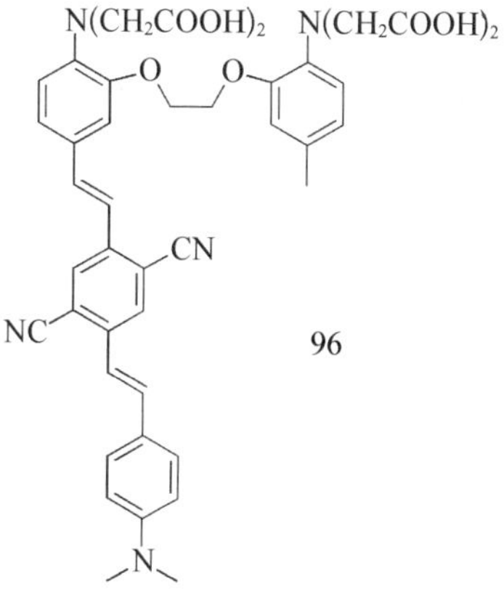

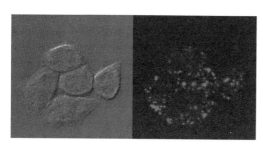

图 2-32　钙离子探针 95 和 96 的分子结构

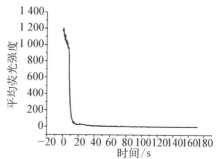

图 2-33　探针 96 用于 HeLa 细胞的
双光子显微成像

图 2-34　ATP 刺激后荧光强度随
时间的变化曲线

表 2-2　探针 92~96 的光物理性质

探针	溶剂	λ_{abs}/nm	λ_{em}/nm	λ_{TP-ex}/nm	Φ	δ/GM	$\Phi\delta$/GM
92	乙腈	468	624	810	0.10	1 800	180
93	乙腈	472	610	810	0.20	2 150	430
94	乙腈	425	550	740	0.47	320	150
95	DMF	370	440	800	0.35	36	13
96	DMF	434	564	800	0.12	917	110

探针 97 是以苯并吡喃衍生物为荧光团的镁离子探针[106]，属于 D-π-A 型结构，一端引入二甲氨基作为供电子基团，另一端采用 β-二酮作为吸电子基团，

β-二酮同时起到识别镁离子的作用。探针识别镁离子后,由于目标离子的缺电子特性使得吸电子基的吸电子能力进一步增大,分子内电荷流动程度加大,从而导致探针分子荧光增强,在缓冲溶液中双光子吸收截面达到382 GM(880 nm),双光子活性截面为107 GM,如表2-3所示。此探针水溶性较好且对镁离子有合适的亲和力,因此被成功用于检测胞内镁离子的动态变化。更有意义的是,基于前文所述近红外光穿透力强的优点,该探针能够在100~300 μm 的深度实现组织内的镁离子成像,如图2-35所示。

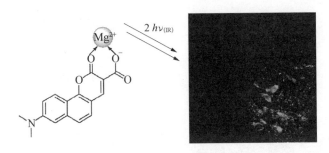

图 2-35 镁离子探针 97 的分子结构及组织成像

以上探针均采用 ICT 原理设计,除探针 97 外,其他探针在识别离子后荧光猝灭。而探针 97 在结合镁离子后双光子活性截面也仅仅增强 2.5 倍。探针 98 则是采用 PET 原理设计的双光子镁离子探针[107],如图 2-36 所示。在探针 98 中,邻氨基苯酚-N,N,O-三乙酸(o-aminophenol-N,N,O-triacetic acid, ARTRA)被用作镁离子的螯合部位,6-(二甲氨基)-乙-乙酰基萘(6-acetyl-2-(dimethylamino) naphthalene, acedan)作为荧光团,二者通过 σ 键相连,识别域与荧光团之间没有共轭。acedan 是典型的 D-π-A 型偶极结构,具有良好的溶致变色效应,在水溶液等极性较大的溶剂中荧光发射处于长波区域。探针未结合镁离子前荧光较弱(λ_{em}=498 nm),而结合镁离子后,在 780 nm 激发下荧光增强 17 倍,双光子活性截面达到 125 GM,7 倍于商品化的镁离子探针 MgG 和 Mag-fura-2。该探针除了用于 Hep3B 细胞的双光子显微成像外,也能在 100~300 μm 的深度对活体组织中的镁离子成像,如图 2-37 所示。

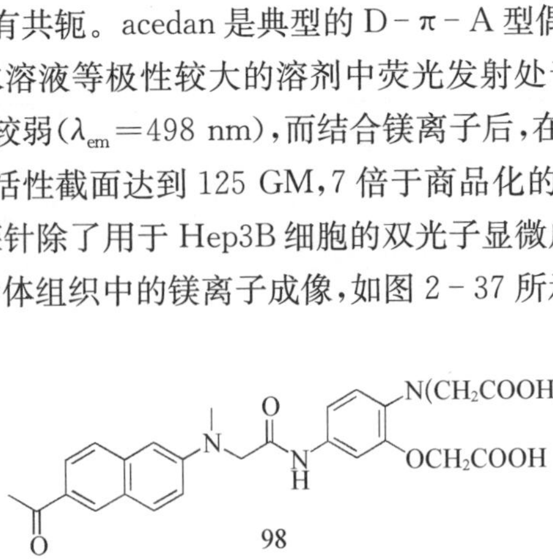

图 2-36 探针 98 的分子结构

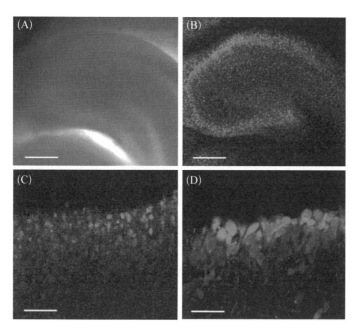

图 2－37　探针 98 用于大鼠大脑海马趾组织切片的双光子显微成像

表 2－3　探针 97～101 的光物理性质

探　针	溶　剂	$\lambda_{abs}/$ nm	$\lambda_{em}/$ nm	$\lambda_{TP-ex}/$ nm	Φ	$\delta/$ GM	$\Phi\delta/$ GM	K_d^{OP}/K_d^{TP}
97	SDS 胶束溶液	413	556	820	0.29	290	84	
97＋Mg^{2+}	SDS 胶束溶液	443	559	880	0.28	382	107	1.3 mM/1.7 mM
98	Tris 缓冲	365	498		0.04			
98＋Mg^{2+}	Tris 缓冲	365	498	780	0.58	215	125	1.4 mM/1.6 mM
99	MOPS 缓冲	365	498		0.012			
99＋Ca^{2+}	MOPS 缓冲	365	498	780	0.49	230	110	0.27 μM/0.25 μM
100	MOPS 缓冲	362	495		0.01			
100＋Ca^{2+}	MOPS 缓冲	362	495	780	0.42	210	90	0.14 μM/0.16 μM
101	MOPS 缓冲	375	500		0.015			
101＋Ca^{2+}	MOPS 缓冲	375	517	780	0.38	250	95	0.13 μM/0.14 μM

　　继探针 98 之后,Cho 课题组又报道了用于活细胞及组织成像的双光子钙离子探针[108]。探针 99 与 98 结构及荧光性质类似,结合钙离子后,在 780 nm 激发

下,荧光增强 44 倍,双光子吸收截面与活性截面分别达到 230 GM 与
110 GM。与之相比,商品化的钙探针 OG1 结合钙离子后荧光只有 14 倍的增
强,双光子活性截面也只有 24 GM。探针 99 和钙离子的解离常数是 0.27 μM,
这个亲和力适合于检测细胞质中钙离子的动态变化。在星形胶质细胞中,探针
99 可以实时反映出细胞间钙离子传导引发的钙波。用探针 99 对大鼠急性下丘
脑切片进行染色,可以观察到自发的钙振荡现象。同样,使用双光子显微成像,
在活体组织中的检测深度可以达到 150 μm。

　　随后,Cho 又报道了一系列具有不同亲和力的钙探针[109],以及能够靶向定
位细胞膜的钙探针[110-112],如图 2 - 38、图 2 - 39 所示。探针 100 和 101 较之 99
对钙离子的亲和力有近一倍的提高,同样能够用于细胞及组织中钙波和钙振荡
现象的检测。探针 102 及 103 分子中引入了亲脂的长链烷基,使其能够富集在
细胞膜上而不会进入细胞质(见图 2 - 40)。BAPTA 结构中甲基或硝基的引入
也能有效调控探针对钙离子的亲和力,从而实现不同环境中钙离子的检测。这
类膜探针既能对外加钙离子浓度的改变做出响应,也能反映出药物刺激下细胞
自身钙库释放钙离子所引起的浓度变化。

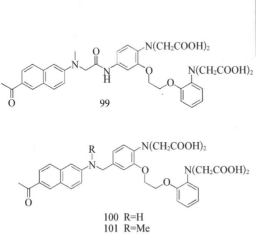

图 2 - 38　钙离子探针 99～101 的分子结构

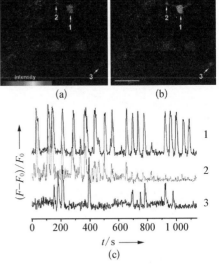

图 2 - 39　探针 99 用于检测海马趾组织
切片的自发钙振荡

　　值得一提的是,探针 104 采用 MOBHA[2 - (2′- morpholino - 2′- oxoethoxy)-
N, N - bis(hydroxycarbonylmethyl)aniline]作为钙离子识别域,对钙离子亲和

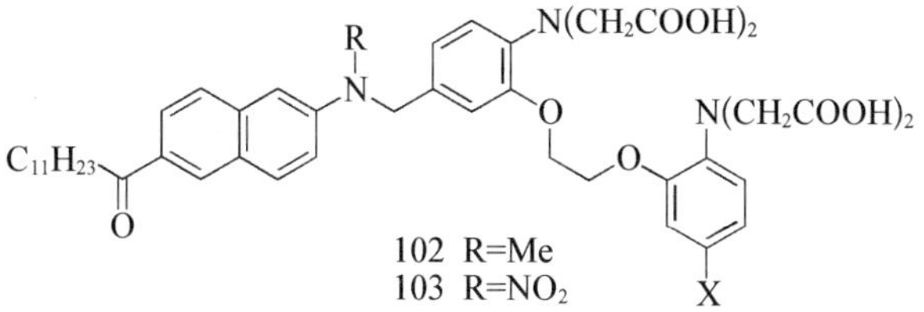

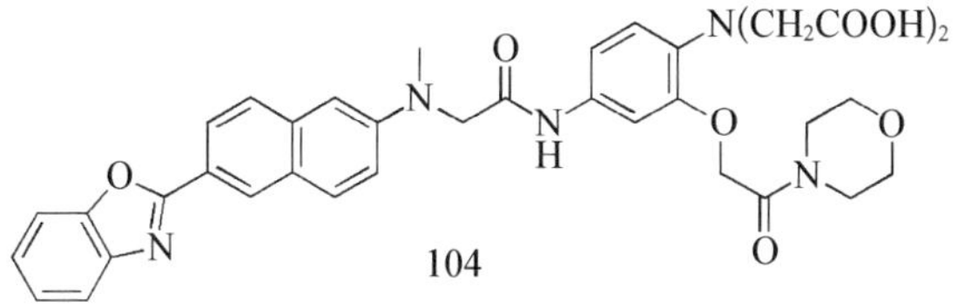

图 2-40 探针 102~106 的分子结构

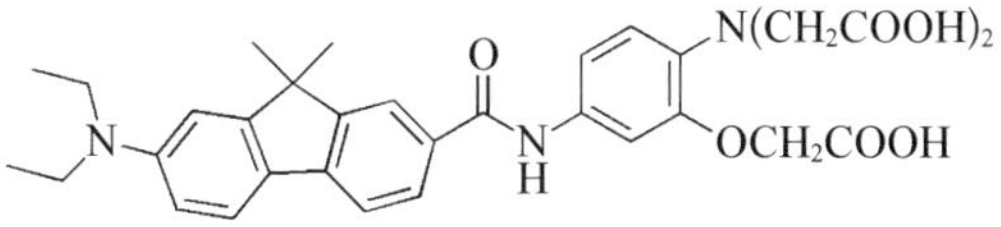

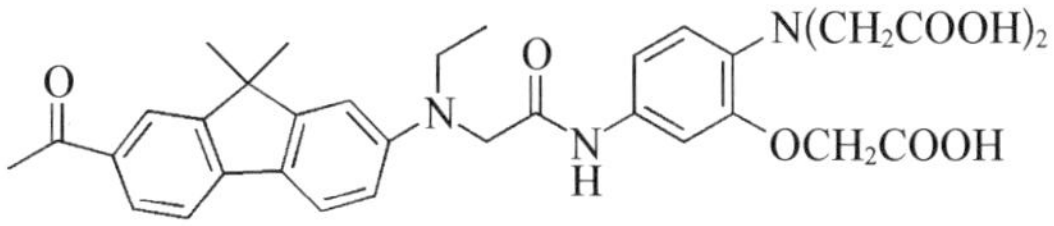

力较低,并不适于检测细胞质内低浓度的钙离子。但由于其荧光团具有较长的共轭链,能够定位在细胞膜,而细胞膜及近膜区域含有高浓度的钙离子,因此探针 104 适合用做细胞膜的钙探针。Cho 将该探针与之前报道的检测胞质内钠离子的双光子探针对细胞共同染色。由于两者的荧光发射波长差异较大,互不干扰,因此可以在双通道下同时实现胞浆钠离子与胞膜钙离子的双色成像。从图 2-41 中可以清晰地看出两种探针在细胞内的分布。此外,探针能清楚地反映出组胺刺激下胞内钙离子通过细胞膜钙通道的溢出以及胞外钠离子回流到细胞质的现象。

近期,Liu 和 Cho 报道了两种双光子镁离子探针 105 和 106,均以芴的衍生物为荧光团,APTRA 为识别域[113]。这两种探针也表现出了较强的双光子吸收性质,活性截面分别达到了 87 GM 和 76 GM。与以 acedan 为荧光团的探针相比,它们的发射波长有了较长的红移,分别位于 540 nm 和 555 nm。探针对镁离子的亲和力也适合用于细胞质内镁离子的检测(K_d 分别为 1.6 mM 和 1.4 mM)。将探针 106 与 104 共同对细胞染色,可以实现细胞膜钙离子与细胞

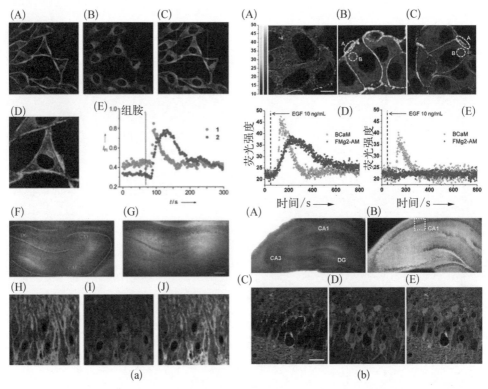

图 2-41 (a) HeLa 细胞及大鼠海马趾切片中的钠离子/钙离子双色成像；(b) HepG2
细胞及大鼠海马趾切片中的钙离子/镁离子双色成像

质镁离子的双色成像。用 EGF 刺激细胞，可以观察到胞外钙离子回流诱导镁离子回流，并能进一步调节钙离子回流的现象。同样，在大鼠的海马趾组织中也可以利用这两个探针实现钙离子/镁离子双色成像。

2.3.4.2 锌离子探针

探针 107 是以苯并恶唑为荧光团的比率型锌离子探针[114]，如图 2-42 所示，利用 N，O 作配位原子与锌离子按 1：1 的比例形成四配位的螯合物。该探针对锌离子有很强的亲和力，解离常数为 2.2 nM。结合锌离子后，探针的荧光增强，并且从 407 nm 红移至 443 nm。该探针仅用于双光子显微成像，其双光子荧光性质并没有得到深入研究。

探针 108 和 109 则是利用含氰基的二苯乙烯结构作为荧光团的锌离子探针，如图 2-43 和图 2-44 所示。其中探针 108 是 D-π-A-π-D 型分子，在末端氨基上引入能与锌离子配位的吡啶基团[115]。该探针是以 ICT 为原理设计的，当结合锌离子后，由于氮原子参与配位，大大削弱了其对荧光团的供电子能力，因此探针分子荧光猝灭。又由于缺电子的吡啶环减弱了与之相连的氮原子

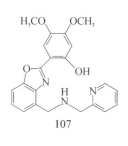
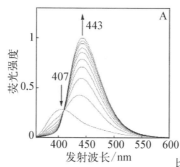
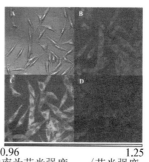

比率为荧光强度_{445 nm}/荧光强度_{402 nm}

图 2-42　探针 107 的分子结构、荧光滴定图及双光子显微成像

供电子能力,所以探针的双光子吸收截面并不是很大,在甲苯中只有 320 GM。探针 109 则是基于 PET 原理设计的 D-π-A 型锌离子探针[116],在缓冲溶液中发射波长达到 610 nm。由于光诱导电子转移导致的荧光团猝灭,探针本身荧光很弱。而结合锌离子后荧光增强 72.5 倍,量子产率高达 0.62,其双光子活性截面为 580 GM(810 nm),具有非常高的检测灵敏度和分辨率。该探针不仅能用于活细胞成像,也能用于活体组织成像,如图 2-45 所示。

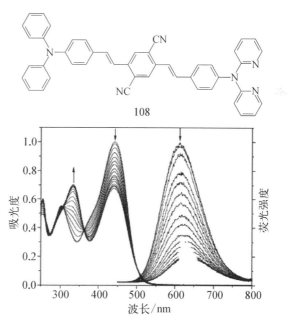

图 2-43　探针 108 的分子结构,紫外及荧光滴定光谱图

　　探针 110 是以氮杂冠醚为识别域的锌离子探针[117],如图 2-46 所示,芴的衍生物用作探针的荧光团,通过引入双键及苯并噻唑增加分子的共轭结构。为了增强水溶性,在芴的 9 号位连接了亲水性的长链。该探针结合锌离子后荧光发射峰红移 50 nm,荧光强度有所降低,在 THF 中活性截面有 130 GM。探针 110 虽然可以在大极性溶剂中检测锌离子,但依然没有实现水溶液中的检测以及细胞成像。此外,该探针的识别域对锌离子亲和力较低,不能对锌离子作出较灵敏的响应。

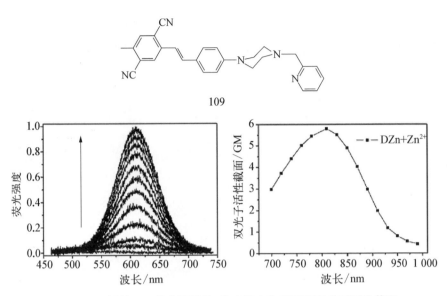

图 2－44　探针 109 的分子结构, 荧光滴定光谱图和双光子活性截面

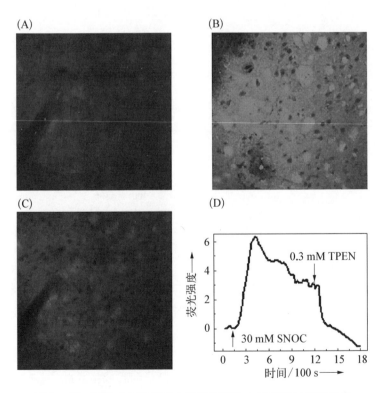

图 2－45　探针 109 在老鼠大脑组织切片中的双光子显微成像

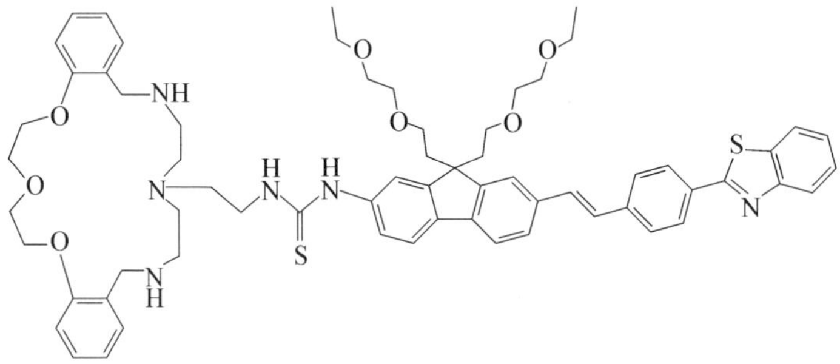

图 2 - 46　探针 110 的分子结构

探针 111 和 112 则是以 TPEN[N, N, N′, N′– tetrakis(2 – pyridylmethy1) Ethylenediamine]结构为识别域的锌离子探针[118],如图 2 – 47 所示。TPEN 是最为广泛应用的锌离子螯合剂,对锌离子有着很强的亲和力,是目前报道的锌离子探针中采用最多的一种结构。不过该结构有一个缺点,就是对镉离子也有一定的螯合作用。但考虑到一般情况下生物体内镉离子含量极低,因此可以忽略镉离子对检测的干扰。除此之外,TPEN 对其他离子都有很好的选择性。探针 111 和 112 是典型的 D – π – A 型结构,其中一个吡啶环既参与螯合锌离子也参与荧光团的发光,因此该探针也是基于 ICT 原理设计的。探针 112 自身的荧光发射峰位于 441 nm,量子产率为 0.35,双光子活性截面也仅有 11 GM。结合锌离子后,由于吸电子的吡啶与锌离子作用进一步增强了其吸电子能力,导致荧光发射峰红移至 497 nm,荧光强度也有所增强(量子产率为 0.71),双光子活性截面也达到了 55 GM。遗憾的是,该探针仅仅用于在甲醇溶液中检测锌离子,并没有实现水溶液中的检测以及活细胞中的荧光成像。

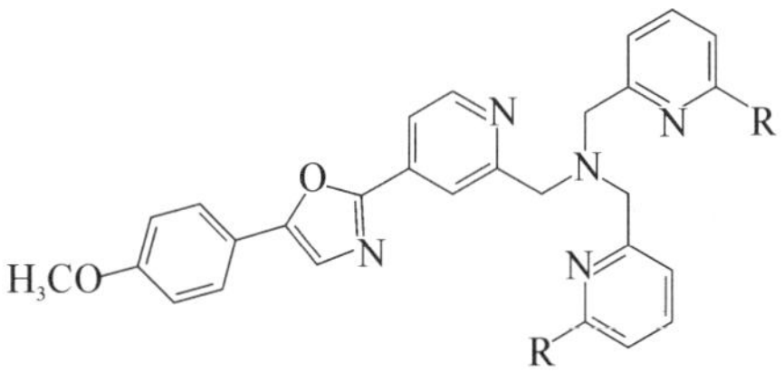

探针 113 和 114 的设计原理与上述探针类似[119],TPEN 结构被用作锌离子的螯合剂。不同的是,其中一个吡啶被喹啉取代,既参与识别锌离子也参与荧光团的发光。该探针同样是基于 ICT 的原理设计的 D – π – A 型探针。结合锌离子后,探针 113 的荧光峰从 443 nm 红移至 515 nm,而探针

111 R=H
112 R=F

图 2 - 47　探针 111 和 112 的分子结构

114 的荧光发射也从 412 nm 红移至 493 nm。在甲醇与缓冲液 1∶1 的混合溶液中,探针 113 与 114 的双光子吸收截面分别达到了 135 GM(725 nm)和 335 GM(710 nm)。由于探针 114 是以炔烃为共轭结构,比烯烃的碳碳双键具有

更好的刚性,因此探针 114 的双光子吸收截面较探针 113 更大。此外,这两个探针也都对锌离子表现出了很强的亲和力,其解离常数分别达到了 0.45 nM 和 0.58 nM,这说明该探针能在纳摩尔浓度的水平对锌离子做出灵敏的响应。由于探针 114 具有更优异的双光子性质,因此也用于 HeLa 细胞中双光子显微成像。从图 2-48 中可以看出,在细胞摄入外源的锌离子后,在 395~465 nm 范围内荧光减弱,而在 500~550 nm 范围内荧光增强,表明探针能够反映出胞内锌离子浓度的变化。

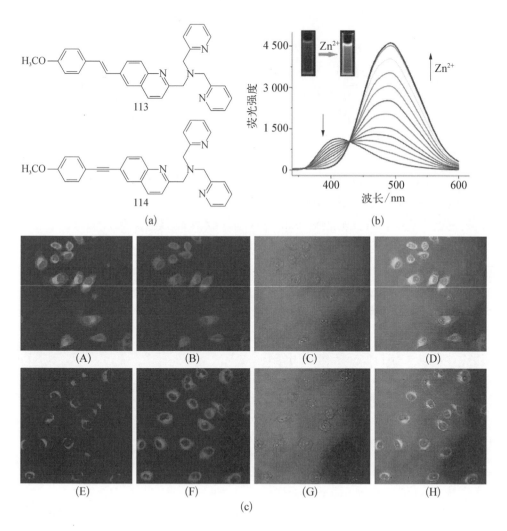

(a)　　　　　　　　(b)

(c)

图 2-48　(a) 探针 113 和 114 的分子结构;(b) 探针 114 的荧光滴定光谱图;
　　　　　(c) 探针 114 的双光子显微成像

Cho 报道了一系列基于 PET 原理的双光子锌离子探针 115～121,如图 2-49 所示。由于均采用 acedan 为荧光团,探针具有类似的光物理性质(见表 2-4),其荧光发射峰位于 500 nm 左右,结合锌离子后荧光急剧增强,量子产率达到 0.29～0.65,双光子活性截面也在 86～95 GM 之间[120,121]。其中,在识别域的苯环上引入甲氧基可以增强配体的 HOMO 轨道能级,能够有效地提高 PET 发生的效率,使得未结合锌离子的探针自身的荧光更弱。因此,含有甲氧基的探针均比不含该基团的同类探针具有更大的荧光增强因子。另外,通过对识别域结构的微调,探针对锌离子的亲和力也不尽相同,其解离常数最低为 0.5 nM,最高则可达 12 μM。这些探针同样能用于活细胞及组织成像。以探针 115 及 116 为例,在被探针染色的 293 细胞中几乎观察不到荧光,其原因是细胞中的锌离子含量极低,探针均以未结合离子的游离态形式存在。加入 SNOC 刺激细胞产生内源的锌离子后,标记了探针 116 的细胞荧光明显增强,与此相比,标记了探针 115 的细胞荧光仅有微弱的增强。这是因为探针 116 对锌离子有更强的亲和力,并且具有更大的荧光增强因子,因此探针 116 比 115 更适合用于检测胞内的锌离子。同样,加入锌离子螯合剂 TPEN 后,随着胞内锌离子浓度的

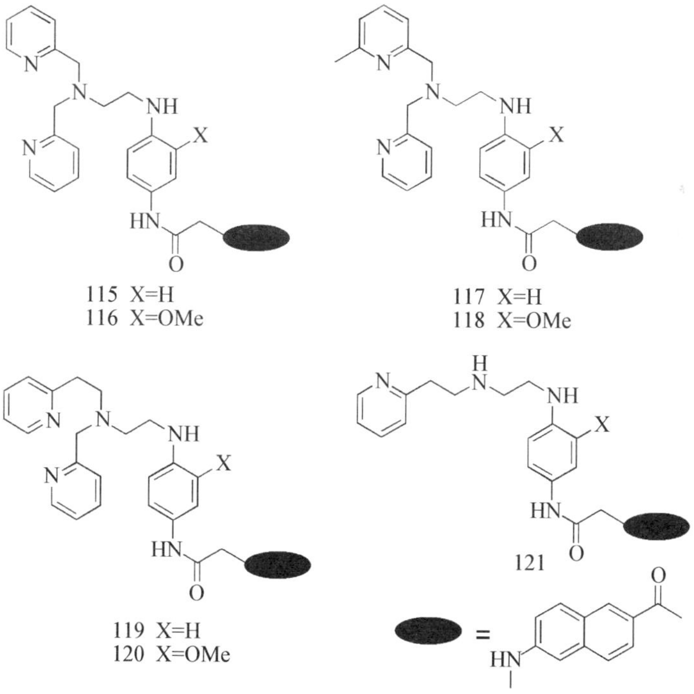

图 2-49 探针 115～121 的分子结构

迅速降低,荧光强度也随之下降。在组织成像中,探针 116 同样表现优异,通过加入高浓度 KCl 溶液使细胞膜去极化引起组织内锌离子浓度的升高,以及加入 TPEN 降低锌离子浓度,探针 116 均能反映出活体组织内锌离子浓度的变化,如图 2-50 所示。

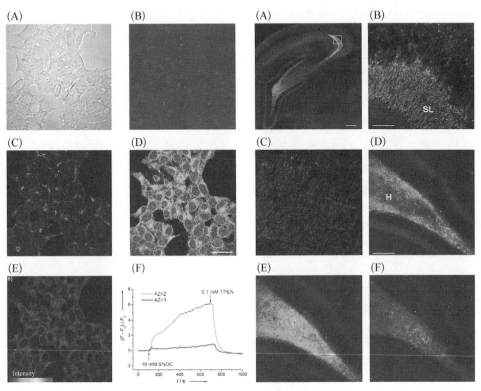

图 2-50 探针 116 的细胞及组织成像

表 2-4 探针 115～121 的光物理性质

探针	$\lambda_{ex}/\lambda_{em}/nm$	λ_{TP-ex}/nm	δ/GM	Φ	$\delta\Phi/GM$	K_d^{OP}/K_d^{TP}
115	365/496			0.02		
$115+Zn^{2+}$	365/498	780	183	0.47	86	1.1 nM/1.1 nM
116	365/494			0.01		
$116+Zn^{2+}$	365/499	780	146	0.65	95	0.5 nM/0.5 nM
117	358/501			0.017		
$117+Zn^{2+}$	367/504	780	238	0.37	88	15 nM/16 nM
118	364/504			0.015		
$118+Zn^{2+}$	363/504	780	262	0.42	110	8.4 nM/7.1 nM

探针	$\lambda_{ex}/\lambda_{em}/nm$	λ_{TP-ex}/nm	δ/GM	Φ	$\delta\Phi/GM$	K_d^{OP}/K_d^{TP}
119	365/502			0.08		
119+Zn^{2+}	366/503	780	159	0.54	86	0.48 μM/0.41 μM
120	366/503			0.026		
120+Zn^{2+}	364/504	780	220	0.39	86	23 nM/21 nM
121	365/500			0.018		
121+Zn^{2+}	365/502	780	307	0.29	89	10 μM/12 μM

探针122(SZn1 - Mito)[122]与123(SZn2 - Mito)[123]依然是以 acedan 为荧光团，如图2-51所示，与之前不同的是，这些分子用苯并噻唑取代了乙酰基作为吸电子基团，增大了分子的共轭平面。除了锌离子受体外，探针的另一端引入了三苯基磷盐，正是这个结构可以使探针靶向定位到线粒体中。探针122(SZn1 - Mito)在缓冲溶液中的荧光发射峰位于500 nm，结合锌离子后由于 PET 过程被抑制，荧光增强7倍；此外由于参与螯合的末端氨基降低了苯并噻唑的吸电子能力，因此发射光谱略微蓝移至493 nm。在锌离子饱和的情况下，探针122在缓冲溶液中的量子产率高达0.92，750 nm 激发下双光子活性截面也达到75 GM。探针123(SZn2 - Mito)调整了锌离子识别域和线粒体靶向定位结构的位置，在苯并噻唑的末端引入吸电子的羰基，增强了分子偶极及分子内电荷转移效率，因

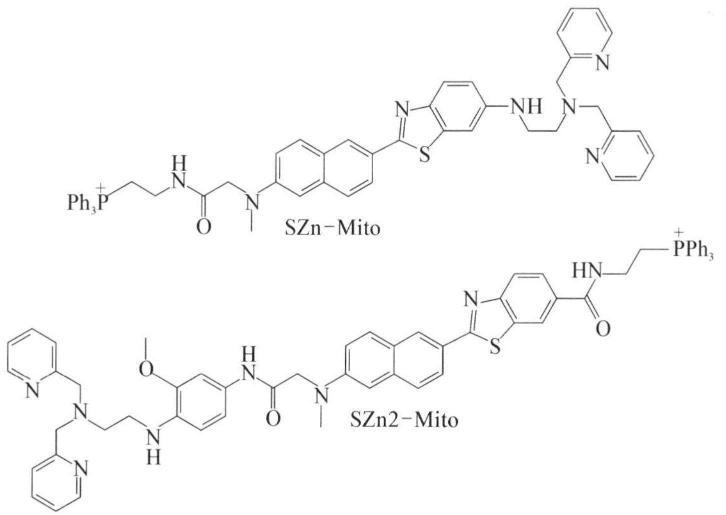

图2-51 探针122(SZn1 - Mito)及123(SZn2 - Mito)的分子结构

此与探针 122 相比,其发射波长红移至 536 nm,双光子活性截面也增加到 135 GM。通过在 DPEN 的识别域上增加甲氧基来提高 PET 发生的效率,发现探针 123 比探针 122 对锌离子有着更高的亲和力(K_d 分别为 1.4 nM 和 3.1 nM),也拥有更大的荧光增强因子(结合锌离子后荧光增强 70 倍),因此在细胞和组织成像中,探针 123 能获得更高的信背比。图 2 - 52 显示了探针 123 在 HeLa 细胞中的双光子显微成像。同时用另一种发射波长不同于探针 123 的商品化线粒体染料 Mitotracker Red FM 对细胞进行染色,可以实现双通道检测。由图 2 - 52(a),(b)可以看出,在不同的检测通道下,探针 123 及 Mitotracker Red FM 在细胞中的分布完全吻合,这也说明了该探针能够靶向定位到线粒体中。通过加入 DTDP(2,2′- dithiodipyridine)刺激细胞释放锌离子以及加入 TPEN 降低胞内游离锌离子的浓度,可以观察到探针的荧光信号能够

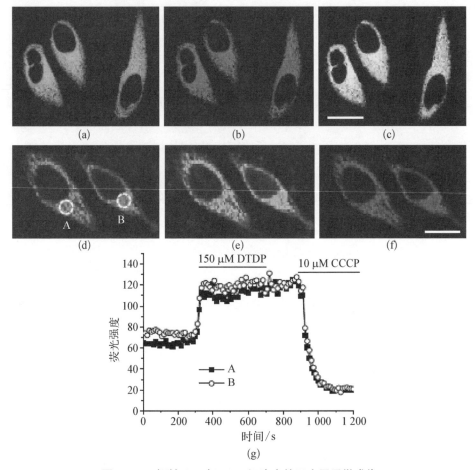

图 2 - 52　探针 123 在 HeLa 细胞中的双光子显微成像

对锌离子浓度的动态变化作出实时地响应。图 2 – 53 同样表明探针 123 可以用于组织成像并能反映出组织内锌离子浓度的变化。

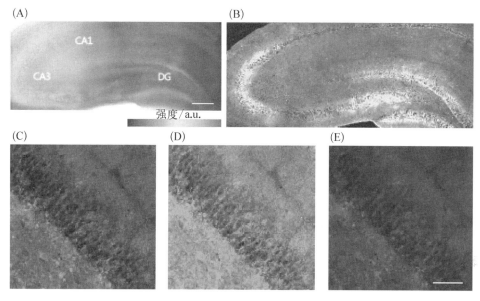

图 2 – 53　探针 123(SZn2 – Mito)的细胞及组织成像

2.3.4.3　钠离子探针

钠离子作为生物体内最重要的阳离子之一,参与调控各种生理功能,例如调节机体和细胞的渗透压,调节体液的酸碱平衡,参与体内糖类和蛋白质的代谢以及维持正常的神经兴奋性和心肌运动等。Kim 及 Cho 于 2010 年首次报道了双光子钠离子探针[124]。探针 124(ANa1)以氮杂冠醚为钠离子受体,acedan 为荧光团,两者通过酰胺键相连,仍然是一种基于 PET 的结构设计,如图 2 – 54 所示。探针结合钠离子后荧光增强 8 倍,在缓冲溶液中双光子活性截面为 95 GM。探针分子量较小,水溶性达到了 2 μM,足以用作细胞染色。由于采用了与钠离子半径匹配的氮杂冠醚作为识别域,探针对其他金属离子,尤其是钾离子表现出了良好的选择性。探针与钠离子的解离常数为 8 mM,

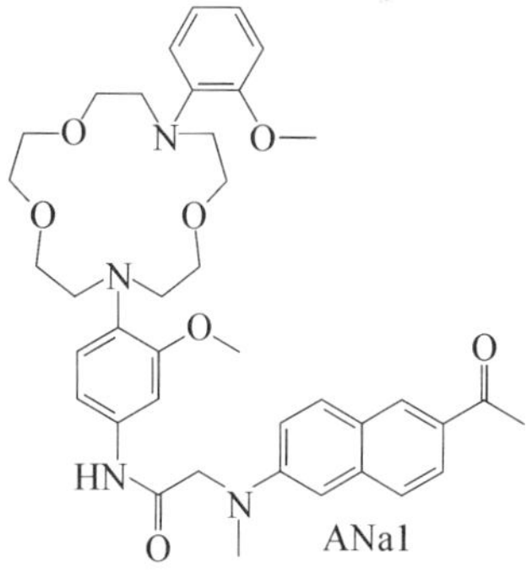

图 2 – 54　探针 124(ANa1)的分子结构

对钾离子的亲和力则低许多,解离常数为 20 mM。用探针 124 染色的星形胶质细胞被乌本苷(一种甾类激素)或谷氨酸盐刺激后均能表现出胞质内钠离子的增加。此外,探针124也能在100~200 μm深度用于活体组织内长时间的双光子显微成像,如图2-55所示。

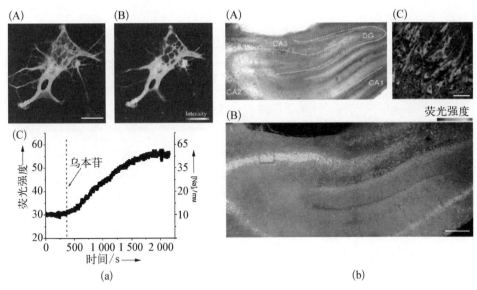

图 2-55 探针124在星形胶质细胞及大鼠海马趾组织切片中的双光子显微成像

2.3.4.4 其他金属离子探针

探针125是以共振能量转移原理(RET)设计的 D-π-A-π-D 型探针[125],如图2-56所示。探针以环芳烃及冠醚作为金属离子识别域,均二苯乙烯结构作为荧光团。当不存在目标离子时,探针两个荧光团的共轭平面相互靠近,发生共振能量转移导致荧光猝灭;当探针与钾离子或铅离子络合后,两个荧光团空间距离增大,能量转移效率降低,因此荧光恢复,其量子产率达到0.1,在乙腈中的双光子吸收截面为998 GM(780 nm)。

均二苯乙烯结构也被用作其他过渡金属及重金属离子探针。探针126是以大环二羰基四胺(macrocyclic dioxotetraamines)为识别域的铜离子探针[126],如图2-57所示。其荧光团为共轭链较短的均二苯乙烯结构,因此发射波长较短,在水溶液中双光子活性截面也仅有21 GM(740 nm)。探针126被用于在血清中定量检测铜离子,其线性范围为0.04~2 μm。

探针127~129都采用了含氰基的均二苯乙烯结构作为荧光团母体[127-129],如图2-58所示。其中,探针127为对称型的四极分子,两端均含有银离子的识别位点,在乙腈中发射波长为590 nm,810 nm激发下的双光子吸收截面高达1 120 GM。但是,探针水溶性较差,并且结合银离子后荧光会猝灭,在生物应用

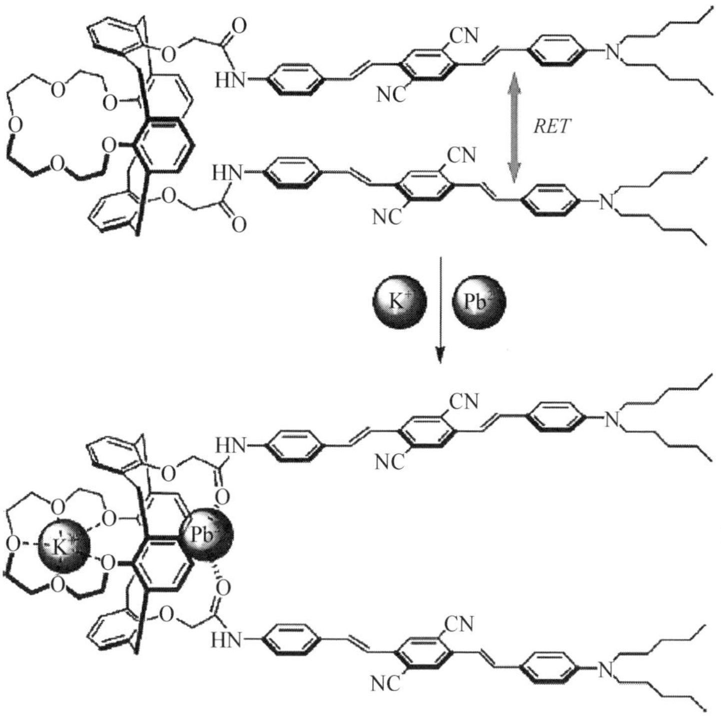

图 2 - 56　探针 125 的分子结构

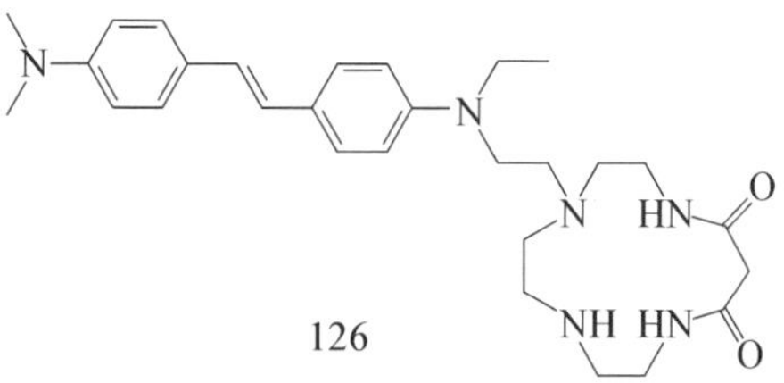

中存在较大的局限。探针 128 和 129 则利用不对称的偶极分子作为荧光团,分别用于检测银离子和汞离子。探针 48 的发射波长位于 612 nm,在乙腈中量子产率为 0.53,双光子吸收截面达到 950 GM(790 nm)。探针 129 由于识别域中含有亲水性的羟基,水溶

图 2 - 57　探针 126 的结构

性得以增强,在缓冲溶液中的量子产率可达到 0.2,双光子吸收截面也有 840 GM (790 nm)。但是,它们也都是荧光猝灭型探针,并不适合细胞及组织成像。

　　探针 130~134 均是检测重金属离子的双光子荧光探针,如图 2 - 59 所示。这些探针都以 acedan 为荧光团,通过酰胺键和识别域耦联,因此它们也都是基于 PET 原理设计的荧光增强型探针,光物理性质也较为类似。在缓冲溶液中,发射波长均为 500 nm 左右,结合目标离子后,荧光表现出 4~15 倍的增强,在缓冲溶液中的双光子活性截面为 67~110 GM 不等。探针 130(TPCd)能够在活细胞中对镉离子做出响应[130]。探针 131(ACu1)则是用于检测亚铜离子,利用双

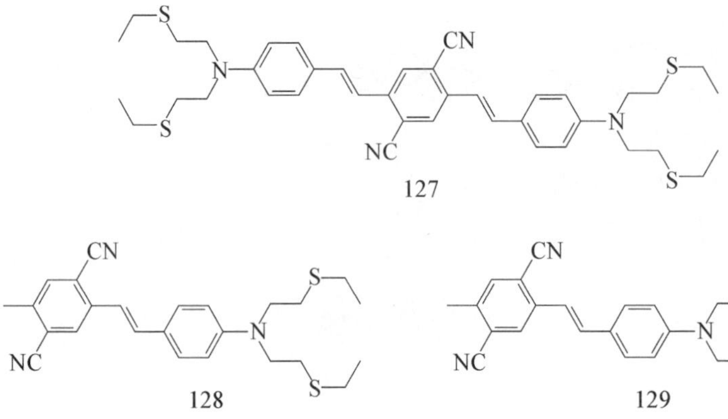

图 2－58　探针 127～129 的分子结构

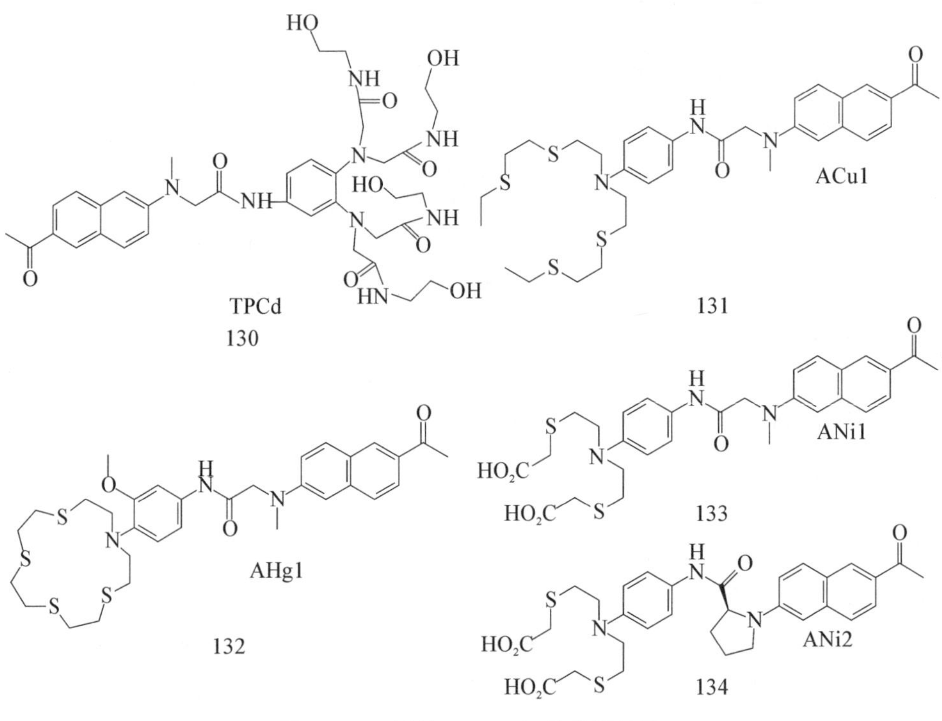

图 2－59　探针 130～134 的分子结构

光子显微成像技术在细胞及组织中均能定性地检测出亚铜离子的变化[131]。而探针 132(AHg1)、133(ANi1)、134(ANi2)则分别是汞离子[132]及镍离子[133]探针。这两种离子是工业废水中常见的重金属离子,利用这些探针除了进行细胞成像外,还能够实时观察被重金属离子污染的青鳉鱼不同器官中污染离子的分布情况,如图 2－60 所示。

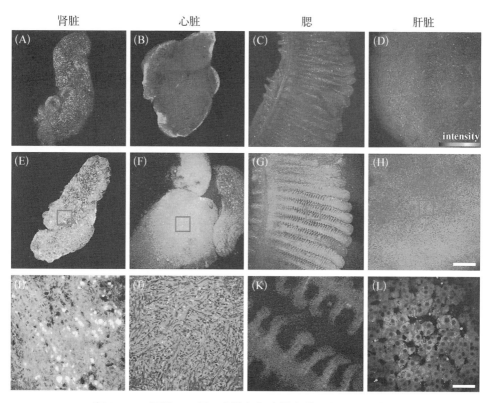

肾脏　　　　　心脏　　　　　鳃　　　　　肝脏

图 2-60　探针 134 用于青鳉鱼各个器官的双光子显微成像

2.3.4.5　pH 和溶酶体探针

探针 135(AH1)和 136(AH2)是以 acedan 为双光子荧光团的 pH 探针[134]，如图 2-61 所示。利用苯胺的质子化和去质子化实现对 pH 值的响应。在 pH 值>7.0 时，探针以游离伯胺的形式存在，由于苯胺具有较高的 HOMO 轨道能级，因此发生 PET 现象，猝灭了探针自身的荧光。当 pH 值<3.2 时，氨基完全质子化，HOMO 轨道能量降低，PET 无法发生，探针的荧光得以恢复。探针 135 和 136 在 pH 值 3.2～7.0 范围对氢离子表现出了很好的响应，在 pH 值=3.2 的条件下，双光子活性截面分别达到了 86 GM 和 88 GM(780 nm)。其中，由于探针 136 中引入了甲氧基，提高了 HOMO 轨道能级，增强了 PET 发生的效率，因此探针 136 比 135 具有更大的荧光增强因子，两者分别为 64 倍和 22 倍。但是，由于苯胺结构只在酸性条件下才发生质子化，导致这两个探针具有较低的 $pK_a(pK_a=4.5)$，探针在一般的生理环境下以非质子化的伯胺形式存在，几乎没有荧光，因此并不适合在普通细胞质环境中进行成像。但在巨噬细胞中，探针 136 可以对细胞内的酸性囊泡进行标记。为了证明这一点，利用商品化的专门

用于标记酸性囊泡的染料 LTR 对细胞共同染色,如图 2‑62 所示,两种探针在胞内的分布几乎完全吻合,这也证明了探针 136 在酸性囊泡中是以发荧光的质子化状态存在的。探针 137(AL1)在之前的基础上做出了改进,用脂肪胺取代芳香胺作为氢离子受体。由于脂肪胺的 HOMO 能量与荧光团不能匹配,因此探针 137 的 pH 值在 3.2~7.0 范围内,无论是否以质子化形式存在,双光子荧光均没有变化。在巨噬细胞中,探针 137(AL1)比 136(AH2)能更稳定地分布于酸性囊泡中而不会泄漏,因此更适合用作溶酶体等酸性囊泡的示踪。另外,这些探针也均能在 100~250 μm 深度实现活体组织的长时间观察成像。

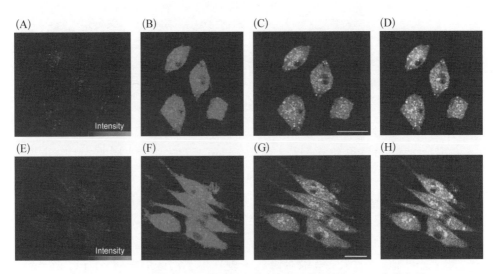

图 2‑61　探针 135~137(AH1,AH2,AL1)的分子结构

图 2‑62　探针 136[(A)~(D)]和 137[(E)~(F)]分别与 LTR 共染色用于巨噬细胞酸性囊泡的双光子显微成像

随后 Cho 又报道了具有不同荧光发射波长的双光子溶酶体探针 138 和 139,如图 2‑63 所示。这两个探针均以苯并吡喃衍生物为荧光团,末端含有烷基叔胺,可以在溶酶体中质子化[135]。探针 138 在 389 nm 处有最大吸收,荧光发射波长位于 471 nm($\Phi=0.88$),750 nm 处的活性截面为 50 GM。相比之下,探针 139 的吸收和发射波长则分别红移至 446 nm 和 549 nm($\Phi=0.2$)。这是由于探针 139 采用烷基胺为推电子基团,相比探针 138 中的甲氧基具有更大的推电子效应。虽然探针 139 的量子产率较低,但烷基胺的推电子效应使其具有更大的双光子吸收截面,因此其双光子活性截面也达到了 47 GM。这两个探针的发射波长具有较大的差异,可以根据需要,和其他商业化的溶酶体染料如 LTB、LTR 相互搭配用于多色标记细胞溶酶体,如图 2 - 64 所示。探针 138 和 139 在大鼠海马趾切片中的双色成像如图 2 - 65 所示。

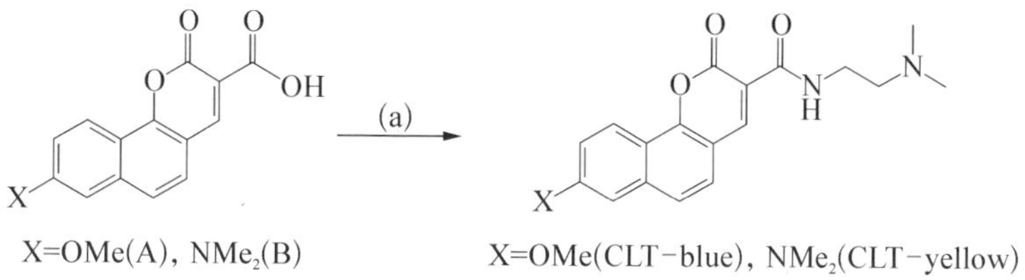

X=OMe(A), NMe$_2$(B) 　　　　　　 X=OMe(CLT-blue), NMe$_2$(CLT-yellow)

图 2 - 63　探针 138(CLT - blue)和 139(CLT - yellow)的分子结构

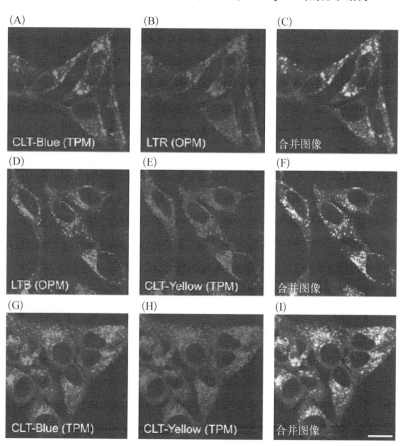

图 2 - 64　探针 138 和 139 分别与 LTR 和 LTB 在溶酶体中的双色成像

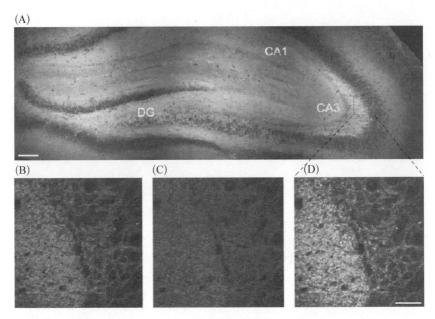

图 2 - 65   探针 138 和 139 在大鼠海马趾切片中的双色成像

Belfield 报道了以芴为荧光团母体结构的比率型 pH 探针 140[136]，如图 2 - 66 所示。该探针分子具有 D - π - A 型偶极结构，以二乙氨基为推电子基团，苯并噻唑为拉电子基团。由于芴具有较大的刚性和共平面性，使得探针具有较大的量子产率和双光子吸收截面。在芴的 9 号位引入两个羧基，一方面是为了调控分子的 pK_a 值，另一方面则是大大增强探针的水溶性。在 pH 值小于 4 时，探针完全处于质子化状态，最大吸收和发射波长分别是 341 nm 和 391 nm；随着 pH 值的增加，二乙胺基发生去质子化，羧基也发生解离，发射波长红移至 570 nm，荧光光谱在 493 nm 处出现等吸收点。探针的 pK_a 值为 6.94，在 pH 值为 6～7.5 之间均表现出灵敏的信号响应，可以用于生理环境下 pH 值的检测及成像。

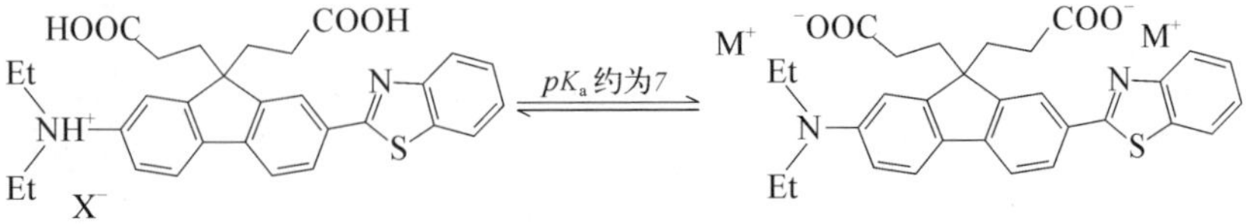

图 2 - 66   探针 140 的分子结构

探针 141(NP1) 是以甲氧基萘的衍生物为荧光团、吡啶环为质子受体的 pH 探针[137]，如图 2 - 67 所示。在 pH 值＝2.45 时，吡啶处于质子化的状态，分子具有较大的偶极矩，探针的荧光发射位于 630 nm。随着 pH 值的增大，逐渐发生去质子化,分子内电荷转移减弱,荧光发射蓝移并在 500 nm 处增强,在 DMF 中双光子活性截面达到 155 GM(740 nm)。由于吡啶的 pK_a 值在 5.0 左右,因此探针可以在偏酸性的环境中比率检测 pH 值。在被探针染色的 HeLa 细胞中,通过双通道检测可以观察到探针以两种形式存在,在 400～475 nm 的检测窗口能观察到自身的荧光,而在 550～650 nm 的检测窗口也能检测到荧光,这说明一部分探针是以质子化的形式存在。将细胞同时用商品化溶酶体示踪染料 LTR 或 LTB 共同染色,从研究结果可以看出,550～650 nm 检测窗口中探针的分布与溶酶体示踪染料的分布几乎完全一致,这说明质子化的探针主要存在于酸性的溶酶体中。由于探针 141 在偏酸性的范围内对 pH 值有很好的响应,因此被用于人体胃及食道组织的双光子显微成像。由图 2-68 可以看出,患有食道炎的病人和普通人相比,胃部 pH 值几乎相同,但是在胃与食道的连接处以及食道括约肌上部,食道炎患者 pH 值明显偏低,这正是由于食道炎患者胃酸返流到食道导致的。这说明探针 141 可以用于人组织的双光子显微成像,并且在诊断相关疾病中有一定的应用前景。

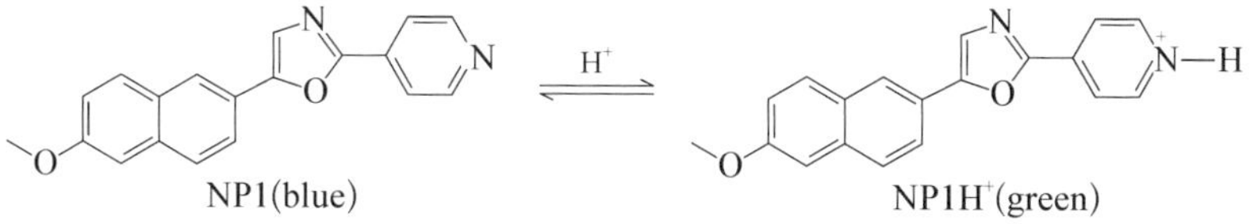

图 2-67 探针 141(NP1)的分子结构

2.3.4.6 阴离子探针

双光子阴离子探针研究相对较少,目前报道的仅限于氟离子荧光探针。2005 年,Liu 等人[138]报道了以三苯基硼作为氟离子受体、二苯乙烯衍生物做荧光团的双光子氟离子探针 142～144,如图 2-69 所示。探针对氟离子有良好的选择性,可能是因为受体中两个均三甲基苯基空间位阻比较大,体积较大的阴离子难以和硼原子结合,只有像氟离子这样比较小的阴离子才能进入其中。但是这些探针水溶性比较差,不能用于水溶液中氟离子的检测。2008 年 Cao 等[139]报道了双光子氟离子探针 145,受体同样为三苯基硼,荧光团以芴为母体,结合氟离子之后荧光蓝移,对氟离子有较好的识别能力,但该分子水溶性也不好,限制了探针的广泛应用。2011 年,Zhang 等[140]设计合成了探针 146(见图 2-70),以萘酰亚胺作为双光子荧光团,利用硅和氟离子的高亲和性,以异丙基硅醚作为和氟离子反应的基团,荧光团通过酰胺键与识别域相连。酰胺键减弱了氨基的供电子能力,使得萘酰亚胺的荧光蓝移至 449 nm。当存在氟离子时引起硅氧键断裂,氧原子进一步发生电子转移诱发酰胺键断裂,从而使萘酰亚胺游离出伯氨

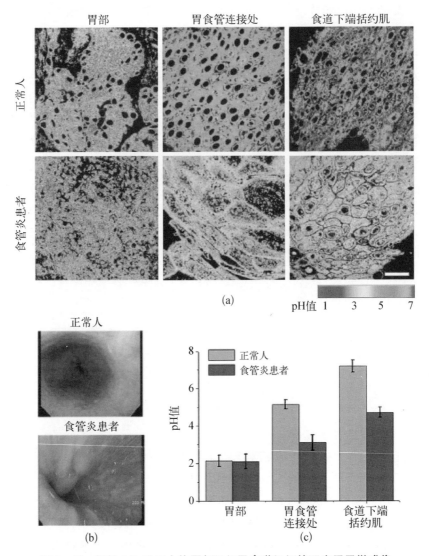

图 2‑68　探针 141 用于人体胃部组织及食道组织的双光子显微成像

基,荧光光谱也红移至 508 nm,是一个典型的比率型荧光探针。另外,探针的双光子活性截面在乙腈中达到 190 GM,在检测氟离子方面具有应用的潜力。

2.3.4.7　用于检测小分子的双光子探针

化合物 147 是以长链多枝结构为荧光团用于检测半胱氨酸(Cys)的双光子荧光探针[141],如图 2‑71 所示。该探针以醛基作为反应位点,利用醛与半胱氨酸的亲核加成反应达到检测目标分子的目的。探针本身在 600 nm 处仅能发出微弱的荧光,与半胱氨酸反应后荧光蓝移至 435 nm,荧光急剧增强,双光子吸收

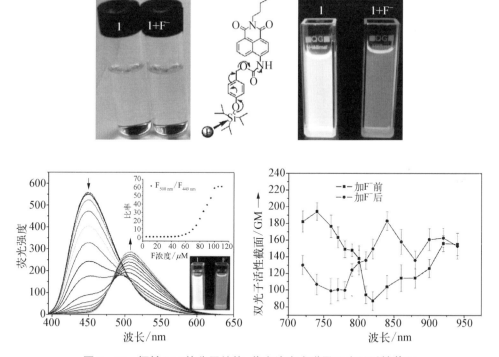

图 2‑69　探针 142～145 的分子结构

图 2‑70　探针 146 的分子结构、荧光滴定光谱及双光子活性截面

截面也达到了 938 GM(800 nm)。但是,由于探针共轭结构太大,水溶性差,仅能局限在有机溶剂中检测半胱氨酸,缺乏在细胞及组织成像中的应用潜力。

探针 148 和 149 也是以醛基作为反应基团用于检测半胱氨酸(Cys)的双光

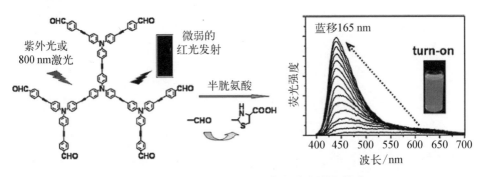

图 2-71 探针 147 的分子结构及荧光滴定光谱

子探针[142]，如图 2-72 所示。探针本身是 A-π-A 的共轭结构，几乎没有荧光。与 Cys 反应后，共轭体系变为 D-π-A 型，荧光增强。探针 148 是一种多枝的共轭结构，其双光子吸收截面较大，达到 1 700 GM，而探针 149 则只有 90 GM。这两个探针均可以用于 HeLa 细胞中的双光子显微成像，如图 2-73 所示。

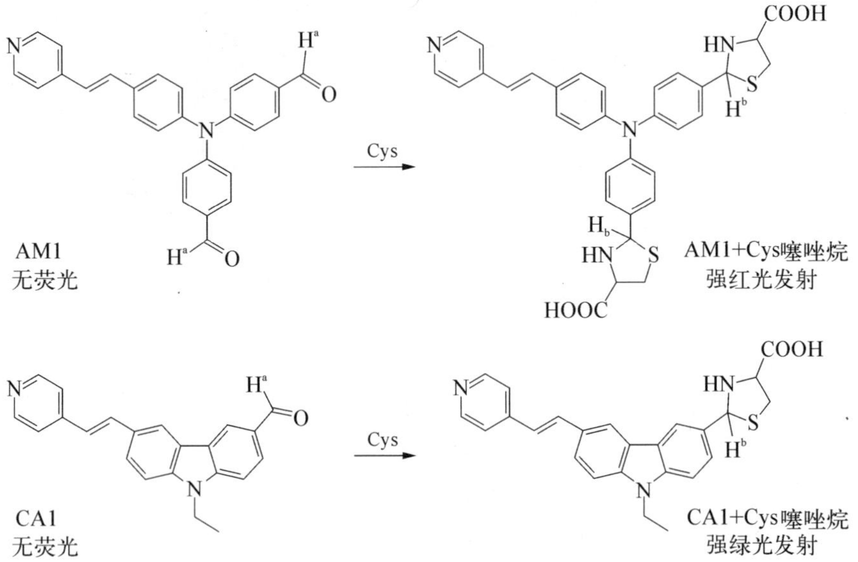

图 2-72 探针 148(AM1)和 149(CA1)的分子结构及与 Cys 的作用

探针 150 也可用于识别巯基化合物[143]，如图 2-74 所示，与上述巯基探针不同的是，它采用含二硫键的长链烷基为巯基受体，以双光子性质更好的 acedan 为荧光团，两者以氨基甲酸酯的结构相连。探针自身荧光很弱，但在巯基化合物的存在下，烷基链上的二硫键被还原，具有亲核性的巯基进攻氨基甲酸酯上的羰

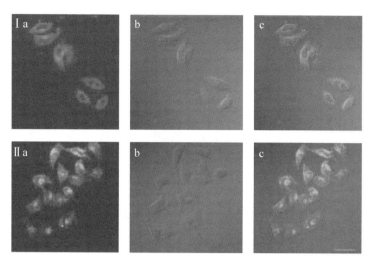

图 2-73 探针 148 和 149 在 HeLa 细胞中的双光子显微成像

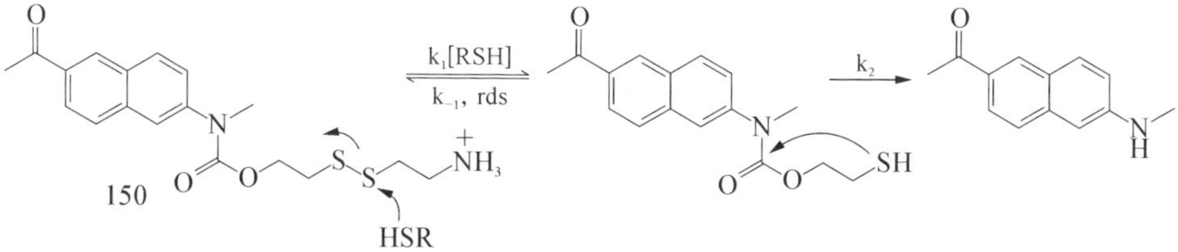

图 2-74 探针 150 的分子结构及与巯基化合物的反应

基使其离去,最终使荧光团以氨的形式游离出来恢复自身的荧光。探针对半胱氨酸、谷胱甘肽等含巯基的小分子都有灵敏的响应,而金属离子、pH 值大小以及其他不含巯基的氨基酸几乎不会对其造成干扰。探针与巯基反应后荧光增强 10 倍,在缓冲溶液中双光子活性截面达到 113 GM(780 nm),反应速率常数为 $2.2 \times 10^{-5}\ M^{-1}\ s^{-1}$。图 2-75 显示了探针在 HeLa 细胞中的双光子显微成像,用硫辛酸预处理的细胞比普通细胞具有更明亮的荧光,这说明探针与细胞代谢

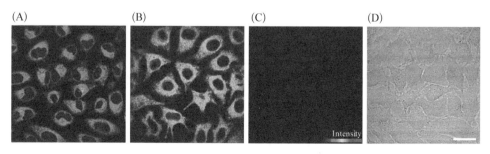

图 2-75 探针 150 在 HeLa 细胞中的双光子显微成像

产生的谷胱甘肽发生了反应，而用 NEM(N-ethylmaleimide，一种巯基化合物的抑制剂)预处理的细胞，由于降低了细胞自身巯基化合物的含量，因此几乎观察不到荧光。将探针用于组织成像也能得到相同的结果，如图 2-76 所示。

(A)　　　　　　　(B)　　　　　　　(C)　　　　　　　(D)

图 2-76　探针 150 在大鼠海马趾切片中的双光子显微成像

探针 151(SSH-Mito)在探针 150 的基础上进一步改进[144]，如图 2-77 所示，引入苯并噻唑使探针的荧光性质得到提高，另外在末端加入三苯基磷盐基团，使探针可以在线粒体中靶向定位，实现亚细胞结构的检测。探针本身在 462 nm 处有荧光，740 nm 激发下双光子活性截面为 80 GM，与巯基化合物反应后，荧光发射红移至 545 nm，能够用于比率法检测巯基化合物。将探针与商品化的线粒体染料 MitoTracker Red FM 对 HeLa 细胞共同染色，可以看出两者在细胞中的分布吻合，这也说明了探针能成功实现线粒体靶向定位。同样，探针也能用于活细胞及组织中的双光子显微成像。分别用硫辛酸和 NEM 预处理的细胞或组织中巯基化合物含量的不同均能用探针 151 检测出来，如图 2-78 所示。

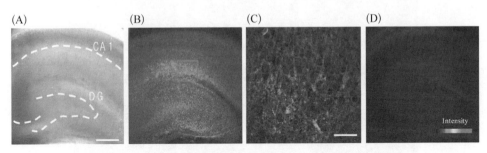

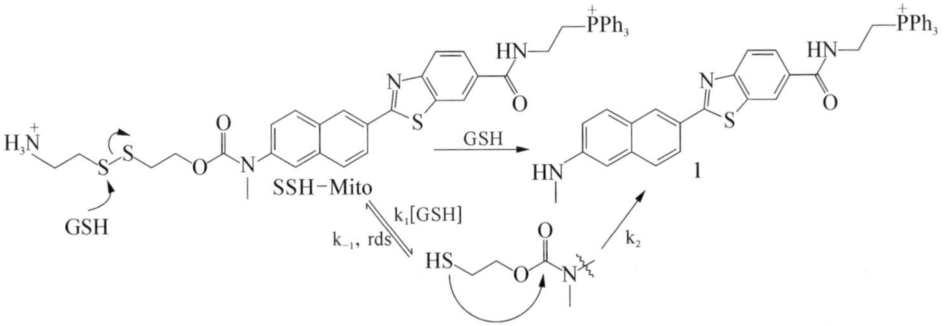

图 2-77　探针 151(SSH-Mito)的分子结构及其与巯基化合物的反应

探针 152(PN1)和 153(SHP-Mito)与上述巯基探针的设计原理类似，分别适用于检测细胞质及线粒体内过氧化氢的双光子探针[145,146]，如图 2-79 所示。探针以苯硼酸酯为过氧化氢受体，和荧光团 acedan 之间以氨基甲酸酯的形式连接。探针 152 的荧光发射峰位于 453 nm 处，与过氧化氢反应后，硼酸酯被氧化

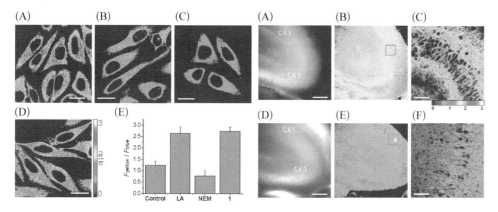

图 2‑78　探针 151 在细胞及组织中的双光子显微成像

图 2‑79　探针 152(PN1)和 153(SHP‑Mito)的分子结构及其与 H₂O₂ 的作用

成羟基,引发一系列电子转移导致氨基甲酸酯断裂,荧光团以氨基的形式游离出来,荧光发射峰红移至 500 nm,双光子活性截面为 45 GM(740 nm)。探针 153 与其类似,苯并噻唑的引入使探针具有更长的发射波长,同时便于连接能够靶向定位于线粒体的三苯基磷盐基团。与过氧化氢反应后,探针的发射波长从 470 nm 红移至 545 nm,在 740 nm 处的双光子活性截面为 55 GM。这两个探针均能用于比率检测细胞及组织中的过氧化氢。从图 2‑80 可以看出,无论是利用药物 PMA 诱导细胞及组织产生过氧化氢还是采用外加过氧化氢的方法,探针 152 和 153 均能反映出细胞及组织内过氧化氢浓度的变化。

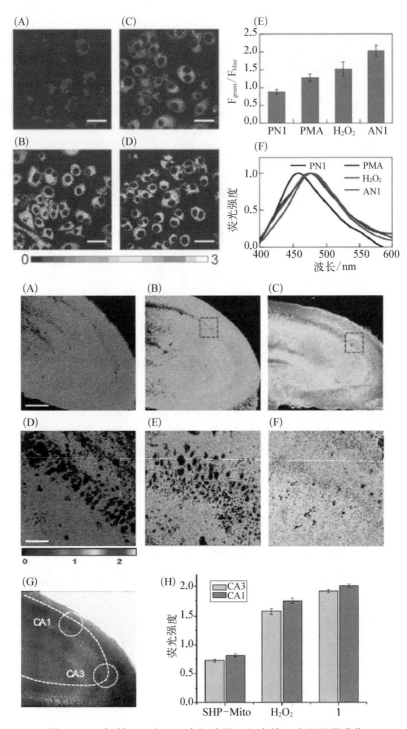

图 2‑80 探针 152 和 153 在细胞及组织中的双光子显微成像

探针 154(FS1)是以芴为荧光团、用于检测硫化氢的双光子探针[147]，如图 2-81 所示。芴的 2 号位连接苯并噻唑以增加探针的共轭平面，7 号位引入叠氮基作为硫化氢的反应位点。为了提高探针的水溶性，芴的 9 号位的两个氢原子被乙二醇单甲醚取代。探针本身仅仅在 529 nm 有微弱的荧光，与硫化氢或硫离子反应后，叠氮基还原成氨基，使探针形成 D-π-A 的偶极结构，因此表现出很强的荧光，发射波长位于 548 nm，在缓冲溶液中的量子产率也达到 0.48。由于采用芴作为荧光团的母体并且加入吸电子的苯并噻唑增强其共轭结构，探针在与硫化氢反应后的双光子活性截面高达 302 GM(750 nm)。另外，叠氮基和硫化氢的反应具有很强的专一性，其他巯基化合物以及活性氧、活性氮分子几乎不与其反应，这也说明探针对 H_2S 具有很好的选择性。将探针用于活细胞及组织成像也能得到良好的效果。由图 2-82 可以看出，预先用 Cys 或 GSH 孵育的 HeLa 细胞被染色后比直接用探针染色的细胞荧光更强。Cys 或 GSH 本身并不与探针反应，但在胞内相关酶的作用下能转化成 H_2S，从而和探针相互作用，引起胞内荧光的增强。而加入 PMA 后，由于其能大大降低胞内内源性硫化氢的浓度，因此荧光强度也急剧减小。类似的现象也能在组织成像中观察到，利用探针 154 可以在 90～190 μm 深度对组织进行双光子显微成像，如图 2-83 所示。

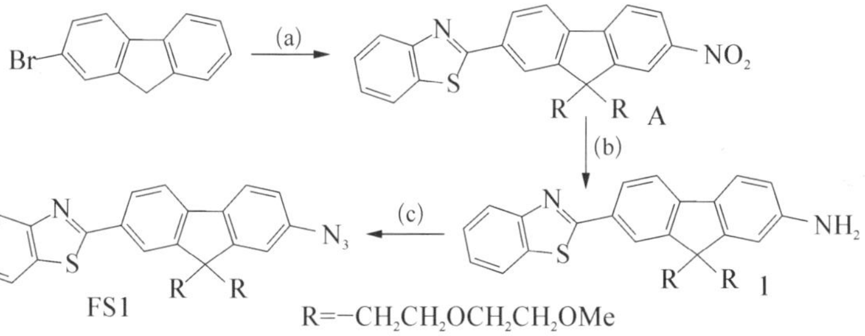

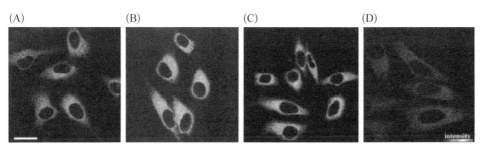

图 2-81 探针 154(FS1)的分子结构及合成路线

(A)　　　　(B)　　　　(C)　　　　(D)

图 2-82 探针 154 在 HeLa 细胞中的双光子显微成像

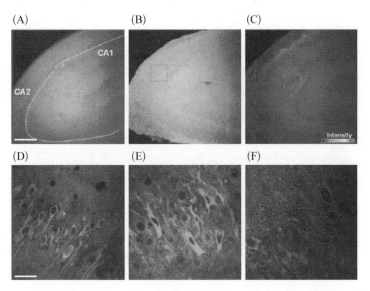

图 2-83   探针 154 在大鼠海马趾切片中的双光子显微成像

探针 155(AG1)和 156(AG2)将双光子荧光团 acedan 同葡萄糖连接,用于研究细胞及组织对葡萄糖的摄取和代谢过程[148],如图 2-84 所示。探针 155 和 156 的荧光发射峰均位于 501 nm,也具有优良的双光子性质,其活性截面分别为 86 GM 和 88 GM。将探针分别与 A549 共同孵育可以看出,随着探针孵育浓度的增加,细胞的荧光强度也在增强,细胞对探针浓度的承受力可高达 50 μM,其中探针 156 比探针 155 毒性更小,更适合用于细胞成像。用同样浓度的探针 156 分别与癌细胞、正常细胞一起孵育,A549 细胞和 HeLa 细胞比 HEK293 细胞及 NIH/3T3 细胞对探针具有更高的摄取效率,因此胞内荧光也更强。这正是由于癌细胞比正常细胞具有更大的代谢速率导致的。在探针浓度相同的情况

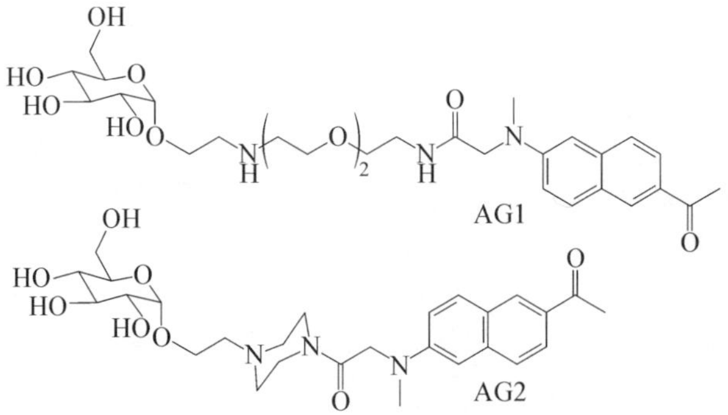

图 2-84   探针 155(AG1)和 156(AG2)的分子结构

下,若培养液中含有较高浓度的 D-葡萄糖,则细胞对探针的摄入减少,荧光强度较低。相反,L-葡萄糖的存在则不会影响细胞的荧光强度。这说明探针是被细胞当作 D-葡萄糖通过代谢途径摄入,而非通过被动扩散进入细胞。

为了进一步证明探针 156 适合用于研究葡萄糖的摄入,将 A549 细胞先用一种药物紫杉醇预处理,再观察细胞对探针的摄取情况。紫杉醇是一种抗癌药物,可以有效抑制癌细胞的代谢速率。从结果可以看出,用紫杉醇孵育细胞时间越长,细胞对探针的摄入就越少。探针 156 也能用于组织成像。从图 2-85 可以看出,正常人的结肠组织对葡萄糖的摄取速率较低,而结肠癌组织则拥有很高的摄取速率,但是用紫杉醇处理过的肿瘤组织对葡萄糖的摄取明显受到了抑制,这说明探针 156 同样可以用于检测活体组织对葡萄糖的摄取情况。

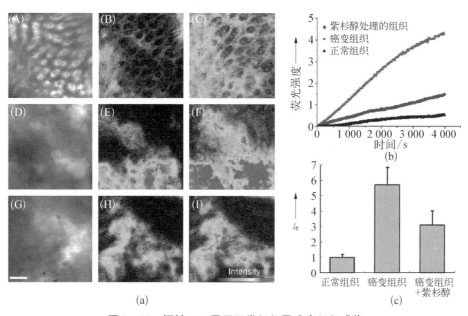

图 2-85 探针 156 用于正常组织及癌变组织成像

探针 157(AS1)引入苯硼酸基团作为葡萄糖的受体,用于检测细胞对葡萄糖的摄取[149],如图 2-86 所示。苯硼酸可以和单糖形成配合物,因此可以利用 PET 原理设计葡萄糖探针。探针结合葡萄糖后,在 500 nm 处的荧光增强 4 倍,结合果糖或者半乳糖后,荧光增强最高可达 12 倍,双光子活性截面达到了 85 GM。在 HeLa 细胞及神经细胞中,探针 157 均可以检测出细胞摄取葡萄糖后胞内葡萄糖浓度的动态变

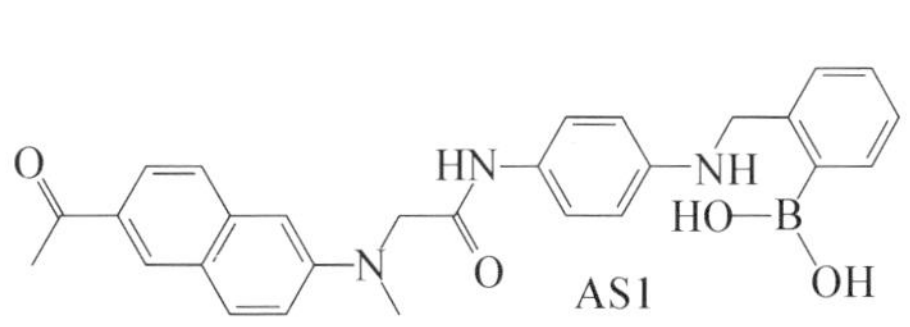

图 2-86 探针 157(AS1)的分子结构

化,如图 2-87 所示。而果糖和半乳糖并不能作为细胞的初级能源被摄入,因此在细胞成像中并不会引起探针荧光的变化。探针 157 也能反映活体组织对葡萄糖的摄取情况,如图 2-88 所示。

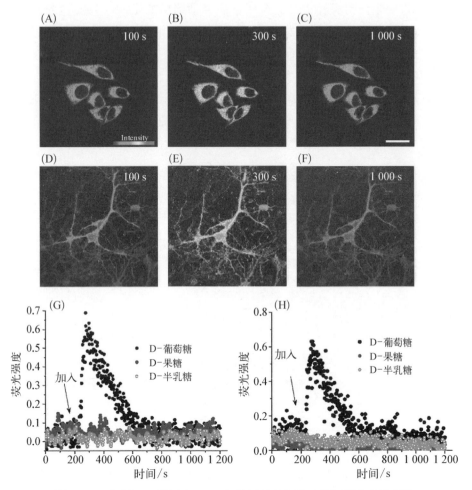

图 2-87　探针 157 用于在 HeLa 细胞及神经细胞中检测葡萄糖的摄取

2.3.4.8　细胞膜及脂筏探针

细胞膜由磷脂双分子层和蛋白质及外表面的糖蛋白组成,蛋白质镶嵌在双分子层中。细胞膜是一种半透膜,具有重要的生理功能,它既使细胞维持稳定代谢的胞内环境,又能调节和选择物质进出细胞,在信号传导、物质转运、细胞识别等方面具有重要作用。脂筏(lipid raft)是质膜上富含胆固醇和鞘磷脂的微结构域,是一种动态结构,位于质膜的外小页。由于鞘磷脂具有较长的饱和脂肪酸链,分子间的作用力较强,所以这些区域结构致密,介于无序液体与液晶之间,称

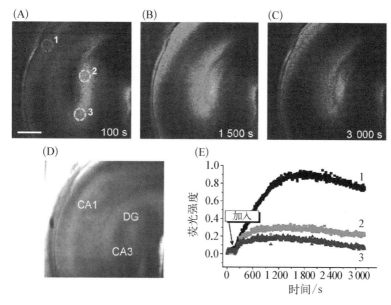

图 2‑88　探针 157 用于检测活体组织对葡萄糖的摄取

为有序液体(liquid-ordered)。脂筏与膜的信号转导、蛋白质分选均有密切的关系。

探针 158～160 是以萘环为母体的 D‑π‑A 型双光子膜探针[150,151],如图 2‑89 所示,末端连接长链烷烃以增加其疏水性。随着烷烃链的增长,探针的水溶性下降。这些探针均具有较大的偶极矩,对极性非常敏感,在不同极性的环境中发射波长不同,并且在亲水环境中荧光较弱,但在疏水环境中荧光很强,因此可以很好地区分疏水性的细胞膜及亲水性的细胞质。探针 158 由于烷基链较短水溶性更大,并不适合用作细胞膜探针。相比之下,160 比 159 含有更长的疏水链,因此具有更好的细胞膜定位能力。

158 R$_1$ = C$_5$H$_{11}$
159 R$_1$ = C$_{11}$H$_{23}$
160 R$_1$ = C$_{17}$H$_{35}$

161 R$_2$ =

162 R$_2$ = NaO$_3$S

图 2‑89　探针 158～162 的分子结构

探针 161 在此基础上加以改进,引入双键增加分子的共轭结构[152],因此探针 161 比 159 具有更大的双光子活性截面。探针 161 在疏水性更大的模型膜

DPPC中的荧光强度是在亲水性更大的模型膜DOPC中的8倍,这也说明探针161更容易在脂筏的有序液体区域滞留。为了证明这一点,将探针161用于巨噬细胞的染色,加入MβCD后,由于其能破坏细胞的脂筏结构,使探针暴露于亲水环境中,因此荧光强度降低。加入胆固醇后,脂筏重新构建,探针荧光也恢复到最初水平,这也说明探针能够定位在细胞膜的脂筏中。为了进一步证明这一结论,用商品化的脂筏染料BODIPY-GM1与探针161共同对细胞染色,可以看出,在荧光较强的区域,两种探针的分布基本吻合。

虽然探针161可以用于脂筏成像,但如果孵育时间较长,仍存在向细胞质扩散的趋势。探针162则是对探针161的进一步改进,将原来的羧基改为磺酸基,增加水溶性的同时也使探针更容易嵌入细胞膜中,减少其往细胞质扩散的可能[153]。由图2-90可以看出,探针162比161具有更强的细胞膜定位能力,胞质中几乎没有荧光。与之前研究类似,利用探针162同样能够验证细胞膜中脂筏的存在,成像效果比探针161更加清晰。同时,探针162也能对组织中细胞膜

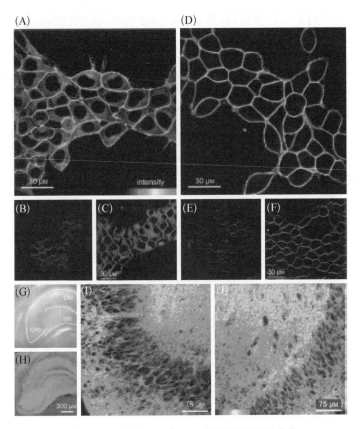

图2-90 探针161和162的细胞及组织成像

的脂筏进行双光子显微成像。

2.3.5　双光子分子探针研究展望

双光子荧光探针虽然在近年来取得了较快发展,但与传统的单光子探针相比,其种类还较少,应用范围还不够广,尚有巨大的拓展空间。前已论述,决定双光子荧光探针在生物医学研究中应用前景的关键,仍然在于双光子分子探针自身性能的发展和提升。综合前述双光子荧光探针研究现状的考察,从探针的荧光团及识别域两个角度考虑,双光子探针设计的重点以及需要具备的条件主要体现在以下几个方面:

(1)荧光团具有大的双光子活性截面值,这样才有利于在低浓度的情况下获得更高的荧光强度和亮度,满足实际应用的需求。

(2)识别域对检测目标具有良好的选择性及灵敏度。

(3)探针应具备足够的水溶性和细胞膜穿透能力,以保证其双光子性质及其胞内使用的可靠性。

(4)在特定情况下,探针需要携载能对细胞或组织的亚结构进行定位的靶向基团。

(5)具有足够高的光稳定性,以便于长时间的实时、动态成像。

上述这些性质并不是孤立的,而是相互影响共同决定了双光子探针性质的优劣。其中,荧光团的选择对探针的性质至关重要。在众多双光子荧光材料中,虽然很多材料双子吸收截面值可以高达几千甚至上万 GM,但大部分由于分子共轭结构太大导致水溶性差等原因,在水中几乎没有荧光,完全无法用作胞内荧光探针。因此,如何在有限的分子结构中寻找具有最大双光子吸收截面的荧光染料,同时兼顾探针的水溶性以及在水溶液中的量子产率以保证其拥有较大的活性截面,这对于探针的设计合成具有重大意义。此外,分子结构较小的探针也更易于跨膜及在细胞内均匀分散。

新型荧光团的设计及合成是双光子荧光探针今后发展的一个重要方向。就目前所报道的探针而言,大都采用以下两大类结构为荧光团:一类是基于二苯乙烯的双键共轭结构;另一类是基于萘或芴的刚性共轭结构。这两类结构在实际应用中各有利弊。

早期报道的双光子探针多以二苯乙烯类为主。以探针 95 和 126 为例,它们均是 D-π-D 型结构。由于共轭链较短,探针的双光子吸收截面值并不突出,但是较小的分子结构及采用适当的识别域,这些探针在水溶液中依然保持了较好的荧光性质,可以在水中检测目标对象。相比之下,探针 92~94 则以含氰基的 D-π-A-π-D 型二苯乙烯结构为荧光团。除了共轭结构增加以外,氰基的引入也提高了分子的电子流动性,因此双光子吸收截面大大提高。但是共轭结构的增加也同样降低了探针的水溶性,这些探针也仅仅用于有机溶液中检测目标离子。而探针 109 和 129 在保留了氰基的同时,将共轭链缩短,变成了 D-π-A 型的极性分子,这种结构也使得它们在极性环境中具有更大的发射波长。共轭结构的减小虽然会对双光子性质产生一定影响,但在这里,它所带来的负面效应小于正面效应,即更小的分子结构使得探针在水溶液中也能保持优异的量子产率及双光子性质。总的来说,现有的基于二苯乙烯荧光团的双光子探针大都表现出较大的双光子吸收截面,但也普遍存在荧光量子产率较小的问题。另外,大多数该类探针都是荧光猝灭型探针,仅有少数是增强型或比率型探针,在生物成像中有一定的局限。因此,如何改进这类荧光团的结构以提高其水溶性及水溶液中的量子产率,如何结合识别域设计出不同响应机理的荧光探针,依然是今后值得研究的方向。

以萘或芴为荧光团的双光子探针近几年报道较多。这类荧光团具有更好的刚性结构,但是本身水溶性较差。尽管如此,如果通过适当的修饰改进,它们在水溶液中也能保持较高的量子产率及双光子吸收性质。文献所报道的该类探针通常在荧光团两端引入烷基胺及羧基或杂环分别作为供电子和吸电子基团,分子偶极矩较大,在极性溶剂中也具有更大的发射波长。Cho 报道的一系列双光子探针均以该类结构作为荧光团,这类探针在水溶液中的量子产率可以高达 0.5,双光子活性截面也大都在 80～130 GM,用于双光子显微成像可以获得良好的效果。在锌离子探针 122、123,巯基探针 151 以及过氧化氢探针 153 中,苯并噻唑取代了乙酰基作为吸电子基团,共轭平面的增加使得这些探针的双光子吸收截面有所提高,发射波长较之同类探针有大约 45 nm 的红移。虽然分子共轭结构的增大使得探针在水中的量子产率有所降低,但双光子活性截面依然维持在可观的水平。在硫化氢探针 154 中,以芴为中心的荧光团,在水溶液中的量子产率高达 0.48,活性截面也达到 302 GM,这一方面得益于芴环有更大的共轭平面,另一方面是因为引入了长链亲水基团,大大提高了探针的水溶性。对于这类探针而言,在水溶液中具有较大的双光子活性截面是它们应用于生物成像的一大优势,但从目前来看还有进一步提高的空间。因此,设计新型的更优异性质的双光子荧光探针仍然是需要努力的目标。

除了荧光团以外,影响双光子探针性质的另一个重要因素就是识别域。如何选择和发展合适的识别域,如何将识别域与荧光团巧妙地连接,如何结合不同的信号响应机理设计探针,这些对于单光子探针还是双光子探针都至关重要。

对于碱金属与碱土金属离子,含氧基团通常具有较高的螯合能力,例如镁离子和钙离子探针一般都采用多羧基化合物作为识别域。而有些过渡金属,例如锌离子、镉离子则对吡啶等含氮基团具有较强的亲和力。这类识别域除了对特定的金属离子有较强的识别能力外,也能增加探针的水溶性。对于小分子探针而言,则通常利用某些灵敏的化学反应来达到识别的目的。例如苯硼酸酯可以被过氧化氢氧化为苯酚,因此可以用作过氧化氢探针的识别域(探针 152,153);利用巯基的还原性及亲核能力则可以设计出合适的巯基探针(探针 150,151);而在探针 122,123,151 及 153 中,三苯基膦盐的引入使探针可以靶向定位于线粒体中,实现亚细胞结构的检测。

荧光团与识别域的不同连接方式决定了探针不同的发光机理。例如探针 98～106 均是将荧光团与识别域通过酰胺键偶联,这种非共轭的 σ 键作为连接桥使两者之间不存在 π 电子的流动,如果 HOMO 轨道能量匹配,探针的发光机理则遵循 PET 原理,即探针本身无荧光,识别客体后荧光增强。ICT 原理也常用于设计荧光探针,例如在探针 111～114 中,其中一个吡啶环上的氮原子既作为荧光团的一部分,也参与识别锌离子。这几个探针都是偶极矩较大的分子,吸电子末端结合锌离子后,分子偶极矩进一步增大,电子流动增强,因此表现为发射波长红移,能够实现双波长比率检测目标离子。探针 152 和 153 的设计尤为巧妙,利用与过氧化氢反应后化学键的断裂引起荧光团供电子基团的改变,使得发射波长红移达到比率检测过氧化氢的目的。

总的来说,双光子荧光探针的设计与单光子探针有许多类似的地方,但目前最大的难点在于寻找光物理性质更加优越的荧光团。在单光子探针领域,传统的荧光染料种类繁多,如香豆素、荧光素、罗丹明、花菁等,它们水溶性好、量子产率高且具有不同的发射波长,已被广泛用于各种类型的单光子探针,而目前适合用于双光子探针的荧光团则显得较为单一。在设计双光子探针时,如何在有限的分子结构内使探针既保持良好的水溶性又具有优异的双光子性质,同时根据需要能合成不同发射波长的探针,将是该领域最值得深入研究的方向。

参考文献

[1] Göppert-Mayer M. Uber elementarakie mit zwei quantensprungen[J]. Ann. Phys, 1931, 401: 273-294.

[2] Maiman T H. Stimulated optical radiation in ruby[J]. Nature, 1960, 187: 493.

[3] Kaiser W, Garrett C G B. Two-photon excitation in CaF$_2$: Eu^{2+}[J]. Phys. Rev. Lett., 1961, 7: 229.

[4] Parthenopoulos D A, Rentzepis P M. Three-dimensional optical storage memory[J]. Science, 1989, 245: 843.

[5] Denk W, Strickler J H, Webb W W. Two-photon laser scanning fluorescence microscopy [J]. Science, 1990, 248: 83.

[6] He G S, Zhao C F, Bhawalhar J D, et al. Two-photon pumped cavity lasing in novel dye doped bulk matrix rods[J]. Appl. Phys. Lett. , 1995, 67: 3703.

[7] He G S, Zhao C F, Bhawalhar J D, et al. Properties of two-photon pumped cavity lasing in novel dye doped solid matrixes[J]. IEEE. J. Quant. Electron. , 1996, 32: 749.

[8] Shen Y R. The Principles of nonlinear optics[M]. New York: Wiley, 1984.

[9] Boyd R W. Nonlinear optics, 2nd ed. [M]. San Diego: Academic, CA, 2002.

[10] He G S, Liu S H. Physics of nonlinear optics[M]. Singapore: World Scientific, 2000.

[11] Sutherland R L. Handbook of nonlinear optics[M]. New York: Marcel Dekker, 1998.

[12] He G S, Tan L S, Zheng Q, et al. Multiphoton absorbing materials: molecular designs, characterizations, and applications[J]. Chem. Rev. , 2008, 108: 1245 – 1330.

[13] Beijonne D, Brédas J L, Cha M, et al. Two-photon absorption and third-harmonic generation of di-alkyl-amino-nitro-stilbene (DANS): A joint experimental and theoretical study[J]. Chem. Phys. , 1995, 103: 7834.

[14] Baur J W, Alexander M D, Banach M, et al. Molecular environment effects on two-photon-absorbing heterocyclic chromophores[J]. Chem. Mater. , 1999, 11: 2899.

[15] Swiatkiewicz J, Prasad P N, Reinhardt B A. Probing two-photon excitation dynamics using ultrafast laser pulses[J]. Opt. Commun. , 1998, 157: 135.

[16] Worlock J M, Arecchi F T, Schulz-Dubois E O. Laser handbook[M]. Amsterdam: Northholland, 1972: 1323 – 1369.

[17] Sheik-Bahae M, Said A A, Wei T H, et al. Sensitive measurement of optical nonlinearities using a single beam[J]. IEEE J. Quantum Elect. , 1990, 26: 760 – 769.

[18] Kamada K, Matsunaga A, Yoshino K. Two-photon-absorption-induced accumulated thermal effect on femtosecond Z-scan experiments studied with time-resolved thermal-lens spectrometry and its simulation[J]. J. Opt. Soc. Am. B 2003, 20: 529 – 537.

[19] Wang Q Q, Han J B, Gong H M, et al. Linear and nonlinear optical properties of Ag nanowire polarizing glass[J]. Adv. Funct. Mater. , 2006, 16: 2405.

[20] Makarov N S, Drobizhev M, Rebane A. Two-photon absorption standards in the 550 – 1 600 nm excitation wavelength range[J]. Opt. Express, 2008, 16: 4029 – 4047.

[21] Liu Z, Chen T, Liu B, et al. Two-photon absorption of a series of V-shape molecules: the influence of acceptor's strength on two-photon absorption in a noncentrosymmetric D – π – A – π – D system[J]. J. Mater. Chem. , 2007, 17: 4685 – 4689.

[22] Rumi M, Ehrlich J E, Heikal A A, et al. Structure-property relationships for two-photon absorbing chromophores: Bis-donor diphenylpolyene and Bis(styryl)benzene derivatives [J]. J. Am. Chem. Soc. , 2000, 122: 9500 – 9510.

[23] Dvornikov A S, Cokgor I, Wang M, et al. Materials and systems for two photon 3 – D ROM devices[J]. IEEE Transactions on Components, Packaging, and Manufacturing Technology-Part A, 1997, 20: 203.

[24] Yariv A. Optical electronics, 3rd ed. [M]. New York: Holt, Rinehart & Winston, 1985: 28 - 34.

[25] Boggess T F, Bohnert K M, Mansour K, et al. Simultaneous measurement of the two-photon coefficient and free-carrier cross section above the bandgap of crystalline silicon [J]. IEEE J. Quantum Elect. 1986, 22: 360.

[26] He G S, Cui Y, Yoshita M, et al. Phase-conjugate backward stimulated emission from a two-photon-pumped lasing medium[J]. Opt. Lett. , 1997, 22: 10.

[27] Cumpston B H, Ananthavel S P, Barlow S, et al. Two-photon polymerization initiators for three-dimensional optical data storage and microfabrication [J]. Nature, 1999, 398: 51.

[28] Strickler J H, Webb W W. 3 - D Optical data storage by two-photon excitation[J]. Adv. Mater. , 1993, 5: 479.

[29] Kawata S, Kawata Y. Three-dimension optical data storage using photochromic materials [J]. Chem. Rev. , 2000, 100: 1777.

[30] He S, Gvishi R, Prasad P N, et al. Two-photon absorption based optical limiting and stabilization in organic molecule-doped solid materials[J]. Opt. Comm. , 1995, 117: 133.

[31] Abbotto A, Beverina L, Bozio R, et al. Push-pull organic chromophores for frequency-upconverted lasing[J]. Adv. Mater. , 2000, 12: 1963.

[32] Bauer C, Schnabel B, Kley E B, et al. Two-photon pumped lasing from a two-dimensional photonic bandgap structure with polymeric gain material[J]. Adv. Mater. , 2002, 14: 673.

[33] Bhawalkar J D, He G S, Prasad P N. Nonlinear multiphoton processes in organic and polymeric materials[J]. Rep. Prog. Phys. , 1996, 59: 1041.

[34] Ehrlich J E, Wu X L, Lee Y L, et al. Two-photon absorption and broadband optical limiting with bis-donor stilbenes[J]. Opt. Lett. , 1997, 22: 1843.

[35] Spangler C W. Recent development in the design of organic materials for optical power limiting[J]. Mater. Chem. , 1999, 9: 2013.

[36] Köhler R H, Cao J, Zipfel W R, et al. Exchange of protein molecules through connections between higher plant plastids[J]. Science, 1997, 276: 2039.

[37] Xu C, Zipfel W R, Shear J B, et al. Multiphoton fluorescence excitation: new spectral windows for biological nonlinear microscopy[J]. Proc. Natl. Acad. Sci. , 1993: 0763 - 10768.

[38] Oleinick N L, Morris R L, Belichenko I. The role of apoptosis in response to photodynamic therapy: what, where, why, and how[J]. Photochem. Photobiol. Sci. , 2002, 1: 1.

[39] Oar M A, Serin J M, Dichtel W R, et al. Photosensitization of singlet oxygen via two-photon-excited fluorescence resonance energy transfer in a water-soluble dendrimer[J]. Chem. Mater. , 2005, 17: 2267.

[40] Arnbjerg J, Johnsen M, Frederiksen P K, et al. Two-photon photosensitized production of singlet oxygen: optical and optoacoustic characterization of absolute two-photon absorption cross sections for standard sensitizers in different solvents[J]. J. Phys. Chem. A, 2006, 110: 7375.

[41] Drobizhev M, Karotki A, Kruk M, et al. Resonance enhancement of two-photon absorption in porphyrins[J]. Chem. Phys. Lett. , 2002, 355: 175.

[42] Drobizhev M, Makarov N S, Stepanenko Y, et al. Near-infrared two-photon absorption in phthalocyanines: Enhancement of lowest gerade-gerade transition by symmetrical electron-accepting substitution[J]. Chem. Phys. , 2006, 124: 224701.

[43] Dichtel W R, Serin J M, Edder C, et al. Singlet oxygen generation via two-photon excited FRET[J]. J. Am. Chem. Soc. , 2004, 126: 5380.

[44] Strickler J H, Webb W W. Three-dimensional optical data storage in refractive media by two-photon point excitation[J]. Opt. Lett. , 1991, 16: 1780.

[45] (a) Irie M. Diarylethenes for memories and switches[J]. Chem. Rev. , 2000, 100: 1685; (b) Tian H, Yang S. Recent progresses on diarylethene based photochromic switches[J]. Chem. Soc. Rev. , 2004, 33: 85.

[46] Kawata S, Sun H B, Tanaka T, et al. Finer features for functional microdevices[J]. Nature, 2001, 412: 697.

[47] Serbin J, Egbert A, Ostendorf A, et al. Femtosecond laser-induced two-photon polymerization of inorganic organic hybrid materials for applications in photonics[J]. Opt. Lett. , 2003, 28: 301.

[48] He G S, Yuan L, Cui Y P, et al. Studies of two-photon absorption pumped frequency-upconverted lasin properties of a new dye material[J]. Appl. Phys. , 1997, 81: 2529.

[49] Zhao C F, Gvishi R, Narang U, et al. Structures, spectra, and lasing properties of new (Aminostyryl)pyridinium laser dyes[J]. Phys. Chem. , 1996, 100: 4526.

[50] Ren Y, Fang Q, Yu W T, et al. Synthesis, structures and two-photon pumped up-conversion lasing properties of two new organic salts[J]. Mater. Chem. , 2000, 9: 2025.

[51] Reinhardt B A, Brott L L, Clarson S J, et al. Highly active two-photon dyes: design, synthesis, and characterization toward application[J]. Chem. Mater. , 1998, 10: 1863.

[52] Antonov L, Kamada K, Ohta K, et al. A systematic femtosecond study on the two-photon absorbing D-π-A molecules-π-bridge nitrogen insertion and strength of the donor and acceptor groups[J]. Phys. Chem. Chem. Phys. , 2003, 5: 1193.

[53] Lin T C, He G S, Prasad P N, et al. Degenerate nonlinear absorption and optical limiting properties of asymmetrically substituted stilbenoid chromophores[J]. J. Mater. Chem. , 2004, 14: 982.

[54] Beverina L, Fu J, Leclercq A, et al. Strong two-photon absorption at telecommunications wavelengths in a dipolar chromophore with a pyrrole auxiliary donor and thiazole auxiliary acceptor[J]. J. Am. Chem. Soc. , 2005, 127: 7282.

[55] Barzoukas M, Blanchard-Desce M, et al. Molecular engineering of push-pull dipolar and quadrupolar molecules for two-photon absorption: A multivalence-bond states approach [J]. Chem. Phys. , 2000, 113: 3951.

[56] Albota M, Beljonne D, Brédas J L, et al. Design of organic molecules with large two-photon absorption cross sections[J]. Science, 1998, 281: 1653.

[57] Rumi M, Barlow S, Wang J, et al. Two-photon absorbers and two-photon-induced chemistry[J]. Adv. Polym. Sci. , 2008, 213: 1 - 95.

[58] Mongin O, Porrs L, Charlot M, et al. Synthesis, fluorescence and two-photon absorption of a series of elongated rod-like and banana-shaped quadrupolar fluorophores: a comprehensive study of structure-property relationships[J]. Chem. Eur. J, 2007, 13: 1481-1498.

[59] Strehmel B, Sarker A M, Detert H. The influence of σ and π acceptors on two-photon absorption and solvatochromism of dipolar and quadrupolar unsaturated organic compounds[J]. Chem. Phys. Chem. , 2003, 4: 249.

[60] Pond S J K, Rumi M, Levin M D, et al. One-and two-photon spectroscopy of donor-acceptor-donor distyrylbenzene derivatives: effect of cyano substitution and distortion from planarity[J]. J. Phys. Chem. A, 2002, 106: 11470.

[61] Morley J O. Nonlinear optical properties of organic molecules. XII. Calculations of the hyperpolarizabilities of donor-acceptor polyynes[J]. Int. J. Quantum Chem. 1993, 46: 19-26.

[62] Ventelon L, Charier S, Moreaux L, et al. Nanoscale push-push dihydrophenanthrene derivatives as novel fluorophores for two-photon-excited fluorescence[J]. Angew. Chem. Int. Ed, 2001, 40: 2098-2101.

[63] Drobizhev M, Stepanenko Y, Dzenis Y, et al. Extremely strong near-IR two-photon absorption in conjugated porphyrin dimers: quantitative description with three-essential-states model[J]. J. Phys. Chem. B 2005, 109: 7223-7236.

[64] Drobizhev M, Stepanenko Y, Rebane A, et al. Strong cooperative enhancement of two-photon absorption in double-strand conjugated porphyrin ladder arrays[J]. J. Am. Chem. Soc, 2006, 128: 12432-12433.

[65] Yoon M C, Noh S B, Tsuda A, et al. Photophysics of meso-β doubly linked Ni(II) porphyrin arrays: large two-photon absorption cross-section and fast energy relaxation dynamics[J]. J. Am. Chem. Soc. , 2007, 129: 10080-10081.

[66] Nakamura Y, Jang S Y, Tanaka T, et al. Two-dimensionally extended porphyrin tapes: synthesis and shape-dependent two-photon absorption properties[J]. Chem. Eur. J. , 2008, 14: 8279-8289.

[67] Ahn T K, Kim K S, Kim D Y, et al. Relationship between two-photon absorption and the π-conjugation pathway in porphyrin arrays through dihedral angle control[J]. J. Am. Chem. Soc, 2006, 128: 1700-1704.

[68] Lin V S, DiMagno S G, Therien M J. Highly conjugated, acetylenyl bridged porphyrins—new models for light-harvesting antenna systems[J]. Science, 1994, 264: 1105-1111.

[69] Anderson H L. Conjugated porphyrin ladders[J]. Inorg. Chem. 1994, 33: 972-981.

[70] Drobizhev M, Meng F, Rebane A, et al. Strong two-photon absorption in new asymmetrically substituted porphyrins: interference between charge-transfer and intermediate-resonance pathways[J]. Phys. Chem. B, 2006, 110: 9802-9814.

[71] Frampton M J, Akdas H, Cowley A R, et al. Synthesis, crystal structure, and nonlinear optical behavior of β-unsubstituted meso-meso E-vinylene-linked porphyrin dimers[J]. Org. Lett. , 2005, 7: 5365-5368.

[72] Collins H A, Khurana M, Moriyama E H, et al. Blood-vessel closure using photosensitizers engineered for two-photon excitation[J]. Nat. Photonics, 2008, 2: 420 – 424.

[73] Ahn T K, Kwon J H, Kim D Y, et al. Comparative photophysics of[26]- and[28] Hexaphyrins(1.1.1.1.1.1): large two-photon absorption cross section of aromatic[26] hexaphyrins(1.1.1.1.1.1)[J]. J. Am. Chem. Soc., 2005, 127: 12856 – 12861.

[74] Tanaka Y, Saito S, Mori S, et al. Metalation of expanded porphyrins: a chemical trigger used to produce molecular twisting and möbius aromaticity[J]. Angew. Chem., 2008, 120: 693 – 696.

[75] Tanaka Y, Saito S, Mori S, et al. A chemical trigger used to produce molecular twisting and möbius aromaticity[J]. Angew. Chem. Int. Ed, 2008, 47: 681 – 684.

[76] Lim J M, Yoon Z S, Shin J Y, et al. The photophysical properties of expanded porphyrins: relationships between aromaticity, molecular geometry and non-linear optical properties[J]. Chem. Commun., 2009: 261 – 273.

[77] Williams-Harry M, Bhaskar A, Ramakrishna G, et al. Giant thienylene-acetylene-ethylene macrocycles with large two-photon absorption cross section and semishape-persistence[J]. J. Am. Chem. Soc, 2008, 130: 3252 – 3253.

[78] Norman P, Luo Y, Agren H. Large two-photon absorption cross sections in two-dimensional, charge-transfer, cumulene-containing aromatic molecules [J]. Chem. Phys., 1999, 111: 7758.

[79] Chung S J, Kim K S, Lin T C, et al. Cooperative enhancement of two-photon absorption in multi-branched structures[J]. J. Phys. Chem. B, 1999, 103: 10741.

[80] Yao S, Belfield K D. Synthesis of two-photon absorbing unsymmetrical branched chromophores through direct tris(bromomethylation) of fluorine[J]. J. Org. Chem., 2005, 70: 5126.

[81] Bhaskar A, Guda R, Haley M M, et al. Building symmetric. two-dimensional two-photon materials[J]. J. Am. Chem. Soc., 2006, 128: 13972 – 13973.

[82] Hohenau A, Cagran C, Kranzelbinder G, et al. Efficient two photon absorption in para-phenylene-type polymers[J]. Adv. Mater., 2001, 13, 1303: 48.

[83] Cho B R, Piao M J, Son K H, et al. Nonlinear optical and two-photon absorption properties of 1, 3, 5 – Tricyano – 2, 4, 6 – tris(styryl)benzene-containing octupolar oligomers[J]. Chem. Eur. J., 2002, 8: 3907.

[84] Adronov A, Fréchet J M J. Novel two-photon absorbing dendritic structures[J]. Chem. Mater., 2000, 12: 2838.

[85] Drobizhev M, Karotki A, Rabane A, et al. Dendrimer molecules with record large two-photon absorption cross section[J]. Opt. Lett., 2001, 26: 1081.

[86] Meng F, Mi J, Qian S, et al. Linear and tri-branched copolymers for two-photon absorption and two-photon fluorescent materials[J]. Polymer, 2003, 44: 6851.

[87] Pawlicki Miłosz, Collins Hazel A, Denning Robert G, et al. Two-photon absorption and the design of two-photon dyes[J]. Angew. Chem. Int. Ed., 2009, 48: 3244 – 3266.

[88] Heinze K G, Koltermann A, Schwille P. Simultaneous two-photon excitation of distinct labels for dual-color fluorescence crosscorrelation analysis[J]. Proc. Natl. Acad. Sci.,

2000, 97(19): 10377 - 10382.

[89] Messerschmidt A, Huber R, Poulos T, et al. Handbook of metalloproteins [M]. Chichester: John Wiley & Sons, Ltd, 2001: 149 - 1413.

[90] de Silva A P, Nimal Gunaratne, H Q, Gunnlaugsson, T, et al. Signaling recognition events with fluorescent sensors and switches [J]. Chem. Rev., 1997, 97(5): 1515 - 1566.

[91] Liu Y, Han M, Zhang H Y, et al. A proton-triggered ON-OFF-ON fluorescent chemosensor for Mg(II) via twisted intramolecular charge transfer [J]. Org. Lett., 2008, 10: 2873 - 2876.

[92] Xu Z C, Yoon J, Spring D R. A selective and ratiometric Cu^{2+} fluorescent probe based on naphthalimide excimer-monomer switching [J]. Chem. Commun., 2010, 46(15): 2563 - 2565.

[93] Hennrich G, Walther W, Resch-Genger U, et al. Cu^{2+} and Hg^{2+} induced modulation of the fluorescence behavior of a redox-active sensor molecule [J]. Inorg. Chem., 2001, 40 (4): 641 - 644.

[94] Brust-Mascher I, Webb W W. Calcium waves induced by large voltage pulses in fish keratocytes [J]. Biophys. J., 1998, 75(4): 1669 - 1678.

[95] Chang C J, Nolan E M, Jaworski J, et al. ZP8, a neuronal zinc sensor with improved dynamic range: Imaging zinc in hippocampal slices with two-photon microscopy [J]. Inorg. Chem., 2004, 43(21): 6774 - 6779.

[96] Nolan E M, Jaworski J, Okamoto K I, et al. QZ1 and QZ2: Rapid, reversible quinoline-derivatized fluoresceins for sensing biological Zn(II) [J]. J. Am. Chem. Soc, 2005, 127 (48): 16812 - 16823.

[97] Huang S, Heikal A A, Webb W W. Two-photon fluorescence spectroscopy and microscopy of NAD(P)H and flavoprotein [J]. Biophys. J., 2002, 82(5): 2811 - 2825.

[98] Kierdaszuk B, Malak H, Gryczynski I, et al. Fluorescence of reduced nicotinamides using one-and two-photon excitation [J]. Biophys. Chem., 1996, 62(1 - 3): 1 - 13.

[99] Sumalekshmy S, Fahrni C J. Metal-ion-responsive fluorescent probes for two-photon excitation microscopy [J]. Chem. Mater., 2011, 23(3): 483 - 500.

[100] Yao S, Belfield K D. Two photon fluorescent probes for bioimaging [J]. Eur. J. Org. Chem., 2012, 17, 3199 - 3217.

[101] Sissa C, Terenziani F, Painelli A, et al. Dimers of quadrupolar chromophores in solution: electrostatic interactions and optical spectra [J]. J. Phys. Chem. B., 2010, 114(2): 882 - 893.

[102] Kucherak O A, Didier P, Mély Y, et al. Fluorene analogues of prodan with superior fluorescence brightness and solvatochromism [J]. J. Phys. Chem. Lett., 2010, 1(3): 616 - 620.

[103] Pond S J K, Tsutsumi O, Rumi M, et al. Metal-ion sensing fluorophores with large two-photon absorption cross sections: Aza-crown ether substituted donor-acceptor-donor distyrylbenzenes [J]. J. Am. Chem. Soc., 2004, 126(30): 9291 - 9306.

[104] Kim H M, Jeong M Y, Ahn H C, et al. Two-photon sensor for metal ions derived from

azacrown ether[J]. J. Org. Chem. , 2004, 69(17): 5749 - 5751.

[105] Dong X H, Yang Y Y, Sun J, et al. Two-photon excited fluorescent probes for calcium based on internal charge transfer[J]. Chem. Commun. , 2009, 26: 3883 - 3885.

[106] Kim H M, Yang P Y, Seo M S, et al. Magnesium ion selective two-photon fluorescent probe based on a benzo[h]chromene derivative for in vivo imaging[J]. J. Org. Chem. , 2007, 72(6): 2088 - 2096.

[107] Kim H M, Jung C, Kim B R, et al. Environment-sensitive two-photon probe for intracellular free magnesium ions in live tissue[J]. Angew. Chem. Int. Ed. , 2007, 46 (19): 3460 - 3463.

[108] Kim H M, Kim B R, Hong J H, et al. A two-photon fluorescent probe for calcium waves in living tissue[J]. Angew. Chem. Int. Ed. , 2007, 46(39): 7445 - 7448.

[109] Kim H M, Kim B R, An M J, et al. Two-photon fluorescent probes for long-term imaging of calcium waves in live tissue[J]. Chem. Eur. J. , 2008, 14(7): 2075 - 2083.

[110] Mohan P S, Lim C S, Tian Y S, et al. A two-photon fluorescent probe for near-membrane calcium ions in live cells and tissues[J]. Chem. Commun. , 2009, 36: 5365 - 5367.

[111] Lim C S, Kang M Y, Han J H, et al. In vivo imaging of near-membrane calcium ions with two-photon probes[J]. Chem. Asian J. , 2011, 6(8): 2027 - 2032.

[112] Kim H J, Han J H, Kim M Y, et al. Dual-color imaging of sodium/calcium ion activities with two-photon fluorescent probes[J]. Angew. Chem. Int. Ed. , 2010, 49(38): 6786 -6739.

[113] Dong X, Han J H, Heo C H, et al. Dual color imaging of magnesium/calcium ion activities with two-photon fluorescent probes[J]. Anal. Chem. , 2012, 84(19): 8110 - 8113.

[114] Taki M, Wolford J L, O'Halloran T V, et al. Emission ratiometric imaging of intracellular zinc: Design of a benzoxazole fluorescent sensor and its application in two-photon microscopy[J]. J. Am. Chem. Soc. , 2004, 126(3): 712 - 713.

[115] Ahn H C, Yang S K, Kim H M, et al. Molecular two-photon sensor for metal ions derived from bis(2 - pyridyl)amine[J]. Chem. Phys. Lett. , 2005, 410 (4 - 6): 312 - 315.

[116] Huang C B, Qu J L, Qi J, et al. Dicyanostilbene-derived two-photon fluorescence probe for free zinc ions in live cells and tissues with a large two-photon action cross section[J]. Org. Lett. , 2011, 13(6): 1462 - 1465.

[117] Belfield K D, Bondar M V, Frazer A, et al. Fluorene-based metal-ion sensing probe with high sensitivity to Zn^{2+} and efficient two-photon absorption[J]. J. Phys. Chem. B, 2010, 114(28): 9313 - 9321.

[118] Sumalekshmy S, Henary M M, Siegel N, et al. Design of emission ratiometric metal-ion sensors with enhanced two-photon cross section and brightness[J]. J. Am. Chem. Soc. , 2007, 129(39): 11888 - 11889.

[119] Meng X, Wang S, Li Y, et al. 6 - Substituted quinoline-based ratiometric two-photon fluorescent probes for biological Zn^{2+} detection[J]. Chem. Commun. , 2012, 48(35): 4196 - 4198.

[120] Kim H M, Seo M K, An M J, et al. Two-photon fluorescent probes for intracellular free zinc ions in living tissue[J]. Angew. Chem. Int. Ed., 2008, 47(28): 5167 - 5170.

[121] Danish I A, Lim C S, Tian Y S, et al. Two-photon probes for Zn^{2+} ions with various dissociation constants. Detection of Zn^{2+} ions in live cells and tissues by two-photon microscopy[J]. Chem. Asian J., 2011, 6(5): 1234 - 1240.

[122] Masanta G, Lim C S, Kim H J, et al. A mitochondrial-targeted two-photon probe for zinc ion[J]. J. Am. Chem. Soc., 2011, 133(15): 5698 - 5700.

[123] Baek N Y, Heo C H, Lim C S, et al. A highly sensitive two-photon fluorescent probe for mitochondrial zinc ions in living tissue[J]. Chem. Commun., 2012, 48(38): 4546 - 4548.

[124] Kim M Y, Lim C S, Hong J T, et al. Sodium-ion-selective two-photon fluorescent probe for in vivo imaging[J]. Angew. Chem. Int. Ed., 2010, 49(2): 364 - 367.

[125] Kim J S, Kim H J, Kim H M, et al. Metal ion sensing novel calix [4] crown fluoroionophore with a two-photon absorption property[J]. J. Org. Chem., 2006, 71 (21): 8016 - 8022.

[126] Liu L, Dong X, Xiao Y, et al. Two-photon excited fluorescent chemosensor for homogeneous determination of copper(II) in aqueous media and complicated biological matrix[J]. Analyst, 2011, 136(10): 2139 - 2145.

[127] Huang C, Peng X, Lin Z, et al. A highly selective and sensitive two-photon chemosensor for silver ion derived from 3, 9 - dithia - 6 - azaundecane[J]. Sens. Actuators, B, 2008, 133(1): 113 - 117.

[128] Huang C, Ren A, Feng C, et al. Two-photon fluorescent probe for silver ion derived from twin-cyano-stilbene with large two-photon absorption cross section[J]. Sens. Actuators, B, 2010, 151(1): 236 - 242.

[129] Huang C, Fan J, Peng X, et al. Highly selective and sensitive twin-cyano-stilbene-based two-photon fluorescent probe for mercury (ii) in aqueous solution with large two-photon absorption cross-section[J]. J. Photochem. Photobiol. A, 2008, 199(2 - 3): 144 - 149.

[130] Liu Y, Dong X, Sun J, et al. Two-photon fluorescent probe for cadmium imaging in cells[J]. Analyst, 2012, 137(8): 1837 - 1845.

[131] Lim C S, Han J H, Kim C W, et al. A copper(I)-ion selective two-photon fluorescent probe for in vivo imaging[J]. Chem. Commun., 2011, 47(25): 7146 - 7148.

[132] Lim C S, Kang D W, Tian Y S, et al. Detection of mercury in fish organs with a two-photon fluorescent probe[J]. Chem. Commun., 2010, 46(14): 2388 - 2390.

[133] Kang M Y, Lim C S, Kim H S, et al. Detection of nickel in fish organs with a two-photon fluorescent probe[J]. Chem. Eur. J., 2012, 18(7): 1953 - 1960.

[134] Kim H M, An M J, Hong J H, et al. Two-photon fluorescent probes for acidic vesicles in live cells and tissue[J]. Angew. Chem. Int. Ed., 2008, 47(12): 2231 - 2234.

[135] Son J H, Lim C S, Han J H, et al. Two-photon lysotrackers for in vivo imaging[J] J. Org. Chem., 2011, 76(19): 8113 - 8116.

[136] Yao S, Schafer-Hales K J, Belfield K D. A new water-soluble near-neutral ratiometric fluorescent pH indicator[J]. Org. Lett., 2007, 9(26): 2645 - 2648.

[137] Park H J, Lim C S, Kim E S, et al. Measurement of pH values in human tissues by two-photon microscopy[J]. Angew. Chem. Int. Ed. , 2012, 51(11): 2673 - 2676.

[138] Liu Z Q, Shi M, Li F Y, et al. Highly selective two-photon chemosensors for fluoride derived from organic boranes[J]. Org. Lett. , 2005, 7(24): 5481 - 5484.

[139] Cao D, Liu Z, Li G, et al. A trivalent organoboron compound as one and two-photon fluorescent chemosensor for fluoride anion[J]. Sens. Actuators, B, 2008, 133(2): 489 - 492.

[140] Zhang J F, Lim C S, Bhuniya S, et al. A highly selective colorimetric and ratiometric two-photon fluorescent probe for fluoride ion detection[J]. Org. Lett. , 2011, 13(5): 1190 - 1193.

[141] Zhang X, Ren X, Xu Q H, et al. One and two-photon turn-on fluorescent probe for cysteine and homocysteine with large emission shift[J]. Org. Lett. , 2009, 11(6): 1257 - 1260.

[142] Yang Z, Zhao N, Sun Y, et al. Highly selective red-and green-emitting two-photon fluorescent probes for cysteine detection and their bio-imaging in living cells[J]. Chem. Commun. , 2012, 48(28): 3442 - 3444.

[143] Lee J H, Lim C S, Tian Y S, et al. A two-photon fluorescent probe for thiols in live cells and tissues[J]. J. Am. Chem. Soc. , 2010, 132(4): 1216 - 1217.

[144] Lim C S, Masanta G, Kim H J, et al. Ratiometric detection of mitochondrial thiols with a two-photon fluorescent probe[J]. J. Am. Chem. Soc. , 2011, 133(29): 11132 - 11135.

[145] Chung C, Srikun D, Lim C S, et al. A two-photon fluorescent probe for ratiometric imaging of hydrogen peroxide in live tissue[J]. Chem. Commun. , 2011, 47(34): 9618 - 9620.

[146] Masanta G, Heo C H, Lim C S, et al. A mitochondria-localized two-photon fluorescent probe for ratiometric imaging of hydrogen peroxide in live tissue[J]. Chem. Commun. , 2012, 48(29): 3518 - 3520.

[147] Das S K, Lim C S, Yang S Y, et al. A small molecule two-photon probe for hydrogen sulfide in live tissues[J]. Chem. Commun. , 2012, 48(67): 8395 - 8397.

[148] Tian Y S, Lee H Y, Lim C S, et al. A two-photon tracer for glucose uptake[J]. Angew. Chem. Int. Ed. , 2009, 48(43): 8027 - 8031.

[149] Lim C S, Chung C, Kim H M, et al. A two-photon turn-on probe for glucose uptake [J]. Chem. Commun. , 2012, 48(15): 2122 - 2124.

[150] Kim H M, Choo H Y, Jung S Y, et al. A two-photon fluorescent probe for lipid raft imaging: C-laurdan[J]. ChemBioChem. , 2007, 8(5): 553 - 559.

[151] Kim H M, Kim B R, Choo H J, et al. Two-photon fluorescent probes for biomembrane imaging: Effect of chain length[J]. ChemBioChem. , 2008, 9(17): 2830 - 2838.

[152] Kim H M, Jeong B H, Hyon J Y, et al. Two-photon fluorescent turn-on probe for lipid rafts in live cell and tissue[J]. J. Am. Chem. Soc. , 2008, 130(13): 4246 - 4247.

[153] Lim C S, Kim H J, Lee J H, et al. A two-photon turn-on probe for lipid rafts with minimum internalization[J]. ChemBioChem. , 2011, 12(3): 392 - 395.

3 光调控神经环路

刘 楠

人和动物的识别、学习、智能、语言、动作、思考、情感、记忆、意志、意识等过程,其物质基础应该是大脑中枢神经系统的活动。近 30 年来,关于心智与脑的科学研究,有从心理学范畴对认知与行为过程的研究和生物学范畴对神经细胞活动规律的研究两方面。目前,两方面正逐渐统一起来,人们希望从解析脑的高级功能和神经信息处理的独特机制的角度,深刻地理解心智活动的内在规律。这些研究的目的,一则是人类对自我认知的长期追求;二则是为了满足治愈众多脑部疾病的社会需要。

最近的研究表明,大脑中的连接点总数大约为 3×10^{15} 个。其中每个投射神经元通过大约 10^4 个连接点与大约 $2\,000$ 个其他神经元相连。如果说人类社会是个小世界,通过不超过 6 个人能找到世界上绝大多数人,那么某一个神经元能不超过 4 级把大脑中绝大多数神经元相连接($2\,000^4 = 1.6 \times 10^{13} \gg$ 大脑中神经元的总数,约为 10^{11})。神经元之间所形成的神经环路可以小到两个神经元之间,也可大到跨越几个脑区,其数目可以说是无穷多。所以,人类大脑是公认的最复杂、最神秘的自然现象,阐明大脑结构、功能及其机制是自然科学的终极目标之一。

人们已经意识到大脑功能无法由单个神经细胞或单一脑区独立完成,而必须依赖于不同类型、处于不同脑区或核团的细胞之间形成交互联系,我们将这种具有明确功能意义的神经细胞之间的交互联系称为神经环路(neural circuit)。如图 3-1 所示,生物体通过单一或整合的感知觉收集外部信息,由大脑中相应神经环路对信息进行处理加工,最后对个体产生不同类型的行为输出,进一步地,不同的神经环路之间结构上重叠的部分其功能也可能并不独立,它们之间的

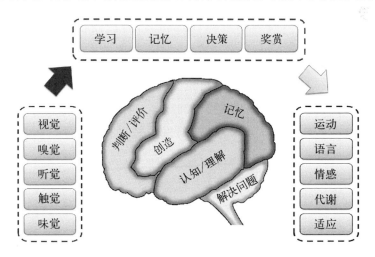

图 3-1　神经环路所执行的各种高级功能

相互作用可能是复杂认知功能形成的基础。因此,对神经环路的传递和相互作用规律的研究,成为解读和探索大脑功能的必要途径。

从解剖和形态学上看,神经环路的物质基础应该是脑组织中不同部位的相同或不同类型神经细胞之间形成的纤维投射或缝隙连接;而神经环路上信息交流和传导的生理学机制,是各种神经递质和受体介导的细胞间的兴奋或抑制作用,以及众多神经元群在整体水平上产生的动力学特征。因此,来源于不同遗传背景的神经细胞在网络和环路水平上表现出的复杂交互兴奋或抑制模式,可能是神经环路产生功能作用的重要机制。

如果我们把脑中由神经细胞构成的网络连接类比为一个同样复杂的电子环路,那么解析它最好的方法就是能够精确地触发环路中执行某一特定功能的单元,进而观察其对整个环路工作的影响。早在 1979 年,诺贝尔生物学奖得主克里克就已经指出:"神经科学研究的核心挑战在于如何能在某一时刻只控制某一类神经元的活动?"但是,多年来人们对脑连接组(brain connectome)的研究与这一理想方法之间仍存在巨大的鸿沟。人们难以找到从微观分子、细胞水平出发到整体行为功能来描述神经环路工作方式的办法。限制神经环路研究的一个主要瓶颈在于,很难有技术能够从操纵具有单一遗传背景、不同核团或一个功能核团的不同亚区之间、不同的电生理动力学特征的神经细胞入手,在活体水平分离某一神经环路中特定核团中的特异细胞类型,并实现对其高时空精确、定量的双向调控(兴奋/抑制),从而研究其对单一神经环路或多个神经环路之间,乃至整个大脑功能连接图谱的影响和作用机制,进而理解"大脑功能连接图谱"中特定一个"节点"的功能"开"或"关"对特定大脑认知活动的影响。直到基于光遗传学技术的光分子探针的出现,这一技术壁垒才逐渐打破。近年来光遗传学技术应用于神经环路的研究取得了多项突破,一些困扰人们多年的问题被重新解读。这里我们回顾了过去几年中光遗传学技术的迅猛发展及应用该技术对大脑神经环路中神经信息编码机制和传递规律的重新理解,研究特定神经环路如何调控包括运动、感觉、记忆、情感和奖惩等生理机能,以及解析抑郁症、焦虑症和精神分裂症在内的多种精神系统疾病的异常神经环路。

3.1　光遗传学技术

神经生物学研究中的一个核心问题就是大脑中的神经元及其构成的神经环路是怎样处理信息、调节认知和驱动行为的? 传统的方法已经可以分离出对特定感官刺激或者对运动、记忆或知觉任务积极响应的神经元,因为它们本身极大可能会处理与这些活动相关的信息,但是反过来如何解释通过选择性地刺激上述细胞,就可以产生对应的行为?编码这些行为的神经元的种类在空间上分布广泛,其放电模式在时序上又纷乱复杂。传统的药理学方法在行为和刺激的时序上相当滞后,而电刺激方法虽然时间分辨率高,但其空间分辨率很差,刺激电极周围神经元均会被电流激活。因此对于这个问题的研究进展缓慢。

光学、基因工程学和化学的技术进步使人们得以全方面、多层次地探究大脑的功能,从细胞内信号到单一突触联系,从细胞类群到神经环路,进而探讨完整的行为模式。直到近几年,人们才把这些研究手段整合成一个新的研究策略:光遗传学技术(optogenetics)——利用光来激活或者抑制神经元的活性,这也许能解决人们的困扰。光遗传学技术的时间分辨率几乎和神经活动的细胞过程一样都是亚毫秒或毫秒级,光的传播同样是无创的,并且可以远距离地操控神经活动和动物行为。除了光学分辨率,通过选择只对特定神经蛋白如神经递质受体反应的光敏感化合物,如笼锁解笼锁化合物,或者用基因方法通过携带不同启动子(promoter)将光敏感物质导入感兴趣的特定细胞亚群(如谷氨酸能(glutamatergic)神经元、伽马氨基丁酸能神经元等),以及后来发展的转基因动物技术都能实现光敏感物质在脑组织表达的细胞特异性。如果将光感基因连接上报告基因(一般为荧光蛋白),共同导入到大脑执行特定功能的区域中的某类神经细胞,我们能够在大脑执行感知觉任务的同时,可视化地调控和记录细胞亚群的反应,然后让细胞将这种反应进行重现,从而明确这一类细胞对生物个体行为的功能性作用。

3.1.1 光遗传学技术的历史

早在 1971 年,微生物学家就发现菌视紫红质(bacteriorhodopsin)作为一种光驱动离子泵可以调节跨膜的离子流[1]。1977 年又发现了光驱动氯离子泵——盐细菌视紫红质(*Natronomonos pharaonis Halorhodopsin*,NpHR)[2]。2002 年和 2003 年德国的 Nagel 组分别纯化出光驱动、非选择性的阳离子通道视紫红质通道蛋白 1(channelrhodopsin1,ChR1)[3] 和视紫红质通道蛋白 2(channelrhodopsin2,ChR2)[4]。2005 年,斯坦福大学的 Karl Deisseroth 小组首次通过构建与某种特定的启动子相连接的病毒载体,将微生物的视蛋白(opsin)中的 ChR2 特异地表达在神经元细胞膜上,在波长为 470 nm 左右的蓝光照射下成功地诱导神经元产生内向阳离子光电流,使细胞膜去极化从而兴奋神经元[5]。2007 年他们又成功将 NpHR 也表达在培养的海马神经元上,用波长约为

593 nm的黄光可以抑制蓝光照射ChR2时细胞产生的动作电位[6]。接下来,人们还陆续开发出来不同的光感基因变体,如向红色波谱方向偏移的 VChR1 和 C1V1、光刺激后能在一段时间内连续工作的 SFO 和 SSFO 等。由此开启了一扇新的大门:用光调控神经细胞的活性从而干预动物的行为或疾病症状。

虽然光遗传学技术基础研究始于 20 世纪 70 年代至 21 世纪初年,但 optogenetics 这个词汇直到 2006 年才第一次出现[7]。Optogenetic 是一个由 optic(光学)和 genetic(遗传学)合成的一个词。实际上,从名称上,想说明此技术是"光"和"基因"之间的"关联性",但此种关联性并不是指光和基因之间的相互作用,而是指通过光刺激了基因表达的产物——蛋白质(ChR,NpHR 等),从而把光学信号转变成为细胞的生理学信号。2019 版的牛津英文大词典将可能首先承认"Opotogenetics"这个词汇,将它定义为:"生物技术的一个分支,整合了基因工程学和光学,通常是在动物个体中通过光来观察和调控基因标靶的细胞群的功能[7]。"过去几年,光遗传学技术在神经科学,特别是神经环路功能解析研究中的日益广泛应用,使人们回答了许多传统研究方法无法回答的科学问题。《Nature Methods》杂志将此项技术评为 2010 年的年度技术;2013 年 3 月的《Science》杂志上介绍"推进创新神经技术脑研究计划"(the brain research through advancing innovative neunotechnologies initiative,BRAIN)时,评价"近期光感基因技术因为能让研究者使用光调控神经元,从而带来了神经科学的革新"。

3.1.2 光遗传学技术的优势

在光遗传学技术出现以前,研究神经回路的主要方法是通过电极对某一靶点进行电刺激,同时记录电生理信号。虽然这种方法具有较高的时间分辨率,但是,正如前面描述的,其空间分辨率和细胞特异性较差,不能选择性地针对某一类型的细胞进行研究,如图 3-2 所示,并且电刺激对电生理记录的干扰较大,给实验的设计和进行造成了困难。临床治疗上,深部脑刺激(deep brain stimulation,DBS)在治疗运动障碍性疾病中的广泛应用,使其在治疗药物难治性癫痫和帕金森氏病中的作用日益受到人们的重视。虽然临床上应用 DBS(即用电极刺激神经中枢相应部位)对某些癫痫和帕金森氏病等疾病有一定的治疗作用,但电刺激本身由于缺乏细胞特异性而导致副作用;另外,此方法虽在治疗开始时有效,但由于神经胶质细胞瘢痕形成,导致电极被绝缘,治疗作用只能持续几个月到几年;再者,深部大脑电极刺激对某些病人具有治疗作用的机制尚不清楚:例如,持续刺激底丘脑核(subthalamic nucleus,STN)治疗帕金森氏病和癫痫,理论上讲,可能是由于激活了兴奋性细胞,也可能是激活了抑制性细胞,或抑制了兴奋性细胞,或抑制了抑制性细胞,或者改变了靶向神经元复杂的同步活动方式。由于深部大脑刺激治疗机制在神经科学领域存在着严重的分歧,致使不能切实有效地提高 DBS 的治疗效果,减轻副作用。

光遗传学技术通过基因工程方法将光敏感蛋白表达在单一来源的特定细胞群(兴奋或抑制神经元、神经元或神经胶质细胞等),因此不表达光敏感蛋白的细胞对光刺激没有反应,而电刺激会激活受影响范围内的所有细胞,如图 3-2 所示。除了细胞特异性,根据病毒载体的特性,光敏感蛋白还可以顺着感染的神经元胞体向突触生长,甚至跨越一级突触传导至下一级神经元的胞体[8],或者从感染的神经元的轴突末梢逆行回胞体。因此光遗传学技术又具有细胞空间投射的特异性,这对于神经环路中各脑区特定细胞群的调控具有无与伦比的精准性。通常一条神经回路是由若干个执行同一任务的核团组成,首先解剖学上,通过荧光蛋白就可以观察各脑区直接的投射关系,其次可以通过刺激上游核团,记录下游核团的电生理或影像学反应判定其有无功能联系,亦可刺激上游核团投射到下游核团的轴突监测这些功能变化,抑或刺激更下游核团。这样就可以解析出完整的投射关系,描绘出整条可能的神经回路。

图 3-2　电刺激和光刺激的区别

3.1.3　光敏感蛋白

光遗传学技术拥有两大工作部件,如图 3-3 所示:感受器(sensors)和驱动器(actuators 或 triggers)。感受器将细胞的生理信号转换为光信号,对细胞进行功能成像而非直接影像。驱动器接受光信号转变成生理信号,实现对细胞功能的调控。感受和驱动两者对称完美地诠释了一个完整的实验方案:驱动器向细胞传达可控的冲动,而感受器则将细胞的反应呈现出来。这里的驱动器即是人们改造的一系列蛋白质,它们接受光的调控,进而控制细胞的活性,因此又称为光敏感蛋白(light-sensitive proteins)。根据功能大致划分为两类,使细胞去

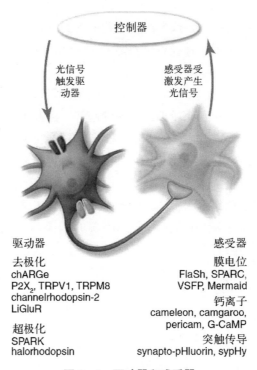

图 3-3　驱动器和感受器

极化或使其超极化。光遗传学技术中经常使用的两种光敏感蛋白为 ChR 和 NpHR，而接受光刺激后，前者可以兴奋细胞，后者恰好相反。

3.1.3.1　ChR1 和 ChR2

ChR1 和 ChR2 来源于单细胞绿藻——衣藻(*Chlamydomonas reinhardtii*)，在系统发育上是视蛋白的远亲。最初它们的命名很复杂，德国 Hegemann 实验室首先将其命名为衣藻视蛋白(*chlamyopsins*)，简称为 Cop3、Cop4[9]，后来更名为通道视蛋白(*channelopsin*)，简称为 Chop1 和 Chop2[3]。美国 Spudich 实验室称其为 CSOA 和 CSOB[10]，而日本的 Takahashi 实验室则叫做 Acop-1 和 Acop-2[11]。当这两种微生物蛋白应用到脊椎动物细胞后，发现其能作为阳离子通道吸收光后介导阳离子流入细胞，Hegemann 等人开始称其为 channelrhodopsins (channelopsin＋retinal)[3, 4]，即它是视黄醛耦合(retinal-coupled)的离子通道。哺乳动物大脑中有足够的视黄醛，因此这些来自微生物的视蛋白能够在哺乳动物的大脑中正常表达并发挥功能，不需要添加任何化学物质或其他基因的辅助[12, 13]。ChR1 和 ChR2 都是非选择性的阳离子通道，允许 Na^+、K^+、H^+ 和 Ca^{2+} 通过。ChR2 是一个 7 次跨膜的通道蛋白，其发色团(chromophore)视黄醛复合体对蓝光起反应,最大吸收峰约为 475 nm,如图 3-4(a)所示,吸光后从全顺式(all-trans)视黄醛光敏异构化为 13-反式(13-cis)视黄醛,这个变化引起跨膜蛋白构象的进一步变化,打开了一个至少 6 Å 的孔道,阳离子得以进入细胞,从而引起细胞兴奋,如图 3-4(b)所示。光敏异构化结束的暗反应中,视黄醛共价结合域回复为全顺式,离子通道关闭,发色团重生。

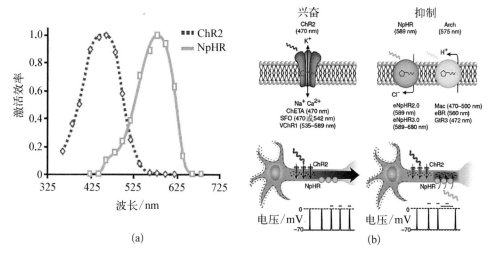

图 3-4 光敏感蛋白的激发光谱及工作原理

3.1.3.2 NpHR、Arch 和 Mac

除了兴奋性的 ChR1 和 ChR2,人们还需要一种基于视蛋白的可以抑制细胞放电的工具,于是一类源于古细菌(*natronomonas pharaonis*)中的光驱动氯离子泵被分离出来,其最大吸收波长在 593 nm,如图 3-4(a)所示。作为离子泵,NpHR 可以忽视细胞的静息电位或 Cl⁻ 的反转电位,在黄光刺激下可持续向细胞内泵入 Cl⁻,而使神经元一直处于超极化被抑制。但是在抑制过后,会引发细胞反弹性地激烈放电[14],可能是高 Cl⁻ 电流改变了这些细胞伽马氨基丁酸(gama-aminobutyric acid,GABA)的传输[15]。不同于 ChR2 吸收光子后发生蛋白构象变化,NpHR 每吸收一个光子就向细胞内泵入一个 Cl⁻,因此持续高强度的黄光能够可靠并近乎完美地抑制神经元放电,如图 3-4(b)所示。虽然 ChR2 和 NpHR 在光的吸收波谱上有部分重叠,如图 3-4(a)所示,但通过将 ChR2 刺激光蓝移,NpHR 刺激光红移或者调节两种光的强度,可以使其分别只对一种光起反应。利用这个特性,2007 年 Karl Deisseroth 小组成功地将 ChR2 和 NpHR 导入哺乳动物神经元,实现了利用蓝光和黄光的交替作用控制特定细胞群的功能[6]。

与 NpHR 同样执行抑制功能的还有两种泵：古细菌视紫红质(archaerhodopsin - 3，Arch)和黑胫病菌视蛋白(*leptosphaeria maculans opsin*，Mac)。它们是光驱动的质子泵，分别来源于苏打盐红菌(*halorubrum sodomense*)和黑胫病菌(*leptosphaeria maculans*)。每吸收一个光子它们就从细胞内向细胞外泵出一个 H^+ 或称为质子，从而降低细胞内的正电荷进而引起细胞超极化。Arch 和 Mac 可以有效地抑制神经元放电，同时又避免了 NpHR 的副作用[15, 16]。

3.1.3.3 光敏感蛋白的结构

通道视紫红质(ChRs)是一种光门控阳离子通道。研究者试图设计 ChRs 的突变体来改善其特性，包括离子选择性、动力学以及吸收光谱属性，但因为缺少了 ChRs 的结构信息，难以对新突变体的结构和功能进行预测。东京大学的 Osamu Nureki 组对一种混合嵌合体蛋白 C1C2 进行了工程技术的操作，这种嵌合体蛋白质含有 ChR1 和 ChR2 结构域。研究者使用 X 射线晶体衍射技术对嵌合蛋白的晶体结构在 2.3Å 的分辨率进行了解析，重点分析了视黄醛结合袋(retinal-binding pocket)和阳离子通道的分子构象的电生理特征，通过结构解析证明带正电荷离子的路径可以通过细胞膜进行转移。细胞外部大的外前庭结构可以提供一个与负电荷离子连接的路径，这将使得正电荷离子成功进入小孔内部。当 ChR 失活时，这种小孔就会阻塞，但是全波长照明可以引发一系列的质子传递，可以消除这种阻塞，并且使得离子成功通过。该研究为未来的 ChR 突变实验提供分子结构上的依据。

3.1.3.4 光敏感蛋白的电生理学特性

对 ChR2 通道电生理特性的研究主要是在培养的细胞上用膜片钳记录分析的。如图 3-5(a)所示，用一束持续 1 s 的蓝光照射表达有 ChR2 的神经元，可以诱发阳离子内向电流，将其分解开来看，有如下几个特征值[见图 3-5(a)][18]：峰电流(peak photocurrent)、稳定态电流(stationary current)、τ_{in}(从峰电流到稳定态电流开始的时间)、τ_{off}(稳定态电流结束恢复到基线的时间)，τ 值符合单指数(mono-exponential)模型。其中对 ChR2 非常重要的是两个值：首先是峰电流，它影响动作电位产生的概率，即阳离子内向电流会改变细胞膜电位，当膜电位达到一定阈值强度时，神经元才产生动作电位，因此内向阳离子电流越大越容易使神经元产生动作电位。同时 ChR2 只需要吸收较少的光子，就能引起神经元兴奋，这意味着低光强度就能满足实验需求，这对在体实验是有利的，一是在保证神经元产生足够的峰电位情况下，减少长时间光刺激带来的组织加热问题。二是减少了细胞膜上表达的光敏感通道蛋白的数量，一定程度上减轻了对细胞膜结构的影响，并且受到光刺激的通道蛋白数目减少，会显著降低引起额外峰电位(extra spike)的概率[见图 3-5(b)]，因为过多的蛋白通道被打开，会持续引起阳离子内流入胞，可能不断产生新的动作电位。而过多的额外峰电位明显会损伤光遗传学技术的精确性，降低神经编码(coding)的准确性，因为单次光刺激可能引起非一次的神经元反应；其次 τ_{off} 会影响 ChR2 通道开合的动力学速度。τ_{off} 值越大，ChR2 受激发后通道关闭回到基态的时间越长，此时胞内多余的阳离子并没有完全排出胞外，因此神经元细胞膜电位高于原来的静息电位，造成神经元相对长时间处于持续去极化状态(prolonged depolarization)，如图 3-5(b)所示。如果下一次光刺激的时刻正好处于 ChR2 失活的时间窗(time window)内，那么细胞就不易再次产生动作电位，从而引起峰电位的丢失(missed spike)，如图 3-5(b)所示。在更高频率的光刺激下，由于光刺激落在通道失活时间窗内的几率加大，这种丢失尤其明显，因此这对需要快速编码的神经节律[如 40 Hz 以上的伽马节律(gamma rhythm)]的研究是极其不利的。另外，在较高的刺激频率下，由于神经元一直处于持续去极化状态而不能回到静息状态，因此形成了一个高于基线约数毫伏的平台电位(plateau potential)，如图 3-5(c)所示。这意味着细胞静息电位提高了，即刺激阈值降低了，如果偶尔有其他刺激传递过来，细胞容易被激活而产生偶然事件，并且会影响神经的信息处理。反之，τ_{off} 越小，ChR2 处于失活状态的时间越短，在产生一次动作电位后的极短时间内能够再次接受光刺激而产生下一次动作电位，并且由于持续去极化状态时程显著减少，因此也减少了出现平台电位的现象。

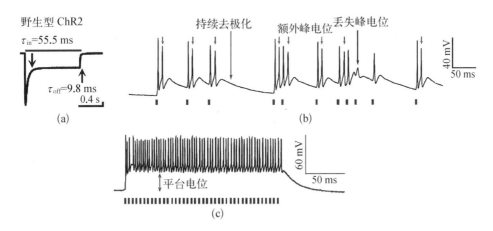

图 3-5　ChR2 的电生理特性

3.1.3.5　光敏感蛋白的变体(variants)

ChRs 用于光调控的只有其 7 次跨膜部分，而位于细胞内的 C 末端，可以被其他分子取代而不影响通道的功能。最常见的分子是各种荧光蛋白,如绿色荧光蛋白(green fluorescent protein,GFP)、黄色荧光蛋白(yellow fluorescent protein,YFP)、樱桃红荧光蛋白(mcherry)等,它们可以使细胞着色,便于鉴别出已表达 ChRs 的细胞。另外,对于通道特性的改变主要针对通道动力学特征即通道开关速度或者引起的内向阳离子电流幅度。电流幅度越高,神经元越容易爆发动作电位。近年来随着光遗传学技术的迅猛发展,通过基因工程改造,新的光遗传学工具[19]相继出现,它们具有不同的激发波长、离子通透性、通道开放速度等性质,这些工具能够满足不同的实验需求。

1) 改进光敏通道蛋白的光电流

ChRs 是来源于藻类的蛋白质,具有原核生物的密码子偏好,张峰等对 ChRs 的密码子进行人源化改造,明显提高了 ChRs 的表达量[13]。Nagel 等构建了一种 ChR2 的突变体——ChR2(H134R),相比野生型 ChR2,ChR2(H134R) 的稳定态光电流提高了两倍[20, 21]。Lin 等构建了一种突变体 ChEF,该突变体融合了 ChR1 和 ChR2 的跨膜域,在长时间的光刺激下,ChEF 的失活时间较野生型 ChR2 更短,对高频光刺激的响应性更好。进一步改造 ChEF,产生了一个 I170V 点突变,这一突变体被命名为 ChIEF,ChIEF 能够更迅速地响应光刺激,相比 ChEF 具有更好的时间精确性[22]。Kleinlogel 等构建了一种 ChR2 的突变体—Calcium Translocating Channelrhodopsin (CatCh)。CatCh 最显著的特点是对 Ca^{2+} 的通透性高,更容易激活电压依赖的钠通道,从而间接地提高光敏感性。因此与野生型 ChR2 相比,CatCh 在光刺激后开放通道的反应时间更短,并且比野生型 ChR2 的光敏感性高 70 倍[23]。

2) 高频光敏通道蛋白

野生型 ChR2 蛋白引发的放电频率一般不能超越 gamma(约 40 Hz)频段,感染野生型 ChR2 的神经细胞在高于 40 Hz 光刺激下会丢失大部分动作电位。德国柏林洪堡大学的 Peter Hegemann 等分析了 ChR2 的蛋白结构,发现视黄醛结合袋(retinal binding pocket)是影响光动力学的关键位点,他们改变视黄醛结合袋的一个氨基酸残基——123 位的谷氨酸,将其替换为苏氨酸,构建出一个新型的 ChR2 蛋白——ChETA(ChR2 - E123T accelerated,即 E123T 位点突变的快速 ChR2)。在大脑皮质中的快速放电小清蛋白(parvalbumin,PV)中间神经元表达 ChETA 蛋白,结果发现这种 PV 神经元可以产生频率高达 200 Hz 的光电流[18]。2011 年,他们在 ChETA 的基础上又进一步引入 T159C 突变位点,该双位点突变体(E123T/T159C, ET/Tc)弥补了 ChETA 由于光激活引起的内向阳离子电流幅度不足的缺点,显著提高了光电流的强度和单个动作电位的精确性[19]。

3）"开/关"光敏通道蛋白

斯坦福大学的 Karl Deisseroth 与洪堡大学的 Peter Hegemann 合作,构建了可以进行精细"开"、"关"操作的光敏通道变异体,其具有稳定的激活态和失活态(即双稳态)两种状态,可以进行精细的"开/关"操作。根据计算机结构预测,ChR2 分子第 128 位半胱氨酸(Cys128)位于视蛋白发色基团——全顺式视黄醛(all-trans retinal)附近,因此 Deisseroth 等猜测 Cys128 可能对于控制 ChR2 离子通道的开关起到了关键性作用,替换掉 Cys128 之后,ChR2 离子通道的动力学性质发生了很大的改变。于是,Deisseroth 等人构建了 3 种不同的 ChR2 突变体—ChR2(C128T)、ChR2(C128A)和 ChR(C128S)。这三种光敏通道变异体被命名为 step-function opsin (SFO),它们具有一个共同的特点,那就是延时导电态(extended conducting state lifetime)。这样,只需使用短暂的光刺激就能获得比以往时间更长的、可逆的细胞膜去极化状态[24]。2011 年,他们在 SFO 的基础上又进一步开发出具有稳定跃迁功能的光敏通道(stabilized step function opsin, SSFO),Yizhar 等通过时间分辨光谱学研究发现 C128S 和 D156A 单个位点突变体的吸光度在给光后几分钟就可以恢复,而 C128S/D156A 双突变体的激活状态可以维持 30 min。在神经元上表达 ChR2(C128S/D156A) 突变体,给蓝光激活后产生稳定的光电流,可以维持约 30 min 的持续通道开放时间。因此将突变体应用到在体的光遗传实验中,光刺激后拔去光纤,神经元还可以保持数十分钟的兴奋性[25]。

4）"红移(red-shifted)"光敏通道蛋白

Karl Deisseroth 与 Peter Hegemann 组合作,从 volvox carteri 中分离出离子通道 VChR1,激活谱峰为 535 nm,可以被更远的 589 nm 的黄光激发,该波长段比野生型 ChR2 的最大激发波长红移 70 nm。VChR1 与 ChR2 联合应用,可以实现不同的波长分别激活两种类型的细胞[26]。针对 VChR1 光电流较弱的缺点,Deisseroth 等进行了一系列改进,首先在 VChR1 基因的下游添加了一段 Kir2.1 运输信号(trafficking signal),有效提高了 VChR1 的膜表达量,增加单位时间进入细胞的阳离子数量,从而增强了光电流。他们进一步发现把 VChR1 蛋白结构上的 helix‐1、helix‐2 替换为 ChR1 的同源序列后,可以显著提高光电流,而红移的特性不变,这种新突变体被命名为 C1V1,但其失活时间很长,是野生型 ChR2 的 10 倍。对这突变体进一步改造,产生了新的突变体 C1V1(E122T/E162T),它能有效响应 40 Hz 的光脉冲,而且给予相同强度的光刺激。C1V1(E122T/E162T)产生的光电流比 ChR2(H134R)更强[25]。

3.2　光遗传学技术研究的步骤

3.2.1　细胞特异性标记方法

光遗传学技术通过一定波长的光对细胞进行选择性地兴奋或者抑制,达到在特定类型细胞中控制细胞活动的目的。该技术对细胞的选择性目前主要是通过三种方法实现的:① 通过病毒载体直接选择性表达光感基因;② 通过转基因动物直接选择性表达光感基因;③ 依赖重组酶的腺相关病毒选择性表达光感基因。

3.2.1.1　通过病毒载体直接选择性表达光感基因

1) 病毒载体概述

常用的病毒载体系统包括慢病毒(lentivirus, LV)、腺相关病毒(adeno-associated virus, AAV)、腺病毒(adenovirus, AV)、单纯疱疹病毒(herpes simplex virus, HSV)等。相比转基因动物,病毒载体具有很多优势,包括:① 制备周期短,从载体克隆到病毒表达只需要数周时间就可以完成;② 可用于难以转基因的动物,如灵长类等;③ 病毒表达只局限于注射位点,如某个特定的脑区,因此具有空间选择性;④ 某些病毒具有天然嗜性,只感染一些特定的细胞类型。目前广泛用于光遗传学研究的病毒载体是慢病毒载体和腺相关病毒载体。

慢病毒载体是以人类免疫缺陷 I 型病毒为基础发展起来的基因治疗载体。慢病毒载体的容量可达 9 kb,制备流程较简单,制备时间短,感染神经元细胞的效率很高。张锋和王立平等通过慢病毒载体把 ChR2 和 NpHR 同时导入到小鼠的海马神经元,用交替的蓝光和黄光兴奋和抑制同一种细胞或两种不同种类的细胞[6]。后来,携带光感基因的慢病毒载体又被导入大鼠和猕猴等动物的大脑,揭示了一系列神经科学前沿问题,也证明了慢病毒载体的通用性和稳定性[27, 28]。

腺相关病毒属微小病毒科,无被膜而具有 20 面体结构,含线状单链 DNA 基因组(5 kb)。腺相关病毒的无致病原性、能感染不同物种的大多数细胞类型、有位点特异性的整合能力等特性使其成为一个理想的基因治疗载体。重组 AAV 载体能转导培养细胞以及体内不同组织比如肺、骨骼肌、心肌、视网膜、中枢神经系统和肝等。

2) 病毒载体的细胞选择性

病毒载体的细胞选择性主要是通过以下四种方法实现的:

（1）病毒外膜蛋白的细胞选择性。

某些病毒外膜蛋白有高度的抗原性，并能选择性地与宿主细胞受体结合，促使病毒囊膜与宿主细胞膜融合，从而进入胞内而导致感染。AAV 表面有衣壳蛋白，因此具有弱免疫源性。依据不同衣壳蛋白成分 AAV 划分为很多种血清型，目前有 9 种常用的天然血清型 AAV 载体（1－9 型），不同的血清型的 AAV 具有不同的组织亲嗜性，譬如 AAV－5 在中枢神经系统的转导效率和表达水平显著高于 AAV－2，并且表达不局限于注射部位[29]。通过替换基因 *rep/cap* 表达质粒的方法，很容易制备不同血清型的 AAV[30]。慢病毒载体倾向于表达在兴奋性神经元，而低滴度的 AAV2 型病毒在小鼠的躯体感觉皮层偏向于表达在抑制性神经元[31]。

（2）基于启动子的细胞选择性病毒载体系统。

（a）细胞选择性病毒载体系统的原理

启动子是基因的一个组成部分，控制基因转录的起始时间和表达强度。一般而言，特定类型的细胞具有特定的基因表达谱，因此某些特定基因可以作为特定细胞类型的标志物，而这些标志物基因的启动子可以作为基因选择性表达的控制器。虽然，非特异性的启动子在特定条件下也能实现选择表达，比如 EF1a 启动子（一种无神经元亚类选择性的启动子）的 AAV 病毒和水泡性口炎病毒包膜蛋白（vesicular stomatitis virtus envelope protein，VSVG）可以在神经元选择性表达[12]，但是大多数光遗传学试验，需要组织特异性的启动子来驱动下游的光感基因，实现精确的细胞选择性表达。由于 LV 和 AAV 载体容量的限制，只有很少的一些特异性启动子 DNA 片段能够被插入病毒载体的表达框中。突触蛋白（synapsins）是一类只分布在神经元突触上的、用于调控神经递质释放的蛋白质家族。其中 Synapsin I 作为神经细胞的标志物（marker），其基因序列可作为启动子驱动目的基因（如光感基因 ChR2 等）在神经元中选择性地表达[32]。钙调蛋白激酶（Ca^{2+}/calmodulin-dependent protein kinase II，CaMKIIα）是兴奋性神经元的标志物，CaMKIIα 被用于驱动目的基因在主要为谷氨酸能的兴奋性神经元中选择性表达[27]。胶质原纤维酸性蛋白（glial fibrillary acidic protein，GFAP）是一种星形胶质细胞特异性的中间纤维蛋白，GFAP 被用于驱动目的基因在星型胶质细胞中选择性地表达[33]。

（b）细胞选择性病毒载体系统的建立

以慢病毒为例，首先构建慢病毒表达载体，该载体携带有细胞特异性启动子（如：Synapsin I，CaMKⅡα，GFAP 等）和光感基因（ChR2、ChETA、NphR、Arch 等）以及荧光蛋白报告基因（GFP、YFP、mCherry 等）使该载体具有细胞选择性和可视性。将构建好的慢病毒表达载体与慢病毒包装质粒及辅助质粒共转染293FT细胞,收集培养上清纯化,制备各种细胞选择性慢病毒。与慢病毒相比,AAV的免疫原性较低、可以达到更高的滴度、在神经系统表达的范围更大,虽然AAV有上述优点,但因为制备较为繁琐,所以AAV的广泛应用受到了限制。AAV病毒本身是一种复制缺陷的病毒,它需要有辅助病毒的存在才能进行感染性复制(即产生子代AAV病毒),而在没有辅助病毒存在的时候,AAV病毒感染细胞后就进入潜伏状态,即在细胞中"潜伏"下来,或整合到染色体中,或以附加子(episome)的形式存在。现在最流行的AAV包装系统是Helper-Free系统,主要包含3个质粒,pHelper、pRC和pAAV‐MCS。pHelper是辅助质粒,代替了野生型腺病毒的作用,包含AVV必需的腺病毒E2A、E4和 *VA RNA* 基因,而另外一个AAV包装所必需的基因 *E1A* 和 *E1B* 存在293细胞中。pRC携带两个AAV组装的必须基因 *cap* 和 *rep*,基因 *rep* 负责ssDNA的复制,基因 *cap* 负责外膜蛋白的类型,如果制备不同血清型的AAV,只需要更换不同的pRC质粒。pAAV‐MCS上有多克隆位点,方便插入目的基因,上游的CMV启动子也可以替换为细胞特异性启动子。

(3)基于神经环路连接的细胞选择性病毒载体系统。

Gradinaru等人开发了一种基于神经环路连接的细胞选择性病毒载体系统[8](见图3‐6),可用于神经环路的示踪。该系统工作流程如下:首先克隆出具有跨突触功能的WGA‐Cre重组腺相关病毒载体和依赖重组酶的ChR2重组腺相关病毒载体。在A脑区注射WGA‐Cre腺相关病毒,在B脑区注射依赖重组酶的ChR2腺相关病毒,如果B脑区有神经元投射到A脑区,则A脑区表达的Cre重组酶会沿轴突逆行到B脑区神经元的胞体,从而激活B脑区的Cre依赖的基因进行转录、翻译,最终表达ChR2和荧光蛋白。然后通过蓝光可以激活B脑区的神经元,从而在功能上验证脑区之间的神经环路联系。

(4)基于微小RNA(microRNA)调控的细胞选择性病毒载体系统。

(a)microRNA调控原理

microRNAs(miRNAs)是一种小的内源性非编码RNA分子,大约由21～25个核苷酸组成。microRNA能够与那些和它的序列互补的信使RNA(messager RNA,mRNA)分子相结合,有时候甚至可以与特定的DNA片断结合,结果导致标靶基因的沉默。这种方式是机体调节基因表达的一个重要策略。在动物中,miRNA倾向于在靶mRNA的3′端非编码区进行部分配对,而3′端非编码区被认为是调节mRNA翻译的区域[34]。利用miRNA的调控功能可实现目的基因的细胞选择性表达。COLIN等构建了一种慢病毒表达载体,在目的

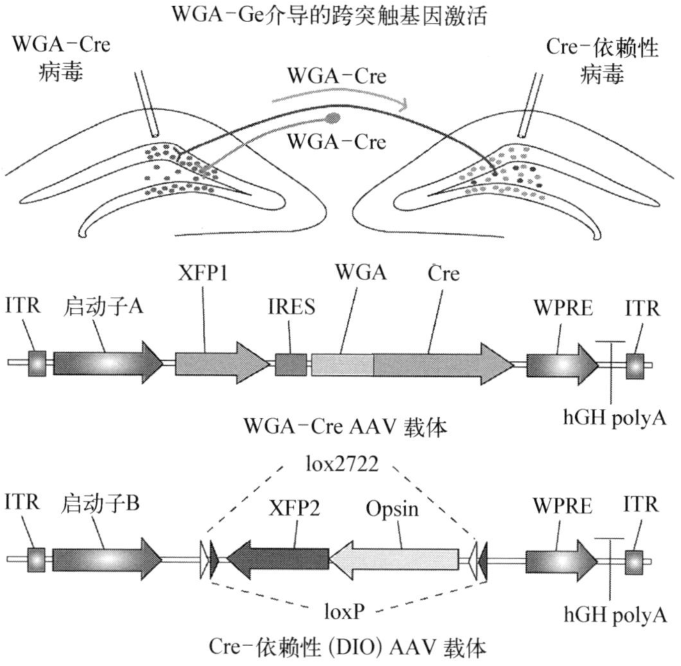

图 3-6 基于神经环路连接的细胞选择性病毒载体系统[8]

基因 *LacZ* 的下游添加 miR124 的靶序列。由于神经元存在内源性的 miR124，导致转入神经元中的 *LacZ* 基因被 miR124 沉默，而转入胶质细胞的 *LacZ* 基因正常表达，从而实现了目的基因在胶质细胞的选择性表达[35]。麻省大学医学院谢军等通过在目的基因下游添加 miR-1B，miR-122B 靶序列，构建了一种在中枢神经系统特异性表达目的基因的腺相关病毒载体[36]。

（b）基于 miRNA 调控的细胞选择性病毒载体系统的建立

克隆 3′下游包含特定 miRNA 调控靶序列的慢病毒载体，利用神经特异性启动子 Synapsin 驱动光感基因 ChR2 和 YFP 的表达，然后在目的基因的末端添加特定 miRNA 调控的靶序列，实现光感基因在特定的细胞类型表达。

3.2.1.2 通过转基因动物直接选择性表达光感基因

转基因动物已经成为一项成熟的技术，已经制作并已用于实验的有以下几种光敏感通道转基因动物：① THY1：ChR2-YFP 转基因小鼠；② VGAT：ChR2-YFP 转基因小鼠；③ VGLUT2：ChR2-YFP 转基因小鼠；④ ChR2-LOXP 转基因小鼠。这些转基因动物比局部通过病毒转染而导入光敏感通道的方法具有稳定遗传、高效率等优点[37，38]。但也有其缺陷，光敏感蛋白的表达是全脑表达的，没有区域特异性，这意味着光刺激也许会激活靶点区域以外的脑组织,由此可能在一定程度上损害实验数据的准确性。

3.2.1.3 依赖重组酶(Cre)的腺相关病毒光感基因表达系统

1) 依赖重组酶(Cre)的腺相关病毒表达载体的原理

Cre 重组酶于 1981 年从 P1 噬菌体中发现,能识别特异的 DNA 序列,即 LoxP 位点,使 LoxP 位点间的基因序列被删除或重组。将 Cre 基因置于选择性的启动子控制下,通过诱导表达 Cre 重组酶而将 LoxP 位点之间的基因重组,实现特定基因在特定组织中的表达或失活。首先制备特异性启动子的 Cre 转基因动物,然后将携带有光感基因的腺相关病毒注射到感兴趣的脑区并侵染细胞,细胞中表达的 Cre 重组酶识别出 LoxP 位点,将位点间的光感基因重组整合到宿主细胞并表达光敏感蛋白如 ChR2 等。腺相关病毒是一种 DNA 病毒,可以通过在特定基因的两端插入 LoxP 位点的方法,实现特定基因的表达或失活。相比直接转入光感基因动物,依赖重组酶(Cre)的光感基因表达系统具有更好的空间选择性,因为仍可以通过病毒注射位点和剂量来控制光敏感蛋白的表达范围。另外,Cre 重组酶的特异性表达决定了细胞选择性,因此可以方便地更换各种光感基因腺相关病毒。相比直接表达的病毒载体系统,依赖重组酶(Cre)的光感基因表达系统的细胞选择性更广泛,因为囿于包装容量,某些细胞特异性标志物作为启动子不能直接包装入病毒载体。目前已经培育了很多 Cre 转基因小鼠品系[39, 40],能够满足大部分细胞选择性的实验要求。

2) 腺相关病毒介导的依赖重组酶(Cre)的光感基因表达系统的建立

首先构建腺相关病毒载体质粒,将特异性的启动子、光感基因及荧光蛋白报告基因克隆到腺相关病毒载体上,然后共转染腺相关病毒 rep/cap 表达质粒、含有辅助因子的腺病毒微质粒和腺相关病毒载体质粒于 293 细胞中,待细胞病变后,收集 293 细胞,磷酸盐缓冲液(phosphate buffer solution,PBS)重悬后反复冻融,收集细胞裂解液,通过密度梯度离心和亲和层析法纯化腺相关病毒。通过立体定位仪将上述方法制备的依赖 Cre 重组酶的腺相关病毒注射到表达 Cre 重组酶转基因小鼠的特定脑区,待病毒表达 3 周后,可以进行下一步试验。

3.2.2 病毒转染

依据各种动物的脑图谱(brain atlas),我们可以运用立体定向手术比较精确地定位欲感染的脑区,从而在空间上看是局限性地将病毒注射到靶区。注射病毒有三种常用方法:

(1)拉制一根玻璃微电极并连接到注射泵,通过负压吸取一定量的病毒,然后将病毒缓缓打入目标脑区。如图 3-7(a)所示,由于玻璃微电极的尖端非常细,因此对于组织的损伤几乎可以忽略不计[41],而且玻璃电极随拉随用,不易污染,缺点是每次注射都需要重新拉制。

(2) 比较简便的方法是使用小尺寸的商业化的微量进样器,比如 34Ga 的注射器针头外径仅为 160 μm,可以安装在微量注射泵上通过电动马达进行注射[见图3-7(b),WPI 公司生产的微量注射装置],而注射泵本身可以安装在立体定位仪上,操作非常方便,缺点是对脑组织的机械损伤比玻璃电极要大。

(3) 参照张锋等人的做法[42],用一套市面有售的套管系统,如图 3-7(c)所示,包括套管、注射内管和带铁芯的防尘帽。套管通常是一根空的不锈钢管,上面有塑料基座,通过立体定向手术,将套管插入目标脑区,然后用牙科水泥将基座固定在颅骨表面,注射内管连接上塑料软管最后再连接到微量注射泵,可以用来穿过套管的一定长度向靶点区域注射病毒(或者药物)[见图3-7(d)],注射完成后,防尘帽用于填充套管,保持管内畅通。病毒表达后,套管也能引导光纤进入目标脑区。该方法拥有一个独特的优势是可以在原位点进行光纤植入和光

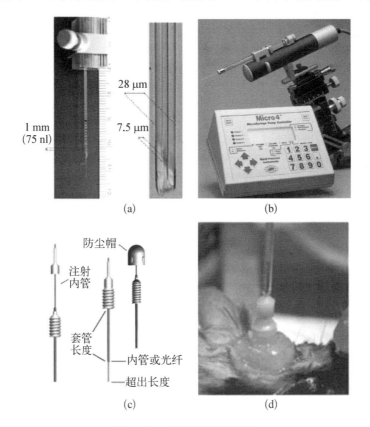

(a)

28 μm

1 mm
(75 nl)

7.5 μm

(b)

防尘帽

注射
内管

套管
长度

内管或光纤

超出长度

(c)

(d)

图3-7 病毒常规注射方法

刺激。根据实验对象和实验内容的不同,套管系统各部件的尺寸和材料都可以选择。例如对于脑较大的动物可以选择大内径的套管,因此可以通过相对大直径的光纤进行照射,从而激活更多表达光敏感蛋白的神经细胞而诱导出相应的行为。而针对某些特殊的实验环境,例如核磁共振成像(MRI)中,金属类器件是禁止使用的,这时不锈钢套管就不合适了,而硅管是合宜的。

最后,大脑中感染的区域大小主要由注射病毒的量决定的,通常来说,一般注射 $1\ \mu L$ 的病毒可以感染约 $1\ mm$ 直径的脑组织,这同样受到病毒的滴度和种类影响。病毒的滴度越大,浓度越高,所含病毒颗粒越多,便能感染更多的细胞。而不同种类的病毒颗粒大小有差别,体积越小越容易在脑组织间隙内扩散,比如腺相关病毒的颗粒就明显小于慢病毒。当然另外的影响因素还有动物种类和注射区域位置的区别,因为不同动物不同脑区的组织间隙大小即脑组织致密程度都是不相同的,同样会影响病毒颗粒的扩散。另外病毒种类还决定了光敏感蛋白在体到达稳定表达所需最短时间,一般慢病毒需要两个星期,而腺相关病毒则需要三周。而如果需要刺激的是神经突触,还需要额外表达更长的时间。

3.2.3 构建光神经界面

目前光遗传学技术应用于动物在体水平研究的常用模式是用光纤来向大脑靶点区域传递刺激光来调节神经环路。因此一个基本问题是光在脑组织中是怎样传播的? 然后又需要多大尺寸的光纤才能满足足够的刺激区域? Deisseroth 等人的研究主要着重于光强度(light intensity),计量单位为 mW/mm^2,这个参数直接影响光激发或者抑制神经元动作电位的效能[27]。早期的研究发现 ChR2 最小光反应强度约为 $1\ mW/mm^2$[27],而对于 NpHR 来说却是约为 $10\ mW/mm^2$[41]或约为 $21.8\ mW/mm^2$[6]。降低光强度同时会降低 ChR2 诱发动作电位或者 NpHR 抑制动作电位的概率,当延长照射时间后,这个概率也可能提升。在最早的利用光遗传学技术在体调控动物一文中,一根 $200\ \mu m$ 直径的多模光纤被用来照射大鼠的运动皮层,光纤尖端光强度约为 $380\ mW/mm^2$,随着光在大鼠脑组织中传播,强度一度下降,当光穿透 $100\ \mu m$ 皮层组织,光强度下降 50%,当传播到 $1mm$ 深度时,光强度大约只有初始时的 10%。[27]

通过几何建模,假设光从光纤里出射为规则的锥形面,如图 3-8 所示。传输分数(transmission fraction)定义为光在脑组织或人工脑脊液中传播相同距离后强度的比值。根据光在漫散射(diffuse scattering)介质中传播的 Kubelka-Munk 模型,定义光在脑组织中传播时满足

$$T = \frac{1}{Sz + 1}$$

式中，T 为传输分数；S 为单位距离的散射系数（scatter coefficient）；z 为样品厚度（或光的传播距离）。S 只与光传播的介质相关，对小鼠来说最合适的值是 11.2 mm^{-1}，对大鼠来说是 10.3 mm^{-1}，平均为 10.75 mm^{-1}。

如果不考虑组织对光的散射和吸收，光通过光纤传播出来在几何学上讲是一个锥形光束，如图 3-8 所示，其半发射角满足

$$\theta_{\mathrm{div}} = \left(\frac{NA}{n}\right)$$

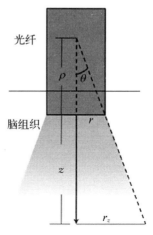

图 3-8　光从光纤中输出结构图

式中，n 为大脑灰质对光的折射率；NA 为光纤的数值孔径。假设传播过程中，光的总能量不丢失，那么光强度只与光斑面积成反比，根据几何学公式

$$\frac{I(z)}{I(z_0)} = \frac{\rho^2}{(z + \rho)^2}，\rho = r\sqrt{\left(\frac{n}{NA}\right)^2 - 1}$$

式中，r 为光纤半径。

如果再考虑到散射和光传播过程中的损失，当光传播 z 距离后，光强度减弱为

$$I(z) = \frac{I(z_0)\rho^2}{(Sz + 1)(z + \rho)^2}$$

同时，

$$r_{\mathrm{z}} = (z + \rho)\tan\theta$$

因此，可以计算出光照射的组织体积 $V = \frac{1}{3}\pi z(r^2 + rr_z + r_z^2)$。

通常来说在设计实验前要确认如下几个问题：要进行光刺激的脑区背腹径有多深？需要激活多大体积才能引起有效的行为学反应？到了某个深度的光强度还能不能有效激活 ChR2 或 NpHR？上述的一系列公式给了我们一个参考，只要控制光纤本身的尺寸、数值孔径，再调节其输出端功率，那么大脑任意位置的光强度和光激活组织体积就可以计算出来。

在清楚了上述问题后，就可以制作光神经界面了。现有的向动物脑组织传递光的方法有 3 种：

（1）传统的做法是先在动物颅骨上植入一根导管也称套管（cannula），通过导管定位到目标脑区[27]［见图 3 - 9(a)、(b)］，而后将剥去外包层（coating）的光纤通过导管深入脑组织，末端通过内管和锁紧螺帽拧紧。这种做法的缺点是，因为光纤同时穿过了螺帽、内管和导管，很难保持三个部件的共轴性，而且剥去外包层的光纤本身非常脆弱，所以随着动物运动，光纤很容易折断在颅内。另外平时动物饲养时，导管通过带铁芯的防尘帽封闭，光刺激时再去除防尘帽并植入光纤，对动物来说有一个很强的应激性。

（2）另一种方法是利用已经商品化的不同规格陶瓷插芯，可以将对应尺寸的光纤事先剥除外包层，插入陶瓷插芯并用胶水固定，而后将末端打磨平滑，将植入端按照脑组织深度切割成所需要的长度［见图 3 - 9(d)］，做成一个光纤植入子（optical fiber implant）。然后将光纤植入颅内，植入子通过牙科水泥固定在颅骨表面，再通过陶瓷套筒连接光纤跳线进而连接到光源如激光器上［见图 3 - 9(c)］[43]。这种做法的好处是摒弃了导管而造成较小的创伤，而且光纤本身已经埋植入脑组织，做行为学测试时只需连接上光纤跳线即可实验，避免了对动物的过度刺激。

（3）由于光有一定的穿透性，所以人们试图找到一种不通过光纤实现刺激组织的方式。LED 具有耗能低、尺寸小、规格多样的优点，因此成为首选。麻省理工学院的 Wenz 等人应用无线电传输技术制作了一款微型的光-神经调控装置［见图 3 - 9(e)、(f)］，LED 光源直接埋植到动物头部，通过无线接收装置进行充电和光刺激参数调节[45]。由于光在脑组织中传播时，强度急剧衰减，同时由于光的发散，这种刺激缺乏严格的区域特异性，因此这种装置适合用来照射皮层。如果以后能在保证刺激装置微小体积情况下增加 LED 光纤耦合模块，也许可以应用到大脑深部光刺激。这种做法的最大好处是实现了无线控制，因此适用于绝大部分行为学测试设备。

3.2.4　光刺激参数选择

通常来说光刺激的参数主要包括波长、光强度、频率和脉冲宽度（一个周期内光打开的时间）。波长取决于光敏感蛋白的种类，如 ChR2 可以选择 473 nm 激光器，NpHR 选择 593 nm 激光器。

对于兴奋性光敏感通道蛋白来说光强度的选择很大程度上同样依赖其自身的特性，不同的光敏感蛋白有不同的光刺激阈值，取决于细胞受光刺激后产生内

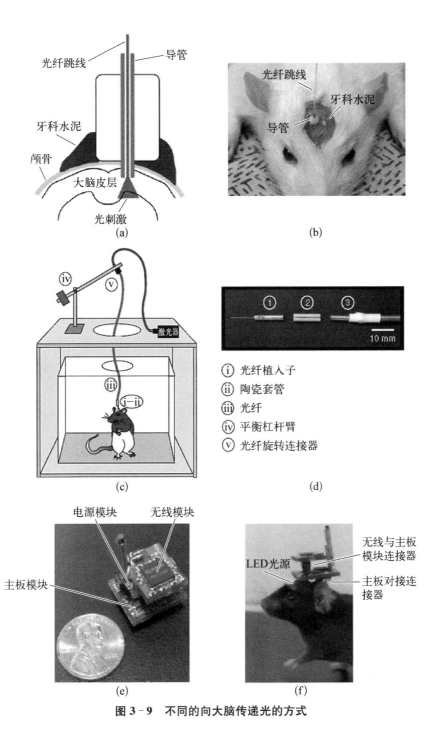

(a)

(b)

(c)

(d)

(e)

(f)

ⓘ 光纤植入子

ⓘⓘ 陶瓷套管

ⓘⓘⓘ 光纤

ⓘⓥ 平衡杠杆臂

ⓥ 光纤旋转连接器

图 3-9　不同的向大脑传递光的方式

向电流的大小,电流越大,越容易爆发动作电位,因此需要的光强相对越低。光强太大容易产生额外的动作电位,若延长刺激时间即脉宽,会增加内流入细胞的阳离子量,同样会产生非一对一的光电流,这和光遗传学技术精细调控神经元的优点是相悖的,因此要采取合适的光强和刺激脉宽。

频率的选择最为重要,因为大脑的神经元都有各自合适的放电频率,一般来说锥体神经元放电频率较低在 10 Hz 左右,而某些抑制性的中间神经元自发放电频率高达 40 Hz 以上。同时刺激频率还囿于光敏感蛋白本身的动力学特征,野生型的 ChR2 在 40 Hz 以上光刺激时大部分动作电位会都丢失,甚至呈现一种"抑制"的现象,而作为变体的 ChETA,如果表达在 PV 神经元上,即使光刺激频率高达 200 Hz,依然能产生一对一的响应[18]。因此实验前首先考虑的是要刺激什么类型的神经元,再选择合适的光敏感蛋白,从而确定光刺激的各种参数。而对于抑制性的 NpHR、Arch 或 Mac 来说,由于光脉冲无法准确对应细胞的自发放,所以连续的光照才能很好地消除细胞的自发电活动。

3.2.5 电生理记录及行为学

光遗传学技术正在改变传统的行为学测试方法。首先光遗传学技术时间上的高分辨率将会改变一些传统的实验范式。过去一些行为测试若需要改变动物的行为状态,这个过程通常会用到药物注射,如需要抑制某脑区神经元放电,一般就向其注射谷氨酸能受体拮抗剂,若需兴奋则注射激动剂。根据不同药物代谢时间长短,均需要一个不短的洗脱(wash-out)时间,而对于光遗传学技术来说无论 ChR2 的兴奋还是 NpHR 的抑制,在光停止的刹那后,几乎都可以逆转光刺激带来的效应,因此可以使得原来需要连续工作几天的实验缩短到一次几十分钟或数小时的实验。

Tye 等人在小鼠的基底外侧杏仁核(basolateral amygdala,BLA)注射携带 ChR2 的病毒载体,并用蓝光激活 BLA 投射到杏仁中央核(central nucleus of theamygdala,CeA)中的轴突,使小鼠减轻了焦虑症状。与光刺激前相比,小鼠在高架十字迷宫(elevated plus maze)的开放臂(相对于封闭臂而言更加危险)上活动,而当光停止后,这个效应就立刻被反转了[46]。另外,动物条件位置偏爱(conditioned place preference,CPP)实验是目前评价药物精神依赖性的经典实验,也是广泛应用于寻找抗觅药行为的有效工具。整个实验至少需要 3 天,包括:环境适应日(habituation day)、条件训练日(conditioning day)和测试日(test day)。通过适应日挑选出那些对条件位置偏爱对两个箱体无偏好的动物。在第二天的训练日,分别将动物困在偏爱箱的两个箱体中,一个箱体内提供药物如吗啡等,而另一个箱体只给动物盐水。在最后的测试日,去掉两个箱体的屏障使其相通,动物能够在两个箱体间来回穿梭,实验人员得到唯一的行为学数据——动物分别处于两个箱体的时间,由此反应动物对药物的依赖程度。Arian 等人以 ChR2 为基础设计了新的光敏感蛋白 optoXR,将其注入与药物成瘾相关的伏隔核(accumbens),光刺激这种新的通道蛋白可介导一系列信号通路,形成类似成瘾的症状。由于光刺激及其反应在时间上的快速性,因此在条件训练日,动物可以自由活动而不是固定在某一箱体,但只有在动物进入原来的药物给予箱时才进行光刺激,而药物注射不可能切换这么快,于是在条件训练时,实验人员就能够量化动物对位置的偏好性,丰富整个实验数据[45]。另外,在一次实验中的短时间内光刺激的参数可以随时改变,由此可寻找合适的光刺激参数,但药物刺激则不能。光遗传学技术的高时间分辨率特别适合改善那些时间多样性或时间依赖性任务,例如决策(decision-making)。

反映光刺激对神经元影响效果的最佳指标莫过于电生理学上的证据了,因为神经元的电活动可以直接反应细胞的活跃性,而且光遗传学技术的时间高分辨特性也决定了其读出(read-out)系统的反应速度需要快,这样在数据分析时才能建立良好的时间依赖(time-dependent)关系;另外由于光刺激在空间的局部性质,也需要记录电极的精确定位从而进行匹配。光遗传学技术具有优秀的细胞特异性,因此人们得以精确地双向调控(兴奋或抑制)单类神经元,无论是兴奋性的谷氨酸能锥体神经元,还是抑制性的伽马氨基丁酸(gama-aminobutynic acid, GABA)能中间神经元,或其他种类神经元。人们将光遗传学技术和电生理记录结合起来,用于研究大脑中神经元的活跃度对疾病模型的影响。帕金森氏症(Parkinson's disease, PD)的主要发病机制是丘脑底核(subthalamic nucleus, STN)过度放电,从而抑制了皮层活性,而这一核团也是 DBS 高频刺激治疗 PD 的主要靶点之一。斯坦福的 Karl Deisseroth 实验室利用光遗传学技术的细胞特异性,通过光刺激分别直接抑制 STN,或模仿 DPS 高频光刺激(130 Hz) STN,或通过激活胶质细胞来抑制 STN 放电,虽然在电生理上都记录到所预想的放电模式,但都对 PD 症状无明显改善,最终他们发现高频刺激运动皮层的锥体神经元或其投射到 STN 本地的轴突可以改善症状,而低频刺激(20 Hz)投射会加剧 PD 的症状[33]。2011 年 Karl Deisseroth 组又将起兴奋性作用的光敏感蛋白突变体 SSFO 分别表达在内侧前额叶皮质(medial prefrontal cortex, mPFC)的锥体神经元和中间神经元的一个亚类 PV 神经元上。利用蓝光分别兴奋这两种神经元来研究兴奋/抑制平衡(excitation/inhibition balance, E/I balance)的改变对某些精神疾病症状的行为学影响,发现 E/I 平衡的失调会损坏 mPFC 细胞的信息处理和传输,且经常伴随场电位能量谱在 $30\sim80$ Hz 频率段的增高,会损伤一些相关的特定行为如情景学习(episodic learning)和社交能力(social ability)[25]。在这些研究中,他们都用到了光纤、电极或光电极,或者在同一脑区植入光电极,施行原位的光刺激和电生理信号采集,或者在神经环路的上游核团植入光纤或光电极进行光刺激,在下游核团埋入电极同步采集信息,将光刺激和电信号改变建立相关性,并同行为学数据整合起来,极大丰富了实验内容和结果,使人对研究成果更加信服。

除此以外,反应光刺激对神经细胞或脑区活性改变常用的手段还有钙离子成像和功能磁共振成像等技术。

3.3 光分子探针解读神经环路的工作机制

3.3.1 光遗传学技术对神经环路信息编码机制的研究

在人们探知脑的过程中,通过读取与编码特定脑功能和脑认知活动相关的神经信息,进而解码脑的工作规律,这一直是最有效的方法。各种免疫组织的环路示踪、染色技术、离体脑片电生理以及神经功能影像的研究证据可以帮助人们确定各个区域间的投射联系、神经递质的释放,以及参与执行特定脑功能的神经环路的脑区和核团。如果想进一步解释大脑复杂的工作机制,研究大脑的各级结构在神经环路层面如何协同作用,有赖于通过在活体水平对神经元与神经元群活动更直接的观测证据来阐明,神经元群活动为植入脑内的电极周围多个神经元的电生理信号的综合表现[见图 3 - 10(a)],神经元群的协同电活动中包含大量直接编码神经环路功能的信息,可以认为它是完成某种功能的神经环路的特定"语言",理解神经环路的信息编码规律将为建立神经网络的工作模型和推动人工智能学科的发展提供理论基础。

神经环路中神经元群协同活动模式近似具有无穷多的类型,其中非常重要的一种现象被称为节律性的神经振荡(neural oscillation)和同步化(neural synchronization)活动。神经振荡和同步化活动广泛存在于皮层与皮层下结构中,并且在不同尺度水平的神经电生理信号中都可以记录到。神经振荡活动的模式一般按照振荡频率的范围划分,同一时间、同一脑区中都可能存在不同的神经振荡模式[48]。

在脑网络功能连接研究的水平上,两种节律的神经振荡活动——高频的伽

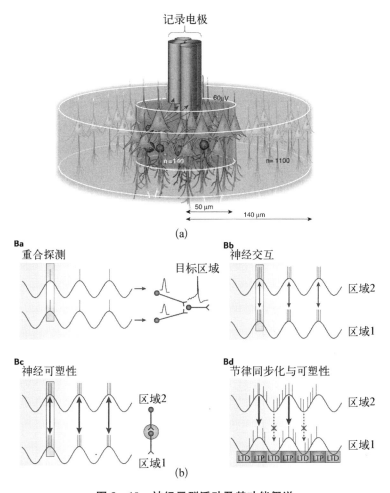

图 3-10　神经元群活动及其功能假说

马(Gamma)节律(30～100 Hz)以及低频的西塔(Theta)节律(4～10 Hz),由于诸多研究显示两者与高级脑认知活动的密切联系而得到重点关注。如图 3-10 (b)所示,有关神经节律活动功能机制存在几种假说[48]:Ba:Gamma 节律可以调节神经网络的输出,对神经网络接收到的不同强度的感觉输入信息进行选择性放大;Bb:Gamma 节律在不同核团脑区之间的相位耦合同步,为信息加工中的整合以及脑区之间信息交流提供便利;Bc:Gamma 节律可以为神经元的放电活动提供精确的时间模板;Bd:Theta 节律可以编码大范围尺度内的多个局部 Gamma 振荡活动的同步产生;具体地说,Gamma 节律出现在包括视觉、听觉以及躯体感觉皮层中枢完成感觉特征绑定[49]与选择性注意中[50],和学习记忆的形成与回想(recall)时[51]海马 CA1 与 CA3 区的兴奋/抑制变化以及海马与皮层间的同步化活动中[52]，杏仁核对恐惧在内的不同表情视觉刺激的响应任务同样会引入 Gamma 节律[53]。Gamma 节律活动的异常（过度兴奋或中断）存在于多种神经与精神系统疾病的发生与发作进程中，如精神分裂症、癫痫等，并伴随有多种与情感和记忆相关的认知障碍表现[48]。而 Theta 节律相对 Gamma 节律是更慢的神经振荡活动，目前认为其起源于海马，传向大脑多个区域。例如，前额叶皮质与颞叶皮质以及海马之间的 Theta 节律相位同步存在于工作记忆产生的过程中[52, 53]。更进一步，在对工作记忆的回想中，海马与皮层之间 Theta-Gamma 相位耦合的增强，会伴随着海马 Gamma 活动的增强[55]。啮齿类动物在回想恐惧记忆时海马与杏仁核之间会出现 Theta 节律相位同步的增强[56]。

自 1958 年 Frédéric Bremer 开创性地提出 EEG 中的节律成分的功能机制假说以来，半个多世纪以来对神经振荡和同步化活动的功能机制解释一直存在争议[60]。神经节律的同步化活动几乎存在于所有认知和行为的发生和发展过程中，大量的研究证据提示其具有信息编码的作用，在大脑神经环路的信息加工处理中扮演了重要角色。具体而言，目前主要有 3 种假说观点：第一种认为 Gamma 节律可以为神经元的放电活动提供精确的时间模板。由 Hebb 学习理论的观点，Gamma 节律同步可以增强突触前后神经元在放电活动上的时间同步性，从而诱发长时程增强（long-term potential，LTP），进而改变放电时间依赖的突触可塑性（spike time-dependent plasticity，STDP）[61]；第二种观点认为 Gamma 节律在不同核团脑区之间的相位耦合同步，为信息加工中的整合以及脑区之间信息交流提供便利[62]；另外，也有第三种观点认为 Gamma 节律可以调节神经网络的输出，对神经网络接收到的不同强度的感觉输入信息进行可选择性放大[63]。Theta 节律的功能与 Gamma 节律有所互补，Theta 节律与突触塑性的方向和程度有关，当外部刺激发生在 Theta 节律相位的峰值时更易诱发大范围的 LTP，反之当刺激落在 Theta 节律相位的谷值时则更易产生长时程抑制（long-term depression，LTD）；也有研究认为 Theta 节律与 Gamma 节律存在相位耦合相关性，Theta 节律可以编码大范围尺度内的多个局部 Gamma 振荡活动的同步产生[64-66]。

单个神经元在静息或执行功能时，具有自身的节律性活动模式，表现为阈下的膜电位周期变化或节律性的动作电位串发；而在神经元群中，神经元之间通过兴奋/抑制性突触连接来发挥相互协同作用，因此节律性振荡活动是神经元群活动综合的结果，其振荡频率可与该神经网络中的某一单元近似也可能不同[55]。由于节律性振荡活动的产生机制并不完全明确，而有关理论模型也不能很好地解释所有与认知和行为有关的节律性振荡和同步化活动。因此另一种观点认为,节律只是神经元间兴奋性反馈连接产生的副产品,就如同声音放大过程中产生的不稳定与振荡。它可以作为一种观测大脑活动的手段,却不能进一步阐释认知与行为中神经信息处理和编码的机制;而通过直接操控特定类型神经元诱发对应节律性振荡和同步化,从而影响环路中其他神经元群的活动,进而改变和调控认知与行为过程,则更是难以想象。

光遗传学技术为研究节律性的神经振荡和同步化活动的生理和功能机制,以及干预其活动从而影响认知功能,进而调控和改变行为提供了可能。如图 3-11(a) 所示,原有的理论模型认为 Gamma 节律的产生是由于抑制性快速放电的中间神经元网络活动的结果[67],这一预测于 2009 年被 Karl Deisseroth 研究组在《Nature》杂志发表的报道证实[68],通过病毒注射,他们在小鼠的前额叶皮质中的锥体神经元表达 ChR2,在抑制性快速放电的 PV 中间神经元上表达 NpHR[见图 3-11(b)],发现蓝光刺激能增强皮层的场电位(local field potential,LFP),伴随急性的 Gamma 节律[见图 3-11(c)],通过黄光照射抑制

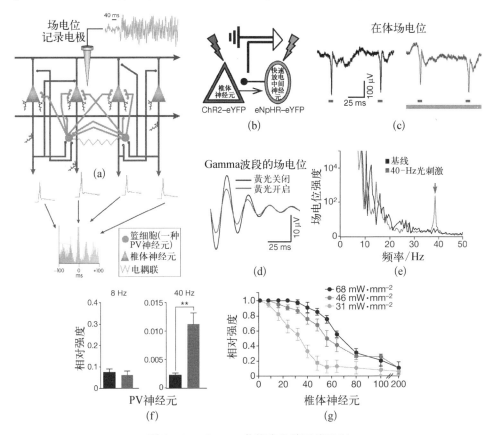

图 3-11 Gamma 节律产生的可能机制

PV 神经元时，发现只有 Gamma 波段的场电位幅度下降，而其他波段不受影响［见图 3 - 11(c)、(d)］。这是神经科学家们首次通过直接控制特异神经元群来改变神经振荡活动。而在同一期《Nature》杂志上，Karl Deisseroth 同 Christopher I. Moore 合作的研究公布了更加振奋人心的结果[65]，通过将 ChR2 光敏感通道蛋白特异性表达在小鼠柱状皮层（barrel cortex）的抑制性中间神经元或锥体神经元上，利用光电极（optrode）技术在活体动物水平实现了同步的光刺激与电生理记录，研究人员用不同闪烁频率的 473 nm 波长蓝光刺激快速放电的 PV 中间神经元，发现可以选择性地诱发刺激区域的 Gamma 节律增强［见图 3 - 11(e)、(f)］，相反刺激锥体神经元只能增强低频的 Theta 节律［见图 3 - 11(g)］。研究人员同时发现了光刺激诱导的 Gamma 节律同样可以调控小鼠对感觉信息的选择性加工，这一结果显示了通过调控神经振荡活动进而影响认知功能的可行性。2011 年，Carleén 等人又验证了锥体神经元通过 NMDA 受体介导的兴奋性传入投射影响 PV 抑制性中间神经元，从而影响 Gamma 节律的正常产生，进一步使小鼠的工作记忆及联想学习产生了改变[70]。

有关 Gamma 节律在神经环路的信息加工处理存在几种功能假说机制。Cardin 等首先发现光诱发的 Gamma 节律可以增强感觉运动皮层神经元对刺激响应的同步化水平[69]。特别地，通过 40 Hz 蓝光刺激 PV 中间神经元而人工调制出的 Gamma 节律，会抑制兴奋性锥体神经元在这一节律的特定相位上的活动，这一趋势会进一步使兴奋性神经元的发放活动更加集中在那些无抑制的 Gamma 节律相位上，从而提高它们活动的同步。由此，光诱发的 Gamma 节律增强了皮层兴奋性神经元对胡须刺激响应的时间依赖可塑性。同时，Sohal 等人在脑片水平的研究中，通过比较在上游给予兴奋性锥体神经元随机或 Theta（8 Hz）/Gamma（40 Hz）两种节律性光刺激模式，结果发现节律性的刺激可以使下游神经元接收更多与上游被刺激神经元放电率活动有关的信息[68]，这一现象支持了节律活动为神经环路中信息加工中的整合与信息交流提供便利这一假说。这些理论假说的实验验证，也加深了人们从神经环路角度对精神分裂症和自闭症患者 Gamma 脑波节律异常的理解；2011 年 7 月，《Nature》杂志发表了Peter Hegemann 实验室与 Karl Deisseroth 实验室合作研究的科研成果，他们利用两种新的光敏感蛋白通道 SSFO 和 C1V1，验证了细胞兴奋/抑制平衡升高假说，该假说可能从神经微环路机制解释多种精神系统疾病（精神分裂症、自闭症等）中行为障碍的产生原因。通过光刺激改变小鼠内侧前额叶皮质细胞兴奋/抑制平衡性，当皮层兴奋异常升高或抑制异常减弱时，产生了 Gamma 节律的升高，并在小鼠上观察到多种与精神分裂症患者中伴随前额叶 Gamma 节律异常超同步化出现认知障碍类似的异常行为[25]。

慢波 Theta 节律同样在编码神经环路功能中扮演了重要的作用。目前比较肯定的发现是在空间学习和记忆的形成中，海马与内嗅皮质、额叶皮层等脑区间远距离产生的 Theta 节律相位耦合具有重要的功能意义。Buzsáki 实验室在此领域作出了巨大的贡献，他们最早发现了海马中由 Theta 节律编码的位置细胞，这些细胞的兴奋对空间位置具有高度的特异选择性。最近，他们利用光遗传学技术发现选择性地抑制海马 CA1 区 PV 中间神经元的胞体和 SOM 中间神经元的树突，都可以有效增强位置细胞的放电频率，但是只有前者才会改变位置细胞发放与 Theta 节律相位的耦合关系[71]。根据对 Theta 节律功能的假设，Theta 节律编码了大范围尺度内远距离的多个局部振荡活动的同步。Melzer 等于 2012 年在《Science》上部分验证了这一假设，他们发现通过光控制海马与内嗅皮层间相互联系的长距离投射的 GABA 能神经元，可以调控这两个脑区中 Theta 节律的同步活动[72]。我们将在光遗传学技术对记忆的研究中继续阐述这部分内容。

3.3.2 光分子探针技术推动脑连接组学研究发展

脑连接组研究是指对神经系统网络结构的全部连接方式的解析，它是在后基因组时代人类想要完成的，通过绘制不同种属生物脑内神经连接的完整结构图谱，进而完成对脑的高级功能的充分解读。如本节开始所述，脑的高级功能是通过神经细胞间构成多层次结构的、极其复杂的神经网络来实现的，因此脑连接组学必须能够将不同层次神经网络结构的功能的研究统一起来，才有可能真正深刻理解那些蕴藏在大脑活动现象之中的神经连接结构的作用。光分子探针技术提供了一种在分子水平上，通过开关细胞膜上离子通道（或离子泵）来调控细胞活性的方法，使得人们可以通过胞内或胞外的神经电生理记录技术研究以神经电活动为基础的神经环路中信息编码的规律，但是目前的电生理记录技术受技术本身制约，无法记录多脑区的大规模神经元群的独立放电活动。因此对于希望绘制出神经网络互相连接的物理模式，并阐明其在脑高级功能中的作用这一研究目标而言，需要可以实现全脑活动记录，并且更加无创的监测技术。因而脑连接组研究的大量数据都源自临床脑电图（electroencephalogram，EEG）和脑磁图（magnetoencephalogram，MEG），以及功能影像如功能性核磁成像（functional magnetic resonance Imaging，fMRI）和正电子断层扫描（positron emission tomography，PET）等技术，特别是基于核磁共振成像的血氧水平依赖（blood oxygenation level depended，BOLD）成像技术和弥散张量成像（diffusion tensor imaging，DTI）的脑白质功能成像技术，是当前最重要的解析脑连接组的手段。

这两种基于功能磁共振的成像技术的应用对应于脑连接组研究的不同目的，BOLD 信号主要通过检测特定刺激致使脑组织局部的代谢发生变化（脱氧血红蛋白的结合），从而将这些区域判定为某一刺激大脑"激活"区；而 DTI 利用水分子在脑组织中形成的弥散张量场中各向异性扩散的方向信息，追踪神经纤维的走行，从而得到脑白质中神经纤维的走行方向和立体形态，进而在活体水平标记不同脑区直接存在的解剖联系。但是它们都存在明显的不足因而无法真正被全面接受，对于 BOLD 而言，一个最本质的问题是，它所监测的间接的脑组织局部代谢活动，能否与真正的神经活动画等号？或者说 BOLD 信号的神经生理学基础——BOLD 信号与神经活动之间的关系是什么？在这些问题尚未清楚之前，人们从 BOLD 中解读出的脑区"激活"到底意味着什么？而对于 DTI 而言，它可以在活体水平显示神经纤维解剖上的走行方向和立体形态，但是这些信息并不包含神经纤维联系的细胞学类型，也更无从获知神经信息传递的方向。

光遗传学技术结合功能核磁共振技术的出现，成为突破 BOLD 或 DTI 的理论和技术瓶颈的重要途径，光遗传学技术提供给研究者这样一种可能，即可以基于不同遗传背景、解剖位置或者轴突投射的目标来选择性地激活/抑制大脑某一特定单元，并且从功能影像学水平检测这种刺激对大脑整体功能活动的改变，这一技术的出现对活体动物水平脑连接组的研究产生了巨大的影响。2010 年，Karl Deisseroth 研究组的 Lee 等人率先开发出了这一技术，并命名为（optogenetic functional MRI, ofMRI）[73]，通过蓝光刺激被携带有 ChR2 的皮层锥体神经元［见图 3‐12(a)、(b)］，结合小动物用高场磁共振，结果发现在刺激局部以及与之存在直接投射关系的丘脑产生了 BOLD 阳性信号［见图 3‐12(d)］，即光刺激能够激发神经元放电［见图 3‐12(c)］，同时引起 BOLD 信号上升［见图 3‐12(e)］。而这可能是自 BOLD 信号诞生以来最直接的证据显示其跟某种神经元活动的关系。

3.4　光分子探针探究神经环路如何调控认知与行为

3.4.1　运动

大脑中枢的运动神经环路主要包括了皮层结构和皮质下运动结构，在完成

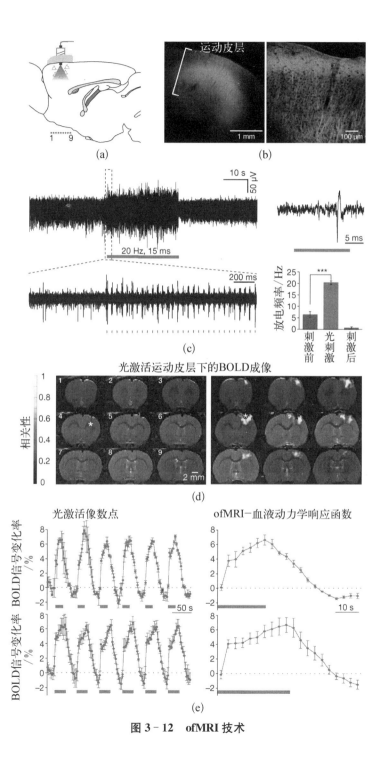

图 3－12　ofMRI 技术

运动控制的过程中,这两大部分的主要组织形式和功能也有所分工:其中运动皮层在组织上根据控制的躯体运动部位高度分化,可以直接或间接地控制脊髓神经元的活动;而皮质下运动结构大多位于脑干,其中最重要的两个结构是基底神经节(basal ganglia)和小脑(cerebellum),这些核团中细胞的起源并不来自运动皮层,它们的功能是对运动控制进行调控,因此利用光遗传学技术研究大脑运动系统神经环路的策略也有所不同。

2007年,Aravanis和王立平等人设计了动物活体水平光遗传调控的光-神经组织界面技术[见图3-13(a)],这一方法也成了后续光遗传调控动物大脑行为的标准模式[27]。他们率先利用光纤实时刺激携带有光敏感通道蛋白的运动皮层神经元使小鼠的胡须发生偏转运动[见图3-13(b)]。

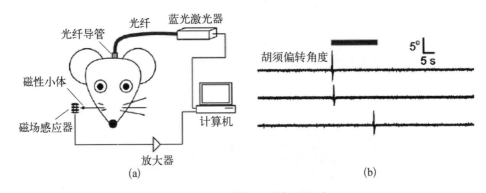

图3-13　光调控小鼠胡须运动

运动皮层组织形式的高度分化是大脑任意运动产生的基础,但运行在其中的神经环路机制却依然有待解释。研究运动皮层组织形式的经典方法是采用皮层电刺激或药物干预的方法,通过对皮层区域的逐点刺激来诱发运动,将刺激位点与对应运动行为相匹配来绘制皮层对应于特定躯干运动的图谱,但这一方法受限于刺激的空间分辨率较差而很难精确地分离,所对应的特定躯干位置的皮层位置,以及编码复杂静息运动的神经环路机制。2012年,Harrison等人在《Neuron》上发表工作,通过精确定量的光调控,重新描绘了小鼠运动皮层前肢运动代表区的图谱。图3-14(a)显示了实验设计,并且光刺激能引起动物前肢的两种拮抗动作;图3-14(b)显示了在小鼠大脑皮层进行逐点逐行精确光刺激;图3-14(c)刺激不同点而引起前肢一系列运动。该研究还揭示了抑制兴奋性的皮层突触传递不会改变运动代表区图谱的分布,但却会丧失在特定位点精确对应某一复杂运动的能力。由此阐明了运动皮层的组织形式与对应下游各级运动神经元的投射分布有关,而且复杂运动的产生必然依赖于皮层内部由兴奋

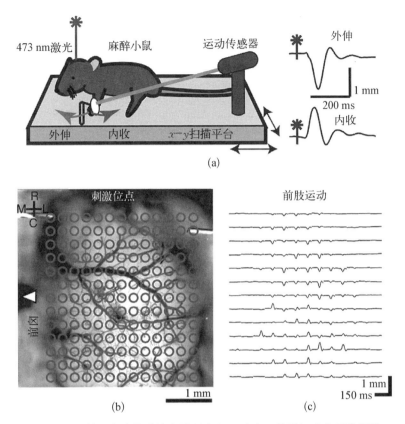

图 3‑14 基于光遗传学技术绘制小鼠运动皮层前肢运动皮层脑图谱

性突触相互连接的神经环路[74]。

运动皮层的下行投射有皮质‑脊髓和皮质‑纹状体两大系统,在有意识运动的产生中具有不同的存在意义。但在皮层中,向脊髓或纹状体投射的神经元却往往混杂并难以区分,而这两大运动通路内部和相互间信息传递和交流的方式一直不甚清楚。2012 年,Kiritani 等利用携带光分子探针的慢病毒载体逆行环路失踪的办法,在皮层神经元中分离了向脊髓或纹状体发出的两类投射。通过离体定点光刺激感染病毒皮层神经元的胞体,并在上下游同时记录电生理活动,揭示了这两大系统以及皮层、纹状体以及脊髓几个结构直接的层级关系和功能联系[75]。

基底神经节在中枢中有重要的运动调节功能,对肌紧张控制、运动准备、调节及执行都具有重要作用。有关基底神经节参与运动调节的经典神经环路假说是:纹状体是基底神经节系统中主要的输入通路,接受来自皮层的输入,而纹状体到丘脑存在两条并行的下行投射通路到达丘脑,其中"直接"通路通过兴奋丘脑促进运动,而"间接"通路可以间接抑制丘脑从而减少运动,但是这一经典的环路假设一直缺乏直接的实验依据证实。2010 年,Kravitz 等在《Nature》上发表的工作为,利用 Cre 技术将 ChR2 分别导入到转基因小鼠纹状体多巴胺 D1 受体(直接通路)和 D2 受体(间接通路)分别介导的两条通路的棘突神经元(medial spiny neuron)中。结果发现激活直接通路可以有效增强动物的运动,相反激活间接通路动物会产生震颤等运动障碍。进一步,基底神经节病变可能导致多种神经退行性疾病如帕金森氏症,传统的深部电刺激(deep brain stimulation,DBS)疗法可以减轻部分患者症状,但是其作用机理并不清楚且治疗对 40% 左右的患者无效。而研究者对利用 6 - OHDA 诱发帕金森症状模型小鼠进行光调控发现,只有激活 D1 直接通路才可以有效改善震颤和运动障碍的症状[76]。

光遗传学技术能否运用到对高级非人灵长类动物的神经环路功能的研究中来,进而调控灵长类动物的运动和行为,是这项技术未来是否有望成为临床治疗新手段的关键。2009 年,韩雪和 Boyden 等人在短尾恒河猴的额叶兴奋性细胞中转入 ChR2,结合在体光刺激、电生理记录以及在体光纤成像技术进行了研究,首次证实了这项技术在灵长类高级哺乳动物研究中的安全性和可靠性[77]。2011 年,Deisseroth 和同事 Sheroy 的课题组联合,通过启动子 Thy1 将 ChR2 或 NpHR 分别表达在恒河猴的初级运动皮层 M1 的锥体神经元上[见图 3 - 15 (a)],成功记录到了光刺激诱发的神经元电活动的双向变化-兴奋或抑制[见图 3 - 15(b)]。但是光刺激却没有诱发预期的、与电刺激类似的肢体运动。研究者认为原因可能为对于皮层结构高度分化的高级哺乳动物而言,编码某一运动的神经元总数较多。光感基因的特异性表达区域局限于病毒注射的局部,而同时能刺激兴奋到的神经元不足以诱发运动的产生[78]。2012 年 7 月,Boyden 和其 MIT 的同事巧妙地绕过了这一问题,将运动控制的对象瞄准到一种精细但相对而言需要参与的神经元较少的肌肉运动—眼动(saccade)上[79],通过在恒河猴前额叶皮质的前额眼动区(frontal eye field,FEF)内转入 ChR2,成功通过光刺激诱发猴子的眼动。结合 ofMRI,发现只激活这一皮层中很小的区域,不仅可以诱发行为,也会使大脑多个脑区激活,这一结果对脑连接组的研究具有重要意义。

3.4.2 感觉

感觉是一个大脑连续接受外部输入并产生响应的过程,感觉是我们认识这个世界的唯一途径,因此也是大脑所有高级活动的基础。大脑的感觉中枢主要为分布在中央后回皮质的感觉皮层,外部世界的信息通过分布在外周的感觉器接受,其中视觉信息占到 80% 以上[80]。感觉信息经由特异性投射通路上行至感

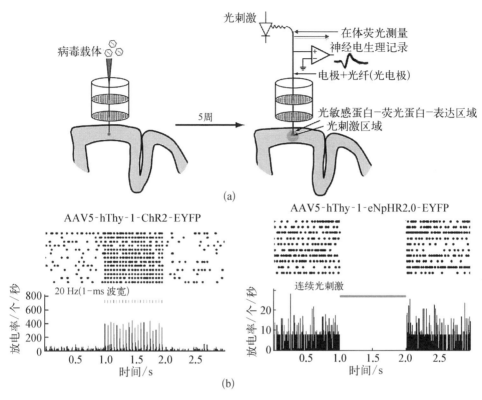

图 3-15　光分子探针应用于非人灵长类动物

觉中枢,在感觉皮层完成加工处理,大脑就产生了对外部世界复杂的感知和意识。因此,人们认为充分了解感觉皮层中枢对感觉信息的编码方式,及感觉皮层通过联合皮层到达运动皮层实现对运动的控制的工作机制,就可以完全解析大脑的感知活动和意识、注意等活动的产生,直接刺激调控感觉皮层活动可以将外部世界的信息通过人工方式写入大脑[81]。

　　视觉是大脑获取外部信息的主要途径,如图 3-16 所示,视觉信息从眼睛向中枢神经系统的传导始于视网膜上的视神经节发出的轴突,经过视交叉(视野外侧信息投射到对侧半脑,视野内侧信息投射至同侧)到达外侧膝状体,进而输入至初级视觉皮层(primary visual cortex,V1),这条通路包含了近 90% 的视神经轴突。经典大脑视觉的研究多开展于人类实验和高级灵长非人类动物实验中,而啮齿类动物由于其视觉系统没有灵长类动物发达而受关注相对较少。但近年来随着各种啮齿类动物水平上发展起来的基于分子探针技术的环路标记和调控方法的普及,人们同样希望在细胞特异性标记的神经环路研究水平上深刻理解视觉系统的工作机制。2012 年 8 月,Howard Hughes 医学院的 Lee 和 Yang 等人在《Nature》上发表的文章从细胞亚群水平上揭示了 V1 的工作方式,V1 具有对视觉输入进行特征选择和知觉分辨的能力[82],这一点在高级灵长类动物的实验研究中已经发现。而 Lee 等人研究发现,通过光遗传学技术特异性标记 V1 中的 PV 中间神经元,并用光探针激活这些神经元,可以显著提高小鼠视觉选择的能力,并且锐化 V1 中方向选择神经元的调谐曲线(tuning curve)。进一步,这种对视觉特征选择能力的增强只是 PV 中间神经元网络兴奋性增强的结果,而通常扮演执行特定功能角色的兴奋性锥体神经元失活不会对特征选择能力产生影响。

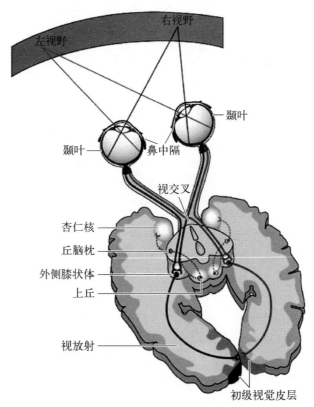

图 3-16　中枢视觉神经通路[83]

　　在视觉系统的早期,从视网膜来源的视神经纤维还有约 10% 传至了包括上丘(superior couiculus)、丘脑枕核(PULVinar)在内的皮质下结构,虽然这些投射的功能不清楚,但人们相信其在视觉注意中扮演了非常重要的角色。2011年,Michael C. Crair 实验室设计了一个有趣的实验,利用一种 Thy1-ChR2 的转基因小鼠,这种小鼠的视神经节细胞上已经携带了光敏感 ChR2 通道,因而只使用 LED 光源就可以直接激活这些视神经节细胞。为了屏蔽视网膜上感光细胞对光的自身反应,他们采用一种眼睛尚未张开、感光细胞还未执行功能的幼鼠作为实验对象。结果在这一幼鼠模型上发现了一个对双眼视觉分离很重要的神经节律活动:即如果给双眼视神经同步模式的光刺激,幼鼠上丘就无法再精确分辨信息来自哪一侧眼球,而使老鼠的双眼视觉分离能力降低[84]。这个实验一方面揭示了那部分投射至上丘等处的少量神经纤维具有的重要作用,同时从实验设计上又为光遗传学技术未来可能的临床应用提供了方向,即光遗传-视觉神经假体的新技术,如图 3-17 所示。在过去数年中,如前文所述,人们已经发现或人工合成了多种可响应不同波长光源的光敏感通道蛋白,如果能将这些通道蛋白整合至视网膜各种感光细胞中,我们就可以为失明或色盲症患者开发一种新的感觉替代的方案。

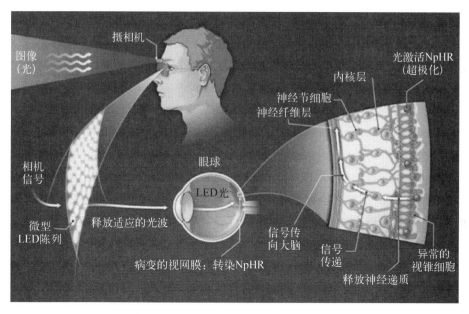

图 3-17　由荷兰神经研究所提出的基于光遗传学的人工视觉假体

除了视觉之外,光遗传学技术也被用在听觉[85, 86]、嗅觉[87-89]、触觉[90, 91]等的神经传导通路规律的研究中,受篇幅所限本书在此不逐一详述。

3.4.3　记忆

认知神经科学领域中的"记忆"可分为陈述性记忆(外显记忆)和程序性记忆(内隐记忆),人们通常理解的对过去的回忆属于陈述性记忆,而对某些特定技能的学习则属于程序性记忆。目前人们普遍认为陈述性记忆的产生分为若干阶段,包括记忆的产生、回溯和擦除。陈述性记忆又可分为短期记忆和长期记忆,长期记忆也可以向程序性记忆转化。美国杜克大学的 Dale Purves 教授将记忆进行了分类并划分为不同阶段[92],如图 3-18 所示。

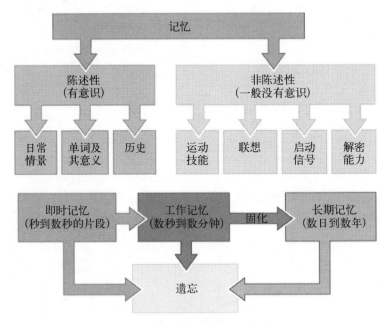

图 3-18 记忆的分类和不同阶段

深藏于大脑颞叶内、属于边缘系统的海马是产生记忆的重要功能核团,海马锥体神经元接受外部传入投射产生的突触可塑性变化被认为是短期记忆形成的基础,表现为长时程增强(LTP)活动。从 20 世纪 80 年代开始,人们通过对海马 LTP 活动的研究入手,借助分子生物学技术发展的推动,逐步理解了海马 LTP 产生的细胞生理学和生化机制,似乎找到了研究什么是记忆的方法,同时也留下了大量有待回答的问题,例如:海马中记忆信息是如何编码和存储的?在长期记忆形成的过程中,记忆如何由海马转移到皮层中被固化?海马在记忆的回溯(recall)和擦除(extinction)中的作用。而光遗传学技术的出现,正在帮助人们逐步揭示记忆的奥秘。

记忆的不同阶段涉及的神经环路有所不同,目前一般认为海马主要在记忆的产生过程中发挥作用,随后记忆会向新皮层转移。因此动物训练习得记忆的过程必须依赖于海马,记忆产生的数周后,无论通过损毁或药物抑制海马都不会影响对遥远记忆(remote memory)的唤起。但是 2011 年 Deisseroth 等人的一项研究颠覆了这一传统观点[93],通过 NpHR 精确抑制双侧海马负责信息输出的

CA1 区的兴奋性神经元[见图 3-19(a)],不仅可以影响动物对恐惧的学习,同样可以消除动物对已形成的恐惧记忆的唤起[见图 3-19(b)]。而结合药物研究的结果证明,遥远记忆的唤起仍然需要海马的参与,但是这些记忆也可以在海马被药物抑制的情况下适应性地转移至其他皮层结构。那么从海马到皮层间的联系是哪种类型的神经元参与的? 2012 年,德国马普所的 Melzer 等人回答了这一问题,海马和皮层间存在双向的长距离的 GABA 能抑制性神经元投射,它们与这两个区域内的 GABA 能中间神经元发生突触联系。蓝光刺激 GABA 能长投射的轴突可以影响海马和皮层神经元的 Theta 节律,而海马-皮层间的这种由 Theta 节律引发的信息传递是学习记忆形成中的一种重要手段[72]。

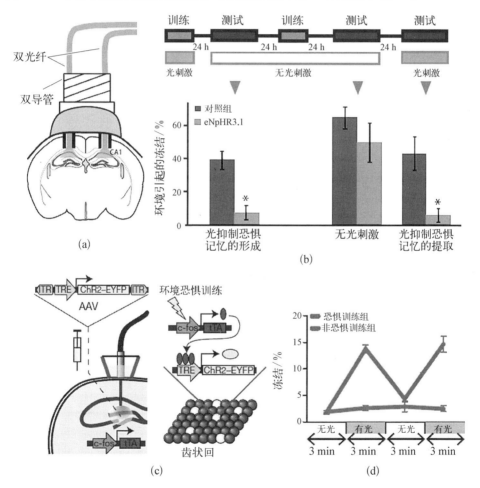

图 3-19 调控海马影响恐惧记忆形成及提取

在海马的记忆功能被更加充分肯定的基础上,人们同样进一步利用精确的光分子探针探究海马本身是如何编码记忆信息的。有关海马结构早已被熟知的是其经典的三突触结构,即海马内的三个亚区 DG－CA3－CA1 形成的单突触连接。负责信息输入的 DG 区与处理整合的 CA3 区之间的 Gamma 节律耦合活动是电生理学上观察到的一个重要现象,对其产生机制与信息传递的规律有很多生物物理的理论模型研究,但验证这些模型的神经生物学实验手段长期以来却多只限于传统电生理学方法,而光遗传学技术的出现为理论模型的验证提供了强有力的新手段。2012 年,伦敦大学的 Kullmann 小组在离体脑片模型上利用正弦波光刺激模式证实 CA3 节律活动的程度可以被 DG 周期性的输入编码,并且很大程度上依赖于输入周期的相位。CA3 的节律能够有效地被 DG 区和 CA3 区自身反馈产生的交替性兴奋/抑制输入调控[94]。

海马负责信息输出的 CA1 区存在着一群被称为位置细胞(place cell)的兴奋性锥体神经元,在空间记忆任务中,这群神经元会以 Theta 节律下的簇发(bursting)放电模式编码与空间位置相关的记忆信息。一个问题随之而来,CA1 中种类丰富的抑制性中间神经元如何调控这些位置细胞的活动? 2012 年,此领域内著名学者 Gyorgy Buzsaki 和他的学生发表的工作成果中,将抑制性光感基因 NpHR 分别转入小鼠的小清蛋白(parvalbumin,PV)和生长激素抑素(somatostatin,SOM)两类中间神经元中,研究了这两类中间神经元在调制位置细胞放电模式中的作用。他们发现选择性抑制这两类神经元都可以增加动物到达特定区域时海马位置细胞的放电频率。但不同的是,抑制 SOM 神经元会增加位置细胞簇发放电的次数,而抑制 PV 神经元会改变位置细胞放电出现在 Theta 节律中的相位[71]。海马神经元电活动编码模式的改变,可能会相应地改变动物的行为输出或者调控记忆的形成,但仍有待进一步探讨。

对于记忆,上升到哲学层面的问题是:记忆的物质存在基础是什么? 记忆究竟是否存储于大脑某些特定的细胞中? 如果是,激活这些细胞能不能唤起某种特定的记忆? 2012 年 4 月,诺贝尔医学奖得主,麻省理工学院著名学者利根川进的团队在《Nature》发表了一项极富意义的工作[95],他们将含有 ChR2 的病毒注射到 c-fos(一种可以被应激反应激活的即刻早期基因家族成员)转基因小鼠的海马齿状回(dentate gyrus,DG)[见图 3-19(c)],然后对动物进行传统的环境恐惧记忆训练,受恐惧环境刺激,c-fos 被激活,它启动了少量 DG 区神经元表达 ChR2 蛋白[见图 3-19(c)]。随后他们在一个新环境中用光激活了这些神经元,结果发现小鼠在正常环境中出现了只应在恐惧环境中才有的冻结行为,即动物储存在细胞中的恐惧记忆被唤醒了,而那些未接受过恐惧训练的动物在光刺激时没有冻结行为产生[见图 3-19(d)]。这一研究初步证实了记忆的信息可以储存于大脑特定神经元中并且能够被唤醒。

3.4.4 情感

    神经科学中对于情感的研究较其他大脑认知活动的研究相对有限。其主要原因是情感过去一直被认为是属于心理学研究的范畴，人脑调控情感的神经基础的研究一方面受限于各种认知行为测试易于受到被试者主观因素的干扰；另一方面在于如前所述调控情感活动的核团位于大脑深部，从研究方法上看目前的技术仍难以精确探知这些核团的活动。动物模型水平的研究可以部分突破技术上的障碍，但是从动物行为表现的角度出发去准确定量描述其情感活动仍非常困难。目前比较被接受的实验是利用习得性条件恐惧的方法来研究动物的恐惧情感，而现有的研究证据表明，杏仁核在处理与存储恐惧情感和记忆中起到了关键的作用，但是人们对于恐惧情绪信息是如何到达杏仁核存在着较大争议[96]。杏仁核位于前颞叶内侧背部，海马和侧脑室下角顶端稍前处，是边缘系统中重要的皮质下核团，其结构复杂，通常分为三个主要的亚核团：杏仁中央核（CeA）、基底外侧核（BLA）和皮质内侧核（MCA），这三个亚核团在结构和功能上相互统一，故杏仁核又称杏仁复合体。大量基础研究和临床实践证明杏仁核在与情感、认知和学习记忆等高级脑功能相关的神经环路和信息整合过程中扮演十分重要的角色。然而，受传统研究手段所限，很难精确分离杏仁核参与的与某种脑功能相关的神经环路，也很难研究其神经生物学机制乃至杏仁核内部的不同亚核团之间的微环路和其信息整合机制。随着光遗传学技术的发展和应用，其高时空特异性和细胞类型选择性的优势使得越来越多的神经科学家将其应用于杏仁核相关环路和微环路水平的研究当中。

    研究恐惧情感的经典行为学实验范示是巴布洛夫习得性条件恐惧测试（pavlovian fecor conditioning），人和动物都可以通过学习建立一种特定感觉线索与恶性伤害刺激之间的联系，进而在恶性刺激到来之前根据线索产生恐惧情绪（也称为习得性恐惧记忆）。大量的研究反映外侧杏仁核（LA）中的锥体神经元在恶性刺激到来时激活，并驱动习得性恐惧记忆的形成。2009 年，美国著名科学家 Ledoux 教授的研究团队将 ChR2 转入 LA 的神经元中，利用蓝光直接刺激 LA 作为恶性刺激输入与声音线索建立联系，结果成功建立了小鼠对声音条件刺激的恐惧记忆[85]。2010 年，瑞士的 Andreas Luthi 研究组分别与 Christian Muller 研究组和加州理工大学暨美国霍华德休斯医学研究所的 David J. Anderson 研究组合作，连续在《Nature》杂志上发表两篇论文，分别从功能和基因水平上分离和阐明了杏仁中央核（CeA）内部亚核团之间的微环路连接及其与条件性恐惧相关的信息整合机制。杏仁中央核(CeA)被认为是主要参与条件性恐惧行为表现的核团,其传出神经元大部分位于其内侧亚区(CeM),并向下游投射到脑干和丘脑来编码条件性恐惧相关的自主行为反应。但是,缺乏确凿的证据证明究竟激活还是抑制这群神经元来介导恐惧反应。由于这些位于 CeM 的传出神经元可以接受来自杏仁中央核外侧亚区(CeL)的抑制性信号,因此研究人员推测 CeA 内部的微环路在条件性恐惧行为反应的编码机制中发挥重要作用。他们应用光遗传学技术并结合分子遗传学技术、电生理技术和药理学方法等多种实验手段探究了杏仁核中的微环路是如何调节条件性恐惧反应的。实验结果显示,CeL 亚区参与恐惧习得,而 CeM 亚区的传出神经元支配恐惧反应的形成。功能性环路研究结果显示,CeL 亚区包含两种功能不同的神经元亚群,在 CeA 内部微环路中扮演不同的功能角色,以高度精确的整合模式调节 CeM 亚区的传出神经元功能[97]。同时,研究人员还用分子遗传学的方法标定了 CeA 内部微环路中两种不同亚型的 GABA 能神经元,即蛋白激酶 C-δ+(PKC-δ+)和蛋白激酶 C-δ-(PKC-δ-),PKC-δ+神经元对 CeM 的传出神经元发出抑制性投射,并与 CeL 的 PKC-δ-神经元有拮抗作用[98]。这一系列研究从功能到基因水平进一步阐明了 CeA 内部,从 CeL 到 CeM 传出神经元的抑制性微环路在条件性恐惧的形成中发挥重要的调节作用。同时也标志着人们对于大脑中枢对行为输出调控的研究模式从脑区和跨脑区的神经环路水平上升到更加精细的功能性核团中特定细胞类群的微环路层面上来。

3.4.5 犒赏

对人类和动物寻求犒赏和回报行为的研究一直是心理、认知和神经科学研究的重点。各种药物、酒精成瘾,抑或是互联网时代出现的网络依赖,乃至当前社会中非常严重的毒品问题,都与大脑掌控奖惩的神经环路密切相关。大脑中的多巴胺(dopamine,DA)系统是奖惩的中枢,并且与成瘾行为直接相关,因此多巴胺系统一直是成瘾研究的焦点。近年来,随着神经科学逐步同计算机科学、人工智能乃至社会经济学紧密联系起来,研究者对大脑基于多巴胺释放或减少的各种奖惩行为更加重视。对于计算机和人工智能理论体系的建设来说,大脑多巴胺能系统协同工作产生的一种奖赏错误预测机制(reward prediction error,RBE),可以帮助我们建立更加合理的预测和规避风险的理论模型。即使从事社会经济学或者神经经济学的研究人员,也可以从多巴胺能系统的功能活动中,进一步分析什么样的奖惩机制能驱动我们做出决策。目前认为多巴胺能系统中与奖励以及成瘾行为最密切相关的两个相互关联的核团分别是腹侧背盖区

(ventral tegmental area，VTA)以及伏隔核(nucleus accumbens，NAc)。这两个核团及其周围几个脑区，基于不同类型细胞之间构成了复杂的投射关系，这些复杂的神经微环路可能对调控这两个关键核团的功能起到重要的作用，而光遗传学技术为研究这些神经微环路的精细调控机制打开了一扇大门。

VTA 被认为是大脑中产生与成瘾相关动机的基础，作为一个相对独立的结构，它是大脑中多巴胺能神经元最密集的区域，成为大脑中的"快感中枢"。目前认为 VAT 中的细胞类型分布比例有，约为 65% 的多巴胺能(DAergic)、约 30% 的 γ-氨基丁酸能(GABAergic)以及少量约占 5% 的谷氨酸能(glutamatergic)神经元。精确调控 VTA 中的多巴胺能神经元能否直接影响动物对奖励的寻求？这一工作率先于 2009 年由 Deisseroth 课题组的 Tsai 等人率先完成[100]，他们利用 Cre 诱导的 AAV 病毒载体将 ChR2 导入 TH：IRES-Cre 转基因小鼠的 VTA 区域，结果 VTA 中 90% 以上的多巴胺能神经元特异性地表达了 ChR2。在没有任何外部真实奖励的前提下，仅仅靠光激活 VTA 中的多巴胺神经元便成功地使动物对有光刺激的环境产生了位置偏好。光刺激在 NAc 可以检测到大量多巴胺递质的释放，多巴胺的释放直接受到光刺激频率的调控，而偏好行为的产生与多巴胺释放的量密切相关。在微环路水平，人们进一步研究 VTA 的多巴胺能神经元是否能释放除了多巴胺外的其他神经递质，通过精确光刺激多巴胺能神经元在 NAc 中的投射末端，人们发现可以在检测到多巴胺的同时记录到谷氨酸能的兴奋性突触后电流[101]。

VTA 到 NAc 的直接投射既有多巴胺能也有 GABA 能，而 VTA 内部的多巴胺能神经元胞体也会接受其内部的 GABA 能投射的输入。因此，来自 VTA 内部的 GABA 能传入投射，可能对调控多巴胺能神经元的功能具有重要作用。人们在实施光刺激调控后发现，这群 GABA 能神经元对奖励的预期没有影响，但会干扰动物消费奖励的活动；同时，直接刺激 VTA 中向 NAc 投射的 GABA 能神经元会增加 NAc 中 GABA 的释放，却不会对行为有影响；但 VTA 中的 GABA 能神经元却能够通过抑制 VTA 中多巴胺能神经元的活性来减少其在 NAc 中多巴胺的释放量[102]。人们进一步发现，当动物接受恶性刺激时，其 VTA 中的 GABA 能神经元放电频率就会上升，而直接光刺激这群神经元同样能诱发出厌恶反应[103]，动物在有光刺激的箱体中停留时间显著减少[见图 3-20(a)]。抑制 VTA 中多巴胺能神经元可以通过两种途径：一是通过上游外侧缰核(lateral habenula，LH)发出谷氨酸能投射激活 VTA 本地的 GABA 能中间神经元从而抑制多巴胺的释放，二是通过外侧缰核兴奋喙中侧被盖核(rostromedial tegmental nucleus，RMTg)，后者是多巴胺系统中抑制性核团之一，可能发出 GABA 能投射直接抑制 VTA 多巴胺神经元的活动。2012 年,人们应用光遗传学技术将带有光敏感通道的病毒注射入 LH,刺激 LH 到 RMTg 的直接投射,同样可以产生厌恶性反应,使动物在光刺激侧停留时间显著减少[104][见图 3-20(b)]。

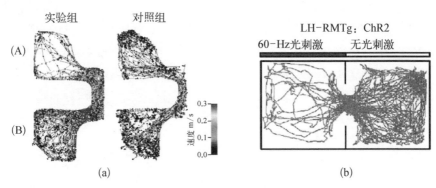

图 3-20 光遗传学技术调控厌恶行为

3.5 光分子探针定位神经环路异常与疾病的关系

3.5.1 中枢神经系统疾病

3.5.1.1 精神分裂症(schizophrenia)

既往的研究证据已经显示精神分裂症会导致 PV 神经元发生改变,并且精神分裂症患者脑电记录中的异常 Gamma 节律活动也可能源于这些神经细胞。而 Sohal 等人在 2009 年的研究中,率先利用光遗传学技术特异性调控皮层 PV 神经元,从而改变皮层 Gamma 节律并调控皮层环路中信息流的传导模式[68]。这一结果为人们通过调控特异性细胞活动改善精神分裂症症状提供了新的可能。

3.5.1.2 孤独症(autism)

孤独症(亦称自闭症)患者中同样存在着与精神分裂症类似的脑电 Gamma 节律异常,行为模式上则表现为社交能力的显著下降和刻板行为的增多。对于孤独症社交能力下降的机制长久以来的一个假说是皮层兴奋/抑制平衡的紊乱。Peter Hegemann 和 Karl Deisseroth 等人共同验证了这一假说的正确性[25],将 SSFO 和 C1V1 两种新的光敏感蛋白分别表达在小鼠内侧前额叶皮质(media prefrontal cortex, mPFC),来双向调控皮层兴奋异常升高或抑制异常减弱,从而打破皮质细胞兴奋/抑制平衡,行为学测试结果显示成功诱导小鼠产生了社交和认知行为的障碍,并伴有异常 Gamma 节律的产生。

3.5.1.3 焦虑症(anxiety)

焦虑症可以分为条件性(创伤后应激障碍产生的焦虑)和非条件性的(一般所指焦虑症)。杏仁核是中枢神经系统中参与包括焦虑等情感处理的重要核团,但其调节焦虑情绪的神经生物学机制尚不清楚。2011 年,人们应用光遗传学技术整合双光子成像技术研究了杏仁核内微环路与小鼠焦虑行为之间的关系。研究人员采用携带有光感基因的腺相关病毒注射到动物杏仁核内,选用旷场实验和高架十字迷宫作为评价焦虑情绪的动物行为学模型,研究了 BLA‐CeL‐CeM 这一杏仁核内部微环路与焦虑行为之间的关系及其内部信息整合机制。功能性环路研究结果显示,BLA 的谷氨酸能神经元向 CeL 发出兴奋性投射,CeL 的 GABA 能神经元兴奋后再向 CeM 的传出神经元发出抑制性投射,同时 BLA 又可以直接向 CeM 的传出神经元发出兴奋性投射,这样,BLA 通过一种前馈抑制模式经由 BLA‐CeL‐CeM 微环路调节 CeM 传出神经元的功能进而在焦虑相关环路中发挥重要调节作用,该研究是应用光遗传学技术探索神经精神类疾病中枢神经环路的成功典范[46]。

3.5.1.4 创伤后应激障碍(post traumatic stress disorder,PTSD)

创伤后应激障碍是对恶性刺激和创伤的一种持续性的记忆,也是环境恐惧记忆的一种。最新的研究发现,长期的环境恐惧记忆可以同时存储于皮层和海马中,并且利用光遗传学技术选择性抑制海马中 CA1 兴奋神经元可以擦除这一记忆[93]。这一发现使人们重新理解恐惧记忆的唤醒机制,因而可能为创伤后应激障碍的改善和干预提供新的策略和靶点。

3.5.1.5 帕金森病(parkinson disease,PD)

临床上用来治疗帕金森病、抑郁症等疾病的大脑深部电刺激(deep brain stimulation,DBS)虽然有效,但其治疗机制相当不明确。2009 年,《Science》发表的"Optical Deconstruction of Parkinsonian Neural Circuitry"一文[33],以 DBS 治疗帕金森病的可能机制为出发点,分别运用了 ChR2 和 NpHR 两种光感基因,CamKIIa 和 GFAP 两种启动子来转染 PD 模型小鼠丘脑底核(subthalamic nucleus,STN)的神经元和胶质细胞,发现无论是兴奋还是抑制,无论是高频还是低频刺激,虽然都能改变细胞放电状态,但是对 PD 症状却无明显改善。但通过高频光刺激与 STN 有投射关系的运动皮层第 5 层锥体细胞的轴突,发现不但能够抑制 STN 的异常密集放电,并且动物的帕金森病症状得以缓解。从而揭示了传统的 DBS 治疗帕金森病的机理,即丘脑底核的高频刺激刺激了投射到该区域的传入神经元,该研究表明利用光遗传学技术可以探寻疾病相关神经回路的关键细胞群,从而为该神经回路的系统重建提供技术工具。

3.5.2 光遗传学技术在外周神经系统、心血管系统、细胞生物学及模式动物研究中的应用

由于其高时光分辨率调控神经环路的特性,光遗传学技术博得了广大神经科学研究者的青睐,虽然目前该技术已主要应用到对中枢神经系统的研究中,但在中枢外的其他系统的应用研究中也崭露头角。同时,光感基因转染目标也不再局限于神经细胞,还包括胶质细胞和中枢神经系统以外的如肌肉细胞、心肌细胞,胚胎干细胞、肿瘤细胞等。

3.5.2.1 光遗传学技术在外周神经系统研究中的应用

近年来陆续有科学家将光遗传学技术应用在动物运动相关行为的神经生物学机制的研究当中。

美国斯坦福大学的 Karl Deisseroth 研究组应用光遗传学技术研究小鼠运动神经元的功能整合特性。研究发现,在中枢和外周的兴奋性锥体神经元选择性表达有光敏通道蛋白的转基因小鼠中,用不同频率蓝光刺激运动神经元分别可以诱导出肌电信号[见图 3-21(a)],并且与常规的电刺激具有可比性[见图 3-21(b)]。光刺激运动神经元产生了与生理状态下相同的整合模式,能够模拟生理状态下由运动神经元编码所控制的肌肉运动[106],为运动神经系统的基础和临床研究提供了新的参考。

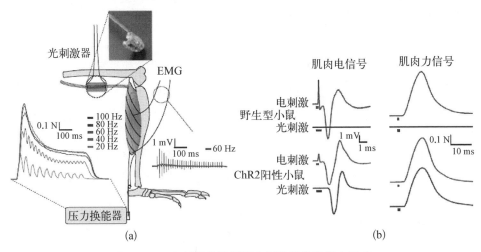

图 3-21　光刺激能够模拟电刺激诱发的肌电反应

瑞典卡罗林斯卡学院的 Ole Kiehn 研究组利用转基因技术将光敏通道蛋白特异性表达于后脑和脊髓的谷氨酸能神经元,意图研究谷氨酸能神经元在运动发生和节律产生中扮演的角色。研究结果显示,用不同模式的蓝光兴奋后脑尾侧或脊髓腰段的谷氨酸能神经元[见图 3-22(a)]均能产生和维持下游的运动样电活动[见图 3-22(b)][107]。该研究表明谷氨酸能通路在以中枢模式发生器为核心的运动神经网络调节机制中扮演重要角色。

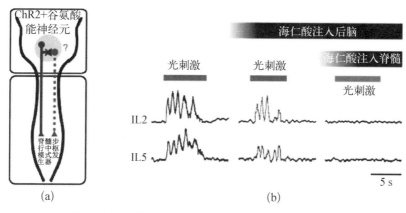

图 3-22 光刺激后脑的携带光感基因的谷氨酸能神经元诱发脊髓的运动样电活动

美国加州大学旧金山分校的 Jan Huisken 研究组利用心肌细胞上同时表达有兴奋性和抑制性的光敏感蛋白 ChR2 和 NpHR 的转基因斑马鱼来研究心脏起搏等生理功能。研究发现应用光遗传学技术可以控制心率,逆转心脏功能,并能诱导某些病理状态下的心功能表现,同时发现只有极少数的心肌细胞在心脏起搏的过程中发挥必不可少的作用[108]。该研究为心血管发育以及血流动力学的研究提供了新的方法和思路。

德国波昂大学的 Philipp Sasse 研究组建立了携带有光感基因的转基因小鼠胚胎干细胞系,并将其选择性诱导成为心肌细胞,在离体和在体两个水平证明了光遗传学技术可以调控心脏起搏、钙稳态、电偶联和心律失常性自发额外搏动(arrhythmogenic spontaneous extrabeats),为心血管病理生理学领域中一些基本问题的研究提供了有力工具和理论依据[109]。2009 年,美国弗吉尼亚大学的 Patrice G. Guyenet 研究组应用光遗传学技术研究延髓头端腹外侧核儿茶酚胺能神经元对血压的调控机制。研究人员将携带有光感基因的慢病毒载体注射到延髓头端腹外侧核,在特异性启动子的作用下,将光敏蛋白表达于儿茶酚胺能神经元上,在给予不同模式光刺激的同时观察外周的生理指标。结果显示,给予一定频率的光刺激,能够以一种固定的模式激活延髓头端腹外侧核儿茶酚胺能神经元中的一个亚群,引起外周血压和交感神经活性的升高,提示这一神经元亚群直接参与交感神经系统和心血管系统的调节[110]。2010 年,该研究组又应用光遗传学技术研究位于延髓头端腹外侧的斜方体后核在呼吸调节过程中扮演的角色。在特异性启动子的作用下,光敏感蛋白主要表达于两类神经元:一类是中枢化学感受器神经元,另一类是血压调节神经元。在给予脉冲光刺激的同时记录生理信号,结果发现,光刺激可以显著增加呼吸频率、心输出量、最大呼吸流量以及心电的幅度和频率。而且,光刺激还可以升高血压和肾交感神经活性[111]。继中枢调控血压之后,该研究组首次实现了应用光遗传学技术对呼吸的调控,具有重要的理论和临床意义。

3.5.2.2 光遗传学技术在细胞生物学研究中的应用

近年来光遗传学技术的应用已经扩展到细胞信号转导通路的研究,甚至相关的临床实际应用的探索。科学家们曾经专门撰文讨论了开发生化光控技术的策略问题。后来,人们又陆续发现了一系列适用于对神经元细胞进行单组分光控操作的光分子探针。

2007 年,首先纯化衣藻(chlamydomonas)视紫红质蛋白并且成功克隆出了该蛋白的编码基因的德国柏林洪堡大学的 Peter Hegemann 研究组和首先建立青蛙卵视紫红质蛋白表达系统的德国马克斯-普朗克生物物理研究所的 Georg Nagel 研究组研究发现,有一些天然存在的酶,比如光敏感腺苷酸环化酶(light-activated adenylyl cyclase, ePAC)可被用于调控细胞信号通路,因为这类蛋白能够直接生成第二信使[112]。随后,又有若干实验室用几种不同的新方法成功对体外培养的细胞内的小 GTP 酶(GTPases)进行了光控试验,成功地改变了细胞的形状和运动活力。研究人员通过光控作用激活了蛋白间的相互作用,使 GTP 酶被招募到细胞膜上并被激活。这种方法今后也能成功地推广到其他生化信号传导试验当中。

2009 年,美国斯坦福大学的 Karl Deisseroth 研究组研发出了一种新型的光敏感蛋白"optoXRs",能够对 G 蛋白调节的信号通路进行光控操作。研究人员将光敏感蛋白的吸光结构域(light-absorbing domains)和其他蛋白的效应结构域(effector domain)融合在一起改造成嵌合体蛋白——OptoXR。不同于传统的光敏通道蛋白能够通过光来直接调控细胞的兴奋性,它的特点在于能够针对 G 蛋白耦联受体(G-protein-coupled receptors, GPCRs)进行杠杆式调节,从而控制胞内的信号级联反应通路和分子间相互作用。动物实验表明,光刺激表达有 optoXR 的伏核(nucleus accumbens, NAc),可以引起自由活动小鼠的条件性位置偏爱。应用该工具可以实现对细胞内目标信号转导通路的调控,并且这种调控具有高度的时间和空间精确性,为信号通路的分离和功能研究提供了强有力的工具[47]。

2011年,瑞士巴塞尔大学的Martin Fussenegger研究组报道了光遗传学转录调控装置可以促进小鼠的血糖稳定。他们通过分子生物学技术使小鼠细胞表达感光色素(黑视素)与胰高血糖素样多肽-1。在蓝光照射下,细胞内黑视素被激活,导致一系列信号转导过程,使细胞内钙升高,进而激活了转录因子NFAT,使得胰高血糖素样多肽-1基因表达,引起胰岛素分泌增加,血糖下降。分子生物学技术改造的小鼠细胞可以植入小鼠皮下,这样用蓝光透皮照射就会产生相应的反应[113]。这个方法可能为糖尿病的治疗开辟新的道路,虽然研究人员所使用的系统要通过钙离子发挥作用,而钙离子与许多生命活动有关,有可能会产生不良反应,但这仍然标志着光遗传学技术在医学应用上的探索已经开始。

所有这些科研成果都表明,将分子工程学(molecular engineering)与光遗传学技术结合,可以对生物化学事件进行光控调节,光控技术时代已经到来,它几乎可以用于所有细胞和组织,这是以往的电刺激技术不可能做到的。在未来的研究中,细胞生物学家们可能会充分利用光控工具对细胞内在各个空间分布的不同信号途径进行干扰和操控。这种胞内调控方法可能会各有不同,但是它们都有一个共同的特点:从系统整体的角度进行调控。在很多细胞生理事件或发育进程(比如细胞极化、迁移以及发育模式等)当中,胞内各种信号在空间上的动态分布极有可能是起到关键调控作用的"幕后推手"。如果光遗传学工具能够随意地操纵各种输入信号,让这些信号任意分布在胞内的各个位置,那么光遗传学工具将给科研人员们带来不可想象的帮助,到了那时,找出信号通路背后存在什么样的分子调控将不再是难题。虽然也有人利用一些微流体系统来输入各种调控干扰信号,但是这类系统只能用于输入可扩散的胞外信号,大大地限制了这类系统的应用范围。光遗传学工具则不同,它几乎可以在胞内网络的任何水平上以任何方式进行干扰,甚至还能用于正在发育中的生物体。但是随着研究的深入,科学家们关注的关键问题不再局限于发现某个信号通路的组成分子,而是开始思考这些信号通路的组成分子是如何共同发挥作用来完成某项细胞功能的。光遗传学工具的出现为科学家们提供了一种手段,可以通过调节激发光的强度来控制胞内组分的活性或者局部浓度,可能会给我们带来大量与细胞工作机制有关的重要信息,从而揭开细胞信号通路的黑匣子。

3.5.2.3 光遗传学技术在模式动物研究中的应用

由于生物进化的保守性,某一种低等生物体内的生物过程很可能在高等生物(例如人)中也是类似甚至完全一样的。因此研究人员可以利用一些技术上更容易操作的生物来研究高等生物的生物学问题,这些生物被称为"模式生物"。由于这些生物的细胞数量更少,分布相对单一,变化也较好观察,早在一个多世纪之前,科学家们就把关注的焦点集中在相对简单的生物上,意图解答生命科学中的一些基本问题。其中线虫、果蝇和斑马鱼等模式动物均是理想的运用光遗传学技术开展研究的对象。

1) 线虫(*C. elegans*)

线虫是人们最早应用光遗传学技术开展神经生物学研究的模式生物。德国马克斯-普朗克生物物理研究所的 Georg Nagel 研究组早在 2005 年就将绿色莱茵衣藻来源的 ChR2 导入线虫的神经元细胞,在体观察光线刺激对线虫运动行为的影响。2007 年,张锋和王立平等在《Nature》报道称,同时导入 ChR2 和 NpHR,在两种波长光源的刺激下,线虫体壁肌组织会呈双向收缩[6]。这一研究发现为后来多色光遗传学技术的发展及数控微探测装置的开发奠定了基础。

2011 年,美国麻省理工大学的 Mark J. Alkem 研究组和哈佛大学的 Aravinthan D. T. Samuel 研究组结合光遗传学技术合作开发了一套光刺激和运动记录系统,如图 3-23 所示。该系统能够对自由活动的线虫进行实时光刺

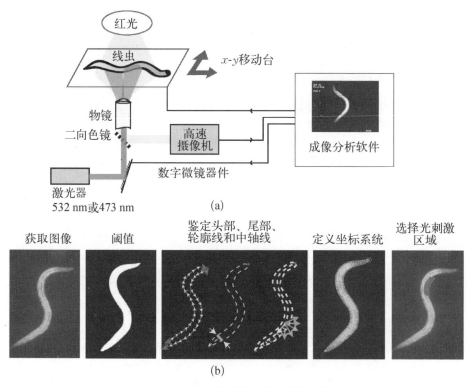

图 3-23 结合光刺激系统的高分辨率成像设备

激,并通过高分辨率显微镜观察和记录线虫的运动,使用软件进行实时分析。研究人员还将该系统应用于线虫的蠕动、产卵、压力感受相关神经环路的研究[114]。

2011 年,美国俄勒冈大学的 Shawn R. Lockery 研究组结合光遗传学技术和电生理技术研究线虫的神经突触连接。研究人员应用该方法研究多形性伤害感受器和诱发随机性逃避的命令神经元之间的功能性连接。研究发现,逃避的概率可以反映出命令神经元突触后电活动的时程,而且突触传入随着刺激强度的升高而缓慢增加,即整个突触的传入、传出功能随着刺激强度级别的不同而变化[115]。该研究证明了光遗传学技术在模式动物突触层面的研究中同样具有其独到的优势[115]。同年,美国乔治亚理工大学的陆航研究组结合光遗传学技术研究线虫的运动。他们首先研发了一套多模式实时光刺激系统,结合行为学系统可以同时实现对自由活动线虫的实时光刺激和行为学记录,然后他们将该系统应用于线虫的感觉控制神经元及其相关行为输出的研究中。结果显示,用光来操控线虫触觉神经环路中的关键节点可以实现对其相关行为的调控[116]。该研究提示我们,这种集成方法提高了我们的调控和观察能力,为动物行为的神经生物基础的研究提供了强有力的工具。

2) 果蝇(*Drosophila*)

在近代发育生物学研究领域中,相比其他模式生物,对于果蝇的发生遗传学研究进展最为迅猛。1995 年,诺贝尔生理学或医学奖就被授予三位在果蝇研究领域中辛勤耕耘的科学家。果蝇为进一步阐明基因—神经(脑)—行为之间的关系提供了理想的动物模型。

2009 年,美国加州大学伯克利分校的 Kristin Scott 研究组应用光遗传学技术研究果蝇的味觉神经环路。研究人员选择性的调控果蝇某一特定类型神经元,并结合行为学实验研究该类神经元在味觉信息处理中的作用。结果是令人兴奋的,该研究组首次从功能上鉴定出位于食管下神经节的运动神经元直接参与味觉相关的反馈环路[117]。该研究为果蝇感觉信息处理相关神经环路的研究提供了新的理论参考和实验依据。

2007 年,中科院神经所的王佐仁研究组结合光遗传学技术建立了一套果蝇转基因以及自由活动果蝇在体光刺激技术平台,实现了在光刺激果蝇幼虫或成虫的特定类型神经元的同时进行果蝇的行为学实验。应用该平台研究果蝇中枢伤害感受器、味觉感受器和运动神经元等某群特定神经元与其参与的疼痛[见图 3-24(a)]、伸鼻[见图 3-24(b)]、逃逸和运动等特定行为的关系[118]。该研究为结合光遗传学技术研究果蝇等模式动物行为学及其中枢神经机制提供了重要的实验参考。

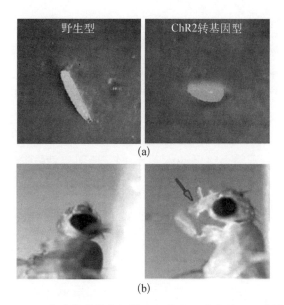

图 3-24　光遗传学技术调控果蝇幼虫和成虫的行为学模式

3）斑马鱼（Zebrafish）

斑马鱼具有繁殖能力强、体外受精和发育、胚胎透明、性成熟周期短、个体小、易养殖等诸多特点，特别是可以进行大规模的正向基因饱和突变与筛选。这些特点使其成为功能基因组时代生命科学研究中重要的模式脊椎动物之一。同时，由于其大脑的透明性和较高的基因操纵可行性，斑马鱼也已成为神经生物学研究中重要的模式动物。特别是在发育的早期阶段，整个幼体呈透明状态，是一个应用光遗传技术的理想模型。这种特性使得人们不但可以对其内部结构进行光学成像，而且结合光遗传技术可以实现对特定类型神经元的操控和监测。近年来，应用该系统进行的研究主要集中于视觉、感觉和运动系统相关的神经环路，并且已经取得了一些可喜的成果。

2008 年，美国哈佛大学 Florian Engert 研究组应用光遗传学技术研究斑马鱼体感神经元的功能。体感神经元在硬骨鱼和脊椎动物对热量、机械力和伤害性刺激等感觉信息编码过程中扮演重要角色，但是人们对其触觉信息的编码特征仍知之甚少。结果显示，研究人员在用光激活特异性标记的体感神经元［见图 3-25 (a)］的同时，在三叉神经元上记录到了光诱发的电活动，并且观察到了斑马鱼的逃避反应［见图 3-25(b)、(c)］，而且即使单个体感神经元的一次放电就足以诱发一次逃避反应[119]。该研究不仅建立了结合光遗传学技术的斑马鱼行为学研究平台，而且其研究结果也为应用模式动物研究神经信息编解码提供了重要理论参考。

2009 年，美国加州大学旧金山分校的 Herwig Baier 研究组利用转基因技术

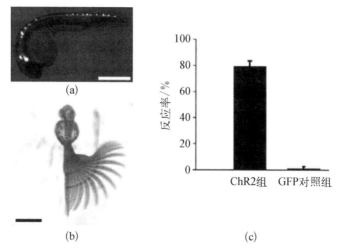

图 3-25 光激活斑马鱼的躯体感觉神经元引起逃避反应

建立了同时表达有兴奋性光敏感蛋白(ChR2)和抑制性光敏感蛋白(eNpHR)的转基因斑马鱼,并将其作为模型研究斑马鱼运动行为相关的神经环路。结果显示,蓝光和黄光的交替兴奋和抑制斑马鱼后脑一小块区域内的神经元实现了对中枢神经与游泳行为控制相关的神经环路的精确操控,从而可以控制斑马鱼与游泳相关的行为学表现。这种将光遗传学技术与行为学技术结合的"工具箱"(见图 3-26)以一种具有高时间和空间分辨率的方式实现了对神经环路的激活或抑制,并且可以观察与这种操控相关的行为学表现[14]。

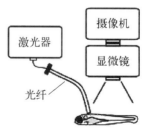

图 3-26 结合光刺激系统和成像系统的斑马鱼行为观察系统

生物多样性是在进化过程中形成的,不同的生物有不同的形态结构和生理特征,但对生命活动有重要功能的基因却是高度保守的。因此,可从模式生物着手,先弄清楚低等生物相对比较简单的基因组和生理功能,再以此为基础进一步研究人体这一复杂系统。将模式动物基因操纵技术、行为学技术和光遗传学技术相结合无疑将模式动物的研究提到了一个新的高度。

光遗传学技术在近年来得到愈来愈多的应用,显示了其巨大的发展前景。当然这个技术还可以不断地优化,更多的光敏感蛋白会被发现,它们具有不同光吸收波长、不同反应时值与不同反应时程,从而适合于不同的实验需求。不同的基因导入方法可以使光敏感蛋白专一表达于某个(些)细胞。光遗传学技术的进展显示了交叉学科研究的潜力与生命科学新研究方法的重要性,相信在不久的将来,光遗传学技术在细胞生物学和生理学研究等各方面都会得到重视与应用。

3.6 用于神经科学的光学探针技术

3.6.1 光学探针技术

通常所说的光学探针技术是指一类能特异性识别目标分子并用于直接检测或带有可检测标记物的高效探测试剂。这些物质在吸收与其自身特征频率相同的光(如紫外光或者蓝紫光)之后,其自身原子的核外电子会从相对稳定的基态被激发到相对不稳定的较高能级,也就是通常所说的激发态。由于激发态的电子不稳定,因此会将多余的能量释放出去并且重新回到基态,同时产生荧光。这些光学探针由于具有高灵敏度、高时空分辨能力等特点,目前已广泛用于生化检测、环境监控、疾病诊断和药物筛选等领域并发挥着重要的作用,目前已成为分析化学领域的研究热点之一。

光学探针在 19 世纪起就已经应用于生物领域,早在 1885 年,Ehrlich 就用亚甲蓝作为第一个重要的活体染料,并阐述了它对神经组织的亲和性。随着荧光显微镜技术的迅速发展,产生了种类丰富的各种光学探针,并且更加广泛地用于生物领域。其中在神经科学领域,比较常用的光学探针包括:pH 荧光探针、钙离子荧光探针和神经递质探针等。

3.6.1.1 pH 荧光探针技术

活体细胞中 pH 分布和变化的高空间分辨率测量对于细胞生物学的研究有着十分重要的意义。虽然基于电化学的生物传感器已经应用到生物医学领域[120, 121],但是由于这种生物传感器可检测的空间范围较小,仍有一定的局限性。为此,荧光 pH 探针能更加广泛地应用于细胞或者生物组织,甚至活体器官的 pH 检测中。

pH 荧光探针实际上是随 pH 值变化而荧光性质随之变化的一类物质。通过 pH 探针在某一特定 pH 值范围内荧光强度的增强或者减弱可以实现对 pH 值的测量。常见的 pH 荧光探针主要包括:基于荧光素的 pH 探针[122]、基于苯并氧杂蒽的 pH 探针[123]、基于甲川菁类的 pH 探针[124]、基于氟硼荧染料(BODIPY)的 pH 探针[125]等。

近年来,基于纳米颗粒的比例计量 pH 探针(nanoparticle-based ratiometric pH probes)成了 pH 光学探针的研究热点。首先,因为用于对比的信号数据是从完全相同的环境中得到的,所以比例计量 pH 探针的测量与光学路径长度、探针浓度、光漂白以及探针从细胞内流失等参数无关,因此能够更好地用于定量检测。另外,这种基于纳米颗粒的比例计量 pH 探针能够很容易地在同一纳米颗粒中同时组装不同染料(pH 敏感和 pH 不敏感)来获得可调的 pH 值响应范围。这种 pH 探针包括基于抗菌素的纳米 pH 探针、量子点 pH 探针、基于聚合物的 pH 探针等。最近,中国科学院北京化学所的马万红实验室等人设计并制备了基于碳纳米点(carbon nanodots,CDs)的比例计量 pH 探针,如图 3 - 27 所示[126]。由于这种 pH 探针有更小的尺寸(小于 10 nm)和更好的生物相容性,因此实现了全细胞 pH 的绘制(mapping)。

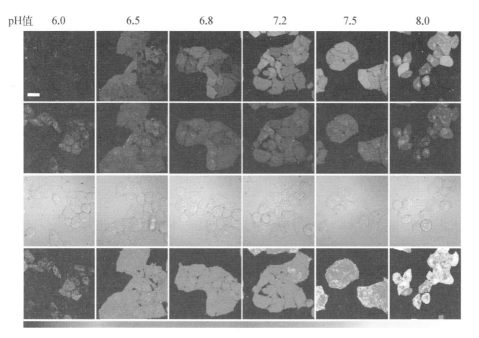

图 3 - 27 在 pH 值分别为 6.0,6.5,6.8,7.2,和 8.0 时 Hela 细胞的荧光照片[126]

图 3 - 27 为 Hela 细胞在不同 pH 值下的荧光照片,图中的第一行(异硫氰酸荧光素标记)和第二行(罗丹明荧光素标记)的波长分别为 510～550 nm 和 570～610 nm;第三行为对应的微分干涉对比图像;第四行表示的是 pH 在细胞中的变化。图中标尺为 20 μm。

3.6.1.2 钙离子荧光探针技术

钙离子是生物体内的非常重要的第二信使(second messenger),主要参与神经递质分泌、神经兴奋、代谢、细胞分化和凋亡等活动。对于细胞内游离钙离子浓度的测定,最常用的方法就是钙离子荧光探针技术[127, 128]。由于神经细胞膜的去极化过程伴随着细胞内钙离子浓度的升高,因此钙离子探针提供了一种在较高的时空分辨率下观察神经元活性的方法[128, 129]。虽然神经电生理记录可以达到毫秒级的时间分辨率，但是钙离子探针在研究多细胞活动时更加理想[130]。

目前常用的钙离子探针包括比例计量探针（ratiometric probes）和非比例计量探针两类。前者主要包括 Bis-fura、Fura－2、Fura－PE3、Fura red 和 Indo－1等，后者主要包括钙绿剂、钙橙色剂、Oregon 绿剂 488、Fluo－3、Rhod－2、BAPTA－1、BAPTA－2 等。在常用的钙离子探针当中，紫外-可见探针如 Fura－2、Fluo－3、Rhod－2 等使用最为普遍。最近，日本东京大学的 Takahiro Egawa 等人设计并开发了一种基于罗丹明的荧光基团，四乙酸（BAPTA）为钙离子螯合剂的新型钙离子探针 CaSiR－1[130]。这种远红外-近红外荧光探针具有更小的光毒性、更强的组织穿透力和抗干扰能力，并且荧光开/关强度比高达 1 000，因此非常适合用于神经科学的研究。

3.6.1.3 神经递质荧光探针技术

神经递质是在化学突触传递中担当信使的一类特殊的化学物质，是神经活动的基础之一。常见的神经递质包括多巴胺、谷氨酸、五羟色胺、γ-氨基丁酸、乙酰胆碱等。这些抑制性的神经递质和兴奋性的神经递质相互作用，共同维持着神经网络微妙的平衡，而神经递质的异常，会导致老年痴呆症、帕金森病、精神分裂症、癫痫等神经精神性疾病的发生，也会影响着人们的认知、决策和情感等多种行为。

虽然借助于电化学生物传感器可以实现近实时的神经递质检测，但是由于电化学传感器选择性和特异性较差，很容易受到生物体中其他物质的干扰，能检测的物质较少，主要为多巴胺和谷氨酸等。由于神经递质荧光探针具有较高的选择性和空间分辨率，因此是检测神经递质的一种较为理想的方法。例如，日本东京大学的 Shigeyuki Namiki 等人开发了一种基于 AMPA 受体（a-amino－3－hydroxy－5－methyl－4－isoxazolepropionic acid receptor）和小分子荧光染料的谷氨酸荧光探针，借助于这种探针技术，他们成功地在培养的海马神经元中实现了高空间分辨率的谷氨酸释放[131]。

3.6.2 用于光遗传学技术的探针——光电极阵列

与常规的分子探针技术不同，光遗传学技术是通过特定波长的激光激活在细胞膜上表达的光感基因，从而实现对细胞的调控。如前述，光遗传学技术的最大的优点是能够在毫秒水平上持续地实现对特异类型的神经元进行调控和电生理记录[21]。这项技术能够在细胞或者在体水平上选择性地兴奋或者抑制某个特定类型的神经元并且实时地记录细胞电活动。不同于常用的神经调控方法

［如深脑电刺激技术（deep brain stimilation，DBS）］，光遗传调控能够避免深脑电刺激技术中的电流对电生理记录产生的干扰[132, 133]。

为了更加深入地研究神经精神疾病的异常回路特征，人们迫切需要在清醒、自由活动的动物模型中研究光遗传调控和对应的电生理以及行为学输出之间的联系的新技术和新方法[100]。这就需要有能够在动物体内长期植入并且能同时实现光调控和电生理记录的装置——光电极。在理想状态下，这种光电极是包含有多个电极的光纤——电极阵列（光电极阵列）系统，从而能够实现在高空间分辨率下研究自由活动动物中与行为相关的特定神经回路中神经元的电活动。

最早采用的光电极主要是微电极（如钨电极）与光纤的简单结合[8, 21, 33, 45, 77]，这种光电极主要用于急性实验中的光调控和单电极记录。随后，美国布朗大学的 Nurmikko 研究组通过微加工技术将腐蚀成锥形的光纤和犹他电极阵列结合，制备了基于犹他电极的光电及阵列，如图 3 - 28（A）～（C）所示[134]。这种光电极阵列包含一个整合了铂电极的光纤和围绕在其周围的 99 个电极，具有非常高的时间-空间分辨率，可以用于在体和脑片水平的研究。Royer 等人通过将密西根电极和光纤整合，制备了基于密西根电极的光电极阵列，如图 3 - 28（D）所示[75, 135]。相比于犹他光电极阵列，这种光电极阵列制备和使用更加方便，并且可以用于较深的大脑核团的研究。Strak 等人将发光二极管技术应用到了密西根电极上，制备了可调慢性植入式光电极阵列，如图 3 - 28（E）～（G）所示[136]。这种光电极阵列由几个密西根光电极组成，其中每个光电极的位置都可以调整，并且可以分别发出不同波长的光来实现对神经元的兴奋或者抑制。图 3 - 28（H）～（I）为基于四电极（tetrode）的可调慢性植入式光电极阵列示意图；图 3 - 28（J）为植入了图 3 - 28（H）图所示光电极阵列的小鼠；图 3 - 28（K）为在光调控条件下小鼠大脑神经元放电情况。最近，Karl Deisseroth 等人发展出了基于四电极技术的可调慢性植入式光电极阵列，并且成功地应用于小鼠的在体光调控和电生理记录[137]。不同于以往的光电极阵列的手工制作方式，这种光电极可以通过结合工业制模来制备，具有产业化前景。

光电极正在面临的一个挑战是电极/神经界面的长期稳定性问题[138]。一般而言，光电极由传导激光的光纤和用于电生理记录的电极组成。作为光电极的重要组成部分，电极是连接生物组织和电生理记录系统的桥梁，它的性能直接影响着光遗传调控信息的读取。为了尽可能地接近目标神经元进行电生理记录和减小电极植入过程中的创伤，电极正朝着微型化和阵列化的方向发展[139]。然而随着几何面积的逐渐减小，电极的界面阻抗急剧增大，这样可能会造成电生理记录过程中背景噪声（如热噪声等）的升高，降低信号质量，影响记录效果[140]。

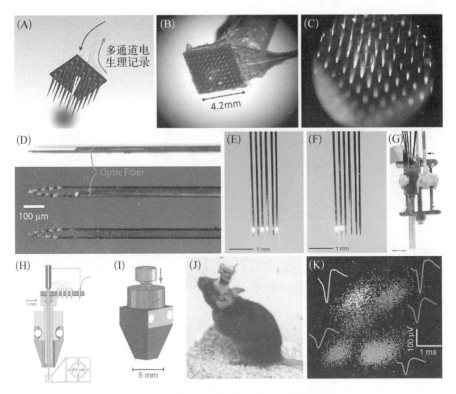

图 3-28　几种光电极阵列的示意图和照片

虽然通过电化学修饰方法可以部分减轻电极尺寸以减小阻抗增大的不良后果。然而,当电极植入中枢神经系统后,组织的应急反应被激活。应急反应引起胶质细胞大量增生包括星形胶质细胞、小胶质细胞、少突胶质细胞、少突胶质细胞前体等,它们都可能会抑制神经元轴突再生[141]。电极植入过程可能会损害多个组织部分,包括毛细血管、细胞外基质和细胞[142]。巨噬细胞会聚集到植入的电极周围,将植入体包裹。随后小胶质细胞被激活并分泌活性氧物质以及炎性细胞因子,其中一些因子具有毒性,因此其邻近神经元可能被损害,严重影响电生理信号的采集[143]。一般情况下,星形胶质细胞在中枢神经系统通常执行一些重要的职能,包括缓冲神经递质,形成血脑屏障[144]。然而,当星形胶质细胞被激活后,它们能形成一个围绕植入电极的包囊从而会明显增大电极界面的阻抗,显著减弱记录和刺激效果[145]。此外,它也对轴突再生有抑制作用,因此会增大神经电极和目标神经元的距离,进一步造成电极性能的减弱。中国科学院深圳先进技术研究院的鲁艺等人通过表面修饰技术和电化学处理显著提高了光电极的长期稳定性,并且在自由活动大鼠上实现了慢性的光调控和电生理记录[146],这为光遗传学技术的安全性研究提供了思路。

3.6.3 用于实验和临床的光遗传学装置

目前,已经用于临床的功能性神经调控技术主要是基于电刺激的治疗方法[147-149]。植入式神经电刺激疗法是一种在不破坏神经组织的前提下通过调节神经进行治疗的方法,它可以起到治疗或部分恢复神经功能的作用。植入式电刺激疗法具有安全、微创等特点;并且,对于某些特殊的神经系统疾病来说,植入式神经电刺激疗法和基于之上的神经电刺激器是目前最理想的治疗方法之一。

所谓的神经电刺激器是通过以一定强度的电流脉冲来兴奋激励目标神经组织,以调整或恢复神经功能、缓解症状的一种装置[150-152]。神经电刺激器已经经历了大半个世纪的发展,迄今为止,应用得最为广泛的植入式神经电刺激器是人工耳蜗(cochlear)和心脏起搏器。除此之外,美国食品和药物管理局(Food and Drug Administration,FDA)已经许可临床应用的植入式神经电刺激器主要有治疗疼痛的脊髓刺激器,治疗帕金森病、震颤和肌张力障碍的深脑刺激器,治疗癫痫和抑郁的迷走神经刺激器,治疗尿失禁的骶神经刺激器等。

虽然电刺激装置已经广泛应用,但是正如前面所提到的,这些电刺激装置的治疗机制不是很清楚,导致对于某些疾病的治疗效果不佳,限制了这些装置的进一步发展。为了解决这些问题,人们正在开发一些基于光遗传学技术的科研和治疗装置。2011 年美敦力公司(Medtronics)公布了其研发的植入式光刺激器样机,如图 3 - 29 所示[153]。这种样机通过数字芯片来控制 LED 光源的刺激光强

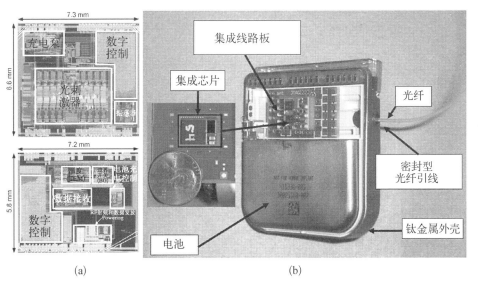

图 3 - 29　植入式光刺激器的控制芯片(a)和样机(b)[155]

和波形,通过光纤将激光导入特定部位进行调控和治疗。虽然光遗传调控技术距离临床还有一段距离,这种装置的安全性、功耗、使用寿命等诸多问题还有待进一步研究和解决,但是,作为一种具有高细胞选择性和高时空分辨率等特性的全新技术,光遗传学技术的推进和发展将会引导人们更好地完善现有技术的不足,更加深入地理解生命科学领域诸多尚未解决的问题。

参考文献

[1] Hampp N A. Bacteriorhodopsin: mutating a biomaterial into an optoelectronic material [J]. Appl. Microbiol. Biotechnol. , 2000, 53(6): 633 - 639.

[2] Schobert B, Lanyi J K. Halorhodopsin is a light-driven chloride pump[J]. J. Biol. Chem. , 1982, 257(17): 10306 - 10313.

[3] Nagel G, Ollig D, Fuhrmann M, et al. Channelrhodopsin - 1: a light-gated proton channel in green algae[J]. Science, 2002, 296(5577): 2395 - 2398.

[4] Nagel G, Szellas T, Huhn W, et al. Channelrhodopsin - 2, a directly light-gated cation-selective membrane channel[J]. Proc. Natl. Acad. Sci. , U. S. A. , 2003, 100(24): 13940 - 13945.

[5] Boyden E S, Zhang F, Bamberg E, et al. Millisecond-timescale, genetically targeted optical control of neural activity[J]. Nat. Neurosci. , 2005, 8(9): 1263 - 1268.

[6] Zhang F, Wang L P, Brauner M, et al. Multimodal fast optical interrogation of neural circuitry[J]. Nature, 2007, 446(7136): 633 - 639.

[7] Miller G. Optogenetics — shining new light on neural circuits[J]. Science, 2006, 314 (5806): 1674 - 1676.

[8] Gradinaru V, Zhang F, Ramakrishnan C, et al. Molecular and cellular approaches for diversifying and extending optogenetics[J]. Cell, 2010, 141(1): 154 - 165.

[9] Hegemann P, Fuhrmann M, Kateriya S. Algal sensory photoreceptors[J]. J. Phycol. , 2001, 37(5): 668 - 676.

[10] Sineshchekov O A, Jung K H, Spudich J L. Two rhodopsins mediate phototaxis to low- and high-intensity light in Chlamydomonas reinhardtii [J]. Proc. Natl. Acad. Sci. U. S. A. , 2002, 99(13): 8689 - 8694.

[11] Suzuki T, Yamasaki K, Fujita S, et al. Archaeal-type rhodopsins in Chlamydomonas: model structure and intracellular localization[J]. Biochem. Biophys. Res. Commun. , 2003, 301(3): 711 - 717.

[12] Deisseroth K, Feng G, Majewska A K, et al. Next-generation optical technologies for illuminating genetically targeted brain circuits [J]. J. Neurosci, 2006, 26 (41): 10380 - 10386.

[13] Zhang F, Wang L P, Boyden E S, et al. Channelrhodopsin - 2 and optical control of excitable cells[J]. Nat. Methods, 2006, 3(10): 785 - 792.

[14] Arrenberg A B, Del Bene F, Baier H. Optical control of zebrafish behavior with

halorhodopsin[J]. Proc. Natl. Acad. Sci. U. S. A. , 2009, 106(42): 17968 – 17973.

[15] Raimondo J V, Kay L, Ellender T J, et al. Optogenetic silencing strategies differ in their effects on inhibitory synaptic transmission[J]. Nat. Neurosci, 2012, 15(8): 1102 – 1104.

[16] Chow B Y, Han X, Dobry A S, et al. High-performance genetically targetable optical neural silencing by light-driven proton pumps[J]. Nature, 2010, 463(7277): 98 – 102.

[17] Kato H E, Zhang F, Yizhar O, et al. Crystal structure of the channelrhodopsin light-gated cation channel[J]. Nature, 2012, 482(7385): 369 – 374.

[18] Gunaydin L A, Yizhar O, Berndt A, et al. Ultrafast optogenetic control[J]. Nat. Neurosci, 2010, 13(3): 387 – 392.

[19] Berndt A, Schoenenberger P, Mattis J, et al. High-efficiency channelrhodopsins for fast neuronal stimulation at low light levels[J]. Proc. Natl. Acad. Sci. U. S. A. , 2011, 108 (18): 7595 – 7600.

[20] Nagel G, Brauner M, Liewald J F, et al. Light activation of channelrhodopsin – 2 in excitable cells of Caenorhabditis elegans triggers rapid behavioral responses[J]. Curr. Biol. , 2005, 15(24): 2279 – 2284.

[21] Gradinaru V, Thompson K R, Zhang F, et al. Targeting and readout strategies for fast optical neural control in vitro and in vivo[J]. J. Neurosci. , 2007, 27(52): 14231 – 14238.

[22] Lin J Y, Lin M Z, Steinbach P, et al. Characterization of engineered channelrhodopsin variants with improved properties and kinetics[J]. Biophys. J. , 2009, 96(5): 1803 – 1814.

[23] Kleinlogel S, Feldbauer K, Dempski R E, et al. Ultra light-sensitive and fast neuronal activation with the Ca^{2+}-permeable channelrhodopsin CatCh[J]. Nat. Neurosci. , 2011, 14(4): 513 – U152.

[24] Berndt A, Yizhar O, Gunaydin L A, et al. Bi-stable neural state switches[J]. Nat. Neurosci. , 2009, 12(2): 229 – 234.

[25] Yizhar O, Fenno L E, Prigge M, et al. Neocortical excitation/inhibition balance in information processing and social dysfunction[J]. Nature, 2011, 477(7363): 171 – 178.

[26] Zhang F, Prigge M, Beyriere F, et al. Red-shifted optogenetic excitation: a tool for fast neural control derived from Volvox carteri[J]. Nat. Neurosci. , 2008, 11(6): 631 – 633.

[27] Aravanis A M, Wang L P, Zhang F, et al. An optical neural interface: in vivo control of rodent motor cortex with integrated fiberoptic and optogenetic technology[J]. J. Neural. Eng. , 2007, 4(3): S143 – S156.

[28] Han X, Qian X, Bernstein J G, et al. Millisecond-timescale optical control of neural dynamics in the nonhuman primate brain[J]. Neuron, 2009, 62(2): 191 – 198.

[29] Burger C, Gorbatyuk O S, Velardo M J, et al. Recombinant AAV viral vectors pseudotyped with viral capsids from serotypes 1, 2, and 5 display differential efficiency and cell tropism after delivery to different regions of the central nervous system[J]. Mol. Ther. , 2004, 10(2): 302 – 317.

[30] Asokan A, Schaffer D V, Samulski R J. The AAV vector toolkit: poised at the clinical

crossroads[J]. Mol. Ther. , 2012, 20(4): 699 - 708.

[31] Nathanson J L, Yanagawa Y, Obata K, et al. Preferential labeling of inhibitory and excitatory cortical neurons by endogenous tropism of adeno-associated virus and lentivirus vectors[J]. Neuroscience, 2009, 161(2): 441 - 450.

[32] Dittgen T, Nimmerjahn A, Komai S, et al. Lentivirus-based genetic manipulations of cortical neurons and their optical and electrophysiological monitoring in vivo[J]. Proc. Natl. Acad. Sci. U. S. A. , 2004, 101(52): 18206 - 18211.

[33] Gradinaru V, Mogri M, Thompson K R, et al. Optical deconstruction of parkinsonian neural circuitry[J]. Science, 2009, 324(5925): 354 - 359.

[34] Bartel D P. MicroRNAs: genomics, biogenesis, mechanism, and function[J]. Cell, 2004, 116(2): 281 - 297.

[35] Colin A, Faideau M, Dufour N, et al. Engineered lentiviral vector targeting astrocytes in vivo[J]. Glia, 2009, 57(6): 667 - 679.

[36] Xie J, Xie Q, Zhang H, et al. MicroRNA-regulated, systemically delivered rAAV9: a step closer to CNS-restricted transgene expression[J]. Mol. Ther. , 2011, 19(3): 526 - 535.

[37] Zhao S, Ting J T, Atallah H E, et al. Cell type-specific channelrhodopsin - 2 transgenic mice for optogenetic dissection of neural circuitry function[J]. Nat. Methods, 2011, 8(9): 745 - 752.

[38] Arenkiel B R, Peca J, Davison I G, et al. In vivo light-induced activation of neural circuitry in transgenic mice expressing channelrhodopsin - 2[J]. Neuron, 2007, 54(2): 205 - 218.

[39] Madisen L, Zwingman T A, Sunkin S M, et al. A robust and high-throughput Cre reporting and characterization system for the whole mouse brain[J]. Nat. Neurosci. , 2010, 13(1): 133 - 140.

[40] Atasoy D, Aponte Y, Su H H, et al. A flex switch targets Channelrhodopsin - 2 to multiple cell types for imaging and long-range circuit mapping[J]. J. Neurosci. , 2008, 28 (28): 7025 - 7030.

[41] Cetin A, Komai S, Eliava, M, et al. Stereotaxic gene delivery in the rodent brain[J]. Nat. Protoc. , 2006, 1(6): 3166 - 3173.

[42] Zhang F, Gradinaru V, Adamantidis A R, et al. Optogenetic integration of neural circuits: technology fro probing mamalian brain structures[J]. Nat. Protoc. , 2010, 5(3): 439 - 456.

[43] Han X, Boyden E S. Multiple-color optical activation, silencing, and desynchronization of neural activity, with single-spike temporal resolution[J]. PLoS One, 2007, 2(3): e299.

[44] Witten I B, Steinberg E E, Lee S Y, et al. Recombinase-driver rat lines: tools, techniques, and optogenetic application to dopamine-mediated reinforcement[J]. Neuron, 2011, 72(5): 721 - 733.

[45] Wentz C T, Bernstein J G, Monahan P, et al. A wirelessly powered and controlled device for optical neural control of freely-behaving animals[J]. J. Neural. Eng. , 2011, 8 (4): 046021.

[46] Tye K M, Prakash R, Kim S Y, et al. Amygdala circuitry mediating reversible and bidirectional control of anxiety[J]. Nature, 2011, 471(7338): 358 - 362.

[47] Airan R D, Thompson K R, Fenno L E, et al. Temporally precise in vivo control of intracellular signalling[J]. Nature, 2009, 458(7241): 1025 - 1029.

[48] Fell J, Axmacher N. The role of phase synchronization in memory processes[J]. Nat. Rev. Neurosci. , 2011, 12(2): 105 - 118.

[49] Gruber T, Muller M M. Effects of picture repetition on induced gamma band responses, evoked potentials, and phase synchrony in the human EEG[J]. Cogn. Brain Res. , 2002, 13(3): 377 - 392.

[50] Gruber T, Muller M M, Keil A, et al. Selective visual-spatial attention alters induced gamma band responses in the human EEG[J]. Clin. Neurophysiol. , 1999, 110(12): 2074 - 2085.

[51] Fell J, Klaver P, Lehnertz K, et al. Human memory formation is accompanied by rhinal-hippocampal coupling and decoupling[J]. Nat. Neurosci. , 2001, 4(12): 1259 - 1264.

[52] Jutras M J, Fries P, Buffalo E A. Gamma-band synchronization in the macaque hippocampus and memory formation[J]. J. Neurosci. , 2009, 29(40): 12521 - 12531.

[53] Sato W, Kochiyama T, Uono S, et al. Rapid amygdala gamma oscillations in response to fearful facial expressions[J]. Neuropsychologia, 2011, 49(4): 612 - 617.

[54] Jones M W, Wilson M A. Theta rhythms coordinate hippocampal-prefrontal interactions in a spatial memory task[J]. PLoS Biol. , 2005, 3(12): e402.

[55] Axmacher N, Henseler M M, Jensen O, et al. Cross-frequency coupling supports multi-item working memory in the human hippocampus[J]. Proc. Natl. Acad. Sci. U. S. A. , 2010, 107(7): 3228 - 3233.

[56] Seidenbecher T, Laxmi T R, Stork O, et al. Amygdalar and hippocampal theta rhythm synchronization during fear memory retrieval[J]. Science, 2003, 301(5634): 846 - 850.

[57] Buzsaki G, Draguhn A. Neuronal oscillations in cortical networks[J]. Science, 2004, 304 (5679): 1926 - 1929.

[58] Huxter J, Burgess N, O'keefe J. Independent rate and temporal coding in hippocampal pyramidal cells[J]. Nature, 2003, 425(6960): 828 - 832.

[59] Fries P, Reynolds J H, Rorie A E, et al. Modulation of oscillatory neuronal synchronization by selective visual attention[J]. Science, 2001, 291(5508): 1560 - 1563.

[60] Wang X J. Neurophysiological and computational principles of cortical rhythms in cognition[J]. Physiol. Rev. , 2010, 90(3): 1195 - 1268.

[61] Abbott L F, Nelson S B. Synaptic plasticity: taming the beast[J]. Nat. Neurosci, 2000, 3 Suppl: 1178 - 1183.

[62] Fries P. A mechanism for cognitive dynamics: neuronal communication through neuronal coherence[J]. Trends Cogn. Sci. , 2005, 9(10): 474 - 480.

[63] Paik S B, Kumar T, Glaser D A. Spontaneous local gamma oscillation selectively enhances neural network responsiveness [J]. Plos. Computational Biology, 2009, 5 (3): e1000342.

[64] Spruston N, Cang J. Timing isn't everything[J]. Nat. Neurosci, 2010, 13(3): 277 - 9.

[65] Hyman J M, Wyble B P, Goyal V, et al. Stimulation in hippocampal region CA1 in behaving rats yields long-term potentiation when delivered to the peak of theta and long-term depression when delivered to the trough[J]. J. Neurosci., 2003, 23(37): 11725 – 11731.

[66] Jensen O, Lisman J E. Hippocampal sequence-encoding driven by a cortical multi-item working memory buffer[J]. Trends Neurosci., 2005, 28(2): 67 – 72.

[67] Uhlhaas P J, Singer W. Abnormal neural oscillations and synchrony in schizophrenia[J]. Nat. Rev. Neurosci., 2010, 11(2): 100 – 113.

[68] Sohal V S, Zhang F, Yizhar O, et al. Parvalbumin neurons and gamma rhythms enhance cortical circuit performance[J]. Nature, 2009, 459(7247): 698 – 702.

[69] Cardin J A, Carlen M, Meletis K, et al. Driving fast-spiking cells induces gamma rhythm and controls sensory responses[J]. Nature, 2009, 459(7247): 663 – 667.

[70] Carlen M, Meletis K, Siegle J H, et al. A critical role for NMDA receptors in parvalbumin interneurons for gamma rhythm induction and behavior[J]. Mol. Psychiatry, 2012, 17(5): 537 – 548.

[71] Royer S, Zemelman B V, Losonczy A, et al. Control of timing, rate and bursts of hippocampal place cells by dendritic and somatic inhibition[J]. Nat. Neurosci., 2012, 15(5): 769 – 775.

[72] Melzer S, Michael M, Caputi A, et al. Long-range-projecting GABAergic neurons modulate inhibition in hippocampus and entorhinal cortex[J]. Science, 2012, 335(6075): 1506 – 1510.

[73] Lee J H, Durand R, Gradinaru V, et al. Global and local fMRI signals driven by neurons defined optogenetically by type and wiring[J]. Nature, 2010, 465(7299): 788 – 792.

[74] Harrison T C, Ayling O G, Murphy T H. Distinct cortical circuit mechanisms for complex forelimb movement and motor map topography[J]. Neuron, 2012, 74(2): 397 – 409.

[75] Kiritani T, Wickersham I R, Seung H S, et al. Hierarchical connectivity and connection-specific dynamics in the corticospinal-corticostriatal microcircuit in mouse motor cortex [J]. J. Neurosci., 2012, 32(14): 4992 – 5001.

[76] Kravitz A V, Freeze B S, Parker P R, et al. Regulation of parkinsonian motor behaviours by optogenetic control of basal ganglia circuitry[J]. Nature, 466(7306): 622 – 626.

[77] Han X, Qian X F, Bernstein J G, et al. Millisecond-timescale optical control of neural dynamics in the nonhuman primate brain[J]. Neuron, 2009, 62(2): 191 – 198.

[78] Diester I, Kaufman M T, Mogri M, et al. An optogenetic toolbox designed for primates [J]. Nat. Neurosci, 2011, 14(3): 387 – 397.

[79] Gerits A, Farivar R, Rosen B R, et al. Optogenetically induced behavioral and functional network changes in primates[J]. Curr. Biol., 2012, 22(18): 1722 – 1726.

[80] Gazzaniga M S, Ivry R B, Mangun G R. Cognitive Neuroscience: The Biology of the Mind[M]. W. W. Norton, USA: New York, 1998.

[81] O'Doherty J E, Lebedev M A, Ifft P J, et al. Active tactile exploration using a brain-machine-brain interface[J]. Nature, 2011, 479(7372): 228 – 231.

[82] Lee S H, Kwan A C, Zhang S, et al. Activation of specific interneurons improves V1 feature selectivity and visual perception[J]. Nature, 2012, 488(7411): 379 – 383.

[83] Hannula D E, Simons D J, Cohen N J. Imaging implicit perception: promise and pitfalls [J]. Nat. Rev. Neurosci. , 2005, 6(3): 247 – 255.

[84] Zhang J, Ackman J B, Xu H P, et al. Visual map development depends on the temporal pattern of binocular activity in mice[J]. Nat. Neurosci. , 2012, 15(2): 298 – 307.

[85] Johansen J P, Hamanaka H, Monfils M H, et al. Optical activation of lateral amygdala pyramidal cells instructs associative fear learning[J]. Proc. Natl. Acad. Sci. U. S. A. , 2010, 107(28): 12692 – 12697.

[86] Letzkus J J, Wolff S B, Meyer E M, et al. A disinhibitory microcircuit for associative fear learning in the auditory cortex[J]. Nature, 2011, 480(7377): 331 – 335.

[87] Blumhagen F, Zhu P, Shum J, et al. Neuronal filtering of multiplexed odour representations [J]. Nature, 2011, 479(7374): 493 – 498.

[88] Gire D H, Franks K M, Zak J D, et al. Mitral cells in the olfactory bulb are mainly excited through a multistep signaling path[J]. J. Neurosci. , 2012, 32(9): 2964 –2975.

[89] Ma M, Luo M. Optogenetic activation of basal forebrain cholinergic neurons modulates neuronal excitability and sensory responses in the main olfactory bulb[J]. J. Neurosci. , 2012, 32(30): 10105 – 10116.

[90] Gentet L J, Kremer Y, Taniguchi H, et al. Unique functional properties of somatostatin-expressing GABAergic neurons in mouse barrel cortex[J]. Nat. Neurosci. , 2012, 15(4): 607 – 612.

[91] Poulet J F, Fernandez L M, Crochet S, et al. Thalamic control of cortical states[J]. Nat. Neurosci, 2012, 15(3): 370 – 372.

[92] Purves D. Neuroscience[M]. Sinauer, USA: Sunderland, 2008.

[93] Goshen I, Brodsky M, Prakash R, et al. Dynamics of retrieval strategies for remote memories[J]. Cell, 2011, 147(3): 678 – 689.

[94] Akam T, Oren I, Mantoan L, et al. Oscillatory dynamics in the hippocampus support dentate gyrus – CA3 coupling[J]. Nat. Neurosci. , 2012, 15(5): 763 – 768.

[95] Liu X, Ramirez S, Pang P T, et al. Optogenetic stimulation of a hippocampal engram activates fear memory recall[J]. Nature, 2012, 484(7394): 381 – 385.

[96] Ledoux J. The Emotional Brain: The mysterious underpinnings of emotional life[M]. Simon & Schuster, USA: New York, 1998.

[97] Ciocchi S, Herry C, Grenier F, et al. Encoding of conditioned fear in central amygdala inhibitory circuits[J]. Nature, 2010, 468(7321): 277 – U239.

[98] Haubensak W, Kunwar P S, Cai H J, et al. Genetic dissection of an amygdala microcircuit that gates conditioned fear[J]. Nature, 2010, 468(7321): 270 – U230.

[99] Ehrlich I, Humeau Y, Grenier F, et al. Amygdala inhibitory circuits and the control of fear memory[J]. Neuron, 2009, 62(6): 757 – 771.

[100] Tsai H C, Zhang F, Adamantidis A, et al. Phasic firing in dopaminergic neurons is sufficient for behavioral conditioning[J]. Science, 2009, 324(5930): 1080 – 1084.

[101] Stuber G D, Hnasko T S, Britt J P, et al. Dopaminergic terminals in the nucleus

accumbens but not the dorsal striatum corelease glutamate[J]. J. Neurosci. , 2010, 30 (24): 8229 – 8233.

[102] Van Zessen R, Phillips J L, Budygin E A, et al. Activation of VTA GABA neurons disrupts reward consumption[J]. Neuron, 2012, 73(6): 1184 – 1194.

[103] Tan K R, Yvon C, Turiault M, et al. GABA neurons of the VTA drive conditioned place aversion[J]. Neuron, 2012, 73(6): 1173 – 1183.

[104] Stamatakis A M, Stuber G D. Activation of lateral habenula inputs to the ventral midbrain promotes behavioral avoidance[J]. Nat. Neurosci. , 2012, 15(8): 1105 – 1107.

[105] Stuber G D, Britt J P, Bonci A. Optogenetic modulation of neural circuits that underlie reward seeking[J]. Biol. Psychiatry, 2012, 71(12): 1061 – 1067.

[106] Llewellyn M E, Thompson K R, Deisseroth K, et al. Orderly recruitment of motor units under optical control in vivo[J]. Nat. Med. , 2010, 16(10): 1161 – 1165.

[107] Hagglund M, Borgius L, Dougherty K J, et al. Activation of groups of excitatory neurons in the mammalian spinal cord or hindbrain evokes locomotion [J]. Nat. Neurosci. , 2010, 13(2): 246 – 252.

[108] Arrenberg A B, Stainier D Y R, Baier H, et al. Optogenetic control of cardiac function [J]. Science, 2010, 330(6006): 971 – 974.

[109] Bruegmann T, Malan D, Hesse M, et al. Optogenetic control of heart muscle in vitro and in vivo[J]. Nat. Methods, 2010, 7(11): 897 – 900.

[110] Abbott S B, Stornetta R L, Socolovsky C S, et al. Photostimulation of channelrhodopsin – 2 expressing ventrolateral medullary neurons increases sympathetic nerve activity and blood pressure in rats[J]. J. Physiol. , 2009, 587(Pt 23): 5613 –5631.

[111] Kanbar R, Stornetta R L, Cash D R, et al. Photostimulation of Phox2b medullary neurons activates cardiorespiratory function in conscious rats[J]. Am. J. Respir. Crit. Care. Med. , 2010, 182(9): 1184 – 1194.

[112] Schroder-Lang S, Schwarzel M, Seifert R, et al. Fast manipulation of cellular cAMP level by light in vivo[J]. Nat. Methods, 2007, 4(1): 39 – 42.

[113] Ye H, Daoud-El Baba M, Peng R W, et al. A synthetic optogenetic transcription device enhances blood-glucose homeostasis in mice[J]. Science, 2011, 332 (6037): 1565 – 1568.

[114] Leifer A M, Fang-Yen C, Gershow M, et al. Optogenetic manipulation of neural activity in freely moving Caenorhabditis elegans [J]. Nat. Methods, 2011, 8 (2): 147 – 152.

[115] Lindsay T H, Thiele T R, Lockery S R. Optogenetic analysis of synaptic transmission in the central nervous system of the nematode Caenorhabditis elegans[J]. Nat. Commun. , 2011, 2: 306.

[116] Stirman J N, Crane M M, Husson S J, et al. Real-time multimodal optical control of neurons and muscles in freely behaving Caenorhabditis elegans[J]. Nat Methods, 2011, 8(2): 153 – 158.

[117] Gordon M D, Scott K. Motor control in a Drosophila taste circuit[J]. Neuron, 2009, 61 (3): 373 – 384.

[118] Zhang W, Ge W, Wang Z. A toolbox for light control of Drosophila behaviors through Channelrhodopsin 2 - mediated photoactivation of targeted neurons [J]. Eur. J. Neurosci. , 2007, 26(9): 2405 - 2416.

[119] Douglass A D, Kraves S, Deisseroth K, et al. Escape behavior elicited by single, channelrhodopsin - 2 - evoked spikes in zebrafish somatosensory neurons [J]. Curr. Biol. , 2008, 18(15): 1133 - 1137.

[120] Wilson G S, Gifford R. Biosensors for real-time in vivo measurements [J]. Biosensors & Bioelectronics, 2005, 20(12): 2388 - 2403.

[121] Zhou M, Zhai Y M, Dong S J. Electrochemical sensing and biosensing platform based on chemically reduced graphene oxide [J]. Anal. Chem. , 2009, 81(14): 5603 - 5613.

[122] Rink T J, Tsien R Y, Pozzan T. Cytoplasmic pH and free Mg^{2+} in lymphocytes [J]. J. Cell Biol. , 1982, 95(1): 189 - 196.

[123] Yang Y, Lowry M, Xu X, et al. Seminaphthofluorones are a family of water-soluble, low molecular weight, NIR-emitting fluorophores [J]. Proc. Natl. Acad. Sci. U. S. A. , 2008, 105(26): 8829 - 8834.

[124] Tang B, Yu F, Li P, et al. A near-infrared neutral pH fluorescent probe for monitoring minor pH changes: Imaging in living HepG2 and HL - 7702 cells [J]. J. Am. Chem. Soc. , 2009, 131(8): 3016 - 3023.

[125] Boens N, Qin W W, Baruah M, et al. Rational design, synthesis, and spectroscopic and photophysical properties of a visible-light-excitable, ratiometric, fluorescent near-neutral pH indicator based on BODIPY [J]. Chem. -Eur. J. , 2011, 17(39): 10924 - 10934.

[126] Shi W, Li X, Ma H. A tunable ratiometric pH sensor based on carbon nanodots for the quantitative measurement of the intracellular pH of whole cells [J]. Angew. Chem. Int. Edit. , 2012, 51(26): 6432 - 6435.

[127] Ravier M A, Tsuboi T, Rutter G A. Imaging a target of Ca^{2+} signalling: Dense core granule exocytosis viewed by total internal reflection fluorescence microscopy [J]. Methods, 2008, 46(3): 233 - 238.

[128] Peterlin Z A, Kozloski J, Mao B Q, et al. Optical probing of neuronal circuits with calcium indicators [J]. Proc. Natl. Acad. Sci. U. S. A. , 2000, 97(7): 3619 - 3624.

[129] Riemensperger T, Pech U, Dipt S, et al. Optical calcium imaging in the nervous system of Drosophila melanogaster [J]. BBA-Gen. Subjects, 2012, 1820(8): 1169 - 1178.

[130] Egawa T, Hanaoka K, Koide Y, et al. Development of a far-red to near-infrared fluorescence probe for calcium ion and its application to multicolor neuronal imaging [J]. J. Am. Chem. Soc. , 2011, 133(36): 14157 - 14159.

[131] Namiki S, Sakamoto H, Iinuma S, et al. Optical glutamate sensor for spatiotemporal analysis of synaptic transmission [J]. Eur. J. Neurosci. , 2007, 25(8): 2249 - 2259.

[132] Fiala A, Suska A, Schluter O M. Optogenetic approaches in neuroscience [J]. Curr. Biol. , 2010, 20(20): R897 - R903.

[133] Deisseroth K. Optogenetics [J]. Nat. Methods, 2011, 8(1): 26 - 29.

[134] Zhang J Y, Laiwalla F, Kim J A, et al. Integrated device for optical stimulation and spatiotemporal electrical recording of neural activity in light-sensitized brain tissue [J]. J.

Neural Eng. , 2009, 6(5): 1 - 13.

[135] Royer S, Zemelman B V, Barbic M, et al. Multi-array silicon probes with integrated optical fibers: light-assisted perturbation and recording of local neural circuits in the behaving animal[J]. Eur. J. Neurosci. , 2010, 31(12): 2279 - 2291.

[136] Stark E, Koos T, Buzsaki G. Diode probes for spatiotemporal optical control of multiple neurons in freely moving animals[J]. J. Neurophysiol. , 2012, 108(1): 349 - 363.

[137] Anikeeva P, Andalman A S, Witten I, et al. Optetrode: a multichannel readout for optogenetic control in freely moving mice[J]. Nat. Neurosci. , 2012, 15(1): 163 - U204.

[138] He W, Mcconnell G C, Schneider T M, et al. A novel anti-inflammatory surface for neural electrodes[J]. Adv. Mater. , 2007, 19: 3529 - 3533.

[139] Abidian M R, Ludwig K A, Marzullo T C, et al. Interfacing conducting polymer nanotubes with the central nervous system: chronic neural recording using poly (3, 4 - ethylenedioxythiophene) nanotubes[J]. Adv. Mater. , 2009, 21(37): 3764 - 3770.

[140] Ludwig K A, Uram J D, Yang J, et al. Chronic neural recordings using silicon microelectrode arrays electrochemically deposited with a poly(3,4 - ethylenedioxythiophene) (PEDOT) film [J]. J. Neural. Eng. , 2006, 3(1): 59 - 70.

[141] Lago N, Udina E, Ramachandran A, et al. Neurobiological assessment of regenerative electrodes for bidirectional interfacing injured peripheral nerves[J]. IEEE T. Bio-Med Eng. , 2007, 54(6): 1129 - 1137.

[142] Mayberg H S, Lozano A M, Voon V, et al. Deep brain stimulation for treatment-resistant depression[J]. Neuron, 2005, 45(5): 651 - 660.

[143] Mcdonnall D, Clark G A, Normann K A. Interleaved, multisite electrical stimulation of cat sciatic nerve produces fatigue-resistant, ripple-free motor responses[J]. IEEE T. Neur. Sys. Reh. 2004, 12(2): 208 - 215.

[144] Mcconnell G C, Schneider T M, Owens D J, et al. Extraction force and cortical tissue reaction of silicon microelectrode arrays implanted in the rat brain[J]. IEEE T. Bio-Med Eng. , 2007, 54(6): 1097 - 1107.

[145] Mcintyre C C, Grill W M. Excitation of central nervous system neurons by nonuniform electric fields[J]. Biophys. J. , 1999, 76(2): 878 - 888.

[146] Lu Y, Li Y, Pan J, et al. Poly(3,4 - ethylenedioxythiophene)/poly(styrenesulfonate)-poly(vinyl alcohol)/poly(acrylic acid) interpenetrating polymer networks for improving optrode-neural tissue interface in optogenetics [J]. Biomaterials, 2012, 33 (2): 378 - 394.

[147] Rauschecker J P, Shannon R V. Sending sound to the brain[J]. Science, 2002, 295 (5557): 1025 - 1029.

[148] Sanjiv K, Talwar S X, Emerson S, et al. Rat navigation guided by remote control[J]. Nature, 2002, 417(6884): 37 - 38.

[149] Moritz C T, Perlmutter S I, Fetz E E. Direct control of paralysed muscles by cortical neurons[J]. Nature, 2008, 456(7222): 639 - U63.

[150] Lozano A M, Dostrovsky J, Chen R, et al. Deep brain stimulation for Parkinson's

disease: disrupting the disruption[J]. Lancet Neurology, 2002, 1(4): 225 - 231.

[151] Beric A, Kelly P J, Rezai A, et al. Complications of deep brain stimulation surgery[J]. Stereot. Funct. Neuros. , 2001, 77(1 - 4): 73 - 78.

[152] Olanow C W, Brin M F, Obeso J A. The role of deep brain stimulation as a surgical treatment for Parkinson's disease[J]. Neurology, 2000, 55(12): S60 - S66.

[153] Paralikar K, Peng C, Yizhar O, et al. An implantable optical stimulation delivery system for actuating an excitable biosubstrate[J]. IEEE J. Solid-St. Circ. , 2011: 321 - 332.

4

拉曼成像及其生物医学应用

陈 涛 黄岩谊

4.1 引言

4.1.1 拉曼散射的发现与发展

1928年,印度物理学家拉曼(C. V. Raman)在题为"A New Type of Secondary Radiation"的文章中报道了一种新的光散射过程[1]。拉曼等人在实验中以太阳光为光源,研究气体和液体中的光散射过程。他们让阳光通过一片蓝色的滤色片,经过样品散射以后,再让出射光通过一片黄绿色的滤色片。此时,他们发现,尽管非常微弱,但是仍旧有残余的散射光。显然,这部分残余散射光具有不同于入射光波长的波长。他们进一步使用大口径折射望远镜会聚太阳光,从而获得了强度更高的散射光,且足以使用摄谱仪进行记录,后期采用汞灯作光源进一步提高记录到的谱线质量。在当时拍摄的散射光光谱中[2],能够清晰地看到除了与入射光波长相同的成分,还有许多不同波长、强度更弱的次级散射线。

拉曼所观察到的现象不同于当时人们已知的瑞利散射——散射光谱与入射光谱具有相同的波长。这种新的散射被称为"拉曼散射"。在光谱中,拉曼散射光相对于瑞利散射线在长波方向和短波方向都有分布,其中向长波方向移动的被称为斯托克斯光,向短波方向移动的则为反斯托克斯光,记录了拉曼散射光的光谱也相应被称为拉曼光谱。

拉曼散射的产生机理也在拉曼散射发现以后逐渐揭示出来。通过与康普顿散射类比,拉曼认识到了解释拉曼散射的关键在于光的量子性、分子的热力学能量分布以及光和分子间的相互作用。拉曼散射包含丰富的物理内容,可以从多个不同的方面对其机理进行阐释。如果将分子的能量处理为量子化的,那么可以做如下简单描述:分子处在电子基态的不同振动能级(初态,暂不考虑转动能级)时,都会被光量子激发至一个中间态,称之为"虚态",在从虚态跃迁回电子基态的不同振动态(末态)时,不同的终止状态决定了不同的散射行为。如果初态末态相同,那么散射光波长不变(相对入射光),即是瑞利散射;如果末态能量低于初态能量,散射光波长向短波方向移动;如果末态能量高于初态能量,那么散射光向长波方向移动,后两者即是拉曼散射。

化学键振动模式的形成由参与成键的原子,化学键的键长、键角等物理参数等决定,因此能够反映分子的类别与结构。拉曼散射直接反映了物质分子化学键不同振动模式的能量分布，因此作为一种物质分析手段迅速发展起来。一般来说，每种化学键振动模式的能量高低与分布都不相同，因而可以通过测定这一能量分布来区分化学键，拉曼散射也因此而具备了很高的化学特异性。分子处在不同的物理化学环境时，其化学键能量会有细微的差别。通过拉曼光谱，一方面可以获得分子所处的物理化学环境信息，另一方面则可以通过改变理化环境研究分子结构的细微变化。

拉曼散射的发生概率（称为"散射截面"）很小，因此，通常状态下的拉曼散射信号很弱，这限制了拉曼散射的应用范围。共振拉曼散射与表面增强拉曼散射作为两种新技术，极大地增强了拉曼信号的强度，使得检测极低浓度的物质成为可能。共振拉曼散射发生在入射光能量接近电子能级的时候，在这种情况下，电子能级的参与会使拉曼散射极大地增强，最高可以达到 10^6 倍，这使得很多无法使用传统拉曼散射检测的物质可以被探测。然而，与电子能级共振的特点使得共振拉曼散射在使用上受到了光源的限制，除非使用可调激光器，否则能够检测的样品极其有限。表面增强拉曼散射最先在电化学实验中被发现，Fleischmann等人首先利用拉曼光谱测量了吡啶在银电极表面的吸附情况[3]，Jeanmaire等人在测量吸附在银电极表面的吡啶的拉曼光谱时，观测到了极强的信号增强现象[4]，Albrecht等人在类似的实验中观察到了高达 10^5 的信号增强[5]。在这里，分子在电极表面表现出了与共振拉曼散射相当的增强效应。在此之后，Kneipp，Wang 和 Nie 在各自的实验上观测到了单分子的表面增强拉曼散射[6-8]。表面增强拉曼散射也是目前唯一能够在单分子水平实现的拉曼散射[9]，产生表面增强拉曼散射的原因包含很多因素[10]，最主要的贡献来自金属的表面等离激元共振（surface plasmonic resonance，SPR）。SPR 能够产生非常强的局域电场，这一电场极大地增强了拉曼散射过程。作为表面增强拉曼散射的延伸，针尖增强拉曼散射（tip-enhanced Raman scattering，TERS）利用尺寸只有几个纳米的金属探针针尖表面形成的局域电场来实现拉曼信号的增强[11-13]。应用于成像时，激发光需要和针尖一起，配合在样品上扫描。这种与原子力显微镜（atomic force microscopy，AFM）相似的结构与工作方式使TERS不仅拥有增强的拉曼光谱，也有实现了 10 nm 水平的空间分辨率。

上面提及的自发拉曼、共振拉曼散射以及表面增强拉曼散射都是非相干过程。除此之外，还存在相干拉曼散射过程。它们是分子的振动能级参与到非线性光学过程中而产生的。为了实现拉曼信号的相干产生，需要两个（或以上）频率的光参与到样品的激发当中。一般而言，参与激发的两束光需要满足拉曼共振条件，即两束光的频率差与化学键的振动频率一致。当这一条件得到满足时，多个相干拉曼散射过程都会发生，主要包括相干反斯托克斯拉曼散射（coherent anti-stokes Raman scattering，CARS）、受激拉曼散射（stimulated Raman scattering，SRS）、拉曼诱导克尔效应（raman-induced Kerr effect，RIKE）等。

本专题首先给出各个过程的图像，然后再做详细的论述。这里约定波长较短的光称为泵浦光，较长的称为斯托克斯光。当具有足够高强度的泵浦光与斯托克斯光满足上面的拉曼共振条件时，如果它们照射在样品上，并且满足相位匹配条件（详述见后），那么波长更短的反斯托克斯光会被激发出来，这是 CARS 过程。在同样的激发条件下，另一个过程会同时进行：泵浦光的能量会通过化学键的振动能级向斯托克斯光发生转移，从而两束光的强度发生变化，泵浦光强度降低，而斯托克斯光强度升高，这是 SRS 过程。CARS 与 SRS 过程都使用线偏振单色光作为光源。如果泵浦光与斯托克斯光具有不同的偏振态，比如同为线偏振、方向不平行，或者一为线偏振光、一为圆偏振光，那么其中一束光将通过改变介质的折射率分布来影响另一束光在其中的传播。常用的做法是，利用圆偏振光产生各向异性的折射率分布，再用一束线偏振光去检测这种分布。当两束光的频率差满足拉曼共振时，这一效应将被大大增强，即是 RIKE。

CARS、SRS 与 RIKE 都是拉曼型非线性光学过程，各有特点。分子的振动能级的参与使得这些过程具有化学衬度。它们是成熟的光谱学方法，经历了很长时间的发展，现在，作为具备化学分辨率的对比度来源，被越来越多地应用到显微学当中。

4.1.2 作为分子检测手段的拉曼散射

对化学键振动能级的精确测量使得拉曼散射与红外一样具有很强的分子分辨能力。因此，分子检测自拉曼散射从发现之时就成了它的重要应用。不同的元素组成结构相同的分子，其化学键的振动能量会不同；相同的原子，其不同的排列方式也将改变化学键的振动能量；即使同一化学键，其构成原子不同的振动模式也具有不同的能量。而在光谱学中，通过对拉曼光谱进行细致的分析，可得到分子结构方面的信息。此外，分子结构在外界环境作用下发生的细微改变同样有可能反映在拉曼光谱当中，通过拉曼光谱研究物质在极端高压下的结构变化就是其中一例[14,15]。在显微学中，通过拉曼光谱可以获得样品中不同分子的时空分布。对样品不同位置进行拉曼光谱映射（Raman mapping）是获取这种信息的最常用方法。该方法一般这样实现：在样品的不同位置采集拉曼光谱，这样可以得到一个关于样品位置的光谱集合 $S = \{\text{Spectra}(x, y, z)\}$，每一条光谱 $\text{Spectra}(x, y, z)$ 包含 (x, y, z) 点具有拉曼活性的全部分子信息。通过对 S 的分析与重构，可以得到每一种分子在样品二维平面上或三维空间中的分布。拉曼散射信号本身很微弱，使用自发拉曼进行成像时，每个光谱采集微区需要百毫秒到秒级的曝光时间，这大大限制了自发拉曼散射成像在动态生物过程、活体分子成像等方面的应用。

表面增强拉曼散射所具备的超高灵敏度能够免除自发拉曼散射在成像时间上遇到的问题。这意味着在典型的生物环境下，得到相同水平的信号所需要的曝光时间将大大减少，从而实现更快速度的成像。然而，表面增强拉曼散射（surface enhanced Raman scattering，SERS）需要金属作为衬底来产生信号，这使得它的应用受到了限制。在通常的生命体系中不天然存在产生 SERS 所需要的衬底，因此 SERS 很难直接应用到通常的生命体系中进行成像。通过与纳米技术结合，研究人员发展了 SERS 在活细胞成像中的应用。活细胞是一个简单得多的体系，可以实现高度可控的实验。在活细胞内，金纳米粒子可以让临近它的分子经历表面增强拉曼散射过程。需要注意的是，这样记录得到的只是距离金纳米粒子非常近的分子的信号。考虑到金纳米粒子在细胞内的运动，如果想还原出动力学或者物质分布的信息，那么还需要采集粒子自身运动的信息[16]。针尖增强拉曼散射的成像更容易实现，在材料与大分子研究中得到很多应用[17-19]。通过结合 STM 的精确定位能力，针尖增强拉曼散射已经实现了解析一个分子内部结构的成像能力，达到了纳米以下的分辨率水平[9]。

4.1.3 相干拉曼散射在分子成像中的应用

现代生物学研究对成像技术提出了高特异性、高灵敏度、高分辨率以及高速度等要求，自发拉曼散射是一个很微弱的过程，很难满足上面的要求；表面增强拉曼散射具备非常高的灵敏度，然而信号产生依赖于金属衬底使它的应用得到了很大限制；针尖拉曼增强拉曼散射由于采用接触时检测也不适用于绝大多数生物体系；相干拉曼散射是一类理想选择，它通过非线性光学效应极大地提高了拉曼散射的信号强度。这带来了几方面的益处：首先是灵敏度的提高；其次，被增强的信号已经足以支持高达视频帧率（～30 f/s）的成像速度；再者，红外脉冲激光器的引入使得激发光在样品中的散射大大降低，从而获得了很大的穿透深度；最后，相干拉曼散射检测的同样是化学键振动这一内赋属性，因而不需要对所检测体系进行荧光等标记，是一种非标记分子成像技术。除此之外，无需金属衬底与非侵入使检测大大扩展了其在生物体系中的可用性。凭借这些特点，非线性拉曼散射正在迅速发展为一类有效的生物研究手段。

4.2 拉曼散射基本原理

4.2.1 光散射过程的一般概念

光具有波粒二象性。从波动的角度看,光是一定频率范围的电磁波,它通过空间中电场、磁场的相互激励传播(也称为辐射)。从粒子性的角度考虑,光子是光存在和传播的最小单元。宏观上测量到的光子能量由光子数与单光子能量决定。单光子能量正比于光的频率ν,即$\varepsilon = h\nu$,其中,h为普朗克常数[20]。可以计算出来,单个光子的能量为焦耳(J),如果以电子伏(eV)作为单位,那么相当于$0.1 \sim 1$ eV。这个能量与分子的电子能级以及振动能级处在相同的数量级上,也意味着可见光光子会与分子产生丰富的相互作用。

散射是一类普遍存在的物理过程,源自波和物质间的相互作用。一切形式的波动过程都可以发生散射。入射波与散射体相互作用,激励散射体,散射体在入射波激励下作为新的波源将波动向外传播。由散射体激励的波称为散射波。对于具体的波动形式与散射介质,通过引入相应的数学描述可以实现对具体散射过程的解析。一般而言,散射体激励出的散射波可以向任何方向传播,对于观测者而言,散射体改变了入射波的传播方向。从能量流动的角度看,入射波激励散射体,将自身能量转化为散射体的运动。散射体激励出散射波,将获得的能量重新以波动的形式释放出去。入射波能量流动在空间中的分布通过散射体被改变了。

对于光,当它照射在物体上,将激励物质中的电子做受迫振动,从而产生辐射,即散射光。散射光的传播总体上是朝向四面八方的,散射体作为新的辐射源导致了这一方向变化。散射截面描述了散射体产生这种改变的能力大小。散射截面可以从两个角度进行定义,包括微分散射截面与总散射截面。微分散射截面描述了散射体将入射光散射到空间中某一方向单位立体角内的能力。它的定义为:单位时间单位立体角内接收到的散射光能流与入射光能流的比值,数学表述为

$$\frac{\mathrm{d}\sigma}{\mathrm{d}\Omega} = \frac{I_{\mathrm{s}}}{I_0} \tag{4-1}$$

式中,$\mathrm{d}\sigma$为微分散射截面;$\mathrm{d}\Omega$为立体角微分;I_0和I_{s}分别为入射光与散射光的

能流；I_0 和 I_s 应该根据实际的情况考虑具体形式。例如对于一个典型的平面波散射的形式，有

$$\frac{\mathrm{d}\sigma}{\mathrm{d}\Omega} = \frac{\dfrac{1}{r^2} E_e^2}{E_0^2} \qquad (4-2)$$

式中，$1/r^2$ 因子来源于散射体辐射出的球面波电磁场。式(4-1)描述了散射体在某一方向上的散射能力大小。如果在全空间对 4π 立体角积分，那么将得到总散射截面 σ，即

$$\sigma = \int_0^{4\pi} \mathrm{d}\Omega \, \frac{I_s}{I_0} \qquad (4-3)$$

散射截面恰好具有面积的量纲，可以形象地理解为散射体在空间中影响光传播的范围大小。数值越大，那么光将被散射得越厉害。典型的拉曼散射截面为 $10^{-30}\,\mathrm{cm}^2$[21]。相比之下，瑞利散射的典型截面为 $10^{-27}\,\mathrm{cm}^2$，则要大得多[22]。在微观上，散射截面描述了这个过程发生的可能性。散射截面可能是波长的函数，即 $\sigma = \sigma(\lambda)$。同一散射体对于不同波长的光的散射能力可能是不同的。散射光在空间中具有一定的分布，产生分布的原因包括来自散射体的各向异性，也包括介质对不同偏振态的光具有不同的散射能力。一般来讲，光散射过程总是各向异性的。当散射体的各个单元产生的散射光之间存在相位关联时，单色光的散射将受到干涉的调制，此时，我们称之为"相干散射"；与之相对的即为"非相干散射"，即散射体各个单元产生的散射光之间没有相位关联。即使是相同的入射光，非相干散射与相干散射的散射光也具有不同的分布。散射光的另一个重要性质是偏振，散射光通常具有特定的偏振态。散射光的分布与偏振都能够反映散射体的性质。散射过程中，根据光子的能量变化，又可以将散射分为弹性散射与非弹性散射。光子能量在散射前后不发生改变，从而散射光与入射光具有相同的波长，这是弹性散射。在非弹性散射中，光子能量将发生改变，即散射光相对入射光发生了波长移动。此时，光和散射体之间发生了能量交换。显然，拉曼散射是非弹性散射。

4.2.2 拉曼散射原理

在讨论光物理过程时，有时一个问题可以选择多种不同的物理图像。它们对光和物质的描述方式不同，因而可以建立一个过程的多种模型。拉曼散射也可以用不同的模型解释。常见的模型包括经典模型、半经典模型与全量子模型。

在经典模型中，入射光与散射体的能量都是连续分布的。在全量子模型中，光场与散射体同时为量子化的。半经典模型则将散射体能量处理为量子化的，而光场仍采用连续分布。这里首先在经典模型下处理拉曼散射问题。

在经典模型中，分子被看作具备本征振动频率的振子。一束频率为 ω_0 的平面光照射到散射体上。入射光场写为 $\boldsymbol{E}_i = \boldsymbol{E}_0 \cos 2\pi\omega_0$。这束光将在物体中诱导产生电极化矢量 $\boldsymbol{P} = \chi \boldsymbol{E}_i$，$\chi$ 为电极化率。这个电极化强度同样会随着入射光场的振荡而振荡。考虑介质中分子在平衡位置附近做频率为 Ω 的振动。如果记简正坐标（在最简单的情形下，它是分子的键长）为 $\boldsymbol{Q}$，那么，电极化率 χ 可以写为

$$\chi = \chi_0 + \frac{\partial \alpha}{\partial Q} Q_0 \cos 2\pi\Omega + \cdots \tag{4-4}$$

式中，Q_0 为分子在平衡位置附近的振幅。将式(4-4)代入电极化强度的表达式，同时代入入射场的形式，将得到

$$\boldsymbol{P} = \chi_0 \boldsymbol{E}_0 \cos 2\pi\omega_0 + \frac{1}{2} \frac{\partial \alpha}{\partial Q} Q_0 \boldsymbol{E}_0 \cos 2\pi(\omega_0 - \Omega) +$$
$$\frac{1}{2} \frac{\partial \chi}{\partial Q} \boldsymbol{Q}_0 \boldsymbol{E}_0 \cos 2\pi(\omega_0 + \Omega) + \cdots \tag{4-5}$$

从式(4-5)可以看出，在考虑振动的情况下，介质的电极化强度 $\boldsymbol{P}$ 除去与入射光同频的第一项以外，还产生了另外两个频率分别为 $\omega_0 + \Omega$ 和 $\omega_0 - \Omega$ 的项。因此，介质电极化强度的振荡除了与入射光同频率的成分以外，还包含入射光频率与分子振荡频率的和频、差频分量。从而，由介质辐射出来的散射光将包含 3 个频率的光：与入射光同频的光、频率相对入射光移开 $\pm\Omega$ 的光和频率不变的光，即瑞利散射。频率 $\omega_s = \omega_0 - \Omega$ 的光被称为斯托克斯光（Stokes，这里和荧光中"斯托克斯位移"的称谓是一致的），频率为 $\omega_s = \omega_0 + \Omega$ 的光被称为反斯托克斯光（anti-Stokes）。

式(4-5)是经典模型对拉曼散射的解释。我们可以从式(4-5)中直接推断出拉曼散射的一些特点。首先，可以看出，散射光的频率与入射光的频率不一致，发生了大小为 Ω 的移动，因此，这是一个非弹性散射过程。前面已经指出，非弹性散射中，光会与散射体进行能量交换。在这里，光和物质的振动之间进行了能量交换。其次，式(4-5)表明斯托克斯光与反斯托克斯光的强度是一致的。再者，式(4-5)也给出了产生拉曼散射的条件，即电极化率在简正坐标系中要有非零变化 $\frac{\partial \alpha}{\partial Q} \neq 0$。可以对上述条件做这样的理解：以双原子分子的化学键为例，当两原子间距发生变化时，它们组成的分子对外电场的响应能力（电极化强

度)是变化的;当入射光被这个分子散射时,这种变化的响应能力作为一个调制施加在散射光上面,使得散射光发生了频率移动。

经典模型最大的贡献在于指出了这一非弹性散射过程的存在以及频率移动量的大小,并且给出了产生拉曼散射的条件。然而在实验中,它不能解释所有的现象,比如散射光的强度分布。式(4-5)中明确给出,斯托克斯光和反斯托克斯光具有相同的强度。但是实验观测的结果表明,斯托克斯光的强度远远高于反斯托克斯光。要解释这一现象,必须引入量子化的拉曼散射模型。在这里,我们使用光子-分子的量子化振动的图像进行直观的解释。

在量子模型中,分子的能量分布是分立的,只能取某些特定的值,这称之为能量的量子化。每一个能量值对应分子的一组状态(一个或者多个)。因此,分子也只能处于分立的状态,每一个状态称为一个量子态。分子通过跃迁的方式从一个量子态到另一个量子态。如果初态和终态能量不同,那么跃迁必定伴随着能量的吸收或者释放。以光子的形式吸收或者释放能量是一种常见的跃迁方式。从一个态到另一个态的跃迁只能按照一定的概率发生。这个概率的大小由跃迁的初态、终态和造成跃迁的原因决定。

量子化的分子能量包括电子能级、振动能级、转动能级等。电子能级是电子在与原子核相互作用,以及电子间相互作用中所获得的能量。振动与转动能级则是原子核运动的结果,这些具备确定能量的量子态也称为能态。分子在某一能态上的全体集合称为布居。光激发将促使分子在不同的能态之间跃迁,跃迁后分子可以停留的态(即形成布局)称为实态。在一定的条件下,分子可以在实态上聚集,与之对应的虚态是一个中间态,分子不能在其上产生布局。当分子被光子激发时,如果光子能量恰好与两个分子能级的能量差相同(共振),那么分子将吸收这个光子,跃迁并停留在新态上。如果这两个能量不一致,那么分子只能跃迁到虚态,然后迅速跃迁回低能态,并发射出一个光子。

光散射即是这样一个过程。假设分子位于某一振动态,如果分子跃迁回原来的态,那么发射出的光子相对于原来的光子能量不变,波长相同,为瑞利散射。如果分子最终跃迁到的振动态能量高于初态,那么发射出的光子能量将减少,波长变长,为斯托克斯散射。可以看到,光子损失的能量恰为初末振动态的能量差。反之,如果分子跃迁到比初态能量更低的振动态,那么所发射的光子能量将升高,波长变短,为反斯托克斯散射。此时,光子从分子的振动能级获得了能量。如图 4-1 所示,ω_0 为入射光频率;ω_S 与 ω_{AS} 分别表示斯托克斯散射光与反斯托克斯散射光的频率,g 为振动能级基态;v 为振动能级激发态;$\Omega_R = (E_v - E_g)/h$ 为振动能级间距对应的频率。

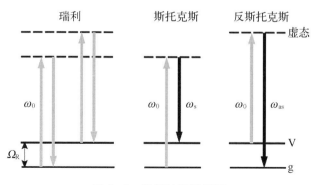

图 4 - 1　散射过程能级图

从上面的描述可以看出,处在任何振动态的分子都可以产生瑞利散射与斯托克斯散射。而反斯托克斯散射则需要分子至少在第一振动激发态上有布居。通常,分子在不同量子态上的布居不是均匀的,它必须遵从玻耳兹曼分布

$$f \propto \exp(-E/k_B T)$$

式中,E 为分子的能量;k_B 为玻耳兹曼常数;T 为热力学温度。如图 4 - 2 所示,随着分子能量升高,其在某一态上的布居数按指数迅速衰减。可以估算,在常温

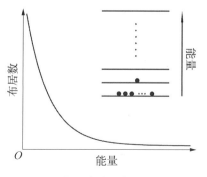

($T \sim 300$ K)下,分子几乎全部位于振动能级的基态:这意味着所有的分子都可以在拉曼散射过程中贡献斯托克斯光,而能够贡献反斯托克斯光的分子几乎没有,因为几乎没有激发态上的布居。这样,斯托克斯光和反斯托克斯光的强度差别就得到了解释。这里使用了光和分子的量子化条件,同时考虑了分子按能量的玻耳兹曼分布。

图 4 - 2　量子态布居数随能级能量升高而按指数降低

另一个需要指出的问题是,自发拉曼散射过程中,分子从振动态跃迁到虚态,再回到振动态的时间并不确定,而是满足一个分布。因此,相对于入射光,拉曼散射光的相位是随机的,亦即拉曼散射是非相干的。利用上述自发拉曼散射的经典模型可以帮助我们理解表面增强拉曼散射。从式(4 - 5)可以看出,激发光电场强度越大,产生的电极化矢量也越强,从而提高散射光的强度。激发光的这一效应可以是局域的。纳米尺度下的金属表面会产生表面等离激元共振,这使得金属表面具备非常强的表面电场,正是这一电场大大增强了拉曼散射效应。

除了非相干的自发拉曼散射过程,在极强的电磁场作用下,还可以发生相干的拉曼散射。相干拉曼散射通常都涉及至少两个频率的光,是一个非线性光学过程。一般来说,这些光中至少有两个频率的光需要满足拉曼共振条件,即两束光的频率之差与化学键的拉曼位移相等。此时,入射光可以通过非线性作用建立与散射光确定的相位关系。这样,散射光是也相干光,具备相干光的行为特征,可以具有新的、不同于自发拉曼散射光的性质。在获得了相干性以后,非线性拉曼散射可应用在很多方面,如拉曼激光器。另一个重要的特点在于这类非线性效应可以大大增强拉曼散射。这一点对于拉曼散射在不同领域中的应用极为重要。

4.3　拉曼光谱仪

拉曼光谱的采集一般使用拉曼光谱仪完成。拉曼光谱仪经过几十年的发展,已经衍生出了多种形态:有体积相对庞大,具有很高采集效率与光谱分辨能力的研究型光谱仪;有体积小巧、可以用在多种场合的便携式光谱仪;有具备成像能力的共聚焦拉曼光谱仪;也有和其他微纳测量设备如原子力显微镜联用的光谱仪。与常见的光谱仪器一样,拉曼光谱仪的最主要构成部分包括光源、样品池/台、分光装置以及光谱记录装置。不同之处在于细节上的设计针对拉曼光谱的产生和采集做了更多的优化,以获得最佳的采集效率和光谱质量。

4.3.1　光源

光谱实验需要高质量的单色光作为激发光源,早期汞灯则被用作激发光源,汞灯的强度经过聚焦以后可以满足实验需求。更重要的是,汞灯包含多条单色性很好的谱线,经过滤色以后可以作为恰当的单色光源。激光技术发展起来以后,很快应用到包括拉曼光谱在内的各类光谱实验当中。

作为光源,激光可以提供良好的单色性与相干性。通过适当的光学系统将激光聚焦在样品上面,可以在焦点区域获得非常高的能量密度,从而大大增加了单位时间内拉曼散射的事件数量。由于拉曼散射检测的是散射光子相对于入射光子的能量移动,与入射光子本身的能量无关,因此原则上可以使用能量高于振动能级的光进行激发。虽然使用不同波长的激发光测量得到的拉曼位移是一致的,但是它们会在其他具体方面产生影响。比如对于相同的色散元件,短波长的激发光能够采集的光谱范围更大。由于散射过程本身的色散,短波长和长波长的光能够穿透样品的深度也不同。

具体地,通常使用气体激光器(比如氦氖激光器、氩离子激光器)或者固体激光器。它们能够提供很高的稳定性与极窄的激发线宽,有利于高光谱分辨率的实现。在一些场合,也使用半导体或者光纤激光器,以获得性能与体积之间的平衡。

4.3.2 激发和采集

拉曼散射可以采用多种配置进行激发和采集。通常采用激发-采集光路正交排列或者反向排列的布局。如图
4-3所示,这两种布局都可以自然地避免绝大部分激发光进入散射光采集光路。即便如此,在采集拉曼散射光的过程中还需要进一步滤除瑞利散射光,因为后者的强度远远超过前者。振动能级的能量水平不高,因此滤除激发光的滤光片(一般是长通滤光片)的带边需要非常陡峭,即在非常窄的波长变化范围内实现由通过到阻断的变化。这个边

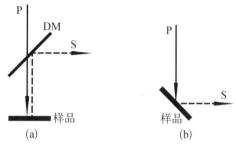

图 4-3 拉曼光谱采集光路示意图
(a)与(b)表示两种采集拉曼散射信号的光路形式
P—泵浦光;S—拉曼散射光;DM—二向色镜

缘越陡峭(发生透过率变化的波长范围越窄),那么可以探测的拉曼位移越小。

拉曼散射的激发都是采用聚焦后的光束直接照射样品,然后用光电探测元件检测滤除激发光后的散射光,并将之转换为电信号,以便记录和处理。传统拉曼光谱仪中,激光被聚焦成细长的光束,然后激发放置在束腰处样品池中的液态或气态样品。有时为了提高信号强度,光路被设计为多次通过样品的布局,以积累激发效率。在现代拉曼光谱仪中,显微镜被引入以实现激发与采集的功能。相比于开放光路,显微镜的引入缩小了激发区域,带来了更高的空间分辨率,以及通过将光谱特定波段的强度与采集所对应时空点进行映射以实现光谱成像的可能。尤其是高倍显微镜物镜头所具有的高数值孔径,大大提高了拉曼光谱的收集能力。类似于落射荧光,显微镜通过镜头会聚激发光激发样品,再通过镜头将样品产生的拉曼散射光收集起来,通过滤色片后进入检测单元。

4.3.3 分光单元

分光单元将多色光在空间上分离，以实现对不同波长光的分别检测。色散元件，通常是光栅，是实现这个功能的核心元件。目前常用的反射式光栅（又称"闪耀光栅"）具备很高的分光效率。光照射在反射光栅上将发生多光束干涉，干涉图样中极强的位置是波长的函数，不同的波长在不同的位置出现极强，闪耀光栅借此实现了复色光的分解。影响光栅性能的重要参数是刻线密度，即单位距离内的刻线数。刻线密度越高，不同波长的光可被分开的角度越大。光栅的下一级为聚焦系统，聚焦系统的焦长决定了不同波长的光最终可以分开的空间距离，这将直接影响探测器采集到的光谱。从上面两点可以看出，分光单元中使用高刻线密度光栅和长焦系统有利于获得高光谱分辨率。

4.3.4 光谱记录

最早的光谱仪使用胶片对分光单元输出的光信号进行直接拍摄。光电检测技术出现以后，凭借电信号易于存储、处理和传播的特点，极大地推动了光谱技术的发展。光电转换是检测的第一步，它的工作方式将影响光谱仪最终输出的光谱质量。以同时能够采集的数量来说，可以分为单道和多道探测器。常见的单道探测方式包括光电二极管（photo diode，PD）和光电倍增管（photo multiplying tube，PMT）；多道探测方式主要是电荷耦合器件（charge coupled device，CCD）。光电二极管具备很宽的光谱响应范围，使用不同材料制作的 PD 最终可以覆盖从紫外到红外的波长范围。光电倍增管通过多级电子放大的方式将极少光子产生的信号急剧放大，非常适合弱信号探测，但其体积较大，不便于集成为多道探测器，在进行大范围光谱采集时相对少用。电荷耦合器件是集成化的一维或者二维探测器，通过对传感器进行深度制冷，可以降低暗电流水平，提高信噪比。光谱仪中常见的线阵 CCD 在几何位形上与分光单元输出的光谱是一致的，可以同时采集一个波数范围内的光谱，相比于 PMT 大大提高了记录效率，已经成为常见的光谱记录方式。

上述的每一个部分都可以通过选择相应的最佳方案而达到最优性能。但是一台实际的光谱仪需要考虑多个方面，比如所采集的光谱范围、可实现的光谱分辨率、采集速度、适用样品类型，乃至易用性等。选用合适的光源以提高样品接收到的激发光功率，可以得到信号更强的光谱，但是由于可能光损伤的增加，可以测量的样品也因此受到限制；在光栅分光能力足够的情况下，更长的焦长可以实现更高的光谱分辨率，但也会因为探测器在同一区域上收集的光子数减少而影响信噪比,同时也因为探测器单次采集的光谱范围有限和光谱仪本身的体积会增加采集时间。因此,一台光谱仪总要根据需求在各个部件的性能之间进行权衡取舍,以达到总体性能对需求的最大满足。

目前,根据不同的应用需求,拉曼光谱仪的形态相差很多,从可以放入背包的便携式光谱仪到放置在工作台上的通用光谱仪,直至具有高光谱分辨能力,同时也拥有很大体积的科研光谱仪。现代光源技术与光学器件加工技术的发展,尤其是电子技术的发展,大大推进着拉曼光谱仪向着小型化和智能化的趋势发展。然而,无论形态体积如何改变,"单色光源激发—色散元件分光—拍摄/转化、记录光谱"的模式贯穿始终。

作为现代拉曼光谱仪的代表,激光共聚焦拉曼光谱仪拥有齐全的功能与广泛的应用。激光共聚焦拉曼光谱仪使用高稳定的连续激光器作为光源,在激光激发样品前,会经过一个滤光片进一步获得更窄的线宽。显微镜作为光谱仪与样品的交互部件,会聚激光激发样品,然后用类似落射荧光的方式收集散射光。散射光在进入光谱仪之前会经过带边滤光片将激发光滤除干净。而放置在激发光与散射光的共轭焦面上的一组光阑/狭缝可以将非物镜焦面上产生的散射光也滤掉,这意味着只有产生在物镜焦面上的光谱才会被收集,拉曼光谱仪在深度方向上的分辨率因此大为提高,可以进行高分辨率的三维拉曼成像。由于共聚焦拉曼光谱仪的这些特点,它被用于分析微区或者微量样品,也被用于做拉曼成像。

4.4　拉曼成像

作为具备化学特异性的非标记成像技术,拉曼成像已经被人们运用到了众多的领域[23]。拉曼成像采用的方式是映射(mapping)。在一个划分好网格的二维或者三维空间中,完整的采集每一个格点的拉曼光谱,以此作为以格点为中心的临近区域(所有格点代表的区域面积或体积相同)的光谱数据。生成图像的过程即是将不同的化学键峰位映射到划分好的二维或者三维网格中。利用这种方法,可以了解空间中某一种或某几种化学键的分布情况。以 CH_2 的振动峰位为例,CH_2 的对称振动峰位于 $2\,845\ cm^{-1}$ 处。在采集完样品三维空间中各点(实际代表了一个体积元)的光谱仪后,计算每个采集点 $2\,845\ cm^{-1}$ 的峰强度,即可得到每个点 CH_2 键的含量高低。将计算所得各个格点 CH_2 的强度映射回样品的三维空间,可以得到 CH_2 在样品中的分布。每一个点都可以采集出一定范围内的完整光谱,只要通过适当的方式(比如多色伪彩)将不同化学键的特征峰的空间分布表示出来,再结合其他信息便可推知某种感兴趣的物质分布。这一过程需要采集大量的光谱,然后对它们进行计算分析,并且对结果进行适当的可视化处理。与谱图不同,成像给出的结果更加直观,并且包含有单纯谱图所不能反映的信息。值得注意的是,拉曼信号可以给出但不限于实际物质的空间分布,也可以是反映了空间中某些物理化学环境的参数,比如样品中的应力分布。

映射成像同样需要激光焦点扫描整个采集区域。与激光扫描共聚焦显微镜利用振镜偏转光束实现扫描不同,拉曼成像显微镜通常采用位移台扫描的方式。采集某一点光谱所需的时间远超过在激光扫描共聚焦成像中某一点的停留时间,使用位移台扫描可以大大简化系统构成。但是采用机械位移的方式也使得系统的稳定性与准确性受到一定限制,对于位移台的性能有很高要求。高精度的位移台可以提供几十纳米的精确度,已经超越了常规光学成像的分辨率极限。与系统构成的考虑类似,这里需要在空间分辨率、时间分辨率以及采集时长之间进行权衡取舍。通常,拉曼光谱的采集时间达几十毫秒至几分钟,那么一幅分辨率为 256×256 的图像需要几十分钟甚至几个小时的图像采集时间,活生物样品很难在这个时间尺度上保持不动以完成采集。对于固定样品,要维持所有参数在这样的时间尺度上保持稳定也同样不易。在采集过程中实现系统尽可能的稳定是拉曼成像中必须考虑的问题。

为了提高拉曼成像的速度,人们相继发展了一些新方法,如采用线激发扫描提高光谱的采集通量。激发光被柱面镜聚焦为一个薄层,而不是像常规镜头那样的焦点,因此,样品上将有一个细长条区域的拉曼光谱被激发和收集。在后端记录光谱时也是同时记录一个范围内各点的光谱。利用线激发执行扫描时,可以大大提高扫描的速度,可在相同的时间里面获得更好质量的光谱,或者是更高分辨率的图像。简而言之,线扫描拉曼光谱技术在激发和采集两个方面都实现了多道方式。目前,已经有报道使用线扫描拉曼实现了快速的活细胞成像[24, 25]。

4.5 相干拉曼散射

脉冲激光器的出现为非线性光学效应的实验提供了优秀的光源。激光器诞生后的几年也成为非线性光学理论与实验发展最为迅速的时期,大量理论预言或者实验现象被报道出来,拉曼型的非线性光学效应就是在这个时期发现的。

依照时间顺序,受激拉曼散射(SRS)最先由 E. J. Woodbury 和 W. K. Ng 于

1962 年在红宝石中所观察到[26]。相干反斯托克斯拉曼散射（CARS）是福特汽车公司的三位科学家于 1965 年首先提出的[27]。拉曼诱导克尔效应（RIKE）则是 Heiman 等人于 1976 年报道发现的[28]。这些效应在很长时间里面都是作为光谱学研究手段，并且得到广泛应用。1982 年，美国海军实验室首次建设用于生物成像的 CARS 系统。这套系统使用可见激光作为光源，证明 CARS 作为一种成像手段的可行性[29]，但是这套系统在生物医药的实际研究中几乎没有可用性。真正实用的 CARS 显微镜系统是美国西北太平洋国家实验室的谢晓亮研究组实现的[30]，其后，谢晓亮研究组对 CARS 显微术做了诸多改进，又率先将 SRS 与 RIKE 应用于生物成像当中，极大地推进了这一类非标记成像技术的进步，相干拉曼散射显微术正在逐渐成熟。

4.5.1　相干拉曼散射原理

4.5.1.1　相干反斯托克斯拉曼散射（coherent anti-Stokes Raman scattering, CARS）

CARS 是一个非线性光学四波混频过程，即整个过程有 4 个光子参与其中。这个过程需要两个频率的光输入介质。我们称其中频率是 ω_P 的光为泵浦光，频率是 ω_S 的光为斯托克斯光。如果介质中化学键的拉曼位移为 Ω，那么当两束光的频率满足 $\omega_P - \omega_S = \Omega$ 时，两束光的相干叠加将激发介质的极化。极化的介质进一步散射泵浦光，产生频率为 $\omega_{AS} = 2\omega_P - \omega_S$ 的反斯托克斯光。只有当两束光的频率差与拉曼位移一致时，它们的相干激发才能作用到振动能级上，因此称为共振条件。对于这一过程，我们还可以做这样的描述，当满足共振条件的斯托克斯光和泵浦光照射样品时，它们的拍频改变了介质中振动能级上的布居数，使得位于第一激发态的化学键数量远远多于通常状态。因此，这些高能态化学键在进一步被泵浦光激发以后，会向下跃迁回基态，从而释放一个反斯托克斯光子。由于斯托克斯光与反斯托克斯光都是外界输入的，因此处在第一激发态的布居数是可以维持的。前面已经提到，在通常状态下，几乎所有分子都停留在振动基态上面，因而这种第一激发态的布居数增加将大大提高反斯托克斯散射的几率，增强反斯托克斯光。与自发拉曼不同，CARS 过程是相干的，当介质被泵浦光和斯托克斯光共同极化时，会在介质的不同化学键之间形成相位关联。当极化介质进一步散射泵浦光时，不同区域的散射光也具备这个相位关联，因而可以产生相干叠加。因此，介质对相位分布的改变将极大地影响散射光相干叠加的结果，使散射光在空间中的分布有所变化。

要产生 CARS 过程，泵浦光和斯托克斯光需要满足相位匹配条件。如果用

k 表示波矢,那么相位匹配条件可以写作 $k_{AS} = 2k_P \pm k_S$,这一条件如矢量图 4-4 所示。注意到波矢是光的传播方向,那么相位匹配条件实际上规定了信号产生时,两束激发光所应满足的方向条件。在相位匹配条件中,泵浦光和斯托克斯光的关系包括相加和相减,如此得到的反斯托克斯光波矢是一对方向相反的矢量,这表明 CARS 信号可以在两个相反的方向上产生。我们称向前传播的为前向 CARS 信号(forward CARS, F-CARS),向后传播的为背向 CARS 信号(Epi CARS, E-CARS)。需要说明的是,在早期的 CARS 光谱以及 1982 年的 CARS 成像实验当中,泵浦光和斯托克斯光是空间上分

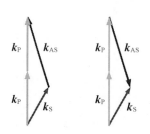

前面CARS信号   背后CARS信号

图 4-4　CARS 中的相位匹配关系

离的光束,需要按照特定的角度去照射样品,然后在特定的角度去收集,以满足相位匹配条件。1999 年以后,谢晓亮研究组将两束光的布局改为共线形式,同时利用高数值孔径的物镜产生出一个发散角很大的光锥。泵浦光和斯托克斯光具有锥角范围内的全部取向,其中任意满足相位匹配条件的一组光子都可以激发出信号。通过这种方式,不仅降低了外部光路的复杂度(想象一下精确地调节两光的夹角以产生第三个方向的光),而且提高了激发效率。

CARS 光的强度同时依赖于泵浦光和斯托克斯光,并且受到极化率的影响,为

$$I_{AS} \propto \mid \chi^{(3)} \mid^2 I_P^2 I_S \left[\sin(\Delta kz/2)/\Delta kz \right]^2 \qquad (4-6)$$

式中,I_{AS}、I_P 与 I_S 分别为反斯托克斯光、泵浦光和斯托克斯光的强度;z 表示样品厚度;Δk 表示两束激发光的相位矢量配量。三阶极化率 $\chi^{(3)}$ 描述了介质在这其中的作用,CARS 的光谱性质可以由这个因子描述。

三阶极化率可以写成两项之和,这两项具备不同的物理含义。$\chi_{NR}^{(3)}$ 表示与拉曼共振无关的过程,$\chi_R^{(3)}$ 代表了拉曼共振相关过程。这样,$\chi^{(3)}$ 可以写作 $\chi^{(3)} = \chi_{NR}^{(3)} + \dfrac{\chi_R^{(3)}}{\Delta - i\Gamma}$,其中 $\Delta = \omega_P - \omega_S - \Omega$ 为失谐量,表示泵浦光和斯托克斯光对共振条件的偏离程度。Γ 为拉曼光谱的自然展宽。从此式可以看出,当满足共振条件($\Delta = 0$)时,共振相关的项达到最大值。然而,无论共振项强度如何,非共振部分都会作为一个常量对整体的三阶极化率有所贡献。另一方面,信号强度正比于 $\mid \chi^{(3)} \mid^2$。将上面的表达式代入得到 $\mid \chi^{(3)} \mid^2 = \mid \chi_{NR}^{(3)} \mid^2 + \mid \chi_R^{(3)}(\Delta) \mid^2 + 2\chi_{NR}^{(3)} \mathscr{R} \chi_R^{(3)}(\Delta)$。可以看到三阶极化率的模方分裂为三项,除了我们已经看到的非

共振项 $|\chi_{NR}^{(3)}|^2$ 与共振项 $|\chi_R^{(3)}(\Delta)|^2$ 以外,还出现了两者的耦合项 $\chi_{NR}^{(3)}\mathscr{R}\chi_R^{(3)}(\Delta)$。非共振项与失谐量无关,作为一个背景出现在光谱当中。谐振项具有经典的共振曲线形式,当失谐量为零时达到极大值。耦合项也是失谐量的函数,但是它的形式比较复杂。随着其中一个频率的变化,失谐量先减小后增大,这个过程中耦合项先增大,然后减小,最后再次增大,耦合项的出现将最终改变 CARS 光谱的形状。三项变化趋势如图 4 - 5 所示。

非共振项的出现为 CARS 带来了一个背景。在物理过程上,这个背景的产生是分子中电子对外界光场的响应造成的。当失谐量较大时,共振项对信号的贡献变得很低,振动能级几乎不参与散射过程,但是介质中的电子仍旧可以在泵浦光和斯托克斯光的作用下产生一个宏观的电极化,这个电极化将产生新的信号。这个信号具体可以由两个过程产生,一是被称为"BOX - CARS"的四波混频过程,另一个是近电子能级共振的双光子吸收。这两者都对非共振项做出贡献。

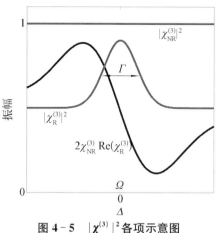

图 4 - 5　$|\chi^{(3)}|^2$ 各项示意图

$|\chi_{NR}^{(3)}|^2$ 为一个常量,非共振项;$|\chi_R^{(3)}|^2$ 具有经典共振形式,为共振项;Γ 为拉曼峰位的自然展宽

非共振项贡献了 CARS 背景的主要部分,并且自然地存在于这一过程,是限制 CARS 信噪比的主因。

上述三项中,共振项的极大值出现在失谐量为零的地方,即恰好满足共振条件时此项对信号的贡献最强。并且,这一极大值的峰位与自发拉曼散射的峰位是一致的。耦合项的极大值并不出现在这一位置上。因此,对最终的总信号而言,最强的 CARS 信号所对应的不是自发拉曼的峰位,而是发生了偏移,偏移量的多少因所激发化学键不同而不同。这使得 CARS 光谱中峰位指认与谱图解读相对于自发拉曼散射更加困难。值得注意的是,非共振项与共振项分别存在于 $\chi^{(3)}$ 的实部和虚部。在实验上有一些办法可以将实部与虚部的效应分开,从而通过选择性地检测消除背景的影响。这是后面介绍的一些方法的基础。

作为非线性过程,CARS 信号强度与激发光强度之间不是比例关系。另一方面,CARS 信号的强度与所探测化学键的局部浓度之间亦不存在简单的线性关系。CARS 信号正比于三阶电极化率的模方,而 $\chi^{(3)}$ 正比于局部的振子数,因而 CARS 信号与浓度之间是平方依赖关系,这里还需要同时考虑谱峰移动与非共振背景带来的强度变化。因此,通过 CARS 信号进行定量分析面临诸多问题。许多研究工作都努力提高 CARS 的定量化能力,其代价是实验过程和数据处理的复杂化。从实用的角度,CARS 也是更多地提供形态方面而非数量上的信息。

前面已经提到,CARS 可以在正向和背向两个方向上传播。由于相干叠加的原因,两个方向的信号不是等价的。当散射体的体积逐渐增大时,F-CARS 的强度会显著地超过 E-CARS,另一方面,两者在信号组成上亦略有差别。E-CARS 相比于 F-CARS 能够显著地抑制来自溶剂的非共振背景,这使得 E-CARS 成为很多溶液组分中化学键成像的重要选择。

4.5.1.2 受激拉曼散射(stimulated Raman scattering,SRS)

1962 年,E. J. Woodbury 和 W. K. Ng 首先在红宝石激光器中观察到了斯托克斯散射光急剧增强的现象[26],这是单束光激发产生的受激拉曼散射过程。如果再引入一束光,让斯托克斯光经历一个受激发射的过程,那么这个效应将更容易产生,也可以适用于更广泛的环境。

受激发射是这样一个过程,当处在高能态 i 的体系受到光扰动时,如果光子能量满足 $h\nu = E_i - E_f$,其中 E_i 和 E_f 分别为初态 i 和终态 f 的能量,那么体系将向 f 态跃迁。这个过程的发生是因为特定能量的光对系统的扰动。受激发射的特点是,体系在此跃迁过程中将发射和入射光子完全一样的光子,完全一样是指它们的频率、相位、波矢量以及偏振态都是一样的,由此产生的光子与原光子是相干的。相对于入射光而言,这一过程发生了光的放大。

在拉曼散射中,能量较高的中间态是虚态,这一态的能量不确定。另一方面,分子不能在这一态上形成布居,从而无法通过常规的方式实现受激吸收。通过一种近似的方法,我们将这一过程看作在泵浦光和斯托克斯光的相继作用下发生的结果。泵浦光将系统从基态激发到中间态,在中间态寿命内,斯托克斯光对其扰动促使了受激发射的发生。通过这种方式,分子间接跃迁到了能量更高的第一振动激发态。相应地,再看前面的过程,可以发现前一步产生激发过程的光子在受激过程中变成了两部分能量,一部分是斯托克斯光的光子,另一部分是分子振动能级的能量。因此,能够通过这样的方式产生受激发射,只能在两束光满足拉曼共振的情况,只有这样,分子最终才能跃迁回一个实态。

因而,从上面的过程来看,当两束满足拉曼共振条件的光入射到样品上后,将会有部分泵浦光光子消失,将能量转移到分子的振动能级,并且放出一个斯托克斯光子。在测量上讲表现为透过样品的泵浦光强度相对于入射时强度降低,亦即发生了所谓受激拉曼损失(stimulated Raman loss,SRL);与此同时,斯托克斯光的强度将相对入射光有所增加,称之为受激拉曼增益(stimulated Raman gain,SRG)。SRG 与 SRL 是同一过程的两个侧面,它们的信号强度正比于自发拉曼散射截面与激发区域的化学键浓度,如式(4-7)和式(4-8)所示。

$$\Delta I_{SRG} \propto + I_P I_S \sigma_{Raman} N \qquad (4-7)$$

$$\Delta I_{SRL} \propto - I_P I_S \sigma_{Raman} N \qquad (4-8)$$

信号强度对浓度的线性依赖关系使得 SRS 在定量分析上更为简单直接。另一方面,SRS 的信号只与 $\chi^{(3)}$ 的虚部有关系,从而在物理上避免了与实部的耦合,也就不会产生类似与 CARS 的非共振背景与谱峰移动。实际上,SRS 的光谱谱峰位置与自发拉曼光谱是完全一致的,这大大便利了实验研究,可以利用已经建立的丰富的拉曼光谱数据库。

4.5.1.3　CARS 与 SRS 的比较

CARS 与 SRS 都是相干拉曼散射。两者在物理过程上有所区别,用在成像实验中也需要采用不同的方法。

对于 CARS,分子从振动基态被激发,在产生反斯托克斯光子后,分子又回到了振动基态。亦即在 CARS 过程中,分子和光场之间没有任何能量交换,这样一个过程称为参量过程。对于使用 CARS 观察的样本而言,这意味着光场和样本之间没有任何能量转移,从而样品所经受的光损伤会大大减小。对于入射光场,样品的作用在于提供了光子能量分配的通道:借助振动能级,让参与这一过程的 4 个光子的能量进行重新组合,产生出新频率的光子。如果忽略掉激发过程的细节,CARS 可以与荧光类比,入射光激发样品,产生新频率的光,滤除入射光,即可对信号进行采集和处理。

SRS 同样利用分子的振动能级实现光场能量的重新分配。泵浦光的能量重新分配给斯托克斯光与分子的振动能级。其后果是,在 SRS 发生前后,除了能量转移,总体上没有波长的变化。因此,滤色检出的方法无法应用在这里。为了能够提取出这一信号,通常采用的一个方法是强度调制再锁相检出。对泵浦光或者斯托克斯光中的一束施加频率为 f 的强度调制,然后对另一束光按 f 进行锁相检出。以泵浦光为例,当它经历频率为 f 的强度变化时,斯托克斯光所经历的 SRG 也将按照同一频率变化。实际检测到的斯托克斯光中除了按照调制频率变化的部分,还包含没有经历受激拉曼过程的直流分量,以及激光强度的随机抖动。锁相技术可以在一个复杂信号中检测出特定频率的分量。因此,利用锁相检测可以将 SRS 从复杂的背景中提取出来,进一步放大后送入下一步处理。

4.5.2 应用于显微术的 CARS 与 SRS

前面介绍了这两个现象的物理过程以及各自特点,下面将它们应用到成像技术当中。

CARS 和 SRS(非特指时,统称 CRS)与自发拉曼一样,都提供了化学衬度。通过非线性过程,两者所产生的信号相对于自发拉曼被大大增强,足以应用在成像当中。与自发拉曼的不同之处在于,CRS 每次获取一个波数的信息,单次在光谱上提供的信息比较少。

4.5.2.1 CRS 显微镜系统

CRS 显微镜系统包括激光光源、扫描显微镜以及图像采集重构等组成部分。CRS 需要脉冲激光器作为光源。脉冲激光器能够在相对低的平均功率下提供很高的峰值场强,从而实现非线性光学过程。在一定的平均功率与重复频率下,脉冲激光器的脉宽(为脉冲的持续时间,取半高全宽)越窄,所能达到的场强越高;另一方面,脉冲激光包含一定光谱范围内的所有波长。激光脉冲在光谱上覆盖的宽度(取半高全宽)与脉宽满足一个简单的关系,即 $\Delta\omega \cdot \Delta\tau \sim 1$,其中 $\Delta\omega$ 与 $\Delta\tau$ 分别为光谱宽度与脉宽。这一关系对激光脉冲的性质施加了限制。通常拉曼光谱的峰宽都处在 $10~\mathrm{cm}^{-1}$ 的数量级中,选择激光器脉宽时,需要考虑既实现这个水平的光谱分辨率,也要同时保持高的激发效率。实验中所使用的、在信号与光谱分辨之间能够获得比较好平衡的脉宽为 $1\sim10~\mathrm{ps}$ 的激光器,这样可以分辨出位于指纹区的拉曼振动峰。CRS 需要两束激发光,因此需要两台激光器作为光源,并且实现两束激光在空间上的重合以及脉冲序列在时间上的精确同步。

有很多方法可以产生这样的同步脉冲序列。两台钛宝石激光器可以利用电子装置将脉冲序列同步,然后通过外部的光学延迟线将各自的脉冲在时间上精确重合起来。钛宝石激光器具有很大的波长调节范围,因而能够覆盖通常生物样品的拉曼光谱范围。然而,钛宝石激光器的典型输出脉宽为几十至上百飞秒,因而能够实现的光谱分辨率并不高。另一种解决方案是通过光学方式产生自然同步的脉冲序列。一个简单但是有限的方法是利用光子晶体的强非线性,以钛宝石激光器作为光源,产生很宽波长范围的超连续辐射激光,从中选取两个波长,组合其作为激发光来成像[31]。这个方法可以在已经完成的双光子显微镜上通过一个附件将其改造为 CARS 显微镜,但是由于最前级使用了飞秒激光器,因此只适用对脂类等光谱环境相对简单的宽拉曼峰化学键的成像。另一种方法是采用一台输出 532 nm 绿光的皮秒脉冲激光器作为光源去泵浦一台光学参量振荡器(optical parametric oscillator,OPO)。OPO 可通过光学参量过程将输入的绿光变成两束更长波长的光而保持总能量守恒。更重要的是,OPO 可以通过改变其中工作晶体温度来实现对输出波长的调节。用于 CRS 的 OPO 一般能够在 800～1 000 nm 的范围内进行调节,从而实现所需频率的光。对于两束光的选择,可以直接使用从 OPO 输出的两束光进行组合,再在外部使用光学延迟线进行时间重合的调节;也可使用 OPO 的一束光,使用泵浦激光器的基频光作为另一束光,然后在外部进行时间重合。这种方法的优势在于可以产生自然同步的激光脉冲序列,避免了同步的电子设备的引入。与此同时,脉冲序列在时间上的重合需要使用外部的光学延迟线来完成。这一方法技术成熟,实现了光脉冲的自然同步,并且具备高的光谱分辨率,已经成为最常用的实验配置。

相对于上面使用的大型固体激光器,光纤激光器易于维护使用、易于集成且成本更低,是很多光学仪器发展的新选择。在初次引入 CRS 系统作为光源以后,已经有多种形式的光纤激光器出现。虽然这些激光器还停留在实验室,但是它们提供了丰富的新选择。它们采用不同的技术路线来产生所需要的脉冲序列。如首先用光纤振荡器产生一个稳定的低功率脉冲序列,再通过光纤放大器进行多级放大。利用这个方法,可以产生足以泵浦 OPO 的全光纤激光器[32],再利用光纤中的四波混频效应,可以直接产生用于 CRS 的两束光[33]。"时间透镜"(time-lens)技术提供了不同的产生同步脉冲序列的方法[34],这个方法可以利用一台连续激光器产生脉冲序列和另一台脉冲激光器重复频率完全一致的脉冲光序列。在实现上,采用一个高速的光电二极管采集一小部分来自脉冲激光器的光,然后取出其重复频率的一个极高次谐波,将这个谐波作为信号源输入时间透镜系统的相位调制器,相位调制器将对连续激光器施加总量可调的相位调制,从而改变光强在时间上的分布,形成一个脉冲序列。在这一过程中,相位调制的量决定了最终输出的脉宽。与前面方法显著不同的另一个方面是,最终输出的两个脉冲序列之间的时间延迟可以通过电子延迟线实现,这相比于光学延迟线大大降低了装置搭建上的难度。另一种路线则可以产生波长快速可调的激光脉冲序列,利用光纤振荡器产生中心波长为 1 030 nm、重复频率为钛宝石激光器一半的种子光,经过一个可调光纤滤光器,再经过放大后与钛宝石激光合束。这里,通过调节钛宝石激光的输出可以覆盖上面的生物样品拉曼光谱范围,而光纤激光器可以在>200 cm^{-1} 的范围内进行快速的波长调节[35]。

需要指出的是,上面的每一种方法都有其长处和局限。根据问题进行合理地选择才能够更好地利用资源。比如在飞秒双光子显微镜上进行改造,适合于集中进行脂类研究的实验。而时间透镜采用连续光产生脉冲光的方法则可以省去一台价格高昂的脉冲激光器。另一方面,时间透镜在 CRS 中的应用刚刚起步,尚未形成成熟的方案,并且大量电子设备的引入也使得它相对于常用的激光系统有了很大的变化,其中存在很多不确定因素。皮秒激光泵浦的 OPO 是目前实验上最为成熟的技术,能够在一段时间内兼顾光谱分辨率、光谱覆盖范围以及稳定性。可以预见,成本更低、稳定性更高的激光系统将加速相干拉曼散射显微成像技术的普及。

CRS 显微镜系统的光源与双光子显微镜的非常相似,因此,系统的显微镜部分也可以直接在双光子显微镜的基础上进行改造。显微镜首先需要达到足够的系统光通量。相对于常规共聚焦显微镜,双光子显微镜在红外波段实现了更好的优化,能够大大降低激光在显微镜中的反射损失。这里值得注意的是,对于一台同时具备可见光共聚焦功能的双光子显微镜,其振镜镀膜需要考虑兼顾。金膜可以在红外光区获得非常高的反射率,但是在蓝光区的反射率就变得很低。铝膜和银膜可以对从可见到红外的很大波长范围内的光提供普遍高的反射率,它们面临的问题是相对于金膜更容易被氧化。

此外,需要对显微镜进行适当的配置以便采集 CRS 信号。对于 CARS,通常使用显微镜的外置 PMT 检测器,也称为非扫描检测器(non-descanned detector, NDD)。NDD 是双光子显微镜中采集荧光的探测器,专用于采集具备良好局域激发的信号。相比于传统的通过针孔的共聚焦荧光检测方式,它在采集信号光时不需要经过振镜,因而可以有效降低信号的损失。CARS 过程产生了波长更短的斯托克斯光,因此可以用二向色镜(dichroic mirror, DM)直接将泵浦光与斯托克斯光滤除,采集反斯托克斯信号。类似于荧光显微镜,一个二向色镜只能针对一个范围内的振动频率进行检测。注意到随着所检测的化学键峰位的变化,泵浦光的波长将发生很大范围的变化(对于固定斯托克斯光的系统)。设斯托克斯光波长为 1 064 nm,那么要覆盖光谱范围为 $500 \sim 3\ 500\ \text{cm}^{-1}$(这是生物样品中常见的拉曼光谱范围),则泵浦光会在 $775 \sim 1\ 010$ nm 的范围内移动,相应的反斯托克斯光则为 $610 \sim 960$ nm。此时,需要将整个调谐范围分成两到三个区间,分别配置二向色镜,才能采集这一范围内的化学键信号。与荧光同理,在收集 CARS 光时,要配置与二向色镜相应的滤色片。SRS 没有新波长产生,检测时将斯托克斯光或者泵浦光从激发光束里面滤除即可。需要注意的是,检测 SRG 与 SRL 所使用的滤色片是不同的。对于前者,探测器收集的是斯托克斯光,因此要使用长通滤光片将短波长的光滤掉。对后者则使用短通滤光片将斯托克斯光滤除。SRS 采集时,透过样品到达探测器段的光强很高,常常达到几个甚至数十毫瓦,因而使用光电二极管作为检测器,而不使用共聚焦或者双光子显微镜中集成的探测器。另一方面,光电二极管在红外光区的灵敏度要高过PMT。为了让落在检测器上的光斑在扫描过程中尽量保持不动,需要对出射聚光镜的光束进行调整。良好调整的光束在扫描过程中不会有明显的移动,同时相对充分地占据了光电二极管的面积。

4.5.2.2　演示实验:Hela 细胞中的脂质成像

我们以 Hela 细胞的脂质成像作为示例,介绍一般实验过程。脂滴(lipid droplet,LD)是细胞存储脂质的细胞器。脂滴的大小、数量、状态直接影响着细胞的生理过程。脂滴研究的意义与重要性都处在持续的增长当中。传统的研究方法使用油红 O 等染料对脂滴进行染色。然而在有关线虫的研究表明,这些染料的荧光和线虫的自发荧光在光谱上存在重叠[36],这使得基于荧光染料的线虫脂滴研究面临无法避免的困难。

CRS 通过选择 CH_2 振动的拉曼位移,可以对细胞内的脂滴进行非标记成像。CARS 能够清晰地记录脂滴的形态与分布,还可以进行部分动力学研究。SRS可以方便地对细胞内的脂质进行定量化研究。

在采集细胞中脂滴的图像之前,要首先确定脂滴的拉曼位移。要确定生物样品中物质的拉曼光谱,有几种方法可以使用。最简单的是采用具有相同待测基团、结构也相近的纯化学品,比如三硬脂酸甘油酯。三硬脂酸甘油酯的分子有三条长的烷烃链,可以产生很强的振动信号。另一种做法则可以直接对活细胞中脂滴的信号进行采集,这需要在活细胞中未经过染色即可识别出脂滴,然后采集原位的拉曼光谱。为了能够获得脂滴大小的空间分辨率,需要使用倍率足够高、数值孔径足够大的物镜进行采集。对于别的样品,有时需要固定细胞。这样,细胞固定液对光谱的贡献也需要单独的对照实验来确认。

在获得脂质的拉曼位移以后,根据具体使用的激光器计算泵浦光与斯托克斯光,或者其中一束光的波长,并且将激光器设定到前面定下的波长上面。在激光器调节完毕、状态稳定以后,可以对细胞中的脂滴进行成像。

细胞图像采集前需要对系统进行必要的测试。通常使用纯化学品进行测试,并且确定一些采集参数。在这里,可以使用三硬脂酸甘油酯或者十二烷等纯品进行测试。将制备的均匀样品放置在载物台上,调节显微镜明场至科勒照明状态,即可以开始图像测试。选择采集 CARS 和 SRS 所使用的相应通道,可以同时看到样品的 CARS 与 SRS 图像。在这里要调节锁相放大器的相位,使 SRS图像中的强度分布与实际情况统一起来。

让 Hela 细胞贴壁生长在可以用于激光扫描显微镜观察的培养皿中,细胞不需要进行任何处理,在状态良好时进行图像采集。图像采集的操作与显微镜系统所基于的共聚焦或者双光子系统是一致的。此时，只需要对 Hela 细胞中的脂滴按照需要进行成像。CARS 和 SRS 通道可以同时采集图像，所得到的图像含义略有差别。从 CARS 采集通道看到的是由光电倍增管直接采集到的、经过放大的反斯托克斯光。图像中像素的强弱代表了像素所对应点的反斯托克斯光的强弱。需要注意，这里的反斯托克斯光的强度与局部浓度不是线性关系。在 SRS 采集通道中看到的是经过锁相放大器进行解调以后的图像。像素的强弱反映了各点发生的能量转移的大小。考虑到式(4-7)，这个能量转移的大小与局部浓度是成正比的。图 4-6 中呈现了使用 CARS 和 SRS 分别观察细胞时得到的图像，在相同的动态范围内，CARS 图像的细胞质信号非常微弱，而 SRS 图像中的细胞质可以被清楚地分辨出来，这正是因为前面所讨论的两种方法的浓度依赖差别造成的。

上述流程描述了如何用 CRS 观察 Hela 细胞中的脂滴。实验中会遇到很多问题，这里指出其中一个。由于所使用的激光器，除了 CARS 与 SRS 以外，一些其他的光物理过程同样可能发生，比如二次谐波产生（second harmonic generation，SHG）、双光子荧光（two-photon excited fluorescence，TPEF）、瞬态吸收（transient absorption，TA）与交叉相位调制（cross-phase modulation，XPM）等。这些信号有时候会成为一个整体性的背景，有些时候则会与 CARS/SRS 重叠，甚至掩盖过后者。因此，在对标准样品成像时，要充分了解可能出现的信号水平、噪声水平、分布特点等。当信号的强度处在预期之外时，需要使用多种方式进行检查，以确认信号的正确性，然后考虑如何消除或者减弱其他过程带来的影响。

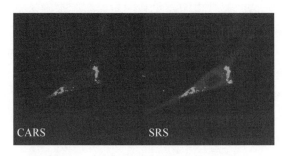

图 4-6　肝星状细胞的相干拉曼成像

4.5.3　CRS 显微术的发展

CARS 与 SRS 为生物体系中的分子成像带来了新的方法，实现了活体中生物分子的成像。然而，这两种方法依然各自面临着很多问题。这些问题的解决经过以谢晓亮研究组为代表的大量研究人员的努力，在过去十多年当中得到了很大的推动。

关于 CARS 的改进一直集中在消除非共振背景上，人们发展了很多方法去消除非共振背景。其中比较成熟的包括下面几种：① polarization-CARS（P - CARS）利用非共振背景与共振项之间偏振态的差异来实现区分[37]。因此，理论上只要在非共振背景偏振的垂直方向去检出信号，即可消除非共振背景的影响。从实验结果来看，通过这种方法消除非共振背景以后，系统灵敏度得到了极大的提高。② 外差探测（heterodyne detection）同样可用于消除非共振背景的影响[38]。通过引入一个局域振子与信号光进行干涉，从而达到分离共振项与非共振项的目的。此时，可以通过选择信号光与局域振子之间的相位差而实现探测 $\chi^{(3)}$ 的实部或者是虚部，从而消除非共振背景的影响。③ 此外，调频法（frequency modulation，FM）也可以实现这一目的[39]。在这个方法中，需要使用两个波长组合，一组与拉曼位移匹配，另一组则有一定程度的偏离。此时，间隔使用两个组合的激发光去激发样品，那么得到的将是强度受到相同频率调制的图像。在这里，非共振项对调制产生的强度变化是不响应的，因而通过锁相检出得到的信号只是共振部分的贡献，从而消除了背景。

对于 SRS，人们一直努力提高它的化学键分辨能力。不同化学键的振动频率有可能非常相近，或者拉曼光谱的峰宽度很大。这表现为不同化学键的拉曼光谱之间有重叠。这一重叠是物理性质的，不能通过纯粹的数学运算进行消除。当采集单一拉曼峰时，CRS 的化学分辨能力将大大降低。通过采集不同拉曼峰的图像，再对图像进行线性重组，能够将不同的化学键分离。当所选取的峰位较少时（基本不超过两个），这一方法的实验操作与计算都相对简单。然而，所考虑的峰增加时，实验的繁琐程度、计算复杂度都会显著升高，可操作性严重下降。更重要的是，在现有的激光技术下，这个方法能够实现的时间分辨率非常低，而几个拉曼峰之间的时间间隔过大，对于结果的准确性有很大影响，比如因为样品运动（只要运动时间间隔小于波长切换的时间）引起的偏差。

虽然拉曼光谱存在重叠，但是在这一区域内，每一种键的光谱在谱峰外形上有所区别，这为分离它们提供了可能。目前发展出的技术是利用先进的激光控制技术，在一定的光谱和时间范围内实现多种化学键的激发，再通过解码和重构来成像。下面简要介绍各项技术。

光谱裁剪受激拉曼散射（STE - SRS）使用一个偏振相位调制器对一束飞秒激光进行调制，以获得经过"光谱裁剪"的泵浦光[40]。光谱裁剪的原则是，对几个发生重叠的光谱进行线性重组，通过赋予不同化学键的光谱不同的权重，使得能够代表每种化学键的光谱都最大限度地从整体中区分出来。简单地讲，就是在一个范围内找出几种化学键光谱最大的不同之处。按这一原则对飞秒脉冲进行调制，能够获得不错的区分度。在这里使用飞秒激光则是考虑其较宽的频谱，免去了一定范围内进行激光器波长调节的麻烦。这是实现高速多色受激拉曼成像的关键。

另一中技术同样使用"飞秒+皮秒"的组合[41]。与 STE-SRS 不同的是，这里用声光可调滤波器(acoustical-optical tunable filter, AOTF)对飞秒泵浦光进行频率调制。在选出需要区分的化学键的峰位以后，因为它们所需要的泵浦光不同(斯托克斯光固定)，从而可以用 AOTF 在飞秒脉冲中选出适当的波长令其通过。这一切换可以以 8 kHz 的速度运行，从而近乎同时采集 3 个波段的信息。得到的图像可以通过这 3 个波长的线性组合进行重构。相比于 STE-SRS，这个方法损失了部分光谱信息，但是其实验组成与解码方式相对简单。

此外，程继新研究组还用了脉冲内光谱扫描的方式进行光谱成像[42]。他们使用变形的 4F 系统，将飞秒脉冲变换到空间频域，通过空间滤波选择相应的激发波长。这样，利用狭缝在变换出的频谱面扫描过去即可得到不同拉曼位移下的图像。结合图像分析手段，他们可以从得到的数据中重构出所检测波数范围内不同化学键的分布。

上面已经提到基于钛宝石与波长可调光纤激光器的光源系统。利用这一光源，Ozeki 等人实现了视频帧率的超光谱成像[35]。他们改进了波长调节的部分，使得它足以支持在 30 f/s 成像速度下逐帧的波长切换。不仅如此，利用独立组元分析(independent component analysis, ICA)对采集到的图像进行分析，可以在不需要采集标准样品的情况下实现谱峰分离。这相对于前面的技术，极大地方便了图像重建过程[43]。

从这几种方法可以看出，"飞秒+皮秒"在多色受激拉曼成像中得到较多采用，飞秒的宽光谱能够覆盖发生重叠的部分，免去了对激光器本身进行操作以实现变换波长的过程。同时，对于图像处理的要求也随之而来。在采集单一化学键的成像中，很多时候直接采集到的图像即代表了分布，在光谱成像中则不然，只有通过运算将每一个光谱分解成来自独立化学键的组分以后，才能得到分布。这几种依然在发展的方法已经将 SRS 带入了光谱成像的阶段。

目前，相干拉曼显微成像技术还面临着许多问题。这些问题制约了它在生物体系中的进一步应用。

第一个问题是检测限。相比于荧光已经达到的单分子检测限，CRS 动辄需要毫摩尔甚至更高的浓度(在实际使用水平下)，严重影响了它能够检出的分子类别。尤其很多小分子信号在体内的浓度极低,纵使其拉曼光谱具备良好的特征,仍旧很难通过 CRS 进行成像。第二个问题是化学特异性。当体系相对简单时,CRS 能够较好地对不同的物质进行分别成像。当体系的复杂度增加时,CRS 的化学特异性将下降得非常快,其原因在于化学键之间的光谱重叠。这个重叠在指纹区尤其严重。另一方面,指纹区恰恰是对很多化学键进行区分的最好区域。因而,只有进一步提高 CRS 的宽光谱成像能力,才能满足对复杂化学环境进行非标记分子成像的要求。上面已经介绍了一些方法,它们解决了一部分问题,不过仍然只是一个开始。第三个问题是进一步发展稳定易用的产品化技术。现有的显微镜系统过于庞大和复杂,并且这种复杂度随着化学分辨能力、检出限以及其他特性的提高而迅速增加。因此对系统本身的改进,使得它能够更加容易地为研究提供非标记的分子成像成为重要的发展方向之一。大量的新式光源的采用便是这些新发展中的重要组成部分。

4.5.4 CRS 研究实例

相干拉曼散射显微术已经经历了十年以上的发展。在技术发展的过程中,研究者们应用这种方法在很多方面推动了生物学的发展。这些研究进展主要集中在以下几个方面:各种层次的脂类代谢、神经生物学研究以及植物分子相关的研究。

4.5.4.1 脂类代谢

脂类是构成生命体的一类重要的物质。现代研究越来越多地表明脂类代谢在正常生命活动中的重要性,譬如脂代谢在肥胖症中的作用以及对于寿命的影响。正如前面所指出的传统的染色方法存在许多问题,而 CRS 可以实现对脂类的直接成像,大大推动了这一领域的研究进展。对于脂代谢的研究主要集中在线虫和鼠两种模式生物上。

王萌等人利用 RNA 干扰筛选线虫体内与脂类调控相关的基因,为了能够定量地分析数据,她和同事们使用 SRS 为经过 RNA 干扰的线虫的脂成像,在 HEK293 细胞中进行了 SRS 脂质成像与脂滴相关蛋白荧光染色图像的共定位[44]。实验结果表明,SRS 信号的来源确实是细胞中的脂滴。在线虫体内进行的 SRS 脂滴成像与 Nile Red 和 BODIPY 两种荧光染料的成像显示,SRS 在线虫中能够准确地对脂滴定位。其后,他们选择了 36 个膜受体、236 个核激素受体,对它们实施 RNA 干扰。为了增强干扰效果,他们选择了对 RNAi 敏感的线虫谱系进行实验。在 RNAi 实施以后,他们对两天大的成虫进行 SRS 成像。对于这些图像的定量分析帮助人们发现了 8 个与脂肪储存相关的新基因。

利用 CARS,程继新研究组对鼠体内的脂代谢过程进行动态观察[45]。他们首先对鼠实施控制饮食的饲喂,然后摘除鼠的小肠,对其进行 CARS 和 TPEF 的图像分析,从而确认了 CARS 在这些组织中进行成像的可行性。然后,他们将经过控制饮食饲喂的鼠麻醉,取出其小肠的一部分,用 CARS 直接进行观察。借助拉曼分析的化学特异性,脂类从复杂的组织环境中凸显出来。从图像上可以看到,被喂食了橄榄油的鼠小肠细胞中的脂滴是如何参与消化与储存的。

4.5.4.2　神经及脑成像

神经生物学成像是 CRS 的另一个重要应用。神经元的特殊结构使这一方法得以实现。神经元轴突的外面包围着形态特殊的髓鞘细胞,它是神经电信号传输的绝缘层。髓鞘细胞相对于其中的轴突富含脂质。因此,通过 CRS 对脂的成像可以清晰地从形态学上判定髓鞘的状态,从而进一步了解神经元的情况。在大一些的尺度上,由于轴突与神经元分别聚集形成了白质与灰质(还包含神经胶质细胞与血管),两者在脂质含量上有非常显著的差别,同样可以通过 CRS 这种分子成像手段进行形态学上的区分。谢晓亮和程继新研究组分别利用 CARS 完成了对鼠脑的成像。

谢晓亮研究组对未施加和施加了肿瘤诱导的鼠脑进行了体外切片观察[46]。通过多次拍摄,他们拼接出了鼠脑在一个截面上的全景,从这幅图中可以分辨出鼠脑不同的分区。通过有无肿瘤的鼠脑图片的比较可以看到,肿瘤相对于周围的正常组织所含有的脂类更低,这一区别可以帮助确定肿瘤的位置,从局部高分辨的图中能够清晰地分辨这两种组织的边界。

程继新研究组完成了鼠脑的活体成像,他们同样对鼠脑的某一截面进行了全景拼接[47]。他们完成的分辨率非常高,从中可以清楚地分辨多种结构,这种分辨来自各个结构在脂类含量上的差异。进而,他们通过手术将浸没式物镜伸入在鼠脑颅骨上打开的窗口里面,对轴突进行了直接成像,图像显示灰质层的轴突取向是随机的,而白质层的轴突清楚地排列成一束。

4.5.4.3　肿瘤组织的形态研究[48, 49]

传统肿瘤组织形态研究的标准手段是苏木精-伊红染色法(H&E stain)。它可以帮助医生对组织细胞的核形态等内容进行判读,进而做出诊断,但是 H&E 染色只能在手术后进行固定、染色、成像等。在手术过程中,目前没有有效的手段可以帮助医生对肿瘤组织和正常组织进行形态上的区分。谢晓亮研究组发展的基于 SRS 化学成像的图像采集与分析方法,旨在建立与 H&E 具有相同功能的非标记方法。通过对来自组织切片的脂及蛋白质信号进行重组,他们获得了与 H&E 具有高度一致性的图像。在双盲试验中,病理检测医生对 SRS 组织图像的判读达到了相当高的准确性,在 150 个样品判读中,仅有不超过 1 个样品的误判。依托这一方法,研究人员在人多形性成胶质细胞瘤的老鼠模型中实现了一边手术、一边进行图像分析以判别肿瘤边界。这一结果将 SRS 应用于临床的可能性向前推进了一大步。

4.5.4.4 植物木质素与纤维素的研究

谢晓亮研究组与丁世友研究组合作,在多个方面研究了与植物细胞壁中木质素和纤维素相关的问题。从结构和生化反应的角度对于木质素和纤维素的认识能够帮助人们改进使用它们作为生物能源的方法。CARS 用于比较正常株与木质素下调株之间细胞壁结构上的差异[50]。通过对两种植株横截面的直接成像,人们可以清楚地观察到不同的木质素含量对植物细胞壁的影响。在另一个实验中,研究人员搭建了一套双色 SRS 系统,可以同时对两种化学键进行成像[51]。通常,人们使用次氯酸钠对木质原料进行处理,以去除其中的木质素。利用这套系统,他们对处在化学处理过程中的植物细胞壁的木质素和纤维素含量进行实时测定。在实验中,木质素和纤维素的含量将每隔 8 s 被采集一次。经过近 1 h 的处理,样品中纤维素的含量基本没有变化,而木质素的含量在几个监测区域均有不同程度的下降。这表明上述的处理手段可以针对性地取出木质素。最近,丁世友将 SRS 与荧光、原子力显微镜等结合起来,对两种商用的木质素酶处理系统进行了研究[52]。他们考察了两种系统在处理生物质时其中的微观结构与含量的变化,从而对两种酶作用方式进行评价。经过几种成像方式的联用,他们发现这个酶解过程更倾向于在疏水的细胞壁表面发生。这些结论为工业中的生物质处理提供了重要的实验原理。

4.5.5 拉曼诱导克尔效应(Raman-induced Kerr effect,RIKE)

拉曼相关的非线性过程很丰富。除了已经在研究中被越来越广泛应用的 CARS 与 SRS,还有不少其他过程。这里再举一例以做说明。拉曼诱导克尔效应是另一个三阶非线性过程,如同 CARS 与 SRS 一样,它同样具备化学键分辨能力。

RIKE 是这样一个过程。当一束强激光照射到电介质上时,它将改变介质的电极化率。此时,如果使用另一束光去照射样品,那么这束光在其中的传播会受到电极化率改变的介质的调控。这一过程只能在满足样品的拉曼位移时发生,因此具备化学键成像能力。简单地讲,拉曼诱导克尔效应是只有在满足拉曼共振条件下才能发生的克尔效应。

RIKE 在实验装置上与 CRS 很相近[53]。它同样适用两束脉冲激光,需要它们的频率满足拉曼共振，因为这一过程中没有新的波长产生，因此与 SRS 类似的，对其中一束光施加强度调制，在检出信号时进行解调。RIKE 的不同之处在于，斯托克斯光的偏振态不能和泵浦光相同，在检测时，需使用一个与泵浦光偏振方向垂直的偏振片进行滤光。另一方面，光学外差测量被引入到这一系统当中。这样获得了类似于外差法 CARS 的结果，可以分别测量 $\chi^{(3)}$ 的实部和虚部。与此同时，RIKE 克服了交叉相位调制（cross-phase modulation，XPM），相比于 SRS 又消除了一项噪声，进一步提高了灵敏度。

4.5.6　相干拉曼成像面临的挑战和展望

相干拉曼过程相对于自发拉曼而言，在成像方面提供了很多新的可能性。借助现代激光技术，这些方法都可以被实现。和其他技术相似，相干拉曼成像也有自身的局限。以 SRS 为例，从前面的描述可以看出，在动物研究方面，从细胞到活体，在 SRS 的帮助下得到推动的目前集中在脂相关的问题。原因很明确，脂类分子的信号很强，同时在生物体内的浓度也很高。生物体系内的其他分子相对脂质而言，局部浓度都不高，使得对它们的 SRS 成像变得更加困难。小分子信号在生物体中的重要性非常高，但是作为信号分子，它们的浓度远低于脂类分子的浓度，使得针对它们的 SRS 成像非常困难。只有进一步降低检测限，才有希望应用这一方法对生命体内更多的分子成像。

拉曼成像的化学特异性高低实质取决于所能覆盖的光谱范围。回顾拉曼成像的发展过程，可以看到，它经历了"全光谱采集/慢速成像—单峰采集/高速成像—多峰采集/高速成像"的发展过程。通过非线性光学效应，人们提高了拉曼的信号采集，所牺牲的是光谱信息，也因此损失了部分化学特异性。新的激光控制技术使得人们在尽可能不牺牲速度的情况下获得同时采集多个拉曼峰图像的能力。可以预见，下一个努力的方向是如何高速采集全光谱图像。激光技术的长足进步必然能推动这方面的发展，而原理性的突破则有希望从根本上改观拉曼成像的现状。

除上面两个问题之外，相干拉曼成像要成为生物研究的工具还需要进一步实用化。如果与通常的生物成像系统相比，目前的显微镜系统都很难操作。以双光子显微镜为例，双光子显微镜的强大功能与它的高度复杂性是紧密联系着的，而相干拉曼显微镜相对于前者更加复杂。类似的问题都会更明显地阻滞技术的应用。

除去上面存在的问题，相干拉曼成像的优势已经可以从过往的实验结果中看到。首先是标记的免除。许多无法在荧光标记下发生的过程，抑或使用荧光可能带来不准确结果的过程得以被观察。与此同时,它们是非标记光学成像里面具备分子成像能力的,突破了仅仅进行形态观察的局限。

4.6 拉曼成像总结

生物医药研究需要高特异性、高灵敏度、高分辨率以及高速的成像手段。光学成像是其中重要的分支,本身即包含非常广泛的门类。光以及样品的光学性质从一个侧面决定了上面的几个要求的结果。高特异性取决于样品的光谱特性。现代光学测量技术能够实现的光谱分辨能力都很高,即使考虑到具体使用的镀膜等实际情况,以二向色镜为例,依然可以稳定地实现<5 nm 的带边。灵敏度的极限即是单光子探测。通常状况下,光学衍射极限即是空间分辨率的限制,约为 $\lambda/2$,这些是由物理性质实现的探测界限。通过不同的技术,人们已经实现了突破光学衍射极限的成像[54-56]。单分子检测技术已经可以在室温下检测体系中参与反应的单个分子带来的变化[57]。而特异性的突破则在荧光标记物上面取得了突破。多年以来,从荧光染料到荧光探针直到荧光蛋白,这些分子使得生物成像的化学特异性达到了前所未有的高度。上述技术,都属于荧光显微成像技术。荧光显微技术已经成为应用最广泛,并且威力强大的工具。即便如此,荧光依然不能解决有些生物问题。

拉曼散射探测分子化学键的振动频率,这种内禀属性使得拉曼散射具备了化学分辨能力。它的重要之处也在于此,即不需要添加外部标记即可分辨不同的化学成分,是一种非标记技术。相较之下,相衬(phase contrast)、微分干涉衬(differential interference contrast,DIC)只能提供形态辨识;二次谐波产生(second harmonic generation,SHG)、三次谐波产生(third harmonic generation,THG)等非线性技术能够成像的物质非常有限,并且对物态与结构有所要求。拉曼散射能够检测的化学成分之多与适用性之强都超过上述几种。传统拉曼散射显微术具备极高的化学分辨能力,但是由于信号太弱,图像采集时间长,更多的作为技术上的可能性而非问题解决手段。相干拉曼散射凭借相对复杂的光学过程放大了信号,使得拉曼成像速度大大提高,成像方式更加接近已经广为使用的共聚焦、双光子显微镜。拉曼成像因此进入了一个新的阶段。需要指出的是,相干拉曼虽然取得了长足的进步,但是仍旧存在许多局限,这表现在检测限偏高、系统依然很复杂、实用情况下可以成像的分子种类偏少等,解决这些问题将成为拉曼成像继续发展的动力。

最后，重新审视一下荧光成像与拉曼成像之间的关系，毋庸置疑两者在目前的生物医药分子成像中具有最广泛的应用。荧光显微术已经非常成熟，而拉曼散射显微术则处在快速发展的阶段。同样作为分子成像技术，两者存在很好的互补关系。在一些体系中，引入荧光不会影响结果，而有些体系中，甚至没有引入荧光的可能。拉曼散射此时作为一种重要的补充手段，能让生物学的研究方法完善起来。从问题出发选择合适的方法，无论使用荧光还是拉曼散射，抑或联用，获取准确、足够分析的数据才是最终的目的。

参考文献

[1] Raman C V, Krishnan K S. A new type of secondary radiation[J]. Nature, 1928, 121: 501 - 502.

[2] Raman C V, Krishnan K S. The production of new radiations by light scattering[J]. Proc. R. Soc. A, 1929, 122(789): 23 - 25.

[3] Fleischmann M, Hendra P J, McQuillan A J. Raman spectra of pyridine adsorbed at a silver electrode[J]. Chem. Phys. Lett, 1974, 26: 163 - 166.

[4] Jeanmaire D L, Van Duyne R P. Surface Raman spectroelectrochemistry part I. heterocyclic, aromatic, and aliphatic amines adsorbed on the anodized silver electrode[J]. J. Electronanal. Chem. , 1977, 84: 1 - 20.

[5] Albrecht M G, Creighton J A. Anomalously intense Raman spectra of pyridine at a silver electrode[J]. JACS, 1977, 99(15): 5215 - 5217.

[6] Kneipp K, Wang Y, Kneipp H, et al. Single molecule detection using surface-enhanced Raman scattering (SERS). Phys. Rev. Lett. , 1997, 78(9): 1667 - 1670.

[7] Wang Z, Pan S, Krauss T D, et al. The structural basis for giant enhancement enabling single-molecule Raman scattering[J]. PNAS. , 2003, 100(15): 8638 - 8643.

[8] Nie S, Emory S R. Probing single molecules and single nanoparticles by surface-enhanced Raman scattering[J]. Science, 1997, 275: 1102 - 1106.

[9] Zhang R, Zhang Y, Dong Z C, et al. Chemical mapping of a single molecule by plasmon-enhanced Raman scattering[J]. Nature, 2013, 498: 82 - 86.

[10] Anderson M S. Locally enhanced Raman spectroscopy with an atomic force microscope [J]. Appl. Phys. Lett. , 2000, 76(21): 3130 - 3132.

[11] Stockle R M, Suh Y D, Deckert V, et al. Nanoscale chemical analysis by tip-enhanced Raman spectroscopy[J]. Chem. Phys. Lett. , 2000, 318: 131 - 136.

[12] Hayazawa N, Inouye Y, Sekkat Z, et al. Meatllized tip amplification of near-field Raman scattering[J]. Opt. Comm. , 2000, 183: 333 - 336.

[13] Kneipp K, Moskovits M, Kneipp H. Surface-enhanced Raman scattering [M]. New York: Springer, 2006.

[14] Hemley R J, Mao H K, Bell P M, et al. Raman spectroscopy of SiO$_2$ glass at high

pressure[J]. Phys. Rev. Lett. , 1986, 57: 747 - 750.

[15] Venkateswaran U D, Rao A M, Richter E, et al. Probing the single-wall carbon nanotube bundle: Raman scattering under high pressure[J]. Phys. Rev. B. , 1999, 59(16): 10928 -10934.

[16] Ando J, Fujita K, Smith N I, et al. Dynamic SERS imaging of cellular transport pathways with endocytosed gold nanoparticles[J]. Nano Lett. , 2011, 11: 5344 - 5348.

[17] Zhu L, Georgi C, Hecker M, et al. Nano-Raman spectroscopy with metallized atomic force microscopy tips on strained silicon structures[J]. J. Appl. Phys. , 2007, 101: 104305 - 1 - 10435 - 6.

[18] Hartschuh A, Sanchez E J, Xie X S, et al. High-resolution near-field Raman microscopy of single-walled carbon nanotubes[J]. Phys. Rev. Lett. , 2003, 90(9): 095503 - 1 - 095503 - 3.

[19] Domke K F, Zhang D, Pettinger B. Tip-enhanced Raman spectra of picomole quantities of DNA nucleobases at Au(111). J. Am. Chem. Soc. , 2007, 129, 6708 - 6709.

[20] Mohr P J, Taylor B N, Newell D B. CODATA recommended values of the fundamental physical constants: 2006[J]. Rev. Mod. Phys. , 2008, 80(2): 633 - 730.

[21] Nagli L, Gaft M, Fleger Y, et al. Absolute Raman cross-sections of some explosives: Trend to UV[J]. Opt. Mater. , 2008, 30: 1747 - 1754.

[22] Sneep M, Ubachs W. Direct Measurement of the rayleigh scattering cross section in various gases[J]. JQSRT. , 2005, 92: 293 - 310.

[23] Stewart S, Priore R J, Nelson M P, et al. Raman imaging[J]. Annu. Rev. Anal. Chem. , 2012, 5: 337 - 360.

[24] Yamakoshi H, Dodo K, Okada M, et al. Imaging of edU, an alkyne-tagged cell proliferation probe, by Raman microscopy[J]. JACS. , 2011, 133: 6102 - 6105.

[25] Palonpon A F, Ando J, Yamakoshi H, et al. Raman and SERS microscopy for molecular imaging of live cells[J]. Nature Protocols. , 2013, 8: 677 - 692.

[26] Woodbury E J, Ng W K. Ruby laser operation in the near IR[J]. Proc. of the IRE. , 1962, 50: 2367.

[27] Maker P D, Terhune R W. Study of optical effects due to an induced polarization third order in the electric field strength[J]. Phys. Rev. , 1965, 137(3A): A801 - A818.

[28] Heiman D, Hellwarth R W, Levenson M D, et al. Raman-induced Kerr effect[J]. Phys. Rev. Lett. , 1976, 36(4): 189 - 192.

[29] Duncan M D, Reintjes J, Manuccia T J. Scanning coherent anti-Stokes Raman microscope [J]. Opt. Lett. , 1982, 7(8): 350 - 352.

[30] Zumbusch A, Holtom G R, Xie X S. Three-dimensional vibrational imaging by coherent anti-stokes Raman scattering[J]. Phys. Rev. Lett. , 1999, 82(20): 4142 - 4145.

[31] Pegoraro A F, Ridsdale A, Moffatt D J, et al. Optimally chirped multimodal CARS microscopy based on a single Ti: sapphire oscillator[J]. Opt. Express. , 2009, 17(4): 2984 - 2996.

[32] Kieu K, Saar B G, Holtom G R, et al. High-power picosecond fiber source for coherent Raman microscopy[J]. Opt. Lett. , 2009, 34(13): 2051 - 2053.

[33] Lefrancois S, Fu D, Holtom G R, et al. Fiber four-wave mixing source for coherent anti-Stokes Raman scattering microscopy[J]. Opt. Lett. , 2012, 37(10): 1652 - 1654.

[34] Wang K, Freudiger C W, Lee J H, et al. Synchronized time-lens source for coherent Raman scattering microscopy[J]. Opt. Express. , 2010, 18(23): 24019 - 24024.

[35] Ozeki Y, Umemura W, Sumimura K, et al. Stimulated Raman hyperspectral imaging based on spectral filtering of broadband fiber laser pulses[J]. Opt. Lett. , 2012, 37(3): 431 - 433.

[36] Yen K, Le T T, Bansal A, et al. A comparative study of fat storage quantitation in nematode caenorhabditis elegans using label and label-free methods[J]. PLoS ONE. , 2010, 5: e12810.

[37] Cheng J X, Book L D, Xie X S. Polarization coherent anti-Stokes Raman scattering microscopy[J]. Opt. Lett. , 2001, 26(17): 1341 - 1343.

[38] Potma E O, Evans C L, Xie X S. Heterodyne coherent anti-Stokes Raman scattering (CARS) imaging[J]. Opt. Lett. , 2006, 31(2): 241 - 243.

[39] Ganikhanov F, Evans C L, Saar B G, et al. High-sensitivity vibrational imaging with frequency modulation coherent anti-Stokes Raman scattering (FM CARS) microsocopy [J]. Opt. Lett. , 2006, 31(12): 1872 - 1874.

[40] Freudiger C W, Wei M, Holtom G R, et al. Highly specific label-free molecular imaging with spectrally tailored excitation-stimulated Raman scattering (STE SRS) microscopy [J]. Nature Photon, 2011, 5: 103 - 109.

[41] Fu D, Lu F K, Zhang X, et al. Quantitative chemical imaging with multiplex stimulated Raman scattering microscopy[J]. JACS. , 2012, 134: 3623 - 3626.

[42] Zhang D, Wang P, Slipchenko M N, et al. Quantitative vibrational imaging by hyperspectral stimulated Raman scattering microscopy and multivariate curve resolution analysis[J]. Anal. Chem. , 2013, 85: 98 - 106.

[43] Ozeki Y, Umemura W, Otsuka Y, et al. High-speed molecular spectral imaging of tissue with stimulated Raman scattering[J]. Nature Photon, 2012, 6: 845 - 851.

[44] Wang M C, Min W, Freudiger C W, et al. RNAi screening for fat regulatory genes with SRS microscopy[J]. Nat. Methods. , 2011, 8(2): 135 - 138.

[45] Zhu J, Lee B, Buhman K K, et al. A dynamic, cytoplasmic triacylglycerol pool in enterocytes revealed by ex vivo and in vivo coherent anti-Stokes Raman scattering imaging [J]. J. Lipid. Res. , 2009, 50: 1080 - 1089.

[46] Evans C L, Xu X, Kesari S, et al. Chemically-selective imaging of brain structures with CARS microscopy[J]. Opt. Express. , 2007, 15(19): 12076 - 12087.

[47] Fu Y, Huff T B, Wang H W, et al. Ex vivo and in vivo imaging of myelin fibers in mouse brain by coherent anti-Stokes Raman scattering microscopy[J]. Opt. Express. , 2008, 16 (24): 19396 - 19409.

[48] Freudiger C W, Pfannl R, Orringer D A, et al. Multicolored stain-free histopathology with coherent Raman imaging[J]. Lab. Invest. , 2012, 92: 1492 - 1502.

[49] Ji M, Orringer D A, Freudiger C W, et al. Rapid, label-Free detection of brain tumors with stimulated Raman scattering microscopy[J]. Sci. Transl. Med. , 2013, 5(201): 201ra119.

［50］Zeng Y，Saar B G，Friedrich M G，et al. Imaging lignin-down regulated alfalfa using coherent anti-Stokes Raman scattering microscopy［J］. Bioenerg. Res. ，2010，3（3）：272 - 277.

［51］Saar B G，Zeng Y，Freudiger C W，et al. Label-free，real-time monitoring of biomass processing with stimulated Raman scattering microscopy［J］. Angew. Chem. Int. Ed. ，2010，49：5476 - 5479.

［52］Ding S Y，Liu Y S，Zeng Y，et al. How does plant cell wall nanoscale architecture correlate with enzymatic digestibility? ［J］. Science，2012，338：1055 - 1060.

［53］Freudiger C W，Roeffaers M B J，Maaten B J，et al. Optical heterodyne-detected Raman induced Kerr effect（OHD - RIKE）microscopy［J］. J. Phys. Chem. B，2011，115：5574 - 5581.

［54］Hell S W，Wichmann J. Breaking the diffraction resolution limit by stimulated emission：stimulated-emission-depletion fluorescence microscopy［J］. Opt. Lett. ，1994，19（11）：780 - 782.

［55］Rust M J，Bates M，Zhuang X. Sub-diffraction-limit imaging by stochastic optical reconstruction microscopy（STORM）［J］. Nat. Methods. ，2006，3：793 - 796.

［56］Betzig E，Patterson G H，Sougrat R，et al. Imaging intracellular fluorescent proteins at nanometer resolution［J］. Science，2006，313：1642 - 1645.

［57］Hirschfeld T. Optical microscopic observation of single small molecules［J］. Appl. Opt. ，1976，15：2965 - 2966.

5

超分辨定位成像

黄振立　王伊娜　龙　帆　胡　哲　赵泽宇

5.1 引言

5.1.1 光学显微镜的分辨率极限

5.1.1.1 光学显微镜的发展简史

光学显微镜是人类智慧的结晶，也是科学史上的伟大发明。它帮助我们看清楚生物体内的细微结构，是生物学研究的一个必不可少的工具。光学显微镜的早期历史和发明人已经不可考证，但是，普遍认为光学显微镜经历了从简单显微镜到复合显微镜的发展。

简单显微镜的放大功能由单个凸透镜（即中间厚、边沿薄的透镜）实现，其巅峰之作是在 1600 年左右，由荷兰人列文虎克（Anton von Leeuwenhoek）制作成功。利用手工制造的简单显微镜，列文虎克对微生物、细菌等进行了划时代的细致观察，标志着微生物学的诞生。但是，简单显微镜因为具有较多的使用限制，如样本放置、照明、透镜像差、镜体结构等，逐渐被复合显微镜取代[1, 2]。

复合显微镜（compound microscope）最早出现于 1595 年，由荷兰的汉斯·詹森（Hans Janssen）或者是他的儿子撒迦利亚·詹森（Zacharias Janssen）制作而成。它由两个凸透镜和一个光圈组成，据说最高可以实现高达 9 倍的放大。詹森的复合显微镜设计在欧洲得到了广泛的采纳与推广。在随后的两百多年时间里，复合显微镜的机械性能得到了较大提高。但是，利用复合显微镜获得的图像，总是出现彩色光晕和模糊。彩色光晕是由色差导致，直到 19 世纪初期，通过消色差复合透镜的发明，该问题得到解决。模糊问题源自球差，在 19 世纪 30 年代，由英国人约瑟夫·利斯特（Joseph Jackson Lister）利用低放大倍数的透镜组进行解决[2, 3]。

总的来说，复合显微镜经历了早期发展缓慢、在 20 世纪发展迅速的历程，如图 5-1 所示。其中，在 1873 年，德国人恩斯特·阿贝（Ernst Abbe）发表了一篇具有跨时代意义的论文，报告了光学显微镜的分辨率极限公式[4]。在此之前，复合显微镜的研制主要依赖大量的实验尝试，理论指导非常缺乏。分辨率极限的概念将在 5.1.2 节中具体介绍。

在这里，本专题简单地将复合显微镜分为非荧光显微镜和荧光显微镜两种类型。在非荧光显微镜中，微分干涉相衬显微镜（differential interference contrast, DIC）使用的最为广泛。该显微镜是由法国人乔治斯·诺马斯基（Georges

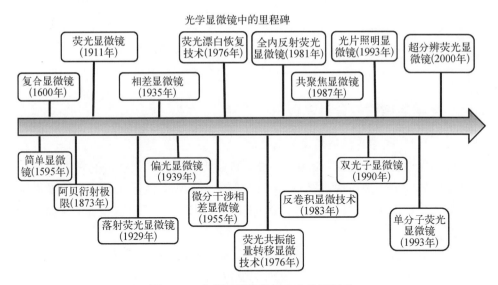

图 5‑1　光学显微镜发展史中的里程碑

Nomarski)在 20 世纪 50 年代发明的。该成像技术可以应用在非染色的活体样本以及厚样本切片的成像中,并且能产生令人印象深刻的三维效果图[5]。

　　在荧光显微镜中,具有代表性地位的有:共聚焦荧光显微镜、双光子荧光显微镜和全内反射荧光显微镜。共聚焦荧光显微镜的基本原理是美国人马文·明斯基(Marvin Minsky)在 1957 年申请的一个专利中首次提出的,但是,直到 30年后,第一台商用共聚焦荧光显微镜-激光扫描共聚焦显微镜(laser scanning confocal microscopy, LSCM)才得以面世。共聚焦荧光显微镜一般通过扫描振镜对荧光标记样本进行二维扫描来获取图像,而共焦小孔的引入,大大抑制了焦点外荧光对图像的干扰,从而可以利用该技术,获取厚样本的三维图像[6]。

　　双光子荧光显微镜是一种基于双光子激发的荧光显微镜,它将激光扫描荧光显微镜和双光子激发(长波荧光激发、短波荧光发射)相结合,大大降低了焦点外样本的光损伤,在活细胞和组织的动态观察研究中,发挥了重要的作用。双光子激发这个概念最早是在 1931 年,由德国人玛丽亚·哥派特·迈耳(Maria Göppert Mayer)在她的博士论文中首次提出。双光子荧光显微镜则是在 1989年,由美国康奈尔大学的华特·韦伯(Watt Webb)及其小组成员等人发明[7]。此后,双光子荧光显微镜在生物学的众多领域,尤其是神经生物学,得到了广泛的应用[8]。

　　全内反射荧光显微镜是基于倏逝波(evanescent wave)照明的一种独特的宽场荧光显微成像技术,非常适合于研究分子与表面的相互作用。1956 年,英国人安布罗斯(Ambrose)首次提出用全内反射的方法照明与玻璃表面接触细胞的想法。20世纪80年代,美国密西根大学的丹尼尔·阿克塞尔罗德(Daniel Axelrod)将这个想法发展成为一种新型的荧光显微成像技术——全内反射荧光显微镜(total internal reflection fluorescence microscopy, TIRF)[9]。在界面发生全内反射时所形成的倏逝场,其强度在垂直界面方向呈指数递减,因此,只有距离界面很近(百纳米量级)的荧光物质才可能被激发。全内反射荧光激发被广泛用于细胞膜相关的生理生化过程研究,或者界面上的单分子动力学研究[10]。

5.1.1.2 光学显微镜的分辨率限制

现代光学显微镜通常属于无穷远光学系统(infinity optical systems)范畴,其基本组成部分包括:物镜(objective)、筒镜(tube lens)和目镜(eyepiece)。该系统的成像原理如图5-2所示。物体发出的光,被物镜收集后变成平行光,然后被筒镜聚焦,形成放大的倒立实像(中间像,位于目镜1倍焦距内)。中间像通过目镜到达人眼,即形成第二次放大的虚像[11]。

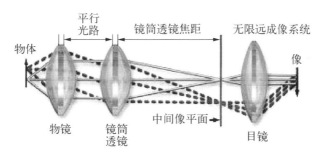

图 5-2 显微镜的成像原理[12]

因为衍射的存在,点光源通过光学显微镜后所形成的像是一个有限大小的模糊光斑,其强度分布通常被定义为光学显微镜的点扩散函数(point spread function, PSF)。1873年,德国物理学家恩斯特·阿贝(Ernst Abbe)首先指出了光学显微镜的分辨率极限,即最小可分辨尺寸为

$$d = \frac{\lambda}{2NA} \tag{5-1}$$

式中,λ 为激发光的波长;NA 表示物镜的数值孔径(numerical aperture),这个公式也通常被称为阿贝公式(Abbe formular)。

光学显微镜的分辨率极限公式可以通过综合考虑点扩散函数的形状以及瑞利判据推导得到。人们公认,光学显微镜的分辨率受入射光的波长,以及物镜数

值孔径的限制。但是,不同的研究人员使用的分辨率极限公式,存在多种变化[12]。当前,较为常用的公式如下:

$$横向: r_{Airy} = 0.61 \frac{\lambda}{NA}$$

$$纵向: z_{min} = 2 \frac{\lambda n}{NA^2} \qquad (5-2)$$

式中,n 为介质的折射率。若考虑入射光波长为 500 nm,物镜数值孔径为1.5 mm,介质折射率为1.515,可计算得到光学显微镜的横向分辨率极限约为200 nm,纵向分辨率极限约为 700 nm。

5.1.1.3 提高光学显微镜分辨率的方法

由光学显微镜的分辨率极限公式,我们可以发现,降低入射光的波长或者增加入镜的数值孔径,均可以提高光学显微镜的分辨率。另外,若能通过特殊的光学控制(如共焦荧光显微镜、4pi 显微镜),有效减小点扩散函数的宽度,也能提高分辨率。

21 世纪以来,在打破分辨率限制的光学成像方法研究方面,已有了很大的发展,开创了超分辨荧光显微镜这个新的研究领域[13]。

5.1.2 超分辨定位成像简介

5.1.2.1 起源和发展

具有单个分子分辨能力的单分子荧光显微成像经过多年的发展,已经成为一种在纳米量级探索分子行为的有效工具[14]。这种单分子的探测为突破衍射极限提供了可能性,因为对于一个充分分离的分子衍射斑,结合单分子定位技术可以高准确性地描述分子的位置[15, 16]。随着单分子荧光显微成像和单分子定位的发展,以及可控光激活荧光蛋白和光切换染料的发明[17-19],旨在突破衍射极限的超分辨定位成像方法应运而生。

要得到最终的超分辨定位图像,首先需要利用光激活/切换的荧光探针标记感兴趣的研究结构。成像过程中,通过激光在高标记密度的分子中随机点亮部分稀疏分布的单分子,进而不断重复这种分子被漂白、新的稀疏单分子不断被点亮、采集图像的过程,将原本空间上密集的荧光分子在时间上进行充分的分离,最后对采集到的图像栈,利用单分子定位重建最终的超分辨图像。这样的成像过程在 2006 年分别被 3 个实验室独立地实现。这 3 个实验室同期开创性地使用了荧光发光状态可控的探针达到了超分辨的效果。其中,光激活显微成像(photoactivation localization microscopy,PALM)和荧光光激活显微成像(fluorescent photoactivation localization microscopy，FPALM)使用遗传表达的光激活探针实现荧光团在发光和暗态之间的转换[20, 21]。另一种方法为随机光学重构显微成像(stochastic optical reconstruction microscopy，STORM)，利用有机染料对(如 Cy3 - Cy5 对)实现了对发光状态的切换控制[22]。此后，在 2008 年发明的直接随机光学重构显微成像(direct stochastic optical reconstruction microscopy，dSTORM)方法，则使用单个合成染料(如 alexafluor)，实现发光状态的切换[23]。除了所使用探针的差异，这 4 种方法具有相同的原理(单分子定位和重建)，并且最终都能达到约 20 nm 的空间分辨率，因此后来被统称为基于单分子定位的超分辨成像(localization-based super-resolution microscopy)或简称为超分辨定位成像(super-resolution localization microscopy)[24]。

超分辨定位成像自 2006 年发明以来，已经取得了很多进展，大大促进了超分辨成像在生物学研究中的应用。为了解析细胞的三维结构，超分辨定位成像已拓展到三维成像，随之一起发展的是单分子三维定位技术。三维超分辨定位成像首先在 2008 年发展，其轴向定位通过像散(astigmatism)方法实现[25]。这一方法达到了约 50 nm 的轴向定位精度和约 25 nm 的横向定位精度。其他一些三维成像方法的实现，比如双焦平面成像(biplane PALM)，都获得了大约 70 nm 的轴向定位精度[26]。

对于涉及不同分子相互作用生物过程的研究时，多色荧光显微成像是一种有效的手段；而超分辨定位成像由于它具有超高的空间分辨率，当拓展至多色成像后可以显著提升解析分子相互作用的能力。实现多色超分辨定位成像的关键在于多色荧光探针的确定。2007 年，基于 PALM 系统的双色超分辨成像首次被提出，它所使用的是可重复切换的绿色荧光蛋白和只能被激活一次的红色荧光蛋白[27]。这个方法被用于黏着复合物(adhesion complexes)中蛋白对的研究，以及迁移细胞中细胞骨架与基质的黏着点研究。同样在 2007 年，光切换荧光染料家族被引入到 STORM 系统中，实现了 DNA 模型结构和哺乳动物细胞的多色成像，并且达到了 20～30 nm 的分辨率[28]。

另一超分辨定位成像所取得的进展在于活样本的成像。对于活细胞的超分辨成像有两个基本的需求：一个是活细胞的特异性标记，尤其是将光激活/切换探针引入至活细胞中；另一个为足够高的成像时间分辨率。目前，有很多超分辨定位成像的活细胞应用研究，比如纳米级黏着动力学研究和高密度分子轨迹追踪[29, 30]。在 2011 年和 2012 年，一种更加适用于活细胞动态过程研究的策略——高密度超分辨定位成像[31-33]不断发展。这种策略从原理上能获得更高的时间分辨率，从而有效拓展超分辨定位成像的应用范围。

5.1.2.2 单分子定位与分辨率的关系

在超分辨定位成像中,生物学的结构最终是通过对大量单分子的位置定位进行重建获得的。高精度地确定每个荧光分子的位置,是实现超分辨的关键因素。在成像系统中,单个分子所成的像是一个衍射斑,它表征了光学系统的点扩散函数。虽然衍射斑内的细节不能一一分辨,但是其中心位置可以唯一确定,这就是单分子定位。经过单分子定位后的成像分辨率由定位的不确定性,也就是定位精度来衡量。因此,通过单分子定位获得的成像分辨率可以远高于衍射极限。

在单个衍射斑中,每个收集到的光子都可以给出分子位置的一个估计值。所有光子进行估计的统计平均结果即最终的分子定位位置,它的误差是与 PSF 的标准差一致的[34],因此理论定位精度可以近似为

$$\Delta_{\text{loc}} = \frac{s}{\sqrt{N}} \qquad\qquad (5-3)$$

式中,Δ_{loc} 是定位精度;s 是 PSF 的标准差;N 是单分子发射的总光子数。这种与发光数目有关的定位精度决定了超分辨定位成像具有不受光学衍射限制的超高分辨率。由这个公式可以得知,高精度定位的先决条件是每个收集到的光子具有唯一确定的分子来源。

由式(5-3)可知,制约超分辨定位成像分辨能力的一个主要因素是从单个荧光分子收集到的光子数目。更亮的探针或者更高的光子收集效率,都可以使研究者获得更高的定位精度。对于生物样本的成像,空间分辨率也受到结构荧光分子标记密度的影响。这种关系可以通过奈奎斯特采样定理(Nyquist sampling theorem)描述:超分辨重建图像中的最小分子间隔必须小于或者等于理想空间分辨率的一半[29]。当标记过于稀疏的时候,重建结构会有较大的误差,比如原本连续的结构变得断断续续。因此,足够的荧光分子标记密度是识别真实样本结构的一个重要因素。

5.2 超分辨定位成像中的荧光探针

5.2.1 简介

5.2.1.1 系综荧光和单分子荧光

荧光是指当荧光材料受到特定波长的光子作用后发射出光子的现象,通常

用雅布隆斯基(Jablonski)图来解释。简化的雅布隆斯基图如图 5-3 所示。S_0、S_1、S_2 分别代表单重态基态(singlet ground state)、第一和第二单重态激发态(singlet excited state)。通常情况下，处于基态的荧光分子可以吸收一个相应的能量为 $h\nu_{ex}$ 的光子，被激发到具有更高能量(能级)的激发态 S_1 或者 S_2。处于 S_2 态的分子可以通过无辐射跃迁(nonradiative transition)，如内转换(internal conversion，IC)，快速地跃迁回到较低能级 S_1 态。而处于 S_1 态的分子，可通过发射一个能量为 $h\nu_{em}$

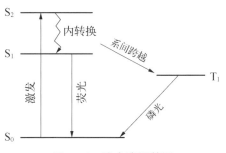

图 5-3　雅布隆斯基图

的光子释放剩余的能量，从而回到最稳定的基态 S_0。这个过程，就是我们所关心的荧光激发和发射过程。

这一过程通常伴随着一些非辐射跃迁，比如内转换和振动弛豫(vibrational relaxation)，使得发射出的光子能量比激发的光子能量要低，相应的发射光子波长也会较激发光子波长要长，这一现象称为斯托克斯位移(Stocks shift)，然而处于 S_1 态的分子还能以一定概率经由系间跨越(intersystem crossing，ISC)无辐射跃迁至能量较低的三重态激发态 T_1(triplet excited state)。与荧光发射不同，从 T_1 态跃迁到 S_0 的过程中释放出的光子称为磷光。由于 T_1 态和基态 S_0 具有不同的自旋多重度，这个跃迁往往需要比荧光发射长得多的时间来完成。

荧光成像技术的发展为科学家们研究生物过程提供了一个强有力的工具。但是，生物荧光成像获得的信息，大多数来自大量分子的平均荧光(系综荧光)，无法准确反映一些在单分子尺度上发生的重要过程。

系综荧光和单分子荧光的差异可以通过图 5-4 进行简单描述。假设一个分子信标在"开"的状态下可以发射荧光，在"闭"的状态下荧光淬灭，并且它可以在这两种状态中互相转换，这种单信标分子的构象信息(fold 或者是 unfold)，可以通过单分子荧光光谱进行判断，系综荧光光谱是无法解析该信息的。单分子荧光成像能够揭示这些通常被埋没在系综荧光信号中的个体信息，为在分子层次研究生物动态过程开辟新的途径。近些年，单分子成像技术已经广泛应用于生命科学领域，在分子水平上对分子马达、DNA 转录、酶反应、蛋白质动力学以及细胞信号转导等方面的研究具有很大的应用潜力[35]。

单分子荧光探测意味着需要在各种背景噪声的干扰下，例如样品中的杂质荧光、焦点外荧光、环境杂散光以及探测器噪声等，探测单个荧光分子发射的荧

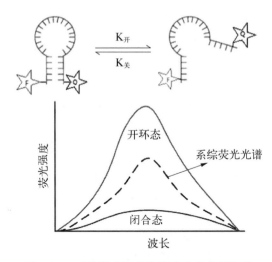

图5-4　系综荧光和单分子荧光的差异比较

光信号。这就决定了单分子荧光探测的基本特征是信噪比很低。因此,单分子荧光探测成功与否,决定于图像的信噪比是否足够高,其实施关键通常包括提高信号和抑制背景两方面。

在单分子荧光成像中,由于信号较为微弱,人们往往需要进行多方面的考虑[36-38]：① 荧光激发：通常选用全内反射荧光成像对靠近玻片的样品进行薄层激发,从而极好地抑制来自焦点外的背景荧光;② 荧光收集：荧光发射通常是各向同性的,选用高数值孔径的物镜收集荧光,可以增加荧光收集的角度,从而提高信号强度;③ 荧光传输：根据所用探针的光谱特性选择合适的二色镜和发射滤光片,对抑制背景荧光非常有帮助,也同时可以尽量少地降低荧光的传输损耗;④ 荧光探测：通常选用具有低噪声、高量子效率特性的弱光探测器来实现。目前,电子倍增电荷耦合器件(electron multiplying charge coupled device,EMCCD)的弱光探测能力已经被广泛接受和认可,成为单分子成像领域中常用的探测器。另外,最新研究表明,科研级互补金属氧化物半导体相机(scientific-grade complementary metal oxide semiconductor, sCMOS)同样拥有出色的单分子探测能力[39,40]。总的来说,在单分子成像的实验设计中,若能将上述因素尽量的考虑在内,可以大大提高单分子荧光成像的质量。

5.2.1.2　荧光探针与荧光标记

毫不夸张地说,荧光探针在荧光显微成像技术中扮演着至关重要的角色。无论在分子层次还是组织层次,生命科学的研究者们热衷于在复杂的生物体系中对他们感兴趣的成分进行荧光标记以便于进行研究。随着相关领域(比如分子生物学、化学以及材料科学)的发展,大量的荧光探针被人们所发明并且应用于生物成像中。

按照荧光探针的制备途径,一般可以把它分为三大类:小分子荧光染料、荧光蛋白、纳米颗粒。小分子荧光染料是使用历史最长的荧光探针。在免疫标记技术的帮助下,人们能够方便地将小分子荧光染料标记到感兴趣的生物结构。但是,这种基于免疫标记的方法,样本通常必须经过固定,并且需要辅助使用增加膜通透性的试剂,因此不适合对活体样本进行研究。随后,具有透膜性和特异性标记能力的化学小分子的出现,帮助人们克服这些困难,从而很方便地用于活体细胞成像研究。荧光蛋白是近十几年发展起来的新型荧光探针,为人们进行无损活体研究开辟了一条新道路。纳米颗粒(如量子点)是伴随着纳米技术而发展起来的一种新型荧光探针。相比之前的荧光探针,纳米颗粒具有一些优异的光物理性质(如超高的光稳定性)。但是,相对较大的尺寸以及细胞毒性等问题,使得纳米颗粒的生物应用面临着困难和挑战。

1) 小分子荧光染料

与荧光蛋白相比,小分子荧光染料有一些明显的优势,如尺寸更小(约 1~2 nm)、光稳定性较好。但是,它的缺点也是显而易见的:透膜性和标记特异性较差。为了提高标记特异性,现在人们通常将小分子荧光染料和免疫荧光标记相结合。在固定并经过通透性增强处理的细胞,利用抗原抗体的特异性结合能力,将小分子荧光染料标记到特定的生物结构中。但是,这种方法的标记效率不高,同时由于抗原抗体本身有一定尺寸(一般是 8 nm),染料与目标分子无法进行直接接触。这些因素可能导致对目标结构的标记密度不够。另外,人们发展了其他具有特异性识别功能的多肽来代替抗体,实现小分子荧光染料的特异性生物标记。例如,鬼笔环肽(phalloidin)和 LifeAct[41]是两种常用的多肽,能够特异性地与肌动蛋白(actin)相结合。

然而,在固定细胞上进行的实验,不能最真实地反应活体细胞的状态。因此,对活细胞进行特异性标记是大势所趋。最近发展起来的基于化学标签的标记方法,为解决这一问题提供了新的思路。类似于荧光蛋白标记方法,将目标蛋白分子与经过特殊基因修饰的融合酶(如 SNAP‐Tag[42],Halo‐Tag[43])共表达,而融合酶可被带有染料分子的化学标签特异性识别,从而实现对目标蛋白分子的标记。这种标记方法在一定程度上结合了荧光蛋白和染料分子的优点,具有广阔的应用前景。

当然,在使用染料分子对活细胞的结构进行标记时,需要考虑一系列问题。

首先,染料分子需要有良好的细胞通透性。其次,由于游离的染料分子难以清洗干净,会导致额外的背景荧光,从而降低信噪比。作为补救措施,通常可以采取增加细胞培养密度、实验前使用甘氨酸对培养皿进行处理或者是将标记后的细胞移至新培养皿上。

2）荧光蛋白

作为荧光探针，荧光蛋白最大的优势是可以通过基因编码，实现对目标蛋白的标记。从理论上来说，在生物体中，荧光蛋白可以与任何特定的蛋白分子进行共表达，从而实现对该特定蛋白分子的特异性标记。另外，转基因技术和转染技术为构建和运载外源性 DNA 进入细胞和组织提供了技术支持。当然，我们也必须客观地认识到，这种标记方法自身存在一些固有缺陷，如荧光蛋白的亮度不高、光稳定性较差、尺寸相对较大（2～5 nm）、可发生异位表达，以及有可能干扰靶向蛋白质的正常功能等[41, 44]。

3）量子点

量子点具有独特的光谱性质：宽吸收谱、高消光系数和量子产率、发射光谱的粒径依赖性。因此，对于量子点，用单个波长就可以简单地实现多色激发。当然，为了能够满足生物应用的要求，通常需要对量子点进行化学修饰，形成钝化保护层和亲水性外壳，也可以通过将量子点与抗体偶联来实现特异性标记。此外，和其他荧光探针相比，量子点的光稳定性非常好。但是，由于量子点的尺寸偏大，难以透过细胞膜，在活细胞的应用上还存在一些困难。

4）光敏感探针

近年来，人们发展了一些特殊的荧光探针，在特定波长光的作用下，这些探针的光谱性质会发生明显变化，比如：① 光激活探针（photoactivatable probe）：指在光的作用下，可以从不发光状态"暗态"进入可发光态"亮态"。常见的例子为光激活荧光蛋白 PA - GFP[17] 和一些光激活荧光染料[45, 46]；② 光转换探针（photoconvertible probe）：指在一定波长的光照射下，发生不可逆的结构改变，其荧光发射波长也发生了改变，代表性例子如荧光蛋白 EosFP[47] 和 Dendra2[48]；③ 光开关探针（photoswitchable probe）：指在一定波长光的作用下，其发光状态可以在"暗态"和"亮态"之间多次转换。荧光蛋白 Dronpa[49] 和多种光开关染料，如花青素（Cyanine），若丹明（Rhodamine）和恶嗪染料（Oxazine）等，都属于这类探针。值得指出的是，光敏感探针已经广泛应用于超分辨定位成像中。

5.2.2　单分子发光的控制

5.2.2.1　亮态与暗态的概念

在 5.2 节已经介绍过，点光源发出的光经过成像系统后，会形成一个模糊的光斑（艾里斑），若这个光斑跟其他的光斑不重叠，该光斑的中心位置就可以通过数学途径精确定位出来,其定位精度不受限制于光学衍射极限[34]。但是实际上,在生物环境中,我们感兴趣的生物分子通常是密集分布的,换言之,在一个艾里斑内远远不止分布一个荧光分子。在这种条件下,如果我们不采取其他任何措施,密集分布的分子成像必然导致高度重叠的艾里斑,我们是不能够直接进行单分子定位操作的[24]。因此不难理解,要对这些密集的荧光分子进行单分子定位,其关键在于是否可以找到有效的方法,使同一时间内只有稀疏的荧光分子能够发光。对光敏感荧光探针而言,人们可以通过光的控制,让探针在"亮态"和"暗态"之间转化,从而使稀疏荧光分子成像变成可能。

5.2.2.2 亮态与暗态的控制

超分辨定位成像方法具有一个共同的特点:利用特殊的控制手段,使荧光分子在亮态和暗态之间转换,从而实现稀疏分子发光与成像。因此,理解荧光分子在不同状态间的转换机制,能够帮助我们更好地对成像过程进行有效的控制。

一般而言,我们可采用两种方法来实现稀疏分子发光控制。在第一种方法里,人们首先将大部分荧光探针转换到暗态,然后随机的激活少量分子进入亮态。光敏感荧光蛋白和光致变色染料由于可以直接进行这样的状态转换,被大量应用于超分辨定位成像。随着荧光探针研究的深入,人们发现,三线态和离子自由基态都被证实可以用来作为暂时的暗态。这一发现使得大量的商业化荧光探针也能够应用于超分辨定位成像中。另外一种实现稀疏发光控制的方法是保证只有少量的荧光标记物与样品目标结构结合。在这一方法中,荧光探针通常是以一定浓度存在于成像溶液中,并跟所研究的生物结构进行可逆的结合/解离。通过控制溶液中荧光探针的浓度,使得在一定时间内只有少数探针结合到样品上,从而实现稀疏分子发光。在这里,荧光分子处于"亮"态的时间与瞬态结合速率和荧光探针的稳定性有关;而暗态时间则可以通过改变溶液中荧光探针浓度来实现。

5.2.3 荧光探针的选取

5.2.3.1 基本要求

正如前面提到的,荧光探针在亮态和暗态之间转换的能力是产生和探测稀疏单分子信号的基本条件。除了高消光系数和量子产率这些常规参数之外,荧光探针的光激活性质也是需要考虑的。在下面的部分中,我们将讨论超分辨定位成像对探针的基本要求,以及探针光学性质对成像结果的影响。

在超分辨定位成像中,首先需要重点考虑探针分子的两个参数:单次亮-暗循环可以被探测到的光子数 N 和单次亮-暗循环中探针处于暗态的时间比例[50]。根据单分子定位理论,探测到的光子数 N 和定位精度之间满足 $\sigma/\sqrt{N}$ 的关系[34]。这里 σ 是点扩散函数(point spread function,PSF)的标准方差。显然,当我们在一个循环中能探测到更多的光子数 N,就可以获得更高的定位精度。另外,在一个循环过程中,若暗态占的时间比例较大,能够允许在一个艾里斑内标记更多的荧光分子,同时又可以保证在某一时间内只有少量稀疏的分子能发光。分子标记密度的提高,有利于提升奈奎斯特分辨率。因此,在超分辨定位成像中,对荧光探针的普遍要求是:在一个亮-暗循环过程中能发射出更多的光子数而同时有较长的暗态时间。反之,若荧光探针发射光子数太少或亮态时间较长,会降低定位精度和定位密度,从而使最后的超分辨图像变得模糊或者不够连贯。

其次,我们需要考虑荧光探针的光稳定性,即荧光探针在被漂白之前可以发生亮-暗状态转换的次数。如果同一个荧光分子能够多次循环发光,它可以被多次定位,而多次定位可以降低定位误差,从而使它的平均定位位置更接近于它的真实位置,成像分辨率更高。

最后,我们还需要考虑探针的光激活特性。在超分辨定位成像中,我们一般需要通过采集大量的图像,获得足够多的分子位置信息,从而重建出最终的超分辨图像。在这个成像过程中,随着探针的光漂白,单帧图像中亮态分子会逐渐减少。这种情况下,我们通常会使用激活光,使暗态分子转换为亮态,从而保证每帧图中亮态的分子数。因此,要求荧光探针能够容易地在亮态和暗态之间转换,即具备优异的光激活特性。

5.2.3.2 现状与发展趋势

随着超分辨定位成像技术的发展和普及,越来越多的荧光探针被应用到该领域中,包括荧光蛋白、小分子荧光染料和量子点等纳米颗粒。每一种探针都有各自的优点和不足,但是至少到目前为止,还没有任何一种探针能够拥有完备的性质。现阶段,荧光探针依然是制约超分辨定位成像的瓶颈。

在超分辨定位成像中,目前应用最广泛的探针是荧光蛋白,它也是对活细胞超分辨定位成像的首选探针。最先报道的光激活荧光蛋白是 PA-GFP[17],它是一种野生型 GFP 突变体,被激活前荧光强度很弱,经过紫外或紫光激活后,由 488 nm 波长激发时的荧光强度相对激活前增强了 100 倍。另外一种常用的光激活蛋白是 PA-mCherry1[51],在激活之后可以发射出红光,其光激活速率、光漂白性以及激活前后的荧光对比度都表现不俗。值得一提的是,PA-GFP 和 PA-mCherry1 已经成功应用于双色超分辨成像中。

第一个应用于超分辨定位成像的光转换荧光蛋白是 EosFP[20]。在近紫外光的作用下，EosFP 的发射波长由 516 nm 转换到 581 nm。但是，EosFP 并非以单体形式存在，不利于蛋白质融合与标记。随后，人们改造出单体形式的 mEosFP[52]，其对比度和发射光子数均较高。不足的是，mEosFP 只在低于 30℃ 时才能被有效表达，限制了它在哺乳动物细胞中的使用。后来，人们报道了一种串联形式的伪单体蛋白 tdEosFP 和一种真正单体蛋白 mEos2[48,53]，它们均适合在 37℃ 与目标蛋白进行融合表达，同时保持高的对比度和发射光子数。这使得此两种光转换蛋白被广泛作为超分辨成像探针。其他常用的光转换荧光蛋白还包括 Dendra2[48]，mOrange，mKate 和 HcRed1[54]。其中，Dendra2 具有较高的对比度和发射光子数，其发射波长可由 507 nm 向 573 nm 转换，在亚细胞结构的定位标记上展现出不错的性能。

光开关荧光蛋白可以在暗态和亮态之间进行多次状态转变，其中最出名的是 Dronpa。488 nm 的光能使 Dronpa 从亮态转换至暗态，随后可以被很弱的 405 nm 的光重新激活到亮态（绿光），这种循环可以重复上百次却没有伴随着明显的光漂白。在绿光状态下，Dronpa 的最大荧光激发峰和发射峰分别在 503 nm 和 518 nm。遗憾的是，在绿光状态下，虽然 Dronpa 有着高的消光系数和量子效率，但由于激发光和去激活光（de-activation）的波长太接近，使得只有少量光子能够在一个闪烁循环中被收集到。其他的光开关荧光蛋白包括 rsFastLine，Padron，rsCherry 等，它们在超分辨定位成像中的应用还有待观察。

如果不考虑特异性标记问题，小分子荧光染料在超分辨定位成像领域还是有一些明显优势的：相对于荧光蛋白，小分子荧光染料的发射光子数、光稳定性、对比度以及抗疲劳性都较高。最早应用于超分辨定位成像的小分子光开关探针是花青素（cyanines）和 Alexa 系列染料，通过一定的组合，可以使小分子荧光染料的光转换性质得到明显的提升。例如，Cy3 - Cy5，Alexa 647 - Cy3 这两种组合都已经在超分辨定位成像中得到成功应用[28]。光致变色探针如罗丹明衍生物等，能够在光的诱导下发生异构现象，从而使荧光发射波长发生改变。而一些笼状化合物，如 Q - Rhodamines 和 Q - Fluorescein[55,56]，在紫外光的作用下能够释放保护基团，使荧光强度较之前有很大程度的提升，效果与光激活荧光蛋白类似。此外，随着人们对化学探针性质的进一步研究，一些商业化的常规荧光探针，包括大多数 Alexa 和 ATTO 系列染料[50,57]，也被用于超分辨定位成像中。人们发现，若成像缓冲液中含有还原性巯基化合物（巯基乙醇或巯基乙胺）和氧清除系统（葡萄糖氧化酶和过氧化氢酶），这些常规的小分子荧光探针具有明显的光开关现象。商业化染料分子的使用，极大地拓宽了超分辨定位成像可用探针的范围。更重要的是，活细胞自身含有一定浓度的还原剂，如谷胱甘肽

(GSH),因此,在活细胞中无需外界加入还原剂就可以直接实现探针的状态转变[58, 59]。

多色超分辨成像技术是在纳米水平研究细胞内多种分子之间相互作用的新型工具[27, 28, 51],多色成像的基本要求是要保证成像时不同颜色通道之间串扰最小。一些荧光蛋白之间的组合已经实现了这一目标,包括 Dronpa/EosFP,PA - GFP/PAmCherry1 等。此外,利用不同的标记手段,将荧光蛋白或小分子探针组合起来用于多色成像,可以扩展探针的选择范围。当前,已经实现了三色乃至更多颜色的超分辨定位成像。但是,我们要意识到,相对于探针的颜色选择,在生物体中如何进行特异性多色标记是更需要考虑的问题。

5.3　超分辨定位成像的方法和装置

5.3.1　超分辨定位成像方法

5.3.1.1　PALM 和 STORM

由于受到光学衍射极限的限制,单分子发射的荧光在 Oxy 平面上会形成一个模糊的光斑(其半高全宽约为 250 nm)。但是,根据光斑的分布特点,可以通过拟合算法精确得到单分子的中心位置。该定位精度很容易突破光学分辨率的极限,在系统的点扩散函数上提高一个数量级,其值具体主要受到探测到的单分子发射的光子总数的影响[34]。

单纳米精度荧光显微镜(fluorescence imaging with one-nanometer accuracy, FIONA)技术已经证明了单分子的探测能达到<1.5 nm 定位精度[16]。但是,由于采样点太稀疏,根据奈奎斯特采样定理,FIONA 离超分辨显微成像的实现还相差甚远。然而,结合这种单分子定位技术以及密集标记样品中单分子的稀疏成像方法,可以实现超分辨定位成像。该成像过程简述如下:① 在任意时间点,随机稀疏激活密集标记的样品中的部分荧光团,使其变成亮态;② 使用单分子荧光成像手段,对激活后的分子(亮态分子)进行荧光激发与成像;③ 将亮态分子转换到暗态;④ 利用分子定位方法,找到单分子的发光中心位置;⑤ 重复上述过程,直至收集到足够数量的单分子位置信息;⑥ 将所有分子位置信息叠加,重构出一幅超分辨图像[20-22],使其位置生成的光斑之间不发生重叠。这样,每个衍射斑内至多有一个分子被激发成像,就可以保证单分子定位有足够的精度。图 5 - 5 比较了常规单分子成像与超分辨定位成像的分辨率差异,可看出超分辨定位成

像的空间分辨率明显提高。

超分辨定位成像的代表性技术,包括:光激活定位显微成像(PALM)[20],荧光光激活定位显微成像(FPALM)[21]和随机光学重构显微成像(STORM)[22]。这三者都是通过单分子定位实现打破衍射极限的成像,都对荧光探针进行了亮态-暗态控制。但是,人们习惯于将使用光激活或光转换荧光蛋白进行超分辨成像的技术称为 PALM 或 FPALM,而对使用小分子化学染料的超分辨定位成像技术称为 STORM。超分辨定位成像所用探针的特点在上一节中有详细介绍。

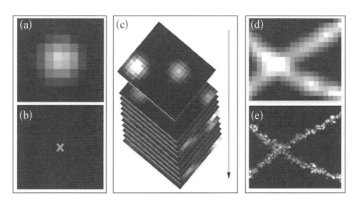

图 5-5 超分辨定位成像原理

(a) 对单分子成像形成的艾里斑(Airy disk);(b) 经过单分子定位可获取该分子的纳米精度位置信息;(c) 超分辨定位成像利用光切换荧光探针将空间上密集标记的荧光素在时间上分离;(d) 相对于传统荧光成像,超分辨定位成像的空间分辨率显著上升;(e) 重建所得的定位信息累积得到突破衍射极限的超分辨图像

5.3.1.2 其他方法简介

PALM 和 STORM 是大家比较熟悉的超分辨定位成像技术,它们均是通过光学手段,使密集标记样品中的单个分子被稀疏成像并精确定位,来实现超分辨显微成像的。根据类似的成像原理,人们逐渐发展起来很多其他的超分辨定位成像方法。例如,带非同步数据采集的光激活显微成像(PALM with independently running acquisition,PALMIRA)将快速可逆光转换荧光蛋白 rsFastLime 与快速非同步记录方法相结合,实现了超分辨定位成像,并将信号收集速度提升了 100 倍(分钟量级)[60, 61]。

根据超分辨定位成像的原理,具有光激活和光转换能力的探针都能应用在该技术中。而新发展起来的成像方法中,还可以利用其他商品化荧光探针。例如,2008 年发明的 dSTORM(direct STORM)方法,并不需要利用光来控制分子的亮态和暗态,而是通过调节局部微环境,进行普通有机染料分子的亮态和安排控制,实现了超分辨成像[23]。这种成像方法可以很容易地与如 SNAP - tag

等新型蛋白质标记方法相结合,实现细胞内靶蛋白的特异性标记[58]。同在 2008 年发展起来的 GSDIM(ground state depletion followed by individual molecule return)方法,通过控制荧光团进入三线态或者其他的亚暗态,实现普通荧光团的亮–暗发光状态的转换[62]。2009 年发明的可逆光漂白显微成像(reversible photobleaching microscopy, RPM)方法,则是首先利用强光诱导荧光团进入长寿命(>10 s)的暗态,然后让荧光团随机返回亮态,实现单分子的稀疏成像[63]。

5.3.2 超分辨定位显微镜的基本装置

5.3.2.1 基本结构

利用传统的荧光显微镜、激光器和弱光探测器,我们可以很轻易地构建超分辨定位显微镜。在本质上,超分辨定位成像技术为基于单分子探测和定位的技术,所以需要应用各种单分子探测、背景噪声抑制的方法。例如,全内反射荧光(total internal reflection fluorescence, TIRF)技术由于其倏逝波只能进入样品表面约 200 nm,可很好地抑制焦点外荧光。所以,倏逝波通常用作超分辨定位成像的照明[20, 22]。

为了实现荧光团的随机稀疏成像,必须配置用于荧光团的激活和激发的激光器。激光器的波长是由所使用荧光团的光物理特性所决定的,而激光器的功率则跟探针的激活和激发速率有关。例如,用于荧光激发的光功率要足够高,才能将荧光团快速从亮态转换成暗态。而用于激活的光功率则要较弱,以只激活稀疏分布的部分荧光团为宜。为了控制光功率,通常在距离激光器较近的位置放置中性滤光片或者声光可调滤光器(acousto-optic tunable filter, AOTF)。在某些情况下,快门被用作控制样品被照射的时间[64, 65]。最后,利用二色镜和反射镜等光学器件将各个光束整合共轴进入显微镜。超分辨定位成像系统的典型装置将在下面详细介绍。

超分辨定位成像依赖于单分子荧光成像,属于弱光成像范畴,所以必须重点考虑荧光信号的收集和检测效率。首先,为了达到尽量高的信号收集效率,通常使用高数值孔径(numerical aperture, NA)物镜。其次,需要根据单分子定位精度的影响因素(详见 5.4.1 节),对光学系统的放大倍数进行优化[34]。然后,要根据荧光探针的光物理性能、激光器的波长和功率,挑选合适的二色镜和发射滤光片,在尽量不损失荧光信号的前提下,最大限度地抑制背景荧光和照明光。最后,选用高性能弱光探测器,以保证单分子成像的信噪比。弱光探测器的选择,需要考虑其噪声水平、量子效率、读出速度和像素尺寸等因素。当前,电子倍增电荷耦合装置(electron multiplying charge coupled device,EMCCD)被广泛应用于超分辨定位显微成像,而最新发展起来的科研型互补金属氧化物半导体相机(scientific complementary metal-oxide-semiconductor, sCMOS),则有可能成为超分辨定位成像的第二代探测器。

最后,由于超分辨定位成像技术能达到纳米量级的空间分辨率,光学系统的位置漂移将会成为一个重要问题。所以,超分辨定位成像系统通常需要从硬件或软件方面进行系统漂移的精确校正。

5.3.2.2 主要组成

超分辨定位显微镜的关键组成部分包括:光源、物镜、滤色片、载物台和探测器。

1) 光源

根据超分辨定位成像的原理,用于荧光探针光激活的激光器(这里简称为激活激光器)和用于荧光激发的激光器(简称为激发激光器)是常规配置。激光器的波长由所使用的荧光探针的特性决定。例如,对于光激活荧光蛋白来说,由于几乎所有的荧光蛋白在 405 nm 波长的激光下都能有效地激活。所以,常常在光学系统中配备 405 nm 波长的激活激光器;对激发激光器而言,561 nm 激光对当前广泛使用的荧光蛋白 EosFP 是非常合适的,而 473 nm 或者 488 nm 的激光则能够很好地用于 PA - GFP 和 Dronpa 等。另外,对 STORM 中经常使用的花青素染料,红光波段的激光器是必需的,具体波长则根据所使用的特定探针决定。

在超分辨定位显微成像中,高功率激发光能够提高探针的荧光发射速率(即在短时间内发射出足够数量的光子);而低功率的激发光是保证亮态分子密度的关键。例如,对于花青素染料和光激活荧光蛋白来说,激发光的光强要高达几个 kW/cm^2,才能保证亮态荧光探针在短时间内被迅速转换为暗态;而对于激活光来说,功率通常只需要几个 W/cm^2,这样才能保证成像视场中不会出现过多相互重叠的亮态分子。但是,这些功率数值并不是绝对的,具体情况要根据使用的探针来决定。例如,已有文献报道 EosFP 发射的光子总数随着激发光功率的增加而减少,但是 Alexa 647 在激发光功率高达 17 kW/cm^2 的情况下,发射的光子总数仍然保持不变[66]。

作为辅助元件,中性滤光片和 AOTF 常被用作控制激光功率,而后者还可以用来对激光波长进行切换。此外,快门也是常用的辅助元件,用于控制激活激光和激发激光与样品的作用时间。

值得指出的是,在超分辨定位成像的数据采集过程中,激活光和激发光常常是同时照射到样品上[66]。但是,随着成像的进行,荧光探针逐渐被光漂白,丧失亮态-暗态转换能力。这时,为了保持亮态探针的密度,通常需要逐渐提高激活光的功率[67]。

2）物镜

超分辨定位成像系统通常使用高数值孔径物镜，以保证较高的光子收集效率，以及实现基于物镜的 TIRF 照明。在相同的系统装置和探针情况下，高数值孔径物镜可以收集到更多的荧光光子，为此后的单分子成像和定位提供更高的图像质量和定位精度。要实现基于物镜的 TIRF 照明，物镜的数值孔径必须高于样品的折射率。由于细胞样品的折射率典型值为 1.38，所以 TIRF 照明通常需要使用数值孔径高于 1.38 mm 的物镜。

选择物镜时，还必须认真考虑物镜的放大倍数。已有文献报道，当物平面处像素尺寸与点扩散函数的标准差相当时，单分子定位能达到最高的精度[34]。若所用的物镜不能跟像素尺寸相匹配，可以通过在物镜和探测器之间增加合适的适配器来实现。

3）滤光片

超分辨定位成像系统所使用的滤光片主要包括：① 放置于激发光路中的激光纯化滤色片（laser clean-up filter）和激光合束片（laser beam combiner），其作用是对激活光和激发光进行滤波和合束；② 放置于发射光路中的二色镜（dichroic mirror）和发射滤光片（emission filter），用于荧光信号与激光的分离、背景光和杂散激光的抑制。

滤光片的选择，要综合考虑探针、激活光和激发光的特点，其原则是使荧光信号最强，同时要尽量抑制杂散激光和背景荧光。滤光片可以通过从 Semrock、Chroma、Omega Optical 等公司购买，或者定制得到。

激光纯化滤色片是可选元件，用于激光波长的纯化。在激发光路中，通常使用激光合束片使激活光和激发光共轴。该滤色片通常是长通滤色片，要依据激光器的波长进行选择。发射光路中的二色镜，其作用是有效地反射激活光和激发光，同时又能使信号荧光高效通过。发射滤光片的作用，则是使荧光信号尽量通过，同时进一步抑制杂散激光和其他背景光。根据文献中的报道，发射光路中滤光片对激活和激发光的阻挡能力高于 6 OD 时，可以提高单分子成像的质量[64]。

4）载物台

在数据采集过程中，由于受到系统的热漂移和机械漂移等的影响，样品位置相对于物镜可能发生微米量级的三维移动[68, 69]。然而，超分辨定位成像中的分子定位精度可以高达数个纳米。这种情况下，样品相对于物镜的位置稳定性变得非常重要。

当数据的采集时间较短时,系统漂移可能是可以忽略不计的;但是当数据采集时间增加到分钟量级或更长,系统的漂移则会降低空间分辨率并使图像变模糊。为此,人们主要采用如下两种方法进行系统漂移的测量和校正:第一种方法是根据对固定在样品中的基准点的漂移情况进行定量[20, 22, 70],这是最为常用的方法,基准点通常使用的是能长时间发光并且具有较高成像信噪比的量子点或者荧光小球等,若需要对系统的漂移(尤其是 z 方向漂移)进行实时校正,通常需要使用高精度三维平移台;第二种方式是基于图像相关计算的校正,但是这种方法只能用于固定的样品[28, 71-73]。

5) 探测器

超分辨定位显微成像与其他的基于单分子成像的方法一样,受到单分子微弱荧光信号的限制。所以,弱光探测器的选择对成像质量至关重要。在弱光成像条件下,相机的读出噪声通常限制了其最佳成像表现。EMCCD 相机(electron multiplying charge coupled device)利用电子倍增技术有效地降低了读出噪声,使其有能力探测到单分子发出的微弱荧光信号。因此,EMCCD 相机凭借其高量子效率、低噪声和高读出速度的优点,被该领域的大多数研究者作为首要选择[67]。然而,电子倍增过程同时也引入了额外噪声[74],并且该噪声将相机的有效量子效率降低至原来的一半[75, 76]。

近几年发展起来的科研级互补金属氧化物半导体(scientific complementary metal oxide semiconductor, sCMOS)相机具有噪声低、读出速度高和像素阵列大等优点,成为一款性能优良的弱光探测器[77]。sCMOS 相机由于其并行读出特点,在高达 560 MHz 的读出速度下仍可以保持 1~2 e-的读出噪声。近几年,已有多篇文献研究 sCMOS 相机能否用于超分辨定位成像这一问题[39, 40, 78, 79]。结果显示,某些商品化 sCMOS 相机不仅可以用于超分辨定位成像,而且在成像信噪比、单分子定位精度等关键指标方面的表现还可以比 EMCCD 相机更好[40]。现有的几款弱光探测器的主要参数如表 5-1 所示。

表 5-1 几种弱光探测器的主要参数

相 机	像素数	像素尺寸/μm	量子效率/(%)[a]	满帧帧率/f/s	读出噪声/e	额外噪声因子	估计价格/美元
iXon 897(Andor)	512×512	16	95	35	<1	$\sqrt{2}$	35 000
Neo(Andor)	2 560×2 160	6.5	57	100	1	1	25 000
Flash 4.0 (Hamamatsu)	2 048×2 048	6.5	72	100	1.3	1	25 000

a 最高量子效率。

5.3.2.3 典型配置

以广泛使用的荧光蛋白 EosFP 为对象,超分辨定位成像系统的典型配置如图 5 - 6 所示。该装置基于倒置的 Olympus IX 71 显微镜,配备了数值孔径为 1.49 mm 的 100 倍 TIRF 油镜(UAPON 100XOTIRF, Olympus);405 nm 激光器(DL405 - 050,CrystaLaser)和 561 nm 激光器(CL561 - 150, CrystaLaser)分别被用作 EosFP 蛋白的激活光和激发光;中性滤光片(ND1 和 ND2)用于控制入射到样品上的光功率,被放置于激光器的出光口附近;快门(SH1 和 SH2,UNIBLITZ VS14, VincentAssociates)用于控制样品的照射时间。激活光和激发光经过反射镜 M1 和二色镜 DM1(LM01 - 427 - 25, Semrock)后被整合至共轴,然后再经过透镜 L1(焦距为 38.1 mm)和 L2(焦距为 200 mm)进行扩束,整形,最后被透镜 L3(焦距为 250 mm)聚焦在物镜的后焦面上。EosFP 蛋白发射的荧光信号首先由物镜收集,经过二色镜 DM2(Di01 - R488/561, Semrock),再由发射滤光片 F(BLP01 - 561R - 25, Semrock)滤波,最后经过镜筒透镜(TL)聚焦成像在探测器 EMCCD(iXon 897, Andor)上。该系统中各主要部件的具体型号和价格如表 5 - 2 所示。该系统没有考虑系统漂移的校正,因此只适合于短时

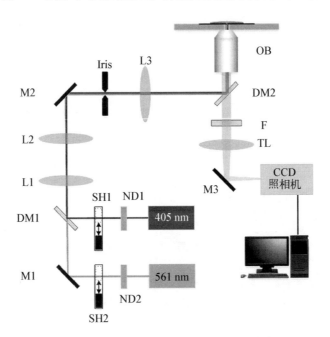

图 5 - 6　超分辨定位成像的典型系统

ND—中性滤光片(neutral density filter);SH—快门(shutter);M—反射镜(mirror);DM—二色镜(dichroic mirror);L—透镜(lens);Iris—可变光阑;OB—物镜(objective);F—滤光片(filter);TL—镜筒透镜(tube lens)

间的超分辨成像。

表 5 - 2　超分辨定位成像典型系统的装置及价格

	型号（制造商）	价格/美元
显微镜	Olympus IX71	15 000
物镜	Olympus UAPON 100XOTIRF	6 800
405 nm 激光器	CrystaLaser DL405 - 050	6 900
561 nm 激光器	CrystaLaser CL561 - 150	24 000
快门	Vincent VS14S2ZM1R3	4 000
滤光片	Semrock	2 200
相机	Andor iXon^{EM}+897	35 000
其他光学器件	Thorlabs	5 000
电脑	Dell	2 000
总价格	—	100 900

5.3.3　超分辨定位显微镜的高级装置

5.3.3.1　多色成像

多色超分辨定位显微成像的实现需要使用光谱不相互重叠的荧光探针。基于基本的超分辨定位成像装置，多色成像装置中需要添加与荧光探针相匹配的激活激光器和激发激光器，以及更换相应的二色镜和发射滤光片。

2007 年哈佛大学的庄小威研究组首次演示了细胞内微管和网格蛋白小窝的双色 STORM 成像[28]。在实验中，该小组以 Cy2 - Alexa 647 和 Cy3 - Alexa 647 染料对作为荧光探针，分别用 457 nm 和 532 nm 的激光选择性激活染料对。同年，另外一个小组使用绿色可逆光转换荧光蛋白 rsFastLime 和红色有机染料 Cy5（分别被 488 nm 和 633 nm 激发）作为探针，对 beta 微管蛋白进行了纳米分辨率成像[80]。以上实验中，探针的特异性标记都是通过外源性抗体或者生物素酰化等实现。类似地，利用内源表达的多色荧光蛋白对作为探针，构建多色定位显微成像实验系统也有报道，如利用配有 405 nm、488 nm 和 561 nm 激光器的超分辨定位显微成像装置，以 Dronpa/EosFP 或者 PS - CFP2/EosFP 等作为多色探针，研究蛋白质等微结构之间的相互关系[27]。但是，由于 EosFP 在非激活状态下是发绿光的，会对绿色荧光蛋白的激活成像造成很强的背景干扰，影响单分子探测。

5.3.3.2 三维成像

对单分子荧光进行三维定位,可以将超分辨定位成像技术由二维扩展到三维成像。这里简单介绍几种三维超分辨定位显微成像方法。

2008 年,利用单分子荧光的像散(astigmatism)特点,实现了三维 STORM。具体方案是在原有的超分辨定位显微镜的成像光路中插入一个柱透镜,使其在 x 方向和 y 方向上的焦面位置发生微小变化。这样就将单分子的图像调制成椭圆形的,并且椭圆率随着单分子的 z 方向位置而变化[25]。该方法的缺点是,分子离焦面越远时单分子图像的面积越大,从而导致定位精度(尤其是 Oxy 平面)下降。第二种三维成像的实现方式则是在成像光路中放置空间光调制器(spatial light modulator, SLM),将显微系统的点扩散函数调制成双螺旋点扩散函数(double-helix PSF, DH - PSF),从而将荧光分子的 z 方向位置信息编码进扩散函数的螺旋角中[81]。

第三种实现三维成像的方法是通过记录两幅来自离焦图像(焦点前和焦点后各一幅),并利用三维点扩散函数拟合采集到的图像,从而获得荧光分子的三维位置信息,该方法被称为双平面荧光光激活显微成像(biplane FPALM, BP - FPALM)[26]。BP - FPALM 的分辨率与成像深度、荧光分子的偶极取向是无关的,但是,基于像散的三维成像方法会带入定位伪像。

结合干涉技术而建立起来的干涉光激活显微成像方法(iPALM),被认为是具有最高轴向定位精度的三维超分辨定位成像方法[82]。在该方法中,荧光信号被置于样品两侧的物镜所收集后导入三路分束器中进行自干涉,然后再成像于 3 个相机。对来自不同 z 位置的荧光信号,3 个相机获得的图像强度存在不同的比值关系。该方法利用双物镜收集信号提高了光子收集效率,并且成像聚焦过程经过优化,所以,相对于其他的三维成像方法,iPALM 方法能提供最高的横向和轴向分辨率。

由于受到球面像差、样品散射和厚样品的高背景噪声等因素的影响,三维定位显微成像方法的成像深度通常被限制在 2 μm 以下。厚样品的三维超分辨成像,需要结合 z 方向扫描方法,如双光子时间聚焦[83]或者双光子激活/激发[84]等。

5.3.3.3 商用系统

超分辨定位成像技术凭借其装置相对简单、却能实现纳米量级成像能力的特点,很快发展成为商业化设备,例如 Nikon 的 N - STORM 系统、Zeiss 的 Elyra PALM 系统,以及 Leica 的 SR GSD 系统。

Nikon 的 N-STORM 系统可以实现三维超分辨定位成像,相对于传统的光学显微镜,其空间分辨率提高了 10 倍(在 Oxy 和 z 平面上分别可以提高至约 20 nm 和约 50 nm)。除此之外,N-STORM 系统可以利用有机染料对,实现双色超分辨定位显微成像[85]。Zeiss 的 Elyra PALM 系统整合了超分辨结构光照明显微技术(super-resolution structured illumination,SR-SIM)和 PALM 这两种超分辨成像技术。使用 SR-SIM 方式,并结合常规的荧光探针,该系统能将空间分辨率提高两倍;使用 PALM 方式,并结合光激活或者光转换荧光探针,该系统还可以实现高达 20 nm 的横向分辨率。在实验过程中,用户还可以在这两种成像方式之间进行切换,以寻找最适合于所研究样品的成像方法[86]。Leica 的 SR GSD 系统基于 GSDIM 技术,使用常规的荧光标记,不需要去改变样品的制作步骤,可以实现 20 nm 的分辨率。另外,SR GSD 系统还提供了在线的图像重构投影,以帮助研究者们干预成像过程[87]。

5.4 超分辨定位成像中的图像处理

5.4.1 空间分辨率的决定因素

5.4.1.1 理论定位误差

单分子定位的理论定位精度计算公式在 2002 年由 Webb 等人首次提出[34]:

$$\langle (\Delta x)^2 \rangle = \frac{s^2 + a^2/12}{N} + \frac{8\pi s^4 b^2}{a^2 N^2} \tag{5-4}$$

式中,Δx 为定位误差;s 为点扩散函数(通常使用高斯函数或者其他近似函数描述)的标准差;N 为分子发光总光子数;a 为图像像素大小;b 为背景噪声。

这一基本公式是通过对光子散粒噪声、背景噪声和探测器像素化噪声建模得到的。首先,在仅考虑光子散粒噪声影响的条件下,从荧光分子收集到的每一个光子都能给出一个分子位置的估计值,每个估计值都带有等同于 PSF 标准差的不确定性。因此,位置的统计平均误差可以表示为 s^2/N。同时,探测器所带来的像素化额外增加了每个光子落在像素中具体位置的不确定性。在上述的公式中,像素化噪声所引入的定位不确定性通过像素大小 a 的平均概率分布来描述,体现为因子 $a^2/12$。

对于单一背景噪声影响的建模相对复杂,因为背景噪声包含了一切非荧光分子信号的来源,通常有读出噪声、暗电流噪声、来自系统的外来荧光(如显微镜的污染物)和样品的自发荧光。对于背景噪声影响的分析是通过最小二乘拟合的思想实现的。对于分子信号强度的二维最小二乘拟合中,χ^2 与观测信号 $y_{i,j}$、真实信号 $N_{i,j}$ 间的误差平方和成正比:

$$\chi^2(x) = \sum \frac{\left[y_{i,j} - N_{i,j}(x)\right]^2}{\sigma_{i,j}^2} \tag{5-5}$$

式中,$\sigma_{i,j}$ 是光子统计数目的总体不确定性,是具有泊松分布的光子散粒噪声和背景噪声的总体不确定性。定位位置 x 相比于真实分子位置的偏差可以通过 $\mathrm{d}\chi^2/\mathrm{d}x = 0$ 的计算获得。

通过结合以上两种噪声建模的结果,公式(5-4)可以简单有效地计算特定条件下分子的定位精度。根据仿真实验结果,由上式给出的理论误差相比于实际的定位误差偏小 30% 左右。产生这种偏差的主要原因有两个:① 在对单一背景噪声影响的分析中,像素大小假定为无穷小,因此探测器所带来的像素化噪声被忽略;② 在整个推导过程中,一些数学计算式经过了简化处理,比如积分替换求和运算。虽然这个公式具有较为理想的数学模型,但它具有清晰的物理意义和简明的数学推导过程,仍然在超分辨定位成像的图像处理中得到广泛应用。

之后,也有研究者指出上述公式不能对噪声模型进行正确的建模,并且提出了另外一个理论定位误差计算公式[88]:

$$\langle(\Delta x)^2\rangle = \frac{s_a^2}{N}\left(\frac{16}{9} + \frac{8\pi s_a^4 b^2}{a^2 N}\right) \tag{5-6}$$

式中,$s_a^2 = s^2 + a^2/12$。公式(5-6)与公式(5-4)主要有两点不同:首先,前者整体地考虑了像素化噪声所带来的影响,而公式(5-4)在对背景噪声的建模时忽略了像素化噪声的影响;其次,在散粒噪声带来的不确定性 s_a^2/N 中,公式(5-6)具有可以弥补 30% 额外计算偏差的因子 16/9。

以上两个公式是基于常规的成像过程所推导的。当成像系统所使用的探测器是 EMCCD 时,电子倍增所带来的额外倍增噪声应在推导过程中加以考虑,由此得到另一个适用于 EMCCD 信号探测的理论定位误差计算公式[89]:

$$\langle(\Delta x)^2\rangle = \frac{2s_a^2}{N} + \frac{8\pi s_a^4(\sigma_b^2 + b)}{a^2 N^2} \tag{5-7}$$

式中,σ_b 为背景噪声的标准偏差。公式(5-7)的推导过程与公式(5-4)相似,它所得到的理论计算结果相比于仿真实验获得的真实定位误差仍然有较大的偏差

(57%),因此在使用这个公式的时候应额外进行一定的仿真实验对计算结果进行修正。

5.4.1.2 分辨率的实验测量方法

通过上一节中所述的理论公式计算单分子定位精度虽然很简便,但是结果通常具有偏差。有研究者指出,更好地测量定位精度的方法是从实验的角度出发,对一个持续发光点光源进行多次成像,进而多次定位[66]。由于荧光分子信号及背景噪声的波动特性和像素化噪声的影响,多次定位的结果相对于平均分子定位位置具有波动性。在系统漂移可以忽略不计或者被有效校正的条件下,这个波动在 x 方向或 y 方向的分量就分别代表了定位方法在这两个方向上的定位精度。通过这种多次测量方法得到的平均定位误差更加真实地体现了实验中多方面因素对定位的影响。

超分辨定位成像的空间分辨率是由单分子定位精度和奈奎斯特分辨率同时确定的,可以表示为[(定位精度)² + (奈奎斯特分辨率)²]¹ᐟ²。其中,定位精度可以通过上述理论计算或者实验测量的方法获得。根据奈奎斯特采样定律,在最终的超分辨图像中,分子间的最小间距必须小于或者等于理想的奈奎斯特分辨率[29, 66]。奈奎斯特分辨率可以表示为 $2/(N_{emitter}/S)^{1/D}$,其中 $N_{emitter}$ 为定位的总分子数目;S 为样品中结构的面积;D 为成像的空间维度。一种更直接确定空间分辨率的方法是从所重建的结构进行分析,这种方法利用重建图像分辨的最精细结构的宽度或者间隙代表系统的空间分辨率[31, 32],这一方法的局限性在于受样品本身结构参数的影响较大。

5.4.2 单分子定位方法

5.4.2.1 稀疏分子定位

常规的超分辨定位算法通过拟合或者代数方法确定单个 PSF 的中心。这一类方法的前提是图像中的分子相互间充分分离,也就是每个采集到的光子具有唯一确定的分子来源,因此也称为稀疏分子定位算法。稀疏分子定位方法要求实验人员对系统有很好地控制,确保图像采集中分子激活的稀疏性;当图像中出现分子相互重叠的情形时,分子间信号相互干扰,光子来源具有不确定性,稀疏分子定位方法的性能将会大大下降。常用的稀疏分子定位方法有质心法[34]、高斯拟合法[34]和极大似然拟合法[90]。下面将分别予以介绍。

1) 质心法

直接计算荧光分子发光光斑的质心是估计分子位置较直接并有效的一种方法。由于显微成像系统的点扩散函数本质上具有圆对称性,光斑的质心可以通过信号强度分布的加权平均获得。下面给出了一维质心计算方法：

$$C_x = \sum_{i=1}^{n} \sum_{j=1}^{n} (x_i I_{i,j}) \Big/ \sum_{i=1}^{n} \sum_{j=1}^{n} I_{i,j} \tag{5-8}$$

式中，x_i 为 x 方向上的像素坐标；$I_{i,j}$ 为该像素的强度；n 为图像的大小。质心法的定位精度严重依赖于图像中分子发光光斑的有效提取，并且对于信噪比较差的数据定位性能较差。但是，质心法只需要对信号强度进行简单的代数运算，因此它的计算速度很快。

2）高斯拟合法

显微镜的点扩散函数可以用二维高斯函数近似：

$$I_{x,y} = A\exp\left[-\frac{(x-x_0)^2 + (y-y_0)^2}{s^2}\right] + b \tag{5-9}$$

式中，$I_{x,y}$ 为像素 (i,j) 处的理论信号强度；A 为信号强度峰值；x_0 和 y_0 为荧光发射子的真实位置；s 为高斯函数的标准差；b 为背景的强度。高斯拟合的主要过程就是不断拟合调整这 5 个参数使得理论信号强度逼近观测的真实信号。通过上述高斯函数直接与提取的光斑信号进行拟合，是单分子定位中应用最广泛的方法。它的定位精度明显优于质心法，并且它具有优良的信号、噪声分辨能力，即使对于低信噪比的数据也能获得较好的定位精度，但拟合计算过程使得该方法的计算速度较慢。

3）极大似然拟合法

高斯函数广泛用于模拟单个荧光分子的发光模型。理论上，像素位置 (i,j) 处的强度可以由公式（5-9）描述；该像素位置处的观测信号用 $q_{i,j}$ 表示。我们可以通过下式计算 $I_{i,j} = q_{i,j}$ 的概率：

$$P(I_{i,j} = q_{i,j}) = \frac{I_{i,j}^{q_{i,j}} \exp(-I_{i,j})}{q_{i,j}!} \tag{5-10}$$

通过调整式（5-9）中的参数（限制条件为参数均大于零），空间强度信号的联合分布，$\ln\left[\prod P(I_{i,j} = q_{i,j})\right]$ 可以被最大化。由此，荧光发射子的位置可以通过解以下的优化问题来获得：

$$\min L = \left(\sum_{1 \leqslant i,j \leqslant n} I_{i,j}\right) - \sum_{1 \leqslant i,j \leqslant n} q_{i,j} \log(I_{i,j})$$
$$A > 0,\ x_0 > 0,\ y_0 > 0,\ s > 0,\ b > 0 \tag{5-11}$$

极大似然拟合法可以获得非常高的定位精度，是介绍的三种方法中精度最高的方法。不足在于，复杂的优化问题求解过程虽然保证了高定位精度，但是极大地牺牲了计算效率。

通过对以上三种方法的分析不难看出，对于高定位精度的追求往往会牺牲算法的计算效率，使得计算分析过程十分冗长。而超分辨定位成像后期需要处理的数据量较大，实时快速地进行数据处理是一个不断增长的需求。因此在超分辨定位成像领域，高效快速的定位方法的发展一直是该领域的一个热点。为了实现这一目标，研究者们主要采取了两种策略。一种是将高精度的极大似然拟合方法与图像处理单元（graphics processing unit，GPU）进行结合，实现快速并行计算[91]。GPU 可以实现分子间的并行定位从而大大提高计算速度，而极大似然法可以保证高的定位精度。基于图形处理单元的极大似然单分子定位算法（maximum likelihood algorithm encoded on a graphics processing unit）方法是应用这一策略的典型代表，该方法可以实现与快速 EMCCD 探测器采图速度相匹配的实时数据处理。

另一种策略是发展全新的高精度代数计算方法。FB 方法（Fluoros Bancroft）是应用这种策略的代表[92]。该方法基于显微成像系统的点扩散函数和背景噪声推导出一组线性方程，通过解这组线性方程便可以获得荧光发射子的位置。FB 方法的定位精度稍差于高斯拟合和极大似然拟合法，但高于质心法。原因在于FB 方法线性方程的推导需要准确预估背景噪声和信号，预估的不准确会严重影响线性方程组的结构，从而严重影响定位精度。FB 方法的计算速度相比于高斯拟合提高了 200 倍。

近期发表的另一个代数计算方法为极大辐射对称估计法（maximum radial symmetry estimator，MrSE）[93]。显微光学成像系统的 PSF 普遍具备辐射对称性，若利用该系统进行单分子成像，单分子区域内像素梯度均会指向单分子发光中心，所以对应像素的辐射线也会通过发光中心。因此，针对带噪声的单分子图像，可以通过求取一个亚像素点，使之与单分子区域每个像素的辐射线的偏差最小来进行单分子定位。MrSE 方法的定位速度是极大似然法的 1 000 倍以上、是FB 方法的 6 倍，同时其定位精度趋近于极大似然法。

5.4.2.2 高密度分子定位

超分辨定位成像本质上是牺牲时间分辨率以获得超高的空间分辨率，这严重制约了该方法对活细胞组织动态过程的研究。因此，在保证理想空间分辨率的前提下，提高定位显微成像的时间分辨率意义重大。发展快速的超分辨定位成像方法的一个可行策略是提高单帧图像内的分子密度，从而减少所需的图像总帧数。在这种策略下，随着分子密度的提升，单帧图像内分子间相互重叠的情形越多,稀疏分子定位算法将不再适用,需要发展全新的高密度分子定位算法。

自从 2011 年高密度分子定位算法的发展成为超分辨定位成像数据处理领域的热点后,相继有多种方法发表。早期发表的方法是稀疏分子定位算法的延续,将原本的单分子拟合模型拓展到多分子模型后,在提取的高分子密度子区域内进行局部优化拟合,使用这一策略的代表性方法为 DAOSTORM[32] 和 SSM_BIC[33]。局部优化方法模型较为简单,但能处理的图像密度提升有限。后期发展的高密度分子定位算法应用全局优化模型,包括 3B 方法[31] 和应用压缩感知原理的 CSSTORM 方法[94],它们为高密度分子定位算法的研究注入了新鲜的血液。

局部优化方法具有相似的整体计算模式:首先从采集图像中利用图像分割选取具有单分子信号的子区域;在该区域内进行初始多分子模型的预估;结合预估的模型进行准确的分子定位,并结合统计量对拟合结果进行评判。DAOSTORM 是首个发表的高密度分子定位算法,它起源于天文学软件 DAOPHOT。DAOSTORM 采用高斯模板法进行初始模型的预估,并且在拟合过程中使用最小训练误差选取最优的拟合模型。最小训练误差统计量在数据信噪比较低时选取最优模型的准确度较低,因此 DAOSTORM 的定位性能严重依赖于数据信噪比。据报道,该方法具有每秒处理 100 个分子的速度。

相比于 DAOSTORM,SSM_BIC 方法采用了更为精确的计算方法:利用结构稀疏模型(structured sparse model,SSM)建模进行初始多分子模型的估计,因为每帧图像采集到的单分子在亚像素水平通常仍是稀疏分布的;利用具有强最优模型识别能力的贝叶斯信息准则(Bayesian information criterion,BIC)选取最优拟合模型。另外,算法中子区域提取的校正以及校正后的再次定位也保证了更高的分子检测率和更低的误判率。SSM_BIC 方法相比于 DAOSTORM 具有全局的性能优势,但是其处理速度非常慢。近期,该方法在确保同样性能的条件下进行了有效的简化处理并结合了 GPU 并行计算架构,产生了新的 PALMER 方法,达到每秒约 1 000 个分子的处理速度,相比于 DAOSTORM 速度提升一个数量级[95]。

另一类应用全局优化模型的方法更为复杂。有研究者利用压缩感知(compressed sensing,CS)方法实现高密度单分子的定位。超分辨定位成像的数据即使在高密度采集的条件下也具备一定的稀疏性,满足 CS 理论的前提条件。利用 CS 理论可以从图像估计出稀疏分布的分子位置图,其结果为符合观测信号的分子最稀疏分布。与 DAOSTORM 相比,CSSTORM 能有效处理的单帧图像密度可提升 3 倍。在全局拟合过程中,即使单帧图像被划分为数个子图像以减少模型复杂性,从而减少整个数据集的处理时间,但计算速度慢仍是 CSSTORM 的一个主要不足。

另一有效工具是 3B 方法(Bayesian blinking and bleaching analysis)。3B 方法巧妙利用贝叶斯分析手段,用一定数量不断被点亮和漂白的多荧光团模型对整个图像数据集建模,并结合可从独立实验获得的荧光团先验知识对整个数据集进行定位处理。3B 方法的最终结果是荧光分子的概率分布图,它符合荧光分子发光的先验知识模型,并且与观测信号匹配。即使是非光激活/切换探针标记的传统荧光成像方法获得的超高分子密度图像,3B 方法也能进行有效地处理。对普通照明宽场荧光成像采集图的处理也能获得约 50 nm 的高空间分辨率。该方法的突出贡献在于它能大大降低超分辨成像对于光学成像系统以及探针的苛刻要求。同样,该方法也十分耗时。

超分辨高密度图像采集结合高密度分子定位是一种提高成像时间分辨率的有效手段。由上述内容可以看出,所有的超分辨高密度分子定位算法都被冗长的数据分析时间所困扰。因此,快速有效高密度分子定位方法的发展迫在眉睫。

5.4.3 图像处理

5.4.3.1 图像处理的关键步骤

超分辨定位成像的实验数据集通常是由成千上万的单帧图像组成,每帧图像是从探测器获得的二维信号强度矩阵。数据处理流程的最终目标是尽可能准确地定位每个荧光分子的位置,并且确定与每个分子相关的结果参数,如分子发射光子总数。除了最主要的单分子定位步骤,其他重要数据处理步骤对于获得最终的超分辨图像也至关重要。

1) 漂移校正

漂移校正方法可以有效校正成像过程中样品在轴向或横向发生的漂移,主要方法包括基准点校正法和图像相关性分析。常用的基准点包括纳米金颗粒、量子点或者荧光小球。这些基准点在成像过程中不会发生漂白,因而可以在整个成像过程中连续成像,并利用其轨迹追踪系统或样品发生的漂移[20]。另一种方法是通过样品结构本身测量漂移并进行补偿[25]。在固定样品中,结构的形状在整个成像过程中不发生变化,由此相关分析可用于确定连续采集图像中的漂移。具体的做法是:整个数据集被分割成多个时间窗口;计算相邻时间窗口中分子位置的相关函数;通过高斯拟合确定每个时间窗相关函数的峰值位置,由此给出随时间变化的漂移轨迹;最后对这条漂移轨迹进行插值处理得到连续的漂移曲线并对整个数据集进行校正。这种方法只适用于固定状态的样品,对于具有动态过程的活细胞样品只能用基准点进行校正。

2) 单分子信号提取

准确提出单分子信号峰值对于定位性能具有重要影响。首先,每帧图像的空间滤波可以有效降低背景噪声与散粒噪声对于峰值提取的影响。常用的空间平滑滤波方法有均值滤波、中值滤波或者高斯滤波,其中均值滤波具有良好的滤波性能并且运算最快[96]。另外一种环形滤波模板(中心 3×3 像素为 0,外围均值环形模板和为 -1)可以有效抑制背景噪声的影响[91]。去噪处理后的图像,可以抠选暗区域计算典型的背景噪声水平 b_{SD}(光子/像素),进而在背景噪声之上结合阈值法(nb_{SD},其中 n 是研究者设定的参数)选取具有足够信噪比的候选单分子位置点[32, 34]。对于使用荧光蛋白的 PALM 系统实验数据,n 通常设置为 5。

3) 超分辨图像显示

定位所得的分子位置、强度和定位精度信息被用于重建最终的超分辨图像。

重建的图像具有相比于原始图像更小的像素尺寸,即更高的空间分辨率;每个分子以分子强度为加权在高分辨图像中累积叠加,并利用标准差等于定位精度的高斯函数对累积图进行模糊处理[91]。为了更好地展示结果,超分辨图像通常会经过伪彩处理。

4) 分子筛选

从定位结果产生最终超分辨重建图的过程中,可以利用定位的结果参数对单分子进行筛选,剔除误判分子点,比如具有很少光子总数的分子。并且可以设置与样品相适应的定位精度范围,确保最终超分辨图像的空间分辨率。

5.4.3.2 图像处理软件简介

超分辨定位成像的实时数据分析软件,包括 QuickPALM[97],RapidSTORM[96] 和 MaLiang[91],使这种技术更易应用于生物学问题的研究。QuickPALM 和 MaLiang 方法是基于图像处理软件 ImageJ 的插件,而 RapidSTORM 是一个独立软件。这些软件的定位方法,实现实时数据分析的策略以及其他软件性能方面有很大的差异,以下将分别进行介绍。

QuickPALM 使用质心法计算分子位置,并且可给出与分子二维形态相关的参数,该方法实现实时数据分子的关键就在于质心法这一代数方法的选取。QuickPALM 处理典型的单帧实验图像时间为 $30 \sim 50$ ms,并且该速度较小程度地依赖于图像中的分子数目。同时,QuickPALM 具有三维超分辨图像重建、漂移校正和实时数据采集控制的功能。另一软件 RapidSTORM,使用高斯拟合进行二维单分子定位,其通过对拟合过程和整个计算流程的充分优化,并结合快速的计算机处理器实现数据的实时分析,单个分子的拟合时间仅为 10 μs。同时,RapidSTORM 软件也具有三维超分辨图像重建、多色超分辨数据分析等多方面的数据处理功能。相比于前两种软件,MaLiang 仅具有精确的二维单分子定位功能,其中极大似然法保证确保了定位的高精度,GPU 计算架构确保了快速的单分子定位。MaLiang 方法的单分子定位时间仅为 1.2 μs,这个速度相比于 RapidSTORM 提高了近一个数量级。

　　综上所述,对于单一二维超分辨图像重建的需求,MaLiang 软件能有效满足,因为它兼备高速高精度的性能。如果需要多方面的图像处理功能,RapidSTORM 是一个更好的选择。

5.5　超分辨定位成像的应用

　　随着荧光标记技术的迅速发展,荧光显微镜已经成为生物学家研究细胞功能和结构,例如蛋白质网络结构、DNA 等遗传物质、细胞器以及膜结构等,必不可少的工具[98]。理解细胞结构特征有助于我们进一步了解它的生物学功能。光学显微镜在荧光特异性标记以及活细胞成像上具有一定的优势,而且随着具有纳米尺度分辨率的超分辨光学显微镜的出现,使得人们在更高精度进行生物研究成为现实,也为在分子水平上进一步揭开生物学奥秘提供了技术手段。这里将展示超分辨定位显微在二维和三维成像的一些具体事例,并从中获得了一些相比于传统荧光图像无法提供的独特信息。

5.5.1　二维成像

　　细胞微管网络是细胞骨架的一种重要纤维结构,具有纤维状的形态以及纳米级的尺寸,可以作为最常用的模型展示超分辨定位显微镜的成像分辨率。庄小威研究组通过对固定细胞的微管网络进行 STORM 成像,相比于传统荧光图像极大地提高了成像分辨率[28]。在实验中,BSC－1 细胞被固定后,用 Cy3－Alexa 647 染料对标记微观结构。在获得的 STORM 图像中,相距 80 nm 的微管可以清楚地分辨出来,这是传统荧光成像图像无法做到的。考虑到标记过程中的抗体尺寸,STORM 方法获得的微管宽度与免疫电镜所观察到的微管宽度相吻合。

　　另一方面,普通光学显微镜受限于分辨率,很难用于直接观测纳米尺度的分子间相互作用。多色超分辨光学成像为我们提供了一个解决途径。为了在细胞中证实多色超分辨成像,庄小威小组在实验中同时对标记了 Cy2 – Alexa 647 的微管和标记了 Cy3 – Alexa 647 的网格蛋白(clathrin-coated pits CPPs)进行成像,发现 STORM 重建图像提供了更精确的信息:① 在 STORM 图像中,每根单独的微管和球形结构的 CPPs 都能清楚地分辨;② 圆饼状 CCPs 结构与它真实的三维笼形结构相一致;③ 在传统荧光图像中,CCPs 似乎与微管是直接接触的,然而 STORM 图像可以清楚揭示,两者并没有直接相连。利用多色超分辨成像技术,我们可以清楚地获得一些超微结构信息,或者在分子尺度上直接监视分子相互作用。

此外还有一个称为单分子追踪 PALM 的应用(single particle tracking PALM, sptPALM)[30],这种技术结合了 PALM 和单分子追踪的优点,能够在活细胞中揭示单个粒子的运动轨迹。利用这种方法,Manley 等人追踪了在质膜上表达的两种病毒蛋白 VSVG 和 Gag 的运动轨迹,测量出了这两种蛋白的扩散系数,从而揭示出这两种蛋白在膜上扩散行为的差异:VSVG 分子在质膜上比较灵活,可以在膜上自由地扩散,而 Gag 蛋白通常固定成簇。

值得一提的是,超分辨定位成像在细菌研究中得到了比较成功的应用。细菌某些行为可以类比到细胞中,为研究一些细胞过程,比如细胞分化、蛋白质分泌、DNA 转录和复制等提供方便[99]。拟核关联蛋白(nucleoid associated proteins, NAPs)被认为是细菌染色体的组织过程中一种非常重要的蛋白质。但是,因为缺少可以直接在活体中观察染色体精细结构的技术手段,目前人们对拟核关联蛋白和染色体的组织之间的关系还缺乏深入的了解。哈佛大学庄小威组与谢小亮组合作,将 STORM 和 3C(chromosome conformation capture, 3C)技术结合,对活体大肠杆菌中多种主要的拟核关联蛋白的分布与结构进行研究[100]。他们的研究结果显示,HU、Fis、IHF 和 StpA 这 4 种蛋白是广泛分散在拟核区,而 H – NS 则是在拟核中形成一些紧密的小簇。相关结果也显示,H – NS 在细菌染色体的整个组织过程中扮演着关键角色。斯坦福大学 Moerner 小组也完成了一个相似的工作[101],发现细菌处于不同的周期状态时,蛋白 NAP(HU)的分布也会相应的改变,即该蛋白在细菌染色体的组织过程中起着重要作用。

5.5.2　三维成像

超分辨定位成像技术不仅能提高二维图像分辨率,而且也可以实现细胞结构的三维超分辨成像。如果人们能够直接在纳米尺度观察到细胞的三维结构,将会大大促进人们对细胞内分子过程更深入的理解。这里我们将展示三维成像应用的几个例子。

黏着斑(focal adhesions)是一种多功能细胞器,在很多细胞过程,比如细胞骨架调控以及信号传导等方面,具有重要的生理意义。以前,人们对黏着斑有一定程度的认识,包括它的组成成分以及相互作用等,但是很难在纳米尺度上观察它的真实三维结构。Pakorn Kanchanawong 等人利用基于干涉的三维超分辨定位成像技术(interferometric PALM,IPALM),测定了黏着斑中蛋白质的组织方式,揭示了黏着斑的分子结构[102]。实验结果显示,整联蛋白(integrin)和肌动蛋白(actin)并不是直接接触的,而是被一个 40 nm 厚、包含多个蛋白特异性层的黏着斑核心区域所隔开。这些不同的层架结构由不同的蛋白质组成,对黏着斑的功能发挥着不同作用。这个黏着斑结构图可以为将来进一步研究黏着斑功能提供一些必要的信息。

另外一个有意思的三维成像应用是化学突触精细结构的研究,由庄小威组完成[103]。神经细胞向目标细胞的神经信号传递由化学突触负责,深入理解化学突触这一基本脑功能单元的结构和机制,对研究大脑回路有着深远的意义。目前,研究突触的精细结构主要是借助电子显微镜。电镜成像由于缺乏特异性标记,对突触的多分子成分的三维研究有所限制。庄小威课题组利用多色三维STORM,揭示了 10 种突触前和突触后蛋白在纳米尺度上的三维分布。进一步的受体成分定量分析发现,在成年的附属嗅球中,有大量未成熟的活性依赖可塑性突触。

5.6 结论与展望

经过近几年的发展,超分辨定位成像技术已经获得了巨大的进步,吸引了生命科学诸多领域研究人员的关注。当前,除了需要对超分辨定位算法和成像系统进行进一步完善外,荧光探针的研究也值得重点关注。

毫无疑问,随着超分辨定位成像技术的发展和日臻成熟,尤其是在完善了多色和三维成像之后,这种新型的成像技术将得到更多研究人员的青睐。当然,任何一种成像技术都不是一成不变的,将超分辨定位成像与其他技术相结合,发展关联成像方法与技术,为生命科学研究提供多模式多尺度的综合信息,将为超分辨定位成像带来新的生命力和更广阔的前景。

参考文献

[1] Abramowitz M. Microscope basic and beyond revison edition[J]. Olympus America Inc. , 2003, 1: 1 – 42.

[2] Http: //Micro. Magnet. Fsu. Edu/Primer/Anatomy/Introduction. Html.

[3] Croft W J. Under the microscope — a brief history of microscopy[M]. Singapore: World Scientific Publishing, 2006.

[4] Http: //En. Wikipedia. Org/Wiki/Ernst_Abbe.

[5] Http: //Micro. Magnet. Fsu. Edu/Primer/Techniques/Dic/Dicoverview. Html.

[6] Http: //Micro. Magnet. Fsu. Edu/Primer/Techniques/Confocal/Index. Html.

[7] Http: //Micro. Magnet. Fsu. Edu/Primer/Techniques/Fluorescence/Multiphoton/ Multiphotonintro. Html.

[8] Svoboda K, Yasuda R. Principles of two-photon excitation microscopy and its applications to neuroscience[J]. Neuron, 2006, 50(6): 823 – 839.

[9] Http: //En. Wikipedia. Org/Wiki/Total_Internal_Reflection_Fluorescence_Microscope.

[10] Axelrod D. Total internal reflection fluorescence microscopy in cell biology[J]. Traffic, 2001, 2(11): 764 – 774.

[11] Http: //Micro. Magnet. Fsu. Edu/Primer/Anatomy/Infinityhome. Html.

[12] Http: //Micro. Magnet. Fsu. Edu/Primer/Anatomy/Numaperture. Html.

[13] Huang B, Babcock H, Zhuang X W. Breaking the diffraction barrier: super-resolutionimaging of cells[J]. Cell, 2010, 143(7): 1047 – 1058.

[14] Moerner W E. A dozen years of single-molecule spectroscopy in physics, chemistry, and biophysics[J]. J. Phys. Chem. B, 2002, 106(5): 910 – 927.

[15] Gelles J, Schnapp B J, Sheetz M P. Tracking kinesin-driven movements with nanometre-scale precision[J]. Nature, 1988, 331(6155): 450 – 453.

[16] Yildiz A, Forkey J N, Mckinney S A, et al. Myosin V walks hand-over-hand: single fluorophore imaging with 1. 5 nm localization[J]. Science, 2003, 300 (5628): 2061 – 2065.

[17] Patterson G H, Lippincott-Schwartz J. A photoactivatable GFP for selective photolabeling of proteins and cells[J]. Science, 2002, 297(5588): 1873 – 1877.

[18] Gordon M P, Ha T, Selvin P R. Single-molecule high-resolution imaging with photobleaching [J]. Proc. Natl. Acad. Sci. U. S. A. , 2004, 101(17): 6462 – 6465.

[19] Ram S, Ward E S, Ober R J. Beyond Rayleigh's criterion: A resolution measure with application to single-molecule microscopy[J]. Proc. Natl. Acad. Sci. U. S. A. , 2006, 103 (12): 4457 – 4462.

[20] Betzig E, Patterson G H, Sougrat R, et al. Imaging intracellular fluorescent proteins at nanometer resolution[J]. Science, 2006, 313(5793): 1642 – 1645.

[21] Hess S T, Girirajan T P, Mason M D. Ultra-high resolution imaging by fluorescence photoactivation localization microscopy[J]. Biophys. J. , 2006, 91(11): 4258 – 4572.

[22] Rust M J, Bates M, Zhuang X. Sub-diffraction-limit imaging by stochastic optical reconstruction microscopy (STORM)[J]. Nat. Methods, 2006, 3(10): 793 - 795.

[23] Heilemann M, Van De Linde S, Schuttpelz M, et al. Subdiffraction-resolution fluorescence imaging with conventional fluorescent probes[J]. Angew. Chem. Int. Ed. Engl. , 2008, 47(33): 6172 - 6176.

[24] Patterson G, Davidson M, Manley S, et al. Superresolution imaging using single-molecule localization[J]. Annu. Rev. Phys. Chem. , 2010, 61: 345 - 367.

[25] Huang B, Wang W, Bates M, et al. Three-dimensional super-resolution imaging by stochastic optical reconstruction microscopy[J]. Science, 2008, 319(5864): 810 - 813.

[26] Juette M F, Gould T J, Lessard M D, et al. Three-dimensional sub - 100 nm resolution fluorescence microscopy of thick samples[J]. Nat. Methods, 2008, 5(6): 527 - 529.

[27] Shroff H, Galbraith C G, Galbraith J A, et al. Dual-color superresolution imaging of genetically expressed probes within individual adhesion complexes[J]. Proc. Natl. Acad. Sci. U. S. A. , 2007, 104(51): 20308 - 20313.

[28] Bates M, Huang B, Dempsey G T, et al. Multicolor super-resolution imaging with photo-switchable fluorescent probes[J]. Science, 2007, 317(5845): 1749 - 1753.

[29] Shroff H, Galbraith C G, Galbraith J A, et al. Live-cell photoactivated localization microscopy of nanoscale adhesion dynamics[J]. Nat. Methods, 2008, 5(5): 417 - 423.

[30] Manley S, Gillette J M, Patterson G H, et al. High-density mapping of single-molecule trajectories with photoactivated localization microscopy[J]. Nat. Methods, 2008, 5(2): 155 - 157.

[31] Cox S, Rosten E, Monypenny J, et al. Bayesian localization microscopy reveals nanoscale podosome dynamics[J]. Nat. Methods, 2011, 9(2): 195 - 200.

[32] Holden S J, Uphoff S, Kapanidis A N. DAOSTORM: an algorithm for high-density super-resolution microscopy[J]. Nat. Methods, 2011, 8(4): 279 - 280.

[33] Quan T W, Zhu H Y, Liu X M, et al. High-density localization of active molecules using structured sparse model and bayesian information criterion[J]. Opt. Express, 2011, 19 (18): 16963 - 16974.

[34] Thompson R E, Larson D R, Webb W W. Precise nanometer localization analysis for individual fluorescent probes[J]. Biophys. J. , 2002, 82(5): 2775 - 2783.

[35] Ishii Y, Yanagida T. Single molecule detection in life sciences[J]. Single Molecules, 2000, 1(1): 5 - 16.

[36] Michalet X, Siegmund O H, Vallerga J V, et al. Detectors for single-molecule fluorescence imaging and spectroscopy[J]. J. Mod. Opt. , 2007, 54(2 - 3): 239.

[37] Moerner W E, Fromm D P. Methods of single-molecule fluorescence spectroscopy and microscopy[J]. Rev. Sci. Instrum. , 2003, 74: 3597 - 3619.

[38] Hinterdorfer P, Van Oijen A. Handbook of single-molecule biophysics[M]. New York: Springer, 2009: 95 - 127.

[39] Huang Z L, Zhu H, Long F, et al. Localization-based super-resolution microscopy with an sCMOS camera[J]. Opt. Express, 2011, 19(20): 19156 - 19168.

[40] Long F, Zeng S, Huang Z L. Localization-based super-resolution microscopy with an

sCMOS camera Part II: Experimental methodology for comparing sCMOS with EMCCD cameras[J]. Opt. Express, 2012, 20(16): 17741 - 17759.

[41] Riedl J, Crevenna A H, Kessenbrock K, et al. Lifeact: a versatile marker to visualize F-actin[J]. Nat. Methods, 2008, 5(7): 605 - 607.

[42] Keppler A, Gendreizig S, Gronemeyer T, et al. A general method for the covalent labeling of fusion proteins with small molecules in vivo[J]. Nat. Biotechnol. , 2003, 21(1): 86 - 89.

[43] Los G V, Encell L P, Mcdougall M G, et al. HaloTag: a novel protein labeling technology for cell imaging and protein analysis[J]. ACS Chem. Biol. , 2008, 3(6): 373 - 382.

[44] Giepmans B N G, Adams S R, Ellisman M H, et al. The fluorescent toolbox for assessing protein location and function[J]. Science, 2006, 312(5771): 217 - 224.

[45] Lord S J, Conley N R, Lee H L, et al. A photoactivatable push-pull fluorophore for single-molecule imaging in live cells[J]. J. Am. Chem. Soc. , 2008, 130(29): 9204 - 9205.

[46] Fölling J, Belov V, Kunetsky R, et al. Photochromic rhodamines provide nanoscopy with optical sectioning[J]. Angew. Chem. Int. Ed. Engl. , 2007, 46(33): 6266 - 6270.

[47] Wiedenmann J, Ivanchenko S, Oswald F, et al. EosFP, a fluorescent marker protein with UV-inducible green-to-red fluorescence conversion[J]. Proc. Natl. Acad. Sci. U. S. A. , 2004, 101(45): 15905 - 15910.

[48] Gurskaya N G, Verkhusha V V, Shcheglov A S, et al. Engineering of a monomeric green-to-red photoactivatable fluorescent protein induced by blue light[J]. Nat. Biotechnol. , 2006, 24(4): 461 - 465.

[49] Habuchi S, Ando R, Dedecker P, et al. Reversible single-molecule photoswitching in the GFP-like fluorescent protein Dronpa[J]. Proc. Natl. Acad. Sci. U. S. A. , 2005, 102(27): 9511 - 9516.

[50] Dempsey G T, Vaughan J C, Chen K H, et al. Evaluation of fluorophores for optimal performance in localization-based super-resolution imaging[J]. Nat. Methods, 2011, 8 (12): 1027 - 1036.

[51] Subach F V, Patterson G H, Manley S, et al. Photoactivatable mCherry for high-resolution two-color fluorescence microscopy[J]. Nat. Methods, 2009, 6(2): 153 - 159.

[52] Nienhaus G U, Nienhaus K, Hölzle A, et al. Photoconvertible fluorescent protein EosFP: biophysical properties and cell biology applications[J]. Photochem. Photobiol. , 2007, 82(2): 351 - 358.

[53] Mckinney S A, Murphy C S, Hazelwood K L, et al. A bright and photostable photoconvertible fluorescent protein[J]. Nat. Methods, 2009, 6(2): 131 - 133.

[54] Kremers G J, Hazelwood K L, Murphy C S, et al. Photoconversion in orange and red fluorescent proteins[J]. Nat. Methods, 2009, 6(5): 355 - 358.

[55] Gee K R, Weinberg E S, Kozlowski D J. Caged Q-rhodamine dextran: a new photoactivated fluorescent tracer[J]. Bioorg. Med. Chem. Lett. , 2001, 11(16): 2181 - 2183.

[56] Mitchison T J, Sawin K E, Theriot J A, et al. Caged fluorescent probes[J]. Methods Enzymol. , 1998, 291: 63 - 78.

[57] Van De Linde S, Löschberger A, Klein T, et al. Direct stochastic optical reconstruction

microscopy with standard fluorescent probes[J]. Nat. Protoc. , 2011, 6(7): 991 - 1009.

[58] Klein T, Löschberger A, Proppert S, et al. Live-cell dSTORM with SNAP-tag fusion proteins[J]. Nat. Methods, 2011, 8(1): 7 - 9.

[59] Testa I, Wurm C A, Medda R, et al. Multicolor fluorescence nanoscopy in fixed and living cells by exciting conventional fluorophores with a single wavelength[J]. Biophys. J. , 2010, 99(8): 2686 - 2694.

[60] Geisler C, Schonle A, Middendorff V C, et al. Resolution of lambda/10 in fluorescence microscopy using fast single molecule photo-switching[J]. Appl. Phys. A-Mater. Sci. Process. , 2007, 88(2): 223 - 226.

[61] Egner A, Geisler C, Middendorff V C, et al. Fluorescence nanoscopy in whole cells by asynchronous localization of photoswitching emitters[J]. Biophys. J. , 2007, 93(9): 3285 - 3290.

[62] Folling J, Bossi M, Bock H, et al. Fluorescence nanoscopy by ground-state depletion and single-molecule return[J]. Nat. Methods, 2008, 5(11): 943 - 945.

[63] Baddeley D, Jayasinghe I D, Cremer C, et al. Light-induced dark states of organic fluochromes enable 30 nm resolution imaging in standard media[J]. Biophys. J. , 2009, 96(2): L22 - L24.

[64] Shroff H, White H, Betzig E. Photoactivated localization microscopy (PALM) of adhesion complexes[M]. Curr. Protoc. in Cell Biol. , 2008, Chapter 4: Unit 4, 21.

[65] Gould T J, Hess S T. Chapter 12: Nanoscale biological fluorescence imaging: breaking the diffraction barrier[J]. Methods in Cell Biology, 2008, 89: 329 - 358.

[66] Jones S A, Shim S H, He J, et al. Fast, three-dimensional super-resolution imaging of live cells[J]. Nat. Methods, 2011, 8(6): 499 - 508.

[67] Gould T J, Verkhusha V V, Hess S T. Imaging biological structures with fluorescence photoactivation localization microscopy[J]. Nat. Protoc. , 2009, 4(3): 291 - 308.

[68] Van Oijen A M, Kohler J, Schmidt J, et al. Far-field fluorescence microscopy beyond the diffraction limit[J]. J. Opt. Soc. Am. A. , 1999, 16(4): 909 - 915.

[69] Adler J, Pagakis S N. Reducing image distortions due to temperature-related microscope stage drift[J]. J. Microsc. , 2003, 210(Pt 2): 131 - 137.

[70] Lee S H, Baday M, Tjioe M, et al. Using fixed fiduciary markers for stage drift correction[J]. Opt. Express, 2012, 20(11): 12177 - 12183.

[71] Geisler C, Hotz T, Schonle A, et al. Drift estimation for single marker switching based imaging schemes[J]. Opt. Express, 2012, 20(7): 7274 - 7289.

[72] Wang Y N, Schnitzbauer J, Hu Z, et al. Localization events based sample drift correction for localization microscopy with redundant cross-correlation algorithm[J]. Opt. Express, 2014, 22(13): 15982 - 15991.

[73] McGorty R, Kamiyama D, Huang B. Active microscope stabilization in three dimensions using image correlation[J]. Optical Nanoscopy, 2013, 2: 3.

[74] Robbins M S, Hadwen B J. The noise performance of electron multiplying charge-coupled devices[J]. IEEE Trans. Electron Devices, 2003, 50(5): 1227 - 1232.

[75] Moomaw B. Camera technologies for low light imaging: Overview and relative advantages

[J]. Method. Cell Biol. , 2007, 81: 251 - 283.

[76] Huang Z L, Zhu H Y, Long F, et al. Localization-based super-resolution microscopy with an sCMOS camera[J]. Opt. Express, 2011, 19(20): 19156 - 19168.

[77] Bigas M, Cabruja E, Forest J, et al. Review of CMOS image sensors[J]. Microelectronics J. , 2006,37(5): 433 - 451.

[78] Quan T, Zeng S, Huang Z L. Localization capability and limitation of electron-multiplying charge-coupled, scientific complementary metal-oxide semiconductor, and charge-coupled devices for superresolution imaging [J]. J. Biomed. Opt. , 2010, 15 (6): 066005.

[79] Saurabh S, Maji S, Bruchez M P. Evaluation of sCMOS cameras for detection and localization of single Cy5 molecules[J]. Opt. Express, 2012, 20(7): 7338 - 7349.

[80] Bock H, Geisler C, Wurm C A, et al. Two-color far-field fluorescence nanoscopy based on photoswitchable emitters [J]. Applied Physics B-Lasers and Optics, 2007, 88 (2): 161 - 165.

[81] Pavani S R, Thompson M A, Biteen J S, et al. Three-dimensional, single-molecule fluorescence imaging beyond the diffraction limit by using a double-helix point spread function[J]. Proc. Natl. Acad. Sci. U. S. A. , 2009, 106(9): 2995 - 2999.

[82] Shtengel G, Galbraith J A, Galbraith C G, et al. Interferometric fluorescent super-resolution microscopy resolves 3D cellular ultrastructure[J]. Proc. Natl. Acad. Sci. U. S. A. , 2009, 106(9): 3125 - 3130.

[83] Vaziri A, Tang J, Shroff H, et al. Multilayer three-dimensional super resolution imaging of thick biological samples[J]. Proc. Natl. Acad. Sci. U. S. A. , 2008, 105(51): 20221 - 20226.

[84] Folling J, Belov V, Riedel D, et al. Fluorescence nanoscopy with optical sectioning by two-photon induced molecular switching using continuous-wave lasers[J]. Chemphyschem, 2008, 9(2): 321 - 326.

[85] Http: //Www. Nikoninstruments. Com/Products/Microscope-Systems/Inverted-Microscopes/ N-Stor m-Super-Resolution.

[86] Http: //Microscopy. Zeiss. Com/Microscopy/En _ De/Products/Elyra-Superresolution-Microscopy. Html.

[87] Http: //Www. Leica-Microsystems. Com/Products/Light-Microscopes/Life-Science-Research/ Fluorescence-Microscopes/Details/Product/Leica-Sr-Gsd/.

[88] Mortensen K I, Churchman L S, Spudich J A, et al. Optimized localization analysis for single-molecule tracking and super-resolution microscopy[J]. Nat. Methods, 2010, 7 (5): 377 - 381.

[89] Desantis M C, Decenzo S H, Li J L, et al. Precision analysis for standard deviation measurements of immobile single fluorescent molecule images[J]. Opt. Express, 2010, 18(7): 6563 - 6576.

[90] Ober R J, Ram S, Ward E S. Localization accuracy in single-molecule microscopy[J]. Biophys. J. , 2004, 86(2): 1185 - 1200.

[91] Quan T W, Li P C, Long F, et al. Ultra-fast, high-precision image analysis for localization-

based super resolution microscopy[J]. Opt. Express, 2010, 18(11): 11867 – 11876.

[92] Andersson S B. Localization of a fluorescent source without numerical fitting[J]. Opt. Express, 2008, 16(23): 18714 – 18724.

[93] Ma H Q, Long F, Zeng S Q, et al. Fast and precise algorithm based on maximum radial symmetry for single molecule localization[J]. Opt. Lett. , 2012, 37(13): 2481 – 2483.

[94] Zhu L, Zhang W, Elnatan D, et al. Faster STORM using compressed sensing[J]. Nat. Methods, 2012, 9(7): 721 – 723.

[95] Wang Y, Quan T W, Zeng S Q, et al. PALMER: a method capable of parallel localization of multiple emitters for high-density localization microscopy[J]. Opt. Express, 2012, 20 (14): 16039 – 16049.

[96] Wolter S, Schuttpelz M, Tscherepanow M, et al. Real-time computation of subdiffraction-resolution fluorescence images[J]. J. Microsc. , 2010, 237(1): 12 – 22.

[97] Henriques R, Lelek M, Fornasiero E F, et al. QuickPALM: 3D real-time photoactivation nanoscopy image processing in ImageJ[J]. Nat. Methods, 2010, 7(5): 339 – 340.

[98] Mcevoy A L, Greenfield D, Bates M, et al. Q&A: Single-molecule localization microscopy for biological imaging[J]. BMC Biology, 2010, 8(1): 106.

[99] Cattoni D I, Fiche J B, Nöllmann M. Single-molecule super-resolution imaging in bacteria [J]. Curr. Opin. Microbiol. , 2012, 15(6): 758 – 763.

[100] Wang W, Li G W, Chen C, et al. Chromosome organization by a nucleoid-associated protein in live bacteria[J]. Science, 2011, 333(6048): 1445 – 1449.

[101] Lee S F, Thompson M A, Schwartz M A, et al. Super-resolution imaging of the nucleoid-associated protein HU in Caulobacter Crescentus[J]. Biophys. J. , 2011, 100(7): L31 – L33.

[102] Kanchanawong P, Shtengel G, Pasapera A M, et al. Nanoscale architecture of integrin-based cell adhesions[J]. Nature, 2010, 468(7323): 580 – 584.

[103] Dani A, Huang B, Bergan J, et al. Super-resolution imaging of chemical synapses in the brain[J]. Neuron, 2010, 68(5): 843 – 856.

光声分子（功能）成像

邢 达 杨思华

6.1 引言

光声成像(photoacoustic imaging，PAI)是近年发展起来的一种非入侵式和非电离式的新型生物医学成像方法。当脉冲激光照射到生物组织中时，组织中的光吸收区域将产生超声信号，我们称这种由光激发产生的超声信号为光声信号。生物组织产生的光声信号携带了组织的光吸收特征信息，通过探测光声信号能重建出组织中的光吸收分布图像。光声成像结合了纯光学组织成像中的高选择特性和纯超声组织成像中的深穿透特性两个优点，通过光声成像可得到高分辨率和高对比度的组织图像，从原理上避开了光散射的影响，突破了高分辨率光学成像深度"软极限"(约 1 mm)，可实现 50 mm 的深层活体内组织成像[1-5]。因此，光声成像必将带来生物医学影像领域的一次革新。

光声效应最早于 1880 年由贝尔发现[6]。以发明电话而著名的贝尔，在1876 年发明了电话之后，就想到利用光来传递信息的问题。1880 年，他成功地进行了光电话的实验。1881 年，贝尔发表了一篇题为《关于利用光线进行声音的产生与复制》的论文，称这种光声转换的物理现象为光声效应。贝尔发现用周期性的光照射一个吸收体时，该物质吸收光会产生声信号，这种声信号的频率与入射光的调制频率相同，而且声信号的强度随样品吸收光的增加而增加。由于当时没有强的光源和灵敏的探测器，贝尔的发现没有得到应用。在此之后的近八十年，关于光声效应的研究与应用几乎没有进展。20 世纪 60 年代以后，由于微信号检测技术的发展，高灵敏微音器和压电陶瓷传声器的出现，以及强光源(激光器、氙灯等)的问世，光声效应及其应用的研究又重新活跃起来。L. B. Kruezer 将光声效应应用于气体成分的检测[7]，使关于光声效应的研究重新受到人们的重视。基于光声效应发展起来的光谱技术也随之发展起来并且应用于测定传统光谱法难以测定的光散射强或不透明的样品，如凝胶、溶胶、粉末、生物试样等，广泛应用于物理、化学、生物医学和环境保护等领域。在此之后，光声效应陆续被应用于各个领域中，但进展仍相当迟缓。直到 20 世纪 90 年代后期，基于光声效应的光声成像技术才迅速发展起来并广泛应用于生物医学领域[8-11]。

医学成像技术在现代医学诊断和药物研发中具有非常重要的意义。传统的医学成像技术：超声成像技术(ultrasonic imaging，UI)、X 线断层扫描成像技术(computed tomography，X - CT)、磁共振成像技术(magnetic resonance imaging，MRI)、正电子放射性断层成像技术(positron emission tomography，PET)，并称为现代四大医学影像技术[12]。UI 是利用组织声阻抗差异界面的超声回波反射原理进行成像,具有快速、无创、无辐射性、无痛苦可连续动态及重复扫描的特点,已被广泛应用于胎儿早期诊断和内脏器官的成像,但超声受气体和骨骼的阻碍,并且组织对比度较低[13,14];X - CT 是基于组织密度差异的透射成像方法,能提供人体各器官的断层解剖结构图像,但 X 射线的反复电离辐射会对人体产生潜在影响,增加致癌的几率[15];MRI 是利用原子核的磁共振现象来主要反映人体氢质子分布的一种成像技术,尽管高强磁场被认为是安全的,且可获得解剖及生理信息,但它的敏感性较低(微克分子水平),而且价格昂贵,对孕妇、装有心脏起搏器的病人禁用,使其在应用中受到限制[16]。PET 显像是利用回旋加速器加速带电粒子轰击带正电子的放射性核素,以正电子核素标记的人体生物活性物质作为示踪剂引入机体,采用符合探测技术,探测正电子湮灭释放的成对光子,得到人体内不同脏器的核素分布信息图像,从而反映机体组织功能、代谢信息。但现有示踪剂种类发展有限,PET 设备复杂昂贵,且成像速度较慢[17]。总之,传统的成像方法虽各有特点,但是也存在一些不足。因此,人们期待一种无损的、非电离的、具有高穿透深度和高对比度的成像方式出现,而光声成像技术就是在这样的背景下应运而生。

光声成像将光学成像和超声成像的优点结合起来,一方面,在光声成像中用来重建图像的信号是超声信号,生理组织对超声信号的散射要比对光信号的散射低 2～3 个数量级,因此它可以提供较深的成像深度和较高的空间分辨率;另一方面,光声成像根据不同组织对可见光、近红外光或无线电频率(radio frequency)电磁波的选择性吸收,利用特定波长的激光脉冲对组织进行照射,并间接地对脉冲能量在生理组织中的吸收分布进行成像,成像的是被"吸收"的光能,这在纯光学成像中是无法做到的,因此相比纯超声成像,光声图像中不同组织间的光学对比度较高。光声成像与传统医学影像技术相比具有如下特点:

(1)由于激光的窄线宽,利用生物组织的高光谱选择性吸收差异,光声成像能够实现高特异性光谱组织的选择激发,不仅可以反映组织结构特征,更能够实现功能成像,开创一种有别于传统医学影像技术的新成像方法与技术手段。

(2)光声成像结合了光学成像和声学成像的优点。一方面,比纯光学成像穿透更深,可突破激光共聚焦显微成像(LCSM)、双光子激发显微成像(TPEF)、光学弱相干层析成像(OCT)等高分辨率光学成像深度"软"极限(约 1mm);另一方面,比传统的 MRI 以及 PET 成像拥有更高的分辨率,其图像分辨率可达到亚微米、微米量级,可实现高分辨率的分子成像。

(3)光声成像是一种非侵入式成像技术,这对于在体成像非常重要。由于使用的激光功率密度低于生物组织损伤阈值,组织中产生的超声场强度远远低于组织的损伤阈值,所以光声成像是一种非入侵、非电离的无损伤的成像技术。

(4) 随着光声成像系统的一体化、小型化,该成像系统比传统的 MRI 以及 PET 脑功能成像系统价格更便宜,使用更便捷,利于推广。

因此,无损光声成像作为一种新兴的医学影像技术,能够在一定的深度下获得足够高的分辨率和图像对比度,图像传递的信息量大,可以提供形态及功能信息,将在生物医学应用领域具有广阔的应用前景。

目前光声成像的主要研究分支有光声断层成像(photoacoustic tomography, PAT)、光声显微成像(photoacoustic microscopy,PAM)、光声内窥成像(intravascular photoacoustic imaging,IVPAI)。光声断层成像清晰地探测到活体小鼠脑血管分布,根据血容量、血流、血氧等参数反映了脑功能信息。光声成像技术将为脑功能研究提供新的技术手段。基于光声成像反映光吸收的特性,研究者发展了多波长光声成像技术并且应用于肿瘤成像,获得高分辨率的肿瘤新生血管的形态学信息、由血氧饱和度反映的肿瘤代谢信息。光声成像技术为肿瘤的早期诊断与治疗监控提供了强大的技术支持。多波长光声成像在检测活体深层荧光蛋白表达以及基因活性方面取得令人振奋的效果,多波长内窥光声成像针对动脉粥样硬化斑块进行检测,通过光谱解析获得了动脉粥样硬化斑块组分信息,为光声内窥成像应用于心脑血管疾病检测奠定了实验基础。随着光声显微镜的出现,光声成像发展到了一个新的阶段。光声显微镜将横向分辨率提高了一个数量级达到 45 μm。利用多波长光声显微成像技术不仅可以获得高分辨率黑色素瘤的实体和周围微血管的形态结构图像,还可以得到活体动物的血氧饱和度信息。亚波长光学分辨率光声显微镜的出现将光声成像技术的分辨率提高到前所未有的高度,为 221 nm。光学分辨率的光声显微镜(OR-PAM)可以轻而易举地对黑色素瘤细胞和血红细胞进行单细胞成像。光声纳米探针的发展为光声成像增添了活力。基于外源光声纳米探针,研究者们发展了光声分子成像和光声治疗。光声分子成像实现了在磁环境中对在血液中循环的肿瘤细胞进行探测以确定肿瘤细胞是否转移,最后发展成了光声流式细胞仪。光声治疗利用光声纳米探针的光声效应来选择性杀死肿瘤细胞,开创了一种选择性好、无副作用的肿瘤治疗方法。

作为新一代的无损医学成像技术,光声成像可以无标记地对单个细胞成像、可以对血管形态的高分辨成像、对不同组织的成分进行解析和对血液参数高特异性的功能检测。光声成像实现了从细胞到组织结构的多尺度示踪及功能成像。光声成像可以用于研究动物体脑功能、肿瘤细胞转移和肿瘤形态结构,生理、病理特征,血流异常、药物代谢功能、深层荧光蛋白表达、基因活性等方面的内容,为生物医学应用领域提供了重要研究及监测手段,具有良好的发展前景和广泛的生物医学应用潜力。预测光声成像技术将会引起基础生命科学以及临床医学影像领域的变革。

6.2 光声成像原理、算法及系统

6.2.1 光声成像原理

光声成像原理如图 6-1 所示[18],当短脉冲电磁波(纳秒或亚微秒量级)照射到生物组织,生物组织被电磁波照射从而吸收热量瞬间产生微小的温升,导致

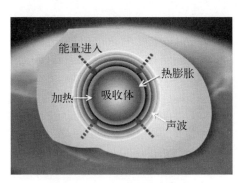

图 6-1 光声成像示意图

热膨胀效应激发出属于超声波范围的光声信号,被激发的光声信号携带着被照射组织电磁波吸收特性的信息并透过组织向外传播,通过采集组织周围的声信号,应用相应的图像重建算法可重建出组织内部电磁波吸收分布的图像,这就是光声成像的基本原理。在非电磁波吸收域处则没有组织的伸缩效应,不产生光声信号(即电磁波散射不产生超声信号),这样可以避开激发光的弥散对成像分辨率的影响。

另外,由于生物组织内 70% 是水,超声穿透性好,软组织的声阻抗小,所以声信号在生物组织内具有良好的传输特性,不受电磁波散射的影响。更重要的是,产生光声信号的激发源可以是可见光波段,也可以是红外光波段,甚至是微波波段,因此光声信号的激发具有电磁波指纹特性,能够实现特征组织的选择性激发;而且光声信号所反映的组织光吸收特性又与组织的生理特征、代谢状态、病变特性甚至神经活动等密切相关,所以,光声成像是一种基于电磁波吸收差异特性反映组织生理病变的功能成像技术。

6.2.2 光声信号的激发

光声信号产生的基本原理是:当用短脉冲激光照射吸收体时,当吸收体中的分子吸收光子后,满足一定的条件时,吸收体分子的电子从低能级跃迁到高能

级处于激发态,而处于激发态的电子极不稳定,从高能级向低能级跃迁时,就会以光或热量的形式释放能量;在光声成像应用中通常选择合适波长的激光作为激发源,使吸收的光子的能量转化为热能的效率最大,通常从光能转化为热能的效率可达到90%以上。释放的热量导致吸收体局部温度升高,温度升高后导致热膨胀而产生压力波,这就是光声信号。因此,光声信号的产生过程就是"光能"—"热能"—"机械能"的转化过程。

光声、热声成像原理是相似的,只是它们的激发源不同。一般而言,光声成像的激发源在电磁波的光波波段,热声成像的激发源则是射频波段的微波。微波的吸收机理是:生物组织中的极性分子如水分子、一些盐类离子在正负极性不停变化的电磁场下不断翻转,从而实现电磁场能转化成热能。释放的热量导致吸收体局部温度升高,温度升高后导致热膨胀而产生压力波,这就是热声信号。由热声信号就可以得到组织对电磁波吸收的信息,重建出电磁波吸收或热声压力的分布。

当某波长的脉冲激光照射生物组织时,组织内的相应吸收体吸收光能,局部的温升引起热弹膨胀而产生热弹性压力波(即超声波),这就是光声效应,如图6-2所示。当激光脉冲持续足够短时,其产生的信号幅值与光能量的沉积成正比,波形由光吸收的分布决定。

当光声效应产生的超声信号被放置在样品周围的超声探测器接收到之

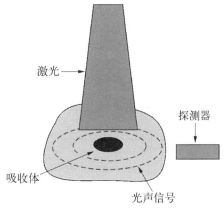

图 6-2 高散射介质中的光声效应原理图

后,经过信号放大、转换、计算处理等过程最终被重建为表示生物组织对光吸收差异的光声图像。在激光与组织相互作用产生光声信号的过程中,光吸收区域的物质结构、密度、力学参数(如黏弹系数、热膨胀系数等)以及组织生理特性的特征(如局部的血氧饱和度的变化)的影响都会引起组织对光吸收特性产生改变。因此,光声信号与组织的生理特性、代谢状态和病变特征有着密切的联系。

因此,作为一种新的生物医学影像技术,光声检测技术能够有效地进行生物组织结构和功能成像,为对于生物组织的结构形态、生理病理特征、功能代谢研究提供了重要的方法和手段。

光声成像理论的基本方程是基于热传导方程[19]:

$$\rho c_p \frac{\partial}{\partial t} T(\boldsymbol{r}, t) = \lambda \nabla^2 T(\boldsymbol{r}, t) + H(\boldsymbol{r}, t) \qquad (6-1)$$

式中，ρ 为密度；c_p 为定压热容；$T(\boldsymbol{r}, t)$ 为吸收光能产生的温升；λ 为介质的传热系数；$H(\boldsymbol{r}, t)$ 定义为单位面积、单位时间吸收的光能量。如果激发光源的脉宽较小，小于热扩散时间，则热扩散可以忽略，热传导方程可写为

$$\rho c_p \frac{\partial}{\partial t} T(\boldsymbol{r}, t) = H(\boldsymbol{r}, t) \qquad (6-2)$$

对于非黏滞介质，声压和位移满足以下关系：

$$\nabla \cdot U(\boldsymbol{r}, t) = -\frac{p(\boldsymbol{r}, t)}{\rho c^2} + \beta T(\boldsymbol{r}, t) \qquad (6-3)$$

式中，$U(\boldsymbol{r}, t)$ 是位移；$p(\boldsymbol{r}, t)$ 是声压；c 是声速；β 是等压膨胀系数；ρ 和 $T(\boldsymbol{r}, t)$ 的定义同式(6-1)。由式(6-1)和(6-3)可得：

$$\nabla^2 p(\boldsymbol{r}, t) - \frac{1}{c^2} \frac{\partial^2}{\partial t^2} p(\boldsymbol{r}, t) = -\frac{\beta}{c_p} \frac{\partial}{\partial t} H(\boldsymbol{r}, t) \qquad (6-4)$$

上式的格林函数解可写为[19]

$$p(\boldsymbol{r}, t) = \frac{\beta}{4\pi c_p} \iiint \frac{\mathrm{d}\boldsymbol{r}'}{|\boldsymbol{r} - \boldsymbol{r}'|} \frac{\partial H(\boldsymbol{r}', t')}{\partial t'} \Big|_{t' = t - \frac{|\boldsymbol{r} - \boldsymbol{r}'|}{c}} \qquad (6-5)$$

式中，$\boldsymbol{r}$ 和 $\boldsymbol{r}'$ 分别为场点和源点，即探测器的位置可看作场点。

假设介质内光强是均匀分布的，则 $H(\boldsymbol{r}, t)$ 可写为

$$H(\boldsymbol{r}, t) = A(\boldsymbol{r}) I(t) \qquad (6-6)$$

式中，$A(\boldsymbol{r})$ 是介质的光吸收系数分布；$I(t)$ 为入射激光的时间分布函数。式(6-5)写为

$$p(\boldsymbol{r}, t) = \frac{\beta}{4\pi c_p} \iiint \frac{\mathrm{d}\boldsymbol{r}'}{|\boldsymbol{r} - \boldsymbol{r}'|} A(\boldsymbol{r}') I'(t') \qquad (6-7)$$

式中，$I'(t') = \mathrm{d}I(t')/\mathrm{d}t'$，$t' = t - \dfrac{|\boldsymbol{r} - \boldsymbol{r}'|}{c}$，对 $I(t)$ 的不同近似处理，就可得到不同的 $p(\boldsymbol{r}, t)$ 表达式，并对应不同的成像算法。

下面以基于样品和点源光声信号逆卷积的光声重建方法为例，从理论上给出样品光吸收分布投影和样品及点源光声信号的关系。利用这种方法，可以通过样品光声信号和点源光声信号的逆卷积直接计算出样品光吸收分布的投影，而不需要考虑超声探测器的脉冲响应。

为了方便,取探测器的位置为坐标原点,在球坐标系中,令 $t' = r/c$ 即激光开始照射的时间定为时间零点,得到

$$p(t) = \frac{\beta}{4\pi c_p} \int \left(\frac{1}{t'} \iint A(ct', \theta, \phi)(ct')^2 \sin\theta \mathrm{d}\theta \mathrm{d}\phi \right) I'(t-t') \mathrm{d}t' \quad (6-8)$$

式(6-8)可以写为

$$p(t) = \left(\frac{1}{t} \iint A(ct, \theta, \phi)(ct)^2 \sin\theta \mathrm{d}\theta \mathrm{d}\phi \right) * I'(t) \quad (6-9)$$

假定一个点吸收体产生的声压 $p_{\text{point}}(t)$ 为

$$p_{\text{point}}(t) = k \frac{1}{r_0} I'\left(t - \frac{r_0}{c}\right) \quad (6-10)$$

式中,r_0 是点源到场点之间的距离,k 为由点源的吸收及入射激光参数确定的系数。令

$$p_0(t) = p_{\text{point}}\left(t + \frac{r_0}{c}\right) = k \frac{1}{r_0} I'(t) \quad (6-11)$$

则式(6-9)可写为

$$p(t) = \left(\frac{r_0}{kt} \iint A(ct, \theta, \phi)(ct)^2 \sin\theta \mathrm{d}\theta \mathrm{d}\phi \right) * p_0(t) \quad (6-12)$$

在以激光开始照射的时间定为时间零点的情况下,$r = ct$,$\iint A(ct, \theta, \phi)(ct)^2 \sin\theta \mathrm{d}\theta \mathrm{d}\phi$ 可写为 $\iint A(\boldsymbol{r}) \mathrm{d}S \big|_{|\boldsymbol{r}|=ct} \iint A(\boldsymbol{r}) \mathrm{d}s \big|_{|\boldsymbol{r}|=ct}$ 即为以 P 点为球心,以 $r = ct$ 为半径的球面上吸收系数的积分;对于二维情况,$\iint A(\boldsymbol{r}) \mathrm{d}s \big|_{|\boldsymbol{r}|=ct}$ 改写为 $\iint A(\boldsymbol{r}) \mathrm{d}l \big|_{|\boldsymbol{r}|=ct}$,即为以 P 点为圆心,以 $r = ct$ 为半径的圆弧上吸收系数的积分。在图像重建中,这样沿某个方向的积分即称为沿这个方向的投影。

上式中 $\iint A(ct, \theta, \phi)(ct)^2 \sin\theta \mathrm{d}\theta \mathrm{d}\phi$ 的意义如图 6-3 所示,P 点表示探测器位置,$\iint A(ct, \theta, \phi)(ct)^2 \sin\theta \mathrm{d}\theta \mathrm{d}\phi$ 表示吸收分布 $A(ct, \theta, \phi)$ 在以探测器为球心,半径为 ct 的球面上的投影。

式(6-12)给出了样品光声压、点源光声压及样

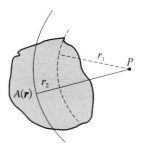

图 6-3　光吸收分布的投影示意图

品光吸收投影之间的关系,上式表明,一个吸收体可以看作是点吸收体的集合,样品产生的光声压是这些点吸收体光声压的线性叠加。在图 6-3 中,半径为 r_2、宽度为 dr 的圆弧上的吸收体可以看作是许多点源的叠加,各个点源产生的光声压到 P 点的传播时间相同,它们的和就等于光声压在 $t = r_1/c$ 时刻的值。

为去除探测器的脉冲响应,设探测器的脉冲响应为 $h(t)$,假定探测器探测到的光声信号为

$$p_d(t) = p_d(t) * h(t) = \left(\frac{r_0}{kt}\iint A(ct, \theta, \phi) (ct)^2 \sin\theta \mathrm{d}\theta \mathrm{d}\phi\right) * p_0(t) * h(t)$$

$$(6-13)$$

如果用同样的探测器探测一个点源发出的光声信号,则探测到的电信号为 $p_0(t) * h(t)$,令

$$p_{d_0}(t) = p_0(t) * h(t) \tag{6-14}$$

则

$$p_d(t) = \left(\frac{r_0}{kt}\iint A(ct, \theta, \phi) (ct)^2 \sin\theta \mathrm{d}\theta \mathrm{d}\phi\right) * p_{d_0}(t) \tag{6-15}$$

上式表明,探测器探测到的样品的光声信号等于用同样的探测器检测到的点源的光声信号和样品光吸收分布投影的卷积。同时也表明,一个吸收体可以看作是点吸收体的集合。即样品产生的光声信号是这些点吸收体光声信号的线性叠加,这是因为探测器是线性时不变系统。

由式(6-15)可知,可以用样品光声信号和点源光声信号的逆卷积直接计算样品光吸收的投影 $\iint A(\boldsymbol{r})\mathrm{d}s \mid_{|\boldsymbol{r}|=ct}$,而不需要知道超声探测器的脉冲响应。但是必须测量一个由点源产生的光声信号 $p_{d_0}(t)$。由聚焦入射激光产生一个点源吸收体,可直接测到 $p_{d_0}(t)$,再根据点源到探测器之间的距离 r_0,进行时间平移即可得到 $p_{d_0}(t)$,经逆卷积可直接求得光吸收投影。另外,也可经逆傅里叶变换求得 $\iint A(\boldsymbol{r})\mathrm{d}s \mid_{|\boldsymbol{r}|=ct}$。

$$\oiint_{|\boldsymbol{r}|=v_0 t} A(\boldsymbol{r})\mathrm{d}\boldsymbol{r} = \mathrm{IFFT}\left(\frac{P_d(\omega)W(\omega)}{P_0(\omega)}\right)\frac{tk}{r_0} = \iint A(ct, \theta, \phi) (ct)^2 \sin\theta \mathrm{d}\theta \mathrm{d}\phi$$

$$(6-16)$$

式中,IFFT 表示逆快速傅里叶变换;$P_d(\omega)$ 和 $P_0(\omega)$ 分别是 $p_d(t)$ 和 $p_{d_0}(t)$ 的傅里叶变换;$W(\omega)$ 是窗函数,使截断处缓慢变为零,以避免产生 Gibbs 振荡。这里我们采用 Hanning 窗,得

$$W(\omega) = \frac{1}{2}\left[1 + \cos\left(\frac{2\pi n}{N}\right)\right],\ n = 0,\ \pm 1,\ \pm 2,\ \cdots,\ N \qquad (6\text{-}17)$$

通过式(6-16)可以看出,在声学特性与热力学特性均匀的介质中,光声信号的产生和待测物体与周围物体的光吸收能量密度有关,有能量吸收差异的地方就可以产生光声信号。理想情况下,均匀的光辐照在吸收率均匀的物体上不会产生光声信号;实际上,激光器产生的光都有能量分布特性,即光斑特性,当光斑较大时,也可看成均匀辐照,若此时两物体存在吸收率差异,如黑色头发丝埋入白色脂肪块中,可产生光声信号;另一种情况是,光斑较小时,光斑内物体吸收率差异可以忽略,而在光斑边界上光能量吸收差异大,也可以产生光声信号,此时当光斑照射到不同组织时,存在吸收差异使得光声信号幅值不同。

光声成像过程可以分为三个部分:信号的产生、信号的接收和信号处理及图像重建,如图 6-4 所示。由于脉冲激光器具有光声转换效率高的优点,因此通常作为光声成像研究中产生信号的激励源。脉冲激光器发出的激光束照射在待研究组织样品上,由于组织样品的吸收效应,在样品内部形成了与组织光学参数相关的能量沉积分布。由于激光脉宽很窄(一般为 ns 量级),吸收的能量不能在短时间内释放,导致瞬间温度变化,从而通过热弹机制转化为热膨胀。周期性热流使周围的介质热胀冷缩而激发超声波,由于这种超声波信号的特殊产生机

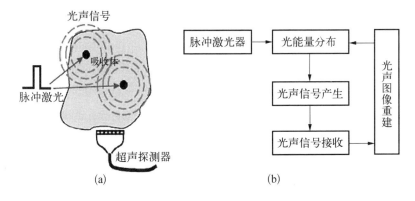

图 6-4　光声成像工程

(a) 光声信号激发与探测;(b) 光声成像实现过程示意图

理,为了区别于其他的超声信号,通常称为光声信号。利用超声探测器接收光声信号,并对采集到的信号进行适当地处理和采用相应的图像重建算法,就能够得到样品内部光能量沉积的分布。当保证入射光均匀性的前提下,光声重建图像与吸收分布具有一一对应的关系。

不同生物组织可以有不同的光吸收率,例如,在 532 nm 激光下,血液的吸收率远大于其他组织器官,这样就可以利用光声成像检测血管的形态、大小,为各种血管病的诊断、治疗提供依据;再如,恶性肿瘤与正常组织的光吸收率不同,利用光声成像能实现肿瘤边界形态的检测。

对于激光激发的光声成像来说,生色团和一些生物染料由于其颜色特性,根据光学的互补色原理,在可见及近红外光范围内有着相应的高吸收光谱特征,可以产生较强的光声信号。在人体中,天然存在并广泛分布的生色团主要是血红素和黑色素。黑色素一般弥散分布在皮肤的表面,黑色素瘤是其中一个病变的例子;而血红素则与球蛋白结合形成血红蛋白,并随着血液循环遍布全身各个器官。因此,光声成像在生物医学应用上的最大特点就体现于对血管形态和对血液参数高特异性的功能检测。

利用脉冲微波激发出超声的成像,又称为热声成像,也是一种基于生物组织吸收电磁波能量转换的过程的成像方式。与激光激发的光声成像类似,由于热声信号的产生是电磁波能量转化为机械波能量的过程,它结合了纯微波成像和纯超声成像的特点,即:微波成像技术具有的无损伤性、高选择激发特性,和超声成像技术具有的低衰减、高空间分辨率性。此外,相对于光声成像中可见及近红外光源,微波波段在生物组织具有很好的穿透性能,如 500 MHz 的微波在肌肉和脂肪中的穿透深度分别可达 3.4 cm 和 23.5 cm,而 3 GHz 的微波在肌肉和脂肪中的穿透深度分别为 1.2 cm 和 9 cm[20-22]。大部分其他软组织中微波的穿透深度在此范围内,而且在该频率范围内,微波的传播几乎不会受到软组织的散射,因而微波热声成像在人体实际检测中更具潜力和应用价值。而微波热声信号的大小与组织和微波能量的吸收程度直接相关,微波的吸收率又直接与组织的特性如离子电导率和水分含量相关,因此,生物组织的微波热声成像能反映组织内不同部位离子电导率的高低及水分含量的多少。由于热声成像的这种独特优点,它能在声波性质相对均匀的组织中探测出不均匀的微波吸收性质,所以在微波热声乳腺肿瘤的早期检测和体内低密度异物无损检测方面极具社会现实意义和关于人类健康发展需求的应用前景。

因此,无损光声、热声成像作为新兴的医学影像技术,能够在一定的深度下获得前所未有的分辨率和高图像对比度,图像传递的信息量大且可以提供形态及功能信息,将在生物医学应用领域具有广阔的应用前景。

综上所述,光声信号可以反映不同组织吸收率差异,这就是光声成像在生物医学检测上的应用基础。不同的生物医学应用决定了在光声成像检测时使用不同的扫描方式、算法和仪器,这将在本专题的后一部分详细介绍。

6.2.3 光声扫描方式及其成像算法

6.2.3.1 直线扫描及直线投影算法

各种探测器探测到的光声信号都是一维信号,要得到二维的图像,最简单的方式就是直线扫描。具体的实施方式如下所述。

如图 6-5 所示,建立一个二维数组 $z(i, j)$,探测的初始位置时,将探测器探测到的离散信号 $u_0(y)$ 赋予 $z(0, j)$,利用机械或电子方式等距移动探测器一个位置,将此时探测器探测到的信号 $u_1(y)$ 赋予 $z(1, j)$,移动 $i-1$ 个位置后,得到完整二维数组 $z(i, j)$,即可得到一幅二维图像。

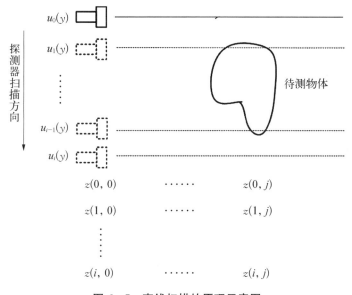

图 6-5 直线扫描的原理示意图

实现这种扫描方式的结构简单,采集与图像处理速度快,能基本反映物体的形态。但是这种扫描方式同时存在很大的缺点:① 图像中的一个像素只与一个位置相关,缺乏相干信息,因此像素值随机性较大,对比度不高;② 扫描步距依赖于声聚焦区域的尺寸,而一般主频在兆赫兹量级的探测器声聚焦区域不会小于数百微米量级,因此要实现百微米以下高分辨率很困难。

6.2.3.2 圆环扫描及反投影算法

为了克服直线扫描的缺点,圆环扫描成为主流扫描方式。圆环扫描的算法采用反投影重建[23-25],所谓的反投影重建就是将某一角度下的投影数据,按其投影方向的反向,回涂抹于整个空间,从而得到一个二维分布。目的是通过不同角度下的一系列的反投影叠加,得到一个近似与原图的重建图像。具体的实施方式如下所述。

如图 6-6 所示,建立一个二维数组 $z(2i+1, 2j+1)$,初始值都为 0,探测初始位置时,将探测器探测到的信号 $u_0(y)$ 按投影到扇形区域覆盖到的像素,利用机械或电子方式等距旋转探测器一个位置,将此时探测器探测到的信号 $u_1(y)$ 叠加到此时的扇形区域覆盖的像素,旋转 k 个位置后,得到完整二维数组 $z(i, j)$,即可得到一幅二维图像。而实际上,如图 6-7 所示,一般的探测器的阵元都有一定的大小,接收信号时都具有一定的接收角度,用一定角度内接收到的信号在整个成像区域进行反投影会影响重建图像的质量;合理的方法是在进行反投影重建时加上探测器阵元的指向性函数,即对扇形区域的大小和位置进行修正。

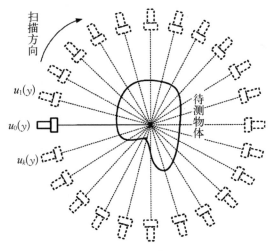

图 6-6　圆环扫描示意图

以上为圆环扫描及其反投影的基本方法,为了更好地重建出高对比度的图像,常常采用一种更好的算法,即滤波反投影方法,具体实施方式是:在实际应用中,由于探测器的带宽有限,因此响应函数不是一个理想的 δ 函数,则探测器探测到的光声信号为

$$p'(r, t) = p(r, t) * h(t) \tag{6-18}$$

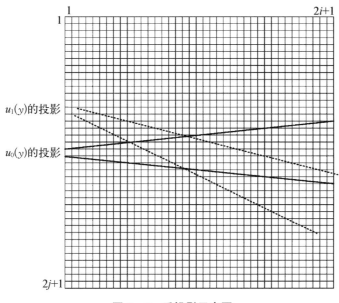

图 6-7 反投影示意图

式中,$h(t)$ 为探测器的响应函数;$p(r, t)$ 为实际的光声信号;* 为卷积。

在进行光声图像重建时,首先要消除探测器响应函数的影响,一般用逆卷积的方法计算出实际的光声信号:

$$\frac{\partial p(r, t)}{\partial t} = \text{IFFT}\left[\frac{j\omega P'(\omega)W(\omega)}{H(\omega)}\right] \tag{6-19}$$

式中,$P'(\omega)$ 和 $H(\omega)$ 分别为 $p'(r, t)$ 和 $h(t)$ 的傅里叶变换;$W(\omega)$ 为滤波窗函数。

因此对采集到的各个位置的信号进行频域滤波,再按照圆环扫描反投影,即可完成滤波反投影的重建。

这种方法克服了直线投影的缺点,但是也有本身的不足:① 对投影角度要求很高,虽然旋转约180°就可以得到整个图像的全部信息,但是由于组织的非均匀性,造成用不完备的数据进行图像重建,重建图像的伪迹严重,图像变形。这就制约了这种扫描方式的应用范围;② 设备要求精度高,扫描和重建图像过程需要大量时间;③ 图像分辨率取决于探测器主频和扫描的间距,由于工艺所限,使得圆环扫描时的图像分辨率很难达到百微米以下。

6.2.3.3 逐点扫描及最大值投影算法

当光斑聚到很小时(微米量级),组织间吸收率差异可以忽略,此时光声信号反映的是光斑区域内的吸收率,将此区域看成为一个像素点,光声信号的幅值可以看作像素值。利用机械方式对光斑进行二维扫描,使图像每一个像素对应相应的一个光斑内的信号,这样,可以组成一幅完整的三维图像。具体实施方式是:建立一个三维数组 $z(i, j, k)$,探测初始位置时,将探测器探测到的信号 $u(z)$ 赋予 $z(0, 0, k)$,利用机械方式等距沿 x 方向移动探测器一个位置,将此时探测器探测到的信号 $u(z)$ 赋予 $z(1, 0, k)$,移动 $i-1$ 个位置后,此时到图像边缘,沿 y 方向移动探测器一个位置,当移动 $(i-1)*(j-1)$ 个位置后,得到完整二维数组 $z(i, j)$,即可得到一幅三维图像,其中 x 方向和 y 方向坐标靠机械扫描间距确定,z 方向坐标靠探测点到探测器的延迟时间确定。若将此时 $z(i, j, k)$ 中 k 值的最大值定义为图像的像素的灰度,可以得到一幅二维图像,这种方法称为最大值投影法[26, 27]。

这种扫描方式中,当扫描的步距大于光斑大小时,图像中的相邻两个点可以区分,因此图像分辨率决定于光斑大小。目前,很多市售的脉冲激光器的光斑直径可以调整到数个微米左右,从而可以实现微米级分辨率成像。然而这种扫描方式也有其难以克服的缺点:① 光路结构复杂,对光斑质量要求很高,尤其是光能量的稳定性;② 由于光在组织中散射严重,光斑在组织内会散开,则影响分辨率,因此分辨率随着成像深度的增加而急剧变差;③ 因为是逐点扫描,扫描区域每个点都必须顾及,若要在大范围实现高分辨率成像,扫描步长和步数势必要增加,因此扫描过程需要大量时间。

6.2.3.4 内窥扫描及反投影算法

在进行颈动脉、肠道等腔道的内窥式光声检测时,需要将探测器伸进体内,这样上述几种扫描方式就不适用了,这时需要采用内窥扫描方式,其具体实施方式如下所述。

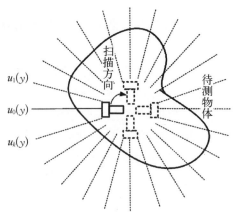

图6-8 内窥扫描方式示意图

如图6-8所示,建立一个二维数组 $z(2i+1, 2j+1)$,初始值都为0,探测初始位置时,将探测器探测到的信号 $u(y)$ 赋予扇形区域覆盖的像素,利用机械或电子方式等距旋转探测器一个位置,将此时探测器探测到的信号 $u(j)$ 叠加到此时的扇形区域,旋转 k 个位置后,得到完整二维数组 $z(i, j)$,即可得到一幅二维图像。

6.2.3.5　代数迭代算法

滤波反投影成像算法要求对成像区域进行全方位扫描以获取完备的投影数据，因此需要较长的时间采集大量的数据，不适合临床应用的快速成像要求。由于人体的特征，在很多情况下不可能获取各个方向光声信号，因此光声信号的采集很多情况下只能限定在某些方向上，使其在医学应用上受到严重限制。而在有限角度下采用代数重建算法的光声成像效果明显优于滤波反投影算法，即在有限角度下，采用代数重建算法（algebra reconstruction technique，ART）使重建图像的对比度和分辨率得到进一步的改善和提高[28]。

ART 是迭代重建算法的一种，和变换法的最大区别在于一开始就把连续的图像离散化，把射线定义为具有一定宽度尺寸。如图 6 - 9 所示，假定成像区域划分为 $J = n \times m$ 像素，用 $X_{i,j}$ 表示像素值，用 r_{ij} 表示加权因子，其定义为：

$$r_{ij} = \begin{cases} 1, & \text{当第 } i \text{ 条射线通过 } j \text{ 号像素内任一点} \\ 0, & \text{其他} \end{cases} \tag{6-20}$$

迭代法求解过程为：

① 假定一初始图像；② 计算该图像投影；③ 同测量投影值对比；④ 计算校正系数并更新初始图像值；⑤ 满足停步规则时，迭代中止，否则以新的重建图像作为初始图像从第②步开始。

ART 在数学上表示为

$$\boldsymbol{X}^{(k+1)} = \boldsymbol{X}^{(k)} + \lambda^{(k)} \frac{\boldsymbol{P}_{i_k} - \boldsymbol{r}_{i_k}^{\mathrm{T}} \boldsymbol{X}^{(k)}}{\| \boldsymbol{r}_{i_k} \|} \boldsymbol{r}_{i_k} \tag{6-21}$$

$$i_k = k - \mathrm{INT}\left(\frac{k}{I}\right) I + 1 \tag{6-22}$$

式中，k 为迭代次数；$\boldsymbol{P}_{i_k}$ 为实际测量的投影值；INT 为取整数；$\lambda^{(k)}$ 为松弛因子。

ART 的基本思想是：先假设一初始图像 $\boldsymbol{X}^{(0)}$，然后根据 $\boldsymbol{X}^{(0)}$ 求一次近似图像 $\boldsymbol{X}^{(1)}$，再根据 $\boldsymbol{X}^{(1)}$ 求二次近似图像 $\boldsymbol{X}^{(2)}$，如此继续，直到满足预定条件为止，根据 $\boldsymbol{X}^{(n)}$ 求 $\boldsymbol{X}^{(n+1)}$ 时需加一校正值 $\Delta \boldsymbol{X}^{(n)}$，$\Delta \boldsymbol{X}^{(n)}$ 只考虑一条射线的射线投影的影响（例如 i_k 号射线），所修正的像素值也限于 i_k 号射线经过的那些像素。下一步则考虑下一条射线 i_{k+1} 号射线。总之，每次校正依次考虑每一条射线并校正该射

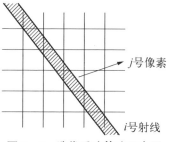

图 6 - 9　迭代重建算法示意图

线经过的所有像素。

在使用 ART 算法时,只能采用有限次的迭代次数,常用的收敛标准为

$$v^{(k)} = \sum_{i=1}^{I} (p_i - \langle r_i, \boldsymbol{X}^{(k)} \rangle) \qquad (6-23)$$

选定一个判断标准 e,

$$err = \sqrt{\frac{v^{(k)}}{I}} < e \qquad (6-24)$$

err 为误差,当误差 $< e$ 时,停止迭代。

在数据完整时,ART 的重建质量至少与滤波反投影算法相当,而在射线投影数 $I < J/3$(J 为像素数目)或具有强噪声的情况下,ART 的质量远较滤波反投影算法为优,但 ART 有一最佳迭代次数,超过此次数即不收敛。迭代法图像重建质量高,但是计算量大,计算时间长,为了加快重建图像在迭代过程中的收敛速度,人们提供了一种快速的迭代算法——有序子集最大期望值方法(ordered subsets expectation maximization, OSEM)。该方法将投影数据分成 n 个子集,每次重建时只使用一个子集对投影数据进行校正,重建图像更新一次,所有的子集都对投影数据校正一次,这称为一次迭代。和传统的迭代算法相比,在近似相同的计算时间和计算量下,重建图像被刷新了 n 倍,大大加快了图像重建速度,缩短了重建时间。

6.2.4 光声成像系统

6.2.4.1 光声探测器

光声信号的检测可利用超声成像的相关技术和仪器设备,常用声探测器按振元数目分为单元探测器和多元探测器,如陶瓷超声换能器和多元线阵探测器等。目前常用的声信号的压电晶体材料有 PVDF 薄膜和 PZT 陶瓷,它们能够提供简单、准确和高灵敏度的信号检测。PVDF 薄膜材料具有声阻抗低、频带宽的优点,但其灵敏度相对较低;PZT 陶瓷材料具有灵敏度高但受频带较窄的限制。根据探测器的不同,探测系统一般分为单元探测系统和多元探测系统。

单元探测器要通过多角度(一般需要数十个到数百个旋转角度)的旋转扫描方式来进行信号采集,尽管这种成像效果能够很好地反映生物组织的电磁波吸收分布,但其实验装置复杂,采集数据时间长,误差的来源多,重建图像的计算量大,成像耗费时间长,因此很难推广至实际的应用。

其中线阵,弧阵等形状的多元探测器,利用相控聚集原理,基于延时相位补

偿和幅值加权相干叠加的相控聚焦原理,如图 6-10 所示,其算法可表示为[29]

$$S_m = \sum_{n=1}^{N} \lambda_n S_n(t_{m1} + \tau_n) \qquad (6-25)$$

式中,m 为吸收体中任意微波吸收点源;n 为第 n 个换能器;N 为每次同时投入接收的换能器振元数;λ_n 为依据探测器的指向性做的一幅值权重修正系数;$t_{m1} = r_{m1}/v$ 为热声信号从点源 m 传播到第 1 个振元换能器所需的时间;$\tau_n = (r_{mn} - r_{m1})/v$ 为热声信号从点源 m 传播到第 n 个和第 1 个振元换能器的时间差,r_{mn} 和 r_{m1} 分别为点源 m 传播到第 n 个和第 1 个振元换能器的距离;v 是声波在介质中传播的平均速度。

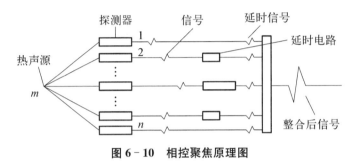

图 6-10　相控聚焦原理图

由式(6-25)可知,对于 m 点发出的光声信号,通过计算 τ_n,并在电路上对每一路信号设置相应的延时,经过延时补偿,合成一路之后的信号幅度最大。这样,m 点相当于探测器的焦点,对于光声源不在焦点处的情况,由于不同振元离光声源的距离不同,各振元接收到的信号通过延时后相位差异较大,合成的信号相对较弱。因此每次探测器群元组合采集到的信号主要是焦点处声源发出的信号。在本系统中,换能器振元数 N 即为每次接受热声信号的振群数。

相比较于单元探测系统,基于线阵和弧阵的多元探测系统可以快速地完成扫描,但是仍需要旋转数十个位置(少于单元探测系统),因此是一种过渡型的探测系统。

图 6-11 所示的一种新型的环形多元探测器,它将数百个阵元排列在环形金属结构的内壁上,这样就可以做到同时接收整个圆周的完整信号,解决由于旋转探测器带来的误差问题。利用多元探测系统,加上电子环形扫描方式,极大

图 6-11　环形多元探测器

地提高了扫描速度,由单元扫描系统的几十分钟提高到几秒,避免了光能量不稳定和探测器旋转的抖动带来的误差,极大地提高了图像的对比度和抗噪能力,是实现实时成像的主流方向。

6.2.4.2　采集控制软件系统

光声成像软件系统一般是在 LabVIEW 虚拟仪器开发平台上实现光声信号高速采集。如图 6-12 所示,整个系统实现了高度的模块化设计,系统软件主要由初始化采集卡、数据采集、步进电机控制和图像重建四部分构成。主要调用的 NI USU-5102 函数库有 niScope Initialize、Configure、Fetch Binary 8、Error Handler 和 Close 等子 vi,调用的 PCI-1730 函数库有 DeviceOpen、DIOWriteBit、DIOReadBit、DIOReadPortByte 和 DeviceClose 等子 vi。其中的参数设置主要包括设备与通道设置、采样方式设置和触发信号控制、文件存储路径等。

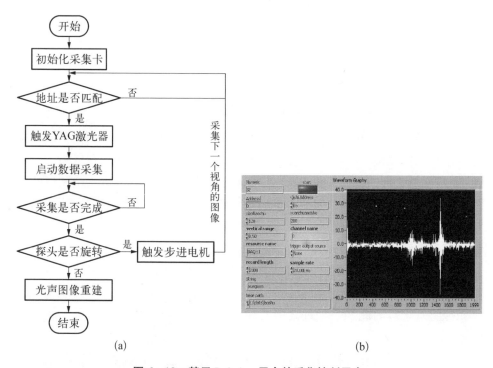

(a)　　　　　　　　　　　　　　　　(b)

图 6-12　基于 Labview 平台的采集控制平台

(a) 采集控制程序流程图;(b) 采集控制程序前面板

目前实验室常见的用于光声成像的数据采集系统,可根据探测器类型分为单元采集系统,多元采集系统,其中多元采集系统又分为基于 B 超类型和基于并行采集系统类型。下面介绍几种常用光声成像系统的实例。

6.2.4.3　单元扫描光声成像系统

单元探测成像系统主要是指探测光声信号的传感器是单个超声探测器。美国的汪立宏等建立了基于单个探测器旋转扫描的单元光声成像系统[30]。同期，国内的邢达等也建立了可用于活体动物检测的单元光声成像系统[31]，如图6-13所示。整个硬件系统主要包括：单元超声探测器，为针状的磺化聚二氟乙烯(polyvinylidene fluoride，PVDF)膜的水听器(precision Acoustic LTD)，其超声频率响应带宽为200 kHz～1.5 MHz，探测灵敏度为950 nV/Pa，接收面积直径为1 mm；信号放大器，包括前放和主放大器，其中主放大器的带宽为50 kHz～125 MHz，最小放大倍数为25 dB，最大输入信号的峰值为0.5 V；数字示波器最高采样率为2.5 GS/s，带宽为300 MHz、9 bit的垂直分辨率，内置GPIB通信接口；即插即用式GPIB接口卡，为一个数字化24脚(扁形接口插座)并行总线，其中16根线为TTL电平信号线，包括8根双向数据线、5根控制线、3根握手线，另8根为地线和屏蔽线；数字I/O卡，它提供24通道的高速数字I/O处理，其中每8通道可编程；2P步进电机，其驱动选用2相步进电机驱动器UDX2107；可调谐激光器LS-2134，工作波长可为350～532 nm或650～1 000 nm，脉宽为8 ns；个人计算机。

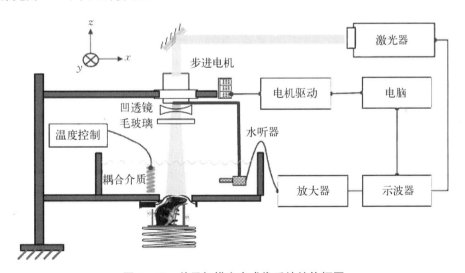

图6-13　单元扫描光声成像系统结构框图

单元光声成像系统的工作流程大致为：激光器输出的短脉冲激光经过凹透镜扩束后，通过毛玻璃均匀照射在样品上，组织体吸收激光能量产生光声信号。单个水听器放在离样品中心一定距离处接收光声信号，所接收信号经过放大后传入示波器。在示波器中，对光声信号进行多次平均，将平均后的信号通过GPIB

卡传入计算机。信号数据传输完毕后,计算机控制步进电机带动水听器旋转扫描,水听器旋转到下一个位置后计算机控制采集系统进行下一轮的信号采集,直到完成 360°全方位扫描。待数据采集完毕,可用滤波反投影算法重建出生物组织的光吸收分布图像。

基于单个探测器旋转扫描的光声成像系统能够准确地反演生物组织的光吸收分布,但其实验装置复杂、采集数据时间长、计算量大、成像耗费的时间长等,增加了检测结果的不准确性。所以这种单元扫描光声成像模式很难应用于实际的医学临床检测。

6.2.4.4 基于多元阵列探测器的快速光声成像系统

为了提高数据采集速度,需要用多元探测器取代单个探测器采集光声信号。在国际上,Kruger 等将光声成像技术用于乳腺癌的早期临床检测,发展了多种形状的阵列探测器[20, 22, 24]。Oraevsky 等利用宽带宽的非聚焦的 PVDF 探头组成弧状的阵列探测器采集光声信号,并提出了径向反投影算法重建该系统的光声图像,对早期乳腺癌检测进行了一系列的研究[18]。Xing 等在 2004 年发展了一套基于 320 元线性阵列探测器的多元光声成像系统,该系统采用相控聚焦技术采集光声信号,数据不需要平均,一幅 B 模式的光声图像的采集时间只需要 5 s,并在便携式线阵超声诊断仪 CTS - 200(SIUI,China)的平台上,开发了主要有 Nd:YAG 激光器、多元线性超声传感器阵列 EUZ - PL23、数据预处理子系统 MLTAS、便携式高速数字化仪 NI USB - 5102、隔离数字量 I/O 卡 PCI - 1730、控制器和计算机等硬件组成的快速多元光声数字化成像系统[29]。

如图 6 - 14 所示,基于 B 扫描阵列探测器的多元快速光声成像系统主要有 PC 机、USB - 5102 采集卡和 PCI - 1730 数字 I/O 卡等硬件部分,其主要硬件包括:① 超声传感器,可选用主频分别为 3.5 MHz、5 MHz 和 7.5 MHz 的多元线性探测器阵列。选用中心频率为 7.5 MHz 的多元线性探测器阵列 EZU - PL23(SIUI, China),由 192 个振元组成,并被分割成 64 个振群,每 3 个振元组成一个振群。其频带宽度不高于 75%(相对带宽),横向扫描宽度为 49 mm。② 数据预处理子系统,主要实现阻抗变换、信号预放、信号滤波、时间增益补偿等预处理功能,并以便携式线阵超声诊断仪 CTS - 200 作为可变孔径多段聚焦平台来实现分段动态聚焦。③ 高速数据采集,采用便携式高速数字化仪 USB - 5102(NI,USA),它具有 USB、PCMCIA 接口总线,2 通道信号输入端口,每通道提供663 K 的内存,带宽为 15 MHz,采样速率为 20 MS/s,任意间隔采样率为1.020 GS/s,垂直采样精度为 8 b/s,输入范围为±0.05 至±5。④ 地址 I/O 采集,选用隔离数字量输入/输出卡 PCI - 1730(Advantech,Taiwan),它有 32 路隔离 DIO 通道和

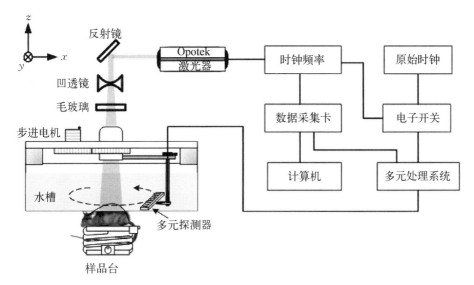

图 6‑14 基于 B 扫描阵列探测器的多元快速光声成像系统

32 路 TTL 电平 DIO 通道,其中 4 个 20 针接口分别用于隔离数字量 I/O 通道和 TTL 数字量 I/O 通道,隔离保护电压可达到 2 500 VDC,是要求采取高电压隔离工业应用的理想选择。此外,所有高驱动能力的输出通道都提供高电压保护。⑤ 时序控制器,采用 MAX70000S 系列大规模可编程逻辑器件 EPM7032(Altera,USA),其工作频率最高可达 151.5 MHz,并具有带可编程保密位的在线编程能力。⑥ 2P 步进电机 PH268‑22‑A7(VEXTA,Japan),最小步距为 0.9°,其驱动选用 2 相步进电机驱动器 UDX2107(VEXTA,Japan)。⑦ 光纤输出的 Nd:YAG 激光器(Brilliant B,Bigsky),工作波长为 1 064 nm,单脉冲能量达 40 mJ,激光脉宽为 8 ns,其中光纤直径 D 约为 0.6 mm,数值孔径 NA 为 0.22;⑧ 个人计算机。

　　基于 B 型超声系统的多元快速光声成像系统工作流程大致为:由 B 超系统内部控制电路提供频率为 15 Hz 的时钟信号控制激光器输出脉冲激光,同时通过高速采集卡和多元处理系统控制多元探测器进行数据采集。采集的信号保存到计算机。该系统采用多元线性阵列探测器,结合电子扫描和相控聚集技术,不需要数据平均,实现了高灵敏度快速成像。与单探测器系统相比,多元成像系统具有装置简单、采集成像时间短、算法简单等优点。同时消除了机械旋转扫描带来的漂移对图像重建的影响,显著提高了成像质量、可靠性和稳定性。它为生物组织的光声层析成像提供了一种更方便快捷的方法,有望用于为临床诊断方法。

6.2.4.5 基于并行采集的快速光声成像系统

为进一步提高光声信号的采集速度,邢达等发展了 64 通道并行光声采集系统,系统构成主要包括模拟信号处理板和数字信号处理板两个部分,其中在模拟信号处理板上,信号经过了两级放大和抗混叠滤波两个步骤,多通道的模拟光声信号被送到数字处理板的 A/D 模块,A/D 完成后,在 FPGA 芯片的控制下,数字信号被放到数据暂存模块进行存储,最后通过 USB 接口芯片传输到计算机进行存储[32]。整个系统的硬件架构如下:128 阵元的线阵探测器通过 RDL-156 零插拔力连接器与整个系统连接,其中的 64 路光声信号被送入两级放大,随后进入到抗混叠滤波处理阶段,并经过 A/D 后,在激光器 Q-switch 信号控制下,数字化后的光声信号被采集进入数据暂存模块暂存,当一帧数据采集完成以后,通过 USB 接口传输至计算机做数据处理以及数据保存。下面是采集系统中使用到的有关模块细节。

1) 信号放大

当激光激发样品产生光声信号以后,超声换能器将接收到的多通道的光声信号通过零插拔连接器 RDL-156 传输到信号采集系统,信号首先经过两级放大,放大芯片采用的是 AD8334 和 AD8335,其中 AD8334 是 ADI 公司推出的、带有四个可变增益放大器和两个 ADC 的完整模拟前端器件,这种器件基于 ADI 的系统级信号链和医疗应用经验,可提供完整的优化超声设备功能。而 AD8335 也是 ADI 公司推出的四路低噪音可变增益(VGA)放大器,它能在提高图像质量的同时,降低功耗、成本和尺寸。AD8335 能满足医疗图像的两种关键要求——更好的信噪比和输出信号控制电平。输入信噪比为 92 dB 时,AD8335 的动态范围比最接近的同类产品要大 10 dB。AD8335 的每个通道包含一个低噪声的前置放大器(LNA)和一个 X-AMP VGA 的优化增益和功率电平的增益控制接口。LNA 具有单端输入和差分或单端输出,能提供较好的噪声性能,阻抗匹配由外接的反馈电阻来设定。

2) 抗混叠滤波

光声信号经过放大后,接下来就要进行抗混叠滤波,抗混叠滤波的过程主要通过 ADG721 和 AD8132 这两个芯片来完成。其中 AD8132 是一种可由电阻调整增益的低功耗、差动或单端输入的差模输出放大器,与差动运算放大器相比,它的优点在于可驱动差模输入的 A/D 转换器及长距离输送信号。它独有的内部反馈可以提供输出增益,它还可以保持 10 MHz-68 dB 的相位平衡,并抑制谐波,减少电磁辐射。

3) A/D 转换

在 A/D 过程中,模拟光声信号被模数转换为 12 位数据,完成该功能的芯片型号是 ADS5270。ADS5270 是德州仪器推出的一款非常适合于超声设备的模数转换器(ADC),该芯片具有独立的 8 通道超高速 CMOS,由高性能采样保持电路和 12 位 A/D 转换器组成,单通道模数转换得到 12 位数据后,经过串行序列化,最后以电压差分信号(LVDS)的方式输出。

4) 数据采集系统

光声信号经过 A/D 后,数据将在采集控制模块的控制下被存储在数据暂存模块里,数据采集模块的核心控制器件为 Xilinx 公司 SpartanIII 系列的 XC3S400 型 FPGA(field programmable gate array)芯片,它的封装形式为 PQ208。这款芯片采用先进的 90 ns 工艺,最大容量为 40 万门,工作频率高达200 M,足以完成系统需要。

5) 数据暂存模块

数据的采集过程中,我们需要先将数据暂存,当一帧的数据采集完成以后,再将全部的数据传输到计算机进行进一步的数据处理。数据暂存模块使用的是 CYPRESS 公司的 CY7C1215H,该芯片集成了 32 个 32K SRAM 存储单元,共 1 Mb 的存储容量,足够完成采集过程中的数据存储。

6) USB 接口模块

当一帧数据采集完成以后,通过 USB 接口芯片,数据暂存模块中的数据将传输到计算机进行后处理工作,本系统 USB 设备接口芯片采用的是 CYPRESS 公司的 CY7C68013A,该芯片包含一个 8051 处理器、一个串行接口引擎、一个 USB 收发器、8KB 片上 RAM、512 B Scratch RAM、4KB 的 FIFO 存储器以及一个通用的可编程接口(GPIF)。它是一个全面集成的解决方案,占用更少的电路板空间,同时能缩短开发时间。该芯片支持 12 Mb/s 和全速速率为 480 Mb/s 的高速传输速率,可以使用控制传输、批量传输、中断传输和同步传输等 4 种传输速率,完全适用于 USB2.0,并且向下兼容 USB1.1。

以上六个部分构成了基于 64 通道并行采集的多元快速成像系统的骨架,在模拟信号板上主要是对信号进行二级放大、滤波等处理过程,数字信号板则主要是对信号进行 A/D 处理,并在 FPGA 芯片的控制下保存在存储器上,并在一帧数据采集完成后,通过 USB 接口芯片传输到计算机进行数据的进一步处理和保存。该采集系统由于只设计了超声信号接收和处理电路,超声发射控制电路没有设计到整机中,所以构造相对 B 超系统简单,稳定性等各方面的参数都有提高,并且可以通过软件来实施对增益放大地控制,可以选择固定增益以及可变增益放大,随着探测深度的增加,增益也随之增加,并可以根据衰减情况的不同选择不同的增益系数,当探测深度达到 6 cm 时,最大的增益可以达到 96 dB。

6.2.4.6　基于 A-Scan 模式的光声双环成像系统

为了实现探测器深度方向的动态聚焦扫描,Wang 等构建了双环光声成像系统,如图 6-15 所示[33]。此套系统中的双环探测器为自制的轴向电极化的两同心圆环的压电陶瓷超声换能器,其中心频率为 1 MHz,带宽为 0.6 MHz,内环半径为 2.8 mm,外环半径为 5 mm,环宽为 0.8 mm,正负电极分别粘在两个环的上下两个表面,将双环探测器固定在三维扫描平台上,将内径为 600 μm 的光纤插入双环的中心,光纤内激光波长为 1 064 nm。Nd:YAG 调 Q 激光器输出短脉冲激光经光纤耦合输出辐射生物组织时产生光声信号,产生的光声信号被双环探测器接收,然后输入双通道数字示波器,再通过 GPIB 接口卡输入计算机,每完成一次信号采集,计算机通过电机驱动控制步进电机旋转,然后进行下一次采集。实验中,步进电机带动整合光纤的探头对样品实行一维的线性扫描或者两维的面扫,其步距扫描由计算机通过 Labview 软件编程和 PCI-1757 硬件数字接口卡控制实现。由于该成像系统采用了反射模式成像,扫描方式灵活,不需要对目标做全方位扫描,而且重建算法简单,能够实时重建相应扫描部分的光声图像而不需要知道临近探测位置信息,这套系统有望成为一种新型的具有很大发展前景的临床生物医学成像模式,可为肿瘤的新生血管化的诊断和肿瘤治疗监控提供一种新的手段。

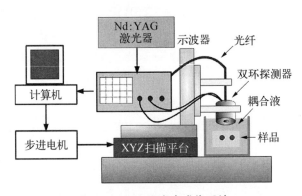

图 6-15　双环光声成像系统

6.2.4.7　光声显微成像系统

Wang 最早将光声成像应用于显微成像上[26],构建了光声显微成像系统,如图 6-16 所示。在该成像系统中,脉宽为 6 ns 的可调谐染料激光器光纤输出激光,激光通过一个锥形棱镜产生一个环形光斑,经聚焦后入射到组织内,聚焦光斑的直径为 2 mm,它与声换能器的焦斑重合。由步进电机控制探测器在 Oxy 平面做 A 扫描。探测器每个位置采集信号的时间为 2 μs,扫描步距为 50 μm。

扫描采集的光声信号利用最大值成像算法可得到样品三维光声图像。光声显微成像技术可有效突破高分辨率光学显微成像深度"软"极限(1 mm),为高分辨率显微成像提供了一种全新的方法。

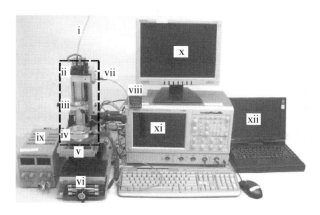

图 6 - 16 光声显微镜系统

(i) 多轴光纤;(ii) 聚焦透镜;(iii) 锥型透镜;(iv) 光学聚焦镜和超声探测器;
(v) 水箱;(vi) 动物固定支架;(vii) 采样器和参考光纤;(viii) 温度控制器;
(ix) 电机电源;(x) 计算机;(xi) 数字示波器;(xii) 控制电机的计算机

6.2.4.8 光声血管内窥成像系统

光声血管内窥成像系统如图 6 - 17 所示[34]。系统包括:Nd:YAG 泵浦的光学参量振荡器(Vibrant B 532I, Opotek, USA),波长在 690~960 nm 范围内可调,脉冲宽度为 10 ns,工作重复频率为 10 Hz。实验样品放置在一个水箱中,产生的光声信号被 IVUS 探头(直径:0.83 mm;主频:40 MHz;Atlantis SR Plus, Boston Scientific Inc.)接收。接收后的信号经过低噪声前置放大器(ZFL - 500LN,Min-circuit)和主放大器(Ha2,Precision Acoustics LTD)放大后,被数字示波器(TDS 3032,Tektronix)采集。采集完整的一幅图像需要将样品旋转 200 步,每步旋转 1.8°。最后采集到的数据被计算机储存,并通过滤波反投影重建出光声血管内窥像。光声内窥成像可以应用到大血管、肠道、食道等腔道,可以将激光通过光纤引入到腔道内部,实现在内部激发光声信号,通过内窥探测器旋转一定角度采集完整的图像,因此这是一种微创的检测方式。由于血管中的血液可以看成耦合超声的介质,因此这套系统特别适合在血管内检测。

6.2.4.9 微波热声成像系统

微波激励的热声层析成像是近几年兴起的一种非电离化新兴医学成像方法。它以脉冲微波作为激发源,基于生物组织内部微波吸收率差异,以超声作为信息载体,结合了纯微波成像和纯超声成像两种方法的优点,具有很好的空间分

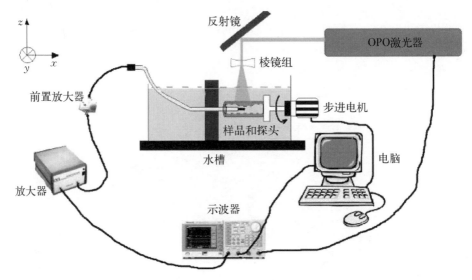

图 6‑17 光声血管内窥成像系统

辨率和成像对比度。这一点和激光激发的光声成像相似，这两种成像方法和系统非常相似。

在肿瘤扩散的过程中，伴随着大量血管网络的增生，离子和水分大量积累。离子和水分的略微升高能导致肿瘤边缘电导率和介电常数的明显变化，造成肿瘤的微波吸收系数变大。在乳房中，恶性肿瘤组织和正常脂肪组织的介电特性已经被广泛的研究，结果表明，恶性肿瘤组织比正常脂肪组织的电导率和介电常数都大十倍左右。组织的微波吸收系数增加通常意味着发生了生理病变，这就为热声成像技术检测乳腺肿瘤提供了依据。此外，微波热声成像在异物检测、实时测温等方面也有应用前景。与光声成像相比，微波热声成像可以使用光声成像的探测和采集系统，唯一的不同就是在于激发源。由于微波波长较长，无法聚集成一个点，因此微波只有大面积照射这一种辐照方式，最适合圆环扫描方式，可以用单元探测和采集系统，也可以使用多元探测和采集系统，根据所研究问题的不同做出适当的选择。

1）单元微波热声成像系统

图 6‑18 是单元微波热声成像系统的一个简易示意图[35]。实验采用3 GHz 主频的微波发生器，脉冲宽度为 0.3 μs 或 0.5 μs，单发脉冲能量为 10 mJ，波导横截面为 72 mm×34mm 的矩形，由一个函数信号发生器外触发，重复频率为 50 Hz。实验样品置于一个盛满矿物油的箱体中，实验时矿物油没过实验样品以传导超声信号（即热声信号）。热声信号由一个主频为 2.25 MHz、直径为 6 mm

的单元探测器接收,然后经过放大器,被示波器(TDS640A,Tektronix)采集,存储在计算机中,经过滤波反投影重建出热声图像。

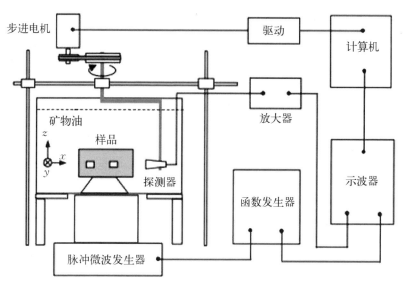

图6-18　单元热声成像示意图

2) 多元热声乳腺成像系统

实验装置如图6-19所示,激发源选用陕西北微机电科技有限公司的微波发生器(BW-6000HPT),其发射频率为6 GHz,脉宽为0.5/1 μs可选,发射脉冲峰值功率为80～300 kW可选,重复频率为1～500 次连续可调的脉冲微波。微波能量通过截面积为34.8×15.8 mm口径的矩形波导辐射到样品上。样品放置在一个塑料样品台上,样品台和超声探测器一同被浸泡在装有矿物油的容器内。3个主频在2.5 MHz的128阵元多元探测器(L2L50A,SIUI,China)相距120°排列,采用6.2.3.2节所述热声CT技术进行采集数据。沿Oxy平面二维扫描的位置数是10个。按照式(6-26)计算此系统z轴分辨率约为1.5 mm。沿z轴扫描的步距是0.5 mm,一共40个位置。采集到的384通道的数据经过一个384—64转换器转换成6组64通道数据,然后依次经过放大和滤波被两个32通道高速数据采集卡采集(NI5752,NI,USA),经过滤波反投影程序重建二维图像。如图6-20所示,采用组合式扫描方式可以实现三维成像,多组二维图像按一定次序经过VolView(Kitware,Inc.,USA)软件组成三维图像。在采集一幅二维图像后,探测器在z轴方向扫描,实现三维热声成像。在探测器前加柱面声透镜以提高系统在z轴方向的层析能力,其中,柱面透镜聚焦声场可由衍射公式计算,其在z轴方向的层厚可以近似表达为

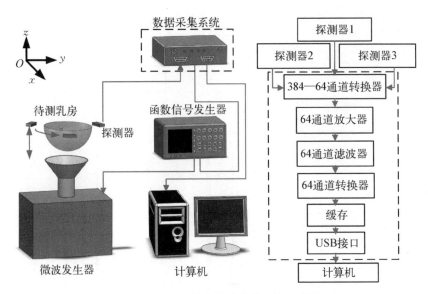

图 6‑19 多元热声乳腺成像系统示意图

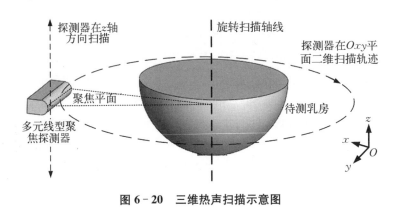

图 6‑20 三维热声扫描示意图

$$b_{-6\,\mathrm{db}} = 0.71\frac{\lambda F_a}{D} \qquad\qquad (6\text{-}26)$$

式中，λ 为超声波在声透镜中的波长；F_a 为声透镜的焦距；D 为透镜的孔径宽度。

3）多元热声活体动物成像装置

图 6‑21 所示为多元热声活体动物扫描成像系统的结构示意图[36,37]。微波照射的平均能量密度控制在 20 mJ/cm² 以内；动物将通过耦合池底部中央圆形透明聚乙烯薄膜伸入到耦合池中，超声耦合池中充满油作为超声与多元探测器的耦合介质；多元探测器固定在耦合池上方的旋转平台，在离旋转中心一定距

离处由步进电机驱动旋转组合扫描采集热声信号;实验过程的控制与操作是由基于 Labview Full Dev. System(ver 8.0 NI) 的虚拟仪器开发并自编程的热声采集软件完成。探测器的最小步进扫描间隔为 1.8°,当旋转扫描 n 个位置后,$128 \times n$ 的数据矩阵将传输至计算机待进一步处理。组合扫描的热声图像的重建采用基于阵列探测器的有限场滤波反投影算法,以 Matlab 软件实现。

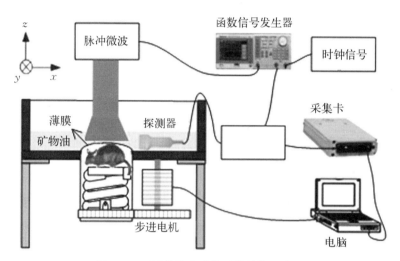

图 6-21　活体热声成像系统结构示意图

4) 光声、热声双模式成像装置

本实验是基于热声和光声的双模式成像[38],如图 6-22 所示,系统的辐射源是一台 3 GHz 的微波源,以 50 Hz 的重复频率、0.5 μs 的脉宽向外发射微波。探测器(V383/3.5 MHz, Panametrics)主频为 3 MHz,用来接收光声信号和热声信号。激光器和微波源分时激发样品,因此光声信号和热声信号互不干扰,可以被同一探测器接收。信号经过放大被一台采样率主频为 20 MHz 或 50 MHz 的示波器(TDS640A,Tektronix)采集,平均 100 次后被计算机存储,经过滤波反投影算法后重建出光声图像和热声图像。该系统整合了光声成像系统和热声成像系统,做到了扫描一次采集两幅图像(光声和热声图像)。光声和热声成像采用不同的激发源,成像过程中的吸收差异来源不同,因此具有互补性。

6.2.5　涉及的特殊问题

6.2.5.1　光声成像空间分辨率

光声成像有机地结合了光学成像和声学成像的特点,可以提供深层组织的高分辨率和高对比度的组织断层图像。它的空间分辨率可从纵向分辨率、横向

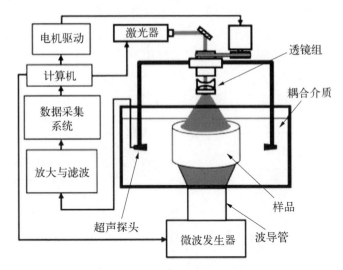

图 6-22　光声热声双模成像系统

分辨率等方面讨论。光声成像纵向分辨率由激发源的脉宽、探测器的响应带宽决定。探测器的带宽越宽,轴向分辨率越好。横向分辨率由探测器的间距和数值孔径等决定,探测器元与元的间距越小或数值孔径越大,横向分辨能力也越好。

图 6-23 是光声(热声)成像计算分辨率的一种方法,取两个小的圆吸收体,相距非常近,在重建的图像上计算此时各点的位置关系,即可得到系统的分辨能力。此时的分辨率为 $BC+B'C'-2r$,r 为吸收体的半径。

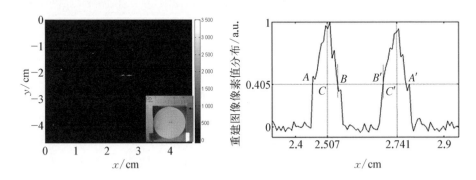

图 6-23　光声 CT 成像系统的空间分辨率分析像

(a) 两个模拟吸收体的光声图像;(b) 为(a)图中 $y=-2.0$ cm 处截取的像素值分布曲线,以分析系统分辨率

以华南师范大学邢达小组开发的两套光声信号采集系统为例,一套系统是基于水听器来探测声信号,另一套系统为基于多元线形阵列探测器。PVDF 膜声阻抗低、灵敏度相对较低,为 850 nV/Pa;水听器的特点是响应频带宽,可从 200 kHz

到 15 MHz 频带范围内响应,因此水听器看作为理想的光声探测器,它的空间分辨率可到 110 μm,该系统已经成功对小动物的脑部功能、脑损伤和恢复过程进行监控。另一个很具创新性的工作是利用多元线形阵列探测器来采集光声信号,多元阵列探测器的特点是无需旋转多个位置采集光声信号,获取数据速度快。该线性阵列探测器由 320 个压电阵元构成,中心频率是 7.5 MHz,带宽为60%,灵敏度约为 0.8 mV/Pa。其阵元的物理尺寸是:垂直方向为 10 mm,侧向阵元的间隔约为 500 μm。在其前部有一内置的柱面声透镜(焦长为35 mm)用来选择焦平面上的信号,抑止焦平面以外的信号来实现层析成像,它的层析分辨率为 1.6 mm。邢达小组结合滤波反投影算法和相控技术的特点,首次提出了有限场滤波反投影算法,采用该算法能大大提高该多元光声系统的横向分辨率,使系统的横向分辨率由以前的 1.5 mm 提高到 0.2 mm。

在国际上,美国汪力宏研究小组在高分辨率的光声成像方面取得了很大进展,在借鉴超声显微系统的基础上构建了光声显微成像系统,该系统采用一个主频为 50 MHz、数值孔径为 0.44 mm 的球形聚焦超声探测器探测信号。激发光源与声探测器实现共聚焦模式的扫描。另外一个巧妙的选择是采用光学聚焦扫描方式采集信号,那么它的横向分辨率是由光学的聚焦光斑尺寸决定,目前的光学聚焦光斑尺寸可以较容易达到 5 μm,这个概念可称为光学分辨率的光声显微镜。但纵向分辨率还是由探测器的频带决定,可达 15 μm。

因此,根据影响光声成像分辨率的几个重要因素,可得到提高成像分辨率的几种方法。其一,要提高光声成像的纵向分辨率则需要进一步减小激发源的脉宽,目前进行光声成像的激光脉宽多为纳秒级。但激发脉宽的降低可能会影响到光声转换效应,这个问题值得进一步探讨。同时,提高探测器的主频和带宽,则轴向分辨率越好,但超高频的超声(>50 MHz)在生物组织中的衰减很大,会严重影响成像的探测深度。其二,要提高光声成像的横向分辨率则需要采用进一步减小探测器的间距和增大数值孔径等手段。其三,对于浅表生物组织的显微光声成像则可采用光学聚焦扫描的办法,可取得光学分辨率(微米甚至亚微米)为超高分辨率的光声图像。

6.2.5.2 光声成像速度

单元探测器目前大都采用非聚焦的宽带换能器,通过旋转扫描的方式进行信号采集,尽管这种成像效果能够很好地反映生物组织的光吸收分布,但其实验装置复杂,采集数据时间长,一个单元探测器旋转 100 个位置,包括数据平均和采集,电机的旋转等,需要 30 min 左右。而且这种方法的成像算法复杂,计算量大,成像耗费的时间长。长时间的信号采集过程,可能使一些神经活动和功能状态已经发生了变化和改变,则会增加检测结果的不准确性。所以这种单元扫描光声成像模式很难应用于医学临床检测。

采用多元阵列探测器采集光声信号,可以简化实验装置。结合相控聚焦技术和电子扫描技术,可减少数据采集时间、提高成像速度,为实际应用提供可行的方法。多元探头利用相控聚焦技术能大大地提高信噪比,而且采用电子扫描的方式能极大地提高信号采集的速度,这将有利于进行光声定量血液动力学检测和实时光声成像。因此,快速的光声成像就具有很重要的意义和任务。快速检测能够减少基于机械扫描过程由心跳或呼吸等运动所引起的信号伪迹,并且采集速度的加快能够使光声成像观测到快速的功能变化甚至是体内神经活动,提供对可疑区域准确的诊断。超声多元探测器结合电子电路以电子扫描或并行扫描技术为基础实现光声信号的快速采集,可以简化实验装置、提高仪器的整合程度、减少数据采集时间,达到快速实时成像的目的,将为实际应用提供可靠稳定的临床检测方法。

近年来,发展多元快速光声采集技术以满足临床检测成像要求的观点已经得到国际的普遍认同,并且已有很多的研究小组对多元光声成像进行了深入的研究,并取得了相当大的进展。例如,Oraevsky 研究小组研制了基于 128 通道的弧型宽带超声阵列探测器(LOIS),配备了四个 32 通道的并行采集系统进行数据采集,并用来对乳腺癌进行快速检测和诊断;Niederhauser 研究小组利用传统线性阵列探测器和 64 通道数字相控阵列超声系统实现了对血管实时的光声和超声联合成像;Quing Zhu 研究小组研制出 1/4 圆弧的 128 阵元探测器和与之匹配 128 通道并行采集系统,实现了 40 f/s 的高速采集成像;Wang Lihong 研究小组利用一个 30 MHz、48 阵元的高频多元阵列探测器实现了对直径小于 300 μm 的血管进行显微成像。在国内,华南师范大学唐志烈研究组用具有成像能力的声透镜对光声信号直接进行二维成像,再用时间分辨技术进行层析成像,成功地获得了生物组织内部不同层面的光声图像。

华南师范大学邢达课题组利用 320 阵元线性阵列探测器系统实现了模拟样品和一系列生物医学病理成像。基于多元阵列探测器的组合扫描光声成像系统,通过采用电子扫描和机械扫描两种扫描方式共同采集光声信号,既能加快信号的采集时间,又能保证较好的图像质量,是一种非常有潜力的光声成像模式。实验验证,对于脑部皮层的血管网络结构来说,多元阵列探测器的探测位置数目为 25 时,光声重建图像仍然能够提供较好对比度和分辨率的影像。当用阵列探测器代替单元探测器采用机械扫描和电子扫描相结合时,阵列探测器在每个位置采集信号的数据大约为 3s,一共要扫描采集 20 个位置的光声信号,数据采集时间加上机械扫描数据大约需要 1 min 左右。而目前采用单元探测器旋转扫描方式或者采用逐点扫描方式采集信号,其数据采集时间一般都需要十几分钟到几十分钟,甚至几小时以上。相比较来说,多元组合扫描成像系统所需要的时间缩短了很多。而且,若在不考虑监测对象整体结构完整性的情况下,可以利用多元探测器单个位置针对某个局部的血管或吸收体进行快速多元光声成像。另外一个开发的系统是多数据通道并行采集,邢达小组开发的 128 通道采集系统有望实现实时成像。要进一步提高系统的时间分辨,有两个关键的因素,激光激发的重复频率和数据并行采集传输技术。如果采用高重复频率的激光系统作为辐射源,再结合 128 通道的超声并行采集系统,该系统完全可能实现实时甚至是高速的成像,提高对复杂结构快速成像,满足临床检测的需求。利用光声成像技术通过获取脑部功能活动或应激反应产生的血流和代谢方面的信息,经过信号图像处理,将脑的活动以直观的影像学形式表达出来,可实现大脑活动与功能的无损监测。随着激光器重复频率的不断提高和并行采集技术的发展,以多元阵列探器代替单元探测器,采用电子与机械组合扫描的模式进行光声信号检测,有望实现高对比高分辨率、实时快速、在体无损的脑功能成像技术及仪器,从而实现无损实时地测量和研究脑高级活动时脑内发生的变化,使神经生物学家直接窥视活体大脑内部的活动情况成为可能,继而为阐明大脑高级思维活动的过程解析带来了新的前景,并将在脑科学研究特别是儿童早期教育、医学诊断和医疗治疗方面得到广泛应用。

6.3 国内外状况

6.3.1 国外研究现状

近年,光声成像技术发展迅速,美国、英国、瑞士、荷兰先后开展了此方面的研究,目前在国际上从事光声生物医学成像研究的研究组主要有:美国的 R. A. Kruger 小组[22, 24, 39]、A. A. Oraevsky 小组[40-43]、Stanislav Y. Emelianov 小组[44-47]、Wang Lihong 小组[2,3, 48-50] 和 Jiang Huabei 小组[51-55],英国的 P. C. Beard 小组[56-60],荷兰的 F. F. M. de Mul 小组[61-63] 等。其中 R. A. Kruger 和 A. A. Oraevsky 研究组是最早从事光声医学应用成像研究的,他们在光声技术理论,特别是光声成像算法方面做了大量的研究工作,Kruger 小组侧重利用微波激发超声进行乳腺成像的检测,并已研制人体乳腺的临床成像装置;Oraevsky 小组则注重将光声成像与超声成像相结合,构成双模成像体系;Stanislav Y. Emelianov 小组主要针对动脉粥样硬化斑块的检测,研究基于血管内超声探测仪的光声内窥成像技术;Lihong V. Wang 目前主要研究多尺度多分辨率光声成像及光声显微系统;Jiang Huabei 小组主要研究光声定量光吸收系统的反演成像;英国的 P. C. Beard 小组利用基于法布里-珀罗干涉薄膜的后向式光声成像,实现了毛细血管的三维成像;荷兰的 F. F. M. de Mul 小组设计了圆形双环的光声一体化检测探头,实现手部血管的扫描成像。

美国德克萨斯州大学 Oraevsky 小组开发了一个可用于小动物研究的三维全身光声断层扫描成像系统,如图 6 - 24 所示。他们使用弧形探测器侧向接收超声信号,大大减少了成像的时间。他们使用这套系统获取了裸鼠主要脏器的光声立体图像,如图 6 - 25 所示[41]。光声层析成像的最大优点就是分辨率和图像对比度的发展空间很大,特别是,当组织的不同部分吸收参数和散射系数差别很大的时候,能够取得更理想的效果。因为组织中血红蛋白的吸收特性和散射特性都很好,所以光声成像对血管的成像效果就特别好,无论是对血管系统疾病的直接诊断,还是对血管周围的病变组织进行成像,都有很好的效果。

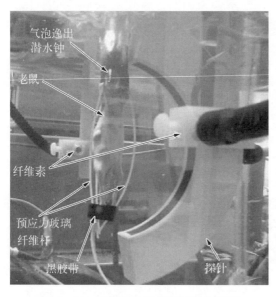

图 6 - 24　三维全身光声断层成像装置

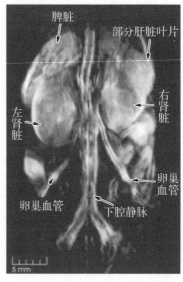

图 6 - 25　裸鼠的光声立体图像

美国印第安纳大学 R. A. Kruger 研究组侧重利用微波激发超声进行乳腺成像的检测。这种技术也是一种光声成像,但与前面提到的光声成像的区别在于射频发生器替代了激光。因为激光存在一个硬的极限,硬极限是 5 cm 左右,而用射频就可以穿透得更深。他们研制的人体乳腺的临床成像装置,采用单探头所构成半球形阵列,并辅以机械旋转扫描,能进行乳腺癌早期诊断的研究。当系统采用微波(434 MHz)为激励源时,成像深度大于 5 cm,单帧图像数据采集与重建时间约为 9.5 min,相对于单探头扫描方式成像速度已有明显提高。利用这套装置他们成功地对离体的整个乳房组织进行了成像,乳房组织中的肿瘤可以看得非常清楚,如图 6-26 所示,而且如图 6-27 所示为左乳房癌症患者的左、右乳房纵截面热声层析扫描图像,他们观测到有肿瘤的左乳房皮肤相对于正常右乳房的皮肤有所增厚[39]。

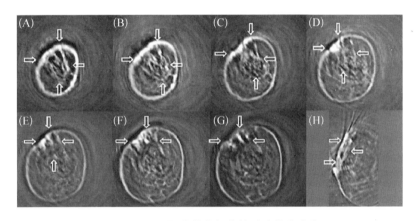

图 6-26 使用微波激发超声的乳腺热声成像图

(A)～(G)为乳腺癌患者乳腺横截面的一系列热声层析图像;(H)为乳腺纵截面的热声图像

美国华盛顿大学 Lihong V. Wang 小组目前主要研究光声显微镜系统及高分辨率成像。光声显微成像技术作为光声成像技术的一部分,在近十年得到迅速发展。光声显微镜看上去很像一个台式的光学显微镜,大小相当。不同的是,在光学显微镜里面是"光进光出",在声学成像里面是"声进声出",而在光声成像里面是"光进声出"。系统的关键部分就是光需要形成一个暗场,目的是为了降低表面信号的影响,以便探测得更深。在成像

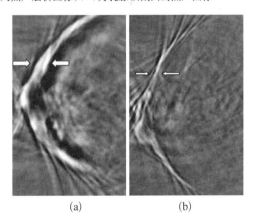

(a)　　　　　　(b)

图 6-27 左乳房癌症患者的乳房纵横面热声层析扫描图像

(a) 左乳房;(b) 右乳房

深度方面,光声成像有明显的优势,突破了软极限;成像深度和成像分辨率在一定范围内可调;利用内源信号的反差,可实现功能成像;利用外源性造影剂,可实现分子成像,甚至能观察基因表达;对人体无害,非常安全,可应用于临床。2005年,Lihong V. Wang 小组首先将暗场光声显微成像技术用于检测生物组织,取得较高的横向及纵向分辨率,开启了光声成像技术的快速发展时期。2008年,Wang 小组进一步发展了第一代光学分辨率光声显微镜,并后续发展了亚微米光声显微成像技术和光声荧光双成像技术研究。2011年继而提出了多焦点光声显微成像,大大提高了光声显微成像速度,为临床应用创造了可能。他们提出的第二代光声显微成像,能获得超高分辨率,并且他们使用第二代光学分辨率的显微镜检测老鼠耳朵中脱氧血红蛋白的相对含量,获得了毛细血管的光声图像,如图6-28所示。另外他们使用第二代光学分辨率的显微镜也检测了老鼠耳朵中血氧含量,如图6-29所示[49]。

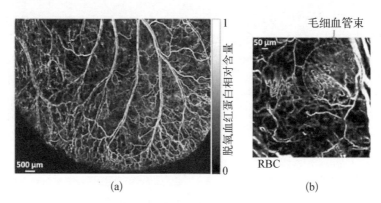

图6-28 使用第二代光学分辨率的显微镜检测老鼠耳朵中脱氧血红蛋白的相对含量

(a) 血管的分布情况;(b) 毛细血管分布密集的部分

美国德克萨斯州大学的 Stanislav Y. Emelianov 小组主要是针对动脉粥样硬化斑块的检测。他们研究基于血管内超声探测仪的光声内窥成像技术,获得了患有动脉粥样硬化的兔主动脉血管内光声图像,如图6-30所示,通过光声内窥图像可见斑块部位光声图像亮度较大,即该部位光学吸收较强[45]。现有的光学内窥镜的很大缺陷是成像深度不足,而现有的超声内窥镜也处于发展阶段,灵敏度较低、特异性不好;其他的医学成像方式因为种种问题,还没有被用于内窥成像。光声显微成像技术能够测出很多内源性的信号,研究结果表明,通过光谱解析方法获得的内窥光声图像,可以确定包含有丰富巨噬细胞的动脉粥样硬化斑块的位置,如图6-31所示。

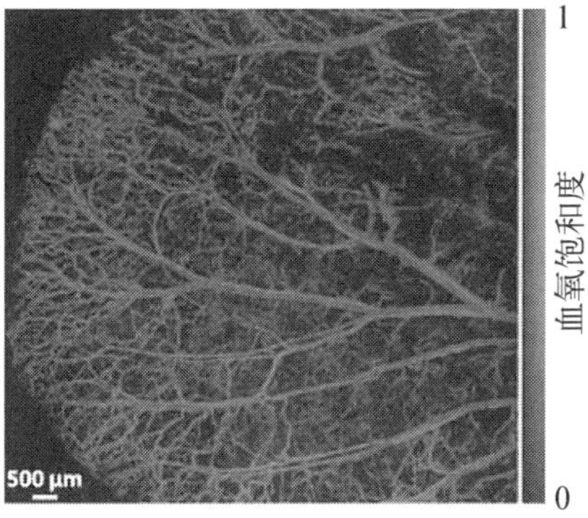

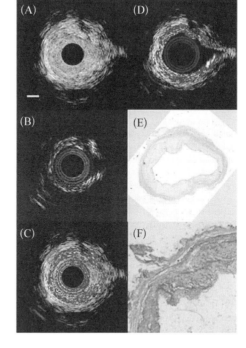

图 6 - 29　使用第二代光学分辨率的
　　　　　显微镜检测老鼠耳朵中血
　　　　　氧含量

图 6 - 30　动脉粥样硬化的兔主动
　　　　　脉光声-超声成像

(A) 血管内超声图像；(B) 血管内光声图像；
(C) 血管内超声和光声融合图像；(D) 样品浸
泡在盐水中的超声和光声融合图像；(E) 样品
的 H&E 组织切片；(F) 样品油红染色切片

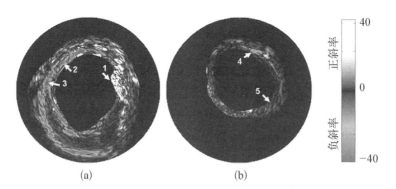

图 6 - 31　通过光谱解析方法获得的内窥光声图像

（a）动脉粥样硬化血管的图像；（b）对照血管的图像

英国伦敦大学学院医学物理学系的 Beard P. C. 和 Mills T. N. 等采用 Fabry‐Perot 干涉仪探测由光声效应引起的样品表面微小位移,并由光电二极管通过横向机械扫描接收被调制的干涉光重建图像。与普通情况下的信号采集不同,采用 Fabry Perot 干涉仪的信号采集系统用超声波信号调制了另一束激光,影响了激光的光强分布,通过对光信号的探测来还原组织模型的结构信息。图 6‐32 是模拟血管的光声图像结果。图 6‐33 为人手掌表层毛细血管的三维光声成像图片。

图 6‐32 (a) 模拟血管的照片;(b) 模拟血管的光声图像

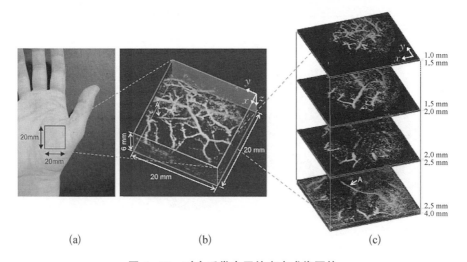

图 6‐33 对人手掌表层的光声成像图片

(a) 成像区域;(b) 立体光声图像;(c) 一系列不同深度的光声成像图

瑞士伯尔尼大学应用物理研究所的 Kornel P. Kostli 和 Martin Frenz 等利用光声效应所引起的样品表面反射系数的变化调制入射的探测激光,采用 CCD 以很小的时间间隔连续采集携带样品表面时间和空间信息的后向反射光进行图像重建,成像的空间分辨率为 20 μm。图 6‑34 为采用 CCD 采集信息的光声成像装置。

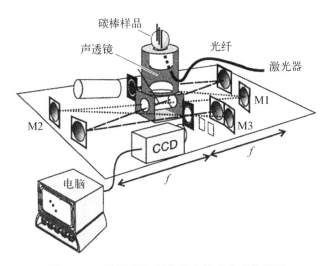

图 6‑34 采用 CCD 采集信息的光声成像装置

美国德克萨斯州大学 Esenaliev 研究组利用光声效应开展了对血氧含量水平的检测研究[29]。图 6‑35 为光声监测血氧含量的装置。氧代谢率可以量化新陈代谢水平,是一个重要参数;要测量氧代谢率必须要知道四个参数:血管的截面积、血红蛋白浓度、血红蛋白氧化水平、血流速度;光声的技术可以同时测这 4 个参数,其他单独的技术都不能做到,只能通过多种技术的组合来实现。Esenaliev 等人试验中采用的光声系统包含四部分:① 用来产生纳秒脉冲的激光器;② 包含传送头的光纤和探测超声信号的压电探测器;③ 处理信号的电子系统;④ 信号的记录装置,为一台计算机。

实验结果表示,随着血氧含量的变化,检测到的光声信号有所变化,如图 6‑36 所示。不同的血氧含量,其光声信号有很大的差别。图 6‑36 显示的是光声信号的幅度与血氧含量的关系,可以看出,随着血氧含量的增加,光声信号的幅度基本上也是呈线性增加的。纯动脉血(血氧含量为 92.6%)的样品,其光声信号的幅度基本上是纯静脉血(血氧含量为 68.6%)的光声信号幅度 1.6 倍。而大量失血后的血液样品(血氧含量为 23.9%)的光声信号幅度仅为纯静脉血的 1/5。

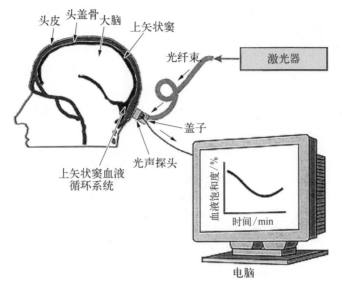

图 6 - 35　光声监测血氧含量的装置

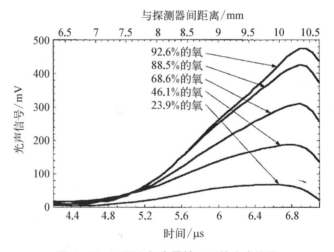

图 6 - 36　不同血氧含量情况下的光声信号

　　如图 6 - 37 所示,光声信号强度在一定范围内(24%～92%)与血氧含量水平存在线性关系。系统可以实现连续的实时测量,与之前采用的近红外光谱检测方法相比,不论在探测深度和精度方面,均具有明显的优势[64]。Esenaliev 研究组所报道的实验系统已经进行了对动物活体的检测。

　　Wang Xueding 在侧向探测的实验中,将一束激光通过毛玻璃,对样品表面进行均匀的照射,由于组织内不同类型的物质对光的吸收不一样,通过侧面的超

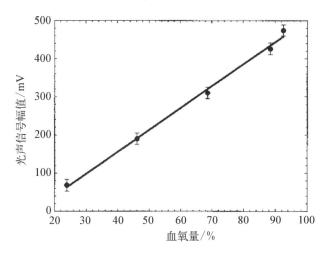

图6-37 光声信号强度在一定范围内(24%～92%)与
血氧含量水平存在线性关系

声信号探测器进行扫描后,信号经过放大,就可以实现组织吸收能量的图像重建。对老鼠的肾脏进行成像之后,发现得到的图像与切片的结果吻合得很好,同时对老鼠的脑部成像,得到了老鼠脑部不同深度的切面图像[65, 66]。由于老鼠脑部各种物质对光能量的吸收不一样,所以可以得到层析的能量分布图像。图像的分辨率可以达到60 μm,成像的深度在1 cm以上。荷兰特温特大学的F. F. M. de Mul研究组利用基于PVDF的双环型压器进行人体血管成像的研究[61-63],可以在皮肤表层下1 mm深度处检测到直径为0.6～1 mm的血管。他们采用非聚焦的超声探头以横向线性扫描的方式采集光声信号,对模拟毛细血管样品进行成像,在重建算法上引入了延迟叠加的概念(其实质是对光声信号进行同相叠加),成像横向空间分辨率为0.2 mm(与探头探测面直径相当),并同时进行了模拟毛细血管三维成像的研究。麻省理工学院的Barry P. Paynel研究组利用马赫-曾德干涉仪通过激励激光和探测光在样品表面干涉,测量光声效应所引起的样品表面位移,并借此对组织浅表血管进行成像[67],系统的空间分辨率理论上可与干涉仪的灵敏度相当。

6.3.2 国内研究现状

目前在国内开展了光声成像研究工作的单位主要有华南师范大学的邢达研究组[68-77],福建师范大学的李晖研究组[78-80],天津大学激光与光电子研究所姚建铨和王瑞康所领导的研究小组[81-83],北京大学的李长辉研究组[84-87],以及台湾的李百祺小组[88-91]等。

　　华南师范大学邢达的研究小组率先在国内开展了光声成像研究工作并取得了丰硕的研究成果。其中有代表性的工作如下所述。

　　早期肿瘤的检测和治疗是当今医学界的热点问题。由于恶性生长的肿瘤组织需要大量的血液供应,所以肿瘤组织中的血管较周围正常组织密集。肿瘤组织中密集且紊乱的血管网是光声成像检测肿瘤的基础。图 6-38 展示了接种乳腺癌肿瘤细胞后,每间隔 5 天,总共 20 天的小鼠背部肿瘤区域的照片和光声图像。先看 20 天内肉眼观察到的肿瘤区域的变化情况:在第 5 天,成像区域皮肤有一小的突起块,突起处的皮下血管清晰可见;从第 10 天开始到第 20 天,在成像区域几乎看不见任何血管,而小的突起块也逐渐长成了不透明的肿瘤块,在 20 天时,用游标卡尺测量的肿瘤直径和高度分别为 8 mm 和 3.5 mm。

　　四幅系列的光声图像很好地揭示了早期肿瘤区域新血管形成过程。所有图像中的灰度范围与光声信号强度的范围是对应的,第 5 天时,图像中的皮下血管不论在位置还是形状上都与照片中的皮下血管相吻合,成像区域左下角的血管丛在图像中得以清晰显示;到了第 10 天,成像区域内的血管结构逐渐开始变得异常:成像区域上方有部分血管消退了,而左下角的血管丛也变得混乱;血管结构的混乱程度到了第 15 天比第 10 天进一步增加,左下角血管丛的信号强度比起以往明显增大,同时整个成像区域内的血管密度开始增大;第 20 天是成像区域内血管结构变化最显著的时刻,成像区域右方出现了几条膨胀的信号强度很强的血管,整个图像中血管结构紊乱,血管密度继续增长,特别是成像区域的右方,而左下角血管丛的位置和形状与第 5 天相比已经完全不同[68]。

　　他们提出光声成像与分子标记技术结合,构建了基于整合素 $\alpha_v\beta_3$ 抗体标记单壁纳米管(single wall nanotubes,SWNTs)的肿瘤分子探针;SWNTs 靶向性定位到肿瘤提高了光声信号的对比度,实现了肿瘤的早期特异性检测的光声分子成像,如图 6-39 所示为注射肿瘤 SWNTs 靶向探针前后 U87 肿瘤的右体光声成像,光声信号的激发波为 750 nm[69]。

　　邢达研究组还改进和构建了高精度单元旋转扫描和快速多元组合扫描在体小动物脑部光声成像装置,利用内源对照的血红蛋白分子和外源对照的血管造影剂分子,实现了小动物脑皮层血管网络结构的高分辨光声成像和基于血液动力学变化的功能光声检测及监控成像[71]。图 6-40 为小鼠颈动脉结扎前后脑部皮层血管网络的光声重建图像。两图中虚线框内为预计结扎后的缺血区域。根据图中的灰度色标,比较图(a)、(b)中虚线框内的重建血管图像,可发现颈动脉被结扎后的血管光声图像灰度明显减弱。由于光声重建图像的灰度强度真实

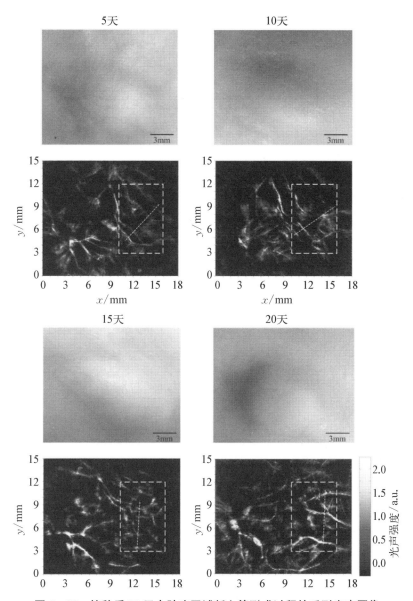

图6-38　接种后20天内肿瘤区域新血管形成过程的系列光声图像

地反映了小鼠颅内的光吸收分布情况,亦即血管中血红蛋白总容量的变化,可知血管光声信号的减弱主要是由于左侧颈动脉结扎后小鼠对应脑部左半球的血流减弱,特别是血管内血红蛋白的供给被阻断,引起总血容量的减少,所以导致局部缺血。比较结扎前后虚线框内血管光声信号的总强度,其值约为2.85∶1,即结扎后框内血管的平均光吸收量减少65%。实验结果表明,光声成像能够检测

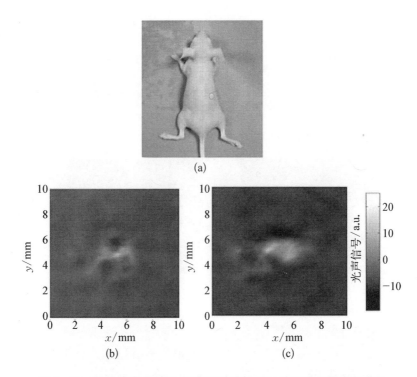

图 6－39　注射肿瘤 SWNTs 靶向探针前后 U87 肿瘤的在体光声成像

(a) 背部 U87 肿瘤的裸鼠照片，虚线圈内为肿瘤部位；(b) 注射 SWNT－PEG2000
2 h 后的光声成像；(c) 注射 SWNT－PEG2000－ProteinA－$\alpha_v\beta_3$ 2 h 后的光声成像

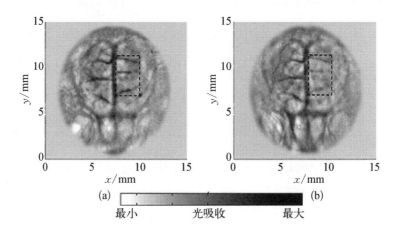

图 6－40　脑缺血模型的光声小鼠脑部重建图像

（a）颈动脉结扎前脑部正常供血的光声重建图像；(b) 颈动脉结扎后脑部缺血
的光声重建图像，虚线框内为缺血区域

小鼠脑部缺血区域血管血容量的变化,实现对血容量变化的功能成像。

　　光声成像对皮层损伤造成淤血和血管破坏的小鼠脑部进行跟踪成像,监测结果如图6-41所示,周围包围着脑内血肿的针刺损伤部位在第1天的光声成像在(a)中被清晰地观测得到;第1天到第7天一系列的光声检测重建图像在图(a)～(d)中可看到:脑内损伤血肿的光声信号强度和血块的截面范围正随着时间逐渐减弱和缩小消散;到第9天的时候如图(e)中所示,脑内血肿已经几乎不

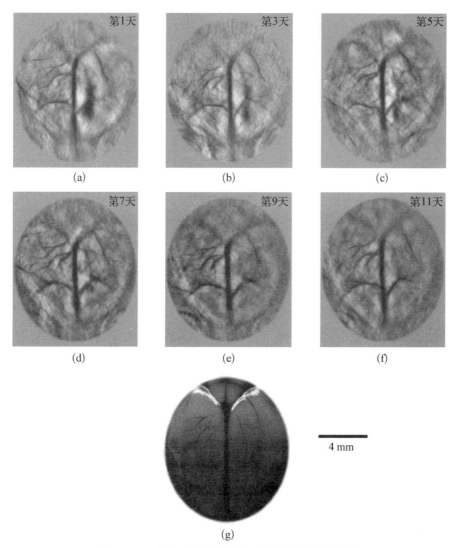

图6-41　光声脑部损伤恢复过程的连续监控成像

　　(a)～(f)分别为小鼠损伤后第1天、第3天、第5天、第7天、第9天和第11天的脑部皮层血管光声重建图像;(g)为损伤恢复后小鼠脑部解剖照片

能被光声成像所显示;到损伤后第 11 天如图(f)中所示,光声图像发现淤血消失,脑皮层表面组织愈合,特别是,之前被破坏的皮层血管现在又能被清晰显示出来。观察 11 天后,解剖小鼠脑部,其皮层痊愈后的情况如图(g)照片所示,肉眼观察发现脑损伤部位已完全康复,没有表面伤痕,其与图(f)中的皮层血管对应十分吻合,证明光声成像所观测到脑内的损伤修复情况与实际是一致的。实验结果表明,光声成像能够实现高分辨率高对比度的血管成像,监测颅内血管破裂、脑出血、淤血等现象。通过监控脑的高级活动,光声成像有望发展成为新型的医学无损检测技术及评价手段。

光声成像能够通过以天然的内源血红蛋白为示踪剂,在体连续动态地监测动物脑皮层上血管的形态学变化,为生理、病理反应提供可视化的监控判别技术。对脑皮层血管损伤恢复的全过程光声成像监控,展示了光声成像对血管、血液形态检测的高特异性和高灵敏度。光声成像技术表现出对生物医学成像重要的补充和扩展,为脑损伤病后特征和成像发现提供了连接的方法。

图 6-42 所示为小鼠脑皮层的光声血管造影图像。其中,图(a)是没有注射吲哚菁绿(ICG)的光声重建图像,图(b)是注射一次 ICG 的光声重建图像,而图(c)是分时 5 次注射 ICG 后的光声重建图像。图像右边的灰度标注为图像像素的真实数值对比。由图像比较可见,在没有注射 ICG 的情况下,血管对近红外光吸收较少,光声信号较弱,导致血管网络模糊,除脑中动脉外,其他血管分支及微细血管基本辨别不清。图(b)为注射一次 ICG 的情况,图像整体对比度有所增加。但采集过程随着 ICG 的代谢,血管光声信号会逐渐降低,因此 ICG 对血管光声信号的增强效果只有在采集开始的一段时间内被一定扫描范围的探测器所响应,所以图像可见局部的脑皮层血管相对于图(a)清晰;同时,由于整个采集过程只有在一段时间内才有 ICG 贡献的信号增强效果,信号起伏相对较大,造成图像伪迹较重及背景显示不均匀。图(c)为利用多次分时注射 ICG 的情况,获得了较为清晰的脑皮层血管网络成像,图中脑中动脉的主要分支及细小的微血管都能明显地区分出来。而图(d)是图(c)与图(a)相减后所得到的 ICG 分子表征的图像,可以看见 ICG 分子在脑部皮层上的分布情况。对比对应的脑部解剖照片图(d),光声重建图像与其血管分布相当吻合。上述实验证明,利用 ICG 作为光声血管显影剂,能很好地获得清晰的血管网络图像。

传统的 X 射线成像或 CT 无法检测低密度的异物如木屑、玻璃、竹片等。热声成像依赖于微波吸收的差异,可反映生物组织中的吸收不同物,实现体内异物检测成像。微波有足够的组织穿透深度从而达到深度隐藏的异物,热声成像能成功定位小鼠腹部异物损伤的位置和清晰展现异物和正常组织的边界。通过利

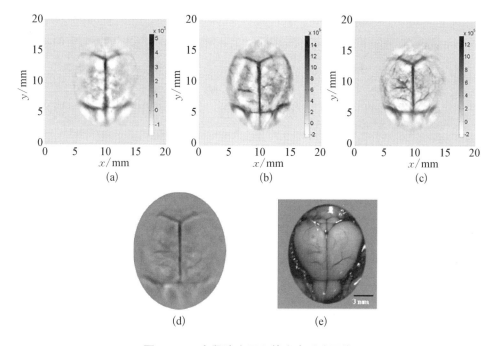

图 6‑42　小鼠脑皮层血管光声重建图像

(a) 未注射 ICG 的光声重建图像；(b) 注射一次 ICG 后的光声重建图像；(c) 间隔 5 min 注射 5 次
ICG 后的光声重建图像；(d) 图(c)与图(a)相减后的 ICG 分子图像；(e) 实验后小鼠脑部解剖照片

用聚焦声透镜、热声成像实现了外损伤小鼠腹部的层析扫描成像，获得组织损伤
在深度层面方面的信息，并观测到外损伤低密度异物在体内的形态结构及位置
信息。此结果首次实现了利用热声成像检测组织低密度异物的方法概念及可行
性途径，为组织体内低密度异物检测这一医学盲区指明了研究方向。

根据体内低密度异物与周围组织的微波吸收差异特性，加上微波对生物组
织具有很好的穿透深度，可以产生高分辨率高对比度的深层热声层析成像。该
方法的工作原理是：用短脉冲微波辐射样品，样品则吸收微波能量产生热膨胀
效应，从而激发出属于超声波范围的热声信号，通过检测这种热声信号来重建样
品的微波吸收分布。微波的吸收系数主要决定于物质的介电常数，如水的相对
介电常数约为 80.0，玻璃的相对介电常数约为 3.5 等。由于玻璃、塑料和竹片
等低密度异物的微波吸收系数很小，而生物组织富含水分，所以通过异物与生物
组织间较大的微波吸收差异，可以得到较高对比度的重建图像，如图 6‑43 所
示，而且根据不同的体内异物检测深度，可选择不同频段的脉冲微波作为激励
源。因此，利用脉冲微波热声成像对体内低密度异物的检测具有深层、无射线
性、高精确度、高对比度等优点。他们获得了残留在小鼠背部竹片的多层热声层

析成像,如图 6-44 所示[72]。

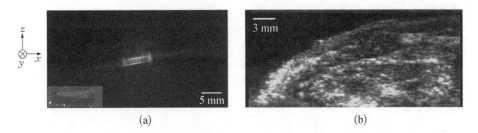

(a)
(b)

图 6-43 活体小鼠体内木条的热声和超声对比图像

(a) 木条在小鼠背部组织中的热声图(左下角的是木条的实物照片);(b) 木条的超声图像

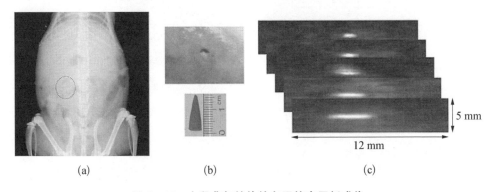

(a)
(b)
(c)

图 6-44 小鼠背部竹片的多层热声层析成像

(a) X 射线成像;(b) 树背部竹片的 X 射线成竹片实物和小鼠背部残留竹片区域照片;
(c) 不同深度的热声层析成像

乳腺肿瘤和正常组织的介电常数高差异性导致它们之间的微波吸收差异性如图 6-45 所示。高微波吸收差异性使得乳腺肿瘤部位的热声信号的对比度高于 6:1。邢达研究组展开了人类女性乳腺癌病例模型的热声成像,得到了乳腺的高对比度热声图像,并获得了肿瘤和正常组织之间的明显边界,为医学诊断提供了参考,如图 6-46 所示。利用热声成像技术对女性乳腺的高特异性激发,可实现快速无损的高对比度乳腺癌成像。热声成像以其足够高的空间分辨率,可显示出肿瘤位置结构形态,为医学诊断临床治疗提供更多、更丰富的理论及应用基础研究。

邢达研究组根据乳腺肿瘤和正常组织之间高介电属性差异的特性,开展人类女性的乳腺肿瘤的早期检测和高对比度成像,并建成了基于微波热声成像的无损、快速、高分辨率高对比度的功能性成像检测方法,为解决目前医学领域盲区提供更可靠的新技术和新成像方法,同时为热声成像技术针对性的应用于临

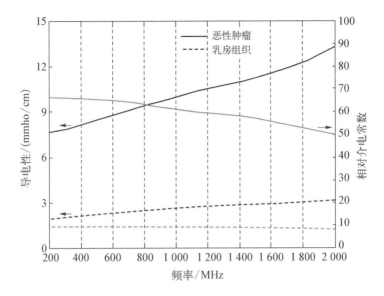

**图 6 - 45　人类女性恶性乳腺肿瘤组织与正常乳腺组织的相对介电常数和
有效电导率曲线图(0.2 GHz 到 2 GHz 范围)**

实线代表恶性肿瘤组织,虚线代表正常乳腺组织,曲线上用箭头标示对应的纵轴

床诊断打下了扎实的理论和实验基础[73]。

　　天津大学激光与光电子研究所姚建铨和王瑞康所领导的研究小组长期致力于生物医学光子学领域的研究。课题组开展了光声成像领域的研究并进行了白鼠脑部活体成像、乳腺癌的早期诊断、毛细血管成像及血氧饱和度检测方面的理论和实验工作。他们对光声技术在眼科成像中的应用进行了试探性的研究。光声成像对软组织能达到较高的成像分辨率和对比度,由于眼球主要由膜组织和液体构成,所以光声的方法能对眼球进行高对比度的成像,通过采用较高中心频率的探头采集宽带光声信号,有可能达到目前眼超的空间分辨率水平,且其成像的深度只和激励激光所能到达的深度有关,有可能能进行眼底微血管的成像。如图 6 - 47 所示,实验结果清楚地显示了离体猪眼睛的整体生理结构,角膜、前室、晶状体均得到了清晰的成像[81]。

　　福建师范大学的李晖等提出将激光耦合进入光纤,激发人体组织产生光声信号,采用聚焦式单探头对人体内脏器官进行成像。他们提出了一种基于多种不同采集频率的长焦区聚焦式超声换能器进行扫描光声成像的技术[80],在模拟样品里埋入不同尺寸的血块用于模拟病变组织,分别采用中心频率为1 MHz、5 MHz、10 MHz的超声换能器对模拟病变组织进行光声成像,如图 6 - 48 所示,得到了不同采集频率下的光声层析图。结果表明,不同中心频率的探头对不同

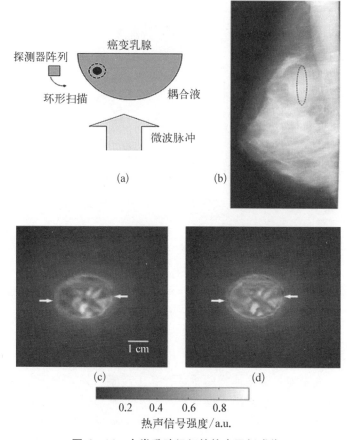

(a)

(b)

(c)

(d)

0.2　0.4　0.6　0.8
热声信号强度/a.u.

图 6-46　人类乳腺组织的热声层析成像

（a）乳腺成像的扫描层析示意图；（b）术前 X 线检查图，疑似肿瘤部位
在示意椭圆白线内标出；（c）利用原始信号重建出的乳腺热声图像；
（d）利用速度势重建出的乳腺热声图像

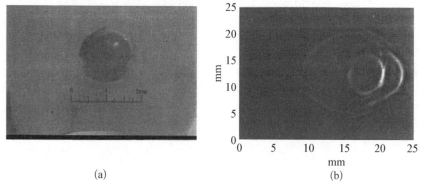

(a)

(b)

图 6-47　（a）样品照片；（b）猪眼睛的光声图像

尺寸病灶体的探测灵敏度存在较大差异,低频探头对较大尺寸病灶体的探测灵敏度高,而高频探头对小尺寸病灶体的探测则更为灵敏,5 MHz 的宽带换能器对毫米量级直至几百微米大小的病灶体均有良好的探测灵敏度,因此,将其用于对人体甲状腺腺体组织进行三维 3D 光声成像,获得了甲状腺及其内部两处瘀血区域的较高分辨率和对比度的 3D 图像。

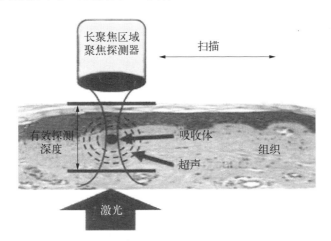

图 6 – 48　长焦区聚焦超声换能器成像原理

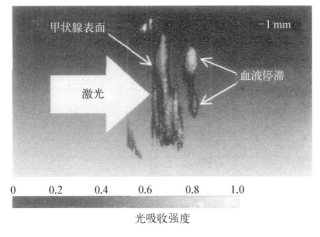

图 6 – 49　模拟病变甲状腺腺体组织进行离体光声成像

图 6 – 49 是采用中心频率为 5 MHz 的聚焦超声换能器对模拟病变甲状腺腺体组织进行离体 3D 光声成像的结果。激光从正常甲状腺腺体(即无淤血区)的一面入射,探头在淤血区的一面(即甲状腺腺体深部)接收外传的光声信号。从图中可以看出,甲状腺表面及其内部两个不同大小的淤血区域都能够得到清

晰的成像,且达到了较高的成像分辨率和对比度。

不同的小动物模型,包括斑马鱼、果蝇、线虫等,由于它们的繁殖和发育迅速、基因易操作、身体在胚胎期和发育早期半透明等优点,在生命科学和基础医学上有着重要作用。光学显微成像技术被广泛用于研究小动物模型。然而由于组织的散射,研究方法往往需要对动物的不同器官或蛋白进行荧光标记,任何非生物体自然的标记,不论是通过转基因还是外界导入的荧光标记物,都有着潜在的干扰风险。李长辉课题组一直致力于无标记生物成像新技术,尤其是基于光声效应的显微技术[84-87]。他们在国际上首次获得了斑马鱼幼虫全身无标记三维成像,如图 6 - 50(a)所示。而不加荧光标记的传统的显微成像,如图 6 - 50(b)所示,很难看到内部结构[86]。这项工作为小动物模型研究指出了一个新的方向,并可以拓展到其他动物模型的研究中。

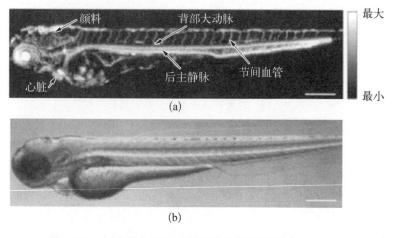

图 6 - 50　对斑马鱼幼虫无创活体成像(比例尺为 250 μm)
(a) 斑马鱼幼虫的光声成像结果;(b) 光学显微成像结果

中国台湾李百祺小组主要研究以外源纳米材料为光吸收增强剂的光声分子成像。纳米金棒(gold nanorod,GNR)在最近研究上常被用来作为光声成像的显影剂,因为纳米金棒吸收近红外光会产生热,其转换的声波能量可产生极强的光声信号。然而此光声信号会因为纳米金棒受热变形而被衰减,影响到光声造影的监测时间[88-91]。为了延长纳米金棒的造影能力,李百祺教授团队通过在纳米金棒上包裹二氧化硅(silica-coated gold nanorods,GNR - Si)来保护金棒,使其不会因为长时间激光激发受热而变形。研究团队利用电子显微镜和解析纳米金棒吸收光谱,来观察照光后的 GNR 与 GNR - Si 的形变效应及相对应的光谱分布,如图 6 - 51 所示,左边为初始照光时,右边为照光 18 s 后,从图中可看出,表面二氧化硅的确有保护 GNR 的效应;而在更进一步的光声信号实验中,GNR‐Si 的光声信号明显被延长,纳米金棒表面包裹二氧化硅,不但可延长纳米金棒的光声影像信号,且表面的二氧化硅相当适合做进一步的化学修饰。因此 GNR‐Si 在临床光声影像断层扫描应用上是极具潜力的对比剂[90]。

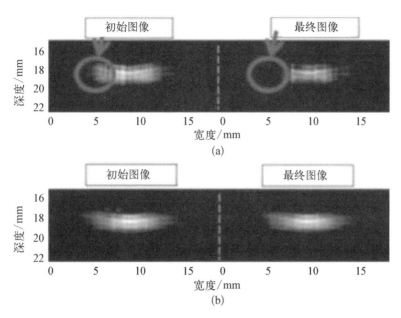

图 6‐51　纳米金棒与表面包裹二氧化硅的纳米金棒复合材料的光声影像

(a) 纳米金棒;(b) 表面包裹二氧化硅的纳米金棒复合材料(照光 18 s 后)

6.4　应用发展趋势

随着人们对疾病诊断要求的提高,特别是对早期的癌症进行无损伤诊断以及对人类生命现象深入研究的要求[92],使得对于新型的更安全、更准确的影像诊断技术的研究得到重视。光声成像作为一种新型无损医学成像方法[93-98],结合了光学成像的高对比度特性和超声成像的高穿透特性,在研究生物组织的结构形态、代谢功能、生理特征等方面具有明显优势,在生物医学领域具有广阔的应用前景,已逐渐成为国际生物医学影像领域的研究热点。

生物组织的光吸收特性与组织的生理特征、代谢状态、病变特性甚至神经活动密切有关。例如,肿瘤在成长过程中需要更多的血液供应,会伴随着更多的微血管增生,使得病变组织血管中的红色素对激光的吸收显著增强,明显高于正常部位,因此光声信号也远高于正常组织。早期癌变组织的光吸收比正常组织高出 2～5 倍,而乳腺肿瘤、皮下肿瘤、肌肉瘤等距体表较浅,光声成像技术非常适合于这类型体表肿瘤的早期成像诊断,也可用于血肿、斑块的判断和血管成像、脑功能成像等。目前许多光声成像小组已经对皮下微血管检测[31]、小鼠脑功能成像[71]及血氧饱和度检测[99]、动脉粥样硬化斑块的血管内光声内窥成像检测[100]、肿瘤检测与治疗监控和血管内窥成像[70]等进行了深入研究。在国际上,美国汪力宏小组在研究高分辨率的光声成像方面取得了很大进展,在借鉴超声显微系统的基础上构建了光声显微成像系统[101-103],该系统采用光学聚焦扫描方式采集光声信号,其成像分辨率已经可以达到 220 nm。

下面将重点讨论光声热声成像在生命科学领域的五个方面应用:① 光声血管成像及肿瘤光动力疗效监控;② 光声血氧碳氧饱和度监控;③ 光声血管内窥成像;④ 体内低密度异物的热声成像检测;⑤ 光声乳腺肿瘤成像检测。

6.4.1　光声微循环成像及肿瘤早期检测和治疗监控的应用研究

微循环已成为医学研究中异常活跃的领域,而且正从定性研究走向定量研究。微血管网络与管径是研究正常和病理情况下人和动物体内微循环变化的重要指标,它对揭示组织、器官的功能状态与微循环间的联系具有重要意义。微血管网络的显像技术对于许多组织的功能异常和血管病变有着重要的诊断价值,它能够观测致病过程中的血管增生和修复,早期检测血液动力学的异常及血管形态的变化,达到及早采取有效干预手段的目的。血管管径的变化又是疾病微循环障碍的主要表现,它不仅直接影响有关组织器官的微循环血液灌流,而且还可对研究疾病的发生、发展规律提供有价值的参考。

肿瘤是严重危害人类健康的多发性疾病,肿瘤生长旺盛并具有相对的自主性,传统的影像技术由于成像机制的限制,对肿瘤的早期阶段很难进行明确的诊断。肿瘤毛细血管生成在肿瘤的生长、恶化、转移等阶段发挥着重要的作用。目前对肿瘤内及其周围的毛细血管网络了解很少,也缺乏有效的检测手段,给临床上对肿瘤的研究和治疗带来一定困难。光声成像结合了光学成像和超声波成像的优点,非常适合于对皮下肿瘤血管系统进行高分辨率高对比度的无损伤成像。首先,组织中对激光强吸收并产生光声信号的主要光吸收体是血液中的血红蛋白,血红蛋白是光声成像的天然造影剂。光声成像的图像对比度取决于血液相对于周围组织的吸收差异。如图 6-52 所示,532 nm 波长处全血的光吸收远远强于其他组织,人血的光吸收系数比表皮的光吸收系数高 10 倍,比真皮的光吸收系数高将近 500 倍,这令基于光吸收的光声成像在皮下血管系统成像中具有较高的对比度;其次,散射光子可以穿透几毫米深的生物组织并产生超声波(光声波),而且超声波在生物组织中的散射比光小 2~3 个数量级,这样光声成像深度就可以达到皮肤的真皮层;使用高灵敏度的超声探测器来接收光声信号,光声成像系统的空间分辨率足以解析微血管网络;最后,根据美国国家标准局(ANSI)设定的 532 nm 激光的安全辐射剂量,在实验中控制激光的能量密度小于 20 mJ/cm²,这就保证了光声成像的无损性。

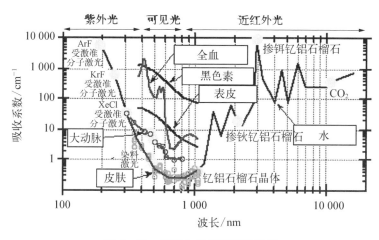

图 6 - 52 不同生物组织吸收光谱

光声成像技术能够实时、准确地对皮下血管的形态和功能变化进行监测,因此它在皮肤医学、整形手术和肿瘤生长监测等方面能够起到很大作用。特别是在一些特定的皮下血管系统病变中,利用医学影像方法进行早期检测和诊断,是治疗过程中极其重要的一环。从图 6 - 52 所示的不同组织光吸收系数谱可看出,黑色素瘤较血液及表皮组织有更强的光吸收,这为光声成像肿瘤检测提供了天然的对照。

图 6 - 53 为小鼠背部肿瘤组织不同生长阶段的光声成像。上述结果表明光声图像能够清晰解析出肿瘤区域的血管结构,并能观察到在肿瘤生长过程中肿瘤的新血管生成与肿瘤的发生发展规律[68, 104]。通过图中实验结果可见随着肿瘤生长天数的增加,成像区域内血管结构不断变化,图像中血管结构紊乱程度及血管密度持续增长。此外,实验表明肿瘤区域新血管形成的过程导致肿瘤区域血管的总血红蛋白浓度、平均直径和密度均比正常组织区域血管要大。因此,光声成像在检测早期肿瘤、监测肿瘤生长和抗血管疗法治疗过程中有巨大的应用潜力。

光动力治疗破坏肿瘤周围血管和抑制新生血管的机制一直受到关注,但是

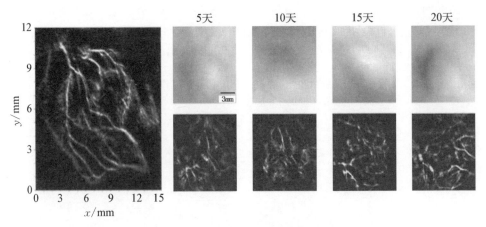

图 6-53 光声成像监测肿瘤新生血管化

并没有完全研究清楚,这在某种程度上受限于动物模型以及成像方式的选取。利用光声血管成像技术可实时监测肿瘤光动力治疗中血管损伤效果[70]。通过测量光声信号可以反演出组织的光吸收分布,特别是可以重构出血管的直径大小,这不仅可以用于组织的血管分布成像,还可以通过监测血管直径大小的改变来评估光动力的治疗效果。由于通过检测信号就可以直接反映出血管直径的变化,此方法方便快捷,可以实时监测光动力治疗的疗效。利用光声技术可以产生高分辨率高对比度的组织影像的特点,通过将光动力治疗前后的光声层析图像进行对比来评估血管的损伤效果,同时利用光声信号的正负极性的峰值宽度的改变监测血管管径的改变,其操作性能灵敏、快捷,能够实时准确监测肿瘤光动力治疗效果。

图 6-54 为光声成像技术用于监测肿瘤的光动力治疗过程中血管的损伤情况的结果,(a)为对照组(没有进行光动力治疗);(b)为试验组(光敏剂 PPIX,激光波长为 532 nm);A、B、C、D 分别对应光动力治疗 0 min、10 min、20 min、30 min 时的光声监测图像。通过对照组的实验结果可以明显地看出治疗后的血管直径缩小,微血管减少。肿瘤的光动力治疗和血管损伤效应可通过光成像技术进行实时动态监控,这不仅在生命科学基础研究中有着重大的理论意义,而且对于筛选具有最佳治疗效果的光敏剂,确定合适的光动力剂量或热辐射剂量,推动肿瘤治疗技术的临床运用具有现实意义。

血管及其微循环是生物体正常新陈代谢所需营养物质和代谢废物的重要运输通道。利用光声成像的高分辨率和较强的血液吸收,光声在体血管成像具有重要的意义及研究价值。图 6-55 为人手部血管在 584 nm 波长激光激发下在体成像的结果[105],图(a)为志愿者手部照片,图(b)为重建的光声图像,在图(b)

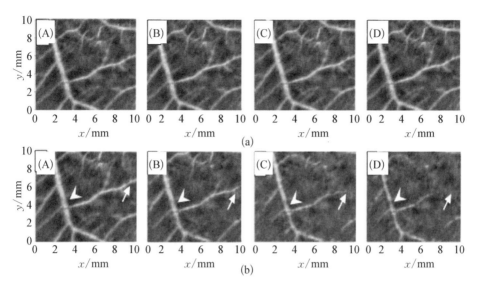

图 6-54　光声成像技术监测肿瘤的光动力治疗过程中血管的损伤情况

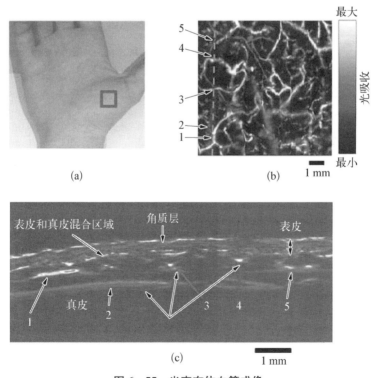

图 6-55　光声在体血管成像

（a）志愿者手部照片；（b）手部血管光声成像；（c）超声图像

中虚线位置处的超声图像结果为图(c)。通过与图(c)中的超声图像结果比较，超声图像中所标注的表皮、角质层、表皮真皮结构等在光声图像中均能有较好地对应并能被清晰地分辨出来。而且，光声成像能够完好地重建血管形态结构，具有比超声更高的分辨率。

脑血管病是指脑血管破裂出血或血栓形成而引起的以脑部出血性或缺血性损伤症状为主要临床表现的一组疾病。脑血管病能引起多种类型和不同程度的认知障碍，是导致人类死亡的三大疾病之一，而且有很高的致残率，给社会和家庭带来了沉重的经济和精神负担。脑血管病按病理特征可以分为出血性和缺血性两大类，前者是由于血管的破裂，后者是由于血管的闭塞。在脑缺血状态下，不同区域脑组织的灌注水平是不同的，如果能早期监测发现脑低灌注状态并及时给予治疗，则可预防其进一步发展为更严重的疾病，防止造成不可逆损伤，并减轻已有的脑损伤，加快恢复过程，降低脑血管病的致死、致残威胁。因此，对脑低灌注状态进行早期诊断具有非常重大的意义。

近年来，利用各类影像学方法对脑缺血进行早期诊断和超早期诊断，一直是该领域的研究重点。由于脑缺血会引起血液动力学参数的显著变化，对这些关键参数进行正确的检测、分析，有助于研究脑缺血的发病机制并建立早期诊断预测模型。光声成像的高分辨率及无损特性使其在动物脑功能成像研究中具有重要的作用，并有一些相关的研究实现了光声成像监测脑皮层血流灌注的变化，为脑血管研究及脑损伤检测开拓了新型的无损检测技术，如图 6‐56 所示。利用内源的血红蛋白及外源的对比剂吲哚菁绿(ICG)，光声成像能够无损地对小鼠脑部进行光声血管造影成像，并能获得清晰的脑皮层血管网络分布图像。此技术提供了一种高效检测血管病变、肿瘤血管新生及监控血液动力学变化的可行性研究手段。图 6‐56 中的光声脑损伤与康复监控图像是在活体情况下获得的结果，揭示了小鼠脑部颅骨内皮层组织的形态特征和结构分布，为在体脑功能研究提供了可行性的技术和研究装置。光声成像以其足够高的空间分辨率，通过观察动物脑区内血管形态改变、血液容量/流量等参数的变化，对动物脑缺血模型、药物调控脑血管血流灌注模型和脑损伤康复过程进行监测成像，开拓了脑功能成像应用基础研究方向。此外，图 6‐56 中的光声脑损伤检测结果表明光声成像能够成功定位小鼠颅骨内针刺损伤的位置和清晰展现组织损伤引致的颅内淤血。

光声成像的诸多优点使其在生物医学成像领域有着光明的前景。随着光声成像向更高分辨率迈进，使用光聚焦的光声显微成像[106]方法应运而生。为了得到更高的分辨率，可以把激光聚焦为点，用点光源来激发组织，产生声信号，再用超声探测器来接收点源产生的信号，这样就做成了光声显微成像系统。如图 6‐57

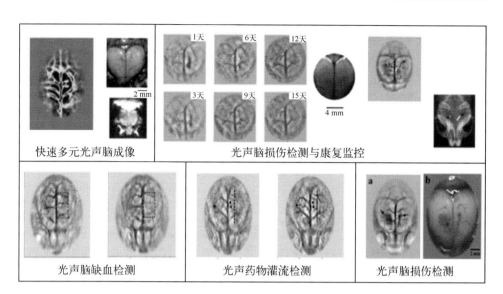

图 6‑56　光声脑血管结构与功能成像，开展了脑损伤检测和康复监控，脑缺血、出血、血管扩张等研究

所示,这种系统有更高的分辨率,可以实现细胞水平的高分辨率成像,这也是光声成像及其重要的发展方向。

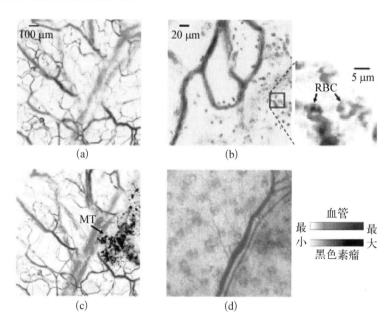

图 6‑57　光声显微镜监测小鼠耳部黑色素瘤生长过程

(a) 注射黑色素瘤前小鼠耳部血管的光声显微成像结果;(b) 注射部位的在体光声成像,RBC 表示红细胞;(c) 注射黑色素瘤细胞 4 天后血管网络光声图像;(d) 光学显微成像结果

6.4.2 活体光声血液功能参数(血氧及碳氧饱和度)检测的应用研究

氧饱和度(oxygen saturation, SO₂)反映人体组织的氧合情况,它定义为被测组织中氧合血红蛋白浓度与两种血红蛋白浓度之和的比值,它是与组织新陈代谢水平密切相关的一个重要功能参数。许多临床疾病会造成氧供给的缺乏,这将直接影响细胞的正常新陈代谢,严重的还会威胁人的生命,所以血氧浓度的实时监测在许多科学研究和临床救护方面都具有十分重要的意义,如大脑血液动力学的研究、对癌症放化疗效果的评估、对伤口愈合状况的监测、对肿瘤的早期诊断以及对基因表达的研究等。

目前临床上常用的测量血氧饱和度的仪器有血气分析仪和血氧测量仪。血气分析仪测量对象是离体血液,因为其需要有创取血检测,所以病人比较痛苦,不能连续有效地对血氧饱和度进行监控。血氧测量仪可以通过指套式光电传感器直接获得在体血氧饱和度,但不能进行成像。目前能够在体无创测量血氧饱和度的成像技术有:近红外光谱成像(near-infrared spectroscopy, NIRS)、血氧水平依赖性核磁共振成像(blood oxygen level-dependent magnetic resonance imaging, BOLD MRI)、电子顺磁共振成像(electron paramagnetic resonance imaging, EPRI)、正电子发射断层扫描成像(positron emission tomography, PET)和单光子发射断层扫描成像(single-photonemission computed tomography, SPECT)。然而这些技术都无法同时获得高空间分辨率和高灵敏度,也就无法对单血管进行血氧饱和度的在体无创测量。例如 NIRS 由于生物组织的强散射使得空间分辨率较低。BOLD MRI 能够获得高空间分辨率,但是它只对脱氧血红蛋白敏感,并且难以分辨血氧水平变化和血流变化的区别。EPRI、PET 和 SPECT 都需要注射有毒性或放射性的外源性造影剂,并且 PET 和 SPECT 的空间分辨率也较低。

一氧化碳(CO)与血红蛋白的亲和力比氧与血红蛋白的亲和力高 200～300 倍,所以一氧化碳极易与血红蛋白结合,形成碳氧血红蛋白(HbCO),使血红蛋白丧失携氧的能力和作用,造成组织窒息。一氧化碳与血红蛋白可逆性结合成碳氧血红蛋白,碳氧血红蛋白干扰氧的传递,引起缺氧。血中碳氧血红蛋白含量达 30% 时便可出现明显的中枢神经系统症状,称为碳氧血红蛋白血症。检测血液碳氧饱和度与血氧饱和度具有同样重要的意义。目前,检验血液中碳氧血红蛋白饱和度的方法主要有化学法,包括氢氧化钠法、鞣酸试验,一般用于饱和度达到 20% 以上的定性分析。而氯化钯试验法具有灵敏度高的特点,但专属性差。另外还有分光光度法[107-109]、导数光谱法[110]、气相色谱法和气相色谱-质谱联用法[111, 112]等。但这些方法操作复杂、费时且会损伤样品。因此，发展一种快速、准确、无损的血中碳氧血红蛋白含量的检测方法具有迫切的现实意义。

由于血红蛋白是人体组织内主要的光吸收物质，它和组织背景的对比度能够达到 3 500%，所以光声成像能够基于纯内源对比度对血管进行高对比度、高灵敏度成像。而含氧血红蛋白（HbO₂）和脱氧血红蛋白（HbR）在不同波长光照射下的吸收系数不同，所以通过检测不同波长下其光声信号可以进行血氧饱和度和总血红蛋白浓度检测[113, 114]。光声成像基于光学吸收，能够对血色素这一内源色素进行高灵敏度和高对比度成像。此外，由于光声技术本身具有可深层成像的优势，因此有望在体对特定位置或特定血管的血氧饱和度进行检测。光声血氧饱和度检测方法，除了可以定点、连续检测血氧饱和度的变化之外，还可以检测血氧饱和度的分布[115]。首先，可利用类似光学检测血氧饱和度的方法对氧合血红蛋白及脱氧血红蛋白的比例关系进行检测；其次，光声检测技术具有较高的空间分辨率，可以实现对血氧饱和度的定位检测，以及检测血氧饱和度的分布情况。

设[HbR]和[HbO₂]分别为血液中脱氧血红蛋白和含氧血红蛋白的摩尔浓度，$\varepsilon_{HbR}(\lambda_i)$ 和 $\varepsilon_{HbO_2}(\lambda_i)$ 分别为脱氧和含氧血红蛋白在波长 λ_i 下的摩尔消光系数，$\mu_a(\lambda_i)$ 为血液在波长 λ_i 下的吸收系数，则有下式成立：

$$\mu_a(\lambda_i) = \varepsilon_{HbR}(\lambda_i)[HbR] + \varepsilon_{HbO_2}(\lambda_i)[HbO_2]$$

根据光声测量的原理，可知在入射光强一定的条件下，血液的光声信号 $\varphi(\lambda, x, y, z)$ 与其吸收系数 $\mu_a(\lambda_i)$ 成正比。因此可以使用光声信号 $\varphi(\lambda, x, y, z)$ 代替 $\mu_a(\lambda_i)$，于是有

$$K\begin{bmatrix} \varphi(\lambda_1, x, y, z) \\ \vdots \\ \varphi(\lambda_n, x, y, z) \end{bmatrix} = \begin{bmatrix} \varepsilon_{HbR}(\lambda_1)\varepsilon_{HbO_2}(\lambda_1) \\ \vdots \\ \varepsilon_{HbR}(\lambda_n)\varepsilon_{HbO_2}(\lambda_n) \end{bmatrix} \begin{bmatrix} [HbR] \\ [HbO_2] \end{bmatrix}$$

式中，K 是一个与系统有关的常量。根据上式，最少只需要测量两个波长下的光声信号值，便可以计算出脱氧血红蛋白和含氧血红蛋白的浓度比。由于这里只计算相对含量，所以无须得知 K 值即可计算得到血氧饱和度

$$SO_2 = \frac{[HbO_2]}{[HbR] + [HbO_2]}$$

在血氧饱和度测量方面，Laufer 等使用光声成像系统对离体血液的血氧饱和度进行了测量，结果误差小于 4%[116]。Zhang 等利用光声显微成像系统

(photoacoustic microscopy system，PAM)，对人手掌皮下血管总血红蛋白浓度进行了在体成像[2]。在大脑成像方面，Stein 等利用 PAM，使用中心频率 20 MHz 的超声换能器，成功对小鼠大脑进行了无创成像[117]，并通过控制小鼠吸入气体的氧气含量，实时观测了多根脑皮层血管的血氧饱和度响应，验证了系统具有无创测量大脑血氧饱和度的能力[118]。

图 6 - 58(a)为含氧和脱氧血红蛋白的摩尔消光系数光谱，图 6 - 58(b)为光声血管活体血氧饱和度成像结果。图 6 - 59 为小鼠耳部血管的碳氧饱和度结果。实验结果表明光声成像方法可以连续、无损地检测活体血管氧饱和度变化情况。光声检测技术能够有效地进行生物的血氧/碳氧饱和度的监测监控，为对于生物组织的结构形态、生理病理特征、功能代谢研究提供了重要的方法和手段。

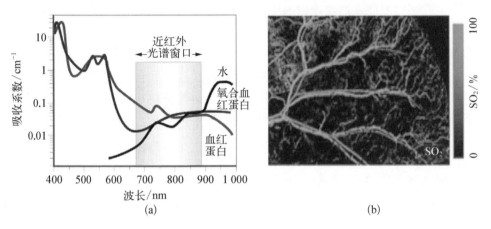

图 6 - 58　(a) 含氧和脱氧血红蛋白的摩尔消光系数光谱；(b) 570 nm 及 578 nm 激发的光声活体血氧饱和度

6.4.3　血管内易损斑块的光声组分识别与成像的应用研究

心脑血管病是当前危害人类健康的"头号杀手"，我国每年死于急性心脑血管事件的人数居全球之首，且呈上升趋势，约三分之二患者因急性心脑血管疾病死于医院以外。动脉粥样硬化斑块破裂是急性心脑血管事件的主要原因，约 70％的致命性急性心肌梗死和/或冠心病猝死都是由其引起的。积极防治动脉硬化性疾病被视为心血管疾病防治的核心内容。从病理生理学机制而论，动脉硬化病变包括动脉管壁病变与管腔病变。近年来大量证据显示，早在动脉管腔出现明显狭窄或闭塞性病变之前，动脉血管壁已发生功能及结构改变。从某种意义上讲，动脉管壁病变是管腔病变的前期病变与病理生理学基础，积极干预管

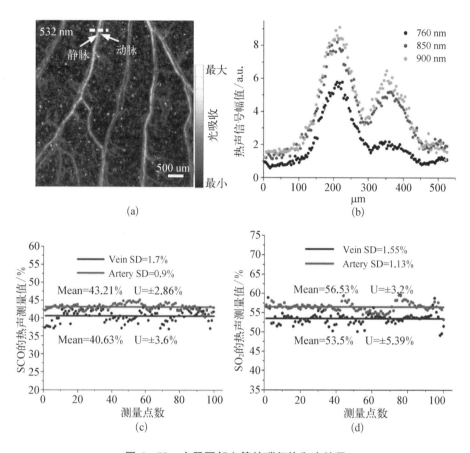

图 6 - 59　小鼠耳部血管的碳氧饱和度结果

(a) 532 nm 波长小鼠耳部血管光声显微图像;(b) 虚线位置处血管在不同波长下的光声信号幅
值;(c) 光声测量的碳氧饱和度;(d) 光声测量的血管血氧饱和度

壁病变有助于延缓甚至避免管腔病变的发生。斑块组织的主要成分为脂质、钙
化、纤维等,不同成分具有不同的光吸收系数,从而为光声成像提供了天然的对
照。发展新的成像技术与方法以提高生物医学成像装置的灵敏度、空间分辨力
与时间分辨力是一个强烈的趋势。多种模式结合在一起的成像装置更引起人们
极大的兴趣。B超检测斑块有很多限制因素,如空间分辨率不足、无法细致观察
斑块内部结构等。光声成像与超声成像都利用超声作为信息载体,光声成像具
有无损高分辨率的特性,易损斑块的血管内光声、超声双模成像也取得了广泛的
关注。

　　血管内窥光声超声双模成像结合了光声与超声成像的优点。光声成像利用
脉冲激光激发,声探测器接收激发的声信号重建组织吸收分布。超声成像利用

电脉冲激励探测器阵元产生超声并接收回波信号,得到组织的声阻抗信息。图 6-60 为血管内光声超声双模成像装置示意图,该系统的工作流程为:控制模块触发脉冲发生器发出高压窄脉冲,激励超声探测器阵元发射超声波,经过组织反射后接收回波信息,经过一定时间的延迟之后,控制系统触发脉冲激光辐照到待测样品,激发光声信号并利用超声探测器接收,此后步进电机旋转驱动探测器进行下一个位置的采集,最后利用图像重建算法进行超声及光声图像重建。

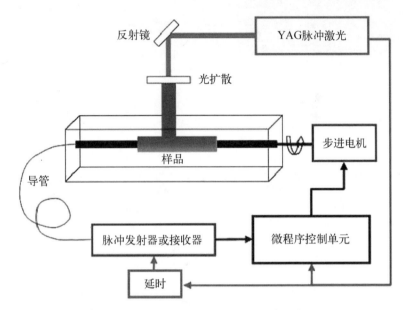

图 6-60 血管内光声超声成像装置示意图

图 6-61(a)和图 6-61(b)分别为离体兔子动脉血管的超声与光声成像结果。通过超声成像结果可见直径为 6.75 mm 的动脉血管内壁存在斑块分布,斑块的存在伴随着血管壁的增厚。通过光声内窥图像可见斑块部位光声图像亮度较大,即该部位光学吸收较强。图 6-61(d)的病理切片与上述两种成像结果吻合较好,证明了光声超声双模成像在血管内壁斑块检测中的可行性。

目前光声血管内窥成像的目标主要集中在早期诊断成像识别方面,研究方向及发展前景主要集中在如下几个方面:开展具有原理创新性的血管内双模成像和体外无创的斑块形态结构、功能与分子定量成像理论方法,同时在理论上突破现有成像方法的分辨极限,对斑块形态结构、组分、分子标记物与活性等进行高分辨快速成像;为易损斑块前瞻性基础研究和早期诊断提供新的方法[119, 120];发展可反映斑块精细结构、辨识斑块组分、定量纤维帽厚度的光声成像方法,为易损斑块的识别提供精确、定量参数,为易损斑块预警模型的构建提供基础,以

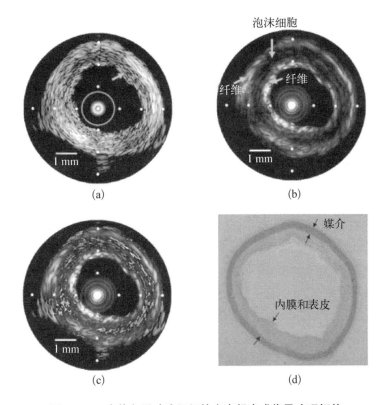

图 6 - 61 离体兔子动脉组织的光声超声成像及病理切片

(a) 超声内窥成像；(b) 532 nm 激发波长下的光声内窥成像；(c) 光声超声
组合成像；(d) H&E 染色病理切片

成像斑块精细结构、辨识斑块组分、定量纤维帽厚度为主要目标，发展具有原理
上创新的高分辨光声成像识别方法，主要包括光声传输特性、光声光谱选择特性
与斑块组分识别、光声内窥成像系统以及对应成像算法等四个方面的研究内容；
通过揭示声、光等能量形式在心脑血管通道内传输、相互作用、能量转换与信号
产生机理，建立相应的数学模型，为血管内光声、超声双模成像奠定理论基础；开
展斑块细微结构成像，定量分析纤维帽厚度，为斑块易损性判断提供在位活体检
测标准；开展易损斑块组分的光声光谱选择性识别研究；根据斑块组织的光谱特
异性吸收差异获取斑块组分信息，定量研究胶原、脂质和纤维的相对含量与斑块
易损性的关系。

6.4.4 热声成像低密度异物检测的应用研究

生物医学影像具有直观、形象和信息量丰富的特点，在临床诊断中占有重要

的地位。随着医学成像技术的不断进步,目前正朝着实时、动态、立体、功能等方向发展,使医生能更准确、更全面地了解机体的内部结构,辅助医生对病变组织及其他感兴趣的区域进行分析,为临床诊断提供可靠依据,有利于制订客观、有效的治疗方案,对提高医疗诊断水平具有重要的意义,极大地推动了医学的进步与发展,成为近年来最为活跃的研究领域之一。

目前常用的医学影像技术有超声成像技术、X射线成像技术、核磁共振成像技术、核医学成像技术和近红外光学成像技术等。这些成像技术在医学领域的诸多方面均已取得令人惊喜的发展。然而,人体是一个复杂的生理结构组织系统,上述各种成像方式分别应用了电磁波谱中的某一频率区来成像,如超声波、射频、X射线、γ线等,这说明单一的成像方式是无法穷尽人体的全部信息。因此,针对新发现的医学问题,发展新的医学影像方法、新的成像技术来弥补现有技术的不足和缺点有着重大的医学现实意义和社会发展的迫切性。

20世纪80年代早期,J. C. Lin 等人就报道了利用微波热声效应对人体手臂成像并构建了第一套微波热声成像系统[121],而该项技术在乳腺癌检测上的应用在近几年逐渐备受关注[24, 35, 122-126]。目前,国际上德克萨斯州大学 A&M 光学成像研究组和美国印第安纳大学研究小组的研究工作具有代表性,两个小组都分别开展了微波热声成像理论及实验研究。相比于光声成像中可见及近红外光源,微波波段对生物组织具有很好的穿透性能,如 500 MHz 的微波在肌肉和脂肪中的穿透深度分别可达 3.4 cm 和 23.5 cm,在微波源频率为 3 GHz 时,正常肌肉组织和脂肪组织的微波穿透深度分别约为 1.2 cm 和 9 cm。图 6 - 62 为微波吸收的原理示意图。在自由状态下,带有正负电荷的极性分子杂乱无序地排列,如图(a)所示,正负极性相抵消,总体呈现电中性。在微波作用下,极性分子跟随电磁场转动,如图(c)所示,转动频率即微波频率,外加电磁场造成极性分子呈现方向性排列的趋势,如图(b)所示,分子摩擦产生热量,即微波热效应。由于微波的吸收系数直接与某些组织特性如离子电导率和水分含量相关,通过热声

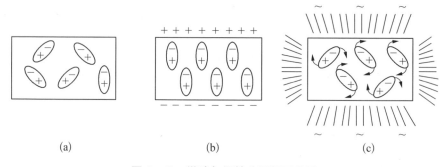

(a) (b) (c)

图 6 - 62 微波与极性分子相互作用

信号特性就可以得到组织对电磁波的吸收信息,重建热声压分布。热声成像具有完全非侵入性、无损伤、非电离化辐射等诸多优点,能显示组织中各种化学组分,提供丰富的诊断信息。

微波热声成像技术是一种非侵入式和非电离式的新兴医学成像方法,它的成像原理与光声成像相似。当脉冲微波辐射到生物组织时,生物组织吸收微波能量产生热膨胀效应并激发出属于超声波范围的热声波,被激发的热声波携带着被辐射组织微波吸收特性的信息并穿过组织向外传播,通过采集组织周围各个方向的热声信号,就可以重建出组织内部微波吸收分布图像。大部分其他软组织中微波的穿透深度在此范围内,而且在该频率范围内,微波的传播几乎不会受到软组织散射的影响,因而微波热声成像在人体实际检测中更具潜力和应用价值。

微波热声信号的大小与组织对微波能量的吸收程度直接相关,而微波的吸收率又与组织的电磁学特性参数相关,因此,生物组织的微波热声成像能反映组织内不同部位离子电导率的高低及水分含量的多少。由于热声成像的这种独特的优点,它能在声波性质相对均匀的组织中探测出不均匀的微波吸收性质,因此其极具社会现实意义和人类健康发展需求的应用前景就是体内低密度异物的无损检测和微波热声乳腺肿瘤的早期检测。对于体内低密度异物如有机玻璃碎片、小木屑、塑料薄片等,由于与组织密度差异不大,X 射线检测对比度很低,正常情况下很难发现[127, 128]。对于这一医学检测盲区,微波热声成像就有其独特的优势,由于这些低密度异物与组织的电磁学参数差异性极大,在异物与组织的边界处会产生明显的微波热声信号,利用微波热声成像就能高分辨高对比度地显示体内异物的形状大小。因此,发展微波热声成像技术对于解决低密度异物检测的难题有重大突破性的意义。

6.4.5　热声成像在乳腺癌检测中的应用研究

乳腺肿瘤是生长在乳房外表下皮下的脂肪、肌肉组织中的恶性肿瘤。乳腺癌是女性人群中最常见的恶性肿瘤疾病,居所有妇女恶性肿瘤死亡率第二位。全球每年有约 120 万名妇女患乳腺癌,50 万名妇女死于该疾病[129]。我国虽不是乳腺癌的高发国家,但女性乳腺癌发病率和死亡率都呈迅速上升态势,年均增长速度高出高发国家 1～2 个百分点,以每年 3％的速度递增。最新研究表明,在过去的 25 年中,我国妇女乳腺癌的发病率增加了 51％。在世界范围内,乳腺癌是妇女人群中的高发病,其发病率在发达国家尤为严重。在乳腺癌治疗中,早期诊断可大大提高患者的生存几率。因此,发展具有早期检测能力的乳腺成像技术有助于乳腺癌的诊断和治疗。

传统的乳腺癌诊断方法是用X射线对人体某一检查部位进行扫描，它提供的信息是解剖性的，几乎不能说明内部器官的生理或功能状态，这种检测方法常常会有假阳性的结果。另外一个使X射线发展受到限制的就是这种设备会使得医务人员和患者同时受到X射线的损害。超声成像利用超声辐照人体，这种检测方法的分辨率比较低，无法检测出乳腺癌的某些早期迹象，如微石灰化组织，对尺寸较小的早期肿瘤检测十分困难。此外，因为超声波检测技术的对比度取决于不同组织声阻抗的差异，乳房正常组织的声阻抗为 $1.410 \times 10^6 \, kg/m^2 \, s$，而肌肉的声阻抗为 $1.684 \times 10^6 \, kg/m^2 \cdot s$，两者的差异很小，因而成像对比度较差，不是一种理想的早期乳腺癌常规检测技术。核磁共振技术对于区分恶性肿瘤和良性肿瘤（如纤维瘤）的能力不强，甚至有可能将乳房导管中的增生组织误判为肿瘤，其特异性较低。正电子放射性断层摄影术，对尺寸较小的早期肿瘤（小于8 mm）或侵略性不强的肿瘤检测准确性较低；而且，检测费用昂贵，同样不适合作为早期乳腺癌的常规检测手段。鉴于以上各种技术所存在的不足，对于乳腺癌这种高发病率的恶性肿瘤，研究一种新型、对人体无伤害、价格低廉、便于推广、具有高成像分辨率和高对比度等性能的早期检测技术十分必要。生物活检是一种有损的检测方法，这种检测方法不能作为常规的医学检测方法。因此，上述任何一种方法都不是乳腺癌检测的理想方法，最精确的检测手段是能够尽可能地把多种检测方法结合在一起，综合分析检测结果。

热声成像检测方法具有高分辨和高穿透深度的优点，它可以在厘米级深度上得到微米级的分辨率。由于热声成像反映的是组织的微波吸收分布，而微波在生物组织内的吸收主要由吸收物质如水分子、钠、钾等离子浓度决定，不同类型组织的微波吸收差异决定了热声成像的对比度，微波吸收差异越大，热声图像的对比度越好。如表6-1所示，正常的和病变的乳房组织在电磁特性上有较大的差别，其相对介电常数与电导率的差异均在一个数量级以上，这为早期乳腺癌的检测提供了高对比度的基础。在乳房组织中传播的低能级的电磁脉冲对组织中的水分含量尤其敏感，而肿瘤所含水分一般比正常组织要多；另外正常乳腺组织和癌变组织的相对介电常数也有着很大的差异。相当宽的频率范围内乳腺癌组织与正常组织的相对介电常数和电导率差异值可达10倍。正常乳腺组织主要由脂肪构成，而脂肪几乎吸收微波，当乳腺中发生病变，会同时伴随着水分和血液等养分的增加，它所引起的相对介电常数属性的改变非常显著，这就为高对比度的人类乳腺热声成像提供了原理上的根据。另外，快速生长的恶性肿瘤需要更多的血液供应，恶性肿瘤组织将伴随有更多的微血管增生；肿瘤病变还会引起组织内血液(血红蛋白)流向分布的改变,从而也会引起局部组织对光敏感度的改变。有研究表明,癌变组织和周围正常组织光吸收的差异有 4 倍以上,而微波的吸收差异有 6 倍以上[46]。热声成像能够有效地进行生物组织结构和功能成像,为研究乳腺癌的形态结构、生理特征、病理特征、代谢功能等提供重要手段。

表 6-1　乳房组织和癌变组织的相对介电常数和电导率的对比

	相对介电常数 ε_r	电导率 $\sigma/(S/m)$
乳房皮肤	36	4
正常乳房组织	9	0.4
肿瘤	50	4
肌肉	50	4
乳腺导管	11~15	0.4~0.5

　　发展新的医学影像技术,开展具有安全、可靠、低成本、高分辨率高对比度的微波热声成像技术,以其独特的优势实现真正适用于临床诊断应用的早期乳腺检测和低密度异物检测技术,这将具有巨大的生命科学应用前景,为人类健康带来福音。作为新一代的生物医学影像技术,光声热声成像能够有效地进行生物组织结构和功能成像。随着科技的发展,成像系统会向着集成性、可移动性方向发展,可以进一步提高光声热声成像的速度,真正实现具有高灵敏度、高分辨率、高对比度的实时快速的光声热声成像系统。光声热声成像技术将发挥其独特的优势,与传统医学影像技术优势互补,协调发展,其市场需求巨大,未来前景广阔。

参考文献

[1] Wang X D, Pang Y J, Ku G, et al. Noninvasive laser-induced photoacoustic tomography for structural and functional in vivo imaging of the brain[J]. Nature Biotechnology, 2003, 21: 803 - 806.

[2] Zhang H F, Maslov K, Stoica G, et al. Functional photoacoustic microscopy for high-resolution and noninvasive in vivo imaging[J]. Nature Biotechnology, 2006, 24: 848 - 851.

[3] Zeng Y G, Xing D, Wang Y, et al. Photoacoustic and ultrasonic co-image with a linear transducer array[J]. Optics Letters, 2004, 29: 1760 - 1762.

[4] Zhang H F, Maslov K, Wang L H. In vivo imaging of subcutaneous structures using

functional photoacoustic microscopy[J]. Nat. Protoc. , 2007, 2: 797 - 804.

[5] Ku G, Wang L H. Deeply penetrating photoacoustic tomography in biological tissues enhanced with an optical contrast agent[J]. Optics Letters, 2005, 30: 507 - 509.

[6] Bell A G. On the production of sound by light[J]. Am. J. Sci. , 1880, 20: 305 - 324.

[7] Kreuzer L B. Ultralow gas concentration infrared absorption spectroscopy[J]. J. Appl. Phys. , 1971, 42: 2934 - 2943.

[8] Hoelen C G A, de Mul F F M, Pongers R, et al. Three-dimensional photoacoustic imaging of blood vessels in tissue[J]. Optics Letters, 1998, 23: 648 - 650.

[9] Oraevsky A A, Savateeva E V, Solomatin S V, et al. Optoacoustic imaging of blood for visualization and diagnostics of breast cancer[J]. Proc. SPIE, 2002, 4618: 81 - 94.

[10] Kolkman R G M, Hondebrink E, Steenbergen W, et al. In vivo photoacoustic imaging of blood vessels using an extreme-narrow aperture sensor[J]. IEEE J. Sel. Top. Quantum Electron, 2003, 9: 343.

[11] Xiang L Z, Yuan Y, Xing D, et al. Photoacoustic molecular imaging with antibodyfunctionalized single-walled carbon nanotubes for early diagnosis of tumor[J]. J. Biomed. Opt. , 2009, 14(2): 021008 - 1 - 021008 - 7.

[12] Bai Y Y, Liu J P. Analysis of the advantages and disadvantages of CT, MRI and B ultrasound for their reasonable use[J]. Modern Hospital, 2008, 8(1): 010300.

[13] 赵新宇,陈敏,鄂占森. 宽景超声成像技术临床应用的研究[J]. 医学综述,2008,14(8): 1257 - 1259.

[14] 朱弋,杨舒波,潘文荣. 超声成像技术的新进展[J]. 医疗装备,2007,6: 17 - 18.

[15] 陈光祥,陈洪亮,唐光才. 多层螺旋 CT 对肺静脉的影像学评价[J]. 实用放射学杂志, 2009,25(1): 120 - 123.

[16] 倪萍,陈自谦. MRI 技术及临床应用进展[J]. 福州总医学学报,2008,15(3): 175 - 178.

[17] 王荣福,于明明. PET/CT 在肿瘤临床中的应用价值[J]. 肿瘤学杂志,2009,15(1): 73 - 75.

[18] Oraevsky A A, Karabutov A A, Solomatin S V, et al. Laser optoacoustic imaging of breast cancer in vivo[J]. Proc. SPIE, 2001, 4256: 6 - 15.

[19] Xu M H, Wang L H. Time-domain reconstruction for thermoacoustic tomography in a spherical geometry[J]. IEEE transaction on medical imaging, 2002, 21(7): 814 - 822.

[20] Kruger R A, Kopecky K K, Aisen A M, et al. Thermoacoustic CT with radio waves: A medical imaging paradigm[J]. Radiology, 1999, 211: 275 - 278.

[21] Ku G, Wang L V. Scanning microwave-induced thermoacoustic tomography: signal, resolution, and contrast[J]. Med. Phys. , 2001, 28: 4 - 10.

[22] Kruger R A, Liu P X, Fang Y C, et al. Photoacoustic ultrasound (PAUS)-reconstruction tomography[J]. Med. Phys. , 1995, 22(10): 1605 - 1609.

[23] Yuan Z, Jiang H B. Three-dimensional finite-element-based photoacoustic tomography: Reconstruction algorithm and simulations[J]. Med. Phys. , 2007, 34: 538 - 546.

[24] Kruger R A, Reinecke D R, Kruger G A. Thermoacoustic computed tomography-technical considerations[J]. Med. Phys. , 1999, 26: 1832 - 1837.

[25] Bal G, Ren K, Uhlmann G, et al. Quantitative thermo-acoustics and related problems

[J]. Inverse Probelmes，2011，27：1-15.

[26] Maslov K，Stoica G，Wang L H. In vivo dark-field reflection-mode photoacoustic microscopy[J]. Optics Letters，2005，30：625-627.

[27] Zhang H F，Maslov K. Imaging acute thermal burns by photoacoustic microscopy[J]. J. Biomed. Opt. ，2006，11(5)：054033-1-054033-5.

[28] 张顺利,张定华,李山,等,ART 算法快速图像重建研究[J].计算机工程与应用,2006，24：1-4.

[29] Yin B Z，Xing D，Wang Y. Fast photoacoustic imaging system based on 320-element linear transducer array[J]. Phys. Med. Biol. ，2004，49：1339-1346.

[30] Wang Y W，Xie X Y，Wang X D，et al. Photoacoustic tomography of a nanoshell contrast agent in the in vivo rat brain[J]. Nano Lett. ，2004，4(9)：1689-1692.

[31] Yang S H，Xing D，Zhou Q，et al. Functional imaging of cerebrovascular activities in small animals using high-resolution photoacoustic tomography[J]. Med. Phys. ，2007，34(8)：3294-3301.

[32] Ma S B，Yang S H，Xing D, Photoacoustic imaging velocimetry for flow-field measurement [J]. Opt. Expresss，2010，18(10)：9991-10000.

[33] Wang H，Xing D，Xiang L. Photoacoustic imaging using an ultrasonic Fresnel zone plate transducer[J]. J. Phys. D：Appl. Phys. ，2008，41：1-7.

[34] Zhang Jian，Da Xing. Intravascular photoacoustic detection of vulnerable plaque based on constituent selected imaging[J]. J. Phys.：Conf. Ser. ，2011，277：1-6.

[35] Ku G，Wang L H. Scanning thermoacoustic tomography in biological tissue[J]. Med. Phys. ，2000，27：1195-1202.

[36] Nie L M，Ou Z M，Yang S H，et al. Thermoacoustic molecular tomography with magnetic nanoparticle contrast agents for targeted tumor detection[J]. Med. Phys. ，2009，37：4193-4200.

[37] Nie L M，Xing D. Thermoacoustic and photoacoustic imaging of biological tissue with different contrasts and properties[J]. Proc. SPIE，2009，7280：72801N-1-72801N-9.

[38] Ku G，Fornage B D，Jin X，et al. Thermoacoustic and photoacoustic tomography of thick biological tissues toward breast imaging[J]. Technology in Cancer Research & Treatment，2005，4(5)：559-565.

[39] Kruger R A，Reynolds H E，Miller K D，et al. Breast cancer in vivo：contrast enhancement with thermoacoustic CT at 434 MHz feasibility study[J]. Radiology，2000，216(1)：279-283.

[40] Alexander A Karabutov，Elena V Savateeva，Natalia B Podymova，et al. Backward mode detection of laser-induced wide-band ultrasonic transients with optoacoustic transducer [J]. J. Appl. Phys. ，2000，87(4)：2003-2014.

[41] Brecht H P，Su R，Fronheiser M，et al. Whole body three-dimensional optoacoustic tomography system for small animals[J]. J. Biomed. Opt. ，2009，14(6)：064007-1-064007-8.

[42] Mohammad Eghtedari，Alexander Oraevsky，John A Copland，et al. High sensitivity of in vivo detection of gold nanorods using a laser optoacoustic imaging system[J]. Nano

Lett. , 2007, 7(7): 1914 – 1918.

[43] Oraevsky A A, Andreev V G, Karabutov A A, et al. Two-dimensional optoacoustic tomography: transducer array and image reconstruction algorithm[J]. Proceedings of the SPIE, 1999, 3601: 256 – 267.

[44] Shriram Sethuraman, James H Amirian, Silvio H Litovsky, et al. Spectroscopic intravascular photoacoustic imaging to differentiate atherosclerotic plaques[J]. Opt. Express, 2008, 16 (5): 3362 – 3367.

[45] Wang B, Karpiouk A, Yeager D, et al. Intravascular photoacoustic imaging of lipid in atherosclerotic plaques in the presence of luminal blood[J]. Opt. Express, 2012, 37(7): 1244 – 1246.

[46] Sethuramana S, Aglyamova S R, Amirianb J H, et al. Development of a combined intravascular ultrasound and photoacoustic imaging system[J]. Proc. of SPIE, 2006, 6086: 60860F – 1 –60860F – 10.

[47] Shriram Sethuraman, James H Amirian, Silvio H Litovsky, et al. Ex vivo characterization of atherosclerosis using intravascular photoacoustic imaging[J]. Opt. Express, 2007, 15 (25): 16657 – 16666.

[48] Wang L V. Prospects of photoacoustic tomography[J]. Medical Physics, 2008, 35(12): 5758 – 5767.

[49] Hu S, Maslov K, Wang L V. Second-generation optical-resolution photoacoustic microscopy with improved sensitivity and speed[J]. Optics Letters, 2011, 36(7): 1134 – 1136.

[50] Maslov K, Zhang H F, Hu S, et al. Optical-resolution photoacoustic microscopy for in vivo imaging of single capillaries[J]. Optics Letters, 2008, 33: 929 – 931.

[51] Yuan Z, Zhang Q Z, Jiang H B. Simultaneous reconstruction of acoustic and optical properties of heterogeneous media by quantitative photoacoustic tomography[J]. Opt. Express, 2006, 15: 6749 – 6754.

[52] Jiang H, Yuan Z, Gu X. Spatially varying optical and acoustic property reconstruction using finite element-based photoacoustic tomography[J]. J. Opt. Soc. Am. A, 2006, 23: 878 –888.

[53] Yuan Z, Jiang H B. Quantitative photoacoustic tomography: recovery of optical absorption coefficient maps of heterogeneous media[J]. Appl. Phys. Lett. , 2006, 88 (23): 231101 – 1 – 231101 – 3.

[54] Yuan Z, Wu C F, Zhao H Z, et al. Imaging of small nanoparticle-containing objects by finite-element-based photoacoustic tomography[J]. Optics Letters, 2005, 30: 3054 – 3056.

[55] Yin L, Wang Q, Zhang Q Z, et al. Tomographic imaging of absolute optical absorption coefficient in turbid media using combined photoacoustic and diffusing light measurements [J]. Optics Letters, 2007, 32: 2556 – 2558.

[56] Zhang E, Laufer J, Beard P. Backward-mode multiwavelength photoacoustic scanner using a planar Fabry-Perot polymer film ultrasound sensor for high-resolution three-dimensional imaging of biological tissues[J]. Applied. Opt. , 2008, 47: 561 – 577.

[57] Cox B T, Arridge S R, Beard P C. Photoacoustic tomography with a limited-aperture

planar sensor and reverberant cavity[J]. Inverse Problems, 2007, 23: S95 - S112.

[58] Allen T J, Beard P C. Dual wavelength laser diode excitation source for 2D photoacoustic imaging[J]. Proc SPIE, 2007, 6437: 64371U - 1 - 64371U - 1.

[59] Cox B T, Arridge S R, Beard P C. K-space propagation models for acoustically heterogeneous media: application to biomedical photoacoustics [J]. Journal of the Acoustical Society of America, 2007, 121: 3453 - 3464.

[60] Cox B T, Arridge S A, Beard P C. Gradient-based quantitative photoacoustic image reconstruction for molecular imaging[J]. Proc. SPIE, 2007, 6437: 64371T -1 - 64371T - 10.

[61] Roy G M Kolkman, John H G M Klaessens, Erwin Hondebrink. Photoacoustic determination of blood vessel diameter[J]. Phys. Med. Biol. , 2004, 49: 4745 - 4756.

[62] Roy G M Kolkman, Arjan Huisjes, Ronald I Siphanto, et al. Photoacoustic imaging of blood vessels in the chorioallantoic membrane of a chicken embryo[J]. Proc SPIE, 2004, 5320: 16 - 20.

[63] Siphanto R I, Thumma K K, Kolkman R G M, et al. Serial noninvasive photoacoustic imaging of neovascularization in tumor angiogenesis[J]. Optics Express, 2005, 13(1): 89 - 95.

[64] Esenaliev R O, Larina I V, Larin K V, et al. Optoacoustic technique for noninvasive monitoring of blood oxygenation: a feasibility studys[J]. Appl. Opt. , 2002, 41(22): 4722 - 4731.

[65] Wang X D, Pang Y J, Stoica G, et al. Laser-induced photo-acoustic tomography for small animals[J]. Proc. of SPIE, 2003, 4960: 40 - 44.

[66] Wang X D, Pang Y J, Ku G. Three-dimensional laser-induced photoacoustic tomography of mouse brain with the skin and skull intact [J]. Optics Express, 2003, 28 (19): 1739 - 1741.

[67] Payne B P, Venugopalan V, Mikic B B, et al. Optoacoustic determination of optic attenuation depth using interferometric detection[J]. J. Biomed. Opt. , 2003, 8(2): 264 - 272.

[68] Lao Y Q, Xing D, Yang S H, et al. Noninvasive photoacoustic imaging of the developing vasculature during early tumor growth[J]. Phys. Med. Biol. , 2008, 53: 4203 - 4212.

[69] Zhang J, Yang S, Ji X, et al. Characterization of Lipid-rich aortic plaques by intravasular photoacustic tomography (IVPAT): Ex-vivo and in-vivo validation in a rabbit atherosclerosis model with histologic corrlation[J]. J. Am. Coll Cardiol. , 2014, 64(4): 385 - 390.

[70] Xiang L Z, Xing D, Gu H M, et al. Real-time optoacoustic monitoring of vascular damage during photodynamic therapy treatment of tumor[J]. J. Biomed Opt. , 2007, 21 (1): 014001.

[71] Yang S H, Xing D, Lao Y Q, et al. Noninvasive monitoring of traumatic brain injury and posttraumatic rehabilitation with laser-induced photoacoustic imaging[J]. Appl. Phys. Lett. , 2007, 90(24): 243902 - 1 - 243902 - 3.

[72] Nie L M, Xing D, Yang D W, et al. Detection of foreign body using fast thermoacoustic tomography with a multi-element linear transducer array[J]. Appl. Phys. Lett. , 2007, 90(7): 174109 - 1 - 174109 - 3.

[73] Nie L M, Xing D, Zhou Q, et al. Microwave-induced thermoacoustic scanning CT for high-contrast and noninvasive breast cancer imaging[J]. Med. Phys., 2008, 35(9): 4026 - 4032.

[74] Yin G Z, Xing D, Yang S H. Dynamic monitoring of blood oxygen saturation in vivo using double-ring photoacoustic sensor[J]. Journal of Applied Physics, 2009, 106(1): 013109 - 1 - 013109 - 5.

[75] Cao C J, Nie L M, Lou C G, et al. Feasibility of using microwave-induced thermoacoustic tomography for detection and evaluation of renal calculi[J]. Phys. Med. Biol., 2010, 55: 5203 - 5212.

[76] Ye F, Yang S H, Xing D. Three-dimensional photoacoustic imaging system in line confocal mode for breast cancer detection[J]. Appl. Phys. Lett., 2010, 97(21): 213702 - 1 - 213702 - 3.

[77] Gao G D, Yang S H, Lou C G, et al. Viscoelasticity imaging of biological tissues with phase-resolved photoacoustic measurement[J]. Opt Lett., 2011, 36(17): 3341 - 3343.

[78] 张建英,谢文明,曾志平,等. 光声成像技术的最新进展[J]. 中国光学,2011,4(2): 111 - 117.

[79] Xie W M, Li H, Li Z F, et al. Photoacoustic imaging modality for imaging internal organs based on single focus ultrasonic transducer[J]. Proe. SPIE, 2010, 7850: 785004.

[80] 徐晓辉,李晖. 基于长焦区聚焦换能器的扫描光声乳腺成像技术[J]. 物理学报,2008, 57(7): 4623 - 4628.

[81] Lu T, Song Z Y, Su Y X, et al. The feasibility study of photoacoustic tomography for ophthalmology[J]. Chinese optics letters, 2007, 5(8): 475 - 476.

[82] Lu T, Jiang J Y, Su Y X, et al. Signal processing using wavelet transform in photoacoustic tomography[J]. Proceedings of SPIE, 2007, 6439: 64390L - 1 - 64390L - 6.

[83] 卢涛. 光声技术在生物医学成像中的应用基础研究[D]. 天津:天津大学,2007.

[84] 李长辉,叶硕奇,任秋实. 光声分子影像[J]. 激光与光电子学进展,2011,48: 051701.

[85] Li C H, Wang L H. Real-time photoacoustic tomography of cortical hemodynamics in small animals[J]. Journal of Biomedical Optics Letters, 2010, 15(1): 010509 - 1 - 010509 - 3.

[86] Ye S Q, Yang R, Xiong J W, et al. Label-free imaging of zebrafish larvae in vivo by photoacoustic microscopy[J]. Biomedical Optics Express, 2012, 3: 360 - 365.

[87] Guo Z J, Li C H, Song L, et al. Compressed sensing in photoacoustic tomography in vivo [J]. Journal of Biomedical Optics, 2010, 15: 021311 - 6.

[88] Li P C, Chen W W, Liao C K. Multiple targeting in photoacoustic imaging using bioconjugated gold nanorods[J]. Proc. SPIE, 2006, 6086: 60860M - 1 - 60860M - 10.

[89] Li P C, Huang S W, Chen W W, et al. Photoacoustic flow measurements by use of laser-induced shape transitions of gold nanorods[J]. Opt. Lett., 2005, 30: 3341 - 3343.

[90] Chen L C, Wei C W, Souris J S, et al. Enhanced photoacoustic stability of gold nanorods by silica matrix confinement[J]. Journal of Biomedical Optics, 2010, 15(1): 016010 - 1.

[91] Chen W W, Liao C K, Tseng H C, et al. Photoacoustic flow measurements with gold nanoparticles[J]. IEEE Transactions on Ultrasonics, Ferroelectrics and Frequency

Control，2006，53(10)：1955 - 1959.

[92] Park S，Shah J，Aglyamov S R. Integrated system for ultrasonic，phtotoacoustic and elasticity imaging[J]. Proc. of SPIE.，2006，6147：61470H1 - 8.

[93] 曾亚光.生物组织光声层析成像研究[D].广州：华南师范大学，2005.

[94] 邢达，向良忠.生物组织的光声成像技术及其在生物医学中的应用[J]. 激光与光电子进展，2007，44(8)：26 - 33.

[95] Yang X M，Wang L V. Boundary effects on image reconstruction in photoacoustic tomography[J]. Proc. of SPIE.，2007，6437：64370W 1 - 10.

[96] 宋智源，刘英杰，王瑞康.光声成像技术[J].中国激光医学杂志，2006，15(1)：127 - 128.

[97] Ku G，Wang X D，Xie X Y. Deep penetrating photoacoustic tomography in biological tissues[J]. Proc. of SPIE.，2005，5697：117 - 126.

[98] Park S，Mallidi S，Karpiouk A B. Photoacoustic imaging using array transducer[J]. Proc. of SPIE，2007，6437：1 - 7.

[99] Wang X，Xie X，Ku G，et al. Non-invasive imaging of hemoglobin concentration and oxygenation in the rat brain using high-resolution photoacoustic tomography[J]. Journal of Biomedical Optics，2006，11(2)：024015 - 1 - 024015 - 9.

[100] Wang B，Yantsen E，Larson T，et al. [J]. Plasmonic intravascular photoacoustic imaging for detection of macrophages in atherosclerotic plaques，Nano. Letters，2009，9 (6)：2212 - 2217.

[101] Kim C，Song K H，Gao F，et al. Sentinel lymph nodes and lymphatic vessels：Noninvasive dual-modality invivo mapping by using indocyanine green in rats-volumetric spectroscopic photoacoustic imaging and planar fluorescence imaging[J]. Radiology，2010，255(2)：442 - 450.

[102] Kim C，Cho E C，Chen J，et al. In vivo molecular photoacoustic tomography of melanomas targeted by bioconjugated gold nanocages[J]. ACS Nano.，2010，4(8)：4559 - 4564.

[103] Zhang Y，Cai X，Wang Y，et al. Noninvasive photoacoustic microscopy of living cells in two and three dimensions through enhancement by a metabolite dye[J]. Angew. Chem. Int. Ed.，2011，50：7359 - 7363.

[104] Xiang L Z，Xing D，Gu H M，et al. In vivo monitoring of neovascularization in tumor angiogenesis by photoacoustic tomography[J]. Chinese Phys. Lett.，2007，24(3)：751 - 754.

[105] Favazza C P，Jassim O，Cornelius L A，et al. In vivo photoacoustic microscopy of human cutaneous microvasculature and a nevus[J]. J. Biom. Opt.，2011，16(1)：0160151 - 1 - 016015 - 6.

[106] Maslov K，Sivaramakrishnan M，Wang L H. Technical considerations in quantitative blood oxygenation measurement using photoacoustic microscopy in vivo[J]. Proc. SPIE，2003，6086：60860R.

[107] 血中碳氧血红蛋白饱和度的测定分光光度法[S].司法鉴定技术规范，SF/ZJD0107010 - 2011.

[108] 张介克，沈敏，刘伟.一氧化碳血红蛋白含量的定量检测及估价[J].法医学杂志，1986，2：27 - 30.

[109] 杨娅,屠一锋. 可见分光光度法快速检测碳氧血红蛋白饱和度[J]. 现代科学仪器,2008, 34：24 – 25.

[110] 谭家镒,杨鸣. 四阶导数光谱法测定血液碳氧血红蛋白饱和度[J]. 中国法医学杂志, 1988,3：206 – 209.

[111] 贺浪冲. 法医毒物分析[M]. 北京：人民卫生出版社,2004：78 – 82.

[112] 乔静. 毒品和毒物检验[M]. 北京：中国人民公安大学出版社,2003：697 – 701.

[113] Zhang H F, Maslov K, Sivaramakrishnan M, et al. Imaging of hemoglobin oxygen saturation variations in single vessels in vivo using photoacoustic microscopy[J]. Applied Physics Letters, 2007, 90(5)：1 – 3.

[114] Wang Y, Hu S, Maslov K, et al. In vivo integrated photoacoustic and confocal microscopy of hemoglobin oxygen saturation and oxygen partial pressure[J]. Opt. Lett. , 2011, 36(7)： 1029 – 1031.

[115] Available from：http：//omlc. ogi. edu/spectra/hemoglobin/summary. html.

[116] Laufer J, Elwell C, Delpy D, et al. In vitro measurements of absolute blood oxygen saturation using pulsed near-infrared photoacoustic spectroscopy：accuracy and resolution[J]. Phys. Med. Biol. , 2005, 50(18)：4409 – 4428.

[117] Stein E W, Maslov K, Wang L V. Noninvasive, in vivo imaging of the mouse brain using photoacoustic microscopy[J]. J. Appl. Phys. , 2009, 105(10)：102027

[118] Stein E W, Maslov K, Wang L V. Noninvasive, in vivo imaging of blood oxygenation dynamics within the mouse brain using photoacoustic microscopy[J]. J. Biom. Opt. , 2009, 14(2)：020502

[119] Emelianov S Y, Aglyamov S R, Shah J, et al. Combined ultrasound, optoacoustic and elasticity imaging[J]. Proc. SPIE, 2004, 5320：101 – 112.

[120] Sethuraman S, Aglyamov S R, Amirian J H, et al. Intravascular pPhotoacoustic imaging using an IVUS imaging catheter [J]. IEEE Transactions on Ultrasonics Ferroelectrics and Frequency Control, 2007, 54：978 – 986.

[121] Olsen R G, Lin J C. Acoustic imaging of a model of a human hand using pulsed microwave irradiation[J]. Bioelectromagnetics, 1983, 4：397 – 400.

[122] Ku G, Wang L V. Scanning thermoacoustic tomography：signal, resolution, and contrast[J]. Med. Phys. , 2001, 28(1)：4 – 10.

[123] Xu Y, Wang L V. Signal processing in scanning thermoacoustic tomography in biological tissue[J]. Med. Phys. , 2001, 28(7)：1519 – 1524.

[124] Feng X, Gao F, Zheng Y. Magnet ically mediated thermoacoustic imaging[J]. Proc. SPIE, 2014, 894343.

[125] Kruger R A, Kiser W L, Reinecke D R, et al. Thermoacoustic molecular imaging of small animals[J]. Mol. Imaging, 2003, 2(2)：113 – 123.

[126] Kruger R A, Kiser W L, Reinecke D R, et al. Thermoacoustic computed tomography using a conventional linear transducer array[J]. Med. Phys. , 2003, 30(5)：856 – 860.

[127] Nie L M, Xing D, Yang D W, et al. A novel method for foreign body detection based on fast microwave-induced thermoacoustic tomography with a multi-element linear transducer array[J]. Appl. Phys. Lett. , 2007, 90：1741091.

[128] Nie L M, Xing D, Yang S H. In vivo detection and imaging of low-density foreign body with microwave-induced thermoacoustic tomography[J]. Med. Phys. , 2009, 36(8): 3429 - 3437.

[129] Parkin D M, Bray F, Ferlay J, et al. Global cancer statistics[J], Cancer J. Clin. , 2005, 55: 74 - 108.

7

活体小动物光学分子成像

邓　勇　杨孝全　骆清铭

7.1 光在生物组织中的传输模型

7.1.1 引言

描述光在组织中传输的理论模型可分别从光子的波动性和粒子性这两个角度入手。从波动性的理论入手是用具有任意介电常数的连续介质中的麦克斯韦方程来描述光子与组织的相互作用,其同时考虑了介质和波的统计特征。原则上,该方法可严格地描述介电常数任意分布的复杂系统,是最基本的方法;但实际上,数学形式复杂的麦克斯韦方程其求解是非常困难的,因此,限制了它的应用[1-3]。

描述光在组织中传输的另一理论称为输运理论,它从光子的粒子性入手,结合能量守恒定律的半经典理论,用于描述微观粒子在介质内的输运过程。微观粒子可以是光子、电子、分子、中子等。输运理论的发展已有 100 多年的历史。1872 年玻耳兹曼导出了分子分布随时间和空间变化的微分-积分方程,这一方程的实质是微观分子在介质内迁移的守恒关系表达式。对于光子、电子、中子等一些粒子都可以导出类似的粒子数守恒方程,把它们都称为输运方程或玻耳兹曼方程。光子输运方程就是其中的一类,用于研究光子在介质内的传播。输运理论虽然没有波动理论那种理论上的严密性,但大量实验表明它适于大多数的实际问题。由于其相对简单,实际上该理论已被广泛应用。

从光子输运方程可得到两类实用的模型:确定性模型和随机模型。确定性模型是根据实际情况忽略光子输运方程中的某些项而得到不同的、简化了的、确定性的微分或微分-积分方程。根据简化的不同,可分为一阶模型、多流模型、扩散模型等[7, 8]。随机模型中把光束看作离散光子的集合,通过模拟单个光子或光子包在组织中的传输,利用叠加原理获得整个光束在组织中的吸收、散射等特性。目前提出的随机模型有蒙特卡罗模型(Monte Carlo)、随机行走理论、马尔克夫(Markov)随机场模型。其中,随机行走理论、Markov 随机场模型通过推导光子迁移的概率密度函数来隐式地模拟单个光子的传输,蒙特卡罗模拟则是一种显式的方法[9-11]。图 7-1 总结了目前的各种模型及其相互间的关系。

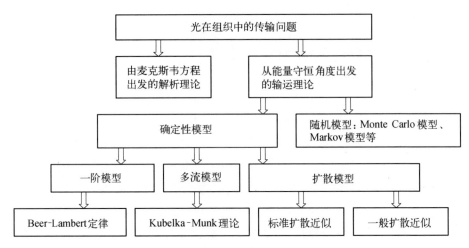

图 7 - 1 光在组织中传输的理论模型

7.1.2 光子输运方程

7.1.2.1 基本物理量的定义

首先我们从输运理论中涉及的重要物理量的基本定义出发,这些量是辐射强度、通量密度、能量密度以及平均强度。

1) 辐射强度

辐射强度 $I(r, s, \nu, t)$ 是波传播的输运理论中最基本的物理量之一,如图
7-2所示,其物理意义为:t 时刻、位置 r 处,沿 s 方向的单位立体角内、以 ν 为中心的单位频率间隔内光子的平均功率通量密度。描述了一个向空间发出辐射的点辐射源的辐射特性。辐射强度通常是辐射角的函数,如果辐射强度 $I(r, s, \nu, t)$ 与方向 s 无关,则称辐射是各向同性的;与方向 s 有关,则称辐射是各向异性的。

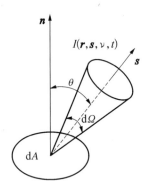

图 7 - 2 辐射强度示意图

2) 通量密度

考虑表面 A 上的某个小区域 dA,n 为垂直于面 dA 的单位矢量,如图 7-2 所示。在位置 r 处,dt 时间、立体角单元 $d\Omega$ 内,沿 s 方向通过面积元 dA 且频率在 ν 到 $\nu + d\nu$ 内的功率为

$$dP = I(r, s, \nu, t)(s \cdot n)dAd\Omega d\nu \tag{7-1}$$

若对 $I(r, s, \nu, t)$ 的前向范围的 2π 立体角进行积分,称为前向通量密度

Φ_+，其表达式为

$$\Phi_+(\boldsymbol{r}, \nu, t) = \int_{(2\pi)_+} I(\boldsymbol{r}, \boldsymbol{s}, \nu, t)(\boldsymbol{s} \cdot \boldsymbol{n})\mathrm{d}\Omega \tag{7-2}$$

对于向后方向$(-\boldsymbol{n})$，类似地可以定义后向通量密度Φ_-，其表达式为

$$\Phi_-(\boldsymbol{r}, \nu, t) = \int_{(2\pi)_-} I(\boldsymbol{r}, \boldsymbol{s}, \nu, t)[\boldsymbol{s} \cdot (-\boldsymbol{n})]\mathrm{d}\Omega \tag{7-3}$$

其中，对后向范围的2π立体角内进行积分。Φ_+和Φ_-两者的度量单位相同，表示通过单位面积的辐射通量。对于辐射表面，前向通量密度Φ_+通常称为辐射出射度，当通量入射到表面上，Φ_+称之为辐照度。

Φ_+和Φ_-之和称为总通量密度：

$$\Phi(\boldsymbol{r}, \nu, t) = \int_{4\pi} \boldsymbol{I}(\boldsymbol{r}, \boldsymbol{s}, \nu, t)(\boldsymbol{s} \cdot \boldsymbol{n})\mathrm{d}\Omega \tag{7-4}$$

沿$\boldsymbol{n}$方向的通量密度可以表示成通量密度向量$\boldsymbol{J}(\boldsymbol{r}, \nu, t)$沿$\boldsymbol{n}$的分量：

$$\Phi(\boldsymbol{r}, \nu, t) = \boldsymbol{J}(\boldsymbol{r}, \nu, t) \cdot \boldsymbol{n} \tag{7-5}$$

式中

$$\boldsymbol{J}(\boldsymbol{r}, \nu, t) = \int_{4\pi} I(\boldsymbol{r}, \boldsymbol{s}, \nu, t)\,\boldsymbol{s}\mathrm{d}\Omega \tag{7-6}$$

$\boldsymbol{J}(\boldsymbol{r}, \nu, t)$称为通量密度向量，代表了净功率流的大小和方向。

3) 能量密度

以下考虑$\boldsymbol{r}$点的能量密度$u_e(\boldsymbol{r}, \boldsymbol{s}, \nu, t)$。在时间$\mathrm{d}t$、立体角$\mathrm{d}\Omega$、频率间隔$(\nu, \nu+\mathrm{d}\nu)$内从垂直于小面元$\mathrm{d}A$方向流出的能量等于$I\mathrm{d}A\mathrm{d}\Omega\mathrm{d}\nu\mathrm{d}t$。该能量所占据的体积为$c\mathrm{d}A\mathrm{d}t$，$c$为介质中波的传播速度。因此单位频率间隔上的能量密度$\mathrm{d}u_e(\boldsymbol{r}, \boldsymbol{s}, \nu, t)$为

$$\mathrm{d}u_e(\boldsymbol{r}, \boldsymbol{s}, \nu, t) = \frac{I(\boldsymbol{r}, \boldsymbol{s}, \nu, t)\mathrm{d}A\mathrm{d}\Omega\mathrm{d}\nu\mathrm{d}t}{c\,\mathrm{d}A\mathrm{d}t\,\mathrm{d}\nu} = \frac{I(\boldsymbol{r}, \boldsymbol{s}, \nu, t)}{c}\mathrm{d}\Omega \tag{7-7}$$

总的能量密度为

$$u_e(\boldsymbol{r}, \nu, t) = \frac{1}{c}\int_{4\pi} I(\boldsymbol{r}, \boldsymbol{s}, \nu, t)\mathrm{d}\Omega \tag{7-8}$$

光子密度U定义为单位体积内传播的光子数量；对于单色光来说，可由式(7-8)求出：

$$U(\boldsymbol{r},\ \nu,\ t) = \frac{u_{\mathrm{e}}(\boldsymbol{r},\ \nu,\ t)}{h\nu} \qquad (7-9)$$

7.1.2.2 光子输运方程的建立

上一节定义了辐射强度和其他一些基本量。本节中我们将考察包含随机粒子的生物介质中辐射强度的特性。研究光在介质中的分布和传输等问题的基本方程是光子输运方程。由光的粒子性和能量（粒子数）守恒定律建立光子输运方程时，忽略光的相干性、偏振和非线性。

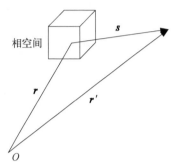

图 7-3 一个相空间体积元光子数的变化

考察一个相空间体积元 $\Delta V \Delta \nu \Delta \Omega$，如图 7-3所示。$t$ 时刻的光子数为

$$N = f(\boldsymbol{r},\ \boldsymbol{s},\ \nu,\ t)\Delta V \Delta \nu \Delta \Omega \quad (7-10)$$

式中，$f(\boldsymbol{r},\ \boldsymbol{s},\ \nu,\ t)$ 为光子分布函数，表示单位体积、单位频率间隔、单位立体角内、位置 $\boldsymbol{r}$ 处、t 时刻、沿 $\boldsymbol{s}$ 方向传播的频率为 ν 的光子数，其与辐射光强的关系为

$$I(\boldsymbol{r},\ \boldsymbol{s},\ \nu,\ t) = ch\nu f(\boldsymbol{r},\ \boldsymbol{s},\ \nu,\ t) \qquad (7-11)$$

这些光子经 Δt 时间从组织的 $\boldsymbol{r}$ 处移动到 $\boldsymbol{r}' = \boldsymbol{r} + c\boldsymbol{s}\Delta t$ 处后的光子数变为

$$N' = f(\boldsymbol{r}',\ \boldsymbol{s},\ \nu,\ t+\Delta t)\Delta V \Delta \nu \Delta \Omega \qquad (7-12)$$

则由粒子数守恒定律可得

$$N' - N = \frac{\Delta N}{\Delta t}\Delta V \Delta \nu \Delta \Omega \qquad (7-13)$$

式中，$\Delta N/\Delta t$ 为单位体积内光子数的改变率。式（7-10）、式（7-12）代入式（7-13）可得光子分布函数满足的一般形式的光子的输运方程

$$f(\boldsymbol{r}',\ \boldsymbol{s},\ \nu,\ t+\Delta t) - f(\boldsymbol{r},\ \boldsymbol{s},\ \nu,\ t) = \frac{\Delta N}{\Delta t} \qquad (7-14)$$

用泰勒级数对 t 和 $\boldsymbol{r}' - \boldsymbol{r}$ 展开，并取一级项，得

$$\frac{\partial f(\boldsymbol{r},\ \boldsymbol{s},\ \nu,\ t)}{\partial t} + c\boldsymbol{s} \cdot \boldsymbol{\nabla} f(\boldsymbol{r},\ \boldsymbol{s},\ \nu,\ t) = \frac{\Delta N}{\Delta t} \qquad (7-15)$$

式（7-15）左边第一项表示光子不动时，其分布函数随时间的变化率，第二项表示单位时间内，从体积表面流入或流出的光子数。右边表示单位时间内频率为

ν，方向为 s 的光子的分布函数在输运过程中因光子与组织的相互作用引起的变化。

下面由光子与物质的相互作用来确定输运方程右边的项，即相互作用引起的光子分布函数的改变率。

（1）单位时间内、单位体积内、方向为 s、频率为 ν 的光子的增加来源于辐射和散射进入这一相空间的光子数，辐射出的光子数和散射进的光子数可分别表示为

$$N_{\text{emit}} = \frac{S(\boldsymbol{r},\ \boldsymbol{s},\ \nu,\ t)}{h\nu} \tag{7-16}$$

$$N_s^{\text{in}} = c\int_{4\pi} \mathrm{d}\Omega \mu_s(\boldsymbol{r},\ \nu,\ t) f(\boldsymbol{s}',\ \boldsymbol{s}) f(\boldsymbol{r},\ \boldsymbol{s},\ \nu,\ t) \tag{7-17}$$

（2）单位时间，单位体积内、方向为 s、频率为 ν 的光子的减少是由于该时刻，该相空间内的光子被吸收或被散射出去，可分别表示为

$$N_a = \mu_a(\boldsymbol{r},\ \nu,\ t) c f(\boldsymbol{r},\ \boldsymbol{s},\ \nu,\ t) \tag{7-18}$$

$$N_s^{\text{out}} = c\int_{4\pi} \mathrm{d}\Omega' \mu_s(\boldsymbol{r},\ \nu,\ t) f(\boldsymbol{s},\ \boldsymbol{s}') f(\boldsymbol{r},\ \boldsymbol{s},\ \nu,\ t) \tag{7-19}$$

将式（7-16）～式（7-19）代入式（7-15），即可得关于辐射强度的光子输运方程：

$$
\begin{aligned}
&\frac{1}{c}\frac{\partial I(\boldsymbol{r},\ \boldsymbol{s},\ \nu,\ t)}{\partial t} + \boldsymbol{s}\cdot\boldsymbol{\nabla} I(\boldsymbol{r},\ \boldsymbol{s},\ t)\\
&= S(\boldsymbol{r},\ \boldsymbol{s},\ \nu,\ t) - \mu_t(\boldsymbol{r},\ \nu,\ t) I(\boldsymbol{r},\ \boldsymbol{s},\ \nu,\ t)\\
&\quad + \mu_s(\boldsymbol{r},\ \nu,\ t)\int_{4\pi} f(\boldsymbol{s}',\ \boldsymbol{s}) I(\boldsymbol{r},\ \boldsymbol{s}',\ \nu,\ t)\mathrm{d}\Omega'
\end{aligned}
\tag{7-20}
$$

式中，$\mu_t(\boldsymbol{r},\ \nu,\ t) = \mu_s(\boldsymbol{r},\ \nu,\ t) + \mu_a(\boldsymbol{r},\ \nu,\ t)$，$S(\boldsymbol{r},\ \boldsymbol{s},\ \nu,\ t)$ 表示光源辐射强度在介质内的空间、角度分布及时间变化，$f(\boldsymbol{s}',\ \boldsymbol{s})$ 为散射相函数，c 为介质中的光速。上述光子输运方程是一微积分方程式，变量为空间坐标和时间坐标。

方程（7-20）是利用扩散光进行生物组织成像时光子与组织特性之间必须满足的基本的输运方程。根据微分方程理论，要对其求解需要给出初始条件和边界条件。

初始条件为

$$I(\boldsymbol{r},\ \boldsymbol{s},\ \nu,\ 0) = \Lambda(\boldsymbol{r},\ \boldsymbol{s},\ \nu) \tag{7-21}$$

式中，Λ 为已知函数。

而边界条件，从物理角度讲，只要确定在体积面上各点处进入系统的强度就可以了，即

$$I(\boldsymbol{r}_s, \boldsymbol{s}, \nu, t) = \Gamma(\boldsymbol{r}_s, \boldsymbol{s}, \nu, t), \quad \boldsymbol{n} \cdot \boldsymbol{s} > 0 \qquad (7-22)$$

式中，Γ 为已知函数；$\boldsymbol{r}_s$ 为界面上点的位置矢量；这里 $\boldsymbol{n}$ 为内法线方向单位矢量。方程(7-20)加上述边界条件即给出了问题的完全描述。

对一些简单情况，如平面波照射的平面几何结构、一些简单的球面几何结构及少许其他特殊情况，可直接求得输运方程的解析解；而对较复杂的边界，由于辐射传输方程具有 6 个独立的变量 $(x, y, z, \theta, \phi, t)$，因此很难求解。因此，在实际应用中，需根据具体的情况对问题进行进一步近似。由此可对应出两类模型：随机模型和确定性模型。其中，基于辐射传输方程的扩散近似模型是普遍使用的一个确定性模型。

7.1.3 光子输运方程的扩散近似方法

7.1.3.1 光子输运方程的球谐函数展开

辐射传输方程近似求解的方法是利用球谐函数方法对辐射传输方程的角度量用球谐函数展开。球谐函数 $Y_{l,m}(\boldsymbol{s})$ 构成基底函数，其在单位球面上是完备的。辐射强度和光源项可以利用球谐函数 $Y_{l,m}(\boldsymbol{s})$ 来展开。辐射强度展开为

$$I(\boldsymbol{r}, \boldsymbol{s}, \nu, t) = \sum_{l=0}^{\infty} \sum_{m=-l}^{l} I_{l,m}(\boldsymbol{r}, \nu, t) Y_{l,m}(\boldsymbol{s}) \qquad (7-23)$$

和

$$I_{0,0}(\boldsymbol{r}, \nu, t) Y_{0,0}(\boldsymbol{s}) = \frac{\Phi(\boldsymbol{r}, \nu, t)}{4\pi} \qquad (7-24)$$

依据连带勒让德多项式 $P_{l,m}$ 以及周期性函数 ϕ，可以得到

$$Y_{l,m}(\boldsymbol{s}) = Y_{l,m}(\theta, \phi) = (-1)^m \sqrt{\frac{(2l+1)(l-m)!}{4\pi(l+m)!}} P_{l,m}(\cos\theta) \mathrm{e}^{\mathrm{i}\phi}$$

$$(7-25)$$

式中，θ 为极坐标角，ϕ 为方位角，且有

$$P_{l,m}(x) = \frac{(1-x^2)^{m/2}}{2^n n!} \frac{\mathrm{d}^{m+n}}{\mathrm{d}x^{m+n}} (x^2-1)^n \qquad (7-26)$$

当 $m = 0$ 时，$P_{l,m}$ 退化为勒让德多项式。

球谐函数和其复共轭在单位球面上是正交的，即

$$Y_{l,-m}(\theta, \phi) = (-1)^m Y_{l,m}^*(\theta, \phi) \qquad (7-27)$$

$$\int_{4\pi} Y_{l,m} Y_{l',m'}^*(\boldsymbol{s}) \mathrm{d}\Omega = \delta_{ll',mm'} \qquad (7-28)$$

此处，* 代表复共轭；$\delta_{ll',mm'}$ 表示克罗内克 δ 函数，当 $l = l'$，$m = m'$ 时为 1，其余情况下为 0。

如果在式 (7-23) 中 $I(\boldsymbol{r}, \boldsymbol{s}, \nu, t)$ 的展开一直到 $l = N$，则这种近似就被认为是 P_N 近似[12]。扩散近似是一阶球谐展开近似，也被认为是 P_1 近似。$N = 1$ 时的球谐函数为

$$Y_{0,0}(\theta, \phi) = \frac{1}{\sqrt{4\pi}}$$

$$Y_{1,-1}(\theta, \phi) = \sqrt{\frac{3}{8\pi}} \sin\theta \mathrm{e}^{-\mathrm{i}\phi}$$

$$Y_{1,0}(\theta, \phi) = \sqrt{\frac{3}{4\pi}} \cos\theta \qquad (7-29)$$

$$Y_{1,1}(\theta, \phi) = -\sqrt{\frac{3}{8\pi}} \sin\theta \mathrm{e}^{\mathrm{i}\phi}$$

7.1.3.2　光子输运方程的扩散近似

在球谐函数方程中，最简单而又得到最广泛应用的是 P_1 近似，习惯上常常称 P_1 近似为扩散近似。它在生物介质的传输理论中占有重要的地位。在 P_1 近似情况下，辐射传输方程的球谐展开式只保留前面两项。

扩散近似是在高反照率（$\mu_a \ll \mu_s$）的散射介质中，光子辐射经过充分的散射后几乎各向同性，即当吸收远小于散射且散射相函数的各向异性不是很强时，则扩散近似就可很好地描述其中光子的输运问题。光学生物检测的波长一般选在近红外窗口内，在这一窗口内，各向同性散射间的平均距离近似为 1 mm，且散射比吸收高两个数量级，此时生物组织对红外光来说是一低吸收、高散射的介质。因此，在生物组织的光学无损检测中，当光源和探测器间距满足要求时，光子在其中的传输问题在大多数情况下都满足上述扩散近似条件。

由式 (7-23) 代入式 (7-4)，得

$$\Phi(\boldsymbol{r}, \nu, t) = 4\pi I_{0,0}(\boldsymbol{r}, \nu, t) Y_{0,0}(\boldsymbol{s}) \qquad (7-30)$$

或

$$I_{0,0}(\boldsymbol{r}, \nu, t) Y_{0,0}(\boldsymbol{s}) = \frac{\Phi(\boldsymbol{r}, \nu, t)}{4\pi} \qquad (7-31)$$

这表示了在式(7-23)中的各向同性项等于通量密度除以立体角 4π。将式(7-24)两边同乘 s 后将结果代入式(7-6)可得

$$\sum_{m=-1}^{1} L_{1,m}(\boldsymbol{r}, \nu, t) Y_{1,m}(\boldsymbol{s}) = \frac{3}{4\pi} \boldsymbol{J}(\boldsymbol{r}, \nu, t) \cdot \boldsymbol{s} \qquad (7-32)$$

注意到 $\boldsymbol{J}(\boldsymbol{r}, t) \cdot \boldsymbol{s} = |\boldsymbol{J}(\boldsymbol{r}, t)| \cos \alpha$，其中 α 为 $\boldsymbol{J}(\boldsymbol{r}, t)$ 与 $\boldsymbol{s}$ 之间的夹角。因此，式(7-23)中的各向异性项与 $\boldsymbol{J}(\boldsymbol{r}, t)$ 在 $\boldsymbol{s}$ 方向上的投影成比例。

将式(7-31)、式(7-32)代入式(7-23)后可得辐射强度的球谐函数展开为

$$I(\boldsymbol{r}, \boldsymbol{s}, \nu, t) = \frac{1}{4\pi} I_0(\boldsymbol{r}, \nu, t) + \frac{3}{4\pi} \boldsymbol{J}(\boldsymbol{r}, \boldsymbol{s}, \nu, t) \cdot \boldsymbol{s} \qquad (7-33)$$

$\boldsymbol{J}(\boldsymbol{r}, \boldsymbol{s}, \nu, t)$ 是通量密度向量。上式的第一项与方向无关，为各向同性项，第二项为各向异性的一级校正项，图(7-4)给出了示意。

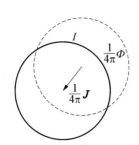

同理可将光源可表示为

$$S(\boldsymbol{r}, \boldsymbol{s}, \nu, t) = \frac{1}{4\pi} S_0(\boldsymbol{r}, \nu, t) + \frac{3}{4\pi} S_1(\boldsymbol{r}, \nu, t) \cdot \boldsymbol{s}$$

$$(7-34)$$

式中：

$$S_0(\boldsymbol{r}, \nu, t) = \int_{4\pi} S(\boldsymbol{r}, \boldsymbol{s}, \nu, t) \mathrm{d}\Omega \qquad (7-35)$$

图7-4 能流密度 $\boldsymbol{J}$ 对辐射度的影响示意图

$$S_1(\boldsymbol{r}, \nu, t) = \int_{4\pi} S(\boldsymbol{r}, \boldsymbol{s}, \nu, t) \boldsymbol{s} \mathrm{d}\Omega \qquad (7-36)$$

式中，第一项为光源的各向同性项；第二项为光源的二极动量。这里假定源 $S(\boldsymbol{r}, \boldsymbol{s}, \nu, t)$ 为各向同性源，则光源的二极动量为零。而对准直光源(平行光源)则可通过将其看成是散射介质内、在入射方向上距表面上的入射点一个平均自由程的各向同性光源，而略去光源的二极动量。

下面阐述扩散方程的推导过程。将式(7-33)、式(7-34)代入式(7-20)并在 4π 立体角内对 $\mathrm{d}\Omega$ 积分：

$$\frac{1}{c} \frac{\partial}{\partial t} \Phi(\boldsymbol{r}, \nu, t) + \mu_a(\nu) \Phi(\boldsymbol{r}, \nu, t) + \boldsymbol{\nabla} \cdot \boldsymbol{J}(\boldsymbol{r}, \nu, t) = S_0(\boldsymbol{r}, \nu, t)$$

$$(7-37)$$

将式(7-33)、式(7-34)代入式(7-20)并乘以 $\boldsymbol{s}$ 后再对 $\mathrm{d}\Omega$ 在 4π 立体角内积分可得

$$\frac{1}{c}\frac{\partial}{\partial t}\boldsymbol{J}(\boldsymbol{r},\,\nu,\,t)+[\mu_{\mathrm{a}}(\nu)+\mu'_{\mathrm{s}}(\nu)]\boldsymbol{J}(\boldsymbol{r},\,\nu,\,t)+\frac{1}{3}\,\boldsymbol{\nabla}\,\Phi(\boldsymbol{r},\,\nu,\,t)=0$$

$$(7-38)$$

注意到式(7-37)和式(7-38)包括了两个物量 $\boldsymbol{J}(\boldsymbol{r},\,\nu,\,t)$ 和 $\Phi(\boldsymbol{r},\,\nu,\,t)$。现在只要得到包含这两个物理量的关系 $\Phi(\boldsymbol{r},\,\nu,\,t)$ 的微分方程。

进一步假设在 l'_t 内 $\boldsymbol{J}(\boldsymbol{r},\,t)$ 的微小变化很小,特别地,有

$$\left(\frac{l'_t}{c}\right)\left[\frac{1}{|\,\boldsymbol{J}(\boldsymbol{r},\,t)\,|}\left|\frac{\partial \boldsymbol{J}(\boldsymbol{r},\,t)}{\partial t}\right|\right]\ll 1 \qquad (7-39)$$

第一个括号内的项表示光子行进一个平均自由程 l'_t 所用的时间,第二个括号内的项表示单位时间内通量密度向量的微小变化。式(7-39)也可写成

$$\left|\frac{\partial \boldsymbol{J}(\boldsymbol{r},\,t)}{\partial t}\right|\ll(\mu_{\mathrm{a}}+\mu'_{\mathrm{s}})\,|\,\boldsymbol{J}(\boldsymbol{r},\,t)\,| \qquad (7-40)$$

在这个条件下,式(7-38)中随时间变化的项可以忽略,可得到

$$\boldsymbol{J}(\boldsymbol{r},\,\nu,\,t)=-D\,\boldsymbol{\nabla}\,\Phi(\boldsymbol{r},\,\nu,\,t) \qquad (7-41)$$

式(7-41)被称为菲克定律(Fick's law)。常数 D 称为扩散系数

$$D=\frac{1}{3(\mu_{\mathrm{a}}+\mu'_{\mathrm{s}})} \qquad (7-42)$$

菲克定律描述了在散射介质中光子的扩散。实际上,菲克定律可以其他多种形式来描述扩散现象,例如空气中的污染物扩散,水中的墨水扩散,金属中的热扩散。但是它不适用于由于外力而造成的传播,例如在外加电场作用下的电子漂移以及在外力作用下的粒子漂移。将式(7-41)代入式(7-33)可得

$$I(\boldsymbol{r},\,\boldsymbol{s},\,\nu,\,t)=\frac{1}{4\pi}\Phi(\boldsymbol{r},\,\nu,\,t)-\frac{3}{4\pi}D\,\boldsymbol{\nabla}\,\Phi(\boldsymbol{r},\,\nu,\,t)\cdot\boldsymbol{s} \qquad (7-43)$$

它代表了只依据通量密度的辐射度。将式(7-41)代入式(7-37)可得

$$\frac{\partial \Phi(\boldsymbol{r},\,\nu,\,t)}{c\partial t}+\mu_{\mathrm{a}}\Phi(\boldsymbol{r},\,\nu,\,t)-\boldsymbol{\nabla}\cdot[D\,\boldsymbol{\nabla}\,\Phi(\boldsymbol{r},\,\nu,\,t)]=S(\boldsymbol{r},\,\nu,\,t)$$

$$(7-44)$$

这就是所谓的扩散方程。

如果扩散系数是不随空间变化的,我们就可以得到一个更为简单的形式:

$$\frac{\partial \Phi(\boldsymbol{r}, \nu, t)}{c\partial t} + \mu_a \Phi(\boldsymbol{r}, \nu, t) - D \boldsymbol{\nabla}^2 \Phi(\boldsymbol{r}, \nu, t) = S(\boldsymbol{r}, \nu, t) \quad (7-45)$$

扩散方程不依赖于向量 $\boldsymbol{s}$，因此只有 4 个自由度；它可以用来求解通量密度而非辐射度。注意到扩散方程不依赖于 μ_s 和 g，但是依赖于它们的结合形式 μ_s'。这种简并被称作相似关系，在扩散近似的前提下是成立的。

从辐射传输方程推导出扩散方程中用到了两个近似：① 辐射度的扩展局限于一阶球谐函数；② 在平均传输自由程内的通量密度向量的微小变化小于一个单位。第一个近似是因为方向性拓宽而造成的辐射度接近各向同性。第二个近似是因光子流相比于传输平均自由时间来说在时间上被拓宽了。所有的拓宽均是由于多次散射事件引起的。因此，这两个近似可被简化为一个单一的情况 $\mu_s' \gg \mu_a$，因为所有的扩散光子在被吸收前一定经过了足够多次的散射。另外，也要求观测点必须远离源和边界。

7.1.3.3 扩散近似的边界条件

1) 折射率匹配边界

如果非散射的周围介质和散射介质有同样的折射率，则称它们之间的分界面为折射率匹配边界。例如，水和软组织之间的界面就可近似认为是折射率匹配的。在这种边界下，不存在从周围介质中传播进入散射介质的光。由于散射强度只在介质内部产生，因此，当两介质的折射率匹配时，则在两介质间的界面上没有反射。边界条件可由通量密度近似表示，即辐射强度指向散射介质内部的方向积分满足[13, 14]：

$$\int_{\boldsymbol{s} \cdot \boldsymbol{n} > 0} I(\boldsymbol{r}, \boldsymbol{s}, \nu, t)(\boldsymbol{s} \cdot \boldsymbol{n}) \mathrm{d}\Omega = 0 \quad (7-46)$$

它表示了指向散射介质内部的方向积分为 0。在扩散近似中，边界条件变为

$$\Phi(\boldsymbol{r}, \nu, t) + 2\boldsymbol{J}(\boldsymbol{r}, \nu, t) \cdot \boldsymbol{n} = 0 \quad (7-47)$$

将菲克定律式(7-41)代入式(7-47)中可得

$$\Phi(\boldsymbol{r}, \nu, t) - 2D \boldsymbol{\nabla} \Phi(\boldsymbol{r}, \nu, t) \cdot \boldsymbol{n} = 0 \quad (7-48)$$

或

$$\Phi(\boldsymbol{r}, \nu, t) - 2D \frac{\partial \Phi(\boldsymbol{r}, \nu, t)}{\partial z} = 0 \quad (7-49)$$

利用泰勒展开式将其展开至一阶可得

$$\Phi(z=-2D, t) = \Phi(z=0, t) - 2D \frac{\partial \Phi(\boldsymbol{r}, \nu, t)}{\partial z}\Bigg|_{z=0} = 0 \quad (7-50)$$

它表明了 $z=-2D$ 处的光子通量密度近似为 0，在外延边界处

$$z_b = -2D \quad (7-51)$$

光子通量密度近似为 0。这种边界条件在数学上被归为均匀狄利克雷边界条件。

2）折射率不匹配边界

当周围介质和散射介质的折射率不同时，它们之间的分界面被称为折射率不匹配边界。例如，空气和软组织之间的界面就是折射率不匹配界面。在这种情况下，边界条件根据菲涅尔反射修正为以下形式：

$$\Phi(\boldsymbol{r}, \nu, t) - 2C_R D \, \boldsymbol{\nabla} \Phi(\boldsymbol{r}, \nu, t) \cdot \boldsymbol{n} = 0 \quad (7-52)$$

或为以下形式：

$$\Phi(\boldsymbol{r}, \nu, t) - 2C_R D \frac{\partial \Phi(\boldsymbol{r}, \nu, t)}{\partial z} = 0 \quad (7-53)$$

其中

$$C_R = \frac{1+R_{\text{eff}}}{1-R_{\text{eff}}} \quad (7-54)$$

有效反射系数 R_{eff} 代表出射至周围介质的辐射强度，在所有方向上的积分转换为散射介质中的辐射强度在所有方向上的积分的百分比 R_{eff}，可由下式计算：

$$R_{\text{eff}} = \frac{R_\Phi + R_J}{2 - R_\Phi + R_J} \quad (7-55)$$

其中

$$R_\Phi = \int_0^{\pi/2} 2\sin\theta\cos\theta R_F(\cos\theta)\mathrm{d}\theta \quad (7-56)$$

$$R_J = \int_0^{\pi/2} 3\sin\theta \, (\sin\theta)^2 R_F(\cos\theta)\mathrm{d}\theta \quad (7-57)$$

$$R_F(\cos\theta) = \frac{1}{2}\left(\frac{n_{\text{rel}}\cos\theta' - \cos\theta}{n_{\text{rel}}\cos\theta' + \cos\theta}\right)^2 + \frac{1}{2}\left(\frac{n_{\text{rel}}\cos\theta - \cos\theta'}{n_{\text{rel}}\cos\theta + \cos\theta'}\right)^2,$$

$$当 \ 0 \leqslant \theta \leqslant \theta_c \quad (7-58)$$

$$R_F(\cos\theta) = 1, \text{当} \, \theta_c \leqslant \theta \leqslant \frac{\pi}{2} \tag{7-59}$$

入射角由式(7-60)给出：

$$\theta = \cos^{-1}(\boldsymbol{s} \cdot \boldsymbol{n}) \tag{7-60}$$

折射角由斯涅耳定律决定：

$$\theta' = \sin^{-1}(n_{\mathrm{rel}} \sin\theta) \tag{7-61}$$

相对折射率 n_{rel} 是散射介质和周围介质的折射率之比。全反射角为

$$\theta_c = \sin^{-1}\frac{1}{n_{\mathrm{rel}}} \tag{7-62}$$

同样,外推边界和实际边界之间的距离被修正为

$$z_b = -2C_R D \tag{7-63}$$

7.1.4　光子输运方程的蒙特卡罗方法

　　蒙特卡罗(Monte Carlo)方法,又称随机抽样技术,或统计试验方法[15]。20世纪 40 年代中期,由于科学技术的发展和电子计算机的发明,蒙特卡罗方法作为一种独立的方法被提出来,并且在核武器的研制中首先得到了应用,然而其基本思想并非新颖,还在很早以前,人们在生产和科学试验中就已发现,并已加以利用。

　　用 Monte Carlo 方法可以解决各种类型的问题,但总的来说,视其是否涉及随机过程的性态和结果。光子在介质中的扩散等问题就属于随机性问题,这是因为光子在介质内部不仅受到某些确定性的影响,而且更多的是受到随机性的影响。

7.1.4.1　光子输运方程的积分形式

稳态下描述粒子在介质中运动规律的所谓粒子输运的 Boltzmann 方程:

$$c \cdot \boldsymbol{s} \cdot \nabla N(\boldsymbol{r}, \boldsymbol{s}, \nu, t) + c\mu_t(\boldsymbol{r}, \nu, t)N(\boldsymbol{r}, \boldsymbol{s}, \nu, t) = S(\boldsymbol{r}, \boldsymbol{s}, \nu, t) +$$
$$\int_{4\pi} \mu_t(\boldsymbol{r}, \nu, t)cN(\boldsymbol{r}, \boldsymbol{s}', \nu, t) \cdot C(\boldsymbol{s}' \to \boldsymbol{s})\mathrm{d}\Omega' \tag{7-64}$$

式中, $N(\boldsymbol{r}, \boldsymbol{s}, \nu, t)$ 表示在 t 时刻,点 $\boldsymbol{r}$ 附近的单位体积元中,单位频率间隔和单位立体角中的粒子平均数。我们引入量

$$\phi(\boldsymbol{r}, \boldsymbol{s}, \nu, t) = cN(\boldsymbol{r}, \boldsymbol{s}, \nu, t) \tag{7-65}$$

则式(7 - 64)可描述为

$$s \cdot \nabla \phi + \mu_t(r, \nu, t)\phi(r, s, \nu, t) = S(r, s, \nu, t) +$$
$$\int_{4\pi} \mu_t(r, \nu, t)\phi(r, s', \nu, t) \cdot C(s' \to s)\mathrm{d}\Omega' \qquad (7 - 66)$$

通量 ϕ 的物理意义是指在 t 时刻,点 r 附近的单位体积、单位频率间隔和单位立体角内的光子径迹长度,也等于 t 时刻,在 s 方向垂直的平面上,单位频率间隔和单位立体角内,在单位面积上通过的平均光子数。

假定

$$I(r, s, \nu, t) = h\nu \cdot \phi(r, s, \nu, t), S_I(r, s, \nu, t) = h\nu \cdot S(r, s, \nu, t)$$
$$(7 - 67)$$

且这里 $C(s' \to s) = \dfrac{\mu_s(r, \nu, t)}{\mu_t(r, \nu, t)}f(s' \cdot s)$,那么式(7-67)代入式(7-66)可以得

$$s \cdot \nabla I(r, s, \nu, t) + \mu_t(r, \nu, t)I(r, s, \nu, t) = S_I(r, s, \nu, t) +$$
$$\int_{4\pi} \mu_t(r, \nu, t)I(r, s', \nu, t) \cdot C(s' \to s)\mathrm{d}\Omega' \qquad (7 - 68)$$

这里 $I(r, s', \nu, t)$ 的物理意义是在 t 时刻、在 s 方向垂直的平面上,在单位频率间隔和单位立体角内,单位面积上通过的功率通量,也就是辐射强度。辐射强度是波传播的输运理论中最基本的物理意义之一。

现在定义

$$x(r, s, \nu) = \int_{4\pi} \mu_t(r, \nu)\phi(r, s', \nu) \cdot C(s' \to s)\mathrm{d}\Omega' + S(r, s, \nu, t)$$
$$(7 - 69)$$

于是式(7-66)变为

$$s \cdot \nabla \phi + \mu_t(r, \nu)\phi = x(r, s, \nu) \qquad (7 - 70)$$

因为方程

$$s \cdot \nabla \phi^* + \mu_t(r, \nu)\phi^* = \delta(r - r'), \phi^*(r, \nu, s)\big|_{r \to \infty} = 0 \quad (7 - 71)$$

的解为

$$\phi^*(r, s, \nu) = \exp\left\{-\int \mu_t(r' + ls, \nu)\mathrm{d}l\right\} \times \frac{\delta[s - (r - r')/|r - r'|]}{|r - r'|^2}$$
$$(7 - 72)$$

且 ϕ^* 是微分算符 $\boldsymbol{s} \cdot \boldsymbol{\nabla} + \mu_t$ 的格林函数,所以定态问题的解为

$$\phi(\boldsymbol{r}, \boldsymbol{s}, \nu) = \int_V x(\boldsymbol{r}', \boldsymbol{s}, \nu) \phi^*(\boldsymbol{r}', \boldsymbol{s}, \nu) \mathrm{d}V' \qquad (7-73)$$

令

$$T(\boldsymbol{r}' \to \boldsymbol{r} \mid \boldsymbol{s}, \nu) = \mu_t(\boldsymbol{r}, \nu) \exp\left\{-\int \mu_t(\boldsymbol{r}' + l\boldsymbol{s}, \nu)\mathrm{d}l\right\} \times$$

$$\frac{\delta[\boldsymbol{s} - (\boldsymbol{r} - \boldsymbol{r}')/\mid \boldsymbol{r} - \boldsymbol{r}' \mid]}{\mid \boldsymbol{r} - \boldsymbol{r}' \mid^2} \qquad (7-74)$$

则

$$\phi^*(\boldsymbol{r}, \boldsymbol{s}, \nu \mid \boldsymbol{r}') = T(\boldsymbol{r}' \to \boldsymbol{r} \mid \boldsymbol{s}, \nu)/\mu_t(\boldsymbol{r}, \nu) \qquad (7-75)$$

将式(7-69)、式(7-75)代入式(7-73)可以得

$$\phi(\boldsymbol{r}, \boldsymbol{s}, \nu) = \int_V S(\boldsymbol{r}', \boldsymbol{s}, \nu, t) \frac{T(\boldsymbol{r}' \to \boldsymbol{r} \mid \boldsymbol{s}, \nu)}{\mu_t(\boldsymbol{r}, \nu)} \mathrm{d}V' +$$

$$\iint \phi(\boldsymbol{r}', \boldsymbol{s}', \nu) \mu_t(\boldsymbol{r}', \nu) C(\boldsymbol{s}' \to \boldsymbol{s}) \frac{T(\boldsymbol{r}' \to \boldsymbol{r} \mid \boldsymbol{s}, \nu)}{\mu_t(\boldsymbol{r}, \nu)} \mathrm{d}V' \mathrm{d}\Omega'$$

$$(7-76)$$

令

$$S_\Phi(\boldsymbol{r}, \boldsymbol{s}, \nu, t) = \int_V S(\boldsymbol{r}', \boldsymbol{s}, \nu, t) \frac{T(\boldsymbol{r}' \to \boldsymbol{r} \mid \boldsymbol{s}, \nu)}{\mu_t(\boldsymbol{r}, \nu)} \mathrm{d}V' \qquad (7-77)$$

$$K_\Phi(\boldsymbol{r}', \boldsymbol{s}' \to \boldsymbol{r}, \boldsymbol{s}) = \mu_t(\boldsymbol{r}', \nu) C(\boldsymbol{s}' \to \boldsymbol{s}) \frac{T(\boldsymbol{r}' \to \boldsymbol{r} \mid \boldsymbol{s}, \nu)}{\mu_t(\boldsymbol{r}, \nu)} \qquad (7-78)$$

则

$$\phi(\boldsymbol{r}, \boldsymbol{s}, \nu) = S_\Phi(\boldsymbol{r}, \boldsymbol{s}, \nu) + \iint \phi(\boldsymbol{r}', \boldsymbol{s}', \nu') \times K_\Phi(\boldsymbol{r}', \boldsymbol{s}' \to \boldsymbol{r}, \boldsymbol{s}) \mathrm{d}V' \mathrm{d}\Omega'$$

$$(7-79)$$

这就是稳态玻耳兹曼方程的积分形式,称为通量密度积分方程。

将式(7-77)、式(7-78)、式(7-79)代入式(7-69)得

$$x(\boldsymbol{r}, \boldsymbol{s}, \nu) = \iiint x(\boldsymbol{r}', \boldsymbol{s}', \nu) T(\boldsymbol{r}' \to \boldsymbol{r}, \boldsymbol{s}', \nu') \times$$

$$C(\boldsymbol{s}' \to \boldsymbol{s}) \mathrm{d}\Omega' \mathrm{d}V' + S_\Phi(\boldsymbol{r}, \boldsymbol{s}, \nu) \qquad (7-80)$$

同样,可令

$$S_x(\boldsymbol{r}, \boldsymbol{s}, \nu) = S(\boldsymbol{r}, \boldsymbol{s}, \nu) \qquad (7-81)$$

$$K_x(\boldsymbol{r}', \boldsymbol{s}' \to \boldsymbol{r}, \boldsymbol{s}) = C(\boldsymbol{s}' \to \boldsymbol{s}) T(\boldsymbol{r}' \to \boldsymbol{r} \mid \boldsymbol{s}', \nu') \qquad (7-82)$$

则

$$x(\boldsymbol{r}, \boldsymbol{s}, \nu) = S_x(\boldsymbol{r}, \boldsymbol{s}, \nu) + \iint x'(\boldsymbol{r}', \boldsymbol{s}', \nu) \times K_x(\boldsymbol{r}', \boldsymbol{s}' \to \boldsymbol{r}, \boldsymbol{s}) \mathrm{d}\Omega' \mathrm{d}V'$$

$$(7-83)$$

这就是发射密度积分方程。类似的还有碰撞密度积分方程。

由式(7-79)与式(7-83)可以得到发射密度与通量密度之间关系为

$$x(\boldsymbol{r}, \boldsymbol{s}, \nu) = S(\boldsymbol{r}, \boldsymbol{s}, \nu) + \iint_V \phi(\boldsymbol{r}, \boldsymbol{s}', \nu)\mu_{\mathrm{t}}(\boldsymbol{r}, \nu)C(\boldsymbol{s}' \to \boldsymbol{s})\mathrm{d}\Omega' \qquad (7-84)$$

$$\phi(\boldsymbol{r}, \boldsymbol{s}, \nu) = \int_V x(\boldsymbol{r}', \boldsymbol{s}, \nu)\frac{T(\boldsymbol{r}' \to \boldsymbol{r} \mid \boldsymbol{s}, \nu)}{\mu_{\mathrm{t}}(\boldsymbol{r}, \nu)}\mathrm{d}V' \qquad (7-85)$$

同理,我们可以得到碰撞密度与通量密度之间关系为

$$\phi(\boldsymbol{r}, \boldsymbol{s}, \nu) = \Psi(\boldsymbol{r}, \boldsymbol{s}, \nu)/\mu_{\mathrm{t}}(\boldsymbol{r}, \nu) \qquad (7-86)$$

$$\Psi(\boldsymbol{r}, \boldsymbol{s}, \nu) = \phi(\boldsymbol{r}, \boldsymbol{s}, \nu)\mu_{\mathrm{t}}(\boldsymbol{r}, \nu) \qquad (7-87)$$

并且发射密度与碰撞密度之间关系为

$$\Psi(\boldsymbol{r}, \boldsymbol{s}, \nu) = \int_V x(\boldsymbol{r}', \boldsymbol{s}, \nu)T(\boldsymbol{r}' \to \boldsymbol{r} \mid \boldsymbol{s}, \nu)\mathrm{d}V' \qquad (7-88)$$

$$x(\boldsymbol{r}, \boldsymbol{s}, \nu) = S(\boldsymbol{r}, \boldsymbol{s}, \nu) + \iint \Psi(\boldsymbol{r}, \boldsymbol{s}', \nu) \times C(\boldsymbol{s}' \to \boldsymbol{s})\mathrm{d}\Omega' \qquad (7-89)$$

碰撞密度与通量密度之间只相差一个衰减因子,这是因为,到达 $\boldsymbol{r}$ 位置的光子只有一部分在此处发生碰撞(散射或者吸收),也就是衰减。图7-5显示了碰撞密度、发射密度与通量密度之间的关系。

迁移核的物理意义是,对于积分方程中的 k,我们把它分为迁移核和碰撞核两部分。由式(7-72)可知,

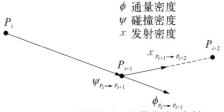

图7-5 碰撞密度、通量密度、发射密度三者之间关系

$\phi^*(r, s, \nu \mid r')$ 是在 r' 的单位点源,在无散射介质中,在 r 处引起的通量。而 $T(r' \to r \mid s, \nu)$ 是 r' 处发出的光子,在 r 处进入碰撞的密度,它们之间满足通量密度与碰撞密度的关系。因此 T 是迁移核。对于全空间,T 是联合密度分布函数,在全空间积分为 1。

碰撞核的物理意义是,碰撞核 $C(s' \to s)\mathrm{d}\Omega$ 表示一个方向为 s' 光子,在 r 点处进入碰撞,碰撞后方向在 s 方向的 $\mathrm{d}\Omega$ 立体角元内的光子概率数。

7.1.4.2 光子输运方程的蒙特卡罗解形式

在蒙特卡罗模拟中,发射密度方程直接从外源 S 出发,具有明显的物理意义,因此研究发射密度方程有重要意义。对于光子输运问题,光子是六维相空间的点,令 $P = (r, s, \nu)$,这时发射密度积分方程可表示为

$$x(p) = \int x(p') K_x(p' \to p)\mathrm{d}p + S_x(p) \tag{7-90}$$

其中积分是对整个相空间的。

设 $x(p)$ 的统计物理量是 I,则 I 可以有如下线性泛函表示:

$$I = \int x(p) f(p)\mathrm{d}p \tag{7-91}$$

这里 $f(p)$ 为某个统计函数。

假定 $S_x(p) \geqslant 0, \int S_x(p)\mathrm{d}p = 1$,那么式(7-90)就有下列诺伊曼级数解:

$$x(p) = \sum x_m(p) \tag{7-92}$$

其中,

$$x_0(p) = S_x(p) = S(p) \tag{7-93}$$

$$x_1(p) = \int x_0(p_0) K_x(p_0 \to p)\mathrm{d}p_0$$

$$= \int S(p_0) K_x(p_0 \to p)\mathrm{d}p_0$$

$$\cdots\cdots$$

$$x_m(p) = \int x_{m-1}(p_{m-1}) K_x(p_{m-1} \to p)\mathrm{d}p_{m-1}$$

$$= \int \cdots \int S(p_0) K_x(p_0 \to p_1) \cdots K_x(p_{m-1} \to p)\mathrm{d}p_{m-1} \cdots \mathrm{d}p_1 \mathrm{d}p_0$$

$$\tag{7-94}$$

如果,$0 < \sup \int K_x(p \to p') \mathrm{d}p' < 1$(sup 是上确界),那么诺伊曼级数收敛,且是方程(7-90)的解。这个条件在大多数实际问题中都满足。因此方程(7-91)可以表示为

$$I = \int \sum_{m=0}^{\infty} x(p) f(p) \mathrm{d}p \qquad (7-95)$$

求和号与积分号交换,则有

$$I = \sum_{m=0}^{\infty} \int x_m(p) f(p) \mathrm{d}p \qquad (7-96)$$

令

$$I_m = \int x_m(p) f(p) \mathrm{d}p \qquad (7-97)$$

由式(7-94)可以看出,$x_m(p)$ 表示由源发出的光子,经过 m 次空间输运和碰撞后,在 p 点产生的发射密度,且在 P 点的发射密度等于恰好经过 0 次碰撞、1 次碰撞、m 次碰撞后在 p 点形成的光子发射密度之和。那么 I_m 就是第 m 次碰撞后对统计量的贡献项,是一个 $6 \times (m+1)$ 重积分。

对于 I_0,因 $I_0 = \int S(p_0) f(p_0) \mathrm{d}p_0$,其中 $S(p_0)$ 是一个概率密度函数(假定源已经归一化),利用蒙特卡罗求积分的原理,从密度函数 $\tau_0(p_0) = S(P_0)$ 抽样 $p_0 = (r_0, E_0, \Omega_0)$,那么 $f_0(p_0) = f(p_0)$ 是 I_0 的一个无偏估计。对于通项 I_m,由于

$$I_m = \int \cdots \int S(p_0) K_x(p_0 \to p_1) \cdots K_x(p_{m-1} \to p_m) f(p_m) \mathrm{d}p_m \cdots \mathrm{d}p_1 \mathrm{d}p_0$$
$$(7-98)$$

其中,$0 \leqslant \int \cdots \int S(p_0) K_x(p_0 \to p_1) \cdots K_x(p_{m-1} \to p_m) \mathrm{d}p_m \cdots \mathrm{d}p_1 \mathrm{d}p_0 < 1$,可以看出 $S(p_0) K_x(p_0 \to p_1) \cdots K_x(p_{m-1} \to p_m)$ 不是一个联合密度函数。这是因为系统的几何是有限空间 V,有一部分光子从系统逃脱。另一方面,光子在系统中碰撞会被吸收衰减。因此要利用 Monte Carlo 求解式(7-91),需要构造一个 p_0,p_1,$\cdots$,p_m 的联合概率密度函数 $\tau_m(p_0, p_1, \cdots, p_m)$。有以下 3 种构造方法:

1) 扩充空间方式

取

$$\tau_m^{(1)}(p_0, p_1, \beta_1, \cdots, p_m, \beta_m) = S(p_0) \times T(\boldsymbol{r}_0 \to \boldsymbol{r}_1 \mid \boldsymbol{s}_0) f_s(\boldsymbol{s}_0 \to \boldsymbol{s}_m \mid \boldsymbol{r}_1) \cdots \times$$

$$T(\boldsymbol{r}_{m-1} \to \boldsymbol{r}_m \mid \boldsymbol{s}_{m-1}) f_s(\boldsymbol{s}_{m-1} \to \boldsymbol{s}_m \mid \boldsymbol{r}_m)$$

$$(7-99)$$

取

$$f_m^1 = \prod_{l=1}^{l=m} \eta\left(\frac{\mu_s(\boldsymbol{r}_l, \nu)}{\mu_t(\boldsymbol{r}_l, \nu)} - \beta_l\right) \eta[L(\boldsymbol{r}_{l-1}, \boldsymbol{s}_{l-1}) - \mid \boldsymbol{r}_l - \boldsymbol{r}_{l-1} \mid] f(p_m)$$

$$(7-100)$$

η 是阶跃函数。通过阶跃函数,式(7-100)的积分空间扩展至全几何空间,$\tau_m^{(1)}(p_0, p_1, \cdots, p_m)$ 是归一化的概率密度函数,从中抽样($p_0; p_1, \beta_1; \cdots; p_m, \beta_m$);则 f_m^1 是 I_m 的无偏估计。这里 $L(\boldsymbol{r}_{l-1}, \boldsymbol{s}_{l-1})$ 是在 $\boldsymbol{r}_{l-1}$ 点沿 $\boldsymbol{s}_{l-1}$ 方向到达系统外边界的距离。

Monte Carlo 的具体步骤:

(1) 由 $S(P_0)$ 抽样 $p_0 = (\boldsymbol{r}_0, \nu, \boldsymbol{s}_0)$,即由光源抽样出光子的初始位置;

(2) 对任意 $l \geqslant 1$,由 $T(\boldsymbol{r}_{l-1} \to \boldsymbol{r}_l \mid \boldsymbol{s}, \nu)$ 抽样出下个散射步长 $\mid \boldsymbol{r}_l \mid$;

(3) 由 $f_s(\boldsymbol{s}_{l-1} \to \boldsymbol{s}_l \mid \boldsymbol{r}_l)$ 抽样出新的散射方向 $\boldsymbol{s}_l$;

(4) 由 $(0, 1)$ 上均匀抽样 β_l,并由阶跃函数 $\eta\left(\frac{\mu_s(\boldsymbol{r}_l, \nu)}{\mu_t(\boldsymbol{r}_l, \nu)} - \beta_l\right)$ 确定光子是否发生散射。

在这里,由阶跃函数 $\eta[L(\boldsymbol{r}_{l-1}, \boldsymbol{s}_{l-1}) - \mid \boldsymbol{r}_l - \boldsymbol{r}_{l-1} \mid]$ 把抽样空间扩充到全空间,具体就是在抽样确定下一个散射位置时,如果散射点在组织外,光子运行终止,否则继续。

2) 权重归一方式

取

$$\tau_m^{(2)}(p_0, p_1, \cdots, p_m) = S(p_0) \prod_{l=1}^{m} \frac{K(p_{l-1} \to p_l)}{\int K(P_{l-1} \to p_l) dp_l} \qquad (7-101)$$

经过归一化后,$\tau_m^{(2)}$ 可以视为概率密度函数,从中抽样 $p_0, p_1, \cdots, p_m$,那么

$$f_m^{(2)} = \left(\prod_{l=1}^{m} \int K(p_{l-1} \to p_l) dp_l\right) \cdot f(p_m) \qquad (7-102)$$

就是 I_m 的一个无偏估计。

Monte Carlo 的具体步骤:

(1) 由 $S(p_0)$ 抽样 $p_0 = (\boldsymbol{r}_0, \nu, \boldsymbol{s}_0)$;

（2）对于任何 $l \geqslant 1$，由 $\dfrac{K(p_{l-1} \to p_l)}{\int K(P_{l-1} \to p_l)\mathrm{d}p_l}$ 抽样 $p_l = (\boldsymbol{r}_l, \nu, \boldsymbol{s}_l)$；

更常用的归一方法是取

$$\tau_m^{(2)}(p_0, p_1, \cdots, p_m) = S(p_0) \prod_{l=1}^{m} \frac{T(\boldsymbol{r}_{l-1} \to \boldsymbol{r}_l \mid \nu, \boldsymbol{s}_{l-1})}{\int T(\boldsymbol{r}_{l-1} \to \boldsymbol{r}_l \mid \nu, \boldsymbol{s}_{l-1})\mathrm{d}V_l} \times$$
$$f_s(\boldsymbol{s}_{l-1} \to \boldsymbol{s}_l \mid \boldsymbol{r}_l) \qquad (7-103)$$

这时

$$f_m^{(2)} = \left(\prod_{l=1}^{m} \frac{\mu_s(\boldsymbol{r}_l, \nu)}{\mu_t(\boldsymbol{r}_l, \nu)} \int_V T(\boldsymbol{r}_{l-1} \to \boldsymbol{r}_l \mid \nu, \boldsymbol{s}_{l-1})\mathrm{d}V_l \right) \cdot f(p_m) \quad (7-104)$$

也是 I_m 的无偏估计。

这时 Monte Carlo 的具体步骤：

（1）由 $S(p_0)$ 抽样 $p_0 = (\boldsymbol{r}_0, \nu, \boldsymbol{s}_0)$，即由光源抽样出光子的初始位置；

（2）对于任何 $l \geqslant 1$，由 $\dfrac{T(\boldsymbol{r}_{l-1} \to \boldsymbol{r}_l \mid \nu, \boldsymbol{s}_{l-1})}{\int_V T(\boldsymbol{r}_{l-1} \to \boldsymbol{r}_l \mid \nu, \boldsymbol{s}_{l-1})\mathrm{d}V_l}$ 抽样 $\boldsymbol{r}_l$，即在此时位置

延散射方向到组织边界的距离进行归一化抽样出新的散射步长；

（3）由 $f_s(\boldsymbol{s}_{l-1} \to \boldsymbol{s}_l \mid \boldsymbol{r}_l)$ 抽样出新的散射方向 $\boldsymbol{s}_l$。

这里，将 $\left(\prod_{l=1}^{m} \dfrac{\mu_s(\boldsymbol{r}_l, \nu)}{\mu_t(\boldsymbol{r}_l, \nu)} \int_V T(\boldsymbol{r}_{l-1} \to \boldsymbol{r}_l \mid \nu, \boldsymbol{s}_{l-1})\mathrm{d}V_l \right)$ 移到 $f_m^{(2)}$ 中，实现抽样

函数在组织空间中的归一化。

3）混合方式

这是第一种方式和第二种方式的混合技巧，取

$$\tau_m^{(3)}(p_0, p_1, \cdots, p_m) = S(p_0) \prod_{l=1}^{m} T(\boldsymbol{r}_{l-1} \to \boldsymbol{r}_l \mid \nu, \boldsymbol{s}_{l-1}) \times f_s(\boldsymbol{s}_{l-1} \to \boldsymbol{s}_l \mid \boldsymbol{r}_l)$$
$$(7-105)$$

这里 $\boldsymbol{r}_l$ 是全几何空间定义的（即扩容了），这时

$$f_m^{(3)} = \left[\prod_{m}^{l=1} \eta(L(\boldsymbol{r}_{l-1}, \boldsymbol{s}_{l-1}) - \mid \boldsymbol{r}_l - \boldsymbol{r}_{l-1} \mid \right] \frac{\mu_s(\boldsymbol{r}_l, \nu)}{\mu_t(\boldsymbol{r}_l, \nu)}) f(p_m)$$
$$(7-106)$$

就是 I_m 的一个无偏估计。这里通过 $\prod\limits_{l=1}^{m} \eta[L(\boldsymbol{r}_{l-1}, \boldsymbol{s}_{l-1}) - |\boldsymbol{r}_l - \boldsymbol{r}_{l-1}|]$ 进行扩容，实现对全空间的散射步长抽样，并通过 $\prod\limits_{l=1}^{m} \dfrac{\mu_s(\boldsymbol{r}_l, \nu)}{\mu_t(\boldsymbol{r}_l, \nu)}$ 实现对 $C(\boldsymbol{s}' \rightarrow \boldsymbol{s})$ 的归一化。

显然第一种方法与第三种方法相比，基本抽样是完全相同的，只是第三种方法不产生 $\beta_1, \cdots, \beta_m$ 的抽样。这两种方法与第二种方法相比，都是在全几何空间进行的，与实际问题的几何尺寸没有关系，因此对有限几何空间的问题来说是抽样空间有漏失，而第二种方法是抽样空间无漏失。第一种方法是碰撞有吸收的权重方法，后两种方法是碰撞无吸收的权重方法。

对权重函数进行分析，三种方法的权重函数如下：

$$W_m^{(1)} = \prod_{m}^{l=1} \eta\left(\frac{\mu_s(\boldsymbol{r}_l, \nu)}{\mu_t(\boldsymbol{r}_l, \nu)} - \beta_l\right)\eta[L(\boldsymbol{r}_{l-1}, \boldsymbol{s}_{l-1}) - |\boldsymbol{r}_l - \boldsymbol{r}_{l-1}|] \qquad (7-107)$$

$$W_m^{(2)} = \prod_{l=1}^{m} \frac{\mu_s(\boldsymbol{r}_l, \nu)}{\mu_t(\boldsymbol{r}_l, \nu)} \int_V T(\boldsymbol{r}_{l-1} \rightarrow \boldsymbol{r}_l \mid \boldsymbol{s}_{l-1})\mathrm{d}V_l \qquad (7-108)$$

或者

$$W_m^{(2)} = \prod_{l=1}^{m} \int_V K(p_{l-1} \rightarrow p_l)\mathrm{d}p_l \qquad (7-109)$$

$$W_m^{(3)} = \prod_{l=1}^{l=m} [L(\boldsymbol{r}_{l-1}, \boldsymbol{s}_{l-1}) - |\boldsymbol{r}_l - \boldsymbol{r}_{l-1}|]\eta\frac{\mu_s(\boldsymbol{r}_l, \nu)}{\mu_t(\boldsymbol{r}_l, \nu)} \qquad (7-110)$$

则

$$f_m^{(i)} = W_m^{(i)}f(p_m), \ i = 1, 2, 3 \qquad (7-111)$$

由抽样可知，第二种抽样方法方差最小。显然第一种方法模拟效率低（因为光子碰撞有吸收，大量模拟光子都被吸收掉了），而第二种方法实际操作几乎不可行（因为对于具体问题的归一化因子几乎很难得到），只有第三种方法具有高效性和可操作系。

为了进一步提高 Monte Carlo 模拟的效率，目前广泛使用的是连续吸收模式，即模拟过程中散射与吸收分开，随机的散射步长由散射系数确定，吸收随路径连续进行。实际上，由离散化吸收 Monte Carlo 统计理论可以很自然地推导出连续吸收 Monte Carlo 的统计模拟基础。令 $\mu_t(\boldsymbol{r}, \nu) = \mu_s(\boldsymbol{r}, \nu) +$

$\mu_a(\boldsymbol{r}, \nu)$，则

$$K_x(p' \to p) = T(\boldsymbol{r}' \to \boldsymbol{r} \mid \nu, \boldsymbol{s}')C(\boldsymbol{s}' \to \boldsymbol{s} \mid \boldsymbol{r})$$

$$= \mu_t(\boldsymbol{r}, \nu)\exp\left(-\int_0^{|\boldsymbol{r}-\boldsymbol{r}'|} \mu_t(\boldsymbol{r}' + l\boldsymbol{s}', \nu)\mathrm{d}l\right)\delta\left(\boldsymbol{s}' - \right.$$

$$\left. \frac{\boldsymbol{r}-\boldsymbol{r}'}{|\boldsymbol{r}-\boldsymbol{r}'|}\right)\frac{1}{|\boldsymbol{r}-\boldsymbol{r}'|^2} \cdot f(\boldsymbol{s}' \to \boldsymbol{s})\frac{\mu_s(\boldsymbol{r}, \nu)}{\mu_t(\boldsymbol{r}, \nu)}$$

$$= \mu_s(\boldsymbol{r}, \nu)\exp\left(-\int_0^{|\boldsymbol{r}-\boldsymbol{r}'|} \mu_s(\boldsymbol{r}' + l\boldsymbol{s}', \nu)\mathrm{d}l\right)\delta\left(\boldsymbol{s}' - \frac{\boldsymbol{r}-\boldsymbol{r}'}{|\boldsymbol{r}-\boldsymbol{r}'|}\right)$$

$$\frac{1}{|\boldsymbol{r}-\boldsymbol{r}'|^2} \cdot f(\boldsymbol{s}' \to \boldsymbol{s})\exp\left(-\int_0^{|\boldsymbol{r}-\boldsymbol{r}'|} \mu_a(\boldsymbol{r}' + l\boldsymbol{s}', \nu)\mathrm{d}l\right)$$

$$(7-112)$$

于是令

$$T'(\boldsymbol{r}' \to \boldsymbol{r} \mid \nu, \boldsymbol{s}') = \mu_s(\boldsymbol{r}, E')$$

$$\exp\left(-\int_0^{|\boldsymbol{r}-\boldsymbol{r}'|} \mu_s(\boldsymbol{r}' + l\boldsymbol{s}', \nu)\mathrm{d}l\right)\delta\left(\boldsymbol{s}' - \frac{\boldsymbol{r}-\boldsymbol{r}'}{|\boldsymbol{r}-\boldsymbol{r}'|}\right)\frac{1}{|\boldsymbol{r}-\boldsymbol{r}'|^2}$$

$$(7-113)$$

$$\Gamma' = \exp\left(-\int_0^{|\boldsymbol{r}-\boldsymbol{r}'|} \mu_a(\boldsymbol{r}' + l\boldsymbol{s}', \nu)\mathrm{d}l\right)$$

则

$$K_x(p' \to p) = T'(\boldsymbol{r}' \to \boldsymbol{r} \mid \nu, \boldsymbol{s}')f(\boldsymbol{s}' \to \boldsymbol{s})\Gamma' \qquad (7-114)$$

因此，计算粒子的 Monte Carlo 模拟时，粒子的自由程可以由 T' 抽样得到，可以看到这里的自由程分布函数是由散射系数 μ_s 确定的。而粒子发生碰撞的概率不再只与位置 $\boldsymbol{r}$ 相关，即离散吸收，而是与游走路径长度 $|\boldsymbol{r}-\boldsymbol{r}'|$ 相关，是连续吸收模式。

7.1.4.3 光子在生物组织中输运的蒙特卡罗模拟

目前，对于扩散光的直接蒙特卡罗模型，主要有汪力宏小组开发多层组织的蒙特卡罗(MCML)[16]，能够模拟光子在多层平板组织中的传输，并通过对模型中栅格的坐标数据进行优化来减少仿真物理量的误差。由于源代码开放，许多其他应用多在它的基础上进行扩展。而 Boas 小组的 tMcimg 则将光子输运过程扩展到基于正方体体素的组织中，得到组织中光通量分布及光子出射位置分

布[17]。而骆清铭小组开发的 MCVM,在基于三维体素模型的基础上,还考虑了光子在不同组织中的分界面上的折射和反射,并采用连续吸收模式记录光子在组织的吸收分布。其他还有 Margallo-Balb'as 小组的 TriMC3D,采用三角面片,对于介质边界的描述更精确[18]。田捷小组开发了能够模拟在体生物光学成像的 MOSE 传输模型[19]。还有一些其他的特色生物组织中的蒙特卡罗模型,如 Chicea 提出的适应于血液等稀疏离散散射核模型的随机行走蒙特卡罗模拟(RWMCS)模型[20],在该模型中光子仅仅与悬浮的血细胞发生散射,而不是与大量组织发生作用。另外还有诸如考虑相位、偏振及相干等信息的蒙特卡罗模拟模型,甚至将数值的有限元方法与蒙特卡罗方法相结合的方法。现在由于计算机技术的发展,许多利用计算机并行处理能力的蒙特卡罗模型纷纷被提出,如 MCX[21]。

1) 多层组织中的蒙特卡罗模拟(MCML)

光子传播的蒙特卡罗模拟提供了一个灵活但严格的方法面向光子在混浊组织中的传输。该方法的模拟过程可简单归结为,通过跟踪大量光子,记录各个光子在组织中的行迹,于是便可从统计学获得光子行迹的统计规律,并计算出组织的相关物理参数。

蒙特卡罗模拟为了解组织中光子的传输提供了一种灵活且严谨的方法,这种方法可以同时得到多个组织的物理参数,包括光吸收、散射、反射等。但同时,蒙特卡罗模拟具有统计学方法固有的一个缺陷——计算量大。由于需要模拟的光子数目很大,所以需要的计算时间很长。需要的光子数量在很大程度上依赖于所提出的问题。例如,要从一个指定了光学属性的组织中简单了解其总的漫反射,一般需要大约 3 000 个光子就能得出有用的结果,而要在柱状对称的问题中绘制出光子的空间分布,至少需要 10 000 个光子。在更复杂的三维空间问题中如某个有限直径的光柱辐射表皮血管组织时,需要的光子数可能超过 100 000。在这里需要记住的要点是蒙特卡罗模拟是严格的,但是也有必要的统计性和由此需要可观计算时间来获得的精准度。下面以一束无限窄的光束垂直入射到多层组织的传播为例,对光子模拟过程中的基本规则进行描述。

(a) 模拟中的坐标系

蒙特卡罗模拟中同时采用三个坐标系。一个笛卡儿坐标系用于追踪光子包。该坐标系的原点是光子在组织表面的入射点,z 轴总是为表面的法线方向并指向组织内部,Oxy 平面因此落在组织表面,如图 7 - 6 所示。一个柱状坐标系用于记录内部光子吸收 $A(r, z)$,这里 r 和 z 分别代表半径和 z 轴坐标。笛卡儿坐标系和柱状坐标系共享原点和 z 轴。组织表面的反射率和透射率被分别用

$R_d(r, \alpha)$ 和用 $T_d(r, \alpha)$ 记录下来,其中 α 为光子离开方向和组织表面法线之间的夹角。一个可动的局部球坐标系,其轴动态地和光子传播方向平行,被用作光子包传播方向改变抽样。偏转角 θ 和方位角 ψ 由于散射而最先取样,然后光子方向按照在笛卡儿坐标系中的方向余弦来更新。

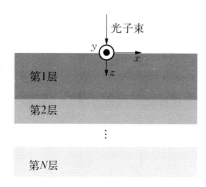

图 7‐6 建立在多层组织上的笛卡儿坐标系示意图,y 轴向外

(b) 介质参数设置

若介质为层状介质,每层为无限宽并且由以下几个参数描述:厚度 d,折射系数 n,吸收系数 μ_a,散射系数 μ_s 和各向异性因子 g。顶层外界介质(如空气)和底层外界介质(假如存在)的折射系数也事先给定。尽管真实的组织不可能为无限宽,但如果它比光子的空间分布要大很多就可以如此考虑。吸收系数定义为光子在每单位无穷小路径长上的吸收概率,散射系数定义为光子在每单位无穷小路径长上的散射概率。总相互作用系数表示吸收系数和散射系数之和,意味着光子在每单位无穷小路径长上参与相互作用的概率。各向异性因子是偏转角的余弦平均值。

(c) 光子的产生及传输步长的计算

将光子的位置坐标 (x, y, z) 都设置为零表示光从原点入射。如果模拟的是准直光源的话则将单位方向设置为 $(0, 0, 1)$,其他光源则具体情况具体设置。将光子包权重 W 设置为 1,表示光子没有被吸收。将光子所处介质层数设置为 0,表示从第一层开始入射。将光子的状态变量设为 0。关于光子的传输步长的计算,在前面介绍 Monte Carlo 方法基本原理的时候已经推导过步长的计算公式,这里就不再重复了,其计算公式如下:

$$s = \frac{-\ln(1-\xi)}{\mu_t} \tag{7‐115}$$

或

$$s = \frac{-\ln(\xi)}{\mu_t} \tag{7‐116}$$

(d) 光子的移动及吸收

光子在介质中的传输通过下面的式子来实现:

$$x \leftarrow x + u_x s$$

$$y \leftarrow y + u_y s$$
$$z \leftarrow z + u_z s \tag{7-117}$$

每当光子走完一个步长以后就要被吸收掉一部分权重,这部分被吸收的权重通过下式计算得出:

$$\Delta W = W \frac{u_a}{u_t} \tag{7-118}$$

则光子包被吸收后的剩余权重为

$$W \rightarrow W - \Delta W \tag{7-119}$$

(e) 光子的散射

光子走完一个步长后不仅会被吸收还会发生散射,从而改变其原来的传播方向。这里用偏转角 θ 和方位角 ψ 来描述光子的散射方向。其中 $\cos\theta$ 的概率分别函数可用下式来表示:

$$p(\cos\theta) = \frac{1-g^2}{2\left(1+g^2-2g\cos\theta\right)^{3/2}} \tag{7-120}$$

根据前面所述的随机抽样方法将 $\cos\theta$ 表示为随机变量 ξ 的函数如下:

$$\cos\theta = \begin{cases} \dfrac{1}{2g}\left\{1+g^2-\left[\dfrac{1-g^2}{1-g+2\xi}\right]^2\right\}, & g \neq 0 \\ 2\xi-1, & g = 0 \end{cases} \tag{7-121}$$

至于方位角 ψ,它在区间 $(0, 2\pi)$ 内服从均匀分布所以可用下式计算:

$$\psi = 2\pi\xi \tag{7-122}$$

计算出 θ 和 ψ 之后就可以通过下面的式子计算出新的单位方向矢量:

$$u'_x = \frac{\sin\theta}{\sqrt{1-u_z^2}}(u_x u_z \cos\psi - u_y \sin\psi) + u_x \cos\theta$$

$$u'_y = \frac{\sin\theta}{\sqrt{1-u_z^2}}(u_y u_z \cos\psi - u_x \sin\psi) + u_y \cos\theta \tag{7-123}$$

$$u'_z = -\sin\theta\cos\psi\sqrt{1-u_z^2} + u_z \cos\theta$$

当光子的传播方向与准直方向基本一致时(如 $|u_z| > 0.999\,99$),可用下面公式计算新的单位方向矢量:

$$u'_x = \sin\theta\cos\psi$$
$$u'_y = \sin\theta\sin\psi \qquad (7-124)$$
$$u'_z = \mathrm{SIGN}(u_z)\cos\theta$$

式中，$\mathrm{SIGN}(u_z)$ 为：当 u_z 小于 0 时值为 -1；当 u_z 大于 0 时值为 1。

（f）光子在介质交界处的传播

当光子的步长足够大的时候就有可能会到达介质中层与层之间的交界处。此时光子将有两种运动的可能，一种是在交界处被反射；另一种可能是穿过交界处进入另一层。如何决定光子进行哪种运动要分情况讨论。第一种情况，当入射角大于全反射角的时候光子当然是被反射了；第二种情况，当两种介质折射率相同的时候，光子穿过界面入射；第三种情况，当光子是垂直入射时，光子也是穿过界面入射；第四种情况就是以上三种特殊情况以外的一般情况，这需要通过 Fresnel 公式进行判断。先假设入射角和折射角分别为 α_1、α_2，则

$$R = \frac{1}{2}\left[\frac{\sin^2(\alpha_1 - \alpha_2)}{\sin^2(\alpha_1 + \alpha_2)} + \frac{\tan^2(\alpha_1 - \alpha_2)}{\tan^2(\alpha_1 + \alpha_2)}\right] \qquad (7-125)$$

然后取一个从 0 到 1 的随机数 ξ，当 $\xi \leqslant R$ 时则认为光子被反射；当 $\xi > R$ 时则认为光子入射进入下一层。

光子被反射后其单位方向矢量由 (u_x, u_y, u_z) 变为 $(u_x, u_y, -u_z)$ 然后继续走完未走完的步长。

（g）光子的死亡

判断光子死亡也要分情况讨论。当光子射出介质后对于模拟已没有意义，所以这种情况下设定光子死亡。当光子的权重 W 为 0 的时候也判断光子死亡，但是根据前面"光子的吸收"一节可知 W 是不可能为 0 的，其只会无限趋近于 0，所以这里还需要判断这种情况下光子死亡的算法。先宏定义一个阈值，如 THRESHOLD$=0.01$，当光子的权重 W 小于这个阈值的时候，那么这个光子将有 90% 的概率被判定为死亡，有 10% 的概率该光子的权重 W 将乘以 10，然后继续传播。

综上所述，蒙特卡罗方法模拟光子在组织中的传输过程为：首先初始化光子包，然后发射，一部分光子由于镜面反射没进入组织，光子包权重损失；而后生成一个随机步长，并根据光子包的初始位置和方向移动这一步长；判断此时的位置，若还在原来组织层中，则根据吸收减小权重并判断权重是否过小以至于需要进行轮盘复活，如果需要继续追踪，就根据散射改变光子运动的方向；若超出原来组织层的范围，则判断是内反射还是进入下一层组织或其他介质。不断循环

这些步骤,直到光子射出组织或权重过小,结束追踪,如图 7 - 7 所示。

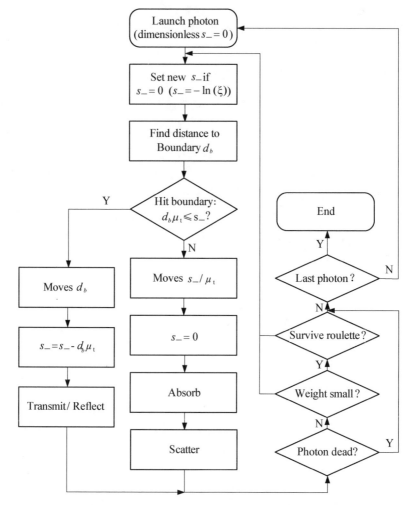

图 7 - 7　MCML 中光子在生物组织中的输运流程

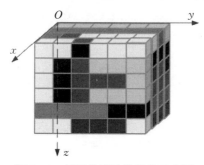

图 7 - 8　组织模型的体素化示意图

2) 基于体素的蒙特卡罗模拟

MCVM 是骆清铭课题组开发的一种基于三维体素模型的光子传输模型,该模型中首次考虑光子在组织中的折射,并且依靠连续吸收来记录光在体素内的吸收,该模型为开源模型。对于扩散光在组织中的传播,MCVM 采用体素模型,如图 7 - 8 所示,以体素为单位计算光子在组织中的吸收、散射、反射及折射,并跟踪光子在组织外的出射位置。

按照给定参数文件中光源位置与方向发射光子,模型会自动找到入射光子在组织表面的入射位置。光子的散射、步长及"死亡"的处理方法与 MCML 一致。为了准确定量体素中的光子吸收,MCVM 采用连续吸收权重(CAW)的抽样模式,也就是光源发射的不是单个光子而是光子包,随着光子包在组织中的吸收,光子包的权重会随之衰减,光子包权重的衰减与光子路径长度及吸收系数相关,为

$$w = w_0 \exp(-\mu_a l) \qquad (7-126)$$

式中,l 是光子在体素中行走的子步长路径长度;μ_a 是体素内的吸收系数。因此,记录到体素中的光子吸收量则为 $w_0[1 - \exp(-\mu_a l)]$。MCVM 所使用的连续吸收权重方法,与 MCML 所使用的离散吸收权重方法相比,它在提高模拟精度上应该有如下优势:一是可以消除利用 μ_a 和 μ_s 计算整个步长的吸收而产生的错误,该整个步长有可能穿越了不同类型的组织,漏报了光子在其中所遇到组织交界面发生方向偏转的情况,误报了光子在该步长移动中的实际路径长度,从而因用该步长中其中一个体素的吸收系数来代替其他不同组织的吸收系数而误报了整个步长的吸收量估计。除此之外,离散吸收权重法是在整步中达到最后的格元记录整步衰减的光子强度,这样会使得最后一个格元的光吸收估计偏大,而该整步长前面穿过的栅元中的光吸收量被低估为 0,从而也会产生误差。而 MCVM,则在通过的所有体素中都依据实际传输路径长度记录了光吸收量,不会使得各体素记录的光吸收量产生误差,这样便提高了对光吸收分布估计的准确性。多子步模拟光子包一个子步的吸收,近似于提高模拟次数从而起到了提高精度的作用。当体素边长大于平均步长数倍时,DAW 的上述误差会减小,此方法的优势可能不明显;当体素边长与平均步长差不多或者小于平均步长时,此方法的准确性优势就会体现出来。尤其是体素边长越小于平均步长,此方法相对于 DAW 在抗误差方面的优势越明显。当体素边长小于平均步长时,体素越小,模拟越耗时。因此模拟时应根据实际需求在精度和运算时间上的偏向性,选择合适的体素大小。

光子发射的时候,如果组织表面为不匹配的边界面,即与外界介质的折射系数不等,光子就会发生镜面反射。如果外部介质和组织的折射率分别是 n_1 和 n_2,于是镜面反射率就为

$$R_{sp} = \frac{(n_1 - n_2)^2}{(n_1 + n_2)^2} \qquad (7-127)$$

如果组织模型的第一层是透明组织，如玻璃，且它在折射率为 n_3 的介质层之上，那么在玻璃层的上下两个边界面上的多次反射和传输就需要纳入考虑，其镜面反射率由下式计算得出：

$$R_{sp} = r_1 + \frac{(1-r_1)^2 r_2}{1-r_1 r_2} \qquad (7-128)$$

式中，r_1 和 r_2 是玻璃层的两边界面上的菲涅耳反射系数：

$$r_1 = \frac{(n_1 - n_2)^2}{(n_1 + n_2)^2} \qquad (7-129)$$

$$r_2 = \frac{(n_3 - n_2)^2}{(n_3 + n_2)^2} \qquad (7-130)$$

虽然在上式中，较厚的透明组织是对实际镜面反射率的一个很好估计，但是如果镜面反射率定义为光子直接被反射而不与组织相互作用的概率，那么上述方法就不是严格正确了。为了严格区分镜面反射率和漫反射率，MCVM 设置该透明的第一层组织为普通外层组织，直接跟踪一个光子包在该透明组织内所经历相互作用的次数；在记录反射的时候，如果相互作用次数不是 0，那么该反射就是漫反射，否则就判定发生镜面反射。漫透射率也可类似地被区分。

光子的强度会因镜面反射而衰减，同时镜面反射率将会被记录到输出数据文件中。光子入射方向不发生变化，光子的强度更新为

$$W = 1 - R_{sp} \qquad (7-131)$$

模拟中对于光子散射方向采用 Henyey-Greenstein 公式，该方法最初为描述银河系的散射而提出的，这里用来描述光子在散射介质里的多重散射，如式 (7-132) 所示。

$$\cos\theta = \left\{ \begin{array}{l} \left(\dfrac{1}{2g}\right)\left[1 + g^2 - \left(\dfrac{1-g^2}{1-g+2g\mu}\right)^2\right],\ g > 0 \\ 2\mu - 1,\ g = 0 \end{array} \right\} \qquad (7-132)$$

对于光子的追踪过程如图 7-9 所示。

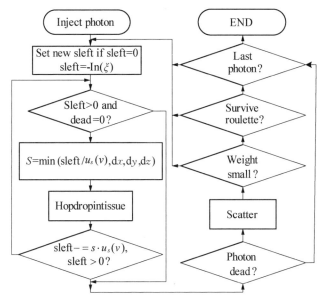

图 7 - 9 MCVM 中光子在生物组织中的输运流程

7.2 扩散光学断层成像

7.2.1 引言

扩散光学断层成像(diffuse optical tomography,DOT)是利用散射光来探测组织功能的一种光学在体成像技术,利用生物组织对 600～900 nm 波段的光子呈低吸收、高散射,且光子可深入到组织表面数厘米下、成像深度深的特点,扩散光学断层成像可非侵入地对深层组织功能进行成像。在乳腺癌的诊断、关节成像以及人体肌肉和脑部组织的血氧测量,新生儿脑发育监护等方面有卓越的表现[22]。而随着近红外波段荧光探针技术的发展,DOT 与荧光探针技术相结合可对组织水平、细胞及亚细胞水平的分子信息进行成像,从而在疾病的在体检测、基因治疗的在体示踪、药物在体疗效测评和功能分子在体活动规律研究等许多生物医学领域具有独特的优势[23]。较其他传统的成像模式如单光子发射断层成像和正电子发射断层成像中使用的有 γ 射线的辐射性标记物来说,光学标记物发出的近红外光子能量更低,对生物体的伤害更小,这对以后应用于人体有重要作用。且相比磁共振成像(MRI)和单光子发射计算机断层成像(SPECT),

光学方法灵敏度高,成本低。由于近红外光不像 X 射线和 γ 射线那样对组织具有高穿透性,因此扩散光学断层成像技术不能像传统 XCT 成像技术那样利用基于 Beer-Lambert 定律的反投影滤波算法进行图像重建。近红外光在组织中传播时呈高散射、低吸收特性,由于光子的多次散射效应,与 CT 成像技术相比,扩散光学断层成像在理论建模和图像重建方面都要复杂得多。

7.2.2 扩散光学断层成像模式

在 DOT 系统中,源和探测器都是放置在样品的周围。为了满足不同应用的需求,一般的源和探测器几何排列一般为如图 7-10 所示形状[24]。这三种成像模式都可用于临床的人体乳腺和脑组织的近红外检测。通常的模式是,一点进行照明,多点进行透射光探测,然后每个光源进行重复探测,最后通过用计算机进行图像重建。这 3 种排列形状在光学测量和成像的质量上有微弱的差别,投影式通常用于传统的类似于 X 射线形式的成像中[25],在对乳腺组织监测中可定量地对球状肿瘤的光学参数进行重建[26],并且利用多角度投影和多波长方法可以提高图像重建的精度。而圆形断层式和亚表面式成像方式均被广泛地应用于乳腺癌的诊断。

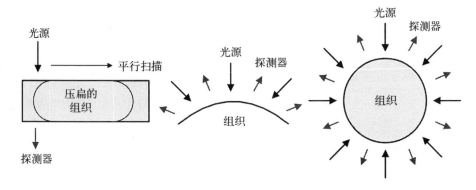

图 7-10 3 种几何探测模式

根据源信号的类型,DOT 一般可以分为三种模式:时域、频域和稳态。在时域模式,光源使用的是短脉冲(通常在皮秒脉宽),透射光的脉宽会被展宽。在频域模式,光源的强度是调制的,通常被调制到几百兆赫兹,透射光的调制深度下降。而在稳态模式,光强是不随时间变化的,不过通常也会采用低频调制(如 kHz)来提高信噪比。时域和频域模式在数学上是通过傅里叶变化相关的。如果在足够宽的带宽中测量许多频率(包括直流),频域信号是能够通过反傅里叶变化转换到时域。所以,时域信号在数学上是与频域和稳态模型相关的。另一方面,稳态模式可以看作是频域模式中频率为零的特殊情况。

在三种模式中,时域信号的信息是最丰富的,但是数据采集时间是最长的,成本也是最高的。频域模式经常只是用到一种调制频率,所以包含的信息并没有时域模式丰富,但是其采集时间较短,并且成本较低。通常在窄带探测模式能够获得更好的信噪比。稳态模式没有包含时间相关的信息,但是其采集时间是最快的,并且成本最低。

7.2.2.1　时域模式

在时域模式,采用皮秒到飞秒级的超短脉冲对组织进行照射,能够获得出射光强随时间的变化关系,即时间点扩展函数(TPSF)。时间相关的单光子计数器虽然有较大的探测面积、较好的线性响应、较低的成本以及较高的动态范围,但是其采集时间更长,并且由于时域模式采用的光源均为超短脉冲,其成本比较高,所以大大限制了其应用,同时由于其采集时间长,所以对生理快信号的探测没有优势。

图 7-11 是伦敦大学学院搭建的 32 路时域模式的 DOT 系统的原理图[27, 28]。该套系统通过 Ti 蓝宝石激光器发出皮秒脉冲,频率为 80 MHz,波长为 800 nm。通过光纤接入到光转换器,每次采用 32 路光纤中的一路激光输出到样品表面进行成像。通过物体传输的光再通过 32 路探测器光纤束进行采集,每一路光纤束将光引入到一个光纤衰减器,以防止强光损坏探测器,同时减少需要的动态范围,然后采用微通道板光电倍增管进行信号探测。同时在入射光中分出一部分反射信号进行采集。通过测量能够得到 TPSF。一套完整的数据集是分别采集 32 路光源所对应的 32 路探测器的 TPSFs。所以对于单幅图像,就会有 1 024 个 TPSFs。这些 TPSF 是脉冲光子在样品表面光源位置传输到探测

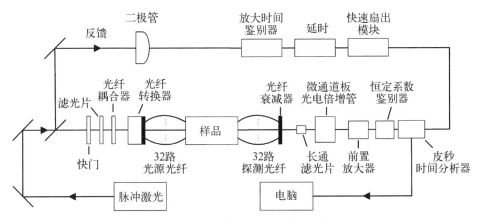

图 7-11　时域模式 DOT 系统原理图

器的时间响应。利用这些 TPSFs 就能够对样品的散射和吸收分布进行重建。

7.2.2.2 频域模式

频域系统采用的是射频正弦强度调制(调制频率一般在几百兆赫兹)光源,调制光在组织内传播时会形成光子密度波(photon density wave,PDW),通过组织的传播,调制光的频率不会发生变化,但是由于吸收和散射的影响,调制光的强度会发生衰减,同时由于光子传输路径的不同,相位也会发生延迟。通过探测出射光的衰减、相移和调制深度提取关于组织光学有用的信息进行逆向问题重建。

图 7-12 为哈佛医学院的 Boas 等人搭建的频域 DOT 系统[29]。在光源一侧,入射光调制到 70 MHz 的频率,采用 1 转 2 的光学多路复用器对入射波长进行选择。1 转 40 的光学多路复用器被用来对光源不同位置进行切换。在探测器一侧,从介质中出射的光子通过雪崩二极管进行接收,并转换到频域电压,后面再经过放大和解调。解调的同相和正交相位电压为数字的,然后通过 2 个 16 位的模数转换板进行采集,之后强度和相位信息就都能够计算出。利用计算机通过数字输入输出接口对成像过程进行控制。

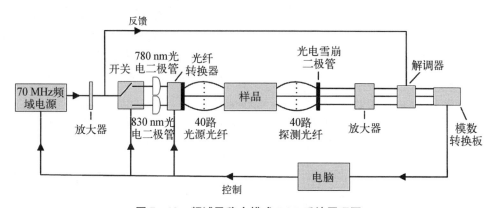

图 7-12 频域及稳态模式 DOT 系统原理图

7.2.2.3 稳态模式

稳态系统一般采用连续光源对组织进行照射,通过表面处多个不同位置的探测器进行光强度的测量,探测器一般使用光电倍增管或者 CCD 相机,然后根据光强的衰减来计算被测组织的光学特性参数。与其他两种测量模式相比,稳态系统具有如下几个优点:结构相对简单,设备便宜且易于小型化,测量时间较短,是目前最具有临床应用前景的组织光学特性无创检测技术之一;并且在动态监测方面,稳态系统具有一定的优势,在新生儿脑部发育过程中供氧及血氧动力学观测和脑功能成像方面有广泛应用。

稳态系统就是一种频域系统的特殊情况,即调制频率设置为零。所以一般情况下,其系统结构与频域系统类似,频域系统能够用作稳态系统使用。他们采用稳态模式的 DOT 系统首次对离体和活体的骨骼和关节部分进行吸收和散射分布成像,同时也对在散射介质中放置人类手指和鸡骨头进行多断面成像。通过该项研究也证明 DOT 系统具有对骨骼和关节类疾病进行检测的潜力。

图 7 - 13 为华中科技大学的骆清铭研究组研发的稳态 DOT 系统[30]。采用 748 nm 的稳态激光器输出激光,经过准直、聚焦,输入到一个二维振镜,在振镜末端连接一个 f-theta 镜头用于将准直光聚焦于一个平面,在聚焦平面上,激光的光斑大小为 400 μm。焦斑位置通过二维振镜的输入电压的改变而实现 Oxy 面的移动。探测器为高灵敏度的制冷 CCD,同时装配一个焦距为 35 mm 的镜头。利用计算机通过数字输入输出接口对数据采集和成像过程进行控制。

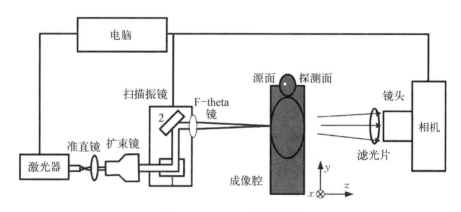

图 7 - 13 DOT 系统示意图

LD—半导体激光器;BE—扩束镜;1,2—振镜反射镜片;SW—扫描窗口;DW—探测窗口;PC—计算机

7.2.3 扩散光学断层图像重建方法

扩散光学断层成像问题最终归结为扩散方程的正向问题和逆向问题求解。正向问题是指根据估计的介质光学特性参数由扩散方程计算出光分布;逆向问题是指根据已知的光分布和由正向问题计算出的光分布来修正估计的介质光学特性参数,最终求出具有一定精度的介质光学特性参数的近似解的过程,也即通常所说的图像重建过程。下面我们就扩散光学断层成像中的正向模型和逆向问题逐一介绍。

7.2.3.1 正向模型

对于近红外光在组织中的传播规律,可以通过解析理论和传输理论两种物理模型进行描述。解析理论是建立在光的波动性基础上，以 Maxwell 方程组来描述光波在介质中传播特性的物理模型。由于麦克斯韦方程组的复杂性，其只有在极少数条件下可解。传输理论是建立在光的粒子性基础上，以 Boltzmann 方程来描述光子在介质中传输特性的物理模型。与解析理论不同，传输理论忽略了光的波动性，因而将问题大大简化。与 Maxwell 方程组相比，Boltzmann 方程已经简单很多，但对其求解仍然是非常困难的一件事。因此，产生了许多对 Boltzmann 方程进行简化的派生物理模型，其中应用最为广泛的是被称为扩散近似的物理模型。由于成像物体多为复杂的几何结构，一般基于扩散近似的数学物理模型无法得到精确的解析解，所以我们只能通过一定的方法求其近似解，通常使用有限元法、有限差分法、边界元法等数值方法对正向模型的数学物理方程进行求解。

1) 有限元方法

有限元方法最早被伦敦大学计算机科学系的 Arridge 等人引入到生物医学光学成像领域，基于有限元法分析了不同边界条件和光源类型下扩散方程的解[31, 32]，并采用一个特定的 32 通道的时间分辨率成像系统和基于有限元的非线性的图像重建算法对新生儿头部进行了成像[27, 33-35]。美国佛罗里达大学蒋华北等人把高阶扩散方程用于扩散光学断层成像，并采用有限元法进行求解，证明采用高阶扩散模型可以提高计算精度并提升图像的重建质量[36]。国内天津大学的高峰等人也于 1996 年采用有限元法对光学 CT 中的正向问题进行研究[37]。总之，有限元方法对复杂边界和复杂内部结构的处理的有效性促进了其在生物医学方面的使用，其已经逐渐变成对复杂的几何体和光学参数分布非均匀的区域进行分析的首选工具。下面以稳态扩散方程结合混合边界条件作为理论模型，介绍有限元方法的基本处理过程。

稳态扩散方程：

$$-\boldsymbol{\nabla} \cdot [D(\boldsymbol{r}) \boldsymbol{\nabla} \Phi(\boldsymbol{r})] + \mu_a \Phi(\boldsymbol{r}) = Q(\boldsymbol{r}), \boldsymbol{r} \in \Omega \qquad (7\text{-}133)$$

边界条件：

$$\Phi(\boldsymbol{r}) + 2D\zeta \boldsymbol{n} \cdot \boldsymbol{\nabla} \Phi(\boldsymbol{r}) = 0, \boldsymbol{r} \in \partial\Omega \qquad (7\text{-}134)$$

式中，$\Phi(\boldsymbol{r})$ 为 $\boldsymbol{r}$ 处的光子密度；$\mu_a(\boldsymbol{r})$ 为该处的吸收系数；$Q(\boldsymbol{r})$ 为一各向同性的光源；$\boldsymbol{n}$ 是外法线方向；$D(\boldsymbol{r})$ 为扩散系数，其表达式为

$$D(\boldsymbol{r}) = \frac{1}{3[\mu_a(\boldsymbol{r}) + \mu_s(\boldsymbol{r}) \cdot (1-g)]} \qquad (7\text{-}135)$$

式中，g 为平均散射余弦；$\zeta = (1+R)/(1-R)$；R 为有效反射系数。根据 Egan 和 Hilgeman 从菲涅耳反射定律得到曲线的多项式拟合近似为

$$R \approx -1.439\ 9n^{-2} + 0.709\ 9n^{-1} + 0.668\ 1 + 0.063\ 6n$$

式中，n 为组织体对环境的相对折射率。

以二维情况为例，采用有限元方法的主要的步骤如下[28, 38]：

（a）积分方程的建立

利用变分原理中的虚功原理，以 v 为试探函数对式(7-133)求积分，有如下关系：

$$
\begin{aligned}
&\iint_{\Omega} [(-\boldsymbol{\nabla} \cdot D \boldsymbol{\nabla} + \mu_{\mathrm{a}}) \Phi - Q] v \mathrm{d}x\,\mathrm{d}y = 0 \\
&= \iint_{\Omega} [D\Phi_x v_x + D\Phi_y v_y + \mu_{\mathrm{a}}\Phi v - Qv] \mathrm{d}x\,\mathrm{d}y - \int_{\partial\Omega} D \frac{\partial\Phi}{\partial n} v \mathrm{d}s \\
&= \iint_{\Omega} [D\Phi_x v_x + D\Phi_y v_y + \mu_{\mathrm{a}}\Phi v] \mathrm{d}x\,\mathrm{d}y + \int_{\partial\Omega} D \frac{\Phi}{2\zeta D} v \mathrm{d}s - \iint_{\Omega} Qv \mathrm{d}x\,\mathrm{d}y \\
&= \iint_{\Omega} [D\Phi_x v_x + D\Phi_y v_y + \mu_{\mathrm{a}}\Phi v] \mathrm{d}x\,\mathrm{d}y + \int_{\partial\Omega} \frac{1}{2\zeta}\Phi v \mathrm{d}s - \iint_{\Omega} Qv \mathrm{d}x\,\mathrm{d}y
\end{aligned}
$$

$$(7-136)$$

式中，n 表示外法线方向，上式推导过程中用到由格林公式得到的等式：

$$\iint_{\Omega} [(D\Phi_x)_x + (D\Phi_y)_y] v \mathrm{d}x\,\mathrm{d}y = \int_{\partial\Omega} D \frac{\partial\Phi}{\partial n} \mathrm{d}s - \iint_{\Omega} D(\Phi_x v_x + \Phi_y v_y) v \mathrm{d}x\,\mathrm{d}y$$

$$(7-137)$$

定义如下双线性和线性泛函：

$$a(\Phi,\ v) = \iint_{\Omega} [D\Phi_x v_x + D\Phi_y v_y + \mu_{\mathrm{a}}\Phi v] \mathrm{d}x\,\mathrm{d}y + \int_{\partial\Omega} \frac{1}{2\zeta}\Phi v \mathrm{d}s \quad (7-138)$$

$$F(v) = \iint_{\Omega} Qv \mathrm{d}x\,\mathrm{d}y \quad (7-139)$$

则与稳态扩散方程描述物理过程等价的变分问题为

$$J(\Phi) = \frac{1}{2} a(\Phi,\ \Phi) - F(\Phi) = \min! \quad (7-140)$$

相应的变分方程为

$$a(\Phi, v) = F(v) \qquad (7-141)$$

式(7-141)正是我们所需要的积分方程,它的解等价于微分方程式(7-133)在式(7-134)的边界条件下的解。

(b) 有限元方程的获取

要求解在任意形状介质上的式(7-141)积分方程的解析解是不可能的,因此要对它进行离散。有限元方法中,使用有限维函数来近似所要求解的无限维函数以离散该积分方程,有限维函数使用插值来构造,这种方法又称为 Ritz-Galerkin 方法。插值方法的选取是可以任意的,根据所构造的网格,可以是 Lagrange 型插值(对节点处的导数值不做要求),也可以是 Hermite 型插值(不仅要求节点处的函数值,还要求其导数值),具体插值函数的构造需根据具体问题选择。下面选用 Lagrange 型插值基函数来构造插值空间。

构造如下插值函数:

$$\Phi_{\mathrm{h}}(x, y) = \sum_{i=1}^{N} \varphi_i(x, y)\Phi_i \qquad (7-142)$$

式中,$\varphi_i(x, y)$ 为第 i 个节点处的插值基函数;Φ_i 为该节点的光子密度值;N 为节点数。取试探函数为

$$v_{\mathrm{h}}(x, y) = \sum_{j=1}^{N} \varphi_j(x, y) \qquad (7-143)$$

将式(7-142)和式(7-143)代入式(7-141)可得

$$a\left(\sum_{i=1}^{N} \varphi_i(x, y)\Phi_i, \sum_{j=1}^{N} \varphi_j(x, y)\right) = F\left(\sum_{j=1}^{N} \varphi_j(x, y)\right) \qquad (7-144)$$

利用双线性泛函的线性特性,可得如下简化的线性方程组,称为有限元方程:

$$\boldsymbol{K}\Phi = (\boldsymbol{R}+\boldsymbol{C}+\boldsymbol{A})\Phi = \boldsymbol{F} \qquad (7-145)$$

式中,矩阵 $\boldsymbol{K}$ 称为刚度矩阵,刚度矩阵分解成 3 个矩阵,它们和向量 $\boldsymbol{F}$ 的元素由以下积分来计算:

$$R_{ij} = \int_{\Omega} D\,\boldsymbol{\nabla}\varphi_i(x, y) \cdot \boldsymbol{\nabla}\varphi_j(x, y)\mathrm{d}x\,\mathrm{d}y \qquad (7-146)$$

$$C_{ij} = \int_{\Omega} \mu_{\mathrm{a}}\varphi_i(x, y)\varphi_j(x, y)\mathrm{d}x\,\mathrm{d}y \qquad (7-147)$$

$$A_{ij} = \frac{1}{2\zeta} \int_{\partial\Omega} \varphi_i(x,\ y)\varphi_j(x,\ y)\mathrm{d}s \qquad (7-148)$$

$$F_j = \int_{\Omega} Q(x,\ y)\varphi_j(x,\ y)\mathrm{d}x\mathrm{d}a = \varphi_j(x_s,\ y_s) \qquad (7-149)$$

在计算式(7-147)~式(7-149)的积分时,只需要计算节点 i 和节点 j 是邻近或重合情况下的矩阵元素,其在其余的情况下均为零。

(c) 刚度矩阵的计算

刚度矩阵的计算是有限元方法中最关键的一步。由于插值基函数只在其插值节点附近非零,因此,在计算式(7-146)~式(7-148)的积分时,只需要计算节点 i 和节点 j 是邻近或重合情况下的矩阵元素,其余情况均为 0。计算过程有两种策略:一种策略是节点索引 i 和 j 逐步增大来逐个计算矩阵元素,判断节点 i 和节点 j 是否邻近或重合,如果节点不邻近或不重合,则为零;如果两节点邻近,则寻找同时包含节点 i 和节点 j 的单元;如果两节点重合,则这样的单元有多个(所有包含该节点的三角单元);若是邻近节点,则只有一个或两个(包含这两点连线所组成的线段的三角单元),然后再逐一在这些单元上计算积分并叠加。第二种策略是单元索引逐步增大来计算许多个单元刚度矩阵,最后进行叠加合成总刚度矩阵。在这种策略中,对于任意一个三角单元,其单元刚度矩阵只有有限个非零元素,其数量根据所使用的单元类型不同而不同,以线性三角元为例,设其三个节点为 i,j,k,则其单元刚度矩阵的非零元素为 $ii,jj,kk,ij,ji,jk,kj,ik,ki$,共 9 个。观察式(7-146)~式(7-148)容易发现,刚度矩阵实际上是对称矩阵,单元刚阵也是一样,因此在实际计算中只需要计算和储存一半矩阵。对于两种计算策略,一般是选用第二种,先进行单元分析计算最后组合的形式,这是由于第一种策略需要根据节点来搜索单元再进行计算,而单元数远大于节点数,这种搜索过程很耗时,而第二种策略的非零元素是固定的,可以直接进行计算,省去了搜索的麻烦。

单元刚度矩阵的计算与所用的单元类型有关,不同的三角单元对应不同的插值节点数和插值基函数,使用三角元便于 Lagrange 型插值基函数的构造,其与三角形上的面积坐标有直接关系。面积坐标与直角坐标有如下关系:

$$\lambda_1 = \frac{1}{2S}\begin{vmatrix} 1 & 1 & 1 \\ x & x_2 & x_3 \\ y & y_2 & y_3 \end{vmatrix} \quad \lambda_2 = \frac{1}{2S}\begin{vmatrix} 1 & 1 & 1 \\ x_1 & x & x_3 \\ y_1 & y & y_3 \end{vmatrix} \quad \lambda_3 = \frac{1}{2S}\begin{vmatrix} 1 & 1 & 1 \\ x_1 & x_2 & x \\ y_1 & y_2 & y \end{vmatrix}$$

$$(7-150)$$

将式(7-146)~式(7-148)写成单元形式：

$$R_{ij} = \sum_{n=1}^{NE} \iint_{\Delta_n} D[(\varphi_i)_x (\varphi_j)_x + (\varphi_i)_y (\varphi_j)_y] \mathrm{d}x \, \mathrm{d}y \tag{7-151}$$

$$C_{ij} = \sum_{n=1}^{NE} \iint_{\Delta_n} \mu_a \varphi_i \varphi_j \, \mathrm{d}x \, \mathrm{d}y \tag{7-152}$$

$$A_{ij} = \frac{1}{2\zeta} \sum_{n=1}^{NB} \int_{B_n} \varphi_i \varphi_j \, \mathrm{d}s \tag{7-153}$$

式中，NE 表示单元数量；Δ_n 为第 n 个单元；B_n 为第 n 条边界线段。在获得单元矩阵后，为了得到总刚度矩阵，需要进行叠加。叠加的方法是将单元矩阵的元素按照相应节点的总体编号(上面等式中均是按照局部编号表示的)叠加到总刚阵的相应元素上去。在获得总刚度矩阵以后，即代表已将原方程进行了有限元线性化离散，接下来只需对线性方程组(7-144)进行求解。求解线性方程组在线性代数中有很多种方法，包括直接求解法和迭代法两种，一般直接求解方法需求的内存空间更大，而迭代法则较少但比较耗时且需要自己设定停机阈值，实际求解中可根据所使用的网格节点的数量和精度要求选择适当的方法。

2) 边界元方法

在扩散光断层成像中，无论针对辐射传输模型还是近似后获得的扩散近似等模型，如前一节所提，有限元法都被广为采用。有限元法利用变分原理，建立与扩散方程初值问题等价的积分方程，然后对整个高散射介质进行体积离散以获得等价的有限元方程组，最后求解该方程组获得相应解。对于有限元法而言，其处理需对高散射介质进行体积离散，离散后每个体素又都是作为独立变量，由此可知，要获得合适精度的"像"则意味着使用足够精细的剖分网格，即更大的变量规模，这也就意味着正逆向问题处理时会出现更大的计算量和病态性。随着越来越复杂的实际介质和几何模型的出现，应用中，有限元法不得不在精度和计算量间取舍，从另一方面来说，这却给边界元法在该领域的应用带来了契机。

边界元法的处理原理上是利用格林第二公式实现积分的降维，仅仅将边界离散，通过边界积分方程来建立方程组，求解的变量只是边界处的离散单元值，而内部区域的值可以间接通过离散的积分方程结合已求边界处单元值来获得。边界元法处理的变量数目大大减少，这也是它能够降低计算量的主要原因，另外，它在原理上是一种半数值和半解析的方法，所以相对于完全数值的有限元法，边界元法在计算精度上的优势明显[39]。

　　边界元法于其他领域的应用已日见不鲜,而其在扩散光断层成像的正向问题模拟过程中更是方兴未艾,英国伦敦大学学院的 Arridge 小组首先提出了用边界元法处理扩散光学断层成像中多层模型和各向异性散射模型的前向问题,并将结果同 Monte Carlo 模拟结果作了比较,证明了其方法的有效性和实用性[40]。边界元法可用于在体乳房近红外光谱成像,其中通过结构成像方式如 MRI 或者 CT 获得异质边界[42]。将边界元法与快速多极法结合可用于加速基于边界元法的扩散光学断层成像,快速多极法本身作为 20 世纪十大算法之一,毋庸置疑具有卓越的优势,将快速多极法应用于边界元的加速求解目前已成为扩散光学成像的一个重要发展方向。同时,考虑到边界元与有限元有很大程度的互补性[42,43],这几年出现了将边界元和有限元耦合的新发展方向,有研究表明边界元和有限元的耦合结合了两种数值方法各自的优势,提高了有限计算能力的效率,结合结构成像可以获得高精度的功能光谱图像[44-47]。总之,边界元法作为扩散光学成像中有限元方法的重要补充,是目前的一个研究热点。下面以一个散射异质模型为仿真研究对象,以扩散方程结合混合边界条件作为理论模型,介绍常规边界元方法和快速多极边界元方法的处理过程。

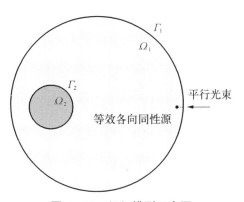

图 7-14　组织模型示意图

　　(a) 常规边界元方法

　　组织模型如图 7-14 所示,由背景区域 Ω_1 和异质部分 Ω_2 构成,边界分别为 Γ_1 和 Γ_2。入射准直光束可等效成一个同性点光源,位于入射方向组织内一个平均自由程 l_{mfp} 的位置,其表达式为

$$l_{\mathrm{mfp}} = \frac{1}{\mu_a^{(l)} + \mu_s^{(l)}(1-g)},\ l = 1,\ 2 \qquad (7\text{-}154)$$

式中, $\mu_a^{(l)}$ 和 $\mu_s^{(l)}$ 分别表示区域的散射系数和吸收系数。

　　根据扩散方程式(7-133)和边界条件(7-134),针对该模型,可以获得耦合的两个亥姆霍兹方程:

$$\mathbf{\nabla}^2 \Phi_l(\boldsymbol{r}) - \omega_l^2 \Phi_l(\boldsymbol{r}) = -q_l,\ l = 1,\ 2 \qquad (7\text{-}155)$$

其中由推导获得的参数表达式为

$$\begin{cases} \omega_l^2 = \dfrac{\mu_a^{(l)}}{\kappa_l} \\[3mm] q_l = \dfrac{q(r)}{\kappa_l} \end{cases} \tag{7-156}$$

对于组织模型的两区域,其格林解满足如下式:

$$\nabla^2 G_l(r, r') - \omega_l^2 G_l(r, r') = -\delta(r - r') \tag{7-157}$$

由格林函数性质可知,此处格林解的意义为模型介质内单个光源所引起的各点的响应,形式为一球形波。由式(7-155)和(7-157)可得

$$\Phi_l(r) \nabla^2 G_l(r, r') - G_l(r, r') \nabla^2 \Phi_l(r) = -\delta(r - r')\Phi_l(r) + q_l G_l(r, r') \tag{7-158}$$

定义如下变量 U_l 和 V_l:

$$\begin{cases} U_l = \Phi_l \mid_{\Gamma_l} = \Phi_l \mid_{\Gamma_{l-1}} \\[2mm] V_l = \kappa_l \partial_l \Phi_l \mid_{\Gamma_l} = \kappa_{l-1} \partial_l \Phi_l \mid_{\Gamma_{l-1}} \end{cases} \tag{7-159}$$

然后将式(7-158)分别在区域 Ω_1 和 Ω_2 内对 r' 积分,可得积分方程:

$$\Phi_l(r) + \int_{\Gamma_l} \left(\partial_l G_l(r, r') \cdot U_l(r') - \frac{G_l(r, r')}{\kappa_l} \cdot V_l(r') \right) \mathrm{d}S(r') -$$

$$\int_{\Gamma_{l+1}} \left(\partial_l G_l(r, r') \cdot U_{l+1}(r') - \frac{G_l(r, r')}{\kappa_{l+1}} \cdot V_{l+1}(r') \right) \mathrm{d}S(r') = Q_l(r) \tag{7-160}$$

其中光源 $Q_l(r)$ 部分表达式为

$$Q_l(r) = \int_{\Omega_l} \frac{G_l(r, r')}{\kappa_l} \cdot q_l(r) \mathrm{d}^n r' \tag{7-161}$$

为了获得边界积分方程,需要将 r 移至外边界上,这时会出现奇点问题,此时可按下式处理:

$$C_l^+(r)U_l(r) + \int_{\Gamma_l} \left(\partial_l G_l(r, r') \cdot U_l(r') - \frac{G_l(r, r')}{\kappa_l} \cdot V_l(r') \right) \mathrm{d}S(r') -$$

$$\int_{\Gamma_{l+1}} \left(\partial_l G_l(r, r') \cdot U_{l+1}(r') - \frac{G_l(r, r')}{\kappa_{l+1}} \cdot V_{l+1}(r') \right) \mathrm{d}S(r') = Q_l(r) \tag{7-162}$$

同样,当需要将 r 移至内边界上时,有

$$C_l^-(r)U_{l+1}(r) + \int_{\Gamma_l} \left(\partial_l G_l(r, r') \cdot U_l(r) - \frac{G_l(r, r')}{\kappa_l} \cdot V_l(r') \right) dS(r') -$$

$$\int_{\Gamma_{l+1}} \left(\partial_l G_l(r, r') \cdot U_{l+1}(r') - \frac{G_l(r, r')}{\kappa_{l+1}} \cdot V_{l+1}(r') \right) dS(r) = Q_l(r)$$

$$(7-163)$$

$C_l^{\pm}(r)$ 为与边界处奇异性相关的常数,对于光滑边界取 0.5。如果定义如下两系数矩阵:

$$\begin{cases} A_{ll'} = \int_{\Gamma_l} \partial_l G_l(r, r') dS(r') \\ B_{ll'} = \int_{\Gamma_l} \frac{\partial_l G_l(r, r')}{\kappa_l} dS(r') \end{cases} \qquad (7-164)$$

由于边界 Γ_l 上满足混合边界条件,结合式(7-159),有如下表达:

$$V_1 = -\frac{1}{2\alpha} \cdot U_1 \qquad (7-165)$$

另外,对于异质区域可以如式(7-160)同样地处理从而获得相应边界积分方程,再结合式(7-162)和式(7-163)则可以将两区域上边界积分方程合并如下:

$$\begin{cases} \left[\frac{1}{2}I + A_{11} + \frac{1}{2\alpha}B_{11} \right] \cdot U_1 - A_{12} \cdot U_2 + B_{12} \cdot V_2 = Q_1 \\ \left[A_{21} + \frac{1}{2\alpha}B_{21} \right] \cdot U_1 + \left[\frac{1}{2}I - A_{22} \right] \cdot U_2 + B_{22} \cdot V_2 = Q_2 \quad (7-166) \\ \left[\frac{1}{2}I + A_{22} \right] \cdot U_2 - B_{22} \cdot V_2 = 0 \end{cases}$$

整理可获得矩阵方程组:

$$\begin{bmatrix} \frac{1}{2}I + A_{11} + \frac{1}{2\alpha}B_{11} & -A_{12} & B_{12} \\ A_{21} + \frac{1}{2\alpha}B_{21} & \frac{1}{2}I - A_{22} & B_{22} \\ 0 & \frac{1}{2}I + A_{22} & -B_{22} \end{bmatrix} \begin{bmatrix} U_1 \\ U_2 \\ U_3 \end{bmatrix} = \begin{bmatrix} Q_1 \\ Q_2 \\ 0 \end{bmatrix} \qquad (7-167)$$

求解获得解向量后,利用积分方程可以求得组织区域内部的值。

（b）快速多极边界元方法

快速多极边界元法的基本思想是利用快速多极子法来加速计算边界积分方程中包含核函数和边界变量的积分，如式（7－160）。下面我们就介绍一下基本原理和处理过程。

如图 7－15 所示，源点 r' 对场点 r 的响应形式为基本解 $G(r, r')$，作如下展开：

$$G(r, r') = \frac{i}{4} H_0^{(1)}(\omega\gamma) = \frac{i}{4} \sum_{n=-\infty}^{+\infty} O_n(r - r_0') I_{-n}(r' - r_0') \quad (7-168)$$

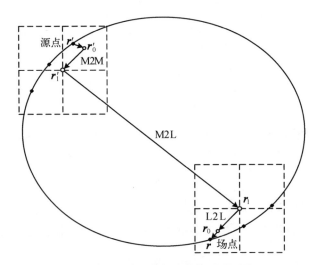

图 7－15　快速多极边界元法原理图

该式的展开条件为 $|r' - r_0'| < |r - r_0'|$，其中 ω 为波数，r_0' 为邻近 r' 的展开点。$H_0^{(1)}$ 为第一类汉克尔函数，其中辅助函数 O_n 和 I_n 定义如下：

$$\begin{cases} I_n(r) = (-i)^n J_n(\omega\gamma) e^{in\theta} \\ O_n(r) = i^n H_0^{(1)}(\omega\gamma) e^{in\theta} \end{cases} \quad (7-169)$$

函数中的 (γ, θ) 为点 r 的极坐标。由此可以推导出法向倒数 $\partial G/\partial n$（F 核函数）为

$$F(r, r') = \frac{i}{4} \sum_{n=-\infty}^{+\infty} O_n(r - r_0') \frac{\partial I_{-n}(r' - r_0')}{\partial n(r')} \quad (7-170)$$

其中

$$\frac{\partial I_{-n}(\boldsymbol{r}' - \boldsymbol{r}_0')}{\partial n(\boldsymbol{r}')} = \frac{(-\mathrm{i})^n \omega}{2} \big[\mathrm{J}_{n+1}(\omega\gamma)\mathrm{e}^{\mathrm{i}\delta} - \mathrm{J}_{n-1}(\omega\gamma)\mathrm{e}^{-\mathrm{i}\delta} \big] \mathrm{e}^{\mathrm{i}n\theta} \qquad (7-171)$$

式中，δ 为从 $\boldsymbol{r}_0'$ 到 $\boldsymbol{r}'$ 的向量同 $\boldsymbol{r}'$ 点外法向量 $n(\boldsymbol{r}')$ 的夹角；J 为第一类贝塞尔函数。结合式(7-168)将式(7-160)中关于核函数和边界变量的积分写成如下形式：

$$\begin{cases} \displaystyle\iint_{S_c} G(\boldsymbol{r}, \boldsymbol{r}') \cdot V(\boldsymbol{r}') \mathrm{d}S(\boldsymbol{r}') = \sum_{n=-\infty}^{+\infty} O_n(\boldsymbol{r} - \boldsymbol{r}_0') \cdot M_n(\boldsymbol{r}_0') \\[4mm] \displaystyle\iint_{S_c} F(\boldsymbol{r}, \boldsymbol{r}') \cdot U(\boldsymbol{r}') \mathrm{d}S(\boldsymbol{r}') = \sum_{n=-\infty}^{+\infty} O_n(\boldsymbol{r} - \boldsymbol{r}_0') \cdot \widetilde{M}_n(\boldsymbol{r}_0') \end{cases} \qquad (7-172)$$

式中，$U(\boldsymbol{r}')$ 为 $\boldsymbol{r}'$ 点处的光子密度；$V(\boldsymbol{r}')$ 为相应法向导数；$M_n(\boldsymbol{r}_0')$ 和 $\widetilde{M}_n(\boldsymbol{r}_0')$ 称为 $\boldsymbol{r}_0'$ 点的多极扩展系数，分别对应不同边界类型，表达式为

$$\begin{cases} \displaystyle M_n(\boldsymbol{r}_0') = \frac{\mathrm{i}}{4} \int_{S_c} I_{-n}(\boldsymbol{r}' - \boldsymbol{r}_0') \cdot V(\boldsymbol{r}') \mathrm{d}S(\boldsymbol{r}') \\[4mm] \displaystyle \widetilde{M}_n(\boldsymbol{r}_0') = \frac{\mathrm{i}}{4} \int_{S_c} \frac{\partial I_{-n}(\boldsymbol{r}' - \boldsymbol{r}_0')}{\partial n(\boldsymbol{r}')} \cdot U(\boldsymbol{r}') \mathrm{d}S(\boldsymbol{r}') \end{cases} \qquad (7-173)$$

通过式(7-173)计算完 $\boldsymbol{r}_0'$ 点的多极扩展系数后，通过多极扩展系数的展开传递公式(M2M)可求得 $\boldsymbol{r}_1'$ 点的多极扩展系数。多极展开传递直至展开的距离条件不再满足，图中以 $\boldsymbol{r}_1'$ 点示意传递的终点。传递公式如下：

$$M_n(\boldsymbol{r}_1') = \sum_{n=-\infty}^{+\infty} I_{n-m}(\boldsymbol{r}_0' - \boldsymbol{r}_1') \cdot M_m(\boldsymbol{r}_0') \qquad (7-174)$$

求得 $\boldsymbol{r}_1'$ 点的多极扩展系数后，利用多极扩展系数向局部扩展系数的传递公式(M2L)传递其贡献至的 $\boldsymbol{r}$ 邻近 $\boldsymbol{r}_1$ 点：

$$L_n(\boldsymbol{r}_1) = \sum_{m=-\infty}^{+\infty} (-1)^m O_{n-m}(\boldsymbol{r}_1 - \boldsymbol{r}_1') \cdot M_m(\boldsymbol{r}_1') \qquad (7-175)$$

为了求解 $\boldsymbol{r}$ 点处的局部扩展系数，将 $\boldsymbol{r}_1$ 向 $\boldsymbol{r}_0$ 传递，传递使用到局部扩展系数的传递公式(L2L)：

$$L_n(\boldsymbol{r}_0) = \sum_{m=-\infty}^{+\infty} I_m(\boldsymbol{r}_0 - \boldsymbol{r}_1) \cdot L_{n-m}(\boldsymbol{r}_1) \qquad (7-176)$$

同样，若以 $\boldsymbol{r}_0$ 点为最终传递点，求得 $\boldsymbol{r}_0$ 点的局部扩展系数后，利用该局部扩展系

数针对不同边界类型,可以按下式计算式(7-160)中包含核函数和边界变量的积分:

$$
\begin{cases}
\displaystyle\int_{S_c} G(\boldsymbol{r},\ \boldsymbol{r}') \cdot V(\boldsymbol{r}')\mathrm{d}S(\boldsymbol{r}') = \sum_{n=-\infty}^{+\infty} L_n(\boldsymbol{r}_0) \cdot I_{-n}(\boldsymbol{r}-\boldsymbol{r}_0) \\[4mm]
\displaystyle\int_{S_c} \partial G(\boldsymbol{r},\ \boldsymbol{r}') \cdot U(\boldsymbol{r}')\mathrm{d}S(\boldsymbol{r}') = \sum_{n=-\infty}^{+\infty} L_n(\boldsymbol{r}_0) \cdot I_{-n}(\boldsymbol{r}-\boldsymbol{r}_0)
\end{cases}
\tag{7-177}
$$

到此求得了源点 $\boldsymbol{r}'$ 对场点 $\boldsymbol{r}$ 的积分贡献,即式(7-167)左边系数矩阵同迭代矢量乘积项中的一个元素,而对场点 $\boldsymbol{r}$ 沿剖分单元遍历后可获得整个系数矩阵同迭代矢量的乘积项。

快速多极边界元法在使用广义最小残量法等迭代求解边界元方程式(7-167)时,在其每一次迭代过程中,使用树结构来传递求解系数矩阵与迭代矢量的乘积,因此系数矩阵无需使用数组显示存储,而只要通过对树结构的一次递归操作,就可以得到乘积矢量,而且精度可以控制。

对于某圆形模型的快速多极边界元法处理有如下步骤:

(1) 边界剖分为16个单元,基于此建立层深度为4的树结构,如图7-16和图7-18所示。

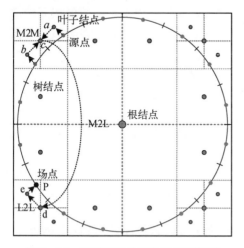

图 7-16　四叉树结构下的边界元模型

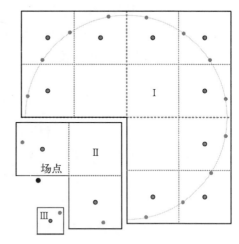

图 7-17　分3部分求解积分贡献

(2) 利用边界值迭代矢量,求解树结构中各叶子结点,如 a 和 b 点处的多极扩展系数。

(3) 向下遍历,利用传递公式求得各树结点,如 c 点处的多极扩展系数。

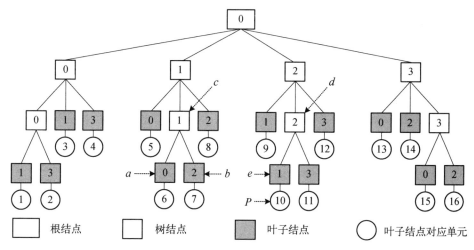

图 7 - 18　剖分后建立的四叉树结构

（4）向上遍历，结合传递条件和公式求得叶子结点，如 d 点和 e 点处的局部扩展系数，对于所有结点的传递，按距离条件分成三部分，循环求解后相加，如图 7 - 17 所示。对于不满足传递条件等结点的贡献仍使用传统积分形式求解。

（5）利用局部扩展系数求解最终的贡献。最后加上（4）中出现的不满足传递条件结点的贡献部分获得系数矩阵同迭代向量的乘积。

（6）在迭代法中不断重复上述 5 步获得系数矩阵同迭代向量的乘积矢量，直至迭代判据满足从而获得最终解。

3）Monte Carlo 方法

对于扩散光学断层成像，特别是对低散射、高吸收的组织成像，已经有人尝试把 Monte Carlo 方法应用到扩散光学断层成像。然而 Monte Carlo 方法需要模拟大量光子穿过组织，因此耗费大量的时间。求逆过程中需要重复使用 Monte Carlo 前向模拟的结果和微分信息，这需要巨大的计算量，不是一种很实用的方法。近年来，提出了利用微扰 Monte Carlo(pMC)和放缩 Monte Carlo 方法来进行扩散光学断层成像[48-52]。放缩法和微扰法在粒子传输问题中均属于微扰，分别是几何微扰和截面微扰。几何微扰指的是系统的几何形状或体积发生微小的变化所引起的扰动，截面微扰指的是系统的几何形状不变，截面大小发生微小变化所引起的扰动。相比较来说，截面微扰属于全局性扰动问题，而几何微扰则属于局部性微扰问题。其次放缩法适用于平板组织模型和半无限组织模型。

微扰法和放缩法最早是在核物理的蒙特卡罗方法中提出的,2001 年微扰法首先应用到组织光学中,并用于分层组织模型和体素化模型的 DOT 重构[51, 52]。而快速放缩 Monte Carlo 方法在利用反射光谱测量组织的光学特性中得到应用[53, 54]。在两种方法中,使用单次 Monte Carlo 方法模拟的模拟结果来计算获取任意组织光学参数下的模拟结果,并且只需要记录光子的相关路径信息。在放缩法中,在背景光学参数下进行一次模拟,那么在任意其他光学参数下,不同探测器位置上收集到的光子权重信息满足下式:

$$r_{\text{new}} = r_{\text{sim}} \left(\frac{\mu_{\text{s, sim}} + \mu_{\text{a, sim}}}{\mu_{\text{s, new}} + \mu_{\text{a, new}}} \right) \tag{7-178}$$

$$W_{\text{new}} = W_{\text{sim}} \left(\frac{\mu_{\text{s, new}}}{\mu_{\text{s, new}} + \mu_{\text{a, new}}} \cdot \frac{\mu_{\text{s, sim}} + \mu_{\text{a, sim}}}{\mu_{\text{s, sim}}} \right)^N \tag{7-179}$$

因此单独一次模拟就可以获取一系列参数下的 Monte Carlo 模拟结果。通过记录一次模拟的吸收系数 $\mu_{\text{a, sim}}$、散射系数 $\mu_{\text{s, sim}}$、光子输出权重 $W_{\text{exit, sim}}$、源探距离 $r_{\text{t, sim}}$ 及每个光子在组织中散射次数 N 就可以计算新的吸收系数、散射系数下的输出,如图 7-19 所示,组织内的散射系数放缩后,光子的光程也同样放缩,光子从组织内出射的位置及权重都存在放缩关系。

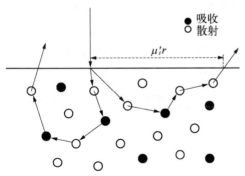

图 7-19 放缩 Monte Carlo 方法示意图

对于通常的粒子传输问题模型,最适用的是微扰 Monte Carlo,这是因为微扰 Monte Carlo 是截面微扰,直接与组织光学参数相关联。在截面微扰问题中,相关蒙特卡罗方法可以很好地解决。用 W_i、P_i 依次表示光子离开第 i 次碰撞时的权重和状态,于是光子的历史可以用序列 $\{W_i, P_i\}$ 描述。

对于光学参数微扰问题,扰动后系统的几何形状不变,而只有截面大小发生变化,对于此情形,为了建立相关随机游动历史 $\{\widetilde{W}_i, \widetilde{P}_i\}$ $(i = 0 : \infty)$,一般比较好的方法是利用系统几何形状不变的特点,令 $\widetilde{P}_i = P_i$, $i = 0, 1, \cdots$,则由 7.1 节发射密度积分方程式(7-84)可知,对于截面因子 a 微扰时,即 $\tilde{a} = a + \Delta a$,权重由下式确定:

$$\widetilde{W}_0 = W_0$$

$$\frac{\widetilde{W}_{i+1}}{\widetilde{W}_i} = \frac{W_{i+1}}{W_i} \cdot \frac{K_x(P_i \rightarrow P_{i+1}, \widetilde{a})}{K_x(P_i \rightarrow P_{i+1}, a)} \qquad (7-180)$$

由式(7-180)出发,进行迭代可以得到

$$\frac{\widetilde{W}_N}{\widetilde{W}_0} = \frac{W_N}{W_0} \cdot \prod_{i=0}^{N-1} \frac{K_x(P_i \rightarrow P_{i+1}, \widetilde{a})}{K_x(P_i \rightarrow P_{i+1}, a)} \qquad (7-181)$$

$$\widetilde{W}_N = W_N \cdot \prod_{i=0}^{N-1} \frac{K_x(P_i \rightarrow P_{i+1}, \widetilde{a})}{K_x(P_i \rightarrow P_{i+1}, a)} \qquad (7-182)$$

式中,N 是光子在微扰区域内碰撞的总次数。由 7.1 节式(7-74)、式(7-82)知

$$K_x(P_i \rightarrow P_{i+1}) = \mu_t(\boldsymbol{r}_{i+1}, E_i) \exp\left[-\int_0^{|\boldsymbol{r}_{i+1}-\boldsymbol{r}_i|} \mu_t(\boldsymbol{r}_i + l\boldsymbol{s}_i, E_i)\mathrm{d}l\right] \cdot$$

$$\delta\left(\boldsymbol{s}_i - \frac{\boldsymbol{r}_{i+1}-\boldsymbol{r}_i}{|\boldsymbol{r}_{i+1}-\boldsymbol{r}_i|}\right)\frac{1}{|\boldsymbol{r}_{i+1}-\boldsymbol{r}_i|^2} \cdot$$

$$\delta\left(t_i - t_{i+1} + \frac{|\boldsymbol{r}_{i+1}-\boldsymbol{r}_i|}{\nu_i}\right) \cdot$$

$$C(E_i \rightarrow E_{i+1}, \boldsymbol{s}_i \rightarrow \boldsymbol{s}_{i+1} \mid \boldsymbol{r}_{i+1}) \qquad (7-183)$$

对于光子在生物组织中的传播,Monte Carlo 模拟采用 Henyey-GreenStein 相位分布函数,其描述如下:

$$P_{\mathrm{HG}}(\theta, g) = \frac{1-g^2}{[1+g^2-2g\cos(\theta)]^{3/2}} \qquad (7-184)$$

在不考虑光子散射时的波长跃迁的情形下,则上述所有式中的 E 就成了常量,因此有

$$C(E_i \rightarrow E_{i+1}, \boldsymbol{s}_i \rightarrow \boldsymbol{s}_{i+1} \mid \boldsymbol{r}_{i+1}) \propto P_{\mathrm{HG}}(\theta, g) \cdot \frac{\mu_s(\boldsymbol{r}_{i+1}, E)}{\mu_t(\boldsymbol{r}_{i+1}, E)} \qquad (7-185)$$

其中

$$\theta = \frac{\boldsymbol{s}_{i+1} \cdot \boldsymbol{s}_i}{|\boldsymbol{s}_{i+1}\|\boldsymbol{s}_i|}, \ E_{i+1} = E_i = \frac{h\nu}{\lambda} \qquad (7-186)$$

当微扰截面因子 $a = \mu_t(\boldsymbol{r}, E)$,综合式(7-183)、式(7-184)、式(7-185)、式(7-186)可得

$$\frac{K_x(P_i \to P_{i+1}, \tilde{a})}{K_x(P_i \to P_{i+1}, a)} = \frac{\tilde{\mu}_t(r_{i+1}, E)}{\mu_t(r_{i+1}, E)} \cdot \exp\left\{-\int_0^{|r_{i+1}-r_i|}[\tilde{\mu}_t(r_i+ls_i, E) - \right.$$

$$\left. \mu_t(r_i+ls_i, E)]\mathrm{d}l\right\} \cdot \left\{\frac{\dfrac{\mu_s(r_{i+1}, E)}{\mu_t(r_{i+1}, E)}}{\dfrac{\tilde{\mu}_s(r_{i+1}, E)}{\tilde{\mu}_t(r_{i+1}, E)}}\right\} \qquad (7-187)$$

假定微扰区域微扰前后都是均匀的，即 $\mu_t(r_{i+1}, E) = \mu_t(r_i, E) = \mu_t(E)$，$i = 1, 2, \cdots$，将式(7-187)代入式(7-182)得

$$\widetilde{W}_N = W_N \cdot \prod_{i=0}^{N-1} \frac{K_x(P_i \to P_{i+1}, \tilde{a})}{K_x(P_i \to P_{i+1}, a)}$$

$$= W_N\left[\frac{\tilde{\mu}_t(E)}{\mu_t(E)}\right]^N \exp\left\{-[\tilde{\mu}_t(E)-\mu_t(E)]\sum_{i=0}^{N-1}(|r_{i+1}-r_i|)\right\} \cdot \left\{\frac{\dfrac{\mu_s(E)}{\mu_t(E)}}{\dfrac{\tilde{\mu}_s(E)}{\tilde{\mu}_t(E)}}\right\}^N$$

$$= W_N\left[\frac{\tilde{\mu}_t(E)}{\mu_t(E)}\right]^N \left\{\frac{\dfrac{\mu_s(E)}{\mu_t(E)}}{\dfrac{\tilde{\mu}_s(E)}{\tilde{\mu}_t(E)}}\right\}^N \exp\left\{-[\tilde{\mu}_t(E)-\mu_t(E)]L\right\} \qquad (7-188)$$

由相关 Monte Carlo 推导可以知道在微扰 Monte Carlo 中，首先采用一个传统的 Monte Carlo 模拟(固定源探几何尺寸以及均匀的背景光学吸收和散射系数 μ_a 和 μ_s)，并对探测到的光子进行物理量记录(路径长、散射次数和出射位置)。那么由于微区光学属性的微扰，探测光子的权重变化的解析表达式被用来计算光子权重相对于光学参数的变化率及新的光子权重，如图 7-20 所示。特别地，如果一个微区内的光子属性 μ_a、μ_s 微扰，变成 $\tilde{\mu}_a = \mu_a + \delta\mu_a$ 及 $\tilde{\mu}_s = \mu_s + \delta\mu_s$，那么探测到的光子权重 w 变为

$$\tilde{w} = w\left(\frac{\tilde{\mu}_s/\tilde{\mu}_t}{\mu_s/\mu_t}\right)^n \left(\frac{\tilde{\mu}_t}{\mu_t}\right)^n \exp[-(\tilde{\mu}_t-\mu_t)l] \qquad (7-189)$$

式中，n 为光子微扰区域内经历的碰撞次数；l 为光子在该区的经历的路径长度，$\mu_t = \mu_a + \mu_s$。式(7-189)提供了一种方法来估计探测到的光子强度变化(或者权重)，这种变化是某个特定区域内光学参数变化引起。

pMC 法使得对于不同但是相关的 Monte Carlo 模拟大大简化，时间大为缩短。为了实现求逆运算，必须获取探测光子的微分信息来用于梯度优化算子的迭代运算。因此有以下微分公式来获取微分信息，如式(7-190)和式(7-191)所示，并建立 Jacobian 矩阵，用于 DOT 重建。

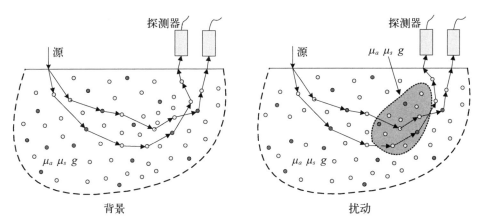

图 7 - 20　微扰 Monte Carlo 原理示意图

$$\frac{\partial \widetilde{w}}{\partial \delta\mu_a} = w \times \frac{\partial}{\partial \delta\mu_a} \left\{ \left[\frac{\mu_s + \delta\mu_s}{\mu_t + \delta\mu_s + \delta\mu_a} \middle/ \frac{\mu_s}{\mu_t} \right]^n \times \left(\frac{\mu_t + \delta\mu_s + \delta\mu_a}{\mu_t} \right)^n \right.$$
$$\left. \frac{\exp[-(\mu_t + \delta\mu_s + \delta\mu_a)l]}{\exp(-\mu_t l)} \right\} \tag{7-190}$$

$$\frac{\partial \widetilde{w}}{\partial \delta\mu_s} = w \times \frac{\partial}{\partial \delta\mu_s} \left\{ \left[\frac{\cdot \ \mu_s + \delta\mu_s}{\mu_t + \delta\mu_s + \delta\mu_a} \middle/ \frac{\mu_s}{\mu_t} \right]^n \times \left(\frac{\mu_t + \delta\mu_s + \delta\mu_a}{\mu_t} \right)^n \right.$$
$$\left. \frac{\exp[-(\mu_t + \delta\mu_s + \delta\mu_a)l]}{\exp(-\mu_t l)} \right\} \tag{7-191}$$

并由得到的 Jacobian 矩阵进行迭代重构,通过一次单独的、基于初始光学参数的 Monte Carlo 模拟,得到所需要的出射光子信息,如出射位置、在组织中详细路径信息,再通过式(7-189),通过迭代得到组织内光学参数的增量,并用微分公式(7-190)与式(7-191)更新 Jacobian 矩阵,然后继续重构,直到解收敛。

7.2.3.2　逆向问题

扩散光学断层成像可大致分为两种[22, 28],其一是对光学参数的变化进行重建,例如对吸收系数的变化量进行重建,以反映肿瘤病变的位置,其二是对不同组织器官中绝对的光学参数分布进行重建。前者的图像重建问题通常通过 Born 近似或 Rytov 近似简化为一个线性逆问题,后者通常建模为一个非线性逆问题。

当对光学参数的变化进行重建时,通常是从光学参数变化前后的测量数据集中重建出已知背景下的光参变化,该问题通过 Born 近似或 Rytov 近似可以简化为一个线性逆问题[55]。线性逆问题可以通过多种方法求解。Boas 等人比较了两类较为常用的线性求逆算法——基于代数重建技术的 ART 和 SIRT、基于子空间技术的截断奇异值分解法(singular value decomposition,SVD)和共轭梯度(conjugate gradient，CG)算法[56]。得出的结论是基于子空间的重建方法要优于代数重建技术，对异质体的定位和定量更加准确。近年来，也有学者寻找了新的思路，例如 Lee 等人基于压缩感知和联合稀疏重建理论发展了一套非迭代的稀疏重建算法[57]。Wu 等人基于时间反转技术提出了时间反转的光学断层成像技术[58]，该技术对于点状的目标具有良好的重建能力，且较之于传统的迭代重建时间复杂度和空间复杂度都较低。

对不同组织器官中绝对的光学参数分布进行重建时，其逆问题是一个非线性逆问题，非线性逆问题的求解通常建模为一个最小二乘的优化问题[59-61]：

$$\Omega = \{\, \| y - G(\mu) \|^2 \,\} \tag{7-192}$$

非线性逆问题也可以由多种算法求解，例如 Arridge 等人所采用的高斯牛顿法、非线性共轭梯度算法和代数重建(algebraic reconstruction technique，ART)技术[62]，Zacharopoulos 等人所采用的 Levenberg-Marquandt 算法[63]。

由于组织体对光的高散射，扩散光学断层成像的逆问题(包括线性和非线性)通常具有很高的病态性，所以通过使用不同的正则化技术，引入不同的先验信息也是研究的热点。较为传统且最为广泛的正则化是 Tikhonov 正则化[59, 62, 64]，但这种在正则化倾向于产生一个平滑的解，降低了重建图像的分辨率。如果结合其他成像模式，如利用 CT 或 MRI 提供组织体内部不同器官的结构先验信息，则可以将结构先验信息通过正则化技术加入逆问题中[65-67]。例如 Yalavarthy 等人指出结构先验信息可以通过 Laplace 正则化或 Helmholtz 正则化作为软先验信息引入到重建当中[59]，也可以作为硬先验信息引入到重建中。近年来，稀疏正则化技术成为了研究的热点，稀疏正则化引入了关于待重建目标的稀疏先验信息，可以获得较好的重建质量。不同学者提出了多种基于稀疏正则化的逆问题求解算法。例如 Jacob 等人提出一种稀疏正则化结合 EM 算法的重建方法[68]，显示了该方法相较之于 Tikhonov 正则化和 SIRT 算法的优越性。Suzen 等人基于压缩感知理论利用共轭梯度法求解包含 L1 稀疏正则化罚项的重建问题[69]。Kavuri 等人将 L1 稀疏正则化和深度补偿算法结合起来提高了空间分辨率和定位精度[70]。

7.2.4 在生物医学研究中的实际应用

扩散光学断层成像技术能够同时提供解剖和生理信息，对组织生理、病理状态的监测具有重要意义。目前扩散光学断层成像技术主要的应用领域是通过对光学组织学参数及血液动力学参数等重要生理参数的测量，实现乳腺癌的早期诊断、人脑功能成像、新生儿大脑血氧水平实时监测等，并与荧光技术相结合实现更具特异性的荧光分子断层成像。

在乳腺癌早期诊断方面,扩散光学断层成像技术主要是通过血氧代谢参数在乳腺癌初期的充血阶段进行诊断,如 Ntziachristos 等人对患有导管癌、纤维瘤癌和无患病三种状态下的人乳腺组织进行 Gd 增强 MRI 和 ICG 增强 DOT 双模式活体成像,实验结果表明造影剂增强的 DOT 成像可用于活体诊断早期乳腺癌或进行功能成像[71]。

在人脑功能成像方面,1998 年,宾夕法尼亚大学的 Chance 和 Anday 等人,发展了一种脑功能无损成像的新方法,实现了成人、早产和足月新生儿感觉运动和认知激活的快速脑皮层功能光学断层成像,成像时间在 30 s 内,二维成像分辨率小于 1 cm,这为评估成人和新生儿脑功能不全提供了一个不需要固定且简单易得的途径[72]。2001 年,Hielscher 等首先实现了脑部的三维立体血管定位,对瓦尔萨尔瓦动作过程中脑部血红蛋白浓度分布的变化进行了可视化[73]。其后,宾夕法尼亚大学的 Culver 和 Yodh 等利用大鼠中动脉阻塞(MCAO)中风模型,获得了包括相对脑血容量(rCBV)、组织平均血红蛋白氧饱和度(Sto2)、相对脑血流量(rCBF)等局部缺血的血液动力学和代谢参数的 DOT 图像,并从这些参数中计算出氧摄取分数(OEF)和局部脑氧代谢率(CMRo2)。这些结果表明,DOT 可提供定量的、时间稠密的脑功能和病理成像,从而为治疗干预提供信息[74]。德州大学阿灵顿分校 Tian 等人,探究了人脑横向跨距和不同深度中的自发波动及其对反射式 DOT(rDOT)功能成像图像重建质量的影响,并根据波动的特点进行了自适应滤波和深度补偿。他们研究发现源于动脉脉动的高频(约为 1 Hz)P 波在全脑分布,并且有一个小的频移且时域相干,而源于血管舒缩的低频(约为 0.1 Hz)M 波随着深度的增加逐渐失去相干性。针对这两种波动分别设计了相应的滤波器,并将应用深度补偿算法的 M 波滤波器用于活体手指敲击实验的脑皮层激活图像重建,实验结果清晰地表明这种方法能够最大程度地降低这些波动对重建带来的影响,能够获得更精确的定位和更高的图像质量[75]。

在新生儿大脑血氧水平实时监测方面,伦敦大学学院的 Austin 和 Gibson 等人利用 DOT 成像来监测新生婴儿在受到感觉和运动刺激时脑部血液动力学参数的变化,成功获得了婴儿手臂被动运动带来的两侧运动皮层总血红蛋白的变化,且获取的图像中响应最大处与估计的运动皮层的平均距离为 10.8 mm[76];同时通过该方法监测了健康早产儿和单侧脑室大范围出血的婴儿的局部血容量和血氧饱和度,发现血氧饱和度较低[77]。这些结果都说明,扩散光学断层成像方法可用于监测婴儿脑部的血液动力学参数变化,实现脑部功能成像。国内天津大学高峰小组在 2004 年开展了将 DOT 应用于脑皮层血液动力学研究的方法论和模型验证[78]，之后在 2007 年通过二维的 DOT 成像监测了早产儿脑部的血液动力学参数变化[79]，利用 16 通道的时间相关的单光子计数测量系统和基于广义脉冲谱方法的特殊重建算法，获得了早产儿对风刺激的反应所产生的血液动力学变化的初步图像，实验结果表明除血容量和氧含量的总体变化以外，其余在生理学上均相吻合，这表明时间分辨的光学断层成像具有监测新生脑部神经发育的潜力。

7.3　小动物活体光学分子成像

7.3.1　引言

分子成像技术不仅能够可视化肿瘤的位置，而且能显示影响肿瘤行为及治疗反应的特定分子（如蛋白酶和蛋白激酶）和生物过程（如细胞凋亡，血管新生，新陈代谢）的表达水平和活性[74]。这些信息对肿瘤检测、个体化治疗、药物研发，以及理解肿瘤是如何发生发展的具有非常重要的作用。

分子成像在小动物研究上具有很好的应用前景。在传统的临床小动物研究中，小动物个体间差异往往会给实验结果带来不确定性。为了得到可靠的实验结果，需要设计包含多个实验组和对照组的实验范式，通过对大量动物的统计学分析得到最终的结论。特别是如果需要对一个连续过程在不同时间点进行观察时，传统的研究方式需要针对每个时间点设置一组动物模型。而利用小动物活体分子成像技术可以对研究的小动物进行连续的观察分析，每一只小动物都可以作为本身的参照，因此大大降低了动物间差异带来的不确定性。

小动物分子成像的方法主要包括 Micro-PET、Micro-SPECT、Micro-MRI和光学分子成像[75]。Micro-PET 成像是使用放射性同位素作为示踪剂，检测通过湮灭产生的一对 γ 光子，利用这探测到的 γ 光子进行断层成像。Micro-SPECT与 Micro-PET 略有不同，它是使用 γ 相机检测放射性核素标记物直接释放的 γ 光子，并通过不同角度的投影数据重建三维标记物的浓度分布，它相对于 Micro-PET 造价较低，然而灵敏度、分辨率等都相对较差。Micro-MRI 是一种能够实现结构、功能、分子成像的技术，它使用交变的磁场来激励生物样品，并探测样本的自旋回波，通过测定自旋回波的强度来探测组织中质子的分布，在进行分子成像时通常使用磁性材料作为标记物。光学分子成像方法与其他分子成像方法相比有自身的优势，除了光学探针稳定无辐射、光学成像系统成本较低、维护相对简单外,最主要的是光学成像是唯一的一种能够同时进行多通道成像的方式。活体光学分子成像技术变得可行主要归功于近红外波段荧光探针的发展,在近红外波段,组织的吸收小并且探测器的灵敏度高,同时还有比白光在单波长上能量传输更高并且安全的单色波长光源的发展。当使用可见光波段对荧光蛋白成像时,穿透深度为 1~2 mm,而近红外波段可以达到几厘米的深度[82-84]。

这一节我们将对活体小动物光学分子成像技术进行总体的概述,大致分为以下几个部分:平面式荧光分子成像、荧光分子断层成像(fluorescence molecular tomography,FMT)、生物发光断层成像(bioluminescence tomography,BLT)。

7.3.2 平面式荧光分子成像

平面式荧光分子成像是在体探测荧光分子的最简单技术之一,具有高灵敏度、高通量、高分辨率、可动态实时成像等优点,已经在基因治疗、心血管疾病、药物代谢研究等领域获得广泛的应用。

7.3.2.1 成像原理与成像系统

1) 成像原理

在平面荧光成像中,通常用感兴趣荧光染料激发波长的宽光束照射小动物,利用高灵敏度低噪声的光电探测器(如 CCD 相机)通过合适的滤光片和大口径镜头以高光子收集效率在发射波长采集荧光图像,如图 7‐21 所示,将得到的荧光图像与在激发波长或白光照明的条件下得到的白光图像进行叠加以更直观地

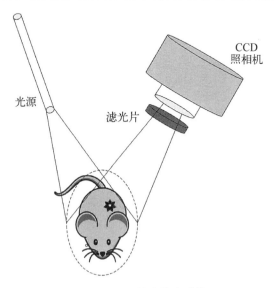

图 7‐21 平面反射式荧光成像原理

显示荧光信号的位置。

荧光成像需要波长合适的光源提供激发光，所需的光源可以为特定波长的激光器，也可以为宽谱光源（但必须通过合适的低通或带通滤光片选择激发波长）。荧光分子受激而产生的荧光信号通常非常微弱，需要高灵敏度的探测器通过高性能的滤光片来探测。根据光源和探测器相对位置的不同，平面荧光成像系统可以分为反射式和透射式两种，其中反射式荧光成像系统是目前最常用的小动物光学分子成像装置，它利用探测器从光源的同侧采集荧光信号。随着光电探测器件的高度发展，目前平面荧光成像的探测灵敏度并不受限于探测器本身的噪声水平，而主要受限于背景荧光干扰，如组织的自发荧光等，为了达到最佳实验效果，成像系统往往还包括必要的辅助部分，如密闭暗箱可以有效屏蔽周围环境中的杂散光，可升降载物台用于改变样品的位置从而选择最佳视场范围。窄带波长的选择是非常重要的，特别是在近红外波段，激发光波段和荧光波段有所重叠，有可能使激发光掺杂到荧光图像中。

一般来说，荧光图像采集完之后会再采集一幅图像，这幅图像没有荧光滤光片，是为了与激发光图像进行配准，白光图像同样可以对激发光强进行校准。值得注意的是，白光图像记录了动物表面的结构，并且是在适量对焦之后的高分辨率图像，而荧光图像记录了荧光信号，其是从表面以下传播出来经过散射的低分辨率的图像。因为高分辨率的白光图像得到保留，将两幅图像并列或者重叠能够得到更好的视觉效果。

2）成像系统

平面荧光成像系统主要由四部分组成：计算机、光源部分、成像部分、控制箱。根据光源和探测器相对位置的不同，平面荧光成像系统可以分为反射式和透射式两种，其中荧光反射式成像系统（fluorescence reflect imaging，FRI）是利用探测器从光源的同侧采集荧光信号，而透射式荧光成像是探测器从光源的异侧采集荧光信号。反射式成像系统是最常用的活体检测荧光探针分布的成像模式，广泛应用于荧光蛋白检测甚至其是不需要激发光的自发荧光检测。光源可以是荧光染料对应的特定波长的激光，也可以是使用低通滤光片的白光光源。一般来讲，激光更加合适，因为它们能够在一个更窄带光谱提供更高的能量（一般激光二极管±3 nm，白光加滤光片至少±10 nm）。对于荧光信号较弱的情况，CCD 相机一般选用高灵敏度相机，探测灵敏度一般由 CCD 的噪声极限决定。荧光信号可以通过优化照明强度和曝光时间来调整至 CCD 噪声以上。通过单点扫描成像并通过电子倍增管进行探测的成像系统也有报道。这些系统比CCD 成像系统有更大的动态范围，但是在分辨率、采集帧数和噪声特性等方面的性能有所下降,所以在活体荧光反射测量并不是应用得很广泛。

图 7-22 是华中科技大学的骆清铭小组研制的反射式平面荧光成像系统[85],

光源选择的是美国 CROWNTECH 公司生产的 150 W 氙灯,然后通过激发滤光片转轮用于提供特定波段的激发光照明,一分四光纤可将光输出模块发出的光分为 4 束,从不同角度提供照明,使激发光分布更均匀。成像部分采用 Photonmetrics 公司的高速高分辨单色 CCD 相机作为探测器,该 CCD 相机能提供 12 位的 ADC 和高达 20 MHz 的读出速度,非常适用于采集微弱的荧光信号,该相机在近红外光谱区具有较高的量子效率。相机前也放置滤光片转轮,可提供多波长荧光采集,以此实现多光谱成像。控制箱是整个系统的核心部分,主要用于固定其他部件,防止周围环境的杂散光进入成像室,实现尽量降低背景噪声的目的。

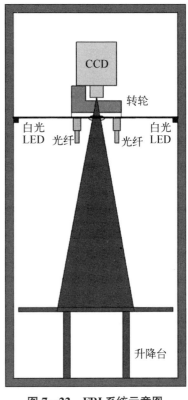

图 7-22　FRI 系统示意图

7.3.2.2　多光谱分离算法

反射式荧光成像技术的优点比较明显,它可以连续、无创、高通量地对活体小动物进行检测,对各种疾病的形成和发展进行长时间观察,但这种成像方式的缺陷在于,在体成像时皮肤和食物等会有自发荧光,它的存在会大大影响系统的探测灵敏度,降低信噪比,增加对目标荧光团进行监测和定位的难度。另外,为了对多种生物过程进行同时监测,需要在同一只小动物上利用多种荧光标记物标记不同的分子。这些荧光团光谱混叠,无法直接分辨它们各自的信息。使用多光谱分离法可用于反射式荧光成像时自发荧光的去除和多种感兴趣荧光团的分离。

在生物荧光成像领域,多光谱分离法被广泛应用于区分多种荧光标记物,从而可以同时监测多个生物过程。多光谱分离法中有很多分离方法,例如:非线性最小二乘法[86]、主成分分析法以及独立成分分析法[87]等。主成分分析法是基于分类的方法,这类方法假设每个像素只含有一种荧光团,简单地根据每个像素的光谱性质将它们归到相似的光谱类中,达到分离的目的。这种方法不适合于区分空间共位的荧光团,尤其是在体荧光分子成像中,自发荧光无处不在,和感兴趣荧光团位置往往重叠在一起，即单个像素中自发荧光和感兴趣荧光团各占一定的比例。因此这种分类方法区分得到的荧光团信号是不准确的，无法进行定量分析。而独立成分分析法要求所有数据来源必须独立，这个假设在荧光光谱分离问题中是不成立的。

线性光谱分离法能对活体内自发荧光与目标荧光团或者两种目标荧光团共位的多光谱荧光图像进行分离，从而消除背景自发荧光，分离多种目标荧光团。线性光谱分离算法假设每一个像素测量得到的荧光光谱是该像素中几种不同荧光团的纯光谱乘以其相对含量加权因子的叠加。这些加权因子由荧光团的局部浓度、在某一波段激发光下的激发效率、荧光发射的相对亮度决定。对于线性分离法，引入线性模型[88]如下：

$$M = SA + R \qquad (7-193)$$

式中，M 为测得的各个像素的光谱数据矩阵（m 列：m 个像素；n 行：n 个波长）；S 为每种荧光团的纯光谱矩阵（k 列：k 种荧光团；n 行：n 个波长）；A 为相对含量的加权因子矩阵（m 列：m 个像素；k 行：k 种荧光团）；R 表示矩阵误差，理论上接近实验误差。其中，M 是已知的多光谱数据，A 和 S 未知。

为了解这个线性方程，需要满足以下条件：① 光谱的探测通道至少要等于样品中荧光团存在的个数，即 $n \geqslant k$，否则不能得到唯一解；② 样品中所有的荧光团必须都参与计算，否则结果会出错。背景荧光（例如自发荧光）也必须被当作一种荧光团参与计算；③ 在解上述方程之前，我们需要预先得到各种荧光团的纯光谱；④ 通过最小二乘法求解公式（7-193）得到相对含量的加权因子矩阵 A。

$$e^2 = \| M - SA \|^2 \qquad (7-194)$$

由上述分析可知，线性分离算法的关键是获取荧光团纯光谱以及逆求解 A 的过程。荧光团纯光谱可以直接从光谱库中获取或者从多光谱荧光图像中只含该荧光团的纯像元中直接提取。已知荧光团纯光谱和测得的光谱数据后，用最小二乘法求解这种荧光团的相对含量。

图 7-23 是华中科技大学骆清铭研究组利用多光谱成像技术得到的荧光信号分离的结果[89]。在 24 g 雌性昆明小鼠背部皮下分别注射一定量的 TagRFP 菌液（背部下方）、mLumin 菌液（背部上方）以及 TagRFP 菌液与 mLumin 菌液的混合溶液（背部中间）后，在反射式荧光成像系统上进行单波长激发、多波长探测的多光谱成像。成像系统的激发滤光片波段为（543±11）nm，发射滤光片波段分别为（593±20）nm，（624±20）nm，（655±20）nm，（685±20）nm，（716±

20)nm,(750±20)nm。图7-23(a)为反射式荧光成像系统的激发滤光片波段在(543±11)nm、发射滤光片波段为(624±20)nm时的荧光图像。图7-23(b)~(d)显示线性分离算法分离TagRFP菌液、mLumin菌液以及皮毛自发荧光的结果。从图中可以看到,即使是TagRFP菌液、mLumin菌液以及皮毛自发荧光这三种荧光团共位的情况下,利用相关的光谱分离算法能够较好地分离出各自的荧光信号。图7-23(b)~(e)分别是分离得到自发荧光、mLumin菌液、TagRFP菌液的荧光强度图以及自发荧光、TagRFP菌液、mLumin菌液的伪彩融合图。

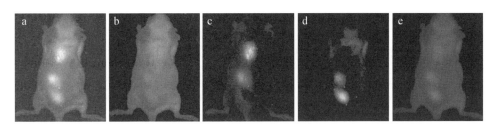

图7-23　小鼠背部皮下注射mLumin菌液(背部上方)、
TagRFP菌液和mLumin菌液的混合

7.3.2.3　在生物医学研究中的应用

反射成像适用于活体或组织的高通量表面荧光探测,操作简单且对生物组织表面附近的分子活动有很高的灵敏度。其典型曝光时间从几秒到几分钟不等,且可对几只动物同时成像,使用的硬件较简单且廉价,因此能够实现便携,易于应用于临床。反射式成像还可以使用多光谱激发同时存在的多种目标物,并且通过在CCD前安装多个不同的滤光片来实现多光谱数据的采集,然后结合合适的光谱分离算法实现荧光成像、自发荧光去除、多种荧光探针信号的光谱分离,实现多光谱成像。

反射式荧光成像技术已经较为成熟,目前主要用于评估新型荧光分子探针的活体成像有效性[90]和荧光标记抗肿瘤药物或载体的疗效[91-93]等。用于评估新型荧光分子探针对肿瘤的标记效果的有中国科学院深圳先进技术研究院纳米中心的蔡林涛等人通过FA-ICG-PLGA-Lipid纳米颗粒、ICG-PLGA-Lipid纳米颗粒和无ICG纳米颗粒标记荷人乳腺癌瘤裸小鼠的活体反射式荧光成像[94],且对比比较了这三种纳米颗粒的成像效果。此外,湖南大学化学生物传感与计量学国家重点实验室王柯敏利用使用640 nm带通滤光片作为激发光、680 nm长通滤光片作为荧光滤光片的Maestro™活体荧光成像系统,对他们提出并设计合成的一种针对肿瘤细胞特异性表达蛋白的发夹型激活式核酸适配体探针,进行了荷瘤7~8周龄雄性BALB/c小鼠的激活式核酸适配体探针肿瘤靶向成像[95]，证明了该探针能够用于裸鼠肿瘤活体实时荧光成像。

反射式荧光成像技术还可以用于监测纳米粒子在小动物器官中的代谢、富集情况。如同济大学先进材料与纳米生物医学研究院时东陆小组通过 725 nm 激发光在静脉注射自制荧光磁性纳米球的小鼠体内激发出 790 nm 荧光，在小鼠的脾脏切面处高分辨地得到纳米球的活体成像[96]。以此定位可在外加交变电磁场下通过磁损耗机制局部发热以达到无需另外载药的物理局部热疗的纳米球在活体小鼠中的富集。

7.3.3 荧光分子断层成像

尽管平面荧光分子成像技术已经得到了广泛的应用，但由于其固有的局限性，如缺乏三维定位能力，无法提供定量的信息等，容易造成对结果分析的困难或错误。荧光分子断层成像技术是一种可以在体探测荧光团生物分布的断层成像方法，克服了平面成像的很多不足之处，是一种真正定量的在体三维成像方法[97]。

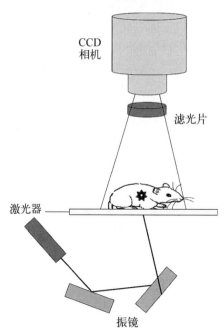

图 7-24 荧光分子断层成像原理图

7.3.3.1 成像原理与成像系统

1) 成像原理

荧光分子断层成像利用激光光束激发生物体内荧光，采用高灵敏度探测器在生物表面探测激发出的荧光信号，该过程如图 7-24 所示。利用探测器对小动物表面进行多角度拍摄，根据探测器上拍摄的信号结合数学物理模型和优化算法逆向推导生物体内荧光参数的分布，即对荧光标记物进行三维定位和荧光标记物浓度测定。荧光分子断层成像能够反映小动物的生理功能信息或分子信息，具有非侵入性、无电离辐射的优势，且激发荧光发光强度高，检测操作简单。

荧光分子断层成像技术根据其成像机制可以分为以下三种：

（a）时域荧光分子断层成像

时域荧光分子断层成像技术是利用一个超短的脉冲光束作为激发光源，然后利用超高速扫描相机或者是时间相关单光子计数系统来探测荧光信号在几百个皮秒内的变化[98,99]。利用恰当的时间门控计算获得光子在整个时间域内的分布,再结合重构算法重构出荧光产率和荧光寿命的三维分布。由于时域荧光分子断层成像技术采用了超短脉冲检测单光子的探测技术,其灵敏度非常高。但是由于时域荧光分子断层成像技术采集的数据里面包含了很多组织内部结构和功能的信息。怎么样能够完全利用这里面的信息来进行重构仍然是一个研究难点。由于时域荧光分子断层成像算法需要对时间进行积分,所以图像重构时间会比较长。

(b) 频域荧光分子断层成像

频域荧光分子成像系统,利用正弦强度调制激发光源照射到组织上,通过测量激发出来的荧光信号的幅度和相位的变化来重构内部荧光标记物的分布[94]。当光强调制的光射入组织内后会产生扩散光子密度波,并与组织发生很多光学现象如:反射、折射、衍射、干涉、散射,因此探测到的信号会在光强和相位上发生变化。相位延迟和光强的衰减信号都是利用外差检测或者零差检测技术实现的。通过检测这些信号就能实现对荧光寿命和荧光产率进行三维重构。理论上来说频域荧光分子断层成像技术是时域荧光分子断层成像技术的傅里叶变化,但是时域荧光分子断层成像系统能够一次检测出任意频率的信号,而频域荧光分子断层成像技术一次只能检测一个频率的信号。不过由于频率荧光分子断层成像系统不需要检测非常短时间内光子的变化,因此其光源和探测器的要求会比较低,从而大大降低系统的成本。

(c) 稳态荧光分子断层成像

稳态荧光分子断层成像技术是利用非强度调制的激光光源照射到组织上,通过 CCD 或者是其他光电探测器件探测激发出来的荧光信号,利用探测到的信号和稳态的荧光分子断层成像重构算法,就可以得到体内三维荧光产率的分布[101]。由于稳态技术采用的都是光强恒定的光源,因此只能检测信号强度的变化。

2) 成像系统

成像系统的发展经历了光纤接触式成像系统、基于 CCD 的半接触式成像系统以及基于 CCD 的非接触成像系统。下面将各个系统逐一进行介绍。

(a) 光纤接触式成像系统

光纤接触式系统通过光纤进行照明以及探测,激光器发出的光通过光开关控制光纤通道。在探测器部分依然通过光纤接到一个光开关中,探测器一般采用光电倍增管(photomultiplier tubes, PMT)或者其他探测设备。图 7-25 是天津大学的高峰研制的时域荧光分子成像系统的原理图,它的结构是典型的光纤接触式成像系统[102],利用该系统能够同时对荧光分布和荧光寿命进行重建。

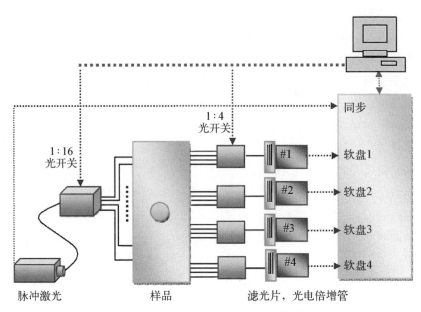

图 7－25　光纤接触式成像系统[102]

（b）基于 CCD 的半接触式成像系统

在成像装置中间包含一个成像腔，与光纤接触式成像系统不同的是，在探测面，基于 CCD 的半接触式成像系统并没有使用光纤来进行光信号采集，而是直接使用 CCD 对探测面进行成像。图 7－26 是哈佛医学院的 Ntziachristos 小组搭建的基于 CCD 的半接触式成像系统，系统由激光器、光开关、平面成像仓和一个带

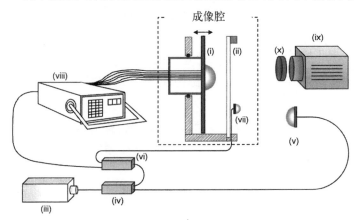

图 7－26　基于 CCD 的半接触式成像系统[103]

（ⅰ）移动板；（ⅱ）玻璃窗口；（ⅲ）672 nm 稳态激光器；（ⅳ）双通道光开关；（ⅴ）扩束镜；（ⅵ）熔融耦合器；（ⅶ）漫射器；（ⅷ）三十二通道程控光开关；（ⅸ）CCD；（ⅹ）三腔带通滤光片

镜头的 CCD 组成[103]。由激光器提供光源,光开关实现光纤通道切换,平行平面成像仓边界的一面是高吸收材料,而另一面是透明玻璃,CCD 能够方便地在透明面进行荧光采集。采用 CCD 直接进行成像的模式能够增加探测器的数目,从而增加了空间采样,扩大了数据集,能够显著提高重建质量,根据模型试验结果,空间分辨率能够达到亚毫米级。

(c) 基于 CCD 的非接触式成像系统

基于 CCD 的半接触式成像系统,光源仍然采用光纤接触模式,光纤需要与样品或者样品容器直接接触(特别是光纤与样品容器接触的方式),样品需要浸入到耦合液中。但是这种方式限制了投影角度,使投影角度远小于 360°。而完全的非接触式成像系统能够获得 360°范围内投影图,并且无需耦合液。光源的扫描方式可以通过振镜和电动平移台实现。图 7 - 27 为典型的基于 CCD 的非接触式成像系统,该系统由华中科技大学骆清铭研究组开发[95]。光源扫描方式为振镜控制,通过 f-theta 镜进行聚焦,在探测面选用 CCD 进行数据采集。这种非接触式的成像系统能够大大提高数据量,并且对样本的要求也降低,操作难度减小。同时,这种方式能够为后续的双模式成像系统的发展提供便利。

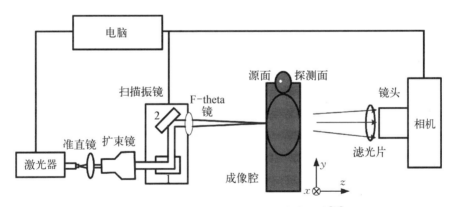

图 7 - 27　基于 CCD 的非接触式成像系统[95]

7.3.3.2　图像重建算法

荧光分子断层成像(FMT)也是一种基于扩散光的成像技术[104],在对 FMT 的正向问题进行建模时,较为常用的理论是扩散近似理论,激发光和荧光在生物组织体内的传输用一对耦合的扩散方程描述[105]:

$$\nabla \cdot [D_e(\boldsymbol{r}) \nabla \Phi_e(\boldsymbol{r})] - \mu_{ae}\Phi_e(\boldsymbol{r}) = -S(\boldsymbol{r}) \tag{7-195}$$

$$\nabla \cdot [D_f(\boldsymbol{r}) \nabla \Phi_f(\boldsymbol{r})] - \mu_{af}\Phi_f(\boldsymbol{r}) = -\eta\mu_{af}(\boldsymbol{r})\Phi_e(\boldsymbol{r}) \tag{7-196}$$

其中,下标 e 和 f 分别代表激发波长和发射波长,$\Phi(\boldsymbol{r})$ 为光通量率,$S(\boldsymbol{r})$

为光源，$\mu(r)$ 为吸收系数，$D(r)$ 为扩散系数，η 为荧光团的量子效率，$\mu_{af}(r)$ 为荧光团的吸收系数。类似于扩散光学断层成像，上述扩散方程通常也可以使用有限元法、有限差分法、边界元法等多种数值方法进行求解[106]。

FMT 逆向问题（或称为 FMT 图像重建问题）的目标是重建出荧光吸收系数的分布[107]。FMT 的逆向问题可以建模为一个非线性最小二乘的优化问题，当荧光团浓度较弱时，也可以通过 Born 近似建模为一个线性最小二乘的优化问题[108]。通常较为常用的模型为线性优化问题。在对实验数据的重建中，Ntziachristos 提出了归一化 Born 比的处理方法[109]，归一化后的数据消除了系统和实验因子的影响，例如增益和耦合系数等；并且一定程度上对吸收系数分布的异质性不敏感，归一化 Born 比的表达式如下所示[110]：

$$\Phi^{nB}(r_d, r_s) = \frac{\Phi^f(r_d, r_s)}{\Phi^e(r_d, r_s)} = \frac{\alpha_0}{G^e(r_d, r_s)} \int G^f(r_d, r) \frac{x(r)}{D^f} G^e(r, r_s) d^3 r$$

$$(7 - 197)$$

其中 $\Phi^f(r_d, r_s)$ 代表位于 r_s 处的光源激发的荧光在探测器 r_d 处的光强大小。$\Phi^e(r_d, r_s)$ 为位于 r_s 处的光源所激发的激发光场分布在探测器 r_d 处的场值。$\Phi^{nB}(r_d, r_s)$ 为归一化玻恩近似的场值。α_0 是由实验决定的校正因子，该因子与光源功率和探测器增益等参数相关。$G^e(r_d, r_s)$ 为激发光波段，由位于 r_s 处光源决定的格林函数在探测器 r_d 处的值，$G^f(r_d, r)$ 为发射光波段，由位于 r 处光源决定的格林函数在探测器 r_d 处的值，$G^e(r, r_s)$ 为激发光波段，由位于 r_s 处光源决定的格林函数在探测器 r 处的值。$x(r)$ 为荧光吸收系数 μ_{af} 和荧光量子产率 η 的乘积。$x(r)$ 是待重建的参数。

将所研究问题的组织域离散为 N 个体素，方程（7-197）可以离散为如下形式：

$$\Phi^{nB}(r_d, r_s) = \alpha_0 \Delta V \left[\frac{G^f(r_d, r_1)G^e(r_1, r_s)}{G^e(r_d, r_s)D^f} \cdots \frac{G^f(r_d, r_N)G^e(r_N, r_s)}{G^e(r_d, r_s)D^f} \right] \cdot \begin{bmatrix} x(r_1) \\ \vdots \\ x(r_N) \end{bmatrix}$$

$$(7 - 198)$$

其中，ΔV 每个体素的体积。

对于多个源探对的情况，可以按照式（7-195）的方式离散组合再形成一个线性方程组

$$
\begin{bmatrix} \Phi^{nB}(r_{d1}, r_{s1}) \\ \vdots \\ \Phi^{nB}(r_{dM}, r_{sM}) \end{bmatrix} = \begin{bmatrix} W_{11} & \cdots & W_{1N} \\ \vdots & \ddots & \vdots \\ W_{M1} & \cdots & W_{MN} \end{bmatrix} \cdot \begin{bmatrix} x(r_1) \\ \vdots \\ x(r_N) \end{bmatrix} \tag{7-199}
$$

其中，M 为源探对的总数，W_{ij} 所形成的矩阵称为权重矩阵（weight matrix）。基于上述线性模型的图像重建问题被建模为一个线性最小二乘的优化问题[111]：

$$
\min_{X \geqslant 0} E(X) = \frac{1}{2} \parallel WX - \Phi_{mea}^{nB} \parallel_2^2 \tag{7-200}
$$

由于组织对光的扩散特性，同 DOT 一样，FMT 的图像重建问题也是一个具有高度病态性的问题。对于病态性的克服通常从两方面入手，第一方面是降低实验误差和正向模型计算误差的影响，第二方面就是利用正则化技术寻求一个原病态问题的近似解。

第一方面有不同的学者做出了各种努力。在降低正向模型误差方面，辐射传输方程和简化的球谐方程作为正向模型来弥补扩散近似仅适用于高散射低吸收的局限性[112, 113]。为了对光参异质性建模更准确，降低正向计算误差，有大量的学者提出了不同的方法，较为常见的比如采用 DOT/FMT/CT 三模式成像技术[114, 115]，可以利用 DOT 技术重建出内部光参分布，从而提高对 FMT 正向建模的准确性，同时 CT 还提供了结构先验信息。还有之前提到的采用归一化 Born 比的方法可以一定程度上克服吸收异质性对重建的影响。

第二个方面就是借助正则化手段：

$$
\min_{X \geqslant 0} E(X) = \frac{1}{2} \parallel WX - \Phi_{mea}^{nB} \parallel_2^2 + \lambda R(X) \tag{7-201}
$$

其中 $R(X)$ 为相应的正则化项，λ 为正则化参数。

同 DOT 一样，不同正则化技术引入关于解的不同先验信息，从而通过求解一个良态的问题得到原病态问题的近似解。目前 FMT 中最为广泛使用的各种正则化技术可以大致分为三类：基于 L2 范数的正则化，基于 L1（或 L0）范数的正则化以及迭代正则化[116]。Yi 等人指出了前两种正则化技术不同的适用范畴[117]，前者包括了常见的 Tikhonov 正则化技术，后者融入了稀疏先验，更适用于对满足稀疏分布的荧光团进行重建，可以获得更高的分辨率。Tikhonv 正则化虽然具有目标函数可微、求解简便、适用范围广的特点，但是其衰减了高频信息，降低了图像重建的分辨率，所以不同学者提出了各种改进方法，例如 Hyde 等人结合 CT 提供的先验信息提出一种"数据驱动"的正则化思想[118]。近年来基于 L1 范数的正则化技术在 FMT 领域内受到了很大的关注。Han 等人提出了 IST 的算法,可以快速对荧光位置重建,并融入稀疏先验信息[119]。Baritaux 等人[120]提出一种更为通用的包含 Lp 正则化的重建算法[120]。Shi 等人采用 StOMP 算法来求解加入 L0 范数正则化项后的优化问题[121],并先用 TSVD 处理原先的逆向模型,形成一个性质良好的算子以保证 StOMP 算法的重建效果。An 等人基于压缩感知理论提出一种预处理的方法[122],降低正向算子列向量之间的相关性,可以更有效地适用于各种稀疏重建算法。总之,适用于 FMT 的稀疏算法数量庞大,此处不一一列举。在基于 L1 范数的正则化中,也有学者采用了全变差正则化技术[123-125],融入了分段光滑的先验信息。迭代正则化技术则包括了 ART[126]、Landweber 迭代法[127]和共轭梯度迭代法[128]等。

7.3.3.3 在生物医学中研究中的应用

FMT 成像由于其三维断层能力和定量化能力,已被应用于肿瘤成像、疾病研究、炎症反应、疗效评估等多个方面。

FMT 可用于心肌梗死的研究中。Weissleder 等通过商业化系统(VisEn Medical,Woburn,Mass)进行双通道 FMT 成像比较了通过结扎左冠状动脉诱发心梗的野生型 C57BL6、CBA 和 FXIII$^{-/-}$ 型小鼠心肌梗死的恢复过程[129],成像中利用可激活荧光探针 Prosense – 680 和荧光磁性纳米颗粒 CLIO – VT750 分别反映组织蛋白酶活性和吞噬细胞聚集。FMT 成像中分别选用 680 nm 和 750 nm 作为激发光得到 700 nm 和 780 nm 的荧光,在 z 轴以 1 mm×1 mm 的平面分辨率取 30 个 0.5 mm 的前向切片(frontal slices),总成像时间约为 5 min。成像结果显示野生型小鼠中有较强的荧光信号,而 FXIII$^{-/-}$ 型小鼠中荧光较为微弱,表明野生型小鼠对心肌梗死有有效的自愈过程,FXIII$^{-/-}$ 型小鼠中吞噬细胞聚集和蛋白酶活性都已受损。

FMT 还可用于准确测定肿瘤小鼠的血液动力学参数。如 Weissleder 等通过静脉注射长半衰期近红外荧光血量造影剂,对荷 CT26 结肠癌肿瘤小鼠进行了血管体积分数(VVF)的 FMT 成像[130],用于评价原位和异位移植瘤的差别,经过抗血管内皮生长因子抗体治疗的同类小鼠在 VVF 上的差异以及分析同一只小鼠的一系列时间图像以确定血管新生自然过程,并评估小鼠抗血管内皮生长因子治疗的剂量反应。FMT 成像准确地测量出了荧光染料的浓度(精度±10%以内),且不受深度影响,在很大量级范围测量都呈线性变化。FMT 成像可以快速测定结肠瘤的 VVF。

FMT 还可以实现炎症反应的分子成像。Weissleder 和 Ntziachristos 等还报道了透射光归一化的荧光分子断层成像[131],实现了定量的小鼠肺部无损活体成像,显示了代表 LPS 导致的炎症反应的半胱氨酸蛋白酶活化和肺部血容量变化。

此外,FMT 相比于 FRI 能够更准确地判断肿瘤发展程度。2008 年,法国 Koenig A. 等人[132],在雌性 Swiss 裸鼠肺部植入了 TSA/pc 肿瘤细胞,并通过静脉注射 10 nmol 的 RAFT-(cRGD)7-Alexa700 作为荧光标记物靶向肿瘤中过度表达的 $\alpha v\beta3$ 整合素,跟踪观察了第 10、第 12 和第 14 天乳腺肿瘤的生长情况,对照了 fDOT 和 FRI 的成像结果,结果表明,不同于 FRI 图像,FMT 图像能随着癌细胞侵染程度的加重显示出更多的荧光,从而有利于判断病情的恶化程度。实验中用间隔为 2 mm 的 11×11 网格点阵照明裸小鼠的肺部,成像时在每个点光源处 CCD 首先记录下激发光图像,然后在 CCD 和成像窗之间插入在 700 nm 处截止的 Schott 高通 RG9 滤光片,记录下荧光图像。

国内一些小组也利用 FMT 成像进行生物学研究,主要集中在分子造影剂的活体造影能力上面。

面向炎症的分子造影剂有湖南大学林伟英小组通过 FMT 成像评估了一种可以通过羧酸调制荧光开关的独特功能性近红外荧光染料对炎症组织中显著增多的内源性 HClO 的活体动物成像能力[133]。他们利用商业化的 FMT 定量化成像系统,对不进行任何处理、腹腔注射生理盐水和自制功能性近红外荧光染料以及腹腔注射脂多糖后 4 h 后再腹腔注射自制染料的 ICR 小鼠进行了活体定量成像,采用 670 nm 激发光,收集 $690\sim740$ nm 荧光,在这 3 组小鼠中分别观察到没有荧光、较弱荧光和较强荧光。其中注射了脂多糖和自制染料的荧光比注射染料和生理盐水的荧光强约 4 倍,说明该染料可用于对活体动物中的 HClO 成像。

面向肿瘤的探针有上海交通大学微纳科学技术研究院教授崔大祥小组通过 FMT 成像观察了他们研制的 HER7-RQDs 纳米探针在活体原位胃癌肿瘤小鼠中的肿瘤靶向能力[134]。注射探针 5 min、30 min、1 h、2 h、3 h、4 h、6 h、24 h 后肿瘤小鼠的荧光图像表明,注射探针 6 h 后小鼠肿瘤组织处出现荧光,注射探针 24 h 后胃部表现出很强的荧光信号,表明 FMT 成像可证明纳米探针在肿瘤组织中优先累积并能够靶向胃癌组织。

面向肿瘤治疗反应的有清华大学白净小组搭建了一套可准确定位及定量重建出荧光分布的表面 FMT 成像系统,采用装有两根宽光束照明光纤的氙灯实现近乎均匀地照明。利用该系统活体监测了荷瘤小鼠对顺铂的治疗反应[135],在两只五周龄 BALB/c 裸鼠背部注射表达红色荧光蛋白的 MDA-MB-231 人乳腺癌细胞,注射后第 16 天对其中一只荷瘤小鼠施行两周顺铂给药,另一只小鼠注射生理盐水作为对照。荧光图像通过 (530 ± 5) nm 激发滤光片和 $(613\pm$

38)nm荧光滤光片获得。FMT的监测结果显示在顺铂治疗小鼠中荧光强度已经稳定,而未治疗的小鼠中荧光强度有大幅上升。

7.3.4 生物发光断层成像

所谓生物发光实际上是生物体将化学能转变为光能的过程,所以生物发光也是一种化学发光现象,它是源于生物体中的化学发光。通常以"荧光素(luciferin)"和"荧光素酶(luciferase)"来称呼发光生物中的光活性物质,当荧光素酶与其底物荧光素结合,生物体就会发光。生物发光的发光物质为荧光素,荧光素是一种可被氧化的物质,而催化该荧光素氧化而发光的酶称为荧光素酶,由此构成一个荧光素-荧光素酶的发光系统。生物发光成像利用荧光素酶标记目标,然后在特定条件下,荧光素酶接触底物荧光素,催化荧光素发生氧化还原反应并产生光子。生物发光断层成像(BLT)就是指由高灵敏度探测器对催化荧光素发生氧化还原反应产生的光子进行探测,通过探测到的信号,结合一定的算法反演出光源在生物组织中的三维分布情况的过程。但是,由于成像前需要对小动物注射荧光素酶底物,所以生物发光断层成像很难进行反复长时间的成像。

7.3.4.1 成像原理与成像系统

1) 成像原理

生物发光断层成像技术作为一种新型分子成像技术,能够对小动物内部生物发光源分布进行三维定位。生物发光断层成像不需要激发光源,所以自发荧光少,在体内检测的灵敏度高、背景噪声低、信噪比高,荧光素酶与底物特异性作用,特异性强,单位数量的细胞发光稳定,发光信号强度与动物体内目标细胞成正比,可以用于精确定量,并且荧光素酶较绿色荧光蛋白灵敏。利用高灵敏度的光学探测器对逃逸出的光子进行探测,图7-28显示了成像过程。利用CCD对小鼠表面进行多角度拍摄,然后利用有效的重建算法就能够得到重建区域内的荧光团位置和强度。

2) 成像系统

图7-29为中科院自动化所的田捷小组搭建的BLT/CT双模式系统中的生物发光断层成像系统的示意图[136]。系统的基本结构比较简单,一般是由样品台和探测器组成。样品台根据不同的需要可以实现平移和旋转等功能,而探测器一般选用CCD或者电子倍增CCD(EMCCD)等来实现高灵敏度的荧光采集。

除了这种最简单的系统结构,美国南加州大学的Leahy通过载物台的左右和下方设置若干反射镜,巧妙地实现了对小动物的所有表面同时进行成像[137]。

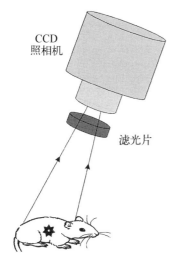

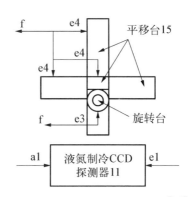

图 7 - 28　生物发光成像原理示意图　　**图 7 - 29　BLT 系统结构示意图**[136]

如图 7 - 30 所示,载物台底面是一块 13 cm×13 cm×1 mm 的没有荧光的透明树脂玻璃。该台面由两个 4 mm 厚的树脂玻璃两面进行支撑,另两面敞开,台面高度为 8 cm。在台面上的两侧同时以 45°放置了两块反射镜,这两块反射镜能够将小动物的左右两侧进行反射,然后由 CCD 进行探测。同时,载物台面的下部同样以 45°放置了两块反射镜对小动物的底部进行反射,这种设计方式要求系统至少有 17 cm×17 cm 的成像区域来对 4 个直角面进行成像。这种设计的优

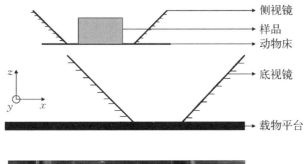

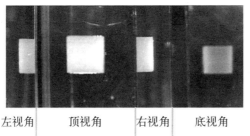

图 7 - 30　多角度生物发光断层成像系统[137]

势在于成像的效率高，能够同时对 4 个面进行成像。同时，这种设计对精度的要求较高，但是对于重建来说，可以获得更多的信息，而相比于样品旋转式的多角度成像模式，这种设计能够在较短的时间内获得多角度信息，并且能够保持小动物的自然体位，对生物医学研究更具有参考价值，不过实现的难度也较大。

增加多角度的成像能够增加重建的数据集，有利于重建出更加准确的荧光分布，为了进一步提高重建的精确度，在原有生物发光断层成像的基础上又发展出了多光谱技术。由于光学参数随波长不同而有变化，内部生物发光光源发出的在表面探测的光谱也是不一样的，通过探测发射光谱数据进行重建能够获得更加准确的荧光三维分布。多光谱成像相比于单色成像，能够提供更多的信息，特别是在光源比较深的情况下。通过样品试验和模型试验以及活体动物实验可以明显看到，利用多光谱进行重建较单色成像能够得到更好的结果[138]。爱荷华大学的王革提出一种多角度多光谱 BLT 系统，对样本进行多角度多光谱的数据采集，其系统结构图 7-31 所示[139]，它包含一个多角度的镜片组、一个有图案的滤波的载物台以及一个带镜头的 CCD。镜片组包含一个装载平台，4 个镜片台以及 4 片镜片。镜片大小为 160 mm×30 mm，并采用包含了滤光片的新型载物台，能够将老鼠体内的生物发光分解成为不同的、感兴趣的谱线。这种多角度多光谱是同时的，所以排除了由于时间变化造成的信号值的衰减变化，同时为了获得更多角度的结果，可以通过旋转镜片组来采集更多的角度以提高重建的结果。相比于依次对数据进行采集的传统系统，它使时间消耗大大降低。如果不使用多光谱器件，这个基于反射镜的系统能够单独成为一套多角度系统，小鼠的 4 个视角能够通过反射镜同时被采集到。

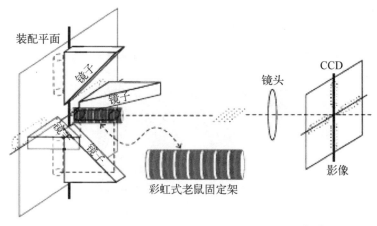

图 7-31　多角度多光谱生物发光断层成像系统[139]

7.3.4.2 图像重建算法

生物发光断层成像(BLT)的图像重建目标是对位生物体内生物自发光光源进行重建[140],例如荧光素酶基因标记细胞或 DNA。

生物发光正向问题的建模和扩散光学断层成像以及荧光分子断层成像类似,常用的模型通常基于扩散近似,生物发光在组织中的传输由如下扩散方程描述:

$$-\boldsymbol{\nabla} \cdot [D(\boldsymbol{r}) \boldsymbol{\nabla} \Phi(\boldsymbol{r})] + \mu_a \Phi(\boldsymbol{r}) = S(\boldsymbol{r}) \qquad (7-202)$$

其中 $\Phi(\boldsymbol{r})$ 为光通量率,D 为扩散系数,μ_a 为吸收系数,$S(\boldsymbol{r})$ 是光源项。

根据式(7-202)可得到探测数据和待重建的源分布之间的线性关系。将待重建区域离散化后,可以得到如下的线性关系模型:

$$\boldsymbol{M}x = \boldsymbol{y} \qquad (7-203)$$

其中 $\boldsymbol{M}$ 为系统矩阵,x 为待重建的源分布,$\boldsymbol{y}$ 为探测到的光通量分布。生物发光成像的逆问题就是从探测数据 $\boldsymbol{y}$ 重建出生物发光源的分布 x。由于生物发光断层成像也是一种基于扩散光进行成像的技术,所以其逆向问题也具有高度病态性的问题,对数值误差和实验误差非常敏感。所以在 BLT 的重建算法中融入正则化技术是一种常用的克服病态性的方法。

不同的正则化形式可以引入关于解的不同的先验信息。例如 Chaudhari 等人所采用的较为传统的 Tikhonov 正则化,融入了关于解的大小的先验信息,同时他们借助多光谱技术提供了更加全面的信息,有利于定位那些位于较深层组织的光源信号[137]。Naser 等人将 CT 的先验信息引入到 BLT 的逆问题中,并通过基于 L1 范数的正则化引入了稀疏先验信息[141, 142]。Wu 等人借助迭代再权重优化方法来融入关于解的稀疏先验信息[143]。Cong 等人提出了一种基于最大似然方法的重建算法,并融入了关于解的可行域的先验信息,降低了求解的复杂度和病态性[144]。Femg 等人将贝叶斯技术引入 BLT 的重建问题当中,可以同时融入多种先验信息[145]。Gao 等人融入了全变差正则化,引入了关于解分段光滑的先验信息[146]。在具体的求解算法方面,方法众多,例如 Sangtae 等人在文献中给出了梯度投影法,共轭梯度法,坐标下降法,梯度增加法等迭代重建的方法的比较结果[140]。

在提高重建效率方面,Lv 等人提出了多层自适应有限元和自适应网格优化等方法[147],使得在对多光谱数据进行重建时避免了数据量大的劣势,同时还降低了病态性。为了提高定量重建的效果,Zhang 等人采用了 DOT 和 BLT 的双模式方法[148],在 BLT 重建中引入通过 DOT 重建出的光参分布,提高了定量的准确性。

7.3.4.3 在生物医学研究中的应用

相对于平面式的 BLI 成像,拥有断层能力的 BLT 成像可提供深度方向上的荧光分布信息,从而获得三维的成像,具有更高的应用潜力。

在定量化重建活体小鼠中发光光源方面,美国爱荷华大学王革等人利用活体 BLT 成像定量化重建出了与同一只小鼠经液氮冷冻后的 CT 成像结果吻合的发光光源分布[149]。测试光源为一根发光荧光棒,荧光棒发光可通过弯曲塑料瓶从而打破玻璃瓶使两种溶液混合成为发光溶液,产生发光光子实现。对小鼠进行气管切开术,这些溶液就可以通过插入小鼠器官中的另一端封闭的导气管形成一个管状发光源。

在探测早期癌症方面,中科院自动化研究所田捷等利用经过生物发光强度校准后能够提供更准确的位置信息的 BLT 方法[150],以比传统的生物发光成像高 10% 以上的重建精度,在雄性 BALB/c 裸鼠肝脏注射萤火虫荧光素酶转染的人原发性肝癌 HCC-LM3 细胞构建的活体动物模型中,重建出了 micro-CT 还无法探测到的早期原位高转移肝癌肿瘤。

7.4 多模式小动物活体分子成像

7.4.1 引言

单纯的光学分子成像技术虽然近年来发展较快,但是很难获得分辨率高的断层图像,这是由于可见光、近红外光在生物组织的强散射特性决定的。大多数光子经过多次散射,失去了原来的方向性,其图像重建无法像 XCT 那样按照直线传播模型进行,而通常采用基于辐射传输方程的扩散近似模型进行描述,这样生物组织对光信号的强散射特性造成了光学分子成像的空间分辨率较低,无法得到生物组织的结构信息。为了解决这些问题,研究者提出了光学分子成像技术与其他成像技术相结合的多模式成像系统,如 DOT/FMT/XCT、BLT/XCT、FMT/XCT、FMT/MRI 和 PET/MRI 等多模式成像平台。多模式成像方法能够同时获得小动物的结构和功能信息,具有单一系统所无法比拟的优势。结构成像方式提供的高分辨率的生物组织解剖结构信息可以作为一种先验信息,改进重建质量和可视化效果,提高光学分子成像的定位和量化精度。

7.4.2　多模式分子成像系统

7.4.2.1　光学分子成像系统与 XCT 成像系统组合

1) DOT/XCT 双模式

DOT/XCT 双模式成像技术中,高分辨的 X 射线断层成像技术所获得的结构信息应用于 DOT 的重建过程中,可以进一步提高重建的精确度。图 7-32 显示了佛罗里达大学蒋华北小组研制的 DOT/XCT 双模式成像系统[151]。DOT 部分采用的是基于 64×64 路光电二极管探测模式,包括激光模块,一个混合的光传输子系统,光与组织接触的光纤接口,一个数据采集模块以及光探测模块。激光模块包含光源、光纤转换开关和电动马达(用于将激光传输到激发点所对应的光纤/组织接口)。64 个低噪声的硅光电二极管连接到程控电路板上用于并行信号的同步采集。所有数据采集过程均在 LABVIEW 软件的控制下完成,单波长 64×64 路数据的采集可以在大约 5 min 完成。XCT 部分是基于 GE 公司研制的小型 C 型臂的 X 射线系统进行改进的,通过将 C 型臂安装在一个电脑控制的旋转台上,可以获得 0°~360°任意角度的 X 射线投影图,精度在 0.01°。

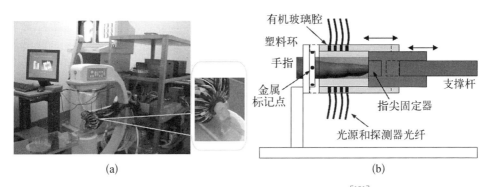

(a)　　　　　　　　　　　　(b)

图 7-32　DOT/XCT 双模式系统结构示意图[151]

2) FMT/XCT 双模式系统

荧光分子断层成像是一种能够在体对小动物体内的荧光标记物进行三维定位和量化的技术,但是仅仅通过荧光分子断层成像系统很难获得成像物体内部的结构信息,而 XCT 系统能够为 FMT 提供物体的结构先验信息,因此 FMT/XCT 双模式成像系统组合成像可同时获得小动物的分子信息和结构信息,提高其分辨率和量化准确性[152]。

图 7-33 为华中科技大学的骆清铭小组搭建的 FMT/XCT 双模式成像系统[153],FMT 子系统采用自由空间成像模式,包含光源、二维平移台、滤光片转轮

和 CCD。光源采用美国 B&W Tek 公司的 748 nm 激光器,最大功率为 330 mW,通过光路准直模块输出光斑为 500 μm 的准直光,通过二维平移台实现二维扫描,滤光片采用 770 nm 的长通和 750 nm 带宽的 10 nm 的滤光片实现荧光采集,数据都是通过美国 Apogee 公司型号 U260 的制冷 CCD 进行采集。XCT 子系统主要由 X 射线管和 X 射线平板探测器组成,X 射线管采用中国 XIOPM 公司的 GDX - 50,X 射线平板探测器为美国瓦里安公司的 PaxScann 1313,系统中间包含一个旋转台负载样品实现多角度成像。整个系统的实验数据采集通过 LABVIEW 进行控制完成。

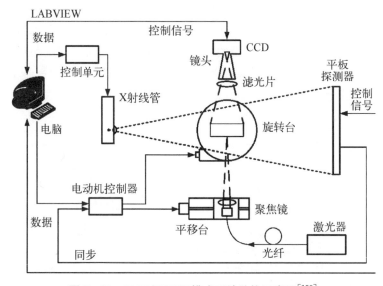

图 7 - 33 FMT/XCT 双模式系统结构示意图[153]

3) BLT/XCT 双模式系统

BLT/XCT 双模式成像系统能够同时获取量化的生物发光信号和高分辨的结构信息。在 BLT 与微型 XCT 的双模式系统中,BLT 子系统主要由 CCD、f-theta、滤光片和平移台构成,而其 XCT 子系统与 FMT/CT 双模式系统中 XCT 双模式系统类似。

中国科学院自动化所的田捷小组开发的一种的 BLT/XCT 双模式成像系统[140],利用高灵敏度的 CCD 来采集多角度的投影图像。CCD 前安装的是手动对焦镜头以实现对样品的对焦。镜头的轴向方向平行于平移台而垂直于 X 射线源的中心投影方向。微型 XCT 子系统包含射线源和 X 射线平板探测器。BLT/XCT 双模式系统结构与 FMT/XCT 双模式系统类似,唯一不同的是双模式系统不需要外源光源激发,所以没有激光器等部件,图 7 - 34 为该小组开发的

BLT/XCT 双模式系统结构示意图。

图 7-34　**BLT/XCT 双模式系统结构示意图**[154]

(ⅰ) CCD；(ⅱ) X 射线管；(ⅲ) X 射线平板探测器；(ⅳ) 麻醉剂；(ⅴ) 旋转台；(ⅵ) 小鼠固定架

7.4.2.2　光学分子成像系统与 MRI 成像系统组合

1) DOT/MRI 双模式系统

DOT/MRI 双模式系统能够同时提供结构信息和功能信息，DOT 能够用于获得肿瘤成分和代谢的相关信息，另一方面，MRI 能够获得细节结构和肿瘤相关的代谢信息。高分辨率的 MRI 图像作为先验信息引入到 DOT 的重建中，对 DOT 的吸收系数和散射系数成像的量化精度以及空间分辨率均有明显的提升，所以 DOT/MRI 双模式系统具有能够增强对肿瘤的复杂生物过程成像的潜力。

图 7-35 所示为美国达特茅斯学院的 Dunn 等人搭建的 DOT/MRI 双模式系统[155]。系统主要为光源、光传输模块、光纤接口和 MRI 线圈、光谱仪和 CCD 探测器。光学系统与 MRI 控制台通过动物样品进行耦合，分别工作。光源通过 8 根光纤引入到 MRI 磁体中与样品周围直接接触，然后又通过 8 根光纤引出，再使用二维 CCD 进行探测。每根照明光纤依次点亮，每次只保证有一根为照明状态，而所有的探测光纤是同时导出进行探测的。通过 MRI 获得的高分辨组织信息可以作为先验信息引入到 DOT 重建过程中，可改进 DOT 的量化精度和空间分辨率。

2) FMT/MRI 双模式

FMT/MRI 双模式系统能同时获得结构信息和生理信息。一般结构是将非

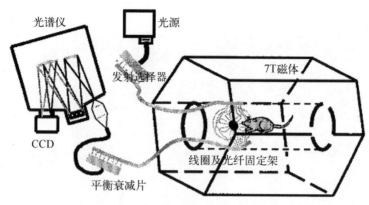

光谱仪　　　光源

发射选择器　　　7T磁体

CCD

平衡衰减片　　　线圈及光纤固定架

图 7‑35　DOT/MRI 双模式系统结构示意图[155]

接触式的 FMT 系统集成到 MRI 探测器中。FMT 系统采用振镜扫描方式,这样就能够避免使用光纤,从而使激发光源的形式更加灵活。光子探测是利用一个单光子雪崩二极管阵列,这样能够同时采集 FMT/MRI 信号,而不会相互干扰。这种将 FMT/MRI 结合在一起的方式能够在几何结构上实现很好的配准,并且能保证样品处于同一生理状态下,由不同结构造成的软组织的位置偏移也可以避免。

图 7‑36 为苏黎世联邦理工学院的 Rudin 小组搭建的 FMT/MRI 双模式成像系统[156]。FMT 子系统中,光源在磁体的外部,采用光纤耦合 670 nm 波长连续光,光纤连接了一个数值孔径匹配的光纤准直镜。经过准直镜的光路经过一个小孔之后被引入到一个光学共振腔,在进行了 5 次反射后到一个二维振镜中,二维振镜将入射光束偏转 90°引入到磁体中,再经过一个反射镜实现在样品表面的光源扫描。而探测方面是通过滤光片进行发射光的探测,探测器采用 32×32 路雪崩二极管阵列,搭配一个直径为 4 mm 的小镜头,可实现距离为 33 mm 有 8 mm×8 mm 的视场。实验结果测试表明在该套 MRI/FMT 双模式成像装置中,MRI 的三维分辨率在 150~500 μm 之间,FMT 的分辨率在 1~2 mm 之间。

7.4.2.3　光学分子成像系统与 PET 成像系统组合

将结构成像方式如 CT,与功能成像方式如 PET、MRI 相结合是非常普遍的。然而,因为信号与位置的不匹配,这种结合方式对提高功能成像的分辨率是有限的。首先不匹配是由目标或者内部器官移动造成的,这可以由系统同时采集或者采用呼吸门控技术来降低。但是信号不匹配是无法避免的,因为结构信息与功能信息反映的内容不一样,所以出现了利用 PET 成像作为 FMT 重建的

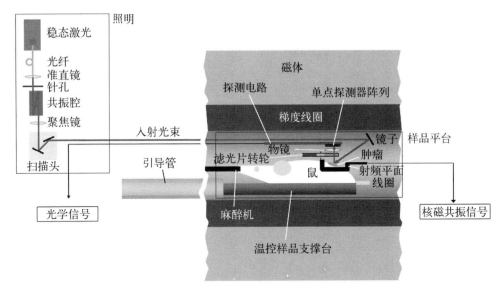

图7-36 FMT/MRI双模式系统结构示意图[156]

先验信息的成像模式。由于两种方式都是功能成像,所以这种信号的不匹配被大大降低了。FMT/PET双模式成像能够同时获取分子活动或者记录时间分辨的目标,这一点是使用两套独立的系统所达不到的,另一个优点是可用两套系统进行交叉比对和结果验证。

图7-37是Cherry开发的FMT/PET双模式成像系统[157],它是由基于圆锥镜的三维FMT系统和小动物PET成像系统集成的,利用PET得到的结果为FMT提供先验信息。FMT子系统的光源采用了一个波长为650 nm、焦斑直径为1 mm的激光器,两片振镜用来控制光线的方向,带通滤光片放置在转轮中来选择发射波长,荧光信号通过EMCCD进行采集。在FMT系统中采用一个锥形镜,这样可以利用EMCCD对小动物的整个表面进行成像。锥形镜耦合到PET扫描器中,这样就能够同时进行PET和FMT的数据采集。利用PET得到的结果为FMT提供先验信息,可以提高FMT的重建质量。

7.4.3 基于多模式的光学分子图像重建和多模式图像融合

7.4.3.1 结构先验信息引导的光学分子图像的重建

在多模式光学分子成像系统中,成像模式XCT、MRI及PET可提供生物体的解剖结构信息,这些解剖结构信息作为先验信息引导光学分子图像的重建。引入先验信息的方法主要分为两类:光谱先验和结构先验。光谱先验使得我们可以直接在从不同波长下获取的光学测量值中重建生色团图像,而不用首先重

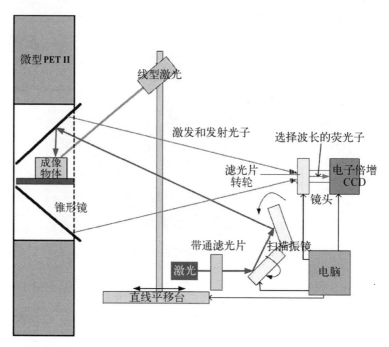

图 7 - 37   FMT/PET 双模式系统结构示意图[157]

建光学参数,然后再得到生色团图像。这种方法利用了已知的组织生色团的光谱特性和米氏散射理论作为约束。结构先验方法则是利用从其他成像模式(如MRI、XCT)获得解剖结构信息,结构先验信息通过在逆问题中添加一个罚项从而被包含在图像重建过程中。结构先验方法又可分为两类:硬先验和软先验[158]。硬先验方法是将同一解剖结构的光学特性参数看做是一个重建参数以大量减少重建参数的数量,这种方法极大地改善了逆问题的病态性。软先验方法则是通过将正则化约束在不同的解剖结构区域内以加快寻求真解的速度。根据使用的正则矩阵构造的方法不同,其又可分为几类:Laplace、Helmoholtz、局部 Laplace、分区域加权正则化方法、分区域加权和 Laplace 结合的正则化方法。下面就具体介绍一下结构先验引入方法。

1) 硬先验方法

通过将正向问题中所剖分而得的节点依据不同的解剖结构做标记,然后在每个解剖结构中只重建单个光学参数,这样很大程度改善了逆问题的病态性。我们对 Jacobian 矩阵做如下变换:

$$\widetilde{\boldsymbol{J}} = \mathbf{J}\boldsymbol{K} \qquad\qquad (7 - 204)$$

式中,$\widetilde{\boldsymbol{J}}$ 为 $NM \times NR$ 维矩阵;NM 为源-探测器对数;NR 为不同解剖结构区域

的数量；$\boldsymbol{K}$ 为先验矩阵。

$$\boldsymbol{K} = \begin{bmatrix} R_1 & R_2 & \cdots & R_n \\ k_{1,1} & k_{1,2} & \cdots & k_{1,n} \\ k_{2,1} & k_{2,2} & \cdots & k_{2,n} \\ \vdots & \vdots & \ddots & \vdots \\ k_{j,1} & k_{j,2} & \cdots & k_{j,n} \end{bmatrix} \qquad (7-205)$$

其中

$$k_{\xi,\eta} = \begin{cases} 1 & \xi \in R_\eta \\ 0 & \xi \notin R_\eta \end{cases} \qquad (7-206)$$

通过将列中对应的单元按照相同区域加和后得到了一个新的 Jacobian 矩阵。由于 $NR \ll NM$，因此 Hessian 矩阵变为了一个适定性的小矩阵。硬先验的优点在于需要重建的未知数的个数大大减少，因此病态性大大降低。但是它的一个缺陷是空间分辨率会受到区域大小的限制，并且稳定性很大程度依赖于先验信息的准确性。

2）软先验方法

软先验方法是通过正则化技术，将先验信息耦合到解逆过程中，将正则化约束在不同的解剖结构区域内以加快寻求真解的速度。通过对目标函数添加一个罚项得到：

$$(\mu_a, \kappa) = \arg \min_{\mu_a, \kappa} \| [y^* - F(\mu_a, \kappa)] \| + \beta \| \boldsymbol{L}x \| \qquad (7-207)$$

式中，β 为正则化项；L 是通过空间信息生成的正则矩阵，它是从解剖成像模式 XCT 中获得的。正则化矩阵的构造方式通常有 Laplace 正则化方法、Helmoholtz 正则化方法、局部 Laplace 正则化方法、分区域加权正则化方法、分区域加权和 Laplace 结合的正则化方法这几种[67, 158-162]。

（a）Laplace 正则化方法

Laplace 正则化方法是从 Laplace 方程离散化后得到的，该方法在每个区域中对解进行了平滑，并且允许在区域边界的交界处有不连续。相应的正则化矩阵为

$$L_{ij} = \begin{cases} -\dfrac{1}{N_m}, & i \text{ 和 } j \text{ 为同一区域} \\ 1, & i = j \\ 0, & \text{其他情况} \end{cases} \qquad (7-208)$$

式中，N_m 为区域 m 中包含的体素总数。在这种情况下，每个体素只能属于一个区域。Lx 隐含地计算了同一区域中每个体素间的差异和所有体素的平均值。当 β 较大时，一个区域内的解会趋于平均值，对 Laplace 矩阵显式求逆的方法可见于文献。

（b）分区域加权正则化方法

分区域加权正则化方法中，罚矩阵是一个对角矩阵，每段赋以一个特定的权重 ω_m，对每段进行更强或是更弱的正则化。通常 XCT 的分辨率要比 FMT 高，XCT 所得到的数据中每个体素通过一个分区域矩阵 $\boldsymbol{C} = (c_{i,m})$（该矩阵的维度为 $N_{\text{segments}} \times N_{\text{voxels}}$）被成比例地分配至它的解剖区域，$c_{i,m}$ 为包含于第 m 个区域内的第 i 个体素的体积百分比。在区域占有比例的体素权值 α_i 通过将权值乘以区域矩阵而得

$$\alpha_i = \sum_{i=1}^{m} c_{i,m} \omega_m \qquad (7-209)$$

继而构造正则化矩阵 $\boldsymbol{L}$

$$\boldsymbol{L} = \text{diag}(\boldsymbol{\alpha}) \qquad (7-210)$$

当 β 较大时，解趋近于 0。每个区域赋以较低的权值 ω_m，与赋以较高权值相比，区域内的体素在更新它们的值时具有更高的自由度。

（c）分区域加权和 Laplace 结合的正则化方法

通过将 Laplace 正则化和分区域正则化结合，可得到一种 Laplace 正则化的平滑形式，即分区域加权和 Laplace 结合的正则化方法。正则化矩阵形式如下：

$$L_{i,j} = \begin{cases} -\alpha_i \sum_{m=1}^{M} \dfrac{c_{im} c_{jm}}{N_m}, & i \text{ 和 } j \text{ 为同一区域} \\ \alpha_i \sum_{m=1}^{M} c_{im}, & i = j \\ 0, & \text{其他情况} \end{cases} \qquad (7-211)$$

每个区域通过边界的体素相连，当正则化参数较大时，解仍会趋于平均值。

（d）局部 Laplace 正则化

局部 Laplace 正则化中，每个像素仅与其相邻像素相连，而非和整个区域相连。每个规则的体素和 26 个相邻体素相连。

$$L_{i,j} = \begin{cases} -\alpha_i \sum_{m=1}^{M} \dfrac{c_{im}c_{jm}}{N_n}, & i \text{ 和 } j \text{ 为同一区域} \\ 1, & i = j \\ 0, & \text{其他情况} \end{cases} \tag{7-212}$$

式中，N_n 为相邻体素数。

（e）Helmholtz 正则化

Helmholtz 正则化矩阵的形式为

$$L_{ij} = \begin{cases} -\dfrac{1}{N_m + (\kappa h)^2}, & i \text{ 和 } j \text{ 为同一区域} \\ 1, & i = j \\ 0, & \text{其他情况} \end{cases} \tag{7-213}$$

对于基于有限元情况下的重建，N_m 为区域内的节点数，l 为协方差长度，h 为两个节点间的距离，通常 $\kappa = 1/l$ 为成像区域内特征对象（例如肿瘤）尺寸的倒数，这种方法可以被视作对于光学参数估计中使用最优先验，即所谓最优先验估计，$L^{\mathrm{T}}L$ 是对一阶 Helmholtz 光滑算子的近似，对于 κ 的选择方法可以有多种方式，对于较小的 κ（相应的校正长度较长），Laplace 和 Helmholtz 两种形式对于光学参数分布的重建效果相近。

比较硬先验和软先验两种方法，硬先验方法高度地依赖于解剖结构信息的准确性。当先验信息的面积误差大于 7% 时，硬先验的表现较差，这种面积误差大都由分区算法所引入。软先验方法可以通过正则参数调节结构先验信息的影响程度，这使得实际应用中软先验方法表现得更灵活，其中 Helmholtz 正则化方法在计算散射系数时表现较好，而 Laplace 正则化在计算吸收系数时表现较好[67, 162]。

7.4.3.2 多模式图像的配准与融合

随着计算机科学技术的飞速发展，国内外在图像配准和融合方面的研究有比较系统的发展，发展了一系列成熟的方法。

近几年针对多模式图像配准，研究者提出了基于像素级别的精确配准，将配准进度控制在一个像素以内，即达到亚像素级。众多学者对于亚像素级别的配准方法进行了研究与实验，提出了相关插值法、梯度法、小波变换法等[163,164]。在多模图像配准中，关于互信息图像配准技术的研究，已经成为该领域的热点课题，最大互信息算法是图像配准的有力工具，但其仍然存在缺点，如插值引起的局部极值，容易导致误配准、空间信息利用不足等缺点，一些学者也提出了相应的改进方法。Sharman 等提出了一种基于小波变换的自动配准刚体图像方法，使用小波变换获得多模式图像的特点,然后进行图像配准,提高了配准的准确性[165]。首都医科大学罗述谦等利用最大互信息法对 CT - MRI 和 MRI - PET 三维全脑数据进行了配准,结果全部达到亚像素级配准精度[166]。中科院田捷等人提出了一种基于交互信息的配准方法,该方法使用像素梯度信息代替像素强度信息[153]。在此基础上,他们又提出了在多模式医学图像配准中,将强度和梯度场交互信息结合的配准方法以及一种实时多模态严格配准方法[167, 168]。清华大学白净小组提出一个融合数据集配准、模糊连通性分割以及偏移场校准的框架,将其用于脑部核磁共振图像的分割[169],初始的数据集配准与 MRI 图像上从而初始化接下去的模糊连通性分割。浙江大学的 Zheng 等人提出了一种将 2D 光学图像和 3D CT 图像的投影图像配准的算法,以利于后续将 3D 的 FMT 图像和大 CT 图像配准[156-157],新算法是一种基于结合了最小二乘算子的序列蒙特卡罗(sequential monte carlo, SMC)方法,是一种把差分进化和改进后的单纯形法结合的算法[170, 171]。

在多模式图像融合方面,按照数据处理获取和处理方法,主要分为基于图像配准的多模式融合、基于硬件设备集成的多模式配准以及基于重建算法的多模式融合[172]。近年,针对不同模式的成像特征,发展了一些有关多模式图像的融合方法。多伦多大学的 Nahrendorf 等人发现 FMT 和 PET 测量得到的数据之间有着很好的一致性[173],说明了 FMT/PET - CT 多通道的图像融合可以无缝集成和可视化。德国癌症研究中心的 Cao 等人对 CT 和光学成像的双模式系统进行了一种几何校准,使得双模式的数据可以无需后续配准即可融合[174]。在图像融合领域,除了上述介绍的一些算法上的进展外,图像融合技术已经开始应用在临床治疗和影像诊断中。通用电气公司将 CT 球管安装在 SPECT 系统中,X 射线图像可以用于与 SPECT 正电子图像的融合,而且可以通过不同的软组织及骨骼对 X 射线与 γ 光子的衰减比例因子,将 CT 值转换成线性衰减系数,来进行 SPECT 的衰减校正。Solaiman 等人将数据融合和模板融合应用于单传感器超声内窥镜成像[175],分割和检测带有肿瘤的食道内壁,其实现具有很好的鲁棒性。采用基于像素点的融合方法融合 CR 采样序列图像,可以大大提高融合图像的信噪比。在脑图像融合应用中,Hill 等融合 CT 和 MRI 图像,建立了大脑的三维坐标系统,以辅助脑的定位治疗,其定位精度高于单独从一个图中的定位[176]。在胸腹部图像融合的应用中,Wahl 将 MRI 融合到三维 PET 代谢图中,显示代谢与解剖信息,在对内脏肿瘤患者的试验中,以不同色彩显示腹部区域的三维图像[177]。Kramer 以融合技术确定放射线标记的单克隆抗体聚积(SPECT)的解剖结构(CT),可对术前及治疗中的肿瘤进行精确分级和定位[178]。华中科技大学骆清铭课题组研发的 FMT/CT 系统,先对荧光分子断层成像和 XCT 成像方式的成像空间位置进行校准,然后通过校准参数调整重建图像的三维位置,最后直接进行图像融合[179]。

下面我们就配准和融合的基本概念和方法作一一介绍。

1) 配准

图像配准是指对不同时间、不同视场、不同成像模式的两幅或多幅图像进行空间几何变换,以使代表相同解剖结构的像素或体素在几何上能够匹配对应起来。图像配准的主要目的是去除或者抑制待配准图像和参考图像之间几何上的不一致,包括平移、旋转等形变。它是图像分析和处理的关键步骤,是图像对比、数据融合、变化分析和目标识别的必要前提。

对不同条件下获取的两幅图像进行配准处理,就是要定义一个配准测度函数,寻找一个空间变换关系,使得经过该空间变换后,两幅图像间的相似性达到最大(或者差异性达到最小),即两幅图像得到空间几何上的一致。我们用 R 和 F 表示待配准的两幅图像,其中 R 为参考图像(reference image),F 为浮动图像(float image)。配准过程就是要找到一个空间变换 T,使固定图像与变形后的浮动图像达到空间上的一致性,即选择合适的相似性测度使得它们的相似性达到最大:

$$E(T) = S[F, T(R)] \tag{7-214}$$

式中,$S(*)$ 是相似性测度,也常常称为价格函数或者目标函数;T 为参考图像与浮动图像之间的空间变换,如果这个变形函数表示线性关系,这种变形就称为刚性变形;如果表示非线性关系,则称为弹性变形。图像配准的过程可归结为寻求以下最佳空间变换:

$$T^{\alpha} = \arg \max_{T} S[R, T(F)] \tag{7-215}$$

max 表示求相似性测度的全局最大值。变换模型中的参数可能的取值范围称为搜索空间,参数的个数称为变换模型的自由度。参数的个数与变换模型的特性有关,不同的变换模型,其自由度常常是不同的。

图像配准的基本框架主要包括以下 4 个功能模块:特征空间、搜索空间、相似性度量、搜索策略。

(a) 特征空间

特征空间指的是从图像中提取出来用于匹配的信息。对于待配准的两幅图像之间一定存在着某种相似性,这些相似性体现在图像对应点、线或面的位置、强度的相似,而这种具有相似性的对象的集合便构成了特征空间。

特征点需要同时出现在两幅图像中,并能体现出两幅图像之间的对应关系,它可以是人为加入图像中的外来标记物,也可以是图像本身所体现出的解剖结构点,或者具有某些几何特征的拐点等。通常情况下,用户可以手动选取特征点(如血管分叉点、某一器官的拐点、关节等),也可以利用计算机自动生成一些极值点(如灰度极值点、局部曲率极值点等)。

如果在两幅图像中不存在明显的特征点,但是图像中的某一区域轮廓比较清晰时,可以选择曲线、曲面作为特征进行配准。Pelizzari 和 Chen 提出了头帽法(head-hat)来解决特征曲线、曲面的配准问题。该方法将从一幅图像轮廓中提取的曲线、曲面的点集称为帽子,将从另一幅图像轮廓提取的点集称为头,然后将帽子和头进行配准。通常情况下,头帽法比较适合于解决刚体配准问题。特征的提取通常需要利用分割、边缘提取技术等。

这种特征不对图像做任何的特征提取,需要使用的特征空间是两幅图像中的所有像素点及其对应的强度信息,通过图像像素点对之间的灰度统计特征来进行配准。

(b) 搜索空间

搜索空间是指能用来校准图像的图像变换集。在图像配准中,常使用的空间几何变换有:刚体变换、仿射变换、投影变换和非线性变换。

如果第一幅图像两点间的距离经变换到第二幅图像后仍保持不变,则这种变换称为刚体变换。刚体变换可分解为平移和旋转。在二维空间中,点 (x, y) 经刚体变换到点 (x', y') 的变换公式为

$$\begin{bmatrix} x' \\ y' \end{bmatrix} = \begin{bmatrix} \cos\phi & \pm\sin\phi \\ \sin\phi & \mp\cos\phi \end{bmatrix} \begin{bmatrix} x \\ y \end{bmatrix} + \begin{bmatrix} t_x \\ t_y \end{bmatrix} \tag{7-216}$$

式中,ϕ 为旋转角;$\begin{bmatrix} t_x \\ t_y \end{bmatrix}$ 为平移分量。

如果第一幅图像中的直线经变换映射到第二幅图像中仍保持为直线,并且直线间的平行关系保持不变,这样的变换称为仿射变换。仿射变换可以分解为线性变换和平移变换。在二维空间中,点 (x, y) 经仿射变换到点 (x', y') 的变换公式为

$$\begin{bmatrix} x' \\ y' \end{bmatrix} = \begin{bmatrix} a_{11} & a_{12} \\ a_{12} & a_{22} \end{bmatrix} \begin{bmatrix} x \\ y \end{bmatrix} + \begin{bmatrix} t_x \\ t_y \end{bmatrix} \tag{7-217}$$

如果第一幅图像中的直线经变换映射到第二幅图像中仍保持为直线,但是

直线间的平行关系基本不保持,这样的变换称为投影变换。投影变换可用高维空间上的线性变换来表示。在二维空间中,点 (x, y) 经投影变换到点 (x', y') 的变换公式为

$$\begin{bmatrix} x' \\ y' \end{bmatrix} = \begin{bmatrix} a_{11} & a_{12} & a_{13} \\ a_{21} & a_{22} & a_{23} \end{bmatrix} \begin{bmatrix} x \\ y \\ 1 \end{bmatrix} + \begin{bmatrix} t_x \\ t_y \end{bmatrix} \qquad (7-218)$$

非线性变换可以把直线变换为曲线,因此非线性变换也被称为曲线变换。在二维空间中,点 (x, y) 经曲线变换到点 (x', y') 的变换公式为

$$(x', y') = F(x, y) \qquad (7-219)$$

(c) 相似度测量

相似性测度的选择直接影响着图像配准的结果,因此,如何选择一个合适的相似性测度,使得它可以准确描述图像之间的相似程度是一个重要的研究方向。相似性测度的选择和配准的目的、具体的图像形态、几何变换关系以及特征空间的选择都有关系,如有些测度仅仅适用于同一模态图像间的配准,有些测度能处理不同模态之间的相关程度,有些适用于基于特征点的配准,而有些适用于基于像素强度的配准。总体来说,相似性测度的选择要综合以上多方面因素才能达到最佳的配准效果。

常用的相似性测度有灰度平均差、互信息等。

灰度平均差: 图像 A、B 在给定区域内的灰度平均差定义为

$$MS(A, B) = \frac{1}{N} \sum_{i}^{N} (A_i - B_i)^2 \qquad (7-220)$$

式中,N 表示给定区域内的像素个数;A_i 和 B_i 分别代表第 i 个像素位置处的灰度值。该测度在理想情况下最优值为 0,表示两幅图像在给定区域的灰度值完全相同。应用该相似性测度基于如下的假设:两幅图像对应像素点灰度值相同,因此该准则只适用于同模态图像配准。该准则计算简单,相对来说可以在一个比较大的范围内搜索匹配,但对图像灰度值的线性变化比较敏感。

归一化相关系数: 图像 A、B 在给定区域内的归一化相关系数(normalized correlation coefficient,NCC)定义为[181]

$$NCC(A, B) = \frac{\sum_{i}^{N} (A_i \times B_i)}{\sqrt{\sum_{i}^{N} A_i^2 \times \sum_{i}^{N} B_i^2}} \qquad (7-221)$$

该准则在理想情况下的最优值为 1,表明两幅图像之间像素强度值完全相同。该准则也仅限于单模态图像的配准。

互信息:A、B 两幅图像,两幅图像之间的互信息定义为

$$I(A, B) = H(A) + H(B) - H(A, B) \qquad (7-222)$$

式中,$H(A)$、$H(B)$ 为图像 A 和 B 的熵;$H(A, B)$ 为图像 A 和 B 的联合熵。当两幅图像在空间中位置达到一致时,其互信息应该为最大,这便是互信息可以作为相似性测度的原理所在。

(d) 搜索策略

搜索策略是伴随带有未知参数的变换而引入的。通常情况下,图像配准首先根据待配准图像的变形类型选择一个合适的带有未知参数的变形模型,然后再选择合适的搜索空间以及相似性测度。在配准过程中,搜索策略不断改变变换参数以使相似性测度达到一个最佳的值。

搜索策略的选择根据相似性测度选择的不同而不同,但大致上可以分为两类:一是利用获得的数据建立联立方程组直接计算变换的未知参数;二是对定义在参数空间的相似性测度利用优化搜索得到最佳配准时的变换参数。前者的应用大多被限制在基于特征点的配准中,而后者对于所有的配准问题,利用优化搜索都可以将其转换为一个代价函数的极值优化求解问题,因此被大量使用。

2) 融合

图像融合是指综合两个或多个源图像的信息,以获取同一场景更为精确、全面和可靠的图像描述。其意义在于综合整体信息大于各部分信息之和。

图像融合的级别可分为像素级、特征级和决策级 3 种。像素级融合是在图像严格配准的基础上,直接进行像素关联融合处理。特征级融合是在像素级融合的基础上,使用模式相关、统计分析的方法进行目标识别、特征提取,得到融合结果。决策级融合则是在上述两种处理的基础上,采用大型数据库和专家决策系统,模拟人的分析推理过程,以增加判决的智能化和可靠性[182]。在医学图像融合中,像素级融合是最基本的处理手段。

图像融合通常分为 4 步:图像预处理,图像配准,图像融合,图像输出。第一步图像预处理是指对获取的两种或多种图像数据分别进行去噪、增强以及分割图像特征的提取等处理,统一两种数据格式、图像大小和分辨率,对序列断层图像做三维重建和显示。第二步是配准。配准是指对图像寻求一种或一系列空间变换,使它与另一图像上的对应点达到空间上的一致。配准主要解决的问题是两幅图像之间的几何位置差别,包括平移、旋转和比例缩放等基于对特征空

间、相似性准则和搜索策略的不同选择,配准方法可分为基于全局域准则的方法、频域傅里叶法、基于特征的匹配法和基于弹性模型的匹配法;第三步是融合。图像在空间域配准后便可选择不同的融合算子和融合规则进行融合。

目前常用的医学图像融合技术包括:像素灰度值极大(小)法,加权平均法,基于图像分割的融合方法,金字塔方法,小波变换法以及一些智能图像融合算法。

(a) 像素灰度值极值法

在像素灰度值极值法中,设 $g_1(x, y)$,$g_2(x, y)$ 为两幅输入图像,$f(x, y)$ 是融合图像,则像素灰度值极大法为

$$f(x, y) = \max\{g_1(x, y), g_2(x, y)\} \qquad (7-223)$$

此方法只需要对两幅配准图像取对应点的极大值即可。像素灰度值极小法思想相同,只需取原图像对应点的极小值即可。此方法简单,效果一般,应用范围有限。

(b) 加权平均法

加权平均法是一种最简单的多幅图像融合方法,也就是对多幅图像的对应像素点进行加权处理:

$$f(x, y) = ag_1(x, y) + (1-a)g_2(x, y) \qquad (7-224)$$

式中,a 为权重因子,且 $0 < a < 1$,可以根据需要调节 a 的大小。这种方法的优点是简单直观,适合实时处理,并可提高图像的 SNR,可将融合图像噪声的标准差降为原图像的 $1/\sqrt{n}$,其中 n 为原图像个数。但实现效果及效率较差,其难点主要在于如何选择权重系数。

(c) 基于图像分割的融合方法

基于图像分割的融合方法是以一幅待融合的图像为基准,从另一幅图像中分割出感兴趣的部分(通常是病灶),然后对两幅图像进行配准,建立空间映射关系,将一幅图像上的特征映射到另一幅图像上,公式表达如下:

$$f(x, y) = \begin{cases} g_2(x, y), & (x, y) \in \text{ROI}, \\ g_1(x, y), & (x, y) \notin \text{ROI}, \end{cases} \qquad (7-225)$$

该方法的特点是图像的融合效果好,难点在于如何自动准确地分割出 ROI。医学图像由于其对比度低、细节丰富、边缘模糊等特点,分割更为困难。

(d) 金字塔方法

金字塔方法又包括了拉普拉斯金字塔法、低通比率金字塔法、多分辨金字

塔法、数学形态学金字塔法、梯度金字塔法等。下面重点说明拉普拉斯金字塔法。

Burt 首先提出了基于拉普拉斯金字塔的融合方法[169]。该方法以图像的高斯金字塔分解为基础。设原图像为 $g_0(m, n)(m \leqslant M, n \leqslant N)$，$M$ 和 N 分别为图像的行数、列数，则图像的第 1 层由下式生成：

$$g_l(i, j) = \sum_{m=-2}^{2} \sum_{n=-2}^{2} w(m, n) g_{l-1}(2i+m, 2j+n) \qquad (7-226)$$

$0 < l \leqslant N, 0 \leqslant i < C_1, 0 \leqslant j < R_1$，其中 N 是金字塔层数，R_1、C_1 分别是第 1 层图像的行列数，$w(m, n)$ 称为生成核，是个窗口函数，实际是个低通滤波器。可见图像的高斯金字塔是由一系列的上层行列数是下一层行列数一半的图像组成。定义图像尺寸的减小算子 Reduce，则式(7-226)可简写为

$$g_l(i, j) = \text{Reduce}(g_{l-1}) \qquad (7-227)$$

生成图像的拉普拉斯金字塔是一个与之相反的插值过程。定义图像的扩大算子 Expand 为

$$g_l^*(i, j) = \text{Expand}(g_{l+1}) \qquad (7-228)$$

式中，$g_l^*(i, j)$ 与 $g_l(i, j)$ 具有相同的层数和尺寸。

这里我们取式(7-228)如下：

$$g_l^*(i, j) = 4 \sum_{m=-2}^{2} \sum_{n=-2}^{2} w(m, n) g_{l+1}\left(\frac{i-m}{2}, \frac{j-n}{2}\right) \qquad (7-229)$$

当 $(i-m)/2, (j-n)/2$ 非整时，$g_{l+1}\left(\dfrac{i-m}{2}, \dfrac{j-n}{2}\right)$ 为零。

定义拉普拉斯金字塔如下：

$$\begin{cases} L_l = g_l - \text{Expand}(g_{l+1}), & 0 \leqslant l < N \\ L_N = g_N, & l = N \end{cases} \qquad (7-230)$$

拉普拉斯金字塔代表了每一级图像的边缘细节，因此通过比较两幅图像对应级的拉普拉斯金字塔，就有可能将各自突出的图像细节取到融合图像中，这样使得融合图像的信息量尽可能丰富，达到融合的目的。

在拉普拉斯金字塔的基础上，陆续有学者提出改进的和新的金字塔方法。Toet 提出了低通比率金字塔、用数学形态金字塔进行融合研究[184,185]。Burt 提出用梯度金字塔来融合图像[186]。

（e）基于小波变换的图像融合

基于小波变换的图像融合，就是将待融合的原始图像经过小波变换得到小波金字塔图像序列，在不同的特征域上的图像序列采用不同的融合规则进行融合以得到小波金字塔图像序列，融合后的小波金字塔图像序列经过小波逆变换（即重构），得到多传感器图像的融合图像。小波变换法与金字塔图像融合法相比，有下列优点：小波变换后的数据量与原图像的数据量相同，小波变换算法更易于发展并行处理和基于小波变换域的目标识别，更容易提取原始图像的结构信息和细节信息，融合效果更好。而图像金字塔在融合过程中不能使信息损失达到最小[187,188]。

（f）智能图像融合算法

一些智能图像融合算法包括[189, 190]：神经网络法、演化方法、模糊集理论。神经网络算法是将利用经过训练后的神经网络把每幅图像的像素点分类，使每幅图像的像素都有一个隶属度函数矢量组，通过提取其特征，将其特征表示作为输入参加融合。演化方法的思想是模拟自然界生物演化过程，具有自适应、自学习和鲁棒性强等特点，并且演化计算对于刻画问题特征的要求较少，实施起来效率高且易于操作。模糊理论是一种表述不确定性和不精确信息的有效方法，非常适合图像融合，模糊集理论具有对不完整数据进行分析、推理，并发现数据间的内在联系，提取有用特征和简化信息处理的能力。

7.4.4 在生物医学研究中的应用

7.4.4.1 光学分子成像与 XCT 组合的多模式成像的应用

目前已应用于生物学问题研究的光学分子与 XCT 多模式成像多为 FMT/XCT 成像，DOT/XCT 与 BLI/XCT 也有报道。这些多模式成像相比于单模式成像可获得更全面的信息，更加深入、定量化地进行多种器官和部位的疾病的诊断与评估，如肺、脑、骨等部位的炎症或肿瘤的检测与监测。

DOT 与 XCT 组合的双模式成像可用于指骨关节炎的诊断、评估和监测，其成像效果显著优于单纯的 DOT 成像。如佛罗里达大学的蒋华北等人通过结合 X 射线断层技术（XCT）和扩散光学断层技术（DOT）实现了对手指骨关节炎的高分辨成像[191]。他们利用迷你 c 形臂 X 射线系统和自制 64×64 通道 DOT 系统组成的 DOT/XCT 双模式系统，对两名健康志愿者和两名骨关节炎患者的指关节进行成像，并通过 X 射线引导的 DOT 重建算法获得了关节间隙这一区分患病和健康骨关节的重要参数。通过吸收散射图发现，患病关节存在明显的关节间隙狭窄，同时患病关节腔中的吸收和散射系数分布高度不均匀，但在健康关节中则非常均匀。重建得到的关节间隙大小与从X射线图像中估算得到的值有所不同,而单纯的DOT重建与X射线引导的DOT重建相比,边界伪影明显增多,对关节腔组织的厚度也存在过高估计。

FMT与XCT结合的多模式成像对肺部疾病的研究主要集中在肺癌和气道变应性炎症上。如哈佛医学院马萨诸州总医院Weissleder等通过基因表达分析识别出了人肺癌小鼠模型中组织蛋白酶的过表达[192],并利用靶向组织蛋白酶的荧光探针实现了肺癌模型的FMT/XCT双模式成像,同时,在其中发现组织蛋白酶B、H、L在肺癌小鼠表现正常的肺组织中也有所上调。他们还通过对处于早期癌变阶段小鼠的成像,确定了该成像系统的探测门限。实验结果表明,系统无法探测到最大直径在0.7 mm以下的单个肿瘤。这些结果表明,FMT/XCT系统可实现肿瘤的探测。哈佛医学院和马萨诸州总医院Cortez Retamozo等人通过FMT、FMT/XCT、活体镜检、平面反射式荧光成像、近红外荧光支气管镜检等成像手段[193],在不同尺度实时评估了气道变应性病症小鼠模型中的炎症程度和药物反应,在小鼠模型中证实了地塞米松对气道变应性炎症的免疫抑制效应,识别出了一种可强有力抑制肺部嗜酸细胞积累以及蛋白酶活性的绿胶霉素衍生类前体药物。对低锰饮食5天、在不同时间节点接受OVA和氢氧化铝敏化的两组8~10周BALB/c、C57BL/6、MMP-12缺陷C57BL/6小鼠进行活体无损成像,为一些8~10周BALB/c小鼠皮下注射细菌脂多糖(LPS)后进行FMT成像,FMT/XCT成像能够精确地重建出基质金属蛋白酶(MMP)的三维活性分布,因此用于可评估病情的严重程度。FMT/XCT双模式还可应用于脑疾病成像中。哈佛医学院马萨诸州总医院生物光学分子成像实验室分子影像中心的Damon Hyde等人,利用将X射线、CT信息整合到最高水准FMT成像中的方法和靶向淀粉样β斑块的AO1987荧光探针,对用于构建阿尔兹海默症模型的荷淀粉样β斑块转基因APP23小鼠进行了活体定量荧光成像[194]。FMT/XCT双模式成像结果与作为对照的传统FMT成像、离体FRI和共聚焦成像结果的比较表明,多模态成像能够精确定位信号来源,具有显著提高成像精度和在体定量化的潜力,且能将在体结果和离体研究联系起来,用于动物模型神经退化性疾病的在体成像,未来将有望用于人类。事实上,FMT/XCT已被证明,结合不同的探针,FMT/XCT能以高性能实现对不同疾病与肿瘤的成像。德国慕尼黑技术大学Ntziachristos等利用FMT/XCT双模式系统进行了裸鼠颈部乳腺癌移植瘤、Aga2成骨不全症小鼠模型以及$Kras^{+/-}$和$BL6\ Tyr^{-/-}$双转基因小鼠模型的活体成像[195],并将成像结果与FMT单模式和其他成像模式如冷冻切片进行了比较。其中,在对于颈部皮下移植瘤研究中,裸鼠颈部一周注射4T1

乳腺癌细胞后进行双模式活体成像,成像前 24 h 注射蛋白酶激活的荧光探针;对于在空间几何构造上更为复杂的成骨不全小鼠模型,成像前 24 h 注射靶向微钙化、骨重建及骨生长区域的 OsteoSense 750;对于肺肿瘤研究,4、7、9、18 周龄的双转基因 Kras$^{+/-}$ 和 C57BL6 Tyr$^{-/-}$ 小鼠成像前 24 h 注射 $\alpha_v\beta_3$ 整合素靶向的荧光染料 IntegriSense 680。国内清华大学白净小组利用他们搭建的一套自由空间 FMT 和微型 XCT 系统,对静脉注射吲哚菁绿的小鼠进行了肝脏灌注的活体动态成像[196]。将一只雌性 8 周裸鼠尾静脉注射吲哚菁绿后连续旋转 120 min 进行 FMT 成像,接着再通过尾静脉缓慢注射 XCT 成像肝造影剂 Fenestra LC,60 min 后通过进行 XCT 成像,获得表面和结构信息用于 FMT 重建。FMT/XCT 的双模式成像结果证明了该系统可实现对荧光标记物代谢过程的准确动态监测,并能够在分钟量级上给出与之相关的活体药代动力学参数。这些研究的结果说明,FMT/XCT 双模式成像能够在不同的小鼠器官中通过不同的探针实现更高性能、更高精度的成像,从而为药物研发、疾病发展研究和生理病理机制的长期观察提供有力的工具。除了在疾病机理研究中发挥作用以外,FMT/XCT 双模式还可实现生理过程的动态可视化。

BLI/XCT 双模式可实现肺部肿瘤的高精度定位 3D 重建,这对于 BLT 单模式来说如此高的精度是不可实现的。法国弗朗索瓦·拉伯雷大学的 Pascale Reverdiau 等人为研究人类小细胞肺癌建立了一个原位小细胞肺癌肿瘤裸鼠模型[197],利用 BLI 高度灵敏、定量地监测该模型中肺癌肿瘤在 7～12 周内的发展,通过微型 XCT 对肿瘤进行高精度定位和体积变化监测,并将两者结合重建出了种植于裸鼠左肺肿瘤的 3D 分布图像。

7.4.4.2 光学分子成像与 MRI 组合的多模式成像的应用

光学分子成像与 MRI 组合的多模式成像多用于实现脑部疾病成像,且多用于肿瘤成像。

DOT 与 MRI 的双模式成像可用于人乳腺组织的病变与癌变诊断中。如 Ntziachristos 等利用患有导管癌、纤维瘤癌和无患病三种状态下的人乳腺组织的 Gd 增强 MRI 和 ICG 增强 DOT 双模式活体成像,将组织病理学结果作为标准对比了 Gd 增强的 MRI 图像和 ICG 增强的 DOT 成像的准确性[71, 198]。在患导管癌情况下,DOT 与 MRI 的成像结果在对比度和定位上均非常吻合,且都能够清晰分辨出病变区域;而在患纤维瘤癌情况下,较低的血管生成水平使得 ICG 的增强效果有所削弱;在正常乳腺中,ICG 的分布各向异性,且在良性病变中有所增强。成像结果表明 DOT 图像与 MRI 图像显示了较好的一致性,且通过使用造影剂可以分辨出病变与正常组织。造影剂增强的 DOT 成像可用于活体诊断肿瘤或进行功能成像。此外，DOT/MRI 还可获得人脑部成像的更多信息。如南京航空航天大学陈春晓等[199]利用 DOT 为 MRI 人头部成像提供了头皮、头骨、脑脊液以及大脑的吸收散射系数等组织光学参数，从而实现了整个头部的区域分割。

　　FMT 与 MRI 可用于心脏疾病检测，如哈佛医学院马萨诸州总医院分子成像研究中心的 David E. Sosnovik 等人[200]利用 MRI 和 FMT 研究了心肌梗死小鼠中巨噬细胞对磁性荧光纳米颗粒 CLIO - Cy5.5 的摄取。他们分别对 12 只小鼠实施了左冠状动脉结扎，7 只进行了假手术，48 h 后注射 3～20 mg/kg 铁含量的 CLIO - Cy5.5。注射后 48 h 进行 MRI 和 FMT 成像，MRI 成像结果显示探针在梗死小鼠但不在假手术小鼠的心肌前外侧壁积累，FMT 图像同样显示出梗死小鼠心脏部位的荧光强度显著高于假手术小鼠。FMT/MRI 双模式成像的另一个主要应用是对脑胶质瘤的研究，如马萨诸州总医院的 Chen 等将 FMT/MRI 成像应用于活体评价化疗对小鼠脑胶质瘤的疗效[201]。他们通过可以立体的连续监测肿瘤的形态和蛋白酶活性，获得了 FMT/MRI 成像提供的一个反映肿瘤的组织学变化并被全身化疗显著改变的独特体内诊断参数——蛋白酶活性浓度(PAC)。该参数的改变可在化疗早期就被检测到，且与随后的肿瘤生长相关，能够预测肿瘤对化疗的反应。这些研究结果揭示 FMT/MRI 成像与荧光分子探针结合可能会有在脑肿瘤药物开发和其他神经系统和体细胞成像中的应用价值。其后，达特茅斯学院的 Davis 等人利用 FMT/MRI 双模式成像[202]，结合荧光染料 IR - Dye800 CW 标记的表皮生长因子(EGF)的使用，对移植高表达 EGF 的 U251 和低表达 EGF 的 9L - GFP 胶质瘤的裸鼠进行了分辨。不同移植瘤模型的 FMT 图像存在着显著不同，表明基于 EGFR 的状态 MRI/FMT 可很好地分辨不同的肿瘤，为研究和发现肿瘤治疗方法提供重要信息。此外，FMT/MRI 双模式成像还可以用于各种其他肿瘤和癌症的监测，如达特茅斯学院的 Davis 等人还利用该技术实现了小鼠原位胰腺癌模型的 FMT 成像[203]，并将其用于监测光动力疗法(PDT)治疗移植高浸润性 AsPC - 1(＋EGFR)原位肿瘤 SCID 小鼠后的 EGF 响应[204]以及人乳腺癌成像[205]等方面。费城福克斯蔡斯癌症中心的 Hensley 等人，则利用 MRI/FMT 双模式对荷卵巢上皮瘤 TgMISIIR - Tag 转基因小鼠进行了成像[206]，荷卵巢上皮瘤通过靶向组织蛋白酶、基质金属蛋白酶和 $\alpha_v\beta_3$ 整合素的特异性探针被检测出来，其中组织蛋白酶和 $\alpha_v\beta_3$ 整合素与肿瘤体积有很强的相关性，而基质金属蛋白酶激活虽然能够在肿瘤中被探测到，但与肿瘤体积没有特别强的相关性。FMT/MRI 的连续观测检测并定量化了治疗导致的肿瘤消退。这些结果表明，FMT/MRI 能够灵敏定量化监测卵巢上皮瘤相关的生物靶标,并可用于肿瘤疗效的功能性评估。

BLI 和 MRI 的结合可实现干细胞治疗法治疗脑损伤疾病的疗效评估。如斯坦福医学院的 Daadi 等利用 BLI 和 MRI 追踪了中风损伤大鼠脑中移植的人神经干细胞的存活情况[207]。他们从人胚胎干细胞中分离出能够稳定表达萤火虫荧光素酶、增强型绿色荧光蛋白的一些神经干细胞标记物,和具有分化潜能可自我再生的人神经干细胞,并将未分化的神经干细胞移植到中风损伤大鼠中,然后进行了长达 8 周的后移植存活期监测。所有的实验动物中,生物发光信号都在移植后第 2 天达到最强,并在第 1 周～第 8 周之间保持相对稳定,略有不明显的下降,这个结果也与组织学吻合。同时,他们用超顺磁氧化铁标记神经干细胞对不同量的移植神经干细胞(50 000,200 000 和 400 000 个细胞)在中风区的存活情况进行了 MRI 成像追踪,4 周存活期的 MRI 监测表明,高注射剂量存活的移植细胞数量略有不明显的下降,较低注射剂量存活的移植细胞数量稍有增加,移植区域的大小与注射细胞量的多寡有非常强的正线性相关且在 4 周内保持稳定,将监测期扩展到两个月,其结果也与 BLI 的结果一样。这些结果说明 BLI 和 MRI 的多模式成像是在干细胞治疗神经功能障碍中(尤其是会随着时间推移而变化从而使干细胞很难存活的中风),确认细胞移植、植入是否成功以及是否发生癌变的有效手段。

7.4.4.3 光学分子成像与 PET 组合的多模式成像的应用

应用于临床前研究等活体小动物成像中的微型正电子发射断层扫描成像(Micro-PET)与光学分子成像双模式主要是微型正电子发射断层扫描成像与生物发光成像结合。这两种成像方式面对不同的靶物,因而往往能够提供更全面、精确的肿瘤诊断、监测和疗效信息。

BLI 与 PET 结合带来的优势使得关于可用于 BLI 和 PET 双模式成像的报告基因的研究得到发展,BLT/PET 的很大一部分应用就在于检测与验证报告基因的可行性。加州大学洛杉矶分校的 Ray 等人[208],对两组 12～14 周的雄性裸鼠分别皮下注射不表达和稳定表达的一种新型融合报告基因的鼠源神经瘤母细胞,在 8～10 天后进行微型 PET 扫描成像。同时,对移植了不表达和稳定表达融合基因的鼠源神经瘤母细胞的裸鼠,通过尾静脉注射一定量腔肠素,进行生物发光体像。证明该种由 20 个氨基酸长度的间隔序列连接 PET 报告基因突变型单纯疱疹病毒胸苷激酶基因和生物发光报告基因海肾荧光素酶构建的新型融合报告基因,可用于 FHBG-PET 成像和生物发光成像,从而实现高灵敏度的肿瘤成像。BLI/PET 在胚胎细胞活体移植监测方面也有所应用,如斯坦福大学的 Gambhir 等人[209],对心肌内注射稳定表达萤火虫荧光素酶报告基因的 H9c2 大鼠胚胎心肌细胞的大鼠进行了生物发光成像,对表达突变疱疹单纯 1 型胸苷激酶的大鼠进行微型了 PET 成像,证明了 BLI/PET 成像可实现胚胎心肌细胞的无损定位、定量和存活时间监测。此外,BLI/PET 还可用于癌症化疗疗效监测等方面,如中国科学院自动化研究所田捷等利用 BLI 和 Micro-PET 对肝细胞癌的环磷酰胺(CTX)疗效进行了监测[210]。在活体动物实验中,将 14 只注射萤火虫荧光素转染人肝细胞癌 HCC-LM7-fLuc 细胞的雌性 BALB/c 裸鼠随机平分为两组,一组在第 0、2、5、7 天腹腔注射 100 mg/kg 环磷酰胺(CTX),另一组注射生理盐水作为对照。在 CTX 治疗前 4 天获得 BLI 成像基线,第 0、2、5、7、9、12、16 天进行 BLI 成像,给药后第 16 天进行 ^{18}F-FDG-PET 成像。活体 BLI 成像的信号强度与肿瘤大小呈线性关系,其结果显示 CTX 可以抑制肿瘤生长,但不能完全控制住肿瘤的演化,PET 成像的结果显示治疗组对 ^{18}F-FDG 的摄取明显低于对照组,代表细胞新陈代谢活动显著降低。BLI 针对的是细胞活动中产生的代谢产物,因此相比于其他测定肿瘤大小的方法可更准确地给出活肿瘤细胞数量,BLI 和 PET 的双模式能够提供更精确和可信的肿瘤化疗反应信息。

参考文献

[1] Kong J A. Electromagnetic wave theory[M]. New York：Wiley, 1986.

[2] Hulst H C V. Light scattering by small particles[M]. New York：Wiley, 1957.

[3] Ishimaru A. Wave propagation and scattering in random media [M]. New York：Academic, 1997.

[4] Prahl S A. Light transport in tissue[D]. Austin, 1988：67 - 99.

[5] Ntziachristos V, Hielscher A H, Yodh A G, et al. Diffuse optical tomography of highly heterogeneous media[J]. IEEE T. Med. Imaging, 2001, 20(6)：470 - 478.

[6] Yodh A, Chance B. Spectroscopy and Imaging with Diffusing Light[J]. Physics Today, 1995, 48：37 - 40.

[7] Boas D A. Diffuse photon probes of structural and dynamical properties of turbid media：theory and biomedical applications[D]. Pennsylvania, University of Pennsylvania, 1996.

[8] Chu M, Dehghani H. Image reconstruction in diffuse optical tomography based on simplified spherical harmonics approximation[J]. Opt. Express, 2009, 17(26)：24208 - 24223.

[9] Wilson B C, Adam G A. Monte Carlo model for the absorption and flux distributions of light in tissue[J]. Med. Phys., 1983, 10：827 - 830.

[10] 徐可欣,高峰,赵会娟. 生物医学光子学[M]. 北京：科学出版社,2007.

[11] Flock S T, Patterson M S, Wilson B C, et al. Monte Carlo modeling of light propagation in highly scattering tissue-I：Model predictions and comparison with diffusion theory[J]. IEEE T. Bio-med. Eng., 1989, 36(12)：1167 - 1168.

[12] Wang L V. Biomedical optics principle and imaging[M]. New York: Wiley, 2007.

[13] Richard C H, Svaasand L O, Tsay T T, et al. Boundary conditions for the diffusion equation in radiative transfer[J]. J. Opt. Soc. Am., 1994, 11 (10): 2727 - 2741.

[14] Aronson R. Boundary conditions for diffusion of light[J]. J. Opt. Soc. Am. A, 1995, 12(11): 2537 - 2539.

[15] 裴鹿成. 蒙特卡罗方法及其应用[M]. 北京: 科学出版社, 1980.

[16] Wang L V, Jacques S L, Zheng L. MCML-Monte Carlo modeling of light transport in multi-layered tissues[J]. Computer Methods and Programs in Biomedicine, 1995, 47(2): 131 - 146.

[17] Boas D A, Culver J P, Stott J J, et al. Three dimensional Monte Carlo code for photon migration through complex heterogonous media including the adult human head[J]. Optics Express, 2002, 10(3): 159 - 170.

[18] Keijzer M, Star W M, Pascal R M, et al. Optical diffusion in layered Media[J]. Applied Optics, 1988, 27(9): 1820 - 1824.

[19] Li H, Tian J, Zhu F, et al. A mouse optical Simulation environment (MOSE) to investigate bioluminescent phenomena in the living mouse with the Monte Carlo method[J]. Academic Radiology, 2004, 11(9): 1029 - 1038.

[20] Chicea D, Turcu I. Testing a new multiple light scattering phase function using RWMCS [J]. Journal of Optoelectronics and Advanced Materials, 2006, 8(4): 1516 - 1519.

[21] Fang Q, Boas D A. Monte Carlo simulation of photon migration in 3D turbid media accelerated by graphics processing units[J]. Opt. Express, 2009, 17 (22): 20178 - 20190.

[22] Gibson A P, Hebden J C, Arridge S R. Recent advances in diffuse optical imaging[J]. Physics in Medicine and Biology, 2005, 50(4): R1 - R43.

[23] Leff D R, Warren O J, Enfield L C, et al. Diffuse optical imaging of the healthy and diseased breast: a systematic review[J]. Breast Cancer Res. Tr., 2008, 108(1): 9 - 22.

[24] Pogue B, McBride T, Osterberg U, et al. Comparison of imaging geometries fordiffuse optical tomography of tissue[J]. Opt. Express, 1999, 4(8): 270 - 286.

[25] Franceschini M A, Moesta K T, Fantini S, et al. Frequency-domain techniques enhance optical mammography: Initial clinical results[J]. Proc. Natl. Acad. Sci. U. S. A., 1997, 94 (12): 6468 - 6473.

[26] Fantini S, Walker S A, Franceschini M A, et al. Assessment of the size, position, and optical properties of breast tumors in vivo by noninvasive optical methods[J]. Appl. Opt., 1998, 37(10): 1987 - 1989.

[27] Schmidt F E W, Fry M E, Hillman E M C, et al. A 37 - channel time-resolved instrument for medical optical tomography[J]. Rev. Sci. Instrum., 2000, 71(1): 256 - 265.

[28] Arridge S R. Optical tomography in medical imaging[J]. Inverse. Probl, 1999, 15: R41 - R93.

[29] Zhang Q, Brukilacchio T J, Gaudett T, et al. Experimental comparison of using continuous-wave and frequency-domain diffuse optical imaging systems to detect heterogeneities[J]. Proc. SPIE 4250, Optical Tomography and Spectroscopy of Tissue IV, 2001: 219 - 238.

[30] Quan G T, Gong H, Deng Y, et al. Monte Carlo-based fluorescence molecular tomography reconstruction method accelerated by a cluster of graphic processing units[J]. Journal of Biomedical Optics, 2011, 16(2): 026018 - 8.

[31] Arridge S, Schweiger M, Hiraoka M, et al. A finite element approach for modeling photon transport in tissue[J]. Medical Physics, 1993, 20: 299 - 309.

[32] Arridge S R, Hebden J C, Schweiger M, et al. A method for three-dimensional time-resolved optical tomography[J]. Int. J. Imag. Syst. Tech, 2000, 11(1): 7 - 11.

[33] Schweiger M, Arridge S, Hiraoka M, et al. The finite element method for the propagation of light in scattering media: boundary and source conditions[J]. Medical Physics, 1995, 22: 1779 - 1792.

[34] Gibson A P, Riley J, Schweiger M, et al. A method for generating patient-specific finite element meshes for head moclelling[J]. Phys. Med. Biol., 2003, 48(4): 481 - 495.

[35] Aydin E, De Oliveira C, Goddard A. A comparison between transport and diffusion calculations using a finite element-spherical harmonics radiation transport method[J]. Med. Phys., 2002, 29(9): 2013 - 2023.

[36] Yuan Z, Hu X H, Jiang H. A higher order diffusion model for three-dimensional photon migration and image reconstruction in optical tomography[J]. Phys. Med. Biol., 2009, 54(1): 67 - 90.

[37] 高峰, 牛憨笨. 光学 CT 的图像重建算法[J]. 光学学报, 2006, 16(4): 497 - 499.

[38] Brenner S C, Scott L R. The mathematical theory of finite element methods[M]. Springer Verlag, 2008.

[39] 姚振汉, 边界元法[M]. 北京: 高等教育出版社, 2010, 226 - 229.

[40] Zacharopoulos D. Three-dimensional reconstruction of shape and piecewise constant region values for optical tomography using spherical harmonic parameterization and a boundary element method[J]. Inverse Problems, 2006, 22: 1509 - 1532.

[41] Srinivasan S. 3D Multi-spectral image-guided near-infrared spectroscopy using bem[J]. WIT Trans Modelling Simul., 2008, 47: 239 - 247.

[42] Elisee J. Accelerated boundary element method for diffuse optical imaging[J]. Optical Letters, 2011, 36(20): 4201 - 4203.

[43] 许军, 谢文浩, 邓勇, 等. 快速多极边界元法用于扩散光学断层成像研究[J]. 物理学报, 2013, 62(10): 014204 - 1.

[44] Liu Y J. Fast multipole boundary element method: Theory and applications in engineering [M]. UK: Cambridge University Press, 2009, 1 - 2.

[45] 许军. 稳态扩散光学层析成像系统及快速多极边界元法研究[D]. 武汉: 华中科技大学, 2013.

[46] Srinivasan S. A coupled finite element-boundary element method for modeling Diffusion equation in 3D multi-modality optical imaging[J]. Biomedical Optics Express, 2010, 1 (2): 398 - 413.

[47] Elisee J. Combination of boundary element method and finite element method in diffuse optical tomography[J]. IEEE Transactions on Biomedical Engineering, 2010, 57(11): 2737 - 2744.

[48] Chen J, Intes X. Time-gated perturbation Monte Carlo for whole body functional imaging in small animals[J]. Opt. Express, 2009, 17: 19566 – 19579.

[49] Yalavarthy P K, Karlekar K, Patel H S, et al. Experimental investigation of perturbation Monte-Carlo based derivative estimation for imaging low-scattering tissue[J]. Opt. Express, 2005,13: 987 – 997.

[50] Liu Q, Ramanujam N. Scaling method for fast Monte Carlo simulation of diffuse reflectance spectra from multilayered turbid media[J]. J. Opt. Soc. Am. A, 2007, 24: 1011 – 1025.

[51] Hayakawa C K, Spanier J, Bevilacqua F, et al. Perturbation Monte Carlo methods to solve inverse photon migration problems in heterogeneous tissues[J]. Opt. Lett. , 2001, 26: 1335 – 1337.

[52] Seo I, You J S, Hayakawa C K, et al. Perturbation and differential Monte Carlo methods for measurement of optical properties in a layered epithelial tissue model[J]. Journal of Biomedical Optics, 2007, 12(1): 014030 – 14.

[53] Liu Q, Zhu C, Ramanujam N. Experimental validation of Monte Carlo modeling of fluorescence in tissues in the UV-visible spectrum[J]. J. Biomed. Opt, 2003,8: 223 – 236.

[54] Wang Q Z, Yang H Z, Agrawal A, et al. Measurement of internal tissue optical properties at ultraviolet and visible wavelengths: Development and implementation of a fiberoptic-based system[J]. Opt. Express, 2008, 16: 8687 – 8703.

[55] Ntziachristos V, Chance B, Yodh A G. Differential diffuse optical tomography[J]. Opt Express, 1999, 5(10): 230 – 242.

[56] Gaudette R J, Brooks D H, DiMarzio C A, et al. A comparison study of linear reconstruction techniques for diffuse optical tomographic imaging of absorption coefficient[J]. Phys. Med. Biol, 2000, 45(4): 1051 – 1070.

[57] Lee O K, Kim J M, Bresler Y, et al. Compressive diffuse optical tomography: noniterative exact reconstruction using joint sparsity[J]. IEEE T Med Imaging, 2011, 30(5): 1129 – 1142.

[58] Wu B, Cai W, Alrubaiee M, et al. Time reversal optical tomography: locating targets in a highly scattering turbid medium[J]. Opt. Express, 2011, 19(22): 21956 – 21976.

[59] Yalavarthy P K, Pogue B W, Dehghani H, et al. Weight-matrix structured regularization provides optimal generalized least-squares estimate in diffuse optical tomography[J]. Med. Phys. , 2007, 34(6): 2085 – 2099.

[60] Arridge S, Schotland. Optical tomography: forward and inverse problems[J]. arXiv, 2009, 25(2): 123010 – 59.

[61] Dehghani H, Srinivasan S, Pogue B W, et al. Numerical modelling and image reconstruction in diffuse optical tomography[J]. Philos. T. Roy. Soc. A, 2009, 367(1900): 3073 – 3093.

[62] Schweiger M, Arridge S R, Nissilä I. Gauss-Newton method for image reconstruction in diffuse optical tomography[J]. Phys. Med. Biol. , 2005, 50(10): 2365 – 2386.

[63] Zacharopoulos A D, Arridge S R, Dorn O, et al. Three-dimensional reconstruction of shape and piecewise constant region values for optical tomography using spherical harmonic parametrization and a boundary element method[J]. Inverse Probl. , 2006, 22

(5)：1509－1532.

[64] Larusson F, Fantini S, Miller E L. Hyperspectral image reconstruction for diffuse optical tomography[J]. Biomed. Opt. Express, 2011, 2(4)：946－965.

[65] Brooksby B A, Dehghani H, Pogue B W, et al. Near-infrared (NIR) tomography breast image reconstruction with a priori structural information from MRI：algorithm development for reconstructing heterogeneities[J]. IEEE J. Sel. Top Quant. , 2003, 9 (2)：199－209.

[66] Boverman G, Miller E L, Li A, et al. Quantitative spectroscopic diffuse optical tomography of the breast guided by imperfect a priori structural information[J]. Phys. Med. Biol. , 2005, 50(17)：3941－3956.

[67] Yalavarthy P K, Pogue B W, Dehghani H, et al. Structural information within regularization matrices improves near infrared diffuse optical tomography[J]. Opt. Express, 2007, 15 (13)：8043－8058.

[68] Cao N, Nehorai A, Jacobs M. Image reconstruction for diffuse optical tomography using sparsity regularization and expectation-maximization algorithm[J]. Opt. Express, 2007, 15(21)：13695－13708.

[69] Süzen M, Giannoula A, Durduran T. Compressed sensing in diffuse optical tomography [J]. Opt. Express, 2010, 18(23)：23676－23690.

[70] Kavuri V C, Lin Z J, Tian F, et al. Sparsity enhanced spatial resolution and depth localization in diffuse optical tomography[J]. Biomed. Opt. Express, 2012, 3(5)：943－957.

[71] Ntziachristos V, Yodh A G, Schnall M, et al. Concurrent MRI and diffuse optical tomography of breast after indocyanine green enhancement[J]. Proc. Natl. Acad. Sci. , 2000, 97(6)：2767－2772.

[72] Chance B, Anday E, Nioka S, et al. A novel method for fast imaging of brain function, non-invasively, with light[J]. Opt. Express, 1998,2(10)：411－423.

[73] Bluestone A Y, Abdoulaev G, Schmitz C H, et al. Three-dimensional optical tomography of hemodynamics in the human head[J]. Opt. Express, 2001,9(6)：277－286.

[74] Culver J P, Durduran T, Furuya D, et al. Diffuse optical tomography of cerebral blood flow, oxygenation, and metabolism in rat during focal ischemia[J]. J. Cereb. Blood Flow Metab. , 2003, 23(8)：911－924.

[75] Tian F H, Niu H J, Khan B, et al. Enhanced functional brain imaging by using adaptive filtering and a depth compensation algorithm in diffuse optical tomography[J]. IEEE T. Med. Imaging, 2011, 30(6)：1239－1251.

[76] Gibson A P, Austin T, Everdell N L, et al. Three-dimensional whole-head optical passive motor evoked responses in the tomography of neonate[J]. Neuroimage, 2006, 30 (2)：521－528.

[77] Austin T, Gibson A P, Branco G, et al. Three dimensional optical imaging of blood volume and oxygenation in the neonatal brain[J]. Neuroimage, 2006, 31(4)：1426－1433.

[78] Gao F, Zhao H, Tanikawa Y, et al. Optical tomographic mapping of cerebral haemodynamics by means of time-domain detection：methodology and phantom validation [J]. Physics in Medicine and Biology, 2004, 49(6)：1057－1078.

[79] Gao F, Xue Y, Zhao H, Kusaka T, et al. Two-dimensional optical tomography of hemodynamic changes in a preterm infant brain[J]. Chinese Optics Letters, 2007,5(8): 477－474.

[80] Weissleder R. Scaling down imaging: Molecular mapping of cancer in mice[J]. Nat. Rev. Cancer, 2002, 2(1): 11－18.

[81] Weissleder R, Pittet M J. Imaging in the era of molecular oncology[J]. Nature, 2008, 452(7187): 580－589.

[82] Ntziachristos V, Bremer C, Weissleder R. Fluorescence imaging with near-infrared light: new technological advances that enable in vivo molecular imaging[J]. Euro. Radiol. , 2003, 13(1): 197－208.

[83] Zacharakis G, Ripoll J, Weissleder R, et al. Fluorescent protein tomography scanner for small animal imaging[J]. IEEE Trans. Med. Imaging, 2005, 24(7): 878－885.

[84] Ntziachristos V, Tung C H, Bremer C, et al. Fluorescence molecular tomography resolves protease activity in vivo[J]. Nat. Med. , 2002, 8(7): 757－760.

[85] 傅建伟. 活体小动物自由空间荧光分子成像研究[D]. 武汉: 华中科技大学,2012.

[86] Douglas W, Gilbert F, Douglas V, et al. Refining epifluorescence imaging and analysis with automated multiple-band flat-field correction[J]. Nature Methods, 2008, 5(4): i－ii.

[87] Leavesley S, Jiang Y, Patsekin V, B, et al. An excitation wavelength-scanning spectral imaging system for preclinical imaging[J]. Rev. Sci. Instrum. , 2008, 79(2): 023707－023707－10.

[88] Xu H, Rice B W. In-vivo fluorescence imaging with a multivariate curve resolution spectral unmixing technique[J]. J. Biomed. Opt. , 2009, 14(6): 064011－064019.

[89] 吴培. 用于反射式荧光成像的光谱分离方法[D]. 武汉: 华中科技大学,2012.

[90] Jiang P, Zhu C N, Zhang Z L, et al. Water-soluble Ag_2S quantum dots for Near-infrared fluorescence imaging in vivo[J]. Biomaterials, 2012, 33(20): 5130－5135.

[91] Hou L, Yao J, Zhou J, et al. Pharmacokinetics of a paclitaxel-loaded low molecular weight heparin-all-trans-retinoid acid conjugate ternary nanoparticulate drug delivery system[J]. Biomaterials, 2012, 33(21): 5431－5440.

[92] Huo M, Zou A, Yao C, et al. Somatostatin receptor-mediated tumor-targeting drug delivery using octreotide-PEG-deoxycholic acid conjugate-modified N-deoxycholic acid-O, N-hydroxyethylation chitosan micelles[J]. Biomaterials, 2012, 33(27): 6397－6407.

[93] Weissleder R, Tung C, Mahmood U, et al. In vivo imaging of tumors with protease-activated near-infrard fluorescent probes[J]. Nat. Biotechnol, 1999, 17(4): 375－378.

[94] Zheng C, Zheng M, Gong P, et al. Indocyanine green-loaded biodegradable tumor targeting nanoprobes for in vitro and in vivo imaging[J]. Biomaterials, 2012, 33(22): 5607－5609.

[95] Shi H, He X X, Wang K M, et al. Activatable aptamer probe for contrast-enhanced in vivo cancer imaging based on cell membrane protein-triggered conformation alteration[J]. Proc. Natl. Acad. Sci. U. S. A. , 2011, 108(10): 3900－3905.

[96] Shi D, Cho HS, Chen Y, et al. Fluorescent polystyrene-Fe_3O_4 composite nanospheres for

in vivo imaging and hyperthermia[J]. Adv. Mater. , 2009, 21(21): 2170 - 2173.

[97] Zacharakis G, Kambara H, Shih H, et al. Volumetric tomography of fluorescent proteins through small animals in vivo[J]. Proc. Natl. Acad. Sci. U. S. A. , 2005, 102(51): 18257 - 18257.

[98] Kumar A T, Raymond S B, Dunn A K, et al. A time domain fluorescence tomography system for small animal imaging[J]. IEEE Trans. Med. Imaging, 2008, 27(8): 1157 - 1163.

[99] Gao F, Zhao H J, Tanikawa Y, et al. A linear, featured-data scheme for image reconstruction in time-domain fluorescence molecular tomography [J]. Opt. Express, 2006, 14(16): 7109 - 7124.

[100] Kim H K, Lee J H, Hielscher A H. PDE-constrained fluorescence tomography with the frequency-domain equation of radiative transfer[J]. IEEE Journal of Selected Topics in Quantum Electron, 2010, 16(4): 797 - 803.

[101] Fu J W, Yang X Q, Quan G T, et al. Fluorescence molecular tomography system for in vivo tumor imaging in small animals[J]. Chin. Opt. Lett. , 2010, 8(11): 1077 - 1078.

[102] Zhang L M, Li J A, Gao F, et al. Time-domain fluorescence molecular tomography based on experimental data[J]. Optical Tomography and Spectroscopy of Tissue VIII, 2009, 71741.

[103] Graves E E, Ripoll J, Weissleder R, et al. A submillimeter resolution fluorescence molecular imaging system for small animal imaging[J]. Med. Phys. , 2003, 30(5): 901 - 911.

[104] O'Leary M A, Boas D A, Li X D, et al. Fluorescence lifetime imaging in turbid media [J]. Optics Letters, 1996, 21(2): 158 - 160.

[105] 全国涛. 稳态荧光分子层析成像重构算法与实验研究[D]. 武汉：华中科技大学, 2011.

[106] Gorpas D, Yova D, Politopoulos K. A three-dimensional finite elements approach for the coupled radiative transfer equation and diffusion approximation modeling in fluorescence imaging[J]. Journal of Quantitative Spectroscopy and Radiative Transfer, 2010, 111(4): 553 - 568.

[107] Ntziachristos V. Going deeper than microscopy: the optical imaging frontier in biology [J]. Nature methods, 2010, 7(8): 603 - 614.

[108] Soubret A, Ripoll J, Ntziachristos V. Accuracy of fluorescent tomography in the presence of heterogeneities: study of the normalized Born ratio [J]. Medical Imaging, IEEE Transactions on, 2005, 24(10): 1377 - 1386.

[109] Ntziachristos V, Weissleder R. Experimental three-dimensional fluorescence reconstruction of diffuse media by use of a normalized Born approximation[J]. Optics letters, 2001, 26 (12): 893 - 895.

[110] Graves E E, Culver J P, Ripoll J, et al. Singular-value analysis and optimization of experimental parameters in fluorescence molecular tomography[J]. JOSA A, 2004, 21 (2): 231 - 241.

[111] Correia T, Aguirre J, Sisniega A, et al. Split operator method for fluorescence diffuse optical tomography using anisotropic diffusion regularisation with prior anatomical information[J]. Biomedical optics express, 2011, 2(9): 2632 - 2648.

[112] Klose A D, Hielscher A H. Fluorescence tomography with simulated data based on the equation of radiative transfer[J]. Optics letters, 2003, 28(12): 1019 - 1021.

[113] Klose A D, Pöschinger T. Excitation-resolved fluorescence tomography with simplified spherical harmonics equations[J]. Physics in medicine and biology, 2011, 56(5): 1443.

[114] Naser M A, Patterson M S. Improved bioluminescence and fluorescence reconstruction algorithms using diffuse optical tomography, normalized data, and optimized selection of the permissible source region[J]. Biomedical optics express, 2011, 2(1): 169 - 184.

[115] Lin Y, Barber W C, Iwanczyk J S, et al. Quantitative fluorescence tomography using a combined tri-modality FT/DOT/XCT system [J]. Optics express, 2010, 18 (8): 7835 - 7850.

[116] Xie W H, Deng Y, Wang K, Yang X Q, et al. Reweighted L1 regularization for restraining artifacts in FMT reconstruction images with limited measurements[J], Opt. lett. , 2014, 39(14): 4148 - 4151.

[117] Yi H, Chen D, Li W, et al. Reconstruction algorithms based on L1 - norm and L2 - norm for two imaging models of fluorescence molecular tomography: a comparative study [J]. Journal of biomedical optics, 2013, 18(5): 056013 - 056013.

[118] Hyde D, Miller E L, Brooks D H, et al. Data specific spatially varying regularization for multimodal fluorescence molecular tomography [J]. Medical Imaging, IEEE Transactions on, 2010, 29(2): 365 - 374.

[119] Han D, Tian J, Zhu S, et al. A fast reconstruction algorithm for fluorescence molecular tomography with sparsity regularization[J]. Optics express, 2010, 18(8): 8630 - 8646.

[120] Baritaux J C, Hassler K, Unser M. An efficient numerical method for general regularization in fluorescence molecular tomography[J]. Medical Imaging, IEEE Transactions on, 2010, 29(4): 1075 - 1087.

[121] Shi J, Cao X, Liu F, et al. Greedy reconstruction algorithm for fluorescence molecular tomography by means of truncated singular value decomposition conversion[J]. JOSA A, 2013, 30(3): 437 - 447.

[122] Jin A, Yazici B, Ale A, et al. Preconditioning of the fluorescence diffuse optical tomography sensing matrix based on compressive sensing[J]. Optics letters, 2012, 37(20): 4326 - 4328.

[123] Dutta J, Ahn S, Li C, et al. Joint L1 and total variation regularization for fluorescence molecular tomography[J]. Physics in medicine and biology, 2012, 57(6): 1459.

[124] Behrooz A, Zhou H M, Eftekhar A A, et al. Total variation regularization for 3D reconstruction in fluorescence tomography: experimental phantom studies[J]. Applied optics, 2012, 51(34): 8216 - 8227.

[125] Feng J, Qin C, Jia K, et al. Total variation regularization for bioluminescence tomography with the split Bregman method[J]. Applied optics, 2012, 51(19): 4501 - 4512.

[126] Liu F, Liu X, Wang D, et al. A parallel excitation based fluorescence molecular tomography system for whole-body simultaneous imaging of small animals[J]. Annals of biomedical engineering, 2010, 38(11): 3440 - 3448.

[127] Song X, Wang D, Chen N, et al. Reconstruction for free-space fluorescence tomography

using a novel hybrid adaptive finite element algorithm[J]. Optics Express, 2007, 15 (26): 18300 – 18317.

[128] Cao X, Zhang B, Liu F, et al. Reconstruction for limited-projection fluorescence molecular tomography based on projected restarted conjugate gradient normal residual[J]. Optics letters, 2011, 36(23): 4515 – 4517.

[129] Nahrendorf M, Sosnovik D E, Waterman P, et al. Dual channel optical tomographic imaging of leukocyte recruitment and protease activity in the healing myocardial infarct [J]. Circ. Res. , 2007,100(8): 1218 – 1225.

[130] Montet X, Figueiredo J L, Alencar H, et al. Tomographic fluorescence imaging of tumor vascular volume in mice[J]. Radiology, 2007,242(3): 751 – 758.

[131] Haller J, Hyde D, Deliolanis N, et al. Visualization of pulmonary inflammation using noninvasive fluorescence molecular imaging[J]. Journal of Applied Physiology, 2008, 104(3): 797 – 802.

[132] Koenig A, Herve L, Josserand V, et al. In vivo mice lung tumor follow-up with fluorescence diffuse optical tomography[J]. J. Biomed. Opt. , 2008,13(1): 011008 – 011008 – 9.

[133] Yuan L, Lin W Y, Yang Y T, et al. A unique class of near-infrared functional fluorescent dyes with carboxylic-acid-modulated fluorescence ON/OFF switching: rational design, synthesis, optical properties, theoretical calculations, and applications for fluorescence imaging in living animals[J]. J. Am. Chem. Soc. , 2012,134(2): 1200 – 1211.

[134] Ruan J, Song H, Qian Q, et al. HER2 monoclonal antibody conjugated RNase-A-associated CdTe quantum dots for targeted imaging and therapy of gastric cancer[J]. Biomaterials, 2012, 33(29): 7097 – 7102.

[135] Liu F, Cao X, He W, et al. Monitoring of tumor response to cisplatin by subsurface fluorescence molecular tomography[J]. J. Biomed. Opt. , 2012,17(4): 040504.

[136] 田捷. 一种基于模态融合的自发荧光断层成像装置[P]. 中国,200720149068,2007.

[137] Abhijit J C, Felix D, James R B, et al. Hyperspectral and multispectral bioluminescence optical tomography for small animal imaging[J]. Phys. Med. Biol. , 2005, 50(23): 5421 – 5441.

[138] Guggenheim J A, Basevi H R, Styles I B, et al. Multi-view, multi-spectral violuminescence tomography[J]. Biomedical Optics, 2012, BW4A. 7.

[139] Lu Y, Machado H B, Douraghy A, et al. Experimental bioluminescence tomography with fully parallel radiative-transfer-based reconstruction framework[J]. Opt. Express, 2009, 17(19): 16681 – 16695.

[140] Sangtae A, Abhijit J C, Felix D, et al. Fast iterative image reconstruction methods for fully 3D multispectral bioluminescence tomography[J]. Physics in Medicine and Biology, 2008, 53: 3921 – 3942.

[141] Abhijit J C,Felix D, James R B, et al. Hyperspectral and multispectral bioluminescence optical tomography for small animal imaging[J]. Physics in Medicine and Biology, 50 (23): 5421 – 5441.

[142] Naser M A, Patterson M S. Algorithms for bioluminescence tomography incorporating anatomical information and reconstruction of tissue optical properties[J]. Biomed. Opt.

Express, 2010, 1(2): 512 - 526.

[143] Wu P, Liu K, Xue Z, et al. Tomographic bioluminescence imaging by an iteratively reweighted minimization[C]. Proc. SPIE 8317, 2012, 831714 - 7.

[144] Cong W, Wang G, Kumar D, et al. Practical reconstruction method for bioluminescence tomography[J]. Optics Express, 2005, 13(18): 6756 - 6771.

[145] Feng J, Jia K, Qin C, et al. Three-dimensional bioluminescence tomography based on Bayesian approach[J]. Opt. Express, 2009, 17(19): 16834 - 16848.

[146] Gao H, Zhao H. Multilevel bioluminescence tomography based on radiative transfer equation Part 2: total variation and l1 data fidelity[J]. Opt. Express, 2010, 18(3): 2894 - 2912.

[147] Lv Y, Tian J, Cong W, et al. A multilevel adaptive finite element algorithm for bioluminescence tomography[J]. Opt. Express, 2006, 14(18): 8211 - 8223.

[148] Zhang Q, Yin L, Tan Y, et al. Quantitative bioluminescence tomographyguided by diffuse optical tomography[J]. Optics Express, 2008, 16(3): 1481 - 1486.

[149] Wang G, Cong W X, Durairaj K, et al. In vivo mouse studies with bioluminescence tomography[J]. Opt. Express, 2006, 14(17): 7801 - 7809.

[150] Ma X B, Tian J, Qin C H, et al. Early detection of liver cancer based on bioluminescence tomography[J]. Appl. Opt., 2011, 50(10): 1389 - 1395.

[151] Yuan Z, Zhang Q, Sobel E S, et al. Tomographic X-ray-guided three-dimensional diffuse optical tomography of osteoarthritis in the finger joints[J]. J. Biomed. Opt., 2008, 13(4): 044006.

[152] Schulz R B, Ale A, Sarantopoulos A, et al. Hybrid system for simultaneous fluorescence and X-ray computed tomography [J]. IEEE Transactions on Medical Imaging, 2010, 29(2): 467 - 473.

[153] Yang X Q, Gong H, Quan G T, et al. Combined system of fluorescence diffuse optical tomography and micro-computed tomography for small animal imaging[J]. Review of scientific Instruments, 2010, 81(5): 054307 - 054307 - 8.

[154] Liu J T, Wang Y B, Qu X C, et al. In vivo quantitative bioluminescence tomography using heterogeneous and homogeneous mouse models[J]. Optics Express, 2010, 18(12): 13107 - 13113.

[155] Xu H, Springett R, Dehghani H, et al. Magnetic-resonance-imaging-coupled broadband near-infrared tomography system for small animal brain studies[J]. Applied optics, 2005, 44(11): 2177 - 2188.

[156] Stuker F, Baltes C, Dikaiou K, et al. Hybrid small animal imaging system combining magnetic resonance imaging with fluorescence tomography using single photon avalance diode detectors[J]. Medical Imaging, IEEE Transanctions on, 2011, 30(6): 1267 - 1273.

[157] Li C Q, Wang G B, Qi J Y, et al. Three-dimensional fluorescence optial tomography in small-animal imaging using simultaneous positron-emission-tomography priors [J]. Optics Letters, 2009, 34(19): 2933 - 2935.

[158] 张喧轩. DOT 与 MicroCT 双模式成像算法研究[D]. 武汉: 华中科技大学, 2012.

[159] Davis S C, Dehghani H, Wang J. Image-guided diffuse optical fluorescence tomography implemented with Laplacian-type regularization[J]. Optics Express, 2007, 15(7): 4066 - 4082.

[160] Hyde D, Kleine R, MacLaurin S A, et al. Hybrid FMT - CT imaging of amyloid - β plaques in a murine Alzheimer's disease model[J]. Neuroimage, 2009, 44(4): 1307 - 1311.

[161] 邓勇,张喧轩,罗召洋,等. 融合结构先验信息的稳态扩散光学断层成像重建算法研究[J]. 物理学报,2013,62(1): 014202 - 1.

[162] Yalavarthy P K, Pogue B W, Dehghani H, et al. Structural information within regularization matrices improves near infrared diffuse optical tomography[J]. Optics Express, 2007, 15(13): 8047 - 8058.

[163] Davis C Q, Freeman D M. Statistics of subpixel registration algorithms based on spatiotemporal gradients or block matching[J]. Optical Engineering, 1998. 37(4): 1290 - 1298.

[164] Stone H S, Moigne J L, McGuire M. The translation sensitivity of wavelet-based registration[J]. Pattern Analysis and Machine Intelligence, IEEE Transactions on, 1999, 21(10): 1077 - 1081.

[165] Sharman R, Tyler J M, Pianykh O S. A fast and accurate method to register medical images using wavelet modulus maxima[J]. Pattern Recognition Letters, 2000, 21(6): 447 - 462.

[166] Luo S Q, Li X. Implementation of mutual information based multi-modality medical image registration: Engineering in Medicine and Biology Society[C]. Proceedings of the 22nd Annual International Conference of the IEEE, 2000.

[167] Wang X, Tian J. Image registration based on maximization of gradient code mutual information[J]. Image Anal. Stereol. , 2005, 24(1): 1 - 7.

[168] Chen J, Tian J. Real-time multi-modal rigid registration based on a novel symmetric-SIFT descriptor[J]. Progress in Natural Science, 2009,19(5): 647 - 651.

[169] Zhou Y, Bai J. Atlas-based fuzzy connectedness segmentation and intensity nonuniformity correction applied to brain MRI[J]. Biomedical Engineering, IEEE Transactions on, 2007, 54(1): 127 - 129.

[170] Zheng X, Zhou X, Sun Y, et al. Registration of 3D FMT and CT images of mouse via affine transformation with Bayesian iterative closest points[J]. Advances in Neural Networks, 2007, 4492: 1140 - 1149.

[171] Xia Z, Huang X, Zhou X, et al. Registration of 7 - D CT and 7 - D flat images of mouse via affine transformation[J]. Information Technology in Biomedicine, IEEE Transactions on, 2008, 12(5): 569 - 578.

[172] 田捷,杨鑫,秦承虎,等. 光学分子影像技术及其应用[M]. 北京:科学出版社,2010.

[173] Nahrendorf M, Keliher E, Marinelli B, et al. Hybrid PET - optical imaging using targeted probes[J]. Proceedings of the National Academy of Sciences, 2010, 107(17): 7910 - 7915.

[174] Cao L, Breithaupt M, Peter J. Geometrical co-calibration of a tomographic optical

system with CT for intrinsically co-registered imaging[J]. Physics in medicine and biology, 2010, 55(6): 1591 – 1606.

[175] Solaiman B, Debon R, Pipelier F, et al. Information fusion, application to data and model fusion for ultrasound image segmentation[J]. Biomedical Engineering, IEEE Transactions on, 1999, 46(10): 1171 – 1175.

[176] Hill D, Hawkes D J, Gleeson M J, et al. Accurate frameless registration of MR and CT images of the head: applications in planning surgery and radiation therapy[J]. Radiology, 1994, 191(2): 447 – 454.

[177] Wahl R L, Quint L E, Cieslak R D, et al. "Anatometabolic" tumor imaging: fusion of FDG PET with CT or MRI to localize foci of increased activity[J]. Journal of nuclear medicine: official publication, Society of Nuclear Medicine, 1993, 34(7): 1190 – 1197.

[178] Kramer E L, Noz M E, Sanger J J, et al. CT – SPECT fusion to correlate radiolabeled monoclonal antibody uptake with abdominal CT findings[J]. Radiology, 1989, 172(3): 861 – 865.

[179] 杨孝全. 双模式小动物成像系统关键技术研究[D]. 武汉: 华中科技大学, 2010.

[180] Pelizzari C A, Chen G, Spelbring D R, et al. Accurate three-dimensional registration of CT, PET, and/or MR images of the brain[J]. Journal of computer assisted tomography, 1989, 13(1): 20 – 26.

[181] Kim J, Fessler J A. Intensity-based image registration using robust correlation coefficients[J]. Medical Imaging, IEEE Transactions on, 2004, 23(11): 1430 – 1444.

[182] Wald L. Some terms of reference in data fusion[J]. Geoscience and Remote Sensing, IEEE Transactions on, 1999, 37(3): 1190 – 1193.

[183] Burt P, Adelson E. The Laplacian pyramid as a compact image code[J]. Communications, IEEE Transactions on, 1983, 31(4): 537 – 540.

[184] Toet A. Image fusion by a ratio of low-pass pyramid[J]. Pattern Recognition Letters, 1989, 9(4): 247 – 253.

[185] Toet A. A morphological pyramidal image decomposition[J]. Pattern recognition letters, 1989, 9(4): 257 – 261.

[186] Burt P J. A gradient pyramid basis for pattern-selective image fusion: Proceedings of the Society for Information Display[C]. 1992.

[187] Mallat S G. A theory for multiresolution signal decomposition: the wavelet representation[J]. Pattern Analysis and Machine Intelligence, IEEE Transactions on, 1989, 11(7): 677 – 693.

[188] Zhu Y M. Volume image registration by cross-entropy optimization[J]. Medical Imaging, IEEE Transactions on, 2002, 21(2): 177 – 180.

[189] Zhang Z L, Sun S H, Zheng F C. Image fusion based on median filters and SOFM neural networks: a three-step scheme[J]. Signal Processing, 2001, 81(6): 1327 – 1330.

[190] Yiyao L, Venkatesh Y V, Ko C C. A knowledge-based neural network for fusing edge maps of multi-sensor images[J]. Information Fusion, 2001, 2(2): 121 – 133.

[191] Yuan Z, Zhang Q Z, Sobel E S, et al. Tomographic X-ray-guided three-dimensional

diffuse optical tomography of osteoarthritis in the finger joints[J]. J. Biomed. Opt. , 2008, 13(4): 044006.

[192] Grimm J, Kirsch D G, Windsor S D, et al. Use of gene expression profiling to direct in vivo molecular imaging of lung cancer[J]. Proc. Natl. Acad. Sci. , 2005, 102(40): 14407 – 14409.

[193] Cortez-Retamozo V, Swirski F K, Waterman P, et al. Real-time assessment of inflammation and treatment response in a mouse model of allergic airway inflammation [J]. Journal of Clinical Investigation, 2008, 118(12): 4058 – 4066.

[194] Hyde D, de Kleine R, MacLaurin S A, et al. Hybrid FMT – CT imaging of amyloid-beta plaques in a murine Alzheimer's disease model[J]. Neuroimage, 2009, 44(4): 1307 – 1311.

[195] Ale A, Ermolayev V, Herzog E, et al. FMT – XCT: in vivo animal studies with hybrid fluorescence molecular tomography-X-ray computed tomography[J]. Nature Methods, 2012, 9(6): 617 – 620.

[196] Liu X, Guo X L, Liu F, et al. Imaging of indocyanine green perfusion in mouse liver with fluorescence diffuse optical tomography[J]. IEEE Transanctions on Biomedical Engineering, 2011, 58(8): 2139 – 2142.

[197] Iochmann S, Lerondel S, Blechet C, et al. Monitoring of tumor progression using bioluminescence imaging and computed tomography scanning in a nude mouse orthotopic model of human small cell lung cancer[J]. Lung Cancer, 2012, 77(1): 70 – 76.

[198] Ntziachristos V, Yodh A G, Schnau M D, et al. MRI – guided diffuse optical spectroscopy of malignant and benign breast lesions [J]. Neoplasia, 2002, 4(4): 347 – 354.

[199] Chen C X, Wu J N. Head MRI segmentation on tissue optical properties: 2010 3rd International conference on biomedical engineering and informatics (BMEI). 2010 3rd International Conference on[C]. 2010.

[200] Sosnovik D E, Nahrendorf M, Deliolanis N, et al. Fluorescence tomography and magnetic resonance imaging of myocardial macrophage infiltration in infarcted myocardium in vivo[J]. Circulation, 2007, 115(11): 1387 – 1391.

[201] McCann C M, Waterman P, Figueiredo J L, et al. Combined magnetic resonance and fluorescence imaging of the living mouse brain reveals glioma response to chemotherapy [J]. Neuroimage, 2009, 45(2): 360 – 369.

[202] Davis S C, Samkoe K S, O'Hara J A, et al. MRI-coupled fluorescence tomography quantifies EGFR activity in brain tumors[J]. Acad. Radiol. , 2010, 17(3): 271 – 276.

[203] Samkoe K S, Davis S C, Srinivasan S, et al. A study of MRI-guided diffuse fluorescence molecular tomography for monitoring PDT effects in pancreas cancer[J]. Photodynamic Therapy: Back to the Future: SPIE, 2009, 73803: 73803M – 8.

[204] Samkoe K S, Davis S C, Srinivasan S, et al. EGF targeted fluorescence molecular tomography as a predictor of PDT outcomes in pancreas cancer models: Optical Methods for Tumor Treatment and Detection: Mechanisms and Techniques in Photodynamic Therapy Xix[C]. 2010.

[205] Mastanduno M A, Davis S C, Jiang S D, et al. Combined three-dimensional magnetic resonance guided optical spectroscopy for functional and molecular imaging of human breast cancer: molecular imaging Iii[C], 2011.

[206] Hensley H H, Roder N A, O'Brien S W, et al. Combined in vivo molecular and anatomic imaging for detection of ovarian carcinoma-associated protease activity and integrin expression in mice[J]. Neoplasia, 2012, 14(6): 451 – 462.

[207] Daadi M M, Li Z J, Arac A, et al. Molecular and magnetic resonance imaging of human embryonic stem cell-derived neural stem cell grafts in ischemic rat brain[J]. Molecular Therapy, 2009, 17(7): 1287 – 1291.

[208] Ray P, Wu A M, Gambhir S S. Optical bioluminescence and positron emission tomography imaging of a novel fusion reporter gene in tumor xenografts of living mice [J]. Cancer Res, 2003, 63(6): 1160 – 1165.

[209] Wu J C, Chen I Y, Sundaresan G, et al. Molecular imaging of cardiac cell transplantation in living animals using optical bioluminescence and positron emission tomography[J]. Circulation, 2003, 108(11): 1307 – 1305.

[210] Ma X, Liu Z, Yang X, et al. Dual-modality monitoring of tumor response to cyclophosphamide therapy in mice with bioluminescence imaging and small-animal positron emission tomography[J]. Mol Imaging, 2011, 10(4): 278 – 283.

索　引